"十三五"普通高等教育本科系列教材

（第二版）

建筑力学

主　编　梁丽杰
副主编　闻玉辉　全春花
参　编　田华奇　牛海英　袁旭东　梁元博
主　审　常伏德

中国电力出版社
CHINA ELECTRIC POWER PRESS

内 容 提 要

本书为“十三五”普通高等教育本科系列教材。全书共分十六章，主要内容为力学基本知识、力学计算基础、轴向拉伸和压缩、剪切与挤压、平面图形的几何性质、扭转、平面弯曲、组合变形、压杆稳定、平面体系的几何组成分析、静定结构内力分析、静定梁的影响线、静定结构的位移计算、力法、位移法、力矩分配法。本书体现力学理论与建筑结构设计的特点，从力学理论的系统性与连贯性出发，把理论力学、材料力学和结构力学三大力学知识有机贯通，汇成一体，形成建筑力学新体系。每章后附有习题和答案。

本书可作为普通高等院校土木工程、工程管理、环境工程、给排水、城市规划、测绘、安全、建筑学等专业的教材，也可供有关工程技术人员参考。

图书在版编目（CIP）数据

建筑力学/梁丽杰主编．—2版．—北京：中国电力出版社，2018.2（2024.11重印）

“十三五”普通高等教育本科规划教材

ISBN 978-7-5198-1576-9

Ⅰ.①建…　Ⅱ.①梁…　Ⅲ.①建筑力学—高等学校—教材　Ⅳ.①TU3

中国版本图书馆CIP数据核字（2017）第315541号

出版发行：中国电力出版社
地　　址：北京市东城区北京站西街19号（邮政编码100005）
网　　址：http：//www.cepp.sgcc.com.cn
责任编辑：霍文婵（010－63412545）
责任校对：王小鹏
装帧设计：张俊霞　张　娟
责任印制：钱兴根

印　　刷：廊坊市文峰档案印务有限公司
版　　次：2011年8月第一版　2018年2月第二版
印　　次：2024年11月北京第十六次印刷
开　　本：787毫米×1092毫米　16开本
印　　张：19.75
字　　数：481千字
定　　价：48.00元

前　言

本书是在第一版的基础上根据近年使用过程中教师和学生的反馈意见，以及课程建设需要修订而成的。修订时保持了原书取材精练、简明流畅的风格。

本次修订的内容主要有：

（1）修改了原书的符号，其中最主要的是重力用 G 作为主符号。

（2）对较难的习题做了不同程度的改写和替换。

（3）对书中的个别概念按照新规范做了重新改写和完善。

本书修订工作由主编梁丽杰主持进行，新增参加编写修订的还有袁旭东（第三、四章），梁元博（第十三、十四章）。

本书由常伏德教授审阅，提出了很多精辟中肯的意见，深致谢意！

为学习贯彻落实党的二十大精神，本书根据《党的二十大报告学习辅导百问》《二十大党章修正案学习问答》，在数字资源中设置了“二十大报告及党章修正案学习辅导”栏目，以方便师生学习。

限于编者水平，书中难免有不足之处，深望广大师生批评指正。

编　者

2017 年 11 月

第一版前言

建筑力学是土木工程、工程管理、环境工程、给排水、城市规划、测绘、安全、建筑学等专业的重要技术基础课。近年来，随着教育改革的不断深入，课程内容、体系、学时等各种因素都在不断变化。根据教学的需要，本书旨在体现力学理论与建筑结构设计的特点，从力学理论的系统性与连贯性出发，把理论力学、材料力学和结构力学三大力学知识有机贯通，汇成一体，形成建筑力学新体系。各专业可以根据本专业需求方便取舍。

本书的编写分工具体如下：绪论、第一、五章由全春花编写，第二、六、八章由牛海英编写，第三、四章由高潮编写，第七、九、十二章由田华奇编写，第十、十一章由闻玉辉编写，第十三章由杨兆海编写，第十四、十五、十六章由梁丽杰编写。全书由常伏德教授主审。

本书可作为普通高等院校土木工程、工程管理、环境工程、给排水、城市规划、测绘、安全、建筑学等专业的教材，也可供有关工程技术人员参考。

由于编者水平有限，书中难免有不足、错漏之处，恳请读者和专家批评、指正。

编　者

2011 年 6 月

目录

绪　论

第一节　结构与构件

一、建筑力学研究对象

建筑力学是研究建筑结构及其构件的强度、刚度、稳定性以及合理组成的科学。它包括理论力学（静力学）、材料力学和结构力学的知识。

建筑力学所研究的是建筑物里的结构部分。建筑结构是指房屋建筑中能承受各种荷载，起骨架作用的体系。结构的类型是多种多样的，就几何特征区分，有杆件结构（图 0-1）、薄壁结构（图 0-2、图 0-3）和实体结构（图 0-4）三大类。杆件结构是由若干杆件按照一定的方式连接起来组合而成的体系。所谓杆件，就几何角度而言，其特点是沿杆长方向的尺寸要远大于截面的两个尺寸。建筑力学的研究对象主要是杆件结构，如图 0-1 所示。薄壁结构是厚度远小于其他两个尺度的结构。平面板状的薄壁结构，称为薄板；由若干块薄板可组成各种薄壁结构（图 0-3）。具有曲面外形的薄壁结构，称为薄壳结构（图 0-2）。实体结构是指三个方向的尺寸大约为同一数量级的结构，例如挡土墙（图 0-4）、堤坝、块式基础等。

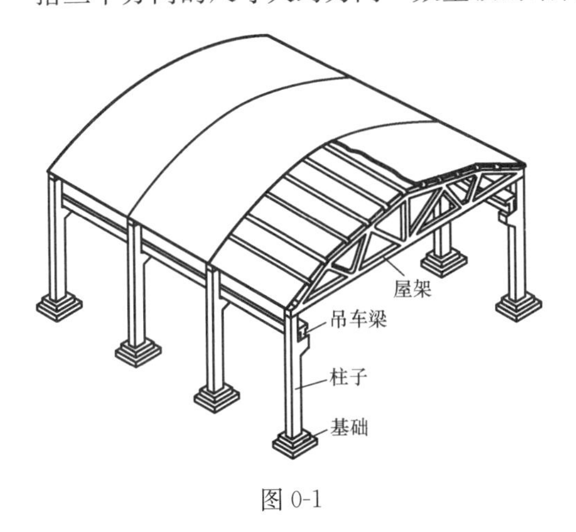

图 0-1

图 0-2

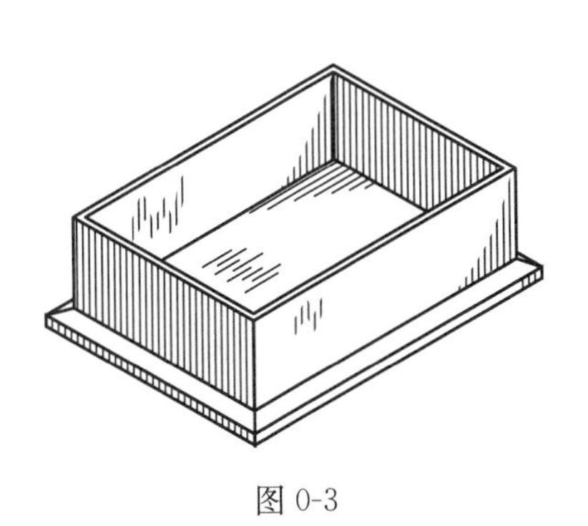

图 0-3

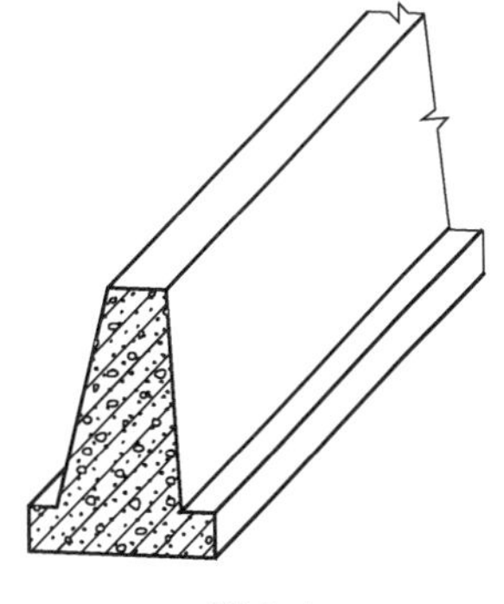

图 0-4

依照空间特征区分，杆件结构可分为平面杆件结构和空间杆件结构两类。凡组成结构的所有杆件的轴线都位于某一平面内，并且荷载也作用于该平面内的结构，称为平面杆件结构。否则便是空间结构。严格说来，实际的结构都是空间结构，但在进行计算时，常可根据其实际受力情况的特点，将它分解为若干平面结构来分析，以使计算简化。但需注意，并非所有情况都能这样处理，有些是必须作为空间结构来研究的。本书的研究对象只限于平面杆件结构。

二、平面杆件结构的分类

平面杆件结构是本书的研究对象，根据其组成特征和受力特点，它有如下几种类型。

1. 梁

梁是一种受弯构件，可以是单跨结构［图 0-5（a）、（b）］，也可以是多跨结构［图 0-5（d）］，还有悬臂结构［图 0-5（c）］。

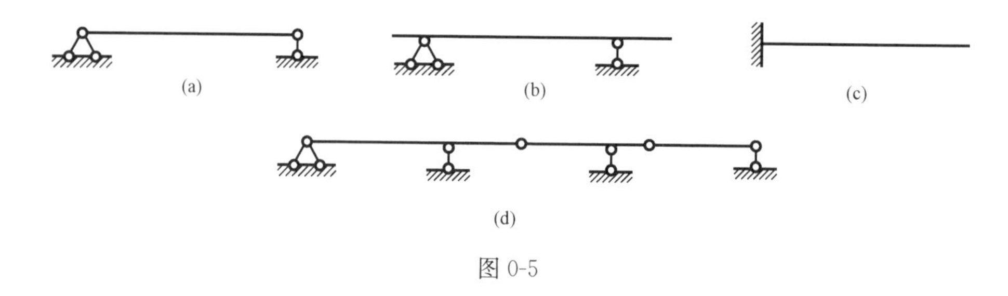

图 0-5

2. 拱

拱是曲线形的，且在竖向荷载作用下支座将产生水平反力的杆件结构（图 0-6）。这种水平反力将使拱内弯矩远小于跨度、荷载及支承情况相同的梁的弯矩。

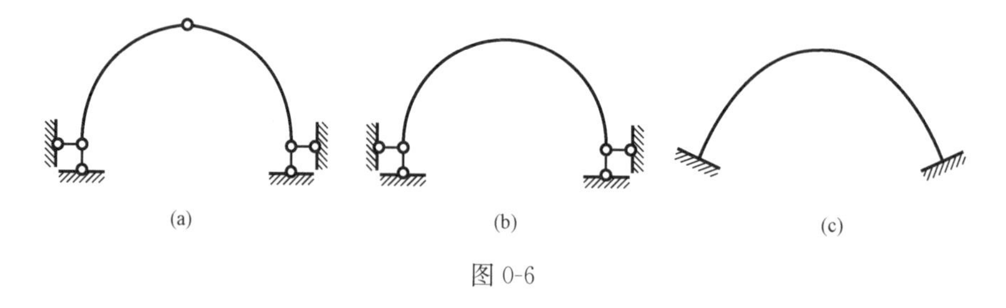

图 0-6

3. 刚架

刚架是由梁和柱组成的结构（图 0-7），各杆件主要受弯。刚架的特点主要是有刚结点，也可以有部分铰结点或组合结点。

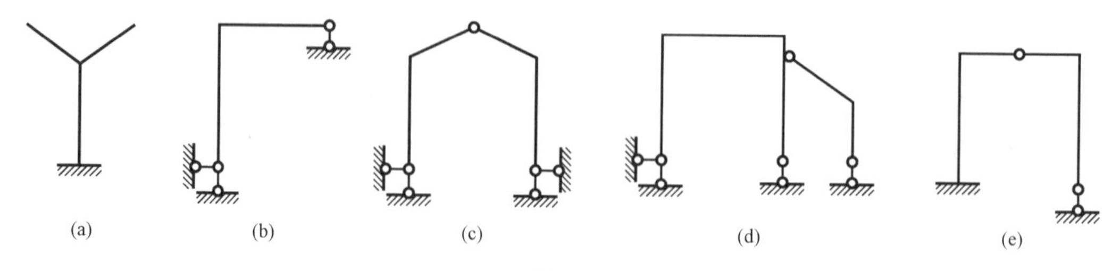

图 0-7

4. 桁架

桁架是由若干杆件在每杆两端用铰连接而成的结构（图 0-8）。桁架各杆的轴线都是直线，当只受到作用于结点的荷载时，各杆只产生轴力。

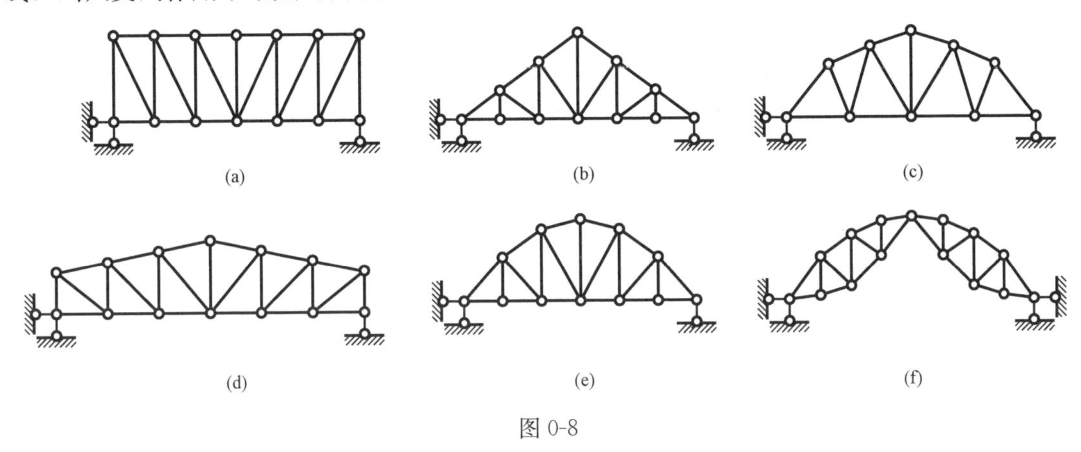

图 0-8

5. 组合结构

在这种结构中（图 0-9），有些杆件只受轴力，而另一些杆件则同时承受弯矩、剪力和轴力。

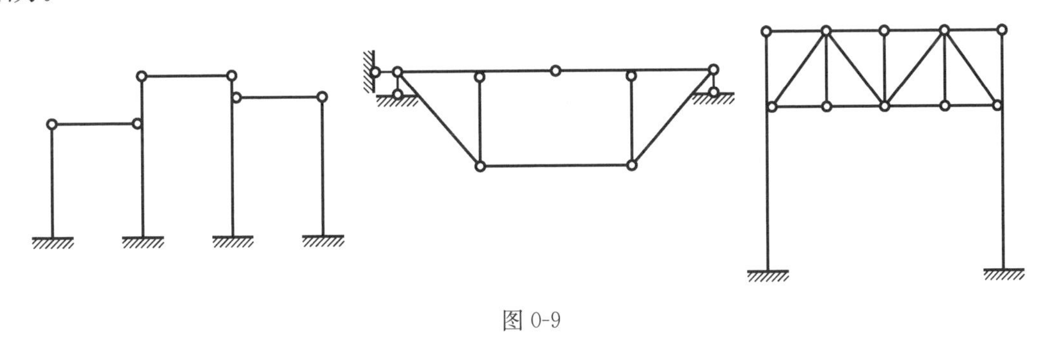

图 0-9

第二节　刚体、变形固体及其基本假设

一、刚体

刚体是指在运动中和受力作用后，形状和大小都不发生改变，且内部各点之间距离不变的物体。刚体是从实际物体抽象得来的一种理想的力学模型，自然界中并不存在。实际上任何物体在力的作用下都将发生变形，但如果物体的变形尺寸与其原始尺寸相比很小，在所研究的力学问题中，忽略这种变形后不会引起显著的误差时，就可以把这个物体抽象化为刚体，从而使所研究的问题得到简化。对刚体而言，力只产生运动效应。

二、变形固体

工程中构件和连接件都是由固体材料制成的，如钢、铁、木材、混凝土等。这些固体材料在外力作用下或多或少都会产生变形，将这些固体材料称为变形固体。

变形固体在外力作用下会产生两种不同性质的变形：一种是当外力消除时，变形消失恢复到原来形状，这种变形称为弹性变形；另一种是外力消除后，变形不能完全消失而留有残余，这种不能消失的残余变形称为塑性变形。工程中常用的材料，一般情况下，受力后既有弹性变形，又有塑性变形，但在外力不超过一定范围时，塑性变形很小，可忽略不计，认为材料只产生弹性变形而不产生塑性变形。

三、变形固体的基本假设

工程中大多数构件在外力作用下产生变形后，其几何尺寸的改变量与构件原始尺寸相比，常是极其微小的，称这类变形为小变形。

为了使计算简便，对变形固体作了如下的基本假设：

（1）连续性假设。认为物体的材料结构是密实的，物体内材料是无空隙的连续分布。

（2）均匀性假设。认为材料的力学性质是均匀的，从物体上任取或大或小的一部分，材料的力学性质均相同。

（3）各向同性假设。认为材料沿不同的方向具有相同的力学性质，称为各向同性材料。如果材料沿各个方向具有不同的力学性能，则称为各向异性材料。

按照连续、均匀、各向同性假设而理想化了的一般变形固体称为理想变形固体。采用理想变形固体模型不但使理论分析和计算得到简化，且所得结果的精确度能满足工程的要求。

无论是刚体还是理想变形固体，都是针对所研究问题的性质，略去一些次要因素，保留对问题起决定性作用的主要因素，而抽象化形成的理想模型，它们在生活和生产实践中并不存在，但解决力学问题时，它们是必不可少的力学模型。

第三节　杆件变形的基本形式

工程中构件的种类很多，如杆、板、壳、块体等，建筑力学所研究的主要是其中的杆件。杆件又简称为杆。

就杆件外形来分，可分为直杆、曲杆和折杆。杆件的轴线是直线时为直杆［图 0-10（a）］，轴线为曲线与折线时，分别为曲杆与折杆［图 0-10（b）、（c）］。就横截面（垂直于轴线的截面）来分，杆件又可分为等截面（各截面均相同）杆和变截面（横截面是变化的）杆［图 0-10（d）］。本书将着重讨论等截面直杆（简称等直杆）。

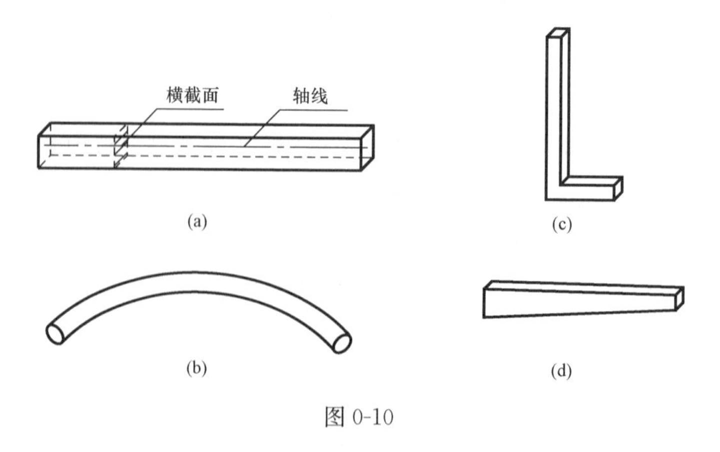

图 0-10

在不同形式的外力作用下，杆件产生的变形形式也各不相同，但杆件变形的基本形式分为下列几类（图 0-11）：

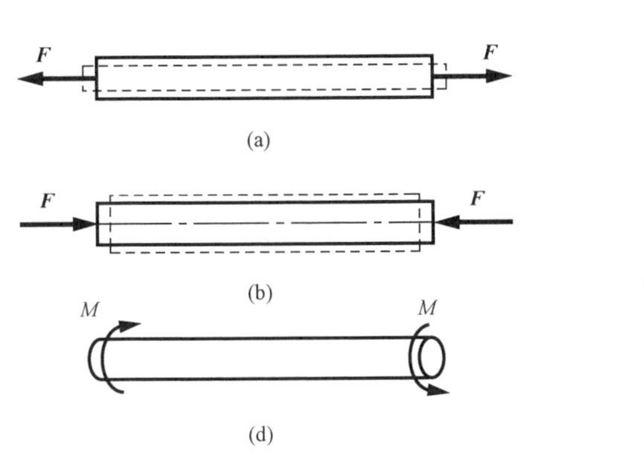

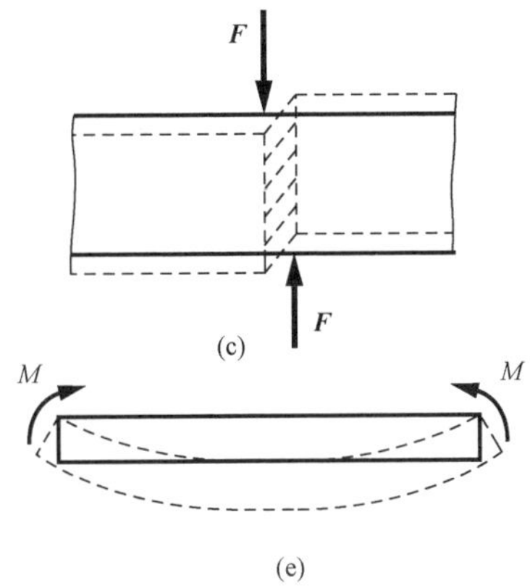

图 0-11

（1）轴向拉伸或压缩［图 0-11（a）、（b）］。在一对大小相等、方向相反、作用线与杆轴线重合的外力作用下，杆件将发生长度的改变（伸长或缩短）。

（2）剪切［图 0-11（c）］。在一对相距很近、大小相等、方向相反、作用线相互平行的横向外力作用下，杆件的横截面将沿外力方向发生相对错动。

（3）扭转［图 0-11（d）］。在一对大小相等、转向相反、位于垂直杆轴线的平面内的力偶作用下，杆的任意两横截面将发生相对转动。

（4）弯曲［图 0-11（e）］。在一对大小相等、转向相反、位于杆的纵向平面内的力偶作用下，杆件将在纵向平面内发生弯曲。

工程实际中的杆件可能同时承受不同形式的外力，变形情况可能比较复杂。但不论怎样复杂，其变形均是由基本变形组成的。

第四节　建筑力学的内容和任务

一、建筑力学的研究内容

建筑力学是一门专业基础课程。它主要分析材料的力学性能和变形特点，以及建筑结构或构件的受力情况，包括结构或构件的强度、刚度和稳定性，为建筑结构设计及解决施工中的受力问题提供基本的力学知识和计算方法。

建筑力学所涉及的内容很多，包括静力学、材料力学和结构力学三个部分。

本书第一、二章阐述的是静力学内容，主要研究结构构件的受力问题和平衡问题。因为建筑物相对地球处于静止平衡状态，所以结构构件上所受到的各种力都要符合使物体保持平衡状态的条件。由于结构构件是承受和传递荷载的，要对结构及构件进行设计，首先需要弄清楚其承受的荷载及荷载的传递路线，即对构件进行受力分析。例如，建筑物中一根受荷载作用的梁搁在柱子上，梁将荷载传给柱子，即梁对柱子有作用力，而柱对梁有支撑力作用。

第三～九章阐述的是材料力学的内容，主要研究单个构件在荷载作用下产生的内力、变形，研究构件的承载能力，为设计既安全又经济的结构构件选择适当的材料、截面形状和尺寸。

第十～十六章阐述的是结构力学的内容，主要以杆件体系为研究对象，研究其组成规律和合理形式以及结构在外因作用下内力和变形的计算，为结构设计提供分析方法和计算公式。

二、建筑力学的任务

在施工和使用过程中，建筑结构的构件要承受及传递各种荷载作用，构件本身会因荷载作用而产生变形，存在损坏、失稳的可能。建筑力学的任务是研究结构的几何组成规律，以及在荷载作用下结构和构件的强度、刚度和稳定性问题。其目的是保证结构按设计要求正常工作，并充分发挥材料的性能，使设计的结构既安全又经济合理。

1. 强度

构件本身有一定的承载能力，在荷载的作用下，其抵抗破坏或不产生塑性变形的能力通常称为强度。构件在过大的荷载作用下可能被破坏。例如，当起重机起重量超过一定限度时，吊杆可能断裂。

2. 刚度

在荷载作用下，构件不产生超过工程允许的弹性变形的能力称为刚度。在正常情况下，构件会发生变形，但变形不能超出一定的限值，否则将会影响正常使用。

3. 稳定性

在荷载作用下，构件保持其原有直线平衡状态的能力称为稳定性。结构中受压的细长杆件，如桁架中的压杆，在压力较小时能保持直线平衡状态，当压力超过某一临界值时，就可能变为非直线平衡并造成破坏，称为失稳破坏。工程结构中的失稳破坏往往比强度破坏损失更惨重，因为这种破坏具有突然性，没有先兆。

结构的强度、刚度、稳定性反映了它的承载能力，其高低与构件的材料性质、截面的几何形状尺寸、受力性质、工作条件及构造情况等因素有关。在结构设计中，如果把构件截面设计得过小，构件会因刚度不足导致变形过大而影响正常使用，或因强度不足而迅速破坏；如果构件截面设计的过大，其能承受的荷载过分大于所受的荷载，则又会不经济，造成人力、物力上的浪费。因此，结构和构件的安全性与经济性是矛盾的。建筑力学的任务就在于要合理地解决这种矛盾，即研究和分析作用在结构（或构件）上力与平衡的关系，结构（或构件）的内力、应力、变形的计算方法，以及构件的强度、刚度和稳定条件，为保证结构（或构件）既安全又经济合理提供计算理论依据。

第五节 荷载的分类

任何建筑结构在其施工过程中以及正常使用阶段，都会受到各种荷载的作用。例如由建筑物自重所形成的恒荷载，由人员和设备所形成的楼面荷载，这些荷载一般构成竖向作用力，而由风力组成的风荷载，以及由水平地震作用所形成的地震力往往构成水平方向的作用力。结构及其构件在各种外力作用下内部将会产生各种形式的内力。随着外力的增大，内力一般也将要不断加大，当构件内力大于构件材料的承载能力时，构件将产生破坏。构件的破坏还会引起整个结构的破坏。

作用于结构上的荷载，按其作用时间的久暂可以分为恒载和活载两类。恒载是指永久作用在结构上的荷载，如自重、结构上的固定设备的重量等。活载是指暂时作用在结构上且位置可以变动的荷载，如结构上的临时设备、风力、雪重、人群、水压力、移动的吊车等。

根据荷载作用的性质，又可分为静力荷载和动力荷载。静力荷载是指逐渐增加的、不致使结构产生显著的冲击或震动，因而可略去惯性力影响的荷载。恒载和上述大多数活载都可视为静力荷载。动力荷载是指作用在结构上对结构产生显著的冲击或引起其震动的荷载，在这类荷载作用下，结构将会发生不容忽视的加速度。例如动力机械的震动、爆炸冲击、地震等所引起的荷载就是动力荷载。本书只讨论结构在静力荷载作用下的计算问题。

荷载的性质和大小，应按有关设计规范或经过调查研究后确定。应该指出，结构除承受荷载外，还可能受到其他外在因素的作用，如温度改变、支座位移、材料收缩等，这些因素对结构受力和变形的影响将在后面有所讨论。

第一章　力学基本知识

第一节　力学的基本概念

一、力

1. 力的概念

力是物体相互间的一种机械作用，它能使物体的运动状态或形状发生改变。物体相互间的机械作用形式多种多样，可归纳为两类。一类是物体相互间的直接接触作用，如弹力、摩擦力等；另一类是通过场的相互作用，如万有引力。力不能脱离物体而单独存在，有力则必定存在两个物体——施力体和受力体。

物体在受力后产生的效应可以分为两种：

（1）外效应，也称为运动效应——使物体的运动状态发生改变。

（2）内效应，也称为变形效应——使物体的形状发生改变。

2. 力的三要素

力对物体的作用效应取决于三个要素：力的大小、方向、作用点。

（1）力的大小表示物体相互间机械作用的强弱程度。在国际单位制中，以牛顿（N）或千牛顿（kN）为单位。

（2）力的方向表示物体间的相互机械作用具有方向性，它包括力作用线在空间的方位和力沿其作用线的指向。

（3）力的作用点是指力在物体上的作用位置。

3. 力的表示

力的三要素表明力是矢量，记作 $\boldsymbol{F}$（图 1-1），用一段带有箭头的线段（AB）来表示：线段（AB）的长度按一定的比例尺表示力的大小；线段的方位和箭头的指向表示力的方向；线段的起点 A 或终点 B 表示力的作用点。线段所在的直线称为力的作用线。

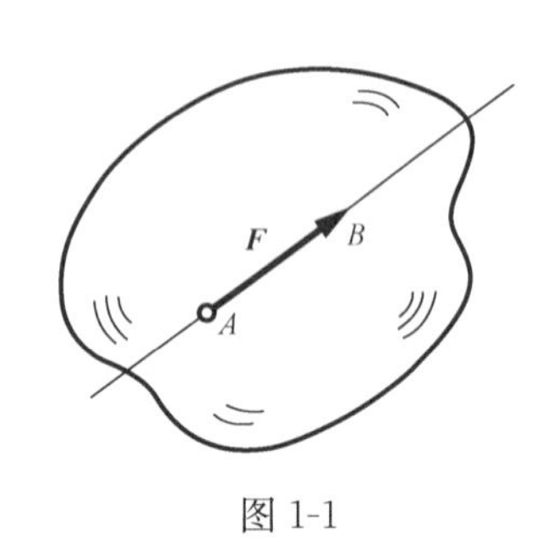

图 1-1

二、力系与平衡

1. 力系

一般情况下，一个物体总是同时受到若干个力的作用。把同时作用于一个物体上的一群力称为力系。

根据力系中诸力作用线的分布状况可将力系分为：

（1）汇交力系。力系中各力作用线汇交于一点。

（2）力偶系。全部由力偶组成的力系。

（3）平行力系。力系中各力作用线相互平行。

（4）任意力系。力系中各力作用线既不完全交于一点，也不完全相互平行。

按照各力作用线是否位于同一平面内，力系又可分为平面力系和空间力系两大类，建筑力学主要研究平面力系。

2. 平衡

平衡是指物体在力作用下相对于惯性参考系处于静止或作匀速直线运动的状态。在一般工程技术问题中，平衡常常都是相对于地球而言的。例如静止在地面上的房屋、桥梁、水坝等建筑物，在直线轨道上作匀速运动的火车等，都是在各种力作用下处于平衡状态。平衡是物体机械运动的特殊情况。一切平衡都是相对的、暂时的和有条件的，而运动则是绝对的和永恒的。

3. 平衡力系

使物体处于平衡状态的力系称为平衡力系。物体在力系作用下处于平衡时，力系所应该满足的条件，称为力系的平衡条件，这种条件有时是一个，有时是几个，它们是建筑力学分析的基础。

第二节　静力学基本公理

静力学公理是人类在长期的生产和生活实践中，经过反复的观察和实验总结出来的客观规律，是不能被更简单的原理再证明的真理。静力学的全部理论，即关于力系的简化和平衡条件的理论，都是以下面介绍的基本公理为依据得出的。

一、二力平衡公理

二力作用在同一刚体上，使刚体处于平衡状态的充要条件是：这两个力的大小相等、方向相反，且作用在同一条直线上。

二力平衡是一切平衡力系的基础。建筑结构中受二力平衡的构件很多，钢筋受拉平衡、柱子受轴向压力平衡都属于这一类。力学中将受到二力而平衡的构件称为二力杆，图 1-2 所示两种情况均为二力杆。对于只在两点上受力而平衡的杆件，应用二力平衡公理可以确定其未知力的方位。

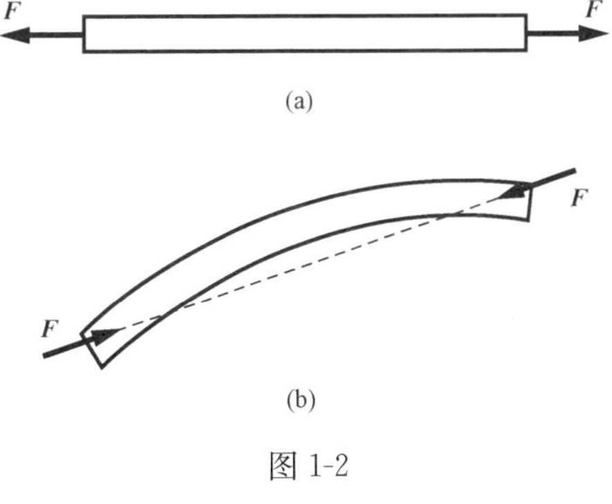

图 1-2

二、力的平行四边形公理

作用在物体上同一点的两个力，可以合成为一个合力。合力的作用点也在该点，合力的大小和方向，由这两个力为边构成的平行四边形的对角线确定。该法则指出，两个力合成不能简单地求算术和，而要用平行四边形法则求几何和，即矢量和，它是力系简化的基础。

如图 1-3（a）所示，设在物体的 A 点作用有力 $\boldsymbol{F}_1$ 和 $\boldsymbol{F}_2$，若以 $\boldsymbol{F}_R$ 表示它们的合力，则可写成矢量表达式，即

$$\boldsymbol{F}_R=\boldsymbol{F}_1+\boldsymbol{F}_2$$

式中，“+”号表示按矢量相加，即按平行四边形法则相加（合成）。

求合力的大小及方向也可不必作出整个平行四边形，如图 1-3（b）所示，在点 A 画出 $\boldsymbol{F}_1$ 后再以力矢 $\boldsymbol{F}_1$ 的末端 B 作为力矢 $\boldsymbol{F}_2$ 的始端画出 $\boldsymbol{F}_2$，则矢量 AD 就是合力矢 $\boldsymbol{F}_R$。分力矢和合力矢所构成的三角形 ABD 称为力三角形，这种求合力的方法称为力的三角形法则。

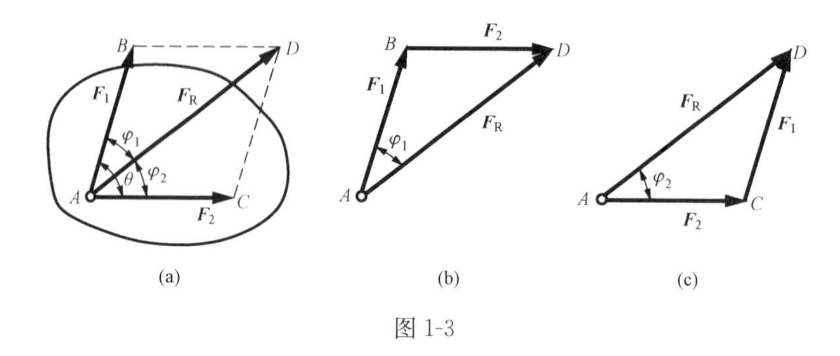

图 1-3

如果先画 $\boldsymbol{F}_2$，后画 $\boldsymbol{F}_1$，如图 1-3（c）所示，同样可得合力矢 $\boldsymbol{F}_R$。这说明合力矢与两分力矢的作图先后次序无关。

反过来，也可以根据这个公理将一力分解为作用于同一点的两个分力。由于用同一对角线可以作出无穷多个不同的平行四边形，所以如不附加其他条件，一个力分解为相交的两个分力可以有无穷多组解。在实际问题中，通常遇到的是把一个力分解为方向已知的两个分力，特别是分解为方向相互垂直的两个力，这种分解称为正交分解，所得的两个分力称为正交分力。

三、加减平衡力系公理

在作用于同一刚体的某力系上增加或除去任意平衡力系，并不改变原力系对该刚体的作用。这一公理表明，加减平衡力系后，新力系与原力系等效。

根据这个公理可以导出两个推论。

1. 力的可传性

图 1-4（b）比图 1-4（a）增加了一对平衡力，且有 $F_1=F_2=F$（即三力的大小相同），作用线沿同一直线，根据加减平衡力系公理，显然图 1-4（a）与图 1-4（b）二力系为等效力系。由于图 1-4（b）中 $\boldsymbol{F}_2$ 与 $\boldsymbol{F}$ 又可视为一平衡力系，将此平衡力系减去即成为图 1-4（c）所示力系。同理，图 1-4（b）与图 1-4（c）力系等效。最终，图 1-4（a）与图 1-4（c）力系等效。但此时力已由刚体的 A 点沿作用线移到了 B 点，而未改变原力系对它的作用效果。

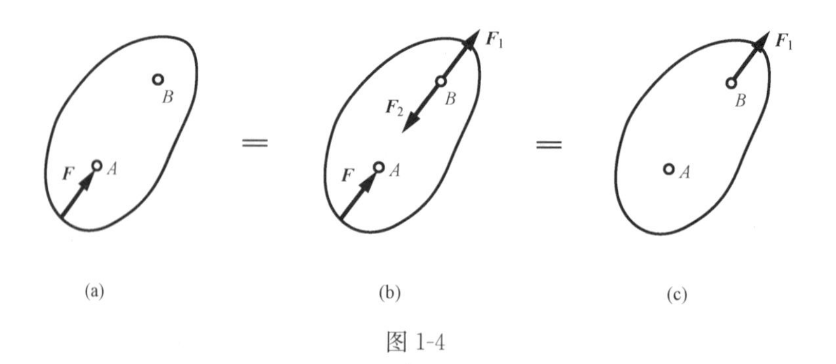

图 1-4

根据力的可传性，力的三要素中的作用点可改为作用线。因此，力矢量是滑移矢量。

力的可传性仍然是建立在刚体这个概念基础之上的，只有当所研究的对象可以视为一个刚体时，力的可传性才能是正确的。

2. 三力平衡汇交定理

即不平行的三个力若平衡，该三力必汇交于一点且在同一平面内。此定理证明如下：若图 1-5 所示刚体上不平行的三个力 $\boldsymbol{F}_1$，$\boldsymbol{F}_2$ 与 $\boldsymbol{F}_3$ 处于平衡状态，根据力的平行四边形公理，考虑到力的可传性，显然 $\boldsymbol{F}_2$ 与 $\boldsymbol{F}_3$ 可合成为一个过交点 D 的力 $\boldsymbol{F}_\mathrm{R}$，此时三力平衡已变成为 $\boldsymbol{F}_1$ 与 $\boldsymbol{F}_\mathrm{R}$ 的二力平衡。根据二力平衡的条件，显然 $\boldsymbol{F}_1$ 也必须通过 $\boldsymbol{F}_2$ 与 $\boldsymbol{F}_3$ 的交点 D，因此三力若平衡必须交于一点。由于 $\boldsymbol{F}_\mathrm{R}$ 与 $\boldsymbol{F}_2$ 和 $\boldsymbol{F}_3$ 在同一平面，且 $\boldsymbol{F}_1$ 与 $\boldsymbol{F}_\mathrm{R}$ 在同一直线上，所以 $\boldsymbol{F}_1$，$\boldsymbol{F}_2$ 和 $\boldsymbol{F}_3$ 也必在同一平面内。不过需要注意的是，汇交于一点这个条件仅是三力平衡的必要条件，而不是充分条件。或者说已经汇交于一点上的三个力并不一定都处于平衡状态。

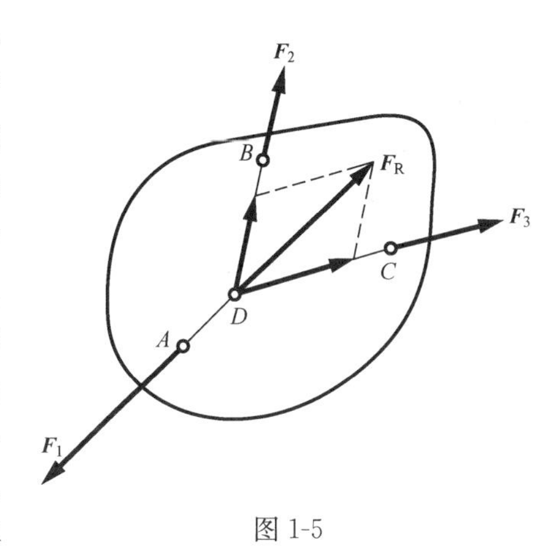

图 1-5

四、作用与反作用公理

两物体间相互作用的力总是大小相等，方向相反，沿同一直线，并分别作用在这两个物体上。

这一公理是研究结构受力分析特别是绘制隔离体受力图的基础。该公理中需强调的是，作用力与反作用力一定是分别作用于两个物体，且有作用力必定有反作用力；没有反作用力必定没有作用力，两者总是同时存在，又同时消失。

第三节 约　　束

在空中飞行的飞机、导弹等，它们在空中可以不受限制地自由飞行（不考虑空气阻力），这种在空间运动不受任何限制的物体，称为自由体。天花板下用绳索吊着的灯，铁轨上运行的火车，由墙支承的屋架等，它们在空中的运动都受到了一定的限制，这类运动受到某些限制的物体统称为非自由体。对非自由体运动的限制通常称为约束。例如墙体对屋架下落的运动起到限制作用，则称墙体给屋架一个约束。墙体作为约束体，屋架显然是被约束体，约束体与被约束体间有相互接触和作用，因此也就一定存在与约束相适应的约束力或称约束反力。如何确定约束反力的大小、方向和作用点是绘制结构或构件受力图和进行受力分析的基础。一般约束反力的值要根据主动力（或称荷载）的作用情况利用平衡条件才能确定，但约束反力的方向和作用点通常只与约束本身有关。一般来说，约束既然是对物体运动的限制，那么约束反力的方向必定与限制运动的方向相反，这是确定约束反力方向的基本原则。至于约束反力的作用点，显然应是约束体与被约束体的接触点。建筑工程中常遇到的约束与支座有柔性约束、光滑接触面约束、圆柱形铰链约束、固定铰支座、可动铰支座、单链杆约束、固定端支座等。这些约束与支座以及约束反力（或支座反力）的特点必须熟练掌握，反复应用。

一、柔性约束

工程中使用的钢丝绳、链条和机器传动中的皮带等，整体考察可以看作是只抗拉不抗压

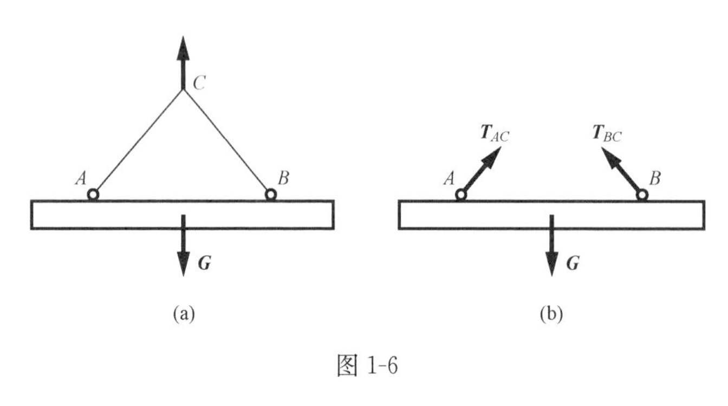

图 1-6

的柔性约束，由于它只能限制沿柔性体自身中心线伸长方向的运动，因此柔性约束所产生的约束反力其方向必定是沿柔性体的中心线，其指向背离被约束的物体，其作用点为柔性体与被约束体的接触点。图 1-6（a）所示一重为 G 的构件被起吊，钢丝绳通过 A、B 两点与构件连接。根据柔性体约束反力的特点，应在图 1-6（b）中的 A、B 两点画出两个约束反力，其方位分别与 AC 和 BC 线重合，指向背离构件，作用点分别在 A 和 B。此处须强调指出，约束反力必须画在已经解除约束的被约束物体上（代替约束的作用），而不要直接画在图 1-6（a）中，以免混淆作用力与反作用力。同时还需说明，约束反力 $\boldsymbol{T}_{AC}$ 与 $\boldsymbol{T}_{BC}$ 的大小此时尚不能确定，这需根据主动力 $\boldsymbol{G}$ 的大小通过平衡条件才能最后求出。一般在画受力图时只要根据约束反力特点正确画出力的作用点与方向即可。

二、光滑接触面约束

图 1-7 所示吊车梁的轨道对轮子的约束，如不计接触面的摩擦，可看作是光滑接触面约束。该图中支承于牛腿柱上的吊车梁，受到柱的约束（支承作用），其梁柱接触面当不考虑摩擦时也可视为光滑接触面约束。

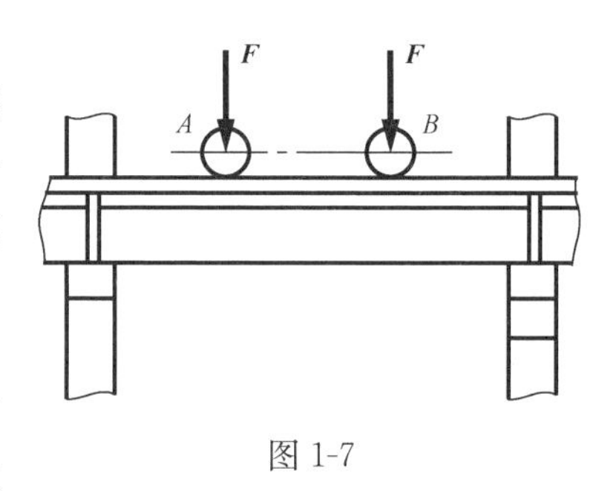

图 1-7

如物体搁置在光滑支撑面上，如图 1-8（a）所示，支撑面只能限制物体过接触点沿接触面公法线方向向下的位移，而不能限制该点离开支撑面或沿其他方向的运动。因此，光滑接触面对被约束物体的约束反力，作用在接触点上，作用线过接触点沿接触面公法线方向，并指向被约束的物体，即物体受到压力作用［图 1-8（b）］。如图 1-8（c）中直杆搁置在凹槽中，A、B、C 三点受到约束。假定接触面是光滑的，则其约束反力分别为 $\boldsymbol{F}_{NA}$、$\boldsymbol{F}_{NB}$、$\boldsymbol{F}_{NC}$，而方向垂直于相应的接触面［图 1-8（d）］。

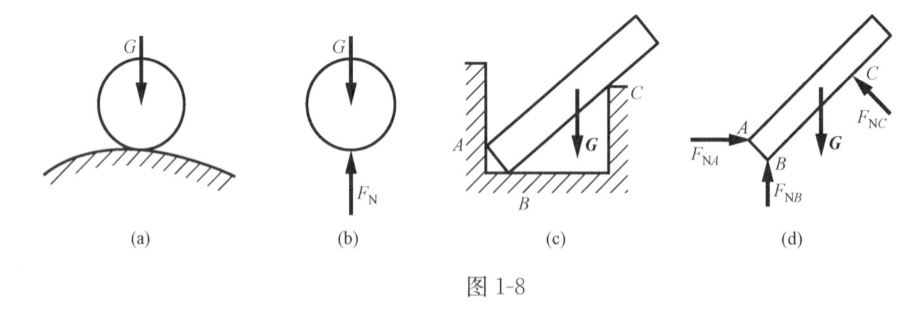

图 1-8

三、光滑圆柱形铰链约束

如图 1-9 所示，两个物体分别加工成有直径相同的圆孔，用直径略小的圆柱体（称销子）将两个物体连接上，形成的装置称圆柱形铰链。若圆孔间的摩擦忽略不计，则为光滑圆柱形铰链，简称铰链。其约束特点是不能阻止物体绕销子的转动，但能阻止物体沿圆孔径向的运动。约束反力作用点（作用线穿过接触点和圆孔中心）在圆孔中心，指向不定，它取决于主动力的状态。对于图 1-10（a）所示的 $\boldsymbol{F}_A$，通常用它的两个正交分量表示在铰链简图上，如图 1-10（b）所示的 $\boldsymbol{F}_{Ax}$、$\boldsymbol{F}_{Ay}$。

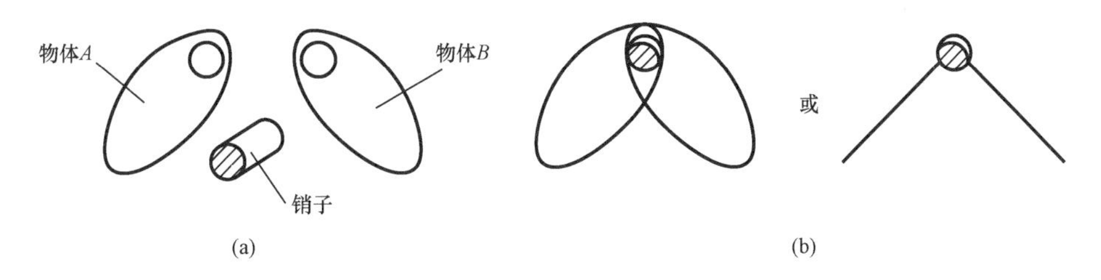

图 1-9

四、固定铰链支座

将铰链约束中的一个物体视为固定不动的支座，而另一个视为结构或构件，这种支承方式就称为固定铰链支座或简称固定铰支座。图 1-11（a）给出了这种支座的构造简图，其支座反力示于图 1-11（b）中，指向可假设，这种支座含有两个未知量 $\boldsymbol{F}_{Ax}$ 与 $\boldsymbol{F}_{Ay}$。图 1-11（c）～（f）所示为固定铰支座的常见计算简图，应当熟悉。固定铰支座中固定二字的含义是指支座中心不能移动，但结构或构件却可以绕支座中心任意转动。

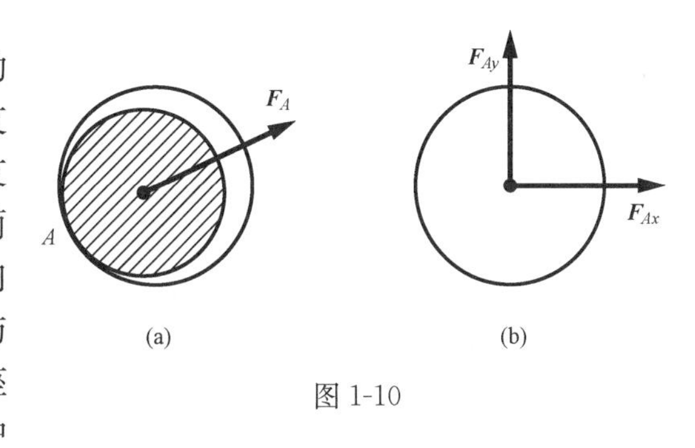

图 1-10

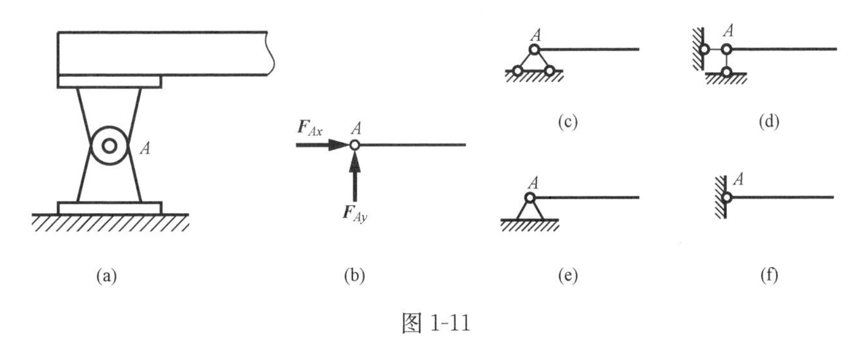

图 1-11

五、可动铰链支座

在固定铰链支座的下面加上滚轴，使构件在支座处有沿支承面方向移动的可能，这种支座称为可动铰链支座，如图 1-12（a）所示。这种支座只能阻止构件沿垂直于支承面方向的运动，不能阻止构件沿支承面移动和绕支座中心的转动，其计算简图如图 1-12（b）所示，针对这种约束特点，支座反力应垂直于支承面，但其指向待定。这种支座只有一个未知量 $\boldsymbol{F}_{Ay}$。该支座也可称为可动铰支座，图 1-12（d）也是这类支座计算简图之一。

建筑工程中理想的可动铰链支座是很少的，一般是近似抽象为可动铰链支座。施工中跳板搭在两端的墙体上，不考虑跳板向上运动时，一端的墙体可近似视为可动铰链支座。

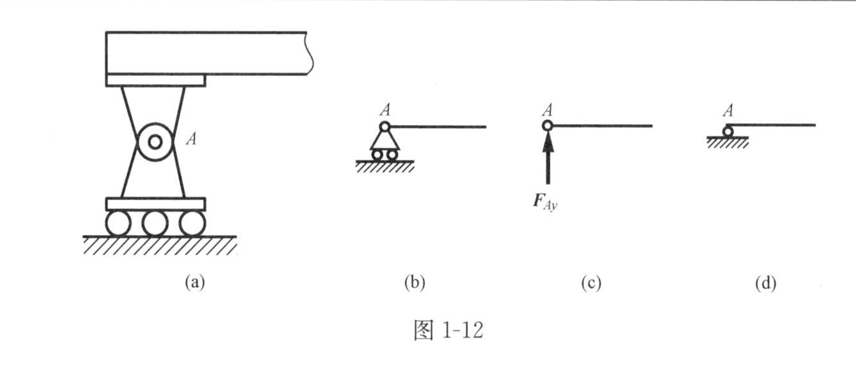

图 1-12

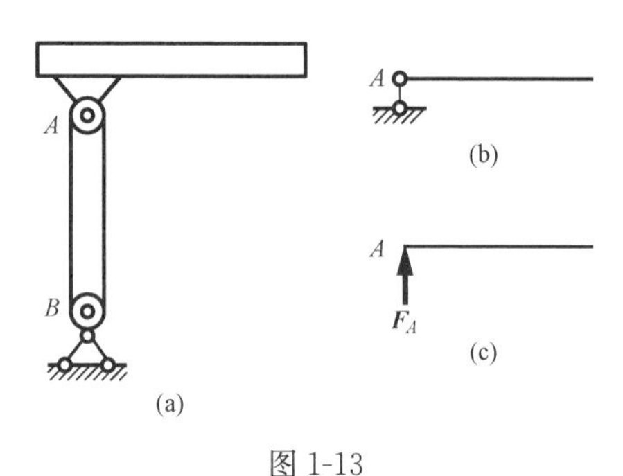

图 1-13

六、单链杆支座

构件与支座之间用如图 1-13（a）所示的两端为铰链的一根直杆（称为链杆）相连称为单链杆支座，计算简图如图 1-13（b）所示。由于它限制了构件与支座间沿杆轴线方向的相对移动，因此约束反力的作用线沿链杆轴线，指向待定，常用 $\boldsymbol{F}_A$ 表示，如图 1-13（c）所示。

七、固定端支座

图 1-14（a）所示为一固定在墙上的悬挑梁，由于该梁只有一端与墙连接，因此墙体必须完全控制梁的移动和转动。这种在 A 点既限制构件沿水平和铅垂两个方向运动又能限制构件绕 A 点转动的支座称为固定端支座，其计算简图示于图 1-14（b）中，这种梁通常称为悬臂梁。固定端支座的反力除 $\boldsymbol{F}_{Ax}$ 与 $\boldsymbol{F}_{Ay}$ 外还必须具有阻止转动的约束力偶 M_A，如图 1-14（c）所示。图 1-14（d）中预制柱与基础间如采用现浇混凝土，使柱与基础连为一整体，此时基础可视为固定端支座，计算简图示于图 1-14（e）。一般情况下固定端支座存在三个未知量，两个反力与一个力偶。

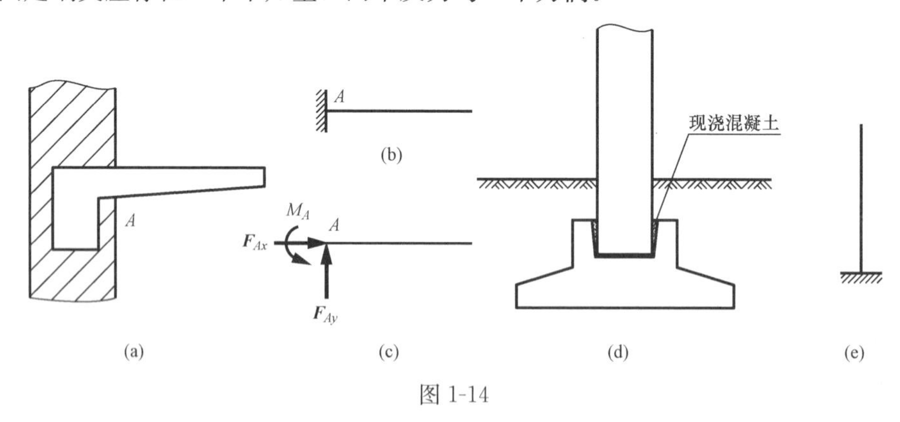

图 1-14

第四节　受　力　图

在研究结构及其构件的强度、刚度和稳定性问题中，都要对所研究的对象进行受力分析。受力分析的基础是，必须明确所研究对象受到哪些力的作用，而不需要考虑对象给其他部分的作用力。因此就必须将所研究的对象从与它相联系的周围物体中分离出来，解除全部约束单独画出，称为分离体（或隔离体）。将分离体上所受各力均正确标出，此图即称为物体的受力图。对物体进行受力分析并画出受力图，是解决力学问题的第一步，也是关键的一步。画受力图的方法如下：

（1）确定研究对象，取分离体。

根据题意要求，确定研究对象，单独画出分离体的简图。研究对象可以是整体结构（不含支座），也可以是结构中的一根构件，还可以是一根构件的一部分，甚至是一个微元体，这取决于研究问题的需要。

（2）真实地画出作用于研究对象上的全部主动力。

（3）根据约束类型画约束反力。

对于柔性约束、光滑接触面约束、链杆约束、可动铰支座等，可直接根据约束类型画出约束反力的方向。但对铰链、固定铰支座，其反力常用两个相互垂直的分力表示，对固定端约束，其反力常用两个相互垂直的分力再加一个力偶来表示，方向可任意假定。当题意要求确定这些约束反力的作用线方位及指向时，就必须根据约束类型并利用二力平衡条件（或三力平衡汇交定理）来确定约束反力的方向。同时注意，两物体间的相互约束反力必须符合作用与反作用公理。

（4）受力图上要表示清楚每个力的名称、作用位置、方位及指向。

同一个力在不同的受力图上的表示完全一致。不要先运用力系的等效变换或力的可传性改变力在受力图中的作用位置。

（5）注意受力图上只画研究对象的简图和所受的全部外力，不画已被解除的约束。每画一个力要有来源，既不能多画也不能漏画。

下面举例说明如何画物体的受力图。

【例 1-1】 图 1-15（a）所示的三铰拱 ABC，在拱 AC 上作用荷载 $\boldsymbol{F}$，不计拱的自重。试分别画出拱 AC、CB 以及整个系统的受力图。

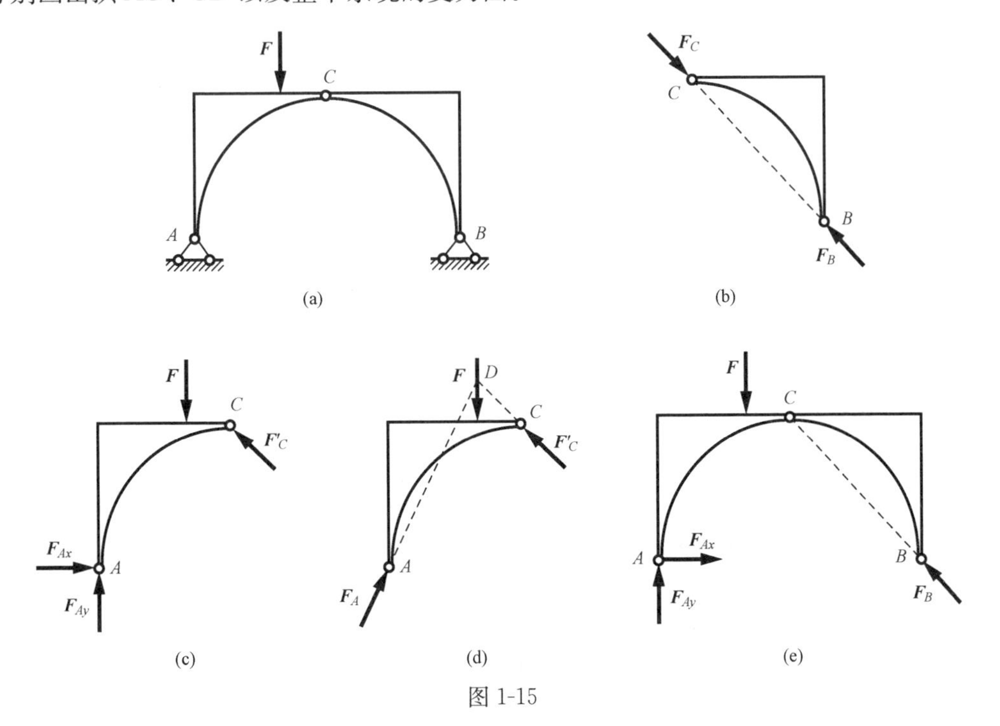

图 1-15

解 （1）拱 CB。

因不计自重，拱 CB 为二力杆，则 $\boldsymbol{F}_B=-\boldsymbol{F}_C$，其受力图如图 1-15（b）所示。

（2）拱 AC。

根据作用和反作用公理，在铰链 C 处受到拱 CB 施加的约束反力 $\boldsymbol{F}'_C$，且 $\boldsymbol{F}'_C=-\boldsymbol{F}_C$。在 A 处固定铰链支座施加的约束反力，由于方向未定，可用两个大小未知的正交分力 $\boldsymbol{F}_{Ax}$ 和 $\boldsymbol{F}_{Ay}$ 表示。其受力图如图 1-15（c）所示。

另外，由于拱 AC 在 $\boldsymbol{F}$、$\boldsymbol{F}'_C$ 和 $\boldsymbol{F}_A$ 三个力作用下平衡，也可根据三力平衡汇交定理，确定铰链 A 处约束反力 $\boldsymbol{F}_A$ 的方向。其受力图如图 1-15（d）所示。

（3）整个系统。

由于中间铰链 C 处所受的力是内力，它们成对出现，不影响系统的平衡，因而整个系统（整体）的受力图上只需画出系统以外的物体施加于系统的外力。画出荷载 $\boldsymbol{F}$，根据二力平衡条件确定 $\boldsymbol{F}_B$ 的作用线，A 处约束反力用两个正交力 $\boldsymbol{F}_{Ax}$ 和 $\boldsymbol{F}_{Ay}$ 表示，其受力图如图 1-15（e）所示，也可由三力平衡汇交定理确定 $\boldsymbol{F}_A$ 的方位。

【例 1-2】 水平梁 AB 受均匀分布的荷载 $\boldsymbol{q}$（N/m）的作用，梁的 A 端为固定铰支座，B 端为可动铰支座，如图 1-16（a）所示，试画出梁 AB 的受力图。

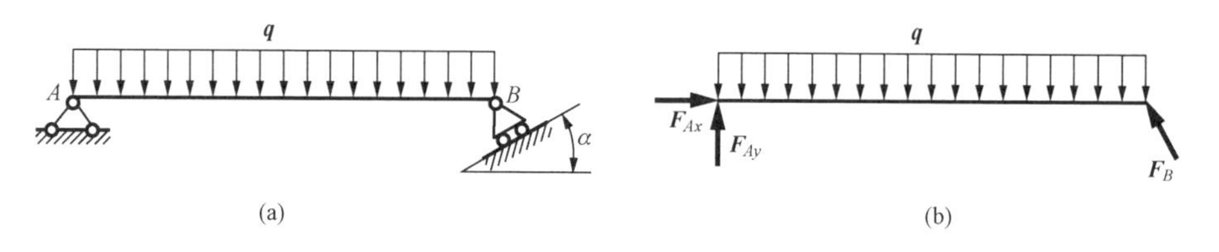

图 1-16

解 （1）取水平梁 AB 为研究对象，将它从周围物体中分离出来。

（2）水平梁 AB 所受的主动力为均匀分布的荷载 q，固定铰支座 A 端的约束反力为正交分力 $\boldsymbol{F}_{Ax}$ 和 $\boldsymbol{F}_{Ay}$，可动铰支座 B 端的法向约束反力 $\boldsymbol{F}_B$。

（3）画出梁 AB 的受力图，如图 1-16（b）所示。

【例 1-3】 如图 1-17（a）所示，水平梁 AB 用斜杆 CD 支撑，A、C、D 三处均为光滑铰链连接。均质梁重 $\boldsymbol{G}_1$，其上放置一重为 $\boldsymbol{G}_2$ 的电动机。如不计杆 CD 的自重，试分别画出杆 CD 和梁 AB（包括电动机）的受力图。

解 （1）先分析斜杆 CD 的受力。由于斜杆的自重不计，根据光滑铰链的特性，C、D 处的约束反力分别通过铰链 C、D 的中心，方向暂不确定。考虑到杆 CD 只在 $\boldsymbol{F}_C$、$\boldsymbol{F}_D$ 二力作用下平衡，根据二力平衡公理，这两个力必定沿同一直线，且等值、反向。由此可确定 $\boldsymbol{F}_C$ 和 $\boldsymbol{F}_D$ 的作用线应沿铰链中心 C 与 D 的连线。由运动趋势可判断，杆 CD 受压力，其受力图如图 1-17（b）所示。一般情况下，若 $\boldsymbol{F}_C$ 与 $\boldsymbol{F}_D$ 的指向不能预先判定时，可先任意假设杆受拉力或压力。若根据平衡方程求得的力为正值，说明原假设力的指向正确；若为负值，则说明实际杆受力与原假设指向相反。

（2）取梁 AB 为研究对象。它受有 $\boldsymbol{G}_1$、$\boldsymbol{G}_2$ 两个主动力的作用。梁在铰链 D 处受有二力杆 CD 给它的约束反力 $\boldsymbol{F}'_D$。根据作用与反作用公理，$\boldsymbol{F}'_D=-\boldsymbol{F}_D$。梁在 A 处受固定铰

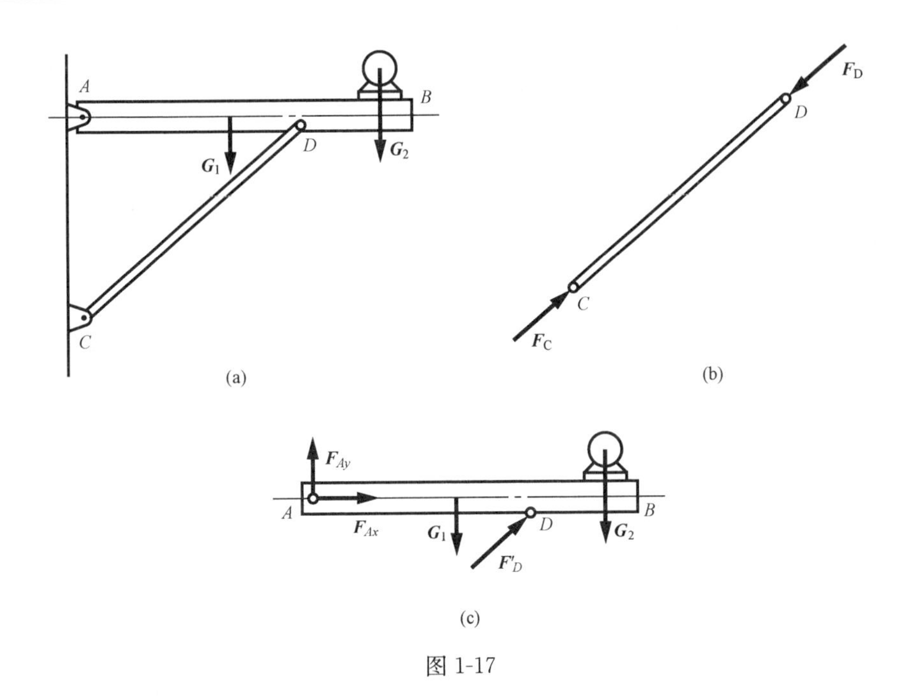

图 1-17

支座给它的约束反力的作用，由于方向未知，可用两个大小未定的正交分力 $\boldsymbol{F}_{Ax}$ 和 $\boldsymbol{F}_{Ay}$ 表示。

思考题

1-1　光滑接触面约束与可动铰支座有何异同点？

1-2　固定铰链支座与固定端支座的主要差别是什么？

1-3　举例说明何种连接可简化为铰结。

习　题

1-1　画出图 1-18 中指定物体的受力图。

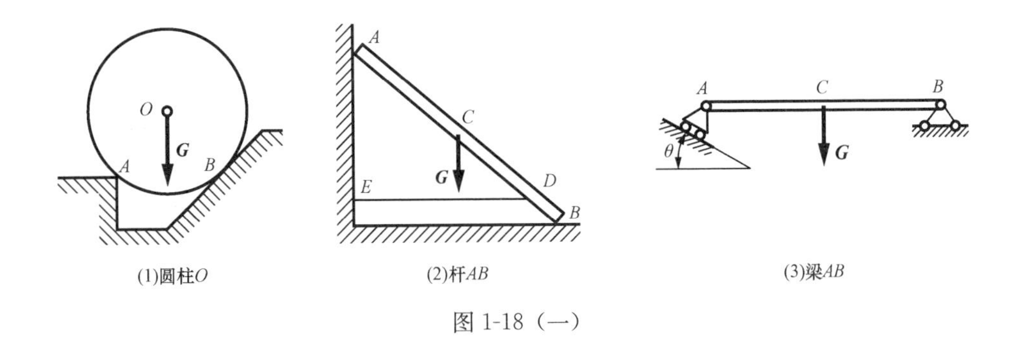

图 1-18（一）

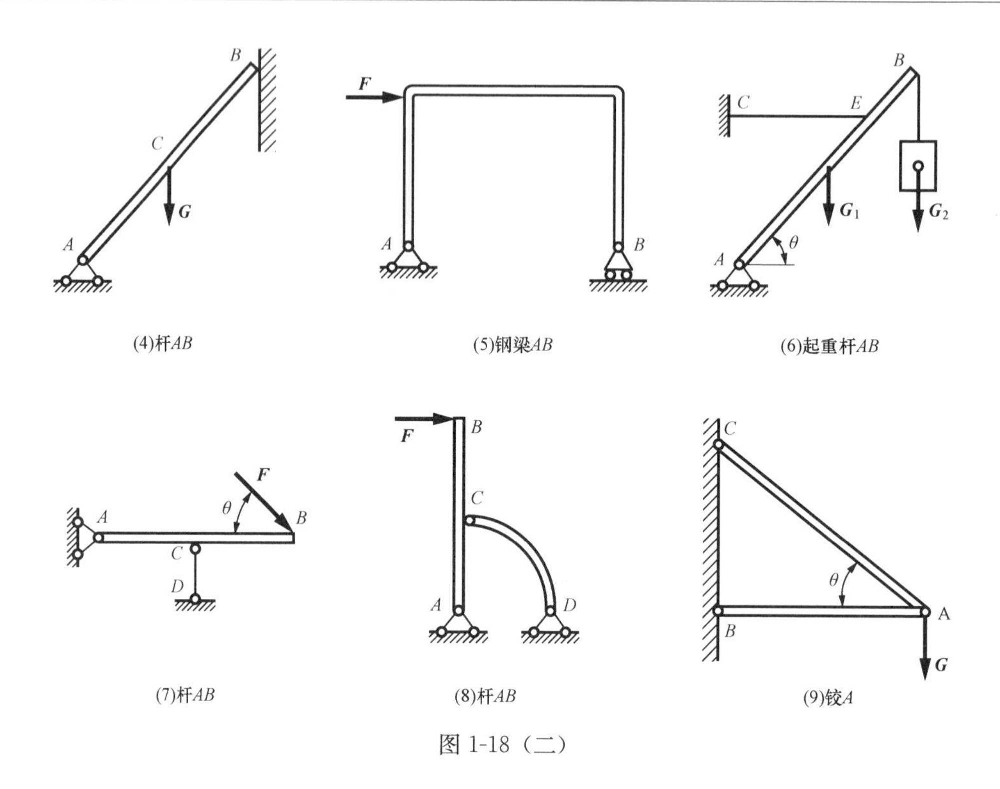

图 1-18（二）

1-2 绘制图 1-19 中指定物体的受力图。

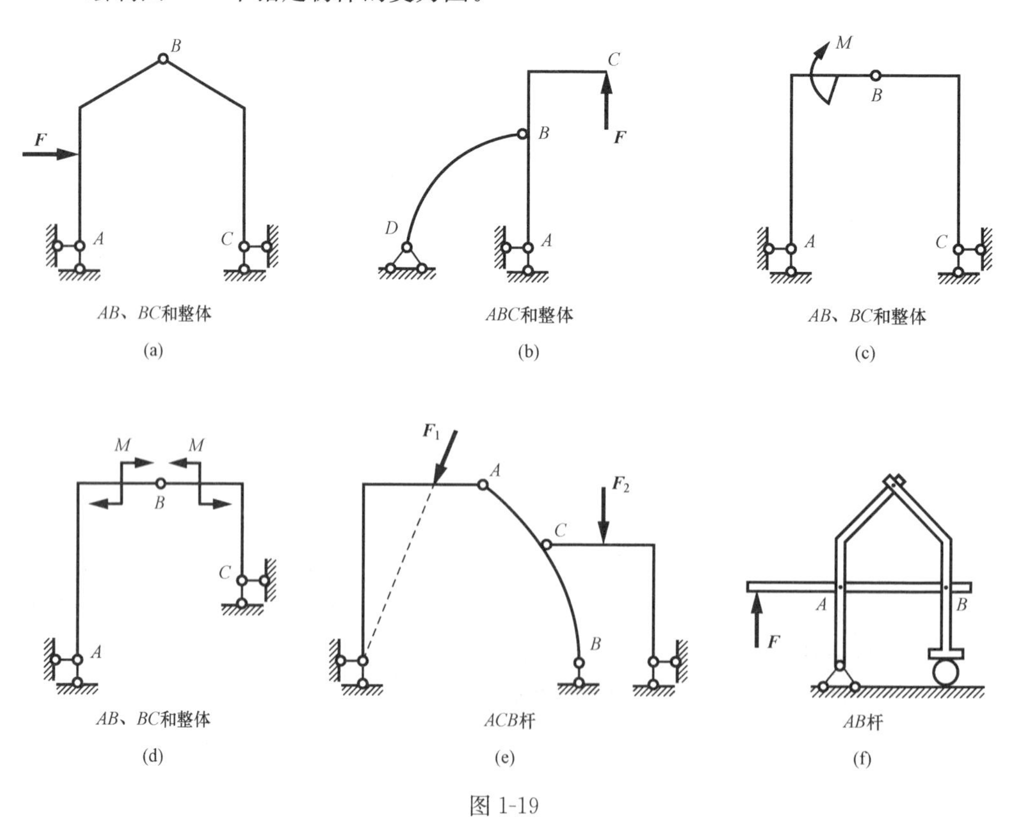

图 1-19

1-3 画出图 1-20 中球、杆的受力图。

1-4 画出图 1-21 中轮 B、杆 AB 的受力图。

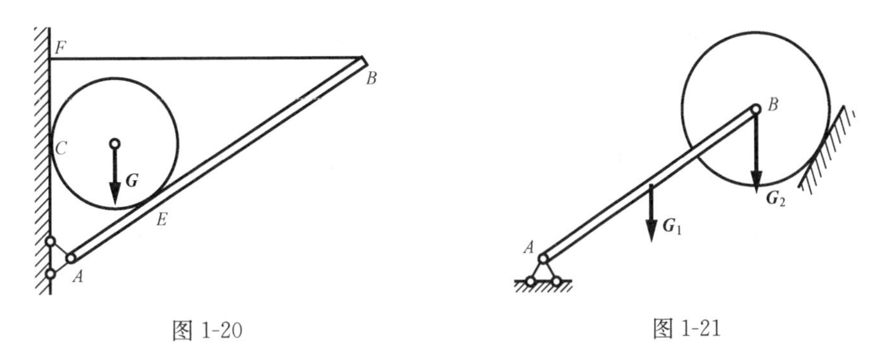

图 1-20　　图 1-21

1-5 画出图 1-22 中杆 AC、杆 BC、绳索 EF、整体的受力图。

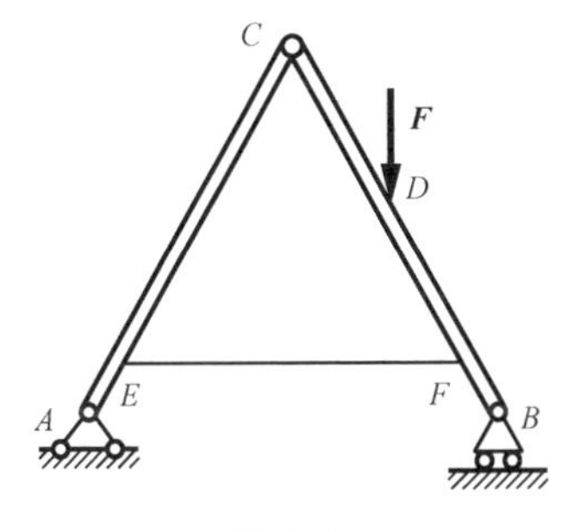

图 1-22

第二章　力学计算基础

第一节　力在平面直角坐标轴上的投影

力是矢量，力$\boldsymbol{F}$在直角坐标轴x、y上的投影，记作F_x、F_y，其表达式为

$$\begin{aligned} F_x &= F\cos\alpha \\ F_y &= F\cos\beta \end{aligned} \tag{2-1a}$$

式中，α为力$\boldsymbol{F}$与x轴正向的夹角，β为力$\boldsymbol{F}$与y轴正向的夹角，如图 2-1 (a) 所示。显然，力的投影是代数量，当力$\boldsymbol{F}$与投影轴正向间的夹角为锐角时，力$\boldsymbol{F}$的投影取正值；反之，取负值。

从图 2-1 (a) 可知，投影F_x、F_y也可表示为

$$\begin{aligned} F_x &= F\sin\beta \\ F_y &= F\sin\alpha \end{aligned} \tag{2-1b}$$

反过来，若已知力$\boldsymbol{F}$在直角坐标轴上的投影F_x、F_y，也可求出该力的大小和方向余弦

$$\left.\begin{aligned} &F = \sqrt{F_x^2 + F_y^2} \\ &\cos\alpha = \frac{F_x}{F}, \quad \cos\beta = \frac{F_y}{F} \end{aligned}\right\} \tag{2-2}$$

在图 2-1 (a) 中，若将力$\boldsymbol{F}$沿x、y轴进行分解，可得分力$\boldsymbol{F}_x$和$\boldsymbol{F}_y$。在直角坐标系中，分力的大小和投影的绝对值是相同的，即

$$\boldsymbol{F} = \boldsymbol{F}_x + \boldsymbol{F}_y = F_x\boldsymbol{i} + F_y\boldsymbol{j} \tag{2-3}$$

式中，$\boldsymbol{i}$、$\boldsymbol{j}$分别为力$\boldsymbol{F}$沿x、y坐标轴正向的单位矢量。

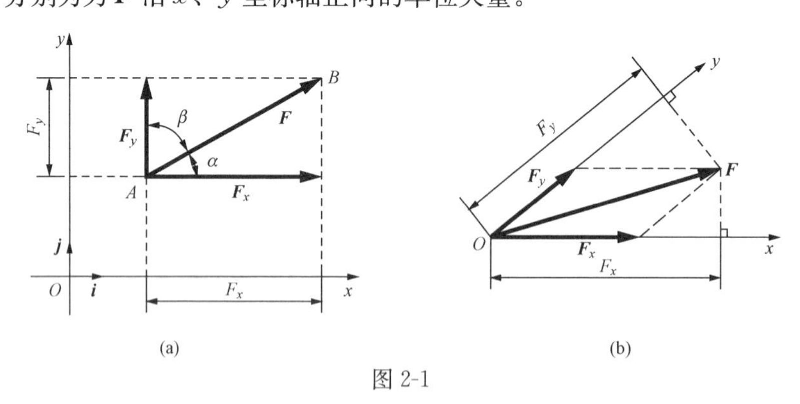

图 2-1

必须注意，力的投影和分力是两个不同的概念：力的投影是代数量，它只有大小和正负；而力的分量是矢量，不仅有大小和方向，还有作用点，二者不可混淆。当x、y轴不相垂直时，力沿两轴的分力$\boldsymbol{F}_x$和$\boldsymbol{F}_y$在数值上也不等于力在两轴上的投影F_x、F_y，如图 2-1 (b) 所示。力在平面直角坐标轴上的投影计算，必须熟练掌握。

【例 2-1】 已知$F_1=100\text{N}$，$F_2=200\text{N}$，$F_3=300\text{N}$，$F_4=400\text{N}$，各力的方向如图 2-2

所示，试分别求各力在 x 轴和 y 轴上的投影。

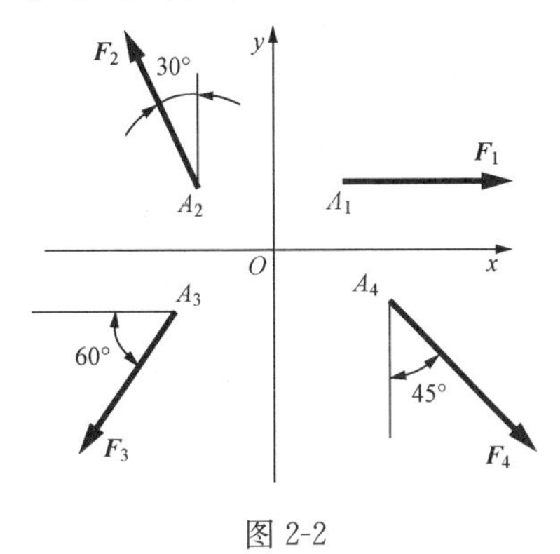

图 2-2

解 ［例 2-1］计算见表 2-1。

表 2-1 **计 算 结 果**

力	力在 x 轴上的投影	力在 y 轴上的投影
$\boldsymbol{F}_1$	$100\times\cos0°=100\text{N}$	$100\times\sin0°=0\text{N}$
$\boldsymbol{F}_2$	$-200\times\cos60°=-100\text{N}$	$200\times\sin60°=100\sqrt{3}\text{N}$
$\boldsymbol{F}_3$	$-300\times\cos60°=-150\text{N}$	$-300\times\sin60°=-150\sqrt{3}\text{N}$
$\boldsymbol{F}_4$	$400\times\cos45°=200\sqrt{2}\text{N}$	$-400\times\sin45°=-200\sqrt{2}\text{N}$

第二节 力 矩 和 力 偶

一、力对点之矩

某建筑一层设有挑出长度为 1200mm 的雨篷，为现浇钢筋混凝土结构，根部厚度为 120mm，当混凝土强度达到设计强度时进行拆模，但拆模时雨篷却突然从根部折断，如图 2-3 所示。使雨篷折断的力显然是雨篷的自重，但为什么在根部折断而不是在雨篷的中部呢？这里需要物理学中已学过的力矩知识。正是由于雨篷自重在根部产生的最大力矩才发生该处的破坏，后续课程将讨论截面的正确设计以抵抗该最大力矩。

还有，当用扳手拧动螺母时，如图 2-4 所示。由经验可知，要使螺母转动，除与作用在扳手上的力 $\boldsymbol{F}$ 的大小有关外，还与螺母中心点 O 到力 $\boldsymbol{F}$ 的作用线的垂直距离 d 有关。

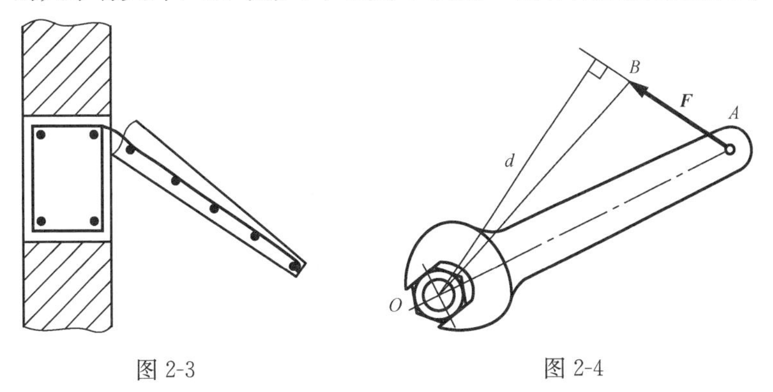

图 2-3　　图 2-4

力对物体上某一点（称为转动中心）的转动效应用力对该点的力矩来度量。如图2-5所示，力 $\boldsymbol{F}$ 对 O 点之矩用 $M_O(\boldsymbol{F})$ 表示，其值为一代数量，定义为

$$M_O(\boldsymbol{F}) = \pm Fd \tag{2-4}$$

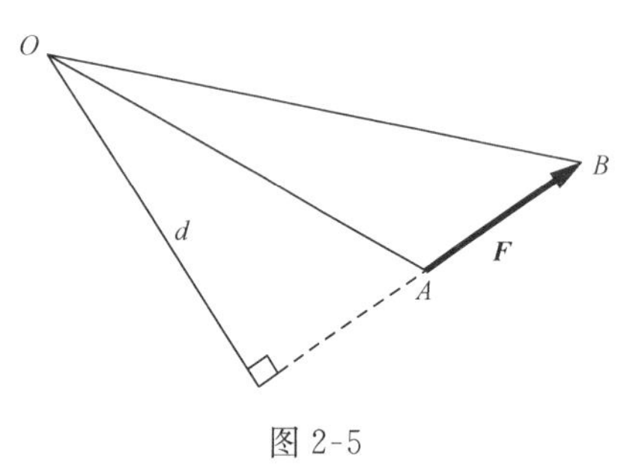

图 2-5

式中，F 为力 $\boldsymbol{F}$ 的大小，而 d 为 O 点到力 $\boldsymbol{F}$ 的垂直距离，称为力臂，点 O 称为矩心。通常规定：力使物体绕矩心逆时针方向转动时的力矩为正，反之为负。

根据几何关系，从图2-5可以看出，力 $\boldsymbol{F}$ 对 O 点之矩的大小也可用以 $\boldsymbol{F}$ 为底边，矩心 O 为顶点所构成的三角形 OAB 面积的二倍来表示，即

$$M_O(\boldsymbol{F}) = \pm 2A_{\triangle OAB} \tag{2-5}$$

在国际单位制中，力矩的单位是牛顿·米（N·m）或千牛顿·米（kN·m）。

由上述分析可得力矩的性质：

（1）力对点之矩，不仅取决于力的大小，还与矩心的位置有关。力矩随矩心的位置变化而变化。

（2）力对任一点之矩，不因该力的作用点沿其作用线移动而改变。

（3）力的大小等于零或其作用线通过矩心时，力矩等于零。

由于力矩含有力和力臂两个因素，因此力矩为零的条件既可以是力的值为零，也可以是力臂为零，显然后者表明此时力通过转动中心。

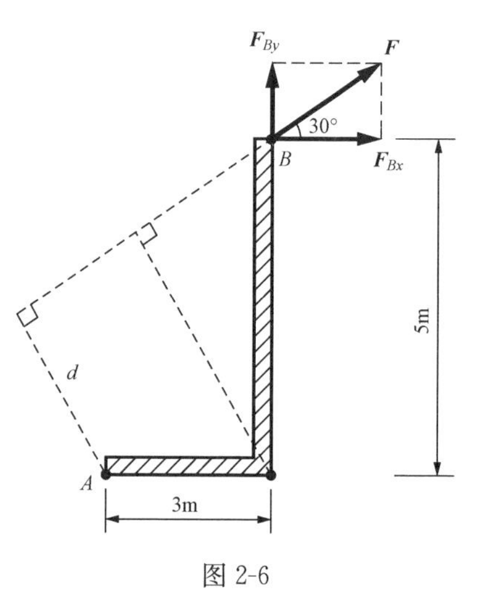

图 2-6

【例 2-2】 求图2-6中力 $\boldsymbol{F}$ 对 A 点的力矩，已知 $F=10$kN。

解 由于力的大小为已知，因此计算此力矩的关键是确定力臂 d，根据图中的辅助线可以得到

$$\begin{aligned} d &= 5\times\cos30^\circ - 3\times\sin30^\circ \\ &= 5\times0.866 - 3\times0.5 = 2.83(\text{m}) \end{aligned}$$

因此 $\boldsymbol{F}$ 对 A 点之矩为

$$M_A(\boldsymbol{F}) = -10\times2.83 = -28.3(\text{kN}\cdot\text{m})$$

如果先将力 $\boldsymbol{F}$ 沿水平和铅垂方向分解为 $\boldsymbol{F}_{Bx}$ 和 $\boldsymbol{F}_{By}$，分别计算两分力对 A 点力矩代数和，有

$$\begin{aligned} M_A(\boldsymbol{F}_{Bx}) + M_A(\boldsymbol{F}_{By}) &= -F\cos30^\circ\times5 + F\sin30^\circ\times3 \\ &= -10\times0.866\times5 + 10\times0.5\times3 \\ &= -28.3(\text{kN}\cdot\text{m}) \end{aligned}$$

两种方法对比发现，$M_A(\boldsymbol{F})=M_A(\boldsymbol{F}_{Bx})+M_A(\boldsymbol{F}_{By})$，即合力对某点之矩等于各分力对同一点之矩的代数和，称为平面汇交力系的合力矩定理，这仅是力矩定理的一个说明，下面证明该定理。

证明 设作用于 A 点的汇交力 $\boldsymbol{F}_1$、$\boldsymbol{F}_2$ 的合力为 $\boldsymbol{F}_R$，如图 2-7 所示。任选一点 O 为矩心，过 O 点作 x 轴垂直于 OA，并过点 B、C、D 分别作 x 轴的垂线，交轴于 b、c、d 三点，则 $\boldsymbol{F}_1$、$\boldsymbol{F}_2$ 和 $\boldsymbol{F}_R$ 在 x 轴上的投影分别为 Ob、Oc、Od。通过图形的几何关系可知，$Od=Ob+bd$，因 $ABCD$ 为平行四边形，则 $bd=Oc$，所以

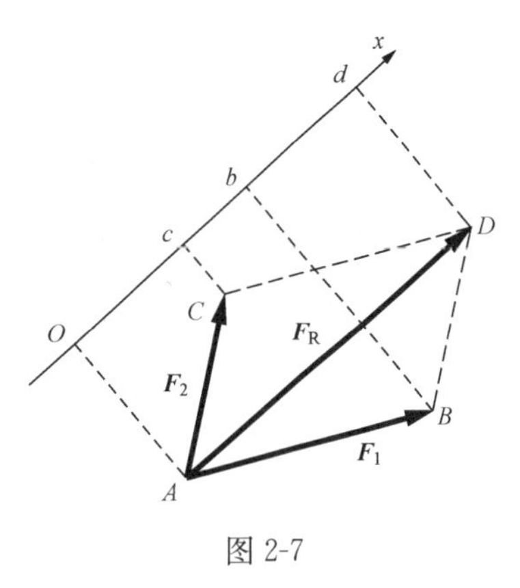

图 2-7

$$Od=Ob+Oc$$

根据力矩的三角形面积表示法可知

$$M_O(\boldsymbol{F}_1)=2A_{\triangle OAB}=OA\times Ob$$
$$M_O(\boldsymbol{F}_2)=2A_{\triangle OAC}=OA\times Oc$$
$$M_O(\boldsymbol{F}_R)=2A_{\triangle OAD}=OA\times Od=OA(Ob+Oc)$$

所以

$$M_O(\boldsymbol{F}_R)=M_O(\boldsymbol{F}_1)+M_O(\boldsymbol{F}_2)$$

同理，此方法可以推广到平面汇交力系中有 n 个分力的情况，即

$$M_O(\boldsymbol{F}_R)=M_O(\boldsymbol{F}_1)+M_O(\boldsymbol{F}_2)+\cdots+M_O(\boldsymbol{F}_n)=\sum M_O(\boldsymbol{F}) \tag{2-6}$$

这个定理也适用于有合力的其他力系。在计算力矩时，某些情况下力臂不易确定，可以先将力分解为两个力臂容易确定的分力（通常是正交分解），然后应用合力矩定理计算出力矩。

【例 2-3】 作用于齿轮的啮合力 $F=1000\text{N}$，节圆直径 $D=160\text{mm}$，压力角 $\theta=20°$，如图 2-8 所示。求啮合力 $\boldsymbol{F}$ 对于轮心 O 之矩。

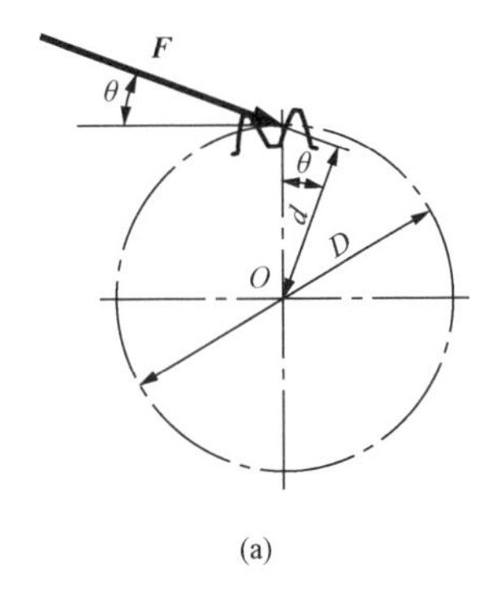

(a)

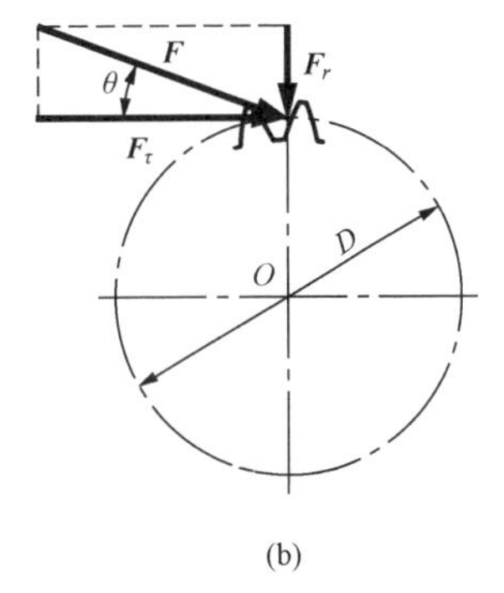

(b)

图 2-8

解 方法一：直接按力矩定义计算

由图 2-8（a）中几何关系可知，力臂 $d=\dfrac{D}{2}\cos\theta$， 于是

$$M_O(\boldsymbol{F})=-Fd=-1000\times\frac{0.16}{2}\cos20°=-75.2(\text{N}\cdot\text{m})$$

方法二：应用合力矩定理计算

将啮合力 $\boldsymbol{F}$ 正交分解为圆周力 $\boldsymbol{F}_\tau$ 和径向力 $\boldsymbol{F}_r$，如图 2-8（b）所示，则

$$F_\tau=F\cos\theta,\quad F_r=F\sin\theta$$

根据合力矩定理，得

$$M_O(\boldsymbol{F})=M_O(\boldsymbol{F}_\tau)+M_O(\boldsymbol{F}_r)=-F\cos\theta\times\frac{D}{2}+0$$

$$=-1000\cos20^\circ\times\frac{0.16}{2}=-75.2(\mathrm{N\cdot m})$$

由此可见，两种计算方法结果完全相同。

二、力偶

在静力学中的基本力学量中，除了前面一直在讨论的力以外，还有力偶。力偶可以理解为一个特殊的力系，该力系既无合力又不平衡，对物体作用时，只有转动效应没有平移效应。

1. 力偶的概念

在日常生活中，常常会遇到两个大小相等、方向相反、不共线的平行力作用在同一物体上的现象。例如，汽车司机用双手转动方向盘；用两个手指转动钥匙打开门锁；用手指拧动水龙头等，如图 2-9 所示。在力学中，把两个等值、反向、不共线的平行力组成的力系，称为力偶，用符号（$\boldsymbol{F}$，$\boldsymbol{F}'$）表示。

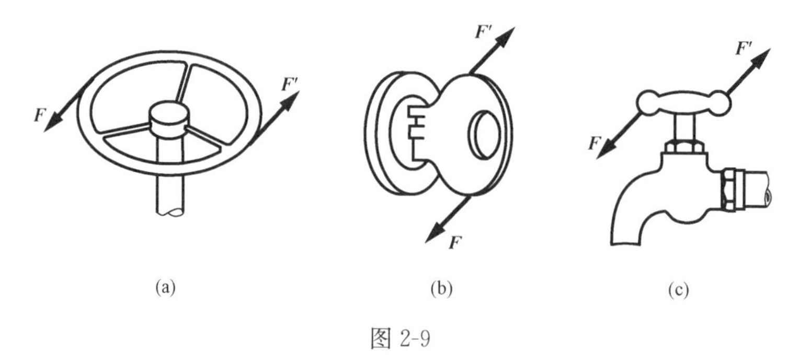

图 2-9

2. 力偶矩

力偶（$\boldsymbol{F}$，$\boldsymbol{F}'$）的两个力作用线所在的平面称为力偶的作用面，两个力作用线之间的垂直距离 d 称为力偶臂，如图 2-10 所示。已经知道，力对物体绕一点转动的效应用力矩来表示，力偶对物体绕某点转动的效应，则可用力偶的两个力对该点的矩的代数和来度量。

设有一力偶（$\boldsymbol{F}$，$\boldsymbol{F}'$），其力偶臂为 d，如图 2-10 所示，力偶对作用面内任一点 O（O 点与力 $\boldsymbol{F}'$的距离为 x）之矩为 $M_O(\boldsymbol{F}，\boldsymbol{F}')$，则

$$M_O(\boldsymbol{F},\boldsymbol{F}')=M_O(\boldsymbol{F})+M_O(\boldsymbol{F}')=F(d+x)-F'x=Fd$$

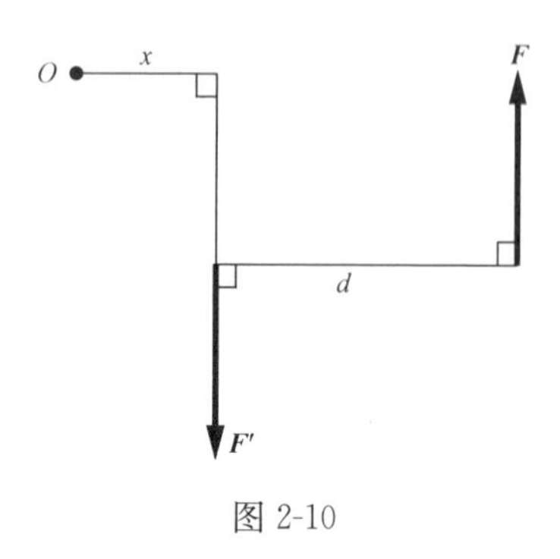

图 2-10

因为矩心 O 是平面内任取的一点，这说明力偶对物体的作用效应仅决定于力的大小与力偶臂 d 的长短，而与矩心的位置无关。力偶的任一力的大小与力偶臂的乘积再冠以相应的正负号称为力偶矩，记作 M 或用 $M_O(\boldsymbol{F}，\boldsymbol{F}')$ 表示。在平面问题中，通常规定，力偶使物体逆时针转动时，力偶矩取正号，反之取负号，即

$$M=\pm Fd \tag{2-7}$$

可见，平面问题中力偶矩是个代数量。力偶矩的单位与力矩的单位相同。

3. 力偶的基本性质

（1）力偶没有合力，不能用一个力来等效，也不能用一个力来与之平衡。

求如图 2-11 所示两平行力 $\boldsymbol{F}_1$ 与 $\boldsymbol{F}_2$ 的合力，其中 $\boldsymbol{F}_1$ 与 $\boldsymbol{F}_2$ 为平行并同向的两个力。在 $\boldsymbol{F}_1$ 与 $\boldsymbol{F}_2$ 作用点的连线上加上一对平衡力 $\boldsymbol{P}$ 和 $\boldsymbol{P}'$，使平行的 $\boldsymbol{F}_1$ 与 $\boldsymbol{F}_2$ 二力等效为延长线相交的 $\boldsymbol{F}_{R1}$ 与 $\boldsymbol{F}_{R2}$ 二力，再利用平行四边形法则可求得合力 $\boldsymbol{F}_R$。

同理，再求如图 2-12 所示一力偶（$\boldsymbol{F}$，$\boldsymbol{F}'$）的合力，其中 $\boldsymbol{F}$ 与 $\boldsymbol{F}'$ 为平行并反向的两个力。不难发现，原力系（$\boldsymbol{F}$，$\boldsymbol{F}'$）在加入一平衡力系后，新力系（$\boldsymbol{F}_R$，$\boldsymbol{F}'_R$）仍为平行、等值、反向且不在一直线上的两个力，或者说仍然为一力偶。这说明力偶是没有合力的，或者说力偶不能与一个力等效，显然也就不能与一个力平衡，因此力偶是与力有着本质区别的另一种物理量。

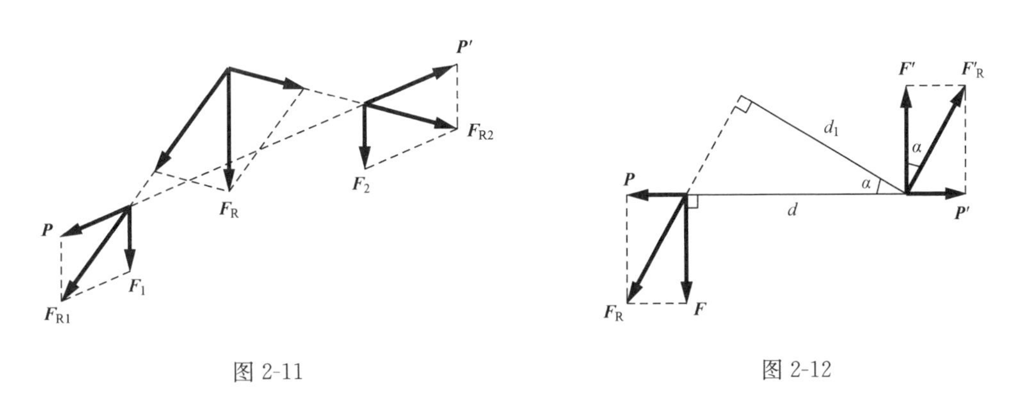

图 2-11　　图 2-12

（2）力偶使物体绕其作用面内任意一点的转动效应，与矩心的位置无关，完全由力偶矩来确定。

通过对力偶矩的介绍，可以知道力偶的转动效应可以完全由力偶矩来度量，即只与力的大小和力偶臂的长短有关，而与矩心的位置无关。如图 2-12 所示，力偶（$\boldsymbol{F}$，$\boldsymbol{F}'$）与力偶（$\boldsymbol{F}_R$，$\boldsymbol{F}'_R$）虽然等效，但力的大小与两力间的垂直距离均发生了变化，两力偶的力偶矩分别为

$$M(\boldsymbol{F},\ \boldsymbol{F}') = +F \times d$$

$$M(\boldsymbol{F}_R,\ \boldsymbol{F}'_R) = +F_R \times d_1 = +\frac{F}{\cos\alpha} \times d \times \cos\alpha = +F \times d = M(\boldsymbol{F},\ \boldsymbol{F}')$$

这个等式表明，作用在刚体上同一平面的两个力偶，如果力偶矩相等，则两力偶彼此等效，这就是力偶的等效定理。由此定理可以得到如下推论：

推论 1　力偶可以在其作用面内任意移转，而不改变它对刚体的转动效应。因此，力偶对刚体的转动效应与力偶在其作用面内的位置无关。

推论 2　在保持力偶矩的大小和转向不变的情况下，可以任意改变力偶中力的大小和力偶臂的长短，而不会改变它对刚体的效应。上述力偶等效变换的性质与力的可传性原理一样，也只适用于刚体。

如图 2-13（a）～（c）所示三个力偶，其力偶矩分别为 $-5\times2=-10(\mathrm{kN\cdot m})$、$-1.25\times8=-10(\mathrm{kN\cdot m})$、$-5\times\sqrt{8}\times\frac{\sqrt{2}}{2}=-10(\mathrm{kN\cdot m})$。根据力偶的等效定理可知，三个力偶完

全等效。力学中经常用图 2-13（d）所示符号表示力偶及其力偶矩。

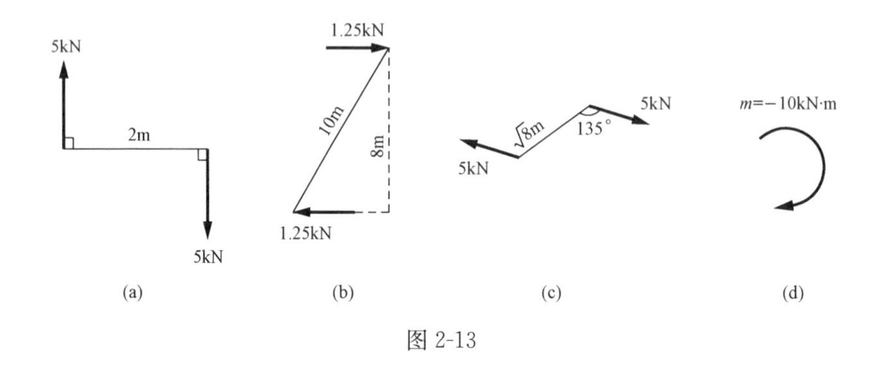

图 2-13

第三节 平面力系的合成

一、平面汇交力系的合成

若力系中各力作用线汇交于同一点，且各力作用线在同一平面内，则称为平面汇交力系。研究平面汇交力系的基础是力的三角形法则。

1. 平面汇交力系合成的几何法

设作用于刚体上的力 $\boldsymbol{F}_1$、$\boldsymbol{F}_2$、$\boldsymbol{F}_3$、$\boldsymbol{F}_4$ 作用线汇交于 O 点，现求其合力。根据力的可传性，将各力作用点移动到汇交点 O，如图 2-14（a）所示。应用力的三角形法则，首先将 $\boldsymbol{F}_1$ 与 $\boldsymbol{F}_2$ 合成得 $\boldsymbol{F}_{R1}$，然后把 $\boldsymbol{F}_{R1}$ 与 $\boldsymbol{F}_3$ 合成得 $\boldsymbol{F}_{R2}$，最后将 $\boldsymbol{F}_{R2}$ 与 $\boldsymbol{F}_4$ 合成得 $\boldsymbol{F}_R$，力 $\boldsymbol{F}_R$ 就是原汇交力系 $\boldsymbol{F}_1$、$\boldsymbol{F}_2$、$\boldsymbol{F}_3$、$\boldsymbol{F}_4$ 的合力，如图 2-14（b）所示，矢量关系的数学表达式为

$$\boldsymbol{F}_R = \boldsymbol{F}_1 + \boldsymbol{F}_2 + \boldsymbol{F}_3 + \boldsymbol{F}_4 \tag{2-8}$$

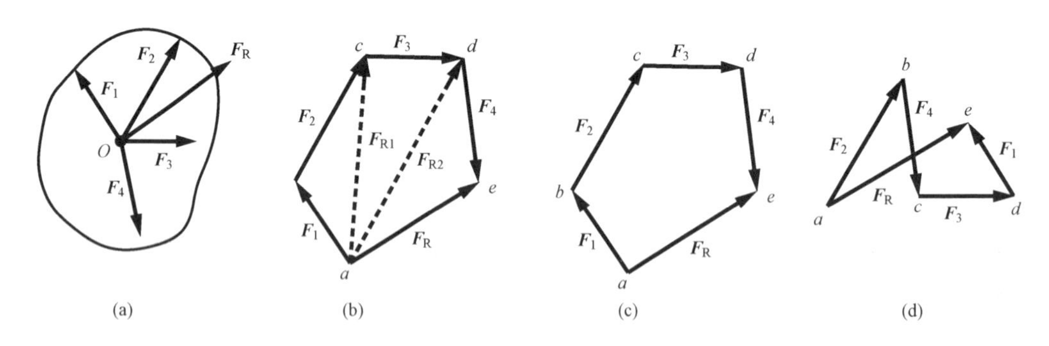

图 2-14

实际作图时，可以不必画出 $\boldsymbol{F}_{R1}$ 与 $\boldsymbol{F}_{R2}$，只要从汇交点出发，将各力首尾相接，形成一个不封闭的多边形，则多边形的封闭边，就是原汇交力系的合力 $\boldsymbol{F}_R$，如图 2-14（c）所示。把由各分力 $\boldsymbol{F}_1$、$\boldsymbol{F}_2$、$\boldsymbol{F}_3$、$\boldsymbol{F}_4$ 和合力 $\boldsymbol{F}_R$ 构成的多边形 $abcde$ 称为力多边形。显然，合力的作用线通过汇交点，大小和方向由力多边形的封闭边确定。

从图 2-14（d）还可以看出，改变各分力矢相连的先后顺序，只会影响力多边形的形

状，但不会影响合成的最后结果。

将这一方法推广到由 n 个力组成的平面汇交力系，可得结论：平面汇交力系合成的最终结果是一个合力，合力的作用线通过力系的汇交点，合力的大小和方向由力系中各分力的矢量和确定，为力多边形的封闭边。矢量关系式为

$$\boldsymbol{F}_R=\boldsymbol{F}_1+\boldsymbol{F}_2+\cdots+\boldsymbol{F}_n=\sum\boldsymbol{F}_i \tag{2-9}$$

2. 平面汇交力系合成的解析法

设平面汇交力系 $\boldsymbol{F}_1$、$\boldsymbol{F}_2$、$\boldsymbol{F}_3$、…、$\boldsymbol{F}_n$ 作用在物体的 O 点，如图 2-15（a）所示。该汇交力系的合力为 $\boldsymbol{F}_R$，由式（2-9）不难理解，等号左右两边的矢量相等，则其在同一坐标轴上的投影也相等

$$\begin{aligned}F_{Rx}&=F_{1x}+F_{2x}+\cdots+F_{nx}=\sum F_{ix}\\F_{Ry}&=F_{1y}+F_{2y}+\cdots+F_{ny}=\sum F_{iy}\end{aligned} \tag{2-10a}$$

在书写中，可省略 F_{ix}、F_{iy} 的下标“i”，写成

$$\left.\begin{aligned}F_{Rx}&=\sum F_x\\F_{Ry}&=\sum F_y\end{aligned}\right\} \tag{2-10b}$$

即：合力在某一坐标轴上的投影，等于各分力在同一坐标轴上投影的代数和，这就是合力投影定理。

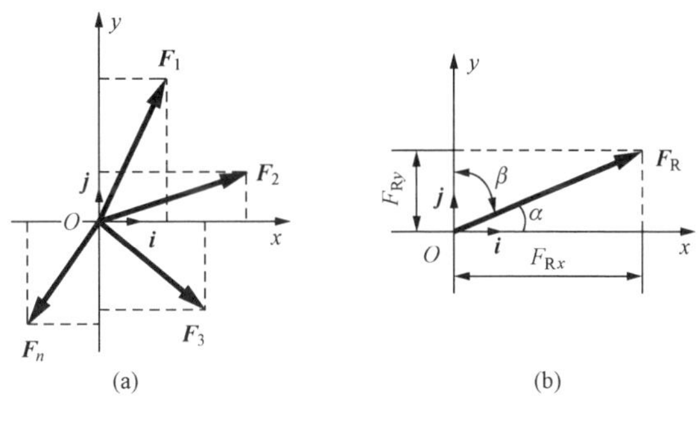

图 2-15

当平面汇交力系为已知时，如图 2-15（a）所示，可先求出力系中各力在 x 轴和 y 轴上的投影，再根据合力投影定理求得合力 $\boldsymbol{F}_R$ 在 x、y 轴上的投影 F_{Rx}、F_{Ry}［图 2-15（b）］，由式（2-2）可知，合力 $\boldsymbol{F}_R$ 的大小和方向由下式确定

$$\begin{aligned}F_R&=\sqrt{F_{Rx}^2+F_{Ry}^2}=\sqrt{\left(\sum F_x\right)^2+\left(\sum F_y\right)^2}\\\cos\alpha&=\frac{F_{Rx}}{F_R}=\frac{\sum F_x}{F_R}\\\cos\beta&=\frac{F_{Ry}}{F_R}=\frac{\sum F_y}{F_R}\end{aligned} \tag{2-11}$$

式中，α 为合力 $\boldsymbol{F}_R$ 与 x 轴正向间的夹角，β 为合力 $\boldsymbol{F}_R$ 与 y 轴正向间的夹角。而合力的作用线通过汇交点 O。

【例 2-4】 如图 2-16 所示平面汇交力系，已知：$F_1=200\text{N}$，$F_2=300\text{N}$，$F_3=100\text{N}$，$F_4=250\text{N}$，求此力系的合力。

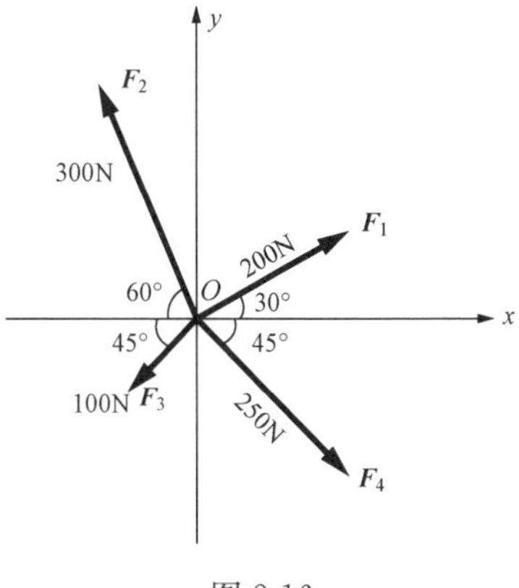

图 2-16

解

$$\begin{aligned}F_{Rx}&=\sum F_x\\&=F_1\cos30^\circ-F_2\cos60^\circ-F_3\cos45^\circ+F_4\cos45^\circ\\&=129.3(\text{N})\\F_{Ry}&=\sum F_y\\&=F_1\sin30^\circ+F_2\sin60^\circ-F_3\sin45^\circ-F_4\sin45^\circ\\&=112.3(\text{N})\end{aligned}$$

$F_R=\sqrt{F_{Rx}^2+F_{Ry}^2}=171.3\text{N}$，　$\cos\theta=\dfrac{F_{Rx}}{F_R}=0.7548$，　$\theta=40.99°$

由于 $F_{Rx}>0$，$F_{Ry}>0$，故 θ 在第一象限，而合力 $\boldsymbol{F}_R$ 作用线通过汇交点 O。

二、平面力偶系的合成

之前，学习了力偶的基本性质及其表示方法，下面进一步研究力偶的合成。

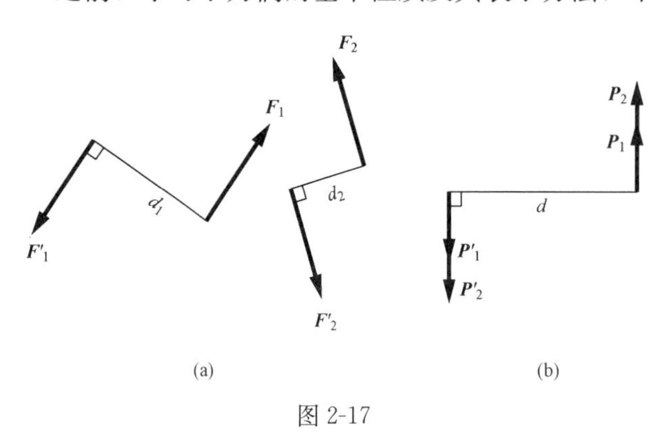

图 2-17

设在刚体的同一平面内作用有任意两个力偶（$\boldsymbol{F}_1$，$\boldsymbol{F}_1'$）与（$\boldsymbol{F}_2$，$\boldsymbol{F}_2'$），如图 2-17（a）所示，其中力偶矩 $M(\boldsymbol{F}_1, \boldsymbol{F}_1')=M_1=F_1\times d_1$；$M(\boldsymbol{F}_2,\boldsymbol{F}_2')=M_2=F_2\times d_2$。为了将两个力偶合成，可根据力偶的性质将（$\boldsymbol{F}_1$，$\boldsymbol{F}_1'$）力偶等效变为图 2-17（b）中所示的（$\boldsymbol{P}_1$，$\boldsymbol{P}_1'$）力偶，为了保证力偶矩不变，此时 $P_1=\dfrac{M_1}{d}$；力偶（$\boldsymbol{F}_2$，$\boldsymbol{F}_2'$）等效变为（$\boldsymbol{P}_2$，$\boldsymbol{P}_2'$）力偶，而 $P_2=\dfrac{M_2}{d}$。由图 2-17（b）可看出，两力偶合成后仍为一力偶，且合成后的力偶其力偶矩若以 M 表示，则

$$M=(P_1+P_2)\times d=P_1d+P_2d=M_1+M_2$$

此式表明，任意两个力偶之和还是力偶，且合力偶的力偶矩等于两个分力偶力偶矩的代数和。将此结论推广到平面内 n 个任意力偶的情形，可得如下结论：平面力偶系可以合成为一个合力偶，合力偶的力偶矩等于力偶系中各分力偶矩的代数和，即

$$M=M_1+M_2+\cdots+M_n=\sum_{i=1}^{n}M_i \tag{2-12}$$

式中，M_1、M_2、…、M_n 为各分力偶的力偶矩，M 为合力偶的力偶矩。

三、力的平移定理

研究任何问题，最好的方法就是由简单到复杂，同时又要将复杂问题化繁为简。研究平面任意力系，则希望将其用简单力系等效替换。而力的平移定理，则是平面任意力系简化的基本方法。

力的平移定理：作用在刚体上 A 点的力 $\boldsymbol{F}$ 可以平行移动到刚体内任意一点 B，同时附加一个力偶，此附加力偶的矩等于原来的力 $\boldsymbol{F}$ 对点 B 的矩。

证明　如图 2-18（a）所示，在刚体上 A 点作用有力 $\boldsymbol{F}$，由加减平衡力系公理，在刚体的任意一点 B 加上平衡力系 $\boldsymbol{F}'=-\boldsymbol{F}''$，并令 $\boldsymbol{F}=\boldsymbol{F}'=-\boldsymbol{F}''$，如图 2-18（b）所示，则 $\boldsymbol{F}$ 和 $\boldsymbol{F}''$ 构成一个力偶，其矩为

$$M=\pm Fd=M_B(\boldsymbol{F}) \tag{2-13a}$$

则力 $\boldsymbol{F}$ 平行移动到点 B，同时附加一力偶 M。如图 2-18（c）所示，证毕。

力的平移定理是力系简化的重要依据，在生产实践中有着大量的实际应用。例如，攻丝时，必须两手握扳手均匀用力，如图 2-19（a）所示。如果工人单手用力，如图 2-19（b）所示，则会将丝锥折断。这是因为，作用在 B 点的力 $\boldsymbol{F}$ 向 C 点平移后，得到一个与之大

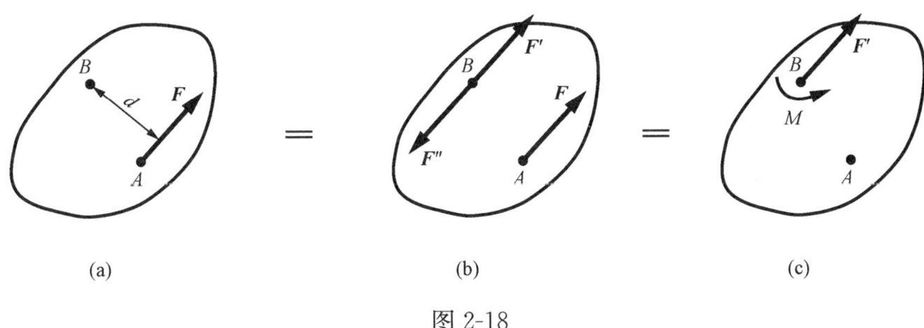

图 2-18

小相等、方向相同的力 $\boldsymbol{F}'$ 和一个力偶 M，如图 2-19（c）所示，力偶使丝锥转动，而力 $\boldsymbol{F}'$ 则是丝锥折断的原因。再比如，在双人皮划艇比赛中，同组队员必须相互配合、协调用力，这样，两船桨所得到的水流推进力节奏一致、大小相同，如图 2-20（a）所示。二力向船的轴心平移后，得到大小为 $2F$ 的推力；而两附加力偶大小相等，转向相反，互相抵消。若同组队员配合不协调，两船桨所得到的水流推进力大小不同，如图 2-20（b）所示，二力向船的轴心平移后，不仅得到一个推进力 F_2+F_1，同时，还有一个附加力偶 $M=F_2d-F_1d$（设 F_2 大于 F_1），如图 2-20（c）所示，该力偶使皮划艇偏转，从而影响比赛速度。

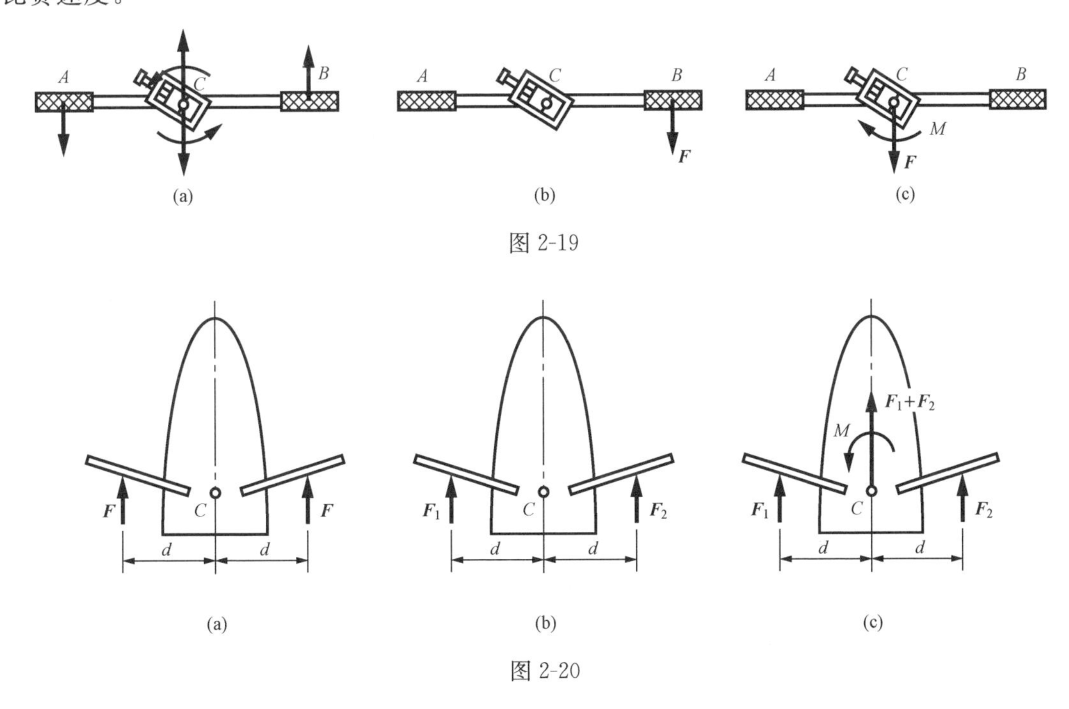

图 2-19

图 2-20

力的平移定理的逆过程为：设作用在刚体上的力系为任一点 B 的一个力 $\boldsymbol{F}'$ 和一个力偶 M，该力系可以等效为另一点 A 的一个力 $\boldsymbol{F}$，此力 $\boldsymbol{F}$ 为原力系的合力。等效条件是力矢量 $\boldsymbol{F}$ 与 $\boldsymbol{F}'$ 大小相等，方向相同，力 $\boldsymbol{F}$ 对点 B 的矩等于力偶的矩 M，力 $\boldsymbol{F}$ 与力 $\boldsymbol{F}'$ 作用线间的距离为

$$d=\frac{|M|}{F'} \tag{2-13b}$$

四、平面任意力系的合成

1. 平面任意力系向作用面内任一点简化：主矢与主矩

设刚体上作用有 n 个力 $\boldsymbol{F}_1$、$\boldsymbol{F}_2$、…、$\boldsymbol{F}_n$ 组成平面任意力系，如图 2-21（a）所示。在力系所在平面内任取一点 O 作为简化中心，根据力的平移定理，将力系中各力向 O 点平移，如图 2-21（b）所示。得到一个作用于 O 点的平面汇交力系 $\boldsymbol{F}'_1$、$\boldsymbol{F}'_2$、…、$\boldsymbol{F}'_n$，和一个附加平面力偶系，其矩分别为 M_1、M_2、…、M_n。显然，力 $\boldsymbol{F}'_i$ 和 $\boldsymbol{F}_i$ 大小相等，方向相同，力偶 M_i 的矩等于力 $\boldsymbol{F}_i$ 对简化中心 O 点的矩

$$\boldsymbol{F}'_1=\boldsymbol{F}_1,\quad \boldsymbol{F}'_2=\boldsymbol{F}_2,\ \cdots,\ \boldsymbol{F}'_n=\boldsymbol{F}_n \tag{2-14a}$$

$$M_1=M_O(\boldsymbol{F}_1),\quad M_2=M_O(\boldsymbol{F}_2),\ \cdots,\ M_n=M_O(\boldsymbol{F}_n) \tag{2-14b}$$

平面汇交力系 $\boldsymbol{F}'_1$、$\boldsymbol{F}'_2$、…、$\boldsymbol{F}'_n$ 可以合成为一个力 $\boldsymbol{F}'_{\mathrm{R}}$，$\boldsymbol{F}'_{\mathrm{R}}$ 的作用线通过简化中心 O 点，此力称为主矢。根据式（2-14a），可知

$$\boldsymbol{F}'_{\mathrm{R}}=\boldsymbol{F}'_1+\boldsymbol{F}'_2+\cdots+\boldsymbol{F}'_n=\boldsymbol{F}_1+\boldsymbol{F}_2+\cdots+\boldsymbol{F}_n=\sum_{i=1}^{n}\boldsymbol{F}_i \tag{2-14c}$$

平面力偶系 M_1、M_2、…、M_n 可以合成一个力偶，其矩为 M_O，此力偶称为主矩。代入式（2-14b），得

$$M_O=M_1+M_2+\cdots+M_n=\sum_{i=1}^{n}M_O(\boldsymbol{F}_i) \tag{2-14d}$$

结论 平面任意力系向力系所在平面内任意一点简化，得到主矢和主矩，如图 2-21（c）所示，主矢的大小和方向只与原力系中各力的大小和方向有关，与简化中心的位置无关，其作用线经过简化中心；而主矩的大小和转向不仅与原力系中各力的大小和方向有关，一般还与简化中心的位置有关。

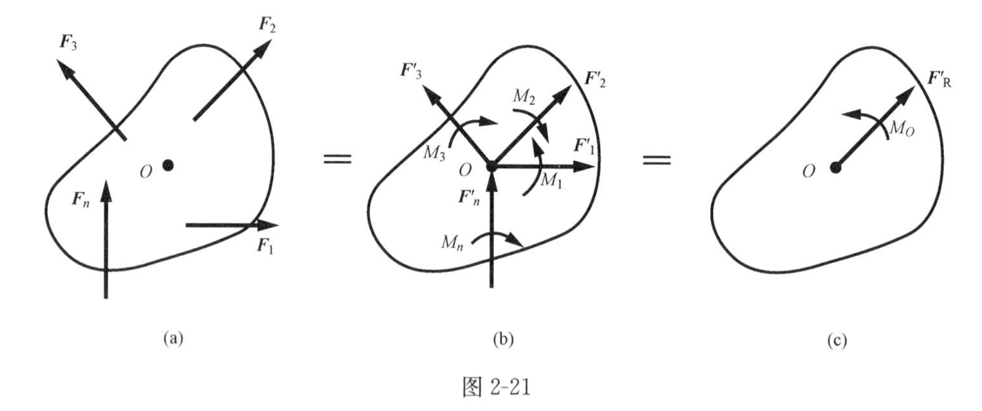

图 2-21

其中，主矢的大小和方向余弦可按下式求解

$$F'_{\mathrm{R}}=\sqrt{F'^2_{\mathrm{R}x}+F'^2_{\mathrm{R}y}}=\sqrt{(\sum F_x)^2+(\sum F_y)^2}$$

$$\cos(\boldsymbol{F}'_{\mathrm{R}},\ \boldsymbol{i})=\frac{F'_{\mathrm{R}x}}{F'_{\mathrm{R}}}=\frac{\sum F_x}{F'_{\mathrm{R}}},\qquad \cos(\boldsymbol{F}'_{\mathrm{R}},\ \boldsymbol{j})=\frac{F'_{\mathrm{R}y}}{F'_{\mathrm{R}}}=\frac{\sum F_y}{F'_{\mathrm{R}}} \tag{2-15}$$

前面学过的固定端约束可以说是平面任意力系简化结果的具体应用。

如图 2-22（a）所示，梁的一端完全插入到墙体内部，梁的位移受到限制，既不能移动，又不能转动。固定端对物体的约束作用，是在物体和固定端的接触面上作用有一群力，在平面问题中，这些力组成一平面任意力系，如图 2 - 22（b）所示。根据平面任意力系的简化，

将固定端处的约束力向固定端 A 点处简化，得到一个力 $\boldsymbol{F}_A$（主矢）和一个力偶 M_A（主矩），如图 2-22（c）所示。一般将大小和方向未知的约束力 $\boldsymbol{F}_A$ 分解为一对正交约束力 $\boldsymbol{F}_{Ax}$ 和 $\boldsymbol{F}_{Ay}$，如图 2-22（d）所示。显然，物体在固定端约束作用下，共有三个约束力，其中 $\boldsymbol{F}_{Ax}$ 和 $\boldsymbol{F}_{Ay}$ 限制了物体沿某一方向的移动，而 M_A 限制了物体的转动，这是我们直观可以想象的。

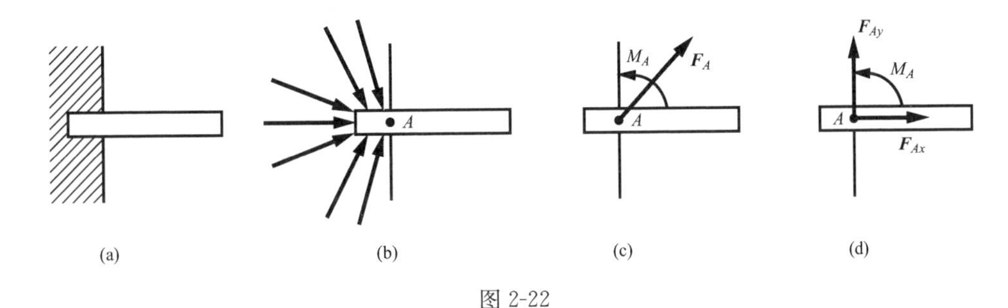

图 2-22

2. 平面任意力系简化结果的讨论

（1）当 $F'_R=0$、$M_O\neq0$ 时，简化为一个力偶。显见，作用在简化中心 O 点的平面汇交力系 $\boldsymbol{F}'_1$、$\boldsymbol{F}'_2$、…、$\boldsymbol{F}'_n$ 是一个平衡力系，可以减去。原力系等效为平面力偶系 M_1、M_2、…、M_n，此时的合力偶矩与简化中心的位置无关，主矩 M_O 为原力系的合力偶。

（2）当 $F'_R\neq0$、$M_O=0$ 时，简化为一个力。显见：平面力偶系 M_1、M_2、…、M_n 是一个平衡力系，可以减去。原力系等效为作用在简化中心 O 点的平面汇交力系 $\boldsymbol{F}'_1$、$\boldsymbol{F}'_2$、…、$\boldsymbol{F}'_n$，此时的主矢即为原力系的合力，合力的作用线通过简化中心。

（3）当 $F'_R\neq0$、$M_O\neq0$ 时，此简化结果［图 2-23（a）］可根据力的平行定理的逆定理进一步简化。首先，将主矩 M_O 表示成一对反向平行力（$\boldsymbol{F}_R$，$\boldsymbol{F}''_R$），且使 $\boldsymbol{F}_R=\boldsymbol{F}'_R=-\boldsymbol{F}''_R$，显然，$\boldsymbol{F}'_R$ 与 $\boldsymbol{F}''_R$ 是一对平衡力，可以减去。即原力系可最终简化为合力 $\boldsymbol{F}_R$，合力 $\boldsymbol{F}_R$ 与主矢 $\boldsymbol{F}'_R$ 大小相等，方向相同，合力的作用线到 O 点的距离 d 为

$$d=\frac{|M_O|}{F'_R} \tag{2-16}$$

如图 2-23（b）所示，合力对 O 点的矩为

$$M_O(\boldsymbol{F}_R)=F_Rd=M_O=\sum M_O(\boldsymbol{F}_i) \tag{2-17}$$

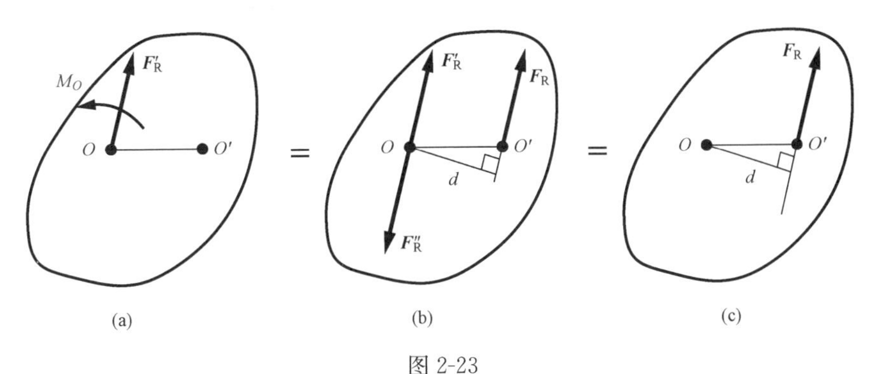

图 2-23

于是得合力矩定理：平面任意力系的合力对力系所在平面内任意点的矩等于力系中各分力对同一点的矩的代数和。根据平面任意力系与其合力的等效关系，平面任意力系的合力矩定理很容易理解。

(4) 当 $F'_R=0$、$M_O=0$ 时，平面任意力系为平衡力系。

由上面 (2)、(3) 可以看出，不论主矩是否为零，只要主矢不等于零，力系最终简化为一个合力，且合力的大小、方向与主矢相同，合力的作用线与主矢间的距离 d 为

$$d=\frac{|M_O|}{F'_R}$$

【例 2-5】 简支梁受三角形荷载作用，最大荷载集度为 q_0（单位：N/m），如图 2-24所示，求其合力的大小和作用线的位置。

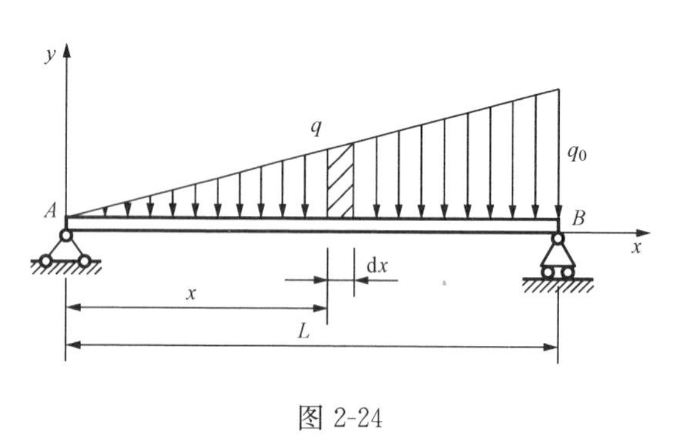

图 2-24

解 设距 A 端 x 处的荷载集度为 q，其值为 $q=\frac{x}{l}q_0$，则微段 $\mathrm{d}x$ 上所受的力

$$\mathrm{d}F=q\mathrm{d}x=\frac{x}{l}q_0\mathrm{d}x$$

则简支梁所受三角形荷载的合力为

$$F=\int_0^l\frac{x}{l}q_0\mathrm{d}x=\frac{1}{2}q_0l$$

设合力作用线距 A 端为 d，由合力矩定理得

$$-Fd=-\int_0^l\frac{x}{l}q_0x\mathrm{d}x=-\frac{1}{3}q_0l^2$$

得合力作用线距 A 端的距离为

$$d=\frac{2}{3}l$$

以上关于三角形荷载的合力大小及合力作用线位置的推导具有一般性，以后可作为结论使用。

【例 2-6】 重力水坝受力情况及几何尺寸如图 2-25 (a) 所示。已知 $F_1=300\text{kN}$，$F_2=100\text{kN}$，$q_0=100\text{kN/m}$，$h=10\text{m}$，试求力系向 O 简化的结果以及合力作用线的位置。

解 (1) 将力系向 O 简化，求得主矢 $\boldsymbol{F}'_R$和主矩 M_O。即

主矢 $\boldsymbol{F}'_R$在 x、y 轴上的投影为

$$F'_{Rx}=\sum F_x=\frac{1}{2}q_0h=\frac{1}{2}\times100\times10=500(\text{kN})$$

$$F'_{Ry}=\sum F_y=-F_1-F_2=-300-100=-400(\text{kN})$$

主矢 $\boldsymbol{F}'_R$的大小为

$$F'_R=\sqrt{F'^2_{Rx}+F'^2_{Ry}}=\sqrt{500^2+(-400)^2}=640.3(\text{kN})$$

主矢 $\boldsymbol{F}'_R$的方向余弦

$$\cos(\boldsymbol{F}'_R,\ \boldsymbol{i})=\frac{F'_{Rx}}{F'_R}=\frac{\sum F_x}{F'_R}=\frac{500}{640.3}=0.780\ 9$$

$$\cos(\boldsymbol{F}'_R, \boldsymbol{j})=\frac{F'_{Ry}}{F'_R}=\frac{\sum F_y}{F'_R}=\frac{-400}{640.3}=-0.6247$$

则方向角为

$$\angle(\boldsymbol{F}'_R \cdot \boldsymbol{i})=\pm 38.66°,\quad \angle(\boldsymbol{F}'_R \cdot \boldsymbol{j})=180°\pm 51.34°$$

显然，主矢 $\boldsymbol{F}'_R$在第Ⅳ象限内，与 x 轴正向的夹角为 38.66°。

力系对简化中心 O 点的主矩 M_O 为

$$M_O=\sum M_O(\boldsymbol{F}_i)=-\frac{1}{2}q_0 h\ \frac{1}{3}h-2F_1-4.6F_2$$

$$=-\frac{1}{2}\times 100\times 10\times\frac{1}{3}\times 10-2\times 300-4.6\times 100$$

$$=-2726.7(\text{kN}\cdot\text{m})$$

主矢 $\boldsymbol{F}'_R$和主矩 M_O 方向如图 2-25（b）所示。

（2）求合力 $\boldsymbol{F}_R$ 作用线的位置。由于合力 $\boldsymbol{F}_R$ 与主矢 $\boldsymbol{F}'_R$大小相等方向相同，且合力 $\boldsymbol{F}_R$ 作用线与 x 轴交点坐标，可根据合力矩定理求得，如图 2-25（c）所示。即

$$M_O=M_O(\boldsymbol{F}_R)=M_O(\boldsymbol{F}_{Rx})+M_O(\boldsymbol{F}_{Ry})=F_{Ry}x$$

解得

$$x=\frac{M_O}{F_{Ry}}=\frac{-2726.7}{-400}=6.8(\text{m})$$

合力 $\boldsymbol{F}_R$ 作用线的位置如图 2-25（c）所示。

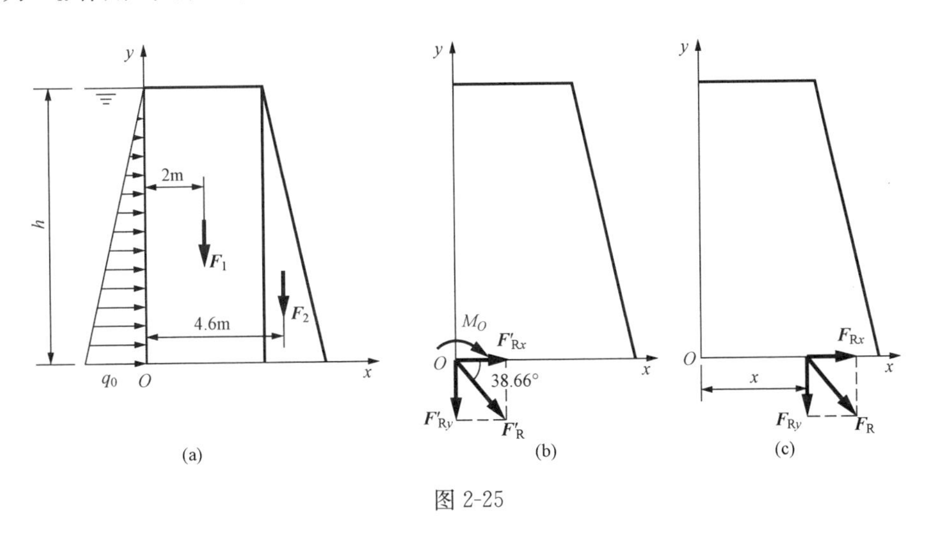

图 2-25

第四节　平面力系的平衡

一、平面汇交力系的平衡

1. 平面汇交力系平衡的几何条件

由于平面汇交力系的作用效果与其合力的作用效果相同，因此，平面汇交力系平衡的充要条件是该力系的合力为零，即

$$\sum \boldsymbol{F}_i=0 \tag{2-18}$$

即力多边形自行封闭，如图 2-26 所示。

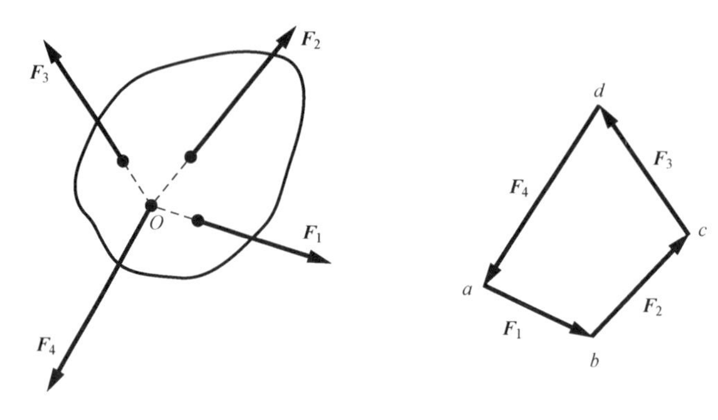

图 2-26

2. 平面汇交力系平衡的解析条件

由式（2-10）、式（2-11）可知，合力 $\boldsymbol{F}_R=0$，必有

$$\left.\begin{aligned}\sum F_x=0\\ \sum F_y=0\end{aligned}\right\} \tag{2-19}$$

即平面汇交力系平衡的充要条件为：力系中各力在两坐标轴上投影的代数和等于零。式（2-19）称为平面汇交力系的平衡方程。建立平衡方程时，要求 x、y 轴不平行，即这两个平衡方程相互独立，可求解两个未知量。

利用平衡方程求解实际问题时，受力图中的未知力指向有时可以任意假设，若计算结果为正值，表示假设的力的方向就是实际指向；反之，表示假设的力的方向与实际方向相反。

【例 2-7】 一物体重为 40kN，用不可伸长的柔索 AB 和 BC 悬挂于如图 2-27（a）所示的平衡位置，设柔索的重量不计，AB 与铅垂线的夹角 $\alpha=30°$，BC 水平。求柔索 AB 和 BC 的拉力。

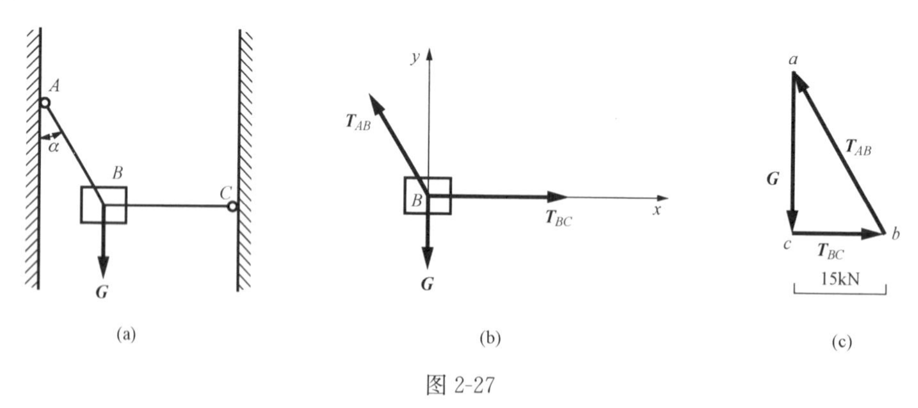

图 2-27

解 （1）受力分析：取重物为研究对象，画受力图如图 2-27（b）所示。根据约束特点，绳索必受拉力。

（2）先用几何法求解。

作力多边形，求解未知力。选取比例尺 1cm 代表 15kN，任取一点 a，作力多边形（点

a 即为汇交点)，如图 2-27（c）所示，令$\overline{ac}=G=40\text{kN}$，过 c 点作 $\boldsymbol{T}_{BC}$ 的平行线，过 a 点作 $\boldsymbol{T}_{AB}$ 的平行线，两线相交于 b 点，得到封闭的力三角形 abc。显然，$\overline{cb}=T_{BC}$，$\overline{ba}=T_{AB}$，即

$$T_{AB}=\frac{G}{\cos 30^\circ}=46.2\text{kN} \qquad T_{BC}=G\tan 30^\circ=23.1\text{kN}$$

（3）用解析法求解。

建立直角坐标系 Oxy，如图 2-27（b）所示，根据平衡方程求解

$$\sum F_y=0, \quad T_{AB}\cos 30^\circ-G=0, \quad T_{AB}=46.2\text{kN}$$

$$\sum F_x=0, \quad T_{BC}-T_{AB}\sin 30^\circ=0, \quad T_{BC}=23.1\text{kN}$$

【例 2-8】 如图 2-28（a）所示，重物 $G=20\text{kN}$，用钢丝绳挂在支架的滑轮 B 上，钢丝绳的另一端缠绕在铰车 D 上。杆 AB 与 BC 铰结，并以铰链 A、C 与墙连接。如两杆和滑轮的自重不计，并忽略摩擦和滑轮的大小，试求平衡时杆 AB 和 BC 所受的力。

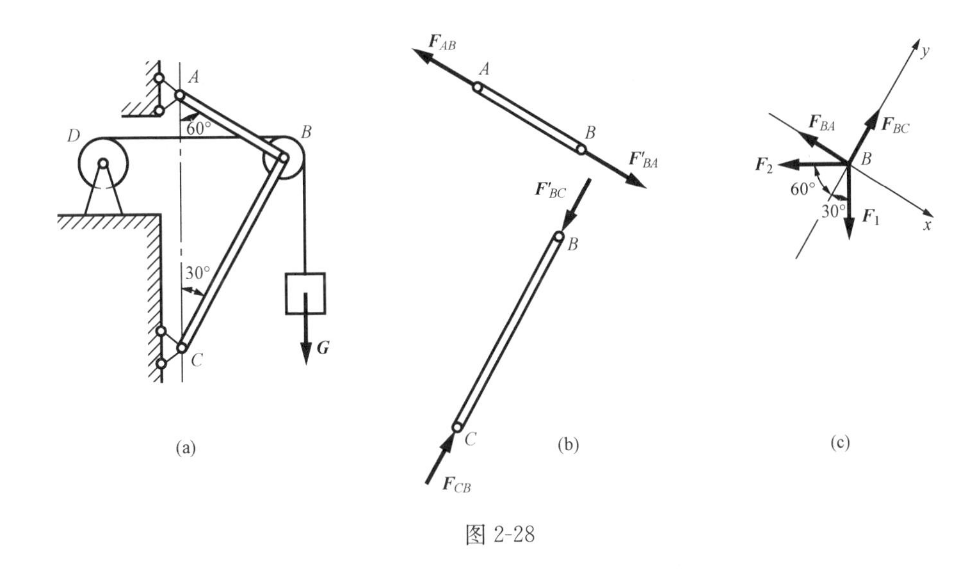

图 2-28

解 （1）由于 AB、BC 两杆都是二力杆，假设杆 AB 受拉力、杆 BC 受压力，如图 2-28（b）所示。为了求出这两个未知力，可通过求两杆对滑轮的约束力来解决。因此选取滑轮 B 为研究对象。

（2）画受力图。滑轮受到钢丝绳的拉力 $\boldsymbol{F}_1$ 和 $\boldsymbol{F}_2$（已知 $F_1=F_2=G$），杆 AB 和 BC 对滑轮的约束力为 $\boldsymbol{F}_{BA}$ 和 $\boldsymbol{F}_{BC}$。由于滑轮的大小可忽略不计，故这些力可看作是汇交力系，如图 2-28（c）所示。

（3）列平衡方程。选取坐标轴如图所示。为使每个未知力只在一个轴上有投影，在另一轴上的投影为零，坐标轴应尽量取在与未知力作用线相垂直的方向。这样在一个平衡方程中只有一个未知数，不必解联立方程，即

$$\sum F_x=0, \quad -F_{BA}+F_1\cos 60^\circ-F_2\cos 30^\circ=0$$

$$\sum F_y=0, \quad F_{BC}-F_1\cos 30^\circ-F_2\cos 60^\circ=0$$

（4）求解方程。

$$F_{BA}=-0.366G=-7.321\text{kN}$$

$$F_{BC}=1.366G=27.32\text{kN}$$

所求结果，F_{BC}为正值，表示该力的假设方向与实际方向相同，即杆 BC 受压。F_{BA}为负值，表示该力的假设方向与实际方向相反，即杆 AB 也受压力。

【例 2-9】 图 2-29（a）所示的压榨机中，杆 AB 和 BC 的长度相等，自重忽略不计。A、B、C 处为铰链连接。已知活塞 D 上受到油缸内的总压力为 $F=3\text{kN}$，$h=200\text{mm}$，$l=1500\text{mm}$。试求压块 C 对工件与地面的压力，以及 AB 杆所受的力。

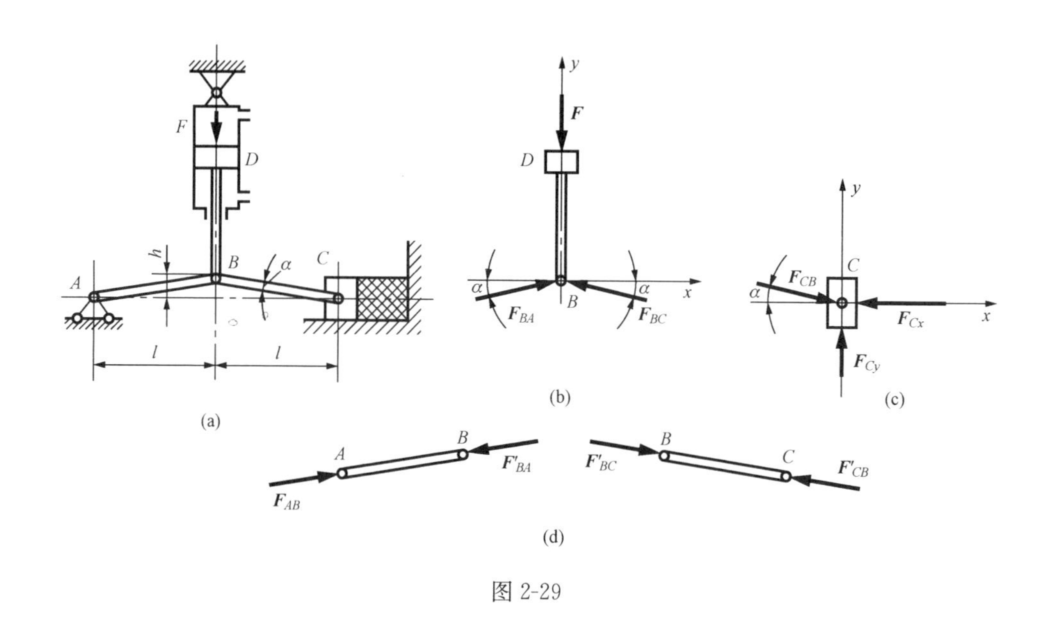

图 2-29

解 根据作用力和反作用力的关系，压块对工件的压力与工件对压块的约束反力 $\boldsymbol{F}_{Cx}$ 等值、反向。而已知油缸的总压力作用在活塞上，因此要分别研究活塞杆 DB 和压块 C 的平衡才能解决问题。

先选活塞杆 DB 为研究对象。设二力杆 AB、BC 均受压力。因此活塞杆的受力如图 2-29（b）所示。按图示坐标轴列出平衡方程

$$\sum F_x=0,\quad F_{BA}\cos\alpha-F_{BC}\cos\alpha=0$$

解得

$$F_{BA}=F_{BC}$$

$$\sum F_y=0,\quad F_{BA}\sin\alpha+F_{BC}\sin\alpha-F=0$$

解得

$$F_{BA}=F_{BC}=\frac{F}{2\sin\alpha}=11.35\text{kN}$$

再选压块 C 为研究对象，其受力图如图 2-29（c）所示。通过二力杆 BC 的平衡，可知 $F_{CB}=F_{BC}$。按图示坐标轴列出平衡方程

$$\sum F_x=0,\quad -F_{Cx}+F_{CB}\cos\alpha=0$$

$$\sum F_y=0,\quad F_{Cy}-F_{CB}\sin\alpha=0$$

解得

$$F_{Cx}=\frac{F}{2}\cot\alpha=\frac{Fl}{2h}=11.25\text{kN},\quad F_{Cy}=F_{CB}\sin\alpha=\frac{F}{2}=1.5\text{kN}$$

压块 C 对地面的压力与 $\boldsymbol{F}_{Cy}$ 等值而方向相反。

二、平面力偶系的平衡

由合成结果可知，平面力偶系平衡的充分必要条件是：合力偶矩为零，即各分力偶矩的代数和等于零。

$$\sum M_i=0 \tag{2-20}$$

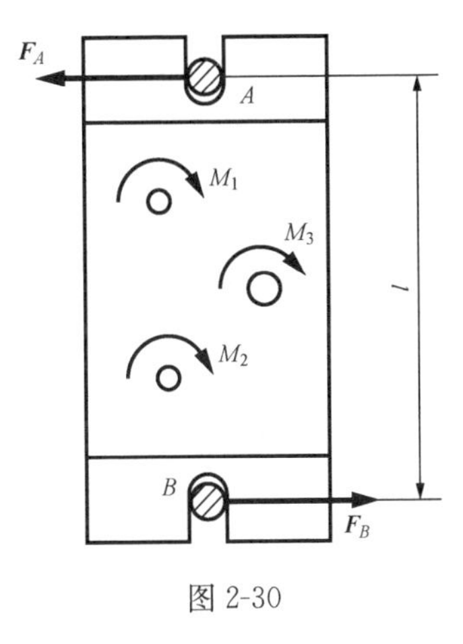

图 2-30

【例 2-10】 如图 2-30 所示的工件上作用有三个力偶。已知：三个力偶的矩分别为 $M_1=M_2=10\text{N}\cdot\text{m}$、$M_3=20\text{N}\cdot\text{m}$，固定螺柱 A 和 B 的距离 $d=200\text{mm}$。求两个光滑螺柱所受的水平力。

解 选工件为研究对象。工件在水平面内受三个力偶和两个螺柱的水平反力的作用。根据平面力偶系的合成，三个力偶合成后仍为一力偶，如果工件平衡，必有一反力偶与它相平衡。因此螺柱 A 和 B 的水平反力，$\boldsymbol{F}_A$ 和 $\boldsymbol{F}_B$ 必组成一力偶，它们的方向假设如图 2-30 所示，则 $F_A=-F_B$。由平面力偶系的平衡条件知

$$\sum M_i=0,\quad F_Al-M_1-M_2-M_3=0$$

得

$$F_A=\frac{M_1+M_2+M_3}{l}$$

代入已给数值后，得

$$F_A=200\text{N}$$

因为 $\boldsymbol{F}_A$ 是正值，故所假设的方向是正确的，而螺柱 A、B 所受的力则应与 $\boldsymbol{F}_A$、$\boldsymbol{F}_B$ 大小相等，方向相反。

【例 2-11】 在梁 AB 的两端各作用一力偶，其力偶矩分别为 $M_1=120\text{kN}\cdot\text{m}$，$M_2=360\text{kN}\cdot\text{m}$，转向如图 2-31（a）所示。梁长 $l=6\text{m}$，重量不计。求 A、B 处的支座反力。

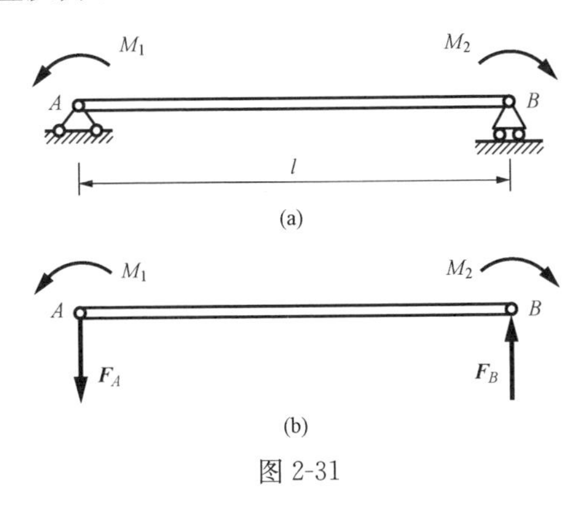

图 2-31

解 取梁 AB 为研究对象，作用在梁上的力有：两个已知力偶 M_1 和 M_2 和支座 A、B 的反力 $\boldsymbol{F}_A$、$\boldsymbol{F}_B$。如图 2-31（b）所示，B 处为可动铰支座，其反力 $\boldsymbol{F}_B$ 的方位必垂直于支座基础，A 处为固定铰支座，其反力 $\boldsymbol{F}_A$ 的方向本属未能确定的，但因梁上只受力偶作用，故 $\boldsymbol{F}_A$ 与 $\boldsymbol{F}_B$ 必须组成一个力偶才能与梁上的力偶平衡，所以 $\boldsymbol{F}_B$ 的方向亦为铅垂，指向假定向下。

$$\sum M_i=0,\quad M_1-M_2+F_Al=0$$

故

$$F_A=F_B=\frac{M_2-M_1}{l}=\frac{360-120}{6}=40(\text{kN})$$

【例 2-12】 图 2-32（a）所示机构的自重不计。圆轮上的销子 A 放在摇杆 BC 上的光滑导槽内。圆轮上作用一力偶，其力偶矩为 $M_1=2\text{kN}\cdot\text{m}$，$OA=r=0.5\text{m}$。图示位置时 OA 与 OB 垂直，$\alpha=30°$，且系统平衡。求作用于摇杆 BC 上力偶的矩 M_2，以及铰链 O、B 处的约束反力。

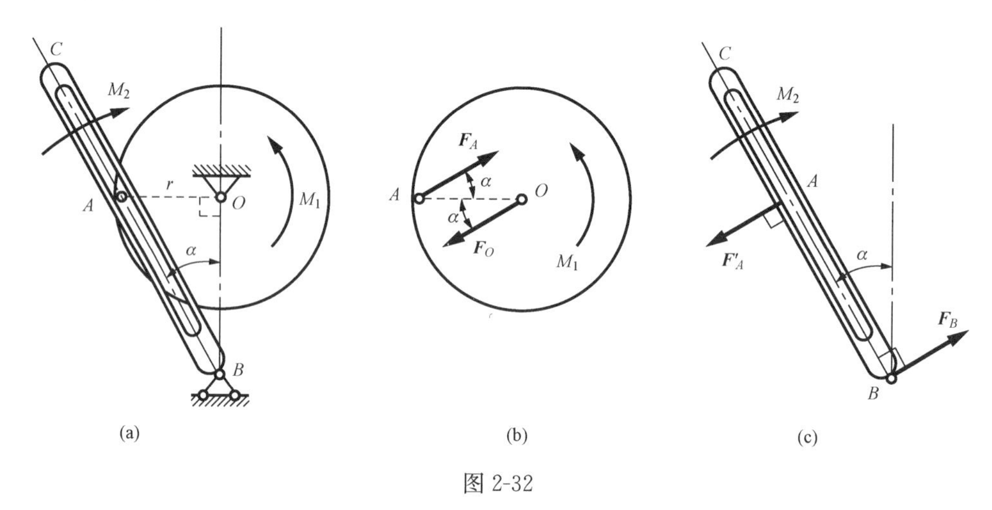

图 2-32

解 先取圆轮为研究对象，其上受有矩为 M_1 的力偶及光滑导槽对销子 A 的作用力和铰链 O 处约束反力 $\boldsymbol{F}_O$ 的作用。由于力偶必须由力偶来平衡，因而 $\boldsymbol{F}_O$ 与 $\boldsymbol{F}_A$ 必定组成一力偶；力偶矩方向与 M_1 相反，由此定出 $\boldsymbol{F}_A$ 指向如图 2-32（b）所示。而 $\boldsymbol{F}_O$ 与 $\boldsymbol{F}_A$ 等值且反向。由力偶平衡条件

$$\sum M_i=0,\quad M_1-F_A r\sin\alpha=0$$

解得

$$F_A=\frac{M_1}{r\sin\alpha}=8\text{kN} \tag{a}$$

再以摇杆 BC 为研究对象，其上作用有矩为 M_2 的力偶及力 $\boldsymbol{F}'_A$ 与 $\boldsymbol{F}_B$，如图 2-32（c）所示。同理，$\boldsymbol{F}'_A$ 与 $\boldsymbol{F}_B$ 必组成力偶，由平衡条件

$$\sum M=0,\quad -M_2+F'_A\frac{r}{\sin\alpha}=0 \tag{b}$$

其中 $F'_A=F_A$。将式（a）代入式（b），得

$$M_2=4M_1=8\text{kN}\cdot\text{m}$$

$\boldsymbol{F}_O$ 与 $\boldsymbol{F}_A$ 组成力偶，$\boldsymbol{F}'_A$ 与 $\boldsymbol{F}_B$ 组成力偶，则有

$$F_O=F_B=F_A=8\text{kN}$$

方向如图 2-32（b）、（c）所示。

三、平面任意力系的平衡

平面任意力系平衡的充分与必要条件：力系的主矢和对任意点的主矩均等于零，即

$$F'_R=0,\quad M_O=0 \tag{2-21}$$

由式（2-14d）和式（2-15）得

$$\left.\begin{aligned}\sum M_O(\boldsymbol{F})=0\\ \sum F_x=0\\ \sum F_y=0\end{aligned}\right\}\tag{2-22}$$

式（2-22）为平面任意力系平衡方程的基本形式。为保证三个方程的独立性，要求 x 轴不能与 y 轴平行。

另外，还有其他两种形式的平衡方程。分别为二矩式平衡方程及三矩式平衡方程。

二矩式平衡方程

$$\left.\begin{aligned}\sum M_A(\boldsymbol{F})=0\\ \sum M_B(\boldsymbol{F})=0\\ \sum F_x=0\end{aligned}\right\}\tag{2-23}$$

二矩式平衡方程要求 x 轴不能与 A、B 连线垂直，如图 2-33 所示。前两式保证力系不能合成为一个合力偶，如果是合成为一个合力的情形，说明合力的作用线通过 A、B 两点连线，但 x 轴不与 A、B 连线垂直，保证力系中的合力为零，因此该力系必平衡。

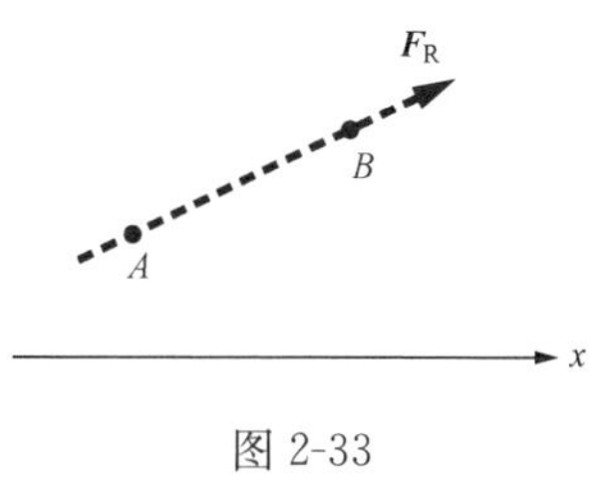

图 2-33

三矩式平衡方程

$$\left.\begin{aligned}\sum M_A(\boldsymbol{F})=0\\ \sum M_B(\boldsymbol{F})=0\\ \sum M_C(\boldsymbol{F})=0\end{aligned}\right\}\tag{2-24}$$

三矩式平衡方程要求 A、B、C 三点不共线。

在对平面任意力系进行平衡分析时，应根据具体问题选择平衡方程的一种形式。选择的依据是，在求解时应尽可能地使一个方程只含有一个未知力，避免联立求解，这一点学习时应多作练习。需要注意的是，只有三个独立的平衡方程，最多只能求解三个未知力。若列第四个方程，它是不独立的，是前三个的线性组合。

【例 2-13】 水平梁 AB，A 端为固定铰支座，B 端为水平面上的滚动支座，受力及几何尺寸如图 2-34（a）所示，试求 A、B 端的约束力。

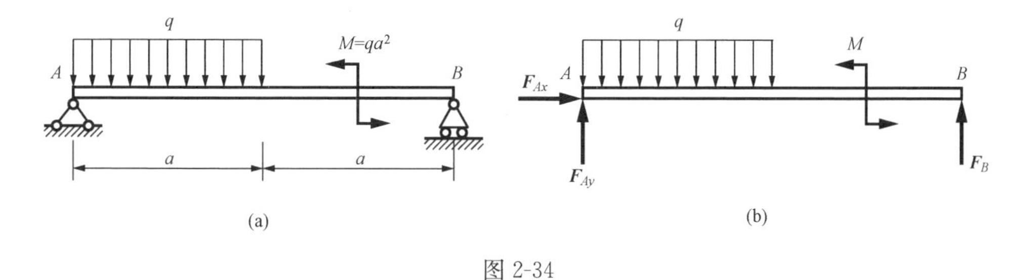

图 2-34

解 （1）选梁 AB 为研究对象，作用在梁 AB 上面的主动力有均布荷载 q，力偶矩为 M；约束力有：固定铰支座 A 端的 $\boldsymbol{F}_{Ax}$、$\boldsymbol{F}_{Ay}$ 两个分力，滚动支座 B 端的铅垂向上的法向力 $\boldsymbol{F}_B$，如图 2-34（b）所示。

（2）建立坐标系，列平衡方程。

$$\sum M_A(\boldsymbol{F})=0,\quad F_B 2a+M-\frac{1}{2}qa^2=0$$

$$\sum F_x=0,\quad F_{Ax}=0$$

$$\sum F_y=0,\quad F_{Ay}+F_B-qa=0$$

解得 A、B 端的约束力为

$$F_B=-\frac{qa}{4},\quad F_{Ax}=0,\quad F_{Ay}=\frac{5qa}{4}$$

负号说明原假设方向与实际方向相反。

【例 2-14】 如图 2-35（a）所示的刚架，已知 $q=3\text{kN/m}$，$F=6\sqrt{2}\,\text{kN}$，$M=10\text{kN}\cdot\text{m}$，不计刚架的自重，试求固定端 A 的约束力。

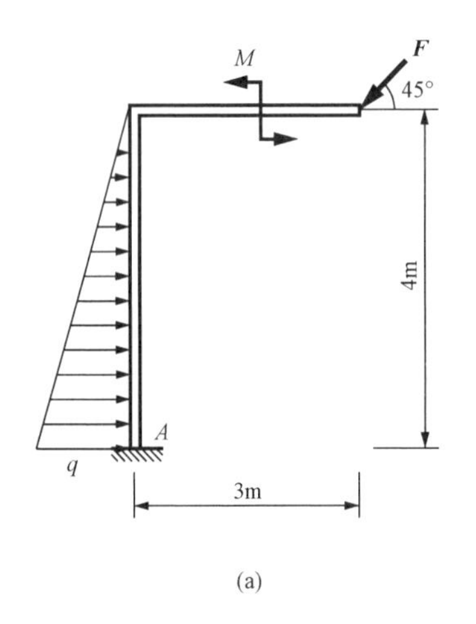

(a)

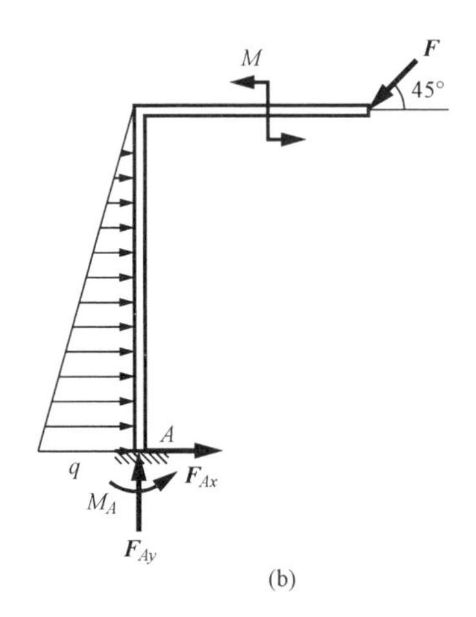

(b)

图 2-35

解 （1）选刚架 AB 为研究对象，作用在上面的主动力有三角形荷载 q、集中荷载 F、力偶矩 M；约束力为固定端 A 两个垂直分力 $\boldsymbol{F}_{Ax}$、$\boldsymbol{F}_{Ay}$ 和力偶矩 M_A，如图 2-35（b）所示。

（2）建立坐标系，列平衡方程。

$$\sum M_A(\boldsymbol{F})=0,\quad M_A-\frac{1}{2}q\times4\times\frac{1}{3}\times4+M-3F\sin45^\circ+4F\cos45^\circ=0$$

$$\sum F_x=0,\quad F_{Ax}+\frac{1}{2}q\times4-F\cos45^\circ=0$$

$$\sum F_y=0,\quad F_{Ay}-F\sin45^\circ=0$$

解得固定端 A 的约束力为

$$F_{Ax}=0,\quad F_{Ay}=6\text{kN},\quad M_A=-8\text{kN}\cdot\text{m(顺时针)}$$

【例 2-15】 如图 2-36（a）所示的起重机平面简图，A 端为止推轴承，B 端为向心轴承，其自重为 $G_1=40\text{kN}$，起吊重物的重量为 $G_2=100\text{kN}$，几何尺寸如图，试求 A、B 端的约束力。

解 （1）选起重机 AB 为研究对象，作用在上面的主动力有：起重机的重力 $\boldsymbol{G}_1$ 和起吊重物的重力 $\boldsymbol{G}_2$；约束力为止推轴承 A 端的 $\boldsymbol{F}_{Ax}$、$\boldsymbol{F}_{Ay}$ 两个分力，向心轴承 $\boldsymbol{B}$ 端的垂直轴的

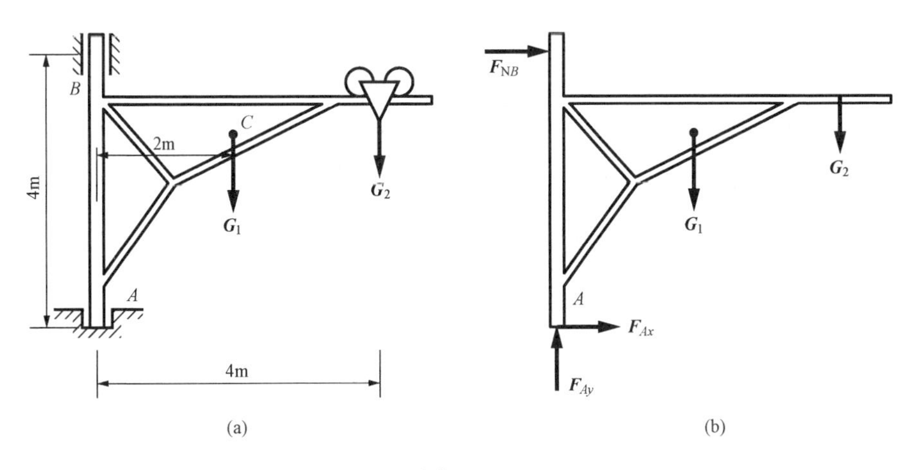

图 2-36

力 $\boldsymbol{F}_{NB}$，如图 2-36（b）所示。

（2）建立坐标系，列平衡方程。

$$\sum M_A(\boldsymbol{F})=0,\quad -4F_{NB}-2G_1-4G_2=0$$

$$\sum \boldsymbol{F}_x=0,\quad F_{NB}+F_{Ax}=0$$

$$\sum \boldsymbol{F}_y=0,\quad F_{Ay}-G_1-G_2=0$$

解得 A、B 端的约束力为

$$F_{NB}=-120\text{kN},\quad F_{Ax}=120\text{kN},\quad F_{Ay}=140\text{kN}$$

四、平面平行力系的平衡

各力的作用线在同一平面内且相互平行的力系称为平面平行力系。平面平行力系是平面任意力系的特殊情况。例如起重机、桥梁等结构上所受的力系，常常可以简化为平面平行力系。当平面平行力系平衡时，也应满足平面任意力系的平衡方程。如选取 x 轴与力系中各力垂直，如图 2-37 所示，则各力在 x 轴上的投影恒等于零，即 $\sum F_x\equiv0$。于是平面平行力系独立的平衡方程只有两个，即

$$\left.\begin{aligned}\sum F_y=0\\ \sum M_O(\boldsymbol{F})=0\end{aligned}\right\}\qquad(2\text{-}25)$$

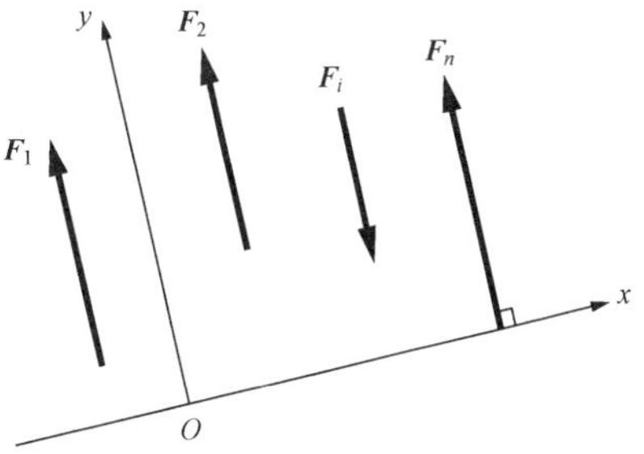

由此可知，平面平行力系平衡的必要与充分条件是：力系中所有各力的投影的代数和等于零，以及各力对于平面内任一点之矩的代数和也等于零。

平面平行力系的平衡方程也可以表示为二力矩形式，即

$$\left.\begin{aligned}\sum M_A(\boldsymbol{F})=0\\ \sum M_B(\boldsymbol{F})=0\end{aligned}\right\}\qquad(2\text{-}26)$$

图 2-37

但 A、B 连线不能与各力平行。

可见，对于单个刚体而言，平面平行力系只有两个独立的平衡方程，只能求解两个未知力。

【例 2-16】 在水平外伸梁上作用有集中荷载 $\boldsymbol{F}$、集度为 q 的均布荷载，如图 2-38（a）所示。已知 $F=20\text{kN}$，$q=20\text{kN/m}$，$a=0.8\text{m}$。求支座 A、B 的约束力。

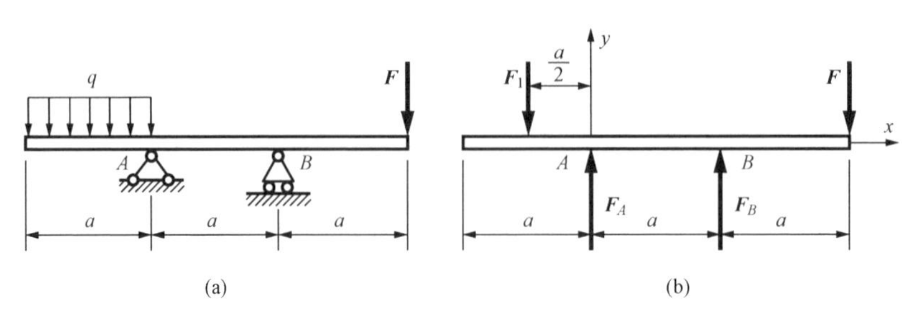

图 2-38

解 （1）取外伸梁为研究对象。

（2）画受力图。将均布荷载简化为集中力 $\boldsymbol{F}_1$，且 $F_1=qa$，作用在分布范围的中间。作用于梁上的主动力还有集中载荷 $\boldsymbol{F}$，约束力有支座约束力 $\boldsymbol{F}_A$ 及 $\boldsymbol{F}_B$，这些力组成一平面平行力系，如图 2-38（b）所示。

（3）建立坐标系，列平衡方程。

取 $\sum M_A(\boldsymbol{F})=0$，　有 $qa\times\dfrac{a}{2}+F_Ba-F2a=0$

解得

$$F_B=-\frac{qa}{2}+2F=32\text{kN}$$

取 $\sum F_y=0$，　有 $F_A+F_B-qa-F=0$

解得

$$F_A=F+qa-F_B=4\text{kN}$$

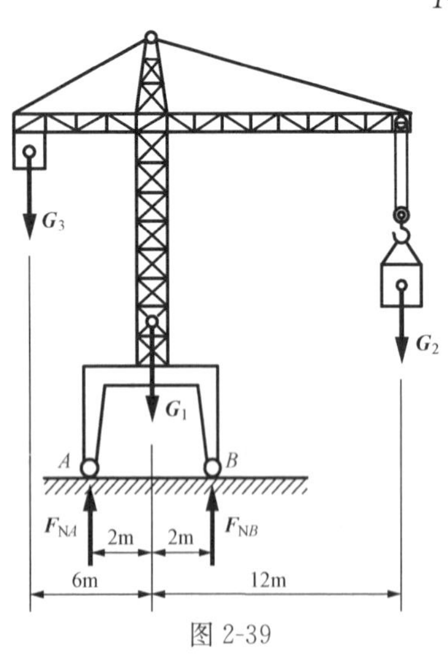

图 2-39

【例 2-17】 塔式起重机如图 2-39 所示。机架重 $G_1=700\text{kN}$，作用线通过塔架的中心。最大起重量 $G_2=200\text{kN}$，最大悬臂长为 12m，轨道 AB 的间距为 4m。平衡块重 G_3，到机身中心线距离为 6m。欲保证起重机在满载及空载时都不致翻倒，求平衡块的重量应为多少？

解 要使起重机不翻倒，应使作用在起重机上的所有力满足平衡条件。起重机所受的力有：荷载的重力 $\boldsymbol{G}_2$、机架的重力 $\boldsymbol{G}_1$、平衡块的重力 $\boldsymbol{G}_3$，以及轨道的约束力 $\boldsymbol{F}_{\text{NA}}$ 和 $\boldsymbol{F}_{\text{NB}}$。

当满载时，为使起重机不绕 B 点翻倒，这些力必须满足平衡方程 $\sum M_B(\boldsymbol{F})=0$。在临界平衡情况下，$\boldsymbol{F}_{\text{NA}}=0$。这时求出 G_3 值是所允许的最小值。

取 $\sum G_B(\boldsymbol{F})=0$，　有 $G_{3\min}(6+2)+2G_1-G_2(12-2)=0$

解得

$$G_{3\min}=\frac{1}{8}(10G_2-2G_1)=75\text{kN}$$

当空载时，$G_2=0$。为使起重机不绕A点翻倒，所受的力必须满足平衡方程$\sum M_A(\boldsymbol{F})=0$，在临界平衡情况下，$\boldsymbol{F}_{NB}=0$。这时求出的$G_3$值是所允许的最大值。

取 $\sum M_A(\boldsymbol{F})=0$，　有 $G_{3\max}(6-2)-2G_1=0$

解得

$$G_{3\max}=\frac{2G_1}{4}=350\text{kN}$$

起重机实际工作时不允许处于临界状态，要使起重机不致翻倒，平衡块的重量应在这两者之间，即

$$75\text{kN}<G_3<350\text{kN}$$

五、物体系统的平衡问题

前面研究的都是单个物体的平衡问题。在工程实际中往往还需要研究由几个物体组成的系统的平衡问题。由若干个物体通过一定的约束组成的系统称为物体系统。研究它们的平衡问题时，不仅要知道外界物体对于这个系统的作用，同时还应分析系统内各物体之间的相互作用。外界物体作用于系统的力称为该系统的外力；系统内部各物体间相互作用的力称为该系统的内力。由作用与反作用定律可知，内力总是成对出现的，因此当取整个系统为分离体时，可不考虑内力；当需要计算系统的内力时，就必须取系统中与所求内力有关的某些物体为分离体来研究。此外，即使内力不是所要求的，对于物体系统的平衡问题，有时也要把一些物体分开来研究，才能求出所有的未知外力。

当整个系统平衡时，组成该系统的每一个物体也都处于平衡状态。因此对于每一个受平面任意力系作用的物体，均可写出三个平衡方程。如物体系统由n个物体组成，则共有$3n$个独立的平衡方程。若系统中的物体有受平面汇交力系或平面平行力系作用时，则独立平衡方程的总数目相应地减少。

在刚体静力学中，当研究单个物体或物体系统的平衡问题时，对应于每一种力系的独立平衡方程的数目是一定的。若所研究问题的未知量数目等于或少于独立平衡方程的数目时，则全部未知量都能由平衡方程求出，这样的问题称为静定问题。若未知量数目多于独立平衡方程的数目，则未知量不能全部由平衡方程求出，这样的问题称为静不定问题或超静定问题。而总未知量数与总独立平衡方程数之差称为超静定次数。在一般情况下，在对问题进行受力分析并作出受力图后，就应进行检验，加以区别。图 2-40 所示的简支梁和三铰刚架都是静定问题；图 2-41 所示的结构都是一次超静定问题。

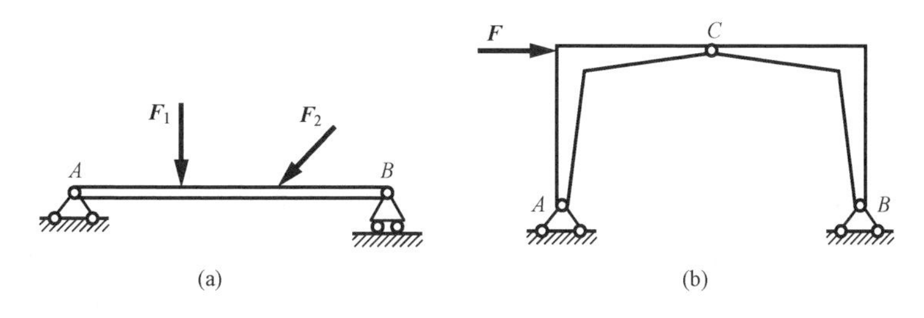

图 2-40

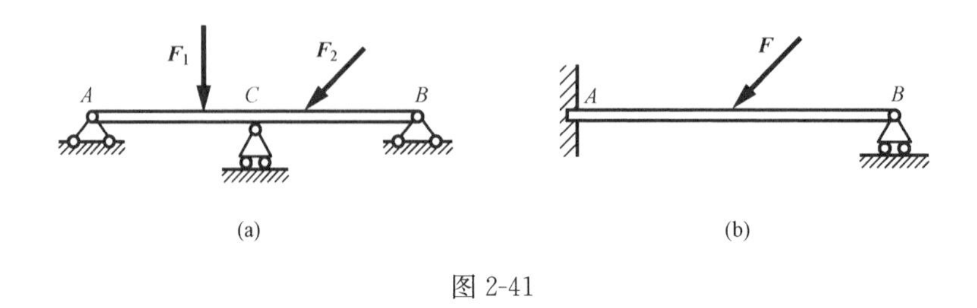

图 2-41

应当指出，对于超静定问题的求解，必须考虑物体因受力作用而产生的变形，增加某些补充方程后，使方程的数目等于未知量的数目，才能求出未知量。超静定问题将在后面进行研究。

下面通过例题来说明如何求解物体系统的平衡问题。

【例 2-18】 求图 2-42（a）所示多跨静定梁的支座反力。

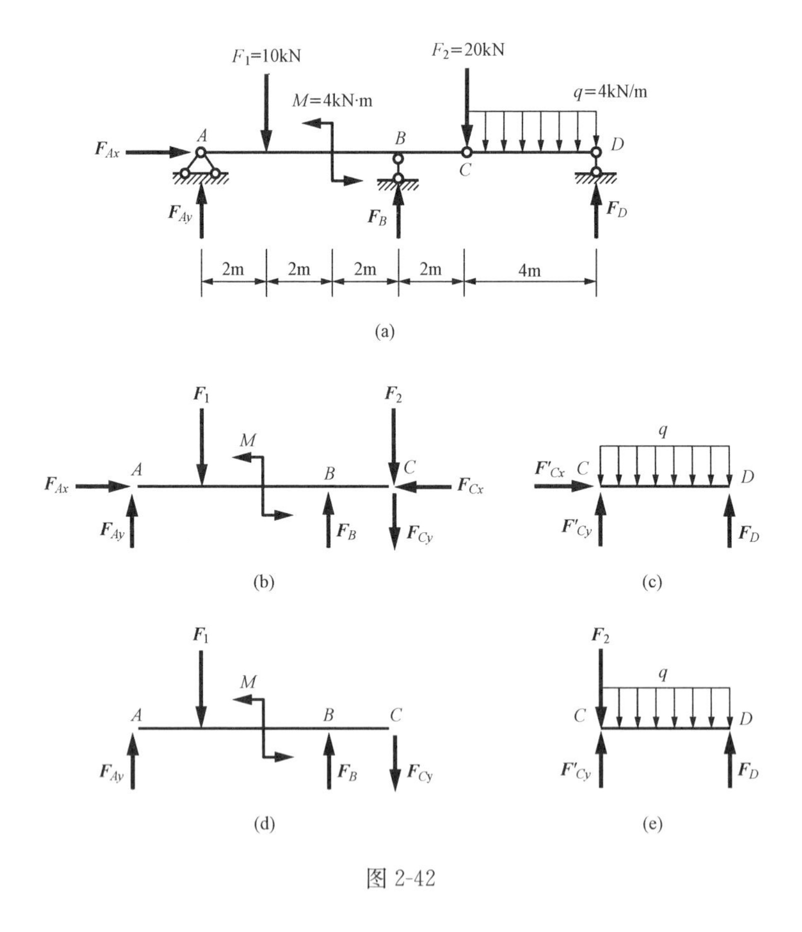

图 2-42

解 分析：根据支座约束的特点，该梁应有如图 2-42（a）所示的 4 个支座反力，即 $\boldsymbol{F}_{Ax}$、$\boldsymbol{F}_{Ay}$、$\boldsymbol{F}_{B}$ 与 $\boldsymbol{F}_{D}$，但取整个多跨静定梁为隔离体时，静力平衡方程只有 3 个，不可能将 4 个反力完全求出，这是否意味着该结构属于超静定问题呢？回答是否定的，因为该结构是由两个构件组成的，将 AC 段与 CD 段分别取隔离体并绘出如图 2-42（b）和图 2-42（c）所示的受力图，不难发现真正的未知约束反力总计为 6 个（因 $\boldsymbol{F}_{Cx}=\boldsymbol{F}'_{Cx}$，$\boldsymbol{F}_{Cy}=\boldsymbol{F}'_{Cy}$），而两个隔离体也恰好能提供6个平衡方程，因此完全可求出这6个约束反力，故此结构为静定结构，又由于它属于多跨梁，因此称为多跨静定梁。在进行约束反力的具体求解过程中，为避免用6个方程联立解6个未知量，应仔细考察各个隔离体约束反力的情况，例如图2-42（b）所示隔离体中含有5个未知量，用3个平衡方程不可能全部求出5个未知量，然而图2-42（c）所示隔离体中只有3个未知量，因此可以由此开始求解。尚须指出的是集中力$\boldsymbol{F}_2$，它位于铰链C上，可在求解时先暂时假设此力作用于铰C的左侧[图2-42（b）]。

对于图2-42（c）取$\sum F_x=0$，得$F'_{Cx}=0$；取$\sum M_C(\boldsymbol{F})=0$，有$F_D\times4-4\times4\times2=0$，得$F_D=8\text{kN}$；取$\sum F_y=0$，有$F'_{Cy}+F_D-4\times4=0$，得$F'_{Cy}=16-F_D=8\text{kN}$。

由于F_{Cx}与F'_{Cx}、F_{Cy}与F'_{Cy}均是作用力与反作用力的关系，故应有

$$F_{Cx}=F'_{Cx}=0 \qquad F_{Cy}=F'_{Cy}=8\text{kN}$$

此时图2-42（b）所示隔离体只剩下3个未知量，对此受力图建立平衡方程，取$\sum F_x=0$，有$F_{Ax}-F_{Cx}=0$，得到$F_{Ax}=0$；取$\sum M_A(\boldsymbol{F})=0$，有

$$F_B\times6-F_1\times2+m-F_2\times8-F_{Cy}\times8=0$$

解得

$$F_B=(10\times2-4+20\times8+8\times8)/6=40(\text{kN})$$

取$\sum F_y=0$，有

$$F_{Ay}+F_B-P_1-P_2-F_{Cy}=0$$

解得

$$F_{Ay}=-40+10+20+8=-2(\text{kN})(\downarrow)$$

研究上述求解过程的结果，可以发现$F'_{Cx}=F_{Cx}=F_{Ax}=0$，这表明梁中所有水平约束反力均为零，这一结论对只承受横向荷载与力偶荷载作用的多跨静定梁而言是具有普遍意义的，用平面平行力系的平衡方程就可求出未知力。

此题若将$\boldsymbol{F}_2$置于铰C的右端，如图2-42（e）所示，此时$\boldsymbol{F}_D$将不发生变化，但$\boldsymbol{F}'_{Cy}$将等于8+20=28（kN），因此有$F_{Cy}=F'_{Cy}=28\text{kN}$。对图2-42（d）列平衡方程，取$\sum M_A(\boldsymbol{F})=0$，有

$$F_B\times6-F_1\times2+4-F_{Cy}\times8=0$$

得到

$$F_B=\frac{10\times2-4+28\times8}{6}=40(\text{kN})$$

取$\sum F_y=0$，得到　$F_{Ay}=-2\text{kN}(\downarrow)$。

与前面对照不难发现，铰上的集中力在求解时既可视为在铰的左侧也可视为在铰的右侧，这并不影响除铰C以外的支座反力的量值。

【例2-19】 求图2-43（a）所示静定刚架的支座反力。

解 根据约束特点将A、B处的支座反力表示于图2-43（a）中。取整体平衡虽不能求出全部支座反力，但通过$\sum F_x=0$，有

$$F_{Ax}+6=0$$

得到

$$F_{Ax}=-6\text{kN}(\leftarrow)$$

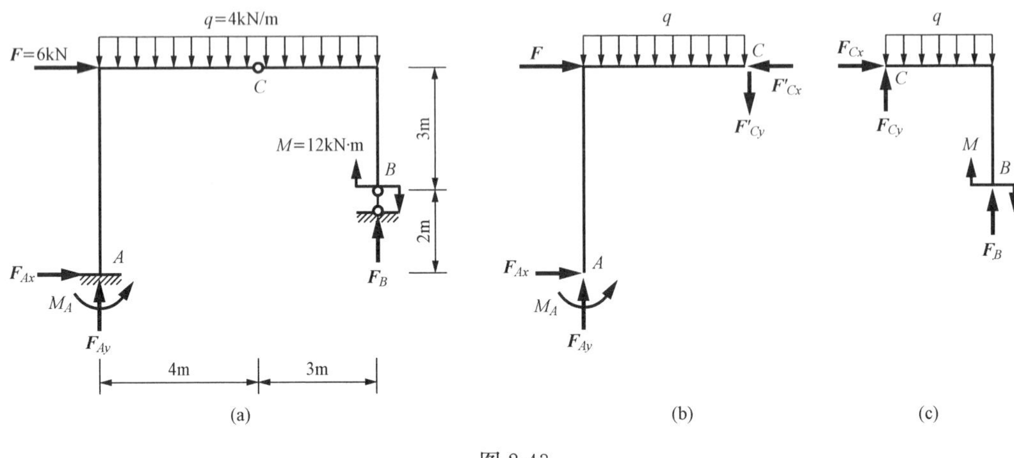

图 2-43

进一步求解与前例相似，必须先由含 3 个未知力的 CB 隔离体［图 2-43（c）］开始。取 $\sum F_x=0$，有 $F_{Cx}=0$；取 $\sum M_C(\boldsymbol{F})=0$，有

$$F_B\times3-q\times3\times1.5-M=0$$

得到

$$F_B=\frac{4\times3\times1.5+12}{3}=10(\text{kN})$$

取 $\sum F_y=0$，有

$$F_{Cy}+F_B-q\times3=0$$

求得

$$F_{Cy}=4\times3-10=2(\text{kN})$$

根据作用与反作用定律，有 $F'_{Cx}=0$ 和 $F'_{Cy}=2\text{kN}$，取 AC 为隔离体［图 2-43（b）］，应用 $\sum M_A(\boldsymbol{F})=0$，有

$$M_A-F\times5-q\times4\times2-F'_{Cy}\times4=0$$

得到

$$M_A=6\times5+4\times4\times2+2\times4=70(\text{kN}\cdot\text{m})$$

取 $\sum F_y=0$，有

$$F_{Ay}-q\times4-F'_{Cy}=0$$

得到

$$F_{Ay}=4\times4+2=18(\text{kN})$$

注意：在求解本题过程中如果首先将 7m 长的均布荷载 q 化为一集中力，则其合力必作用于结构 AC 部分上，不难判断 $\boldsymbol{F}_B$ 将引起变化。同样如果将力偶 M 任意移至 AC 部分，$\boldsymbol{F}_B$ 也将引起变化。所以，在分析物体系统受力时要注意条件，只有当隔离体取完以后静力学的一些基本性质才能应用。例如，当分析整体平衡时，7m 长的均布荷载又可以视为一个集中力，而力偶 M 又可以任意移转。

上述两题结构形式以及所受荷载均不相同，但在受力分析上却有共同点。两个结构在 C 铰以左的部分均为能够独立承受荷载，并将力传给地基的体系，称为基本部分。而 C 铰以右的部分自身并不独立，它们必须通过铰 C 将力传给 AC 部分，这部分相对基本部分而言是属于附属部分。因此一般求解物体系统问题时，若结构存在基本部分与附属都分，那么要首先求解附属部分，然后再研究基本部分的受力。

通过对上述例题的分析，可将物体系统平衡问题的解题步骤和注意事项简述如下：

（1）根据题意选取研究对象。这是很关键的一步，选得恰当，解题就能简洁顺利。选取研究对象，一般从受已知力作用的物体开始，先求出接触处的未知力，而后再逐个选取，直至求出全部未知力；或者先取整体系统为研究对象，求出部分未知力后，再取系统中某一部分或某个物体为研究对象，逐个求出其余未知力。

（2）对确定的研究对象进行受力分析，正确地画出受力图。受力图上只画外力，要注意作用力与反作用力的关系。

（3）按照受力图所反映的力系特点和需要求解的未知力的数目，列出相应的独立平衡方程。为使解题简洁，应尽可能地使每个方程只包含一个未知量。为此，矩心可取在未知力的交点上，坐标轴尽可能与较多的未知力垂直。

（4）求解平衡方程。若求得的约束力为负值，则说明力的实际方向与受力图中假设的方向相反。但用它代入另一方程求解其他未知量时，应连同负号一并代入。

第五节　空　间　力　系

在工程实际中，经常会遇到物体所受各力的作用线不在同一平面内，而是呈空间分布的，例如车床主轴、起重设备等结构，我们将这种力系称为空间任意力系，简称空间力系。它是物体所受力系最一般的情形，前面介绍的平面问题中的各种力系均可看成是空间力系的一种特殊情形。

与平面力系一样，空间力系可以分为空间汇交力系、空间力偶系和空间任意力系来研究。

一、力在空间直角坐标轴上的投影

1. 一次（直接）投影法

如图 2-44 所示，若已知力 $\boldsymbol{F}$ 与直角坐标系三个坐标轴 x、y、z 之间的夹角分别为 α、β 和 γ，则力在三个坐标轴上的投影记作 F_x、F_y 和 F_z，其表达式为

$$F_x = F\cos\alpha,\quad F_y = F\cos\beta,\quad F_z = F\cos\gamma \tag{2-27}$$

这种计算力在三个坐标轴上投影的方法称为一次（直接）投影法。

2. 二次（间接）投影法

当力 $\boldsymbol{F}$ 与 x、y 轴正向间的夹角 α 和 β 不易确定时，可将力 $\boldsymbol{F}$ 先投影到 Oxy 平面，得到力 $\boldsymbol{F}_{xy}$，然后再将此力投影到 x、y 轴上。如图 2-45 所示，已知力 $\boldsymbol{F}$ 与 z 轴正向间的夹角 γ 和 $\boldsymbol{F}_{xy}$ 与 x 轴的夹角 φ 时，则力 $\boldsymbol{F}$ 在三个坐标轴上的投影分别为

$$\left.\begin{aligned} F_x &= F\sin\gamma\cos\varphi \\ F_y &= F\sin\gamma\sin\varphi \\ F_z &= F\cos\gamma \end{aligned}\right\} \tag{2-28}$$

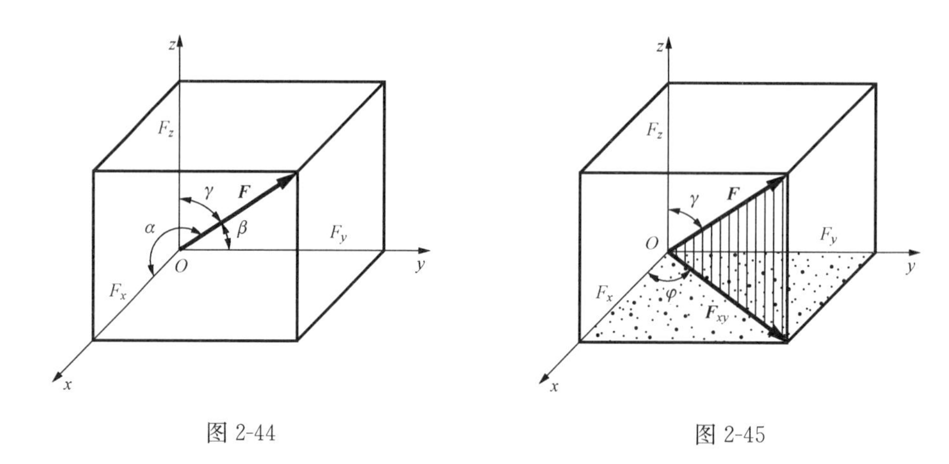

图 2-44　　　　图 2-45

这种先将力投影到坐标平面，然后再求力在坐标轴上的投影方法称为二次（间接）投影法。需要注意的是：空间力在轴上的投影是代数量，而在平面上的投影则是矢量。

同样的，如果已知力 $\boldsymbol{F}$ 在三个直角坐标轴上的投影 F_x、F_y 和 F_z，则可以确定该力的大小和方向余弦

$$F=\sqrt{F_x^2+F_y^2+F_z^2}, \quad \cos\alpha=\frac{F_x}{F}, \quad \cos\beta=\frac{F_y}{F}, \quad \cos\gamma=\frac{F_z}{F} \tag{2-29}$$

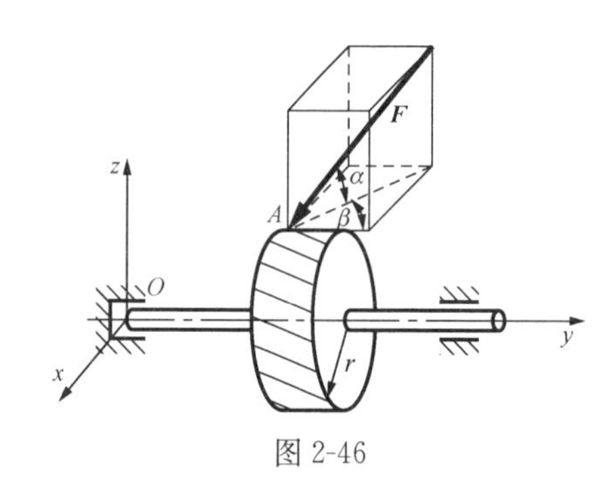

图 2-46

同时必须注意，上式只能确定力 $\boldsymbol{F}$ 的大小和方向，而不能确定其作用线的位置。

【例 2-20】 如图 2-46 所示半径为 r 的圆柱斜齿轮，其上作用力 $\boldsymbol{F}$，压力角为 α，螺旋角为 β。试求力 $\boldsymbol{F}$ 在 x、y 和 z 坐标轴上的投影。

解 利用二次投影法求力 $\boldsymbol{F}$ 在三个坐标轴上的投影，由式（2-28）得

$$F_x=F\cos\alpha\sin\beta, \quad F_y=-F\cos\alpha\cos\beta,$$
$$F_z=-F\sin\alpha$$

3. 空间力沿直角坐标轴的分解

若以 $\boldsymbol{F}_x$、$\boldsymbol{F}_y$ 和 $\boldsymbol{F}_z$ 分别表示力 $\boldsymbol{F}$ 沿直角坐标轴 x、y 和 z 方向分解的正交分量，如图 2-47所示，则

$$\boldsymbol{F}=\boldsymbol{F}_x+\boldsymbol{F}_y+\boldsymbol{F}_z \tag{2-30}$$

如果沿 x、y、z 坐标轴方向的单位矢量分别用 $\boldsymbol{i}$、$\boldsymbol{j}$、$\boldsymbol{k}$ 表示，则力 $\boldsymbol{F}$ 在坐标轴上的投影和力沿坐标轴分解的正交分量间的关系可表示为

$$\left.\begin{aligned}\boldsymbol{F}_x&=F_x\boldsymbol{i}\\ \boldsymbol{F}_y&=F_y\boldsymbol{j}\\ \boldsymbol{F}_z&=F_z\boldsymbol{k}\end{aligned}\right\} \tag{2-31}$$

因此，力 $\boldsymbol{F}$ 沿直角坐标轴的解析表达式为

$$\boldsymbol{F}=F_x\boldsymbol{i}+F_y\boldsymbol{j}+F_z\boldsymbol{k} \tag{2-32}$$

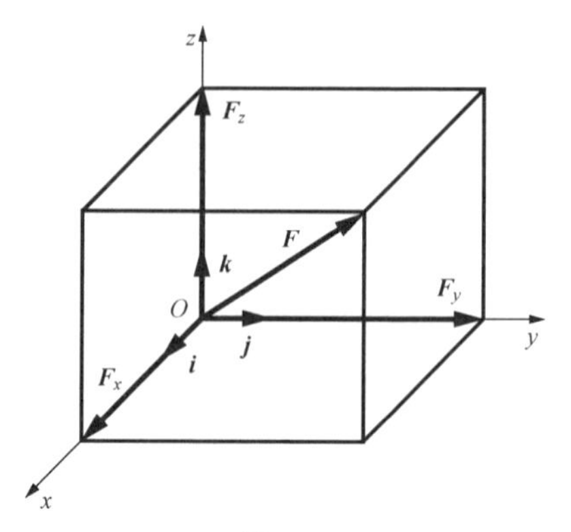

图 2-47

二、空间力对点之矩的概念

1. 力对点之矩

力对点的矩描述了力使物体转动的效果。设物体在空间内可绕某一点 O 任意转动，其转动平面不确定（图 2-48）。为了便于说明，将转动中心 O 点称为矩心，点 O 到力 $\boldsymbol{F}$ 作用线的垂直距离 h 称为力臂，点 O 与力 $\boldsymbol{F}$ 所确定的平面称为力矩作用面。当物体受多个力作用时，各力与矩心 $\boldsymbol{O}$ 所确定的力矩作用面可能不同，则各力使刚体绕 O 点转动的方位也不同。因此，力对点的矩需要描述三个要素：力 $\boldsymbol{F}$ 与转动中心 O 所确定的平面、力使物体绕转动中心的转动方向和转动的强弱。相应的，可定义力对点之矩矢 $\boldsymbol{M}_O(\boldsymbol{F})$ 描述上述三要素

$$\boldsymbol{M}_O(\boldsymbol{F})=\boldsymbol{r}\times\boldsymbol{F} \tag{2-33}$$

式中，$\boldsymbol{r}$ 表示矩心 O 到力 $\boldsymbol{F}$ 作用点 A 的矢径。

上式为力对点之矩的矢积表达式，即力对点之矩矢等于矩心到该力作用点的矢径与该力的矢量积。

力矩矢 $\boldsymbol{M}_O(\boldsymbol{F})$ 的矢量方向就是力矩作用面的法线方向，力矩矢 $\boldsymbol{M}_O(\boldsymbol{F})$ 使刚体绕 O 点转动的方向按右手螺旋法则来确定：右手握住法线，四指表示力矩的转向，则大拇指的指向就是力矩矢量的方向，如图 2-48 所示；矢量的模等于力的大小与力臂 h 的乘积，即

$$|\boldsymbol{M}_O(\boldsymbol{F})|=Fh=2A_{\triangle OAB} \tag{2-34}$$

由于力矩矢 $\boldsymbol{M}_O(\boldsymbol{F})$ 的大小和方向与矩心 O 的位置有关，故力矩矢的矢端必须在矩心而不可任意移动，即力矩矢 $\boldsymbol{M}_O(\boldsymbol{F})$ 是一个定位矢量。

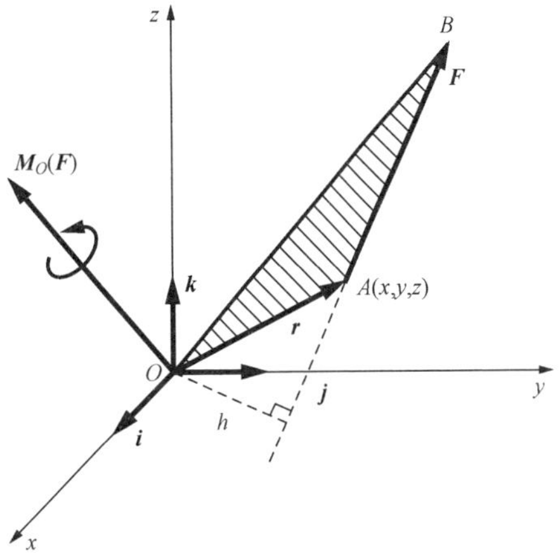

图 2-48

力矩矢的单位是牛顿·米（N·m）或千牛·米（kN·m）。

若以矩心 O 为原点，作空间直角坐标系 $Oxyz$ 如图 2-48 所示，令 $\boldsymbol{i}$、$\boldsymbol{j}$、$\boldsymbol{k}$ 分别为坐标轴方向的单位矢量。设力作用点 A 的坐标为 $A(x,y,z)$，力在三个坐标轴上的投影分别为 F_x、F_y 和 F_z，则矢径 $\boldsymbol{r}=x\boldsymbol{i}+y\boldsymbol{j}+z\boldsymbol{k}$，力 $\boldsymbol{F}=F_x\boldsymbol{i}+F_y\boldsymbol{j}+F_z\boldsymbol{k}$。则由式（2-33）可得

$$\boldsymbol{M}_O(\boldsymbol{F})=\boldsymbol{r}\times\boldsymbol{F}=\begin{vmatrix}\boldsymbol{i} & \boldsymbol{j} & \boldsymbol{k}\\ x & y & z\\ F_x & F_y & F_z\end{vmatrix}$$

$$=(yF_z-zF_y)\boldsymbol{i}+(zF_x-xF_z)\boldsymbol{j}+(xF_y-yF_x)\boldsymbol{k} \tag{2-35}$$

2. 力对轴之矩

工程中，经常遇到刚体绕定轴转动的情形，比如门在手的推力下绕门轴转动的问题。此时为了度量力对绕定轴转动刚体的作用效果，就必须了解力对轴之矩的概念。

如图 2-49 所示，为求力 $\boldsymbol{F}$ 对固定轴 z 的矩，将力 $\boldsymbol{F}$ 分解为平行于 z 轴的分力 $\boldsymbol{F}_z$ 和垂直于 z 轴的分力 $\boldsymbol{F}_{xy}$（力 $\boldsymbol{F}$ 在 Oxy 平面上的投影）。由经验可知，分力 $\boldsymbol{F}_z$ 平行于 z 轴，不能使刚体绕 z 轴转动，故对 z 轴的矩为零，只有分力 $\boldsymbol{F}_{xy}$ 对 z 轴有矩。设平面 Oxy 与 z 轴

的交点为O，则力$\boldsymbol{F}_{xy}$对z轴的矩等于力$\boldsymbol{F}_{xy}$对点O的矩。现用符号$M_z(\boldsymbol{F})$表示力$\boldsymbol{F}$对z轴之矩，即

$$M_z(\boldsymbol{F})=M_O(\boldsymbol{F}_{xy})=\pm F_{xy}h=\pm 2A_{\triangle OA'B'} \tag{2-36}$$

式中，h为O点到力$\boldsymbol{F}_{xy}$作用线的垂直距离。

力对轴之矩的定义如下：力对轴之矩是力使刚体绕该轴转动效果的度量，可用一个代数量表示，其绝对值等于该力在垂直于该轴的平面上的分量对于这个平面与该轴的交点之矩。其正负号确定如下：从轴正端来看，若力在垂直于该轴的平面上的分量使物体绕该轴逆时针转动，取正号，反之取负号。也可按右手螺旋法则来确定其正负号，如图 2-50 所示，弯曲四指与力对轴之矩的转向一致，则大拇指指向z轴正向为正，反之为负。

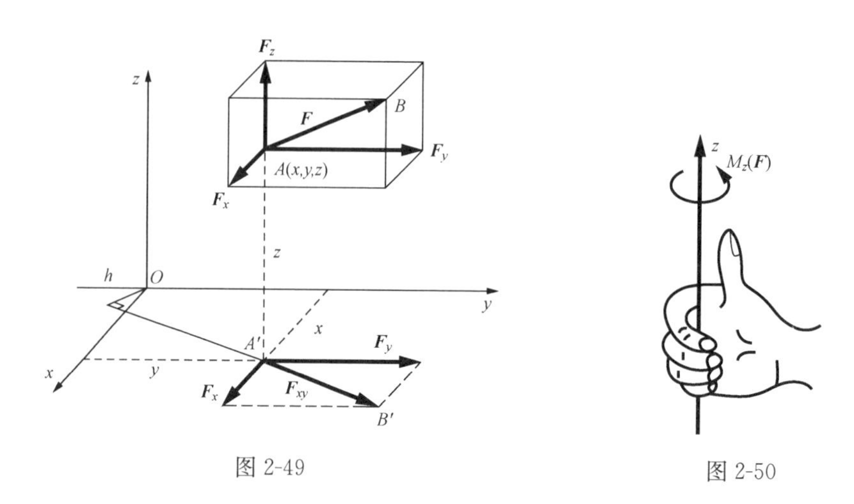

图 2-49　　　　图 2-50

由力对轴之矩的定义可知，在力与轴平行或力与轴相交时，即力与轴共面的情况下，力对轴之矩为零。

如图 2-49 所示，F_x、F_y、F_z和x、y、z分别为力在坐标轴上投影和力作用点A的坐标。由式（2-36）可得

$$M_z(\boldsymbol{F})=M_O(\boldsymbol{F}_{xy})=M_O(\boldsymbol{F}_x)+M_O(\boldsymbol{F}_y)$$

即

$$M_z(\boldsymbol{F})=xF_y-yF_x$$

同理可得$M_x(\boldsymbol{F})$和$M_y(\boldsymbol{F})$两式，因此

$$\left.\begin{aligned} M_x(\boldsymbol{F})&=yF_z-zF_y \\ M_y(\boldsymbol{F})&=zF_x-xF_z \\ M_z(\boldsymbol{F})&=xF_y-yF_x \end{aligned}\right\} \tag{2-37}$$

以上三式为计算力对轴之矩的解析式。同时需要注意的是，上式中各量均为代数量。

【例 2-21】 试求［例 2-20］中，力$\boldsymbol{F}$对x、y、z轴之矩。已知力的作用点A的坐标$x=0$，$y=l$，$z=r$。

解　［例 2-20］中已求得力$\boldsymbol{F}$在三个坐标轴的投影

$$F_x=F\cos\alpha\sin\beta,\quad F_y=-F\cos\alpha\cos\beta,\quad F_z=-F\sin\alpha$$

于是，由力作用点 A 的坐标，代入式（2-37）得

$$M_x(\boldsymbol{F})=yF_z-zF_y=l(-F\sin\alpha)-r(-F\cos\alpha\cos\beta)=F(-l\sin\alpha+r\cos\alpha\cos\beta)$$

$$M_y(\boldsymbol{F})=zF_x-xF_z=rF\cos\alpha\sin\beta-0=Fr\cos\alpha\sin\beta$$

$$M_z(\boldsymbol{F})=xF_y-yF_x=0-lF\cos\alpha\sin\beta=-Fl\cos\alpha\sin\beta$$

3. 力对点之矩与力对通过该点的轴之矩的关系

注意式（2-35）中 $\boldsymbol{i}$、$\boldsymbol{j}$、$\boldsymbol{k}$ 前面的三个系数，实际上分别表示力矩矢 $\boldsymbol{M}_O(\boldsymbol{F})$ 在三个坐标轴上的投影，即

$$\left.\begin{aligned}[\boldsymbol{M}_O(\boldsymbol{F})]_x&=yF_z-zF_y\\ [\boldsymbol{M}_O(\boldsymbol{F})]_y&=zF_x-xF_z\\ [\boldsymbol{M}_O(\boldsymbol{F})]_z&=xF_y-yF_x\end{aligned}\right\}\tag{2-38}$$

比较式（2-37）与式（2-38）可知

$$\left.\begin{aligned}[\boldsymbol{M}_O(\boldsymbol{F})]_x&=M_x(\boldsymbol{F})\\ [\boldsymbol{M}_O(\boldsymbol{F})]_y&=M_y(\boldsymbol{F})\\ [\boldsymbol{M}_O(\boldsymbol{F})]_z&=M_z(\boldsymbol{F})\end{aligned}\right\}\tag{2-39}$$

上式表明：力对某点的力矩矢在通过该点的任意轴上的投影，等于此力对该轴之矩。这就是力矩关系定理。因为在理论分析中使用力对点的矩矢比较方便，而在实际计算过程中则常用力对轴之矩，故建立它们二者之间的关系是很有必要的。

根据力矩关系定理，式（2-35）可进一步表示成

$$\boldsymbol{M}_O(\boldsymbol{F})=M_x(\boldsymbol{F})\boldsymbol{i}+M_y(\boldsymbol{F})\boldsymbol{j}+M_z(\boldsymbol{F})\boldsymbol{k}\tag{2-40}$$

由上式，若已知力对通过点 O 的直角坐标轴 x、y、z 之矩，则该力对 O 点之矩的大小和方向余弦为

$$\left.\begin{aligned}&|\boldsymbol{M}_O(\boldsymbol{F})|=\sqrt{[M_x(\boldsymbol{F})]^2+[M_y(\boldsymbol{F})]^2+[M_z(\boldsymbol{F})]^2}\\ &\cos\alpha=\frac{M_x(\boldsymbol{F})}{|\boldsymbol{M}_O(\boldsymbol{F})|},\ \cos\beta=\frac{M_y(\boldsymbol{F})}{|\boldsymbol{M}_O(\boldsymbol{F})|},\ \cos\gamma=\frac{M_z(\boldsymbol{F})}{|\boldsymbol{M}_O(\boldsymbol{F})|}\end{aligned}\right\}\tag{2-41}$$

式中，α、β 和 γ 分别为力 $\boldsymbol{F}$ 对 O 点之矩 $\boldsymbol{M}_O(\boldsymbol{F})$ 与 x、y、z 轴正向间的夹角。

三、空间汇交力系

若力系中各力作用线不在同一平面内，称为空间力系。若空间力系各力的作用线汇交于一点，则称为空间汇交力系。

1. 空间汇交力系的合成

与平面汇交力系相比较，不难想象，空间汇交力系的合力亦可通过绘制力多边形得到，且其合力作用线经过汇交点，大小和方向由力多边形的封闭边所确定，矢量关系式为

$$\boldsymbol{F}_{\mathrm{R}}=\boldsymbol{F}_1+\boldsymbol{F}_2+\cdots+\boldsymbol{F}_n=\sum\boldsymbol{F}_i\tag{2-42a}$$

不同的是，空间汇交力系的力多边形是空间多边形。由于空间多边形的绘制增加了几何上的难度，且精度很难保证，因此，研究空间汇交力系的合成和平衡的主要方法，仍是以力的投影为基础的解析法。

根据式（2-42a），等号左右两边的矢量相等，则其在同一坐标轴上的投影也相等

$$\begin{aligned}F_{\mathrm{R}x}&=F_{1x}+F_{2x}+\cdots+F_{nx}=\sum F_{ix}\\ F_{\mathrm{R}y}&=F_{1y}+F_{2y}+\cdots+F_{ny}=\sum F_{iy}\\ F_{\mathrm{R}z}&=F_{1z}+F_{2z}+\cdots+F_{nz}=\sum F_{iz}\end{aligned}\tag{2-42b}$$

在书写中，可省略下标“i”，写成

$$F_{Rx}=\sum F_x$$
$$F_{Ry}=\sum F_y \tag{2-42c}$$
$$F_{Rz}=\sum F_z$$

由式（2-29）可得合力的大小和方向余弦为

$$F_R=\sqrt{F_{Rx}^2+F_{Ry}^2+F_{Rz}^2}=\sqrt{(\sum F_x)^2+(\sum F_y)^2+(\sum F_z)^2}$$
$$\cos\alpha=\frac{\sum F_x}{F_R},\ \cos\beta=\frac{\sum F_y}{F_R},\ \cos\gamma=\frac{\sum F_z}{F_R} \tag{2-43}$$

式中，α、β 和 γ 分别为合力 $\boldsymbol{F}_R$ 与 x、y、z 三个直角坐标轴正向间的夹角。

2. 空间汇交力系的平衡

由于空间汇交力系合成为一个合力，因此，空间汇交力系平衡的充要条件是力系的合力等于零，即 $\boldsymbol{F}_R=0$。

由式（2-43）可知，若使 F_R 为零，必须同时满足

$$\sum F_x=0,\quad \sum F_y=0,\quad \sum F_z=0 \tag{2-44}$$

由此可得结论，空间汇交力系平衡的充要条件为：该力系中所有各力在三个坐标轴上的投影的代数和分别等于零。式（2-44）称为空间汇交力系的平衡方程。

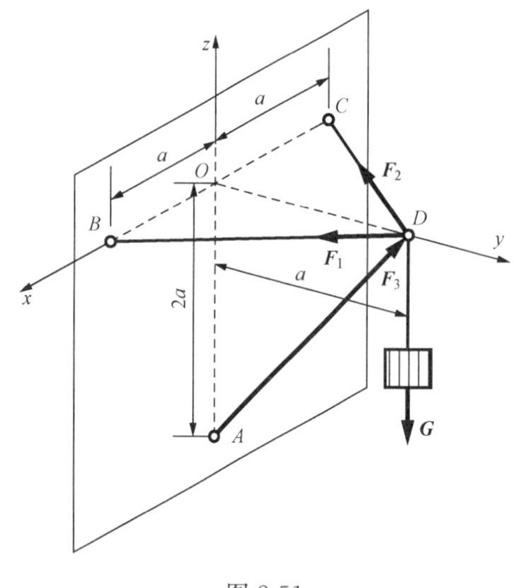

图 2-51

【例 2-22】 如图 2-51 所示，用三根链杆支承一重量为 $\boldsymbol{G}$ 的物体，A、B、C 三处为球铰。试求每根链杆所受的力。

解 由题意可知，三根链杆均为二力杆。取结点 D 为研究对象，其上受有主动力 $\boldsymbol{G}$ 和三杆内力 $\boldsymbol{F}_1$、$\boldsymbol{F}_2$、$\boldsymbol{F}_3$ 组成空间汇交力系，在结构上画出受力图。

建立如图所示空间直角坐标系 $Oxyz$，各力与坐标轴间的夹角可由图中几何比例关系求得。列平衡方程：

$$\sum F_x=0,\quad F_1\frac{\sqrt{2}}{2}-F_2\frac{\sqrt{2}}{2}=0$$

$$\sum F_y=0,\quad -F_1\frac{\sqrt{2}}{2}-F_2\frac{\sqrt{2}}{2}+F_3\frac{1}{\sqrt{5}}=0$$

$$\sum F_z=0,\quad F_3\frac{2}{\sqrt{5}}-G=0$$

求解上面三个平衡方程，得

$$F_1=F_2=\frac{\sqrt{2}}{4}G,\quad F_3=\frac{\sqrt{5}}{2}G$$

故 BD 和 CD 链杆内力为拉力$\frac{\sqrt{2}}{4}G$，AD 链杆内力为压力$\frac{\sqrt{5}}{2}G$。

四、空间力偶系

空间力偶系是指作用在刚体上的力系由任意个力偶所组成，且各力偶作用面不平行。

1. 力偶矩矢

为描述力偶对刚体的作用效果，可在空间任取一点 O 为矩心，如图 2-52 所示，则力偶（$\boldsymbol{F},\boldsymbol{F}'$）使物体绕 O 点的转动效果可用力 $\boldsymbol{F}$、$\boldsymbol{F}'$（$\boldsymbol{F}'=-\boldsymbol{F}$）对 O 点之矩的矢量和来衡量

$$\boldsymbol{M}_O(\boldsymbol{F},\ \boldsymbol{F}')=\boldsymbol{M}_O(\boldsymbol{F})+\boldsymbol{M}_O(\boldsymbol{F}')=\boldsymbol{r}_A\times\boldsymbol{F}+\boldsymbol{r}_B\times\boldsymbol{F}'=(\boldsymbol{r}_A-\boldsymbol{r}_B)\times\boldsymbol{F}=\boldsymbol{r}_{BA}\times\boldsymbol{F}$$

计算表明，力偶对空间任一点的力矩矢与矩心的位置无关，因此可定义力偶矩矢 $\boldsymbol{M}$

$$\boldsymbol{M}=\boldsymbol{r}_{BA}\times\boldsymbol{F} \tag{2-45}$$

如图 2-53（a）所示，力偶矩矢 $\boldsymbol{M}$ 的方向就是力偶作用面的法线方向；根据右手螺旋法则，弯曲四指代表力偶的转向，则大拇指指向 $\boldsymbol{M}$ 的矢量方向，如图 2-53（b）所示；力偶矩矢 $\boldsymbol{M}$ 的模为 $|\boldsymbol{M}|=|\boldsymbol{r}_{BA}\times\boldsymbol{F}|=|r_{BA}F\sin\alpha|=|Fd|$，等于力偶臂 d 与力 $\boldsymbol{F}$ 大小的乘积。显然，力偶矩矢 $\boldsymbol{M}$ 的大小和方向对应以下三个要素：力偶作用面、力偶的转向和力偶使刚体转动的强弱。

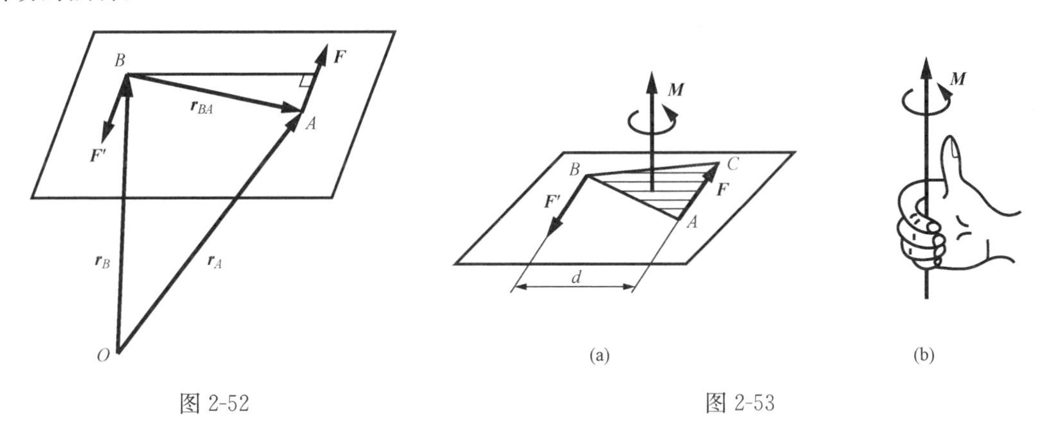

图 2-52　　　　图 2-53

力偶矩矢的单位是牛顿·米（N·m）或千牛·米（kN·m）。

2. 空间力偶系的合成

由于力偶矩矢为自由矢量，研究空间力偶系合成时，可将这些矢量平移到空间中任一点，得到一个由多个力偶矩矢组成的空间汇交矢量系。该矢量系的合成符合矢量合成法则，仿照空间汇交力系的合成方法，最终可合成为一个合力偶矩矢。

所以，空间力偶系可合成为一个合力偶，合力偶矩矢等于各分力偶矩矢的矢量和

$$\boldsymbol{M}=\boldsymbol{M}_1+\boldsymbol{M}_2+\cdots+\boldsymbol{M}_n=\sum\boldsymbol{M}_i \tag{2-46}$$

将上式向 x、y、z 轴投影，有

$$\begin{aligned} M_x&=M_{1x}+M_{2x}+\cdots+M_{nx}=\sum M_{ix}\\ M_y&=M_{1y}+M_{2y}+\cdots+M_{ny}=\sum M_{iy}\\ M_z&=M_{1z}+M_{2z}+\cdots+M_{nz}=\sum M_{iz} \end{aligned} \tag{2-47}$$

上式说明：合力偶矩矢在 x、y、z 轴上的投影等于各分力偶矩矢在相应轴上投影的代数和。根据式（2-40），合力偶矩矢可以表示为 $\boldsymbol{M}=M_x\boldsymbol{i}+M_y\boldsymbol{j}+M_z\boldsymbol{k}$，则合力偶矩矢的大小和方向余弦可表示如下

$$\left.\begin{aligned} M &= \sqrt{(\sum M_{ix})^2 + (\sum M_{iy})^2 + (\sum M_{iz})^2} \\ \cos\alpha &= \frac{M_x}{M}, \quad \cos\beta = \frac{M_y}{M}, \quad \cos\gamma = \frac{M_z}{M} \end{aligned}\right\} \tag{2-48}$$

式中，α、β 和 γ 分别为合力偶矩矢 $\boldsymbol{M}$ 与 x、y、z 轴正向间的夹角。

3. 空间力偶系的平衡

空间力偶系可以合成为一个合力偶，因此，空间力偶系平衡的充要条件是：该力偶系的合力偶矩矢等于零，即所有力偶矩矢的矢量和等于零。

$$\sum \boldsymbol{M}_i = 0 \tag{2-49}$$

将上式代入式（2-47），得到空间力偶系的平衡方程

$$\sum M_{ix} = 0, \quad \sum M_{iy} = 0, \quad \sum M_{iz} = 0 \tag{2-50}$$

即空间力偶系平衡的充要条件可表示为：该力偶系中各力偶矩矢在三个坐标轴上投影的代数和分别等于零。上述三个独立的平衡方程，可求解三个未知量。

五、空间任意力系

1. 空间任意力系向一点的简化

空间任意力系向一点的简化方法同平面任意力系的简化方法一样，其简化的理论依据仍为力的平移定理。设刚体上作用空间任意力系 $\boldsymbol{F}_1$、$\boldsymbol{F}_2$、…、$\boldsymbol{F}_n$，如图 2-54（a）所示。将作用于刚体上的各力依次向简化中心 O 平移，若不改变原力对刚体的作用效果，同时需附加一个相应的力偶。这样，得到一个空间汇交力系 $\boldsymbol{F}'_1$、$\boldsymbol{F}'_2$、…、$\boldsymbol{F}'_n$ 和一个空间力偶系 $\boldsymbol{M}_1$、$\boldsymbol{M}_2$、…、$\boldsymbol{M}_n$，而原空间任意力系将被这两个简单力系等效替换，如图 2-54（b）所示。其中

$$\left.\begin{aligned} \boldsymbol{F}'_i &= \boldsymbol{F}_i \\ \boldsymbol{M}_i &= \boldsymbol{M}_O(\boldsymbol{F}_i) \end{aligned}\right\}(i=1, 2, \cdots, n) \tag{2-51}$$

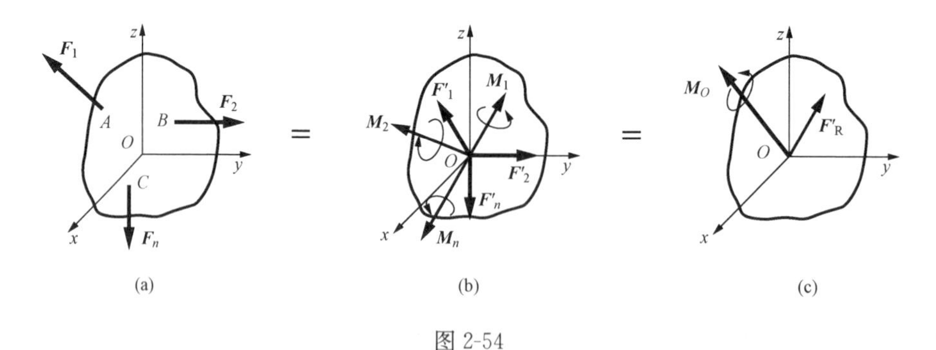

图 2-54

对于作用于 O 点的空间汇交力系，可以进一步将其合成为一个力 $\boldsymbol{F}'_R$，此力称为原空间任意力系的主矢，其作用线通过点 O，其大小和方向由各分力的矢量和所确定，如图 2-54（c）所示，即

$$\boldsymbol{F}'_R = \sum \boldsymbol{F}'_i = \sum \boldsymbol{F}_i \tag{2-52}$$

对于附加的空间力偶系，可以进一步将其合成为一个合力偶，此力偶称为原空间任意力系对点 O 的主矩，如图 2-54（c）所示，其合力偶矩矢为

$$\boldsymbol{M}_O = \sum \boldsymbol{M}_i = \sum \boldsymbol{M}_O(\boldsymbol{F}_i) \tag{2-53}$$

由此可得如下结论：空间任意力系向任一点简化，可得一力和一力偶：这个力的大小、方向由各分力的矢量和所确定，作用线通过简化中心，称为空间任意力系的主矢；而力偶等于该力系中各力对简化中心的力矩的矢量和，称为空间任意力系对简化中心的主矩。主矢的大小、方向与简化中心位置无关，主矩的大小、方向则一般与简化中心位置有关。

2. 空间任意力系的简化结果分析

将空间任意力系向一点简化时，可得主矢 $\boldsymbol{F}'_R$和对简化中心的主矩 $\boldsymbol{M}_O$。而最终的合成结果包括四种情形，即平衡、合力偶、合力和力螺旋，见表 2-2。

表 2-2　　空间任意力系的简化结果

主矢	主矩		最后结果	说明
$\boldsymbol{F}'_R=0$	$\boldsymbol{M}_O=0$		（1）平衡	
	$\boldsymbol{M}_O\neq0$		（2）合力偶	此时主矩与简化中心无关
$\boldsymbol{F}'_R\neq0$	$\boldsymbol{M}_O=0$		（3）合力	合力作用线通过简化中心
	$\boldsymbol{M}_O\neq0$	$\boldsymbol{F}'_R\perp\boldsymbol{M}_O$ 如图 2-55 所示	（4）合力	合力作用线离简化中心的距离为 $d=\dfrac{\lvert\boldsymbol{M}_O\rvert}{\lvert\boldsymbol{F}'_R\rvert}$
	$\boldsymbol{M}_O\neq0$	$\boldsymbol{F}'_R//\boldsymbol{M}_O$ 如图 2-56 所示	（5）力螺旋	力螺旋的中心轴通过简化中心
		$\boldsymbol{F}'_R$与 $\boldsymbol{M}_O$ 成θ角 如图 2-57 所示	（6）力螺旋	力螺旋的中心轴离简化中心的距离为 $d=\dfrac{\lvert\boldsymbol{M}_O\rvert}{\lvert\boldsymbol{F}'_R\rvert}\sin\theta$

表 2-2 所列前三种情形容易理解。空间任意力系向一点简化后，得到一空间汇交力系和一空间力偶系。（1）对应于空间汇交力系和空间力偶系都平衡的情形；（2）对应于空间汇交力系平衡的情形；（3）对应于空间力偶系平衡的情形。

表 2-2（4）对应于平面任意力系合成为一个合力的情形（图 2-55）。

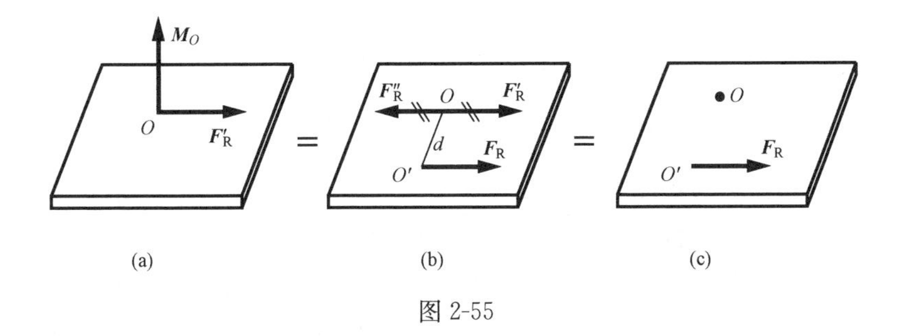

图 2-55

表 2-2（5）中由力和力偶组成的最简单的力系，称为力螺旋。力螺旋不能再进一步合成，如图 2-56 所示。例如，钻孔时的钻头对工件的作用以及拧木螺钉时螺丝刀对螺钉的作用都是力螺旋。若力偶矩矢与力同向，称为右螺旋，如图 2-56（a）所示；若二者反向，称为左螺旋，如图 2-56（b）所示。力螺旋中力的作用线称为力螺旋的中心轴。

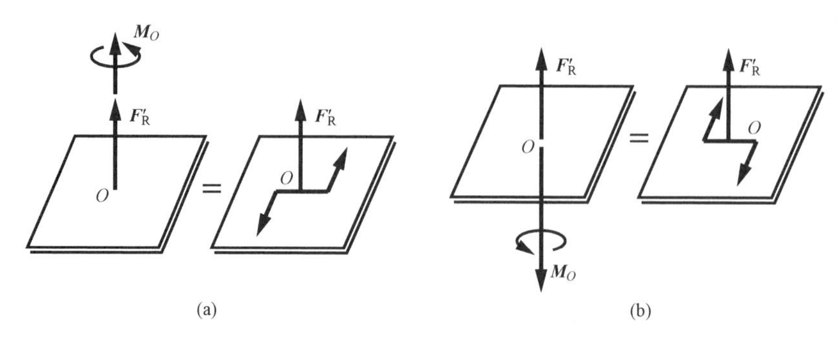

(a) (b)

图 2-56

表 2-2（6）中所示的情况如图 2-57（a）所示，可将主矩 $\boldsymbol{M}_O$ 分解为与主矢 $\boldsymbol{F}'_R$ 平行的分量 $\boldsymbol{M}'_O$ 和与主矢 $\boldsymbol{F}'_R$ 垂直的分量 $\boldsymbol{M}''_O$，如图 2-57（b）所示。其中 $\boldsymbol{F}'_R$ 和 $\boldsymbol{M}''_O$ 可以参照表（4）的情形进一步简化为一个力 $\boldsymbol{F}_R$。此时力 $\boldsymbol{F}_R$ 与 $\boldsymbol{M}'_O$ 平行，不可继续简化，组成一个力螺旋，如图 2-57（c）所示。

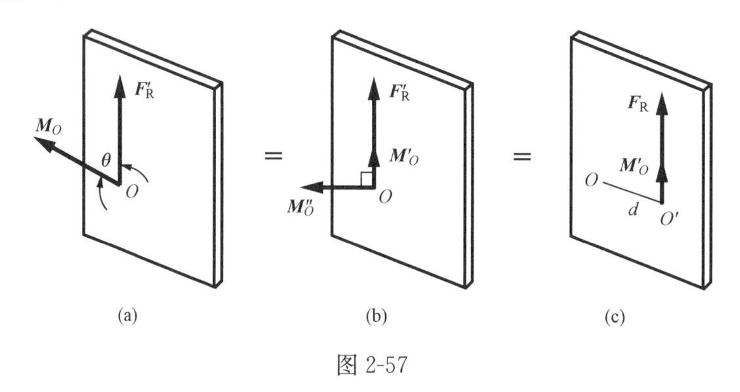

(a) (b) (c)

图 2-57

3. 空间任意力系的平衡方程

空间任意力系向一点简化的结果为一力和一力偶，即力系的主矢 $\boldsymbol{F}'_R$ 和对简化中心的主矩 $\boldsymbol{M}_O$。因此，空间任意力系处于平衡的充要条件是：力系的主矢和对于任一点的主矩都等于零，即

$$\boldsymbol{F}'_R=0,\quad \boldsymbol{M}_O=0 \tag{2-54}$$

由式（2-51）、式（2-52），可进一步得到空间任意力系的平衡方程

$$\begin{gathered}\sum F_x=0,\quad \sum F_y=0,\quad \sum F_z=0\\ \sum M_x(F)=0,\quad \sum M_y(F)=0,\quad \sum M_z(F)=0\end{gathered} \tag{2-55}$$

所以，空间任意力系平衡的充要条件又可表述为：力系中所有各力在三个坐标轴上投影的代数和分别等于零，且力系中各力对于每一个坐标轴之矩的代数和也等于零。

空间任意力系为所有力系中最一般的力系，所有其他形式的力系均可看作是它的特殊形式。所以，可以从空间任意力系的普遍平衡规律中导出其他特殊情况的平衡方程。

六、空间约束的类型

在分析空间平衡问题时，必然会遇到空间约束。而在空间力系问题中，物体所受的约束类型，有一些与平面力系中常见的约束类型不同。表 2-3 列出了一些常见的空间约束类型及其简化力学模型图和可能作用于物体上的约束力与约束力偶。

表 2-3 空间约束类型及约束反力特性

约束类型		简图	约束力
径向轴承	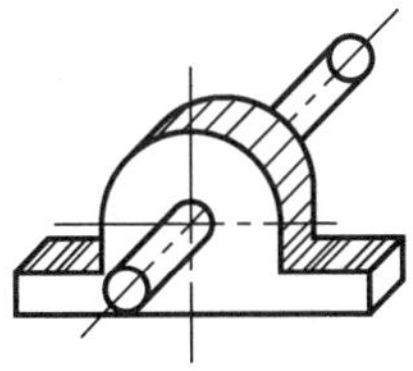		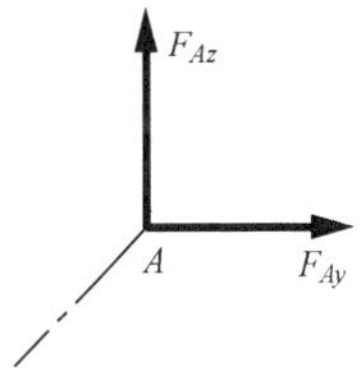 F_{Az}, F_{Ay}, A
蝶形铰链			
圆柱铰链			
球形铰		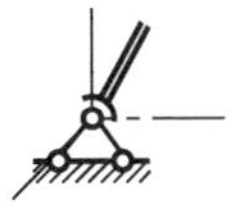	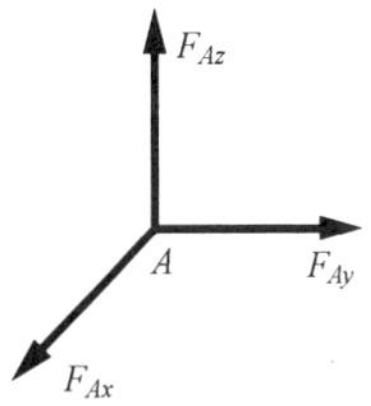 F_{Az}, F_{Ay}, F_{Ax}, A
止推轴承			
空间固定端	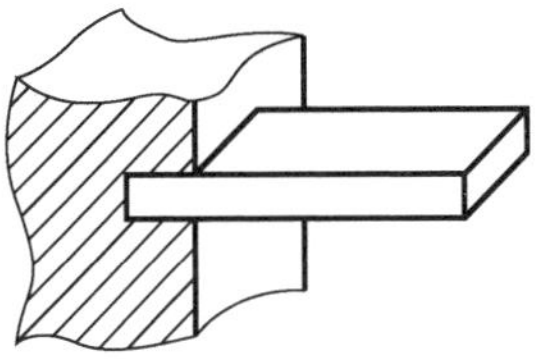		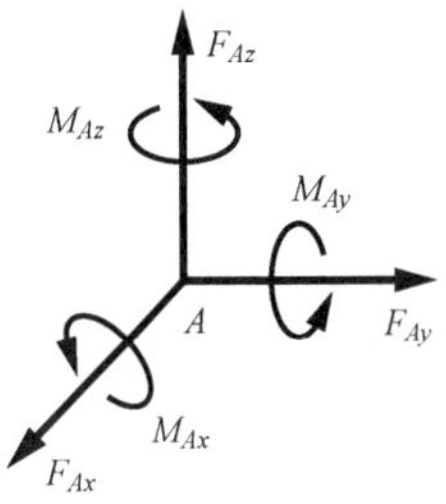 F_{Az}, M_{Az}, M_{Ay}, F_{Ay}, A, M_{Ax}, F_{Ax}

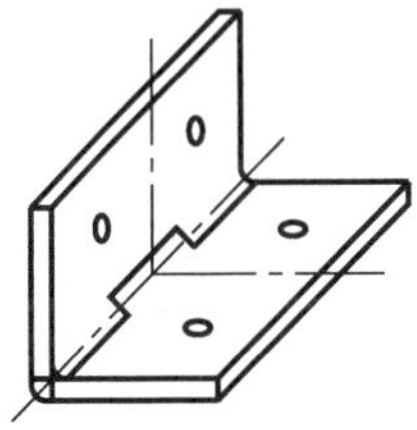

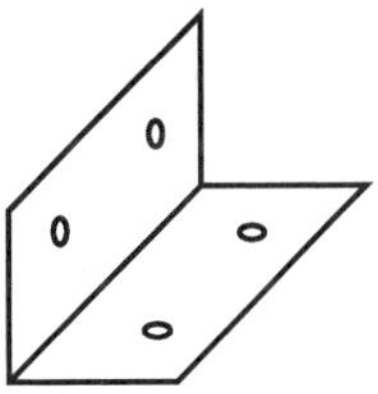

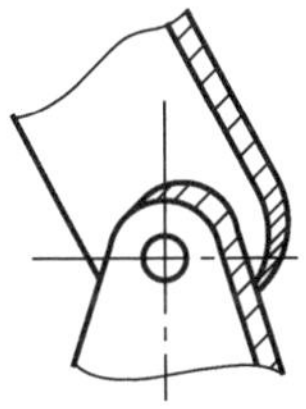

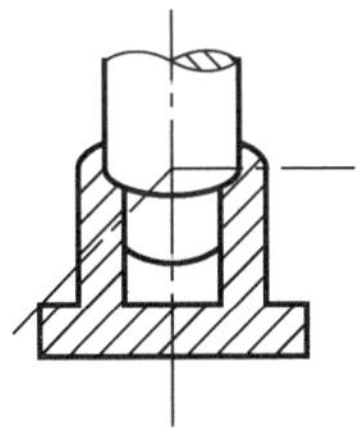

【例 2-23】 如图 2-58 所示的水平传动轴上装有两个胶带轮 C 和 D，可绕轴 AB 转动。胶带轮的半径 $r_1=200\text{mm}$，$r_2=250\text{mm}$，尺寸 $a=b=500\text{mm}$，$c=1000\text{mm}$。套在轮 C 上的胶带是水平的，且拉力 $F_1=2F_2=5000\text{N}$；套在轮 D 上的胶带与铅直线成 $\alpha=30°$，且拉力 $\boldsymbol{F}_3=2\boldsymbol{F}_4$。试求在平衡状态下，拉力 $\boldsymbol{F}_3$ 和 $\boldsymbol{F}_4$ 的值，以及由胶带拉力引起的轴承约束力。

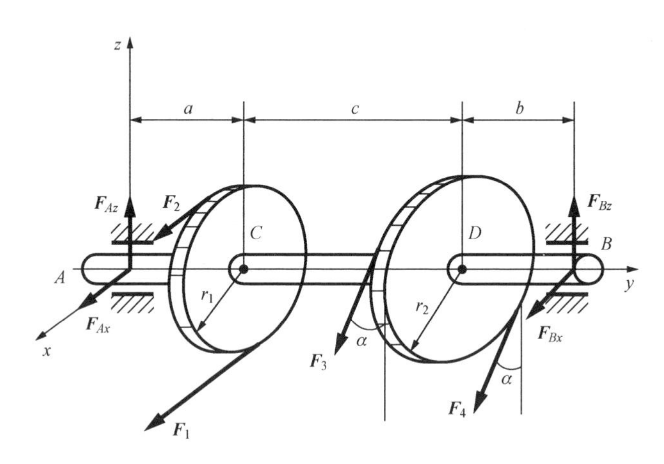

图 2-58

解 以整个轴为研究对象，受力分析如图所示。轴承 A 和 B 均为径向轴承，因此各有两个约束力 $\boldsymbol{F}_{Ax}$、$\boldsymbol{F}_{Az}$、$\boldsymbol{F}_{Bx}$、$\boldsymbol{F}_{Bz}$ 作用在轴上，同时轴上还有主动力 $\boldsymbol{F}_1$、$\boldsymbol{F}_2$、$\boldsymbol{F}_3$、$\boldsymbol{F}_4$，共同组成空间任意力系，选取如图坐标轴，列平衡方程

$$\sum F_x=0,\quad F_{Ax}+F_{Bx}+F_1+F_2+(F_3+F_4)\sin\alpha=0$$

$$\sum F_z=0,\quad F_{Az}+F_{Bz}-(F_3+F_4)\cos\alpha=0$$

$$\sum M_x=0,\quad F_{Bz}(a+b+c)-(F_3+F_4)(a+c)\cos\alpha=0$$

$$\sum M_y=0,\quad F_2r_1-F_1r_1+F_3r_2-F_4r_2=0$$

$$\sum M_z=0,\quad -F_{Bx}(a+b+c)-(F_3+F_4)(a+c)\sin\alpha-(F_1+F_2)a=0$$

按题意又有 $F_3=2F_4$

联立上述方程，解得

$$F_3=4000\text{N},\quad F_4=2000\text{N},\quad F_{Ax}=-6375\text{N}$$

$$F_{Az}=1299\text{N},\quad F_{Bx}=-4125\text{N},\quad F_{Bz}=3897\text{N}$$

各力符号为正，说明其真实方向如图 2-58 所示，符号为负，说明其真实方向与图上方向相反。

思考题

2-1　试说明力的分力与力的投影的区别？

2-2　什么是力矩？什么是力偶？有何异同？举例说明。

2-3　组成力偶的两个力在任一轴上的投影之和为什么必等于零？

2-4　什么情况下力对轴之矩等于零？

2-5　如图 2 59 所示，在物体上作用两力偶（$\boldsymbol{F}_1$，$\boldsymbol{F}'_1$）和（$\boldsymbol{F}_2$，$\boldsymbol{F}'_2$），其力多边形闭合，此时物体是否平衡？为什么？

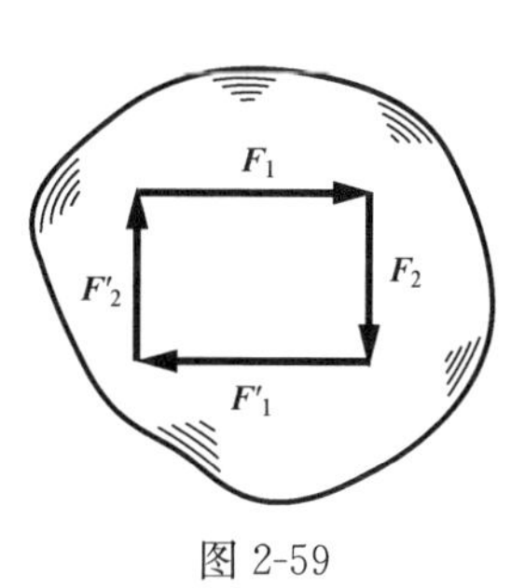

图 2-59

2-6　如果平面汇交力系的各力在任意两个互不平行的坐标轴上投影的代数和等于零，该力系是否平衡？

2-7　力系的合力与主矢有何区别？

2-8　力系平衡时合力为零，非平衡力系是否一定有合力？

2-9　力系的主矩与力偶矩有何不同？

2-10　某平面力系向 A、B 两点简化的主矩皆为零，此力系简化的最终结果可能是一个力吗？可能是一个力偶吗？可能平衡吗？

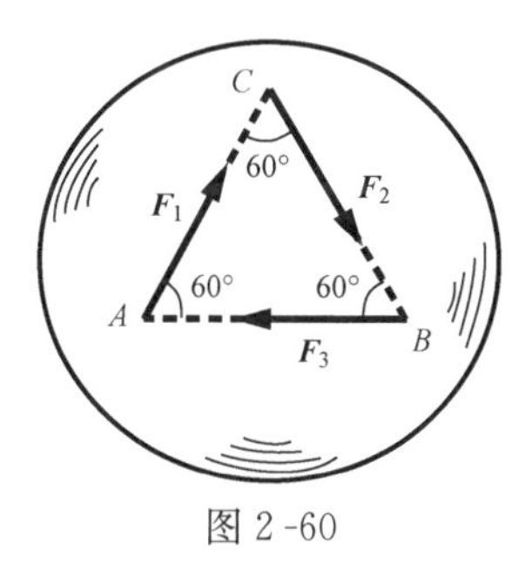

图 2 -60

2-11　在刚体上 A、B、C 三点分别作用三个力 $\boldsymbol{F}_1$、$\boldsymbol{F}_2$、$\boldsymbol{F}_3$，各力的方向如图 2-60 所示。大小恰好与△ABC 的边长成比例。问该力系是否平衡。

2-12　平面汇交力系、平面力偶系、平面任意力系、平面平行力系的合成结果是什么？它们的平衡条件是什么？平衡方程是什么？

2-13　主矢与主矩同简化中心的关系如何？

2-14　空间平行力系的简化结果可能合成为力螺旋吗？

习题

2-1　求力 F 在如图 2-61 所示坐标系 Oxy 的 y 轴上的分力和投影。

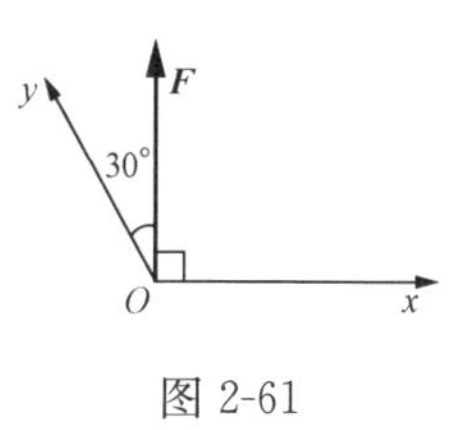

图 2-61

2-2　铆接薄钢板在孔心 A、B 和 C 处受三力作用，如图 2-62 所示。已知 $F_1=100\text{N}$ 沿铅垂方向，$F_2=50\text{N}$ 沿 AB 方向，$F_3=50\text{N}$ 沿水平方向，求该力系的合成结果。

2-3　图 2-63 所示 $F_1=F'_1=150\text{N}$，$F_2=F'_2=200\text{N}$，$F_3=F'_3=250\text{N}$。求合力偶。

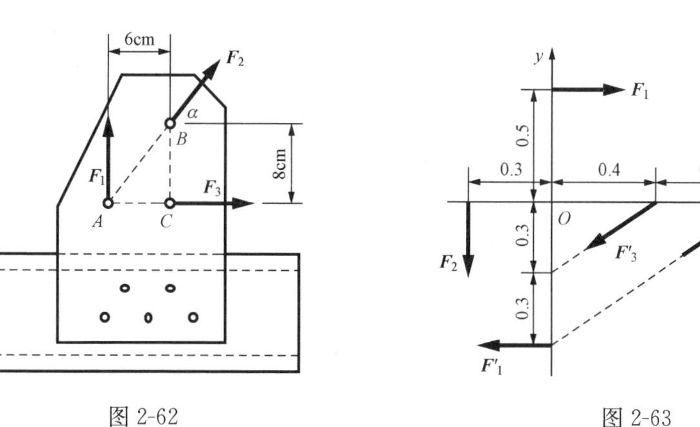

图 2-62　　图 2-63

2-4　求图 2-64 所示平面力系的合成结果，长度单位为 m。

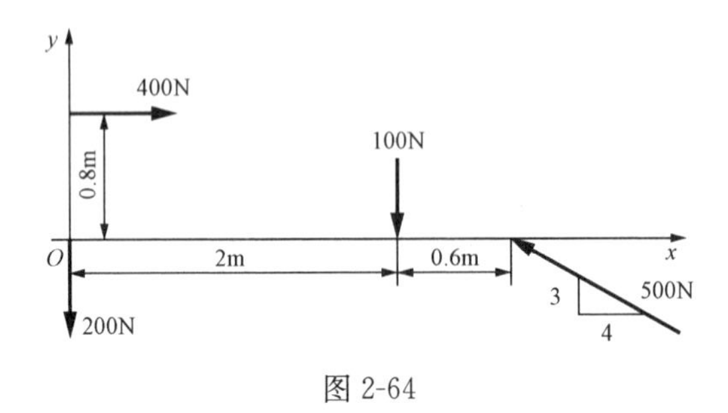

图 2-64

2-5　图 2-65 所示简支梁受集中荷载 $F=20\text{kN}$，求图示两种情况下支座 A、B 的约束反力。

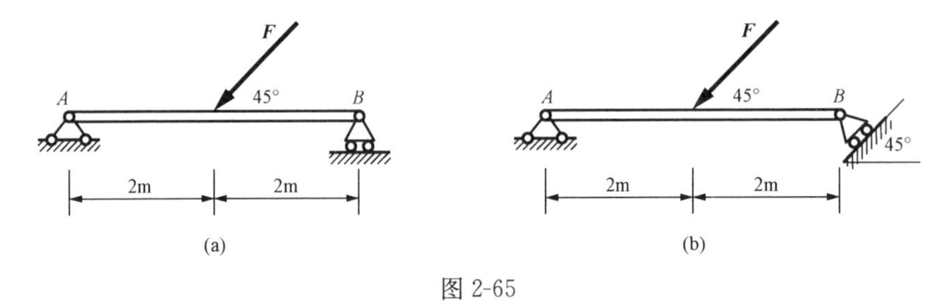

图 2-65

2-6　一均质球重力 $G=1000\text{N}$，放在两个相交的光滑斜面之间，如图 2-66 所示。如斜面 AB 的倾角 $\alpha=45°$，斜面 BC 的倾角 $\beta=60°$。求两斜面的约束力 F_{ND} 和 F_{NE} 的大小。

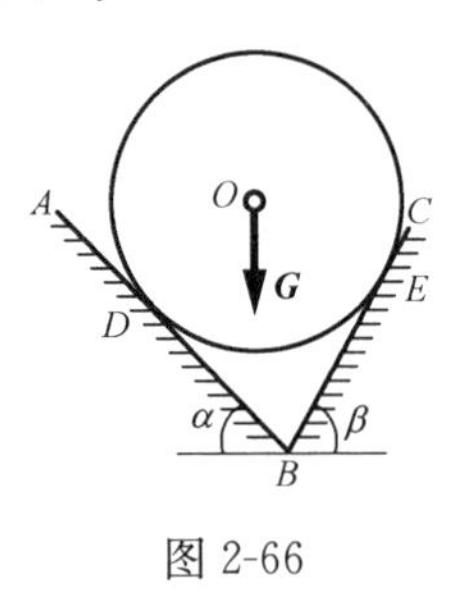

图 2-66

2-7　如图 2-67 所示，AC 和 BC 两杆用铰链 C 连接，两杆的另一端分别固定铰支在墙上，在 C 点悬挂重力 $G=10\text{kN}$ 的物体。已知 $\alpha=30°$，$\beta=60°$。不计杆重，求两杆的内力。

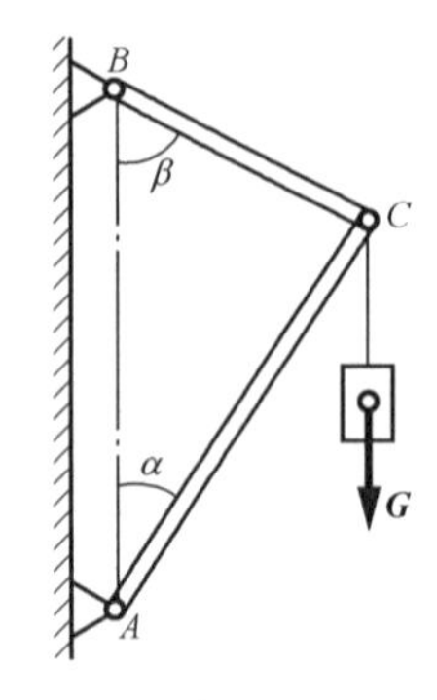

图 2-67

2-8　夹具中所用的两种链杆增力机构如图 2-68 所示，竖直推力 $\boldsymbol{F}$ 作用于 A 点，夹紧平衡时杆 AB 与水平线的夹角为 α，求对于工件的夹紧力 Q 和当 $\alpha=10°$时的增力倍数 Q/P。

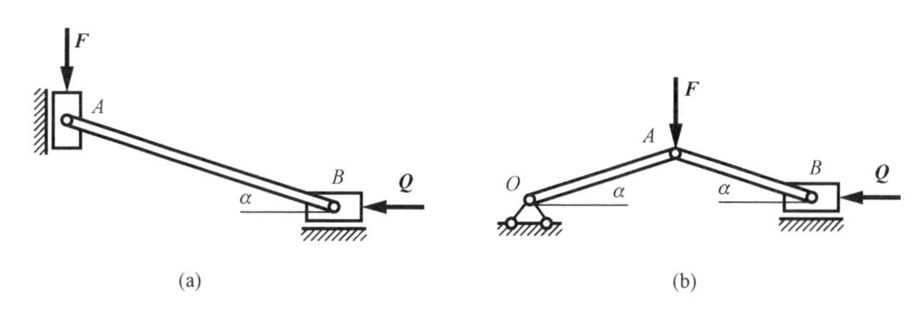

图 2-68

2-9　构件的支承及荷载情况如图 2-69 所示，求支座 A、B 的约束反力。

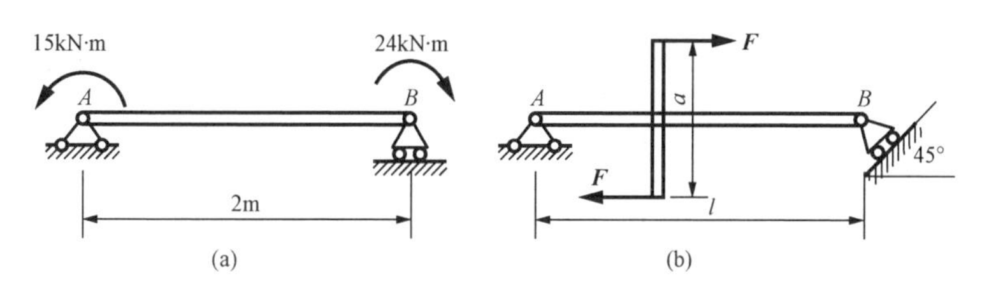

图 2-69

2-10　四链杆机构 $OABO_1$ 在图 2-70 所示位置平衡，已知 $OA=40\text{cm}$，$O_1B=60\text{cm}$，作用在曲柄 OA 上的力偶矩大小为 $m_1=1\text{N}\cdot\text{m}$，不计杆重；求力偶矩 m_2 的大小及链杆 AB 所受的力。

2-11　在图 2-71 所示结构中，各构件的自重略去不计，在构件 BC 上作用一力偶矩为 M 的力偶，各尺寸如图。求支座 A 的约束力。

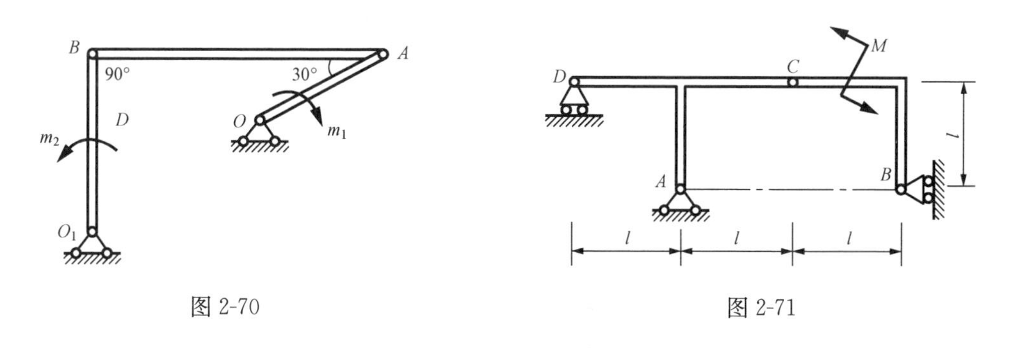

图 2-70　　　　图 2-71

2-12　计算图 2-72 所示各题中力 $\boldsymbol{F}$ 对点 O 之矩。

2-13　求图 2-73 中平行分布力的合力和对于 A 点之矩。

2-14　静定梁的荷载及尺寸如图 2-74 所示，长度单位为 m，求支座反力。

2-15　在图 2-75 所示刚架中，已知 $q=3\text{kN/m}$，$F=6\sqrt{2}\,\text{kN}$，$M=10\text{kN}\cdot\text{m}$，不计刚架自重，求固定端 A 处的约束力。

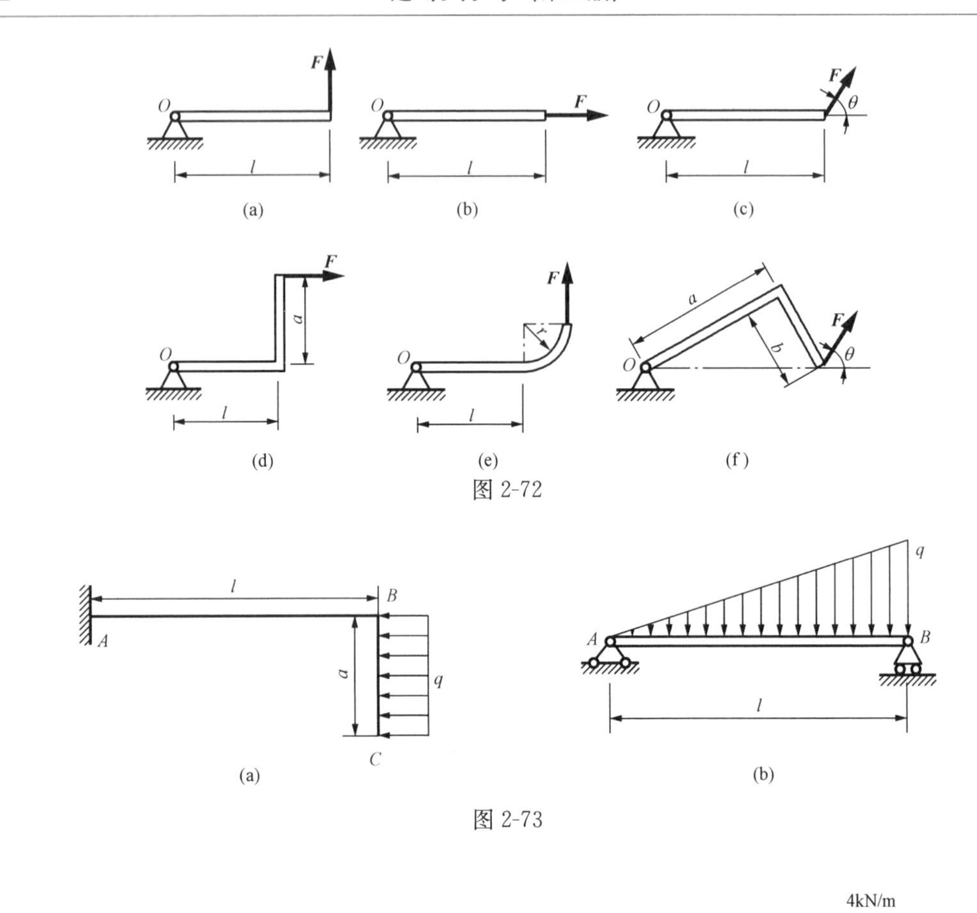

图 2-72

图 2-73

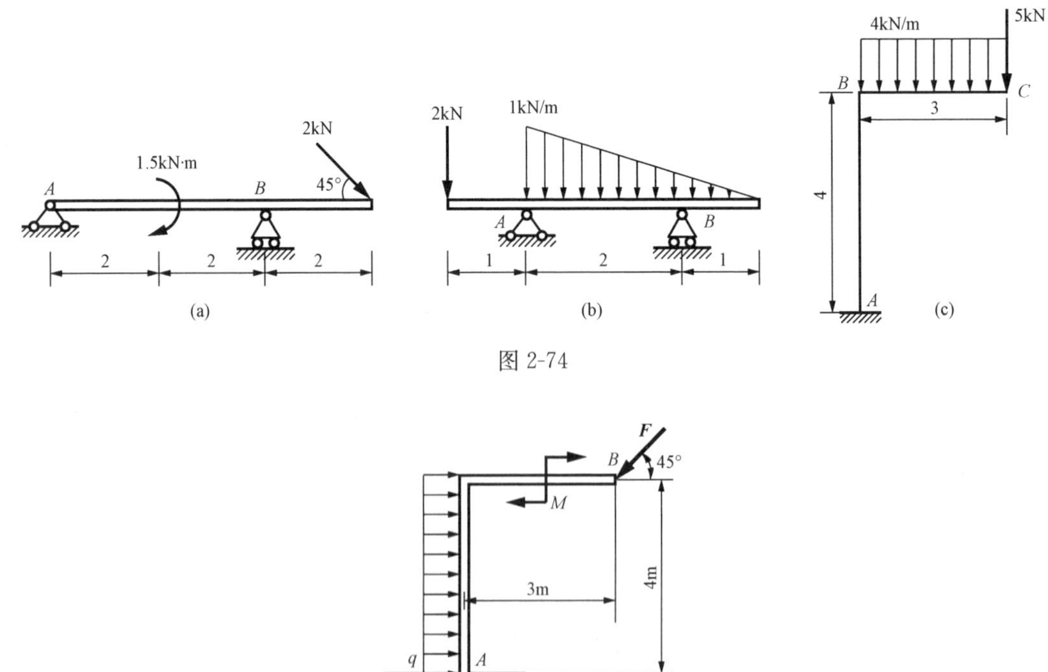

图 2-74

图 2-75

2-16 无重水平梁的支撑和荷载如图 2-76 所示。已知力 F=6kN、力偶矩 M=8kN·m 和荷载集度 q=4kN/m，a=2m。求支座 A 和 B 处的约束力。

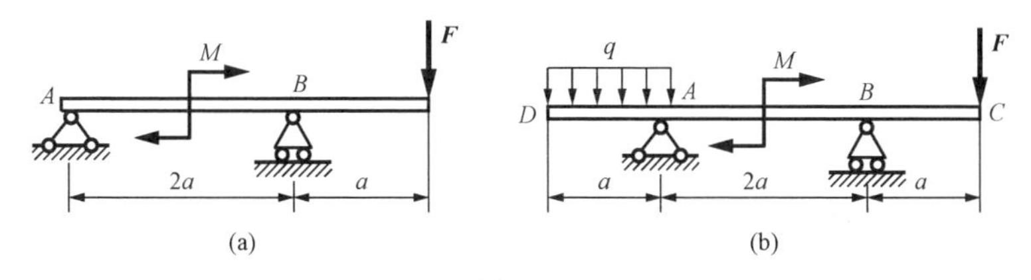

图 2-76

2-17 如图 2-77 所示，行动式起重机不计平衡锤为 G=500kN，其重力在离右轨 1.5m 处。起重机的起重重量为 G_1=250kN，突臂伸出离右轨 10m。跑车本身重量略去不计，欲使跑车满载或空载时起重机均不致翻倒，求平衡锤的最小重量 G_2 以及平衡锤到左轨的最大距离 x。

2-18 水平梁 AB 由铰链 A 和杆 BC 所支持，如图 2-78 所示。在梁上 D 处用销子安装半径为 r=0.1m 的滑轮。有一跨过滑轮的绳子，其一端水平地系于墙上，另一端悬挂有 G=1800N 的重物。如 AD=0.2m，BD=0.4m，φ=45°，且不计梁、杆、滑轮和绳的重量。求铰链 A 和杆 BC 对梁的约束力。

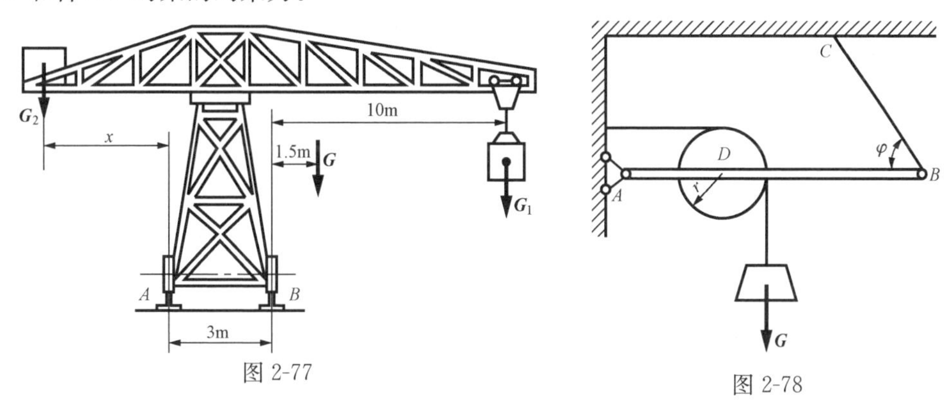

图 2-77

图 2-78

2-19 在图 2-79（a）、（b）所示两连续梁中，已知 q、M、a 及 θ，不计梁的自重，求各连续梁在 A、B、C 三处的约束力。

2-20 由 AC 和 CD 构成的组合梁通过铰链 C 连接。它的支承和受力如图 2-80 所示。已知均布荷载集度 q=10kN/m，力偶矩 M=40kN·m，不计梁重。求支座 A、B、D 的约束力和铰链 C 处所受的力。

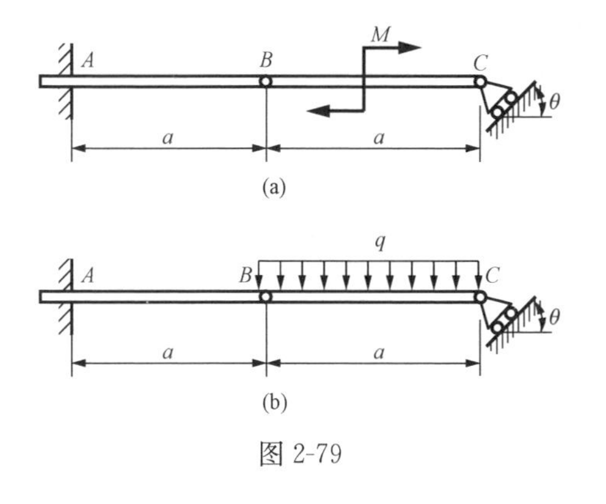

图 2-79

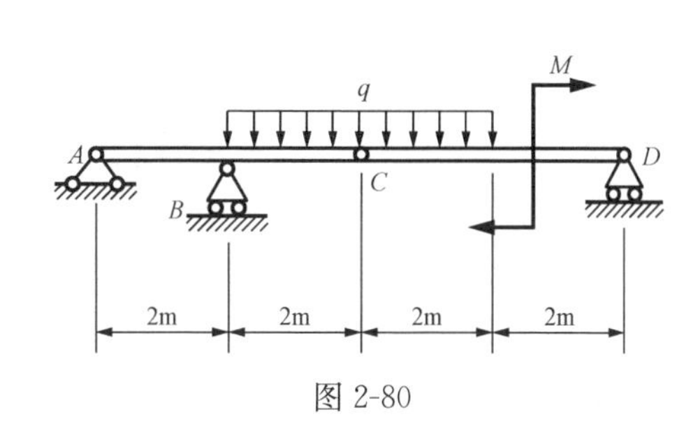

图 2-80

2-21 如图 2-81 所示，三铰拱由两半拱和三个铰链 A、B、C 构成，已知每半拱所受重力为 $G=300\text{kN}$，$l=32\text{m}$，$h=10\text{m}$。求支座 A、B 的约束力。

2-22 如图 2-82 所示，已知 $F_1=30\text{kN}$，$F_2=50\text{kN}$，$F_3=40\text{kN}$。试求各力在三个坐标轴上的投影。

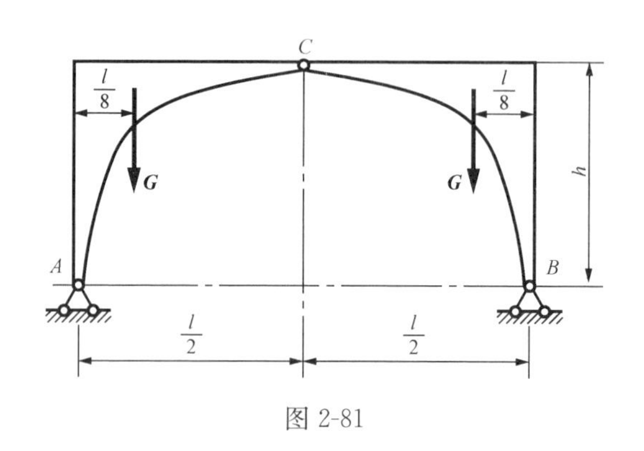

图 2-81

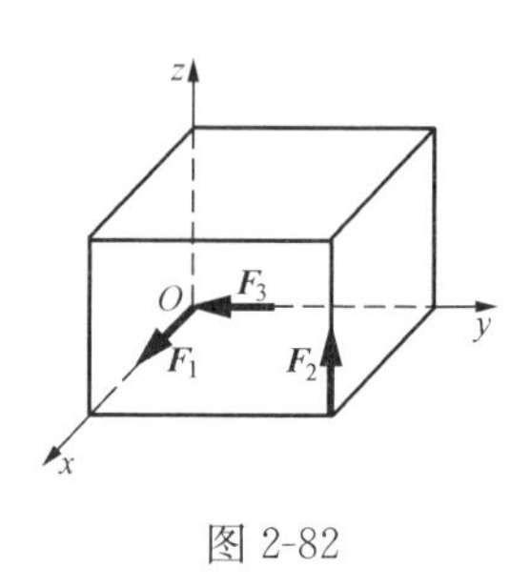

图 2-82

2-23 在图 2-83 所示边长为 a 的正方体上，作用有力 $F_1=6\text{kN}$，$F_2=2\text{kN}$，$F_3=4\text{kN}$。试计算各力在三个坐标轴上的投影。

2-24 已知 $F_1=30\text{kN}$，$F_2=25\text{kN}$，$F_3=40\text{kN}$，其他尺寸如图 2-84 所示。试求此三力对 x、y 轴之矩。

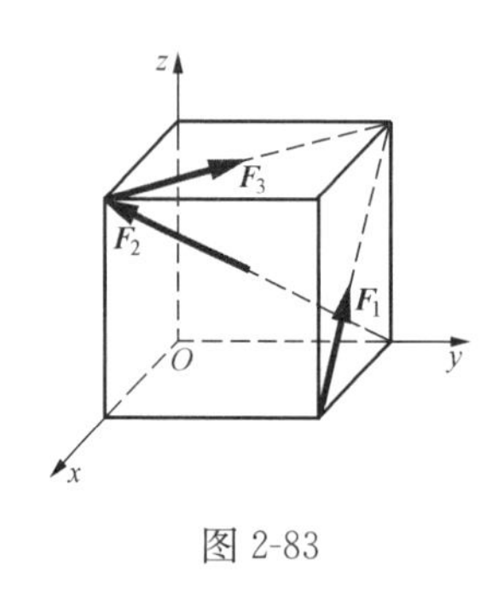

图 2-83

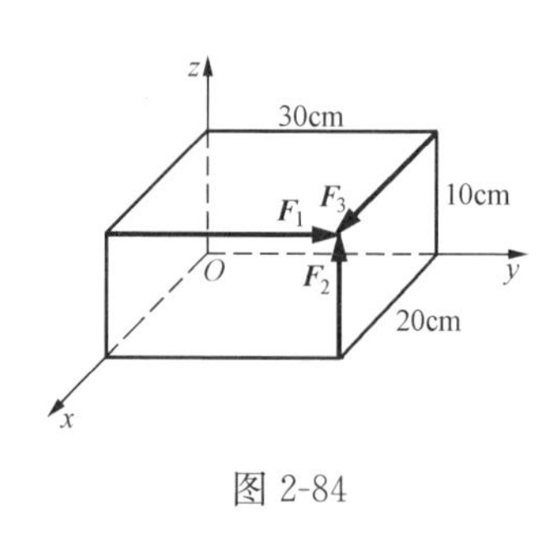

图 2-84

2-25 水平轮上 A 点作用一力 $\boldsymbol{F}$，方向与轮面成$\alpha=60°$的角，且在过 A 点与轮缘相切的铅垂面内，而点 A 与轮心 O' 的连线与通过 O' 点平行于 y 轴的直线成 $\beta=30°$角，其他尺寸如图 2-85 所示。试求力 $\boldsymbol{F}$ 在 x、y、z 三个坐标轴上的投影，以及对 x、y、z 三个坐标轴之矩。

2-26 力系中，$F_1=F_2=F_3=100\text{N}$，各力作用线的位置如图 2-86 所示。将力系向坐标原点 O 简化。

2-27 图 2-87 所示空间桁架由三根无重直杆组成，在 D 端用球铰链连接。A、B 和 C 端则用球铰链固定在水平地板上。如果挂在 D 端的物重$P=10\text{kN}$，试求铰链 A、B 和 C 的约束力。

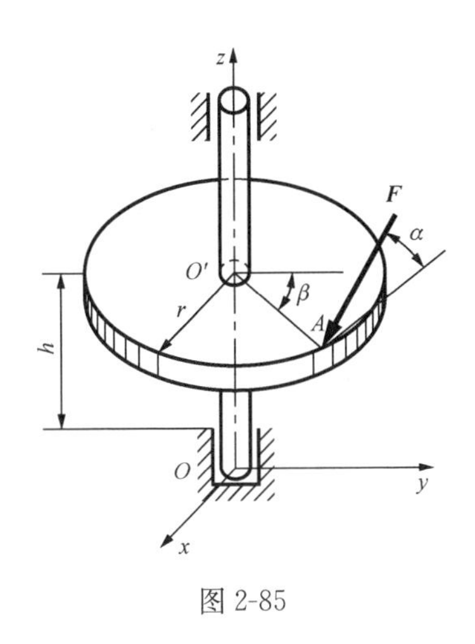

图 2-85

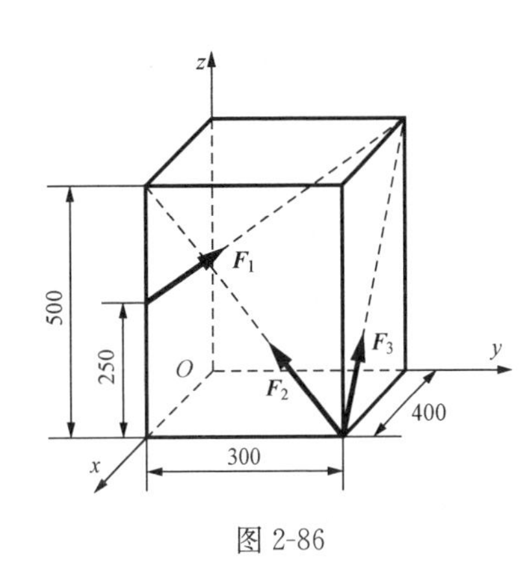

图 2-86

2-28 如图 2-88 所示，均质长方形薄板所受重力为$G=200$N，用球铰链 A 和蝶铰链 B 固定在墙上，并用绳子 CE 维持在水平位置。求绳子的拉力和支座约束力。

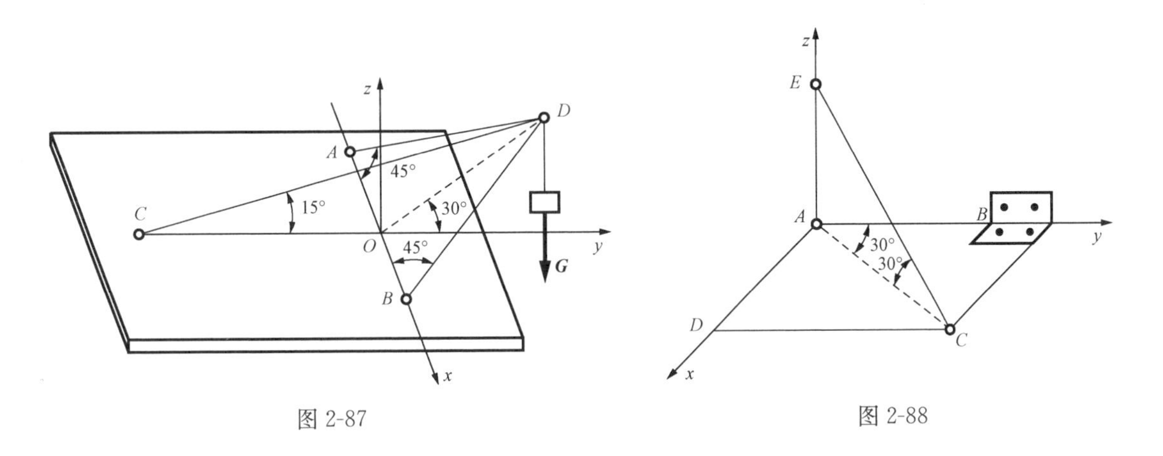

图 2-87　　图 2-88

习题参考答案

2-1 $\frac{2\sqrt{3}}{3}F$；$\frac{\sqrt{3}}{2}F$

2-2 $F_{Rx}=80$N；$F_{Ry}=140$N；$F_R=161$N；$\theta=60.3°$

2-3 $m=115$N·m

2-4 $F'_R=0$N，$M_O=260$N·m

2-5 (1) $F_A=15.8$kN，方向：与 AB 杆夹角$\alpha=26.6°$，$F_B=7.1$kN；
(2) $F_A=22.4$kN，方向：与 AB 杆夹角$\alpha=18.3°$，$F_B=10.1$kN

2-6 $F_{ND}=896.702$N，$F_{NE}=732.064$N

2-7 $F_{BC}=5$kN（拉），$F_{AC}=8.66$kN（压）

2-8 （1）$Q=F\cot\alpha$；$Q/F=\cot\alpha=5.67$；（2）$Q=\frac{F}{2}\cot\alpha$；$Q/F=\frac{\cot\alpha}{2}=2.84$

2-9 （1）$F_{NB}=F_A=4.5kN$；（2）$F_{NB}=F_A=\frac{\sqrt{2}Pa}{l}$

2-10 $m_2=3N\cdot m$，$F_{AB}=5N$

2-11 $F_A=\sqrt{2}\frac{M}{l}$

2-12 (a) Fl；(b) 0；(c) $Fl\sin\theta$；(d) $-Fa$；(e) $F(l+r)$；(f) $F\sqrt{a^2+b^2}\sin\theta$

2-13 $F_R=qa$，$M_A=\frac{1}{2}qa^2$；$F_R=\frac{1}{2}ql$，$M_A=-\frac{1}{3}ql^2$

2-14 (a) $F_{Ax}=-1.41kN$，$F_{Ay}=-1.08kN$，$F_B=2.49kN$；

(b) $F_A=3.75kN$，$F_B=-0.25kN$；

(c) $F_A=17kN$，$M_A=33kN\cdot m$

2-15 $F_{Ax}=-6kN$，$F_{Ay}=6kN$，$M_A=24kN\cdot m$

2-16 (a) $-5kN$，$11kN$；

(b) $5kN$，$9kN$

2-17 $G_2=233.3kN$；$x=11.57m$

2-18 $F_{BC}=848.5N$；$F_{Ax}=2400N$，$F_{Ay}=1200N$

2-19 (a) $F_{Ax}=\frac{M}{a}\tan\theta$，$F_{Ay}=-\frac{M}{a}$，$M_A=-M$，$F_B=F_C=\frac{M}{a\cos\theta}$；

(b) $F_{Ax}=\frac{qa}{2}\tan\theta$，$F_{Ay}=\frac{qa}{2}$，$M_A=\frac{1}{2}qa^2$，$F_{Bx}=\frac{qa}{2}\tan\theta$，$F_{By}=\frac{qa}{2}$，

$F_c=\frac{qa}{2\cos\theta}$

2-20 $F_A=15kN$，$F_B=40kN$，$F_C=5kN$，$F_D=15kN$

2-21 $F_{Ax}=-F_{Bx}=120kN$，$F_{Ay}=F_{By}=300kN$

2-22 $F_{1x}=30kN$，$F_{1y}=0$，$F_{1z}=0$；

$F_{2x}=0$，$F_{2y}=0$，$F_{2z}=50kN$；

$F_{3x}=0$，$F_{3y}=-40kN$，$F_{3z}=0$

2-23 $F_{1x}=-3\sqrt{2}kN$，$F_{1y}=0$，$F_{1z}=3\sqrt{2}kN$；

$F_{2x}=1.154kN$，$F_{2y}=-1.154kN$，$F_{2z}=1.154kN$；

$F_{3x}=-2\sqrt{2}kN$，$F_{3y}=2\sqrt{2}kN$，$F_{3z}=0$

2-24 $m_x(F_1)=-3kN\cdot m$，$m_y(F_1)=0$；

$m_x(F_2)=7.5kN\cdot m$，$m_y(F_2)=-5kN\cdot m$；

$m_x(F_3)=0$，$m_y(F_3)=4kN\cdot m$

2-25 $F_x=\frac{\sqrt{3}}{4}F$，$F_y=-\frac{1}{4}F$，$F_z=-\frac{\sqrt{3}}{2}F$；

$M_x=\frac{F}{4}(h-3r)$，$M_y=\frac{\sqrt{3}}{4}F(h+r)$；

$M_z=-\frac{Fr}{2}$

2-26 $F_{Rx}=-134N$，$F_{Ry}=2.22N$，$F_{Rz}=208.56N$；$M_x=35.73N\cdot m$，$M_y=-101.32N\cdot m$，$M_z=19.63N\cdot m$

2-27 $F_A=F_B=-26.39kN$(压)，$F_C=33.46kN$(拉)

2-28 $F=200N$，$F_{Bx}=F_{Bz}=0$，$F_{Ax}=86.6N$，$F_{Ay}=150N$，$F_{Az}=100N$

第三章　轴向拉伸和压缩

第一节　轴向拉伸和压缩的外力和内力

一、轴向拉伸和压缩的概念

在实际工程中，经常遇到发生轴向拉伸和压缩变形的杆件。虽然杆件的外形各有差异，加载方式也不同，但对轴向拉伸与压缩的杆件进行简化，均可表示为图 3-1 所示的计算简图：即构件可简化为等直杆，所受外力的合力作用线与轴线重合。相应的，杆件的主要变形形式为：若杆件受轴向拉力作用，杆件产生沿轴线方向的伸长变形，同时垂直轴线方向变细，简称拉伸；若杆件受轴向压力作用，杆件产生沿轴线方向的缩短变形，垂直轴线方向变粗，简称压缩。轴向拉伸的实例有如图 3-2 所示用于连接的螺栓、图 3-3 所示悬臂吊车的拉杆 AB、桁架中的拉杆等；轴向压缩的实例有如图 3-4 所示汽车式起重机的支腿、千斤顶的螺杆和桁架中的压杆等。

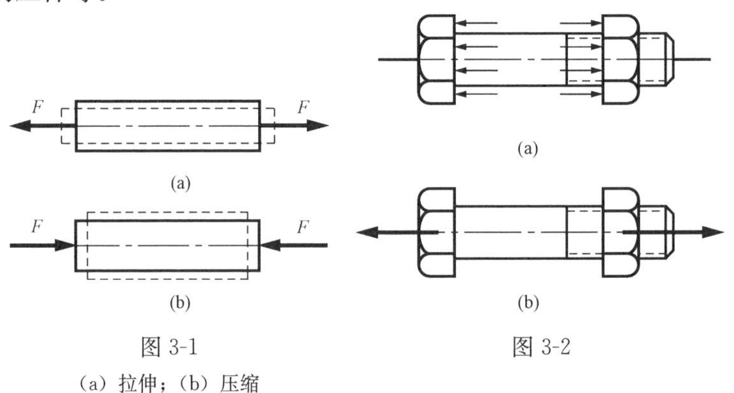

图 3-1

（a）拉伸；（b）压缩

图 3-2

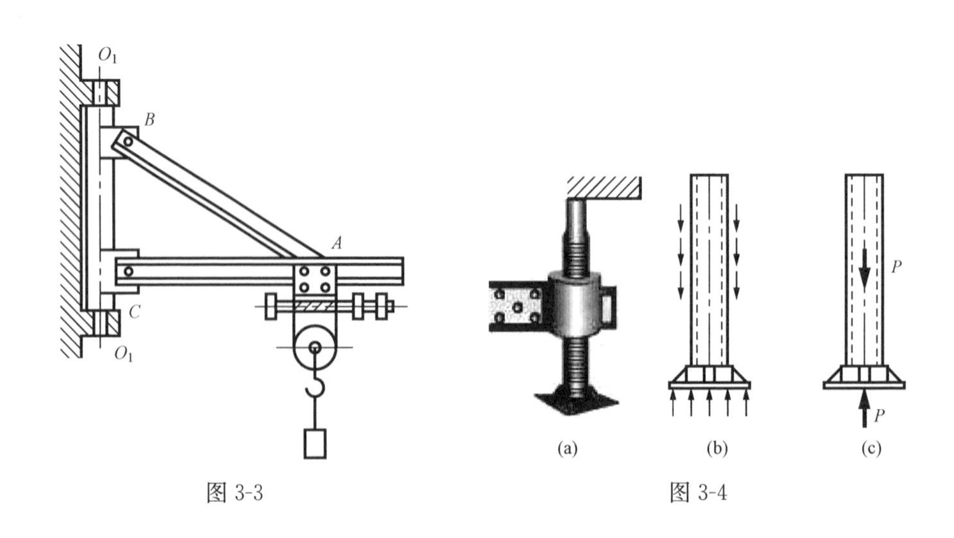

图 3-3

图 3-4

二、内力·截面法·轴力

物体在受到外力作用而变形时，内部各质点间的相对位置将发生变化。与此同时，各质点间的相互作用力也将发生改变。上述相互作用力的改变量是由物体受到外力作用而引起的，因此也称为“附加内力”。内力是指由外力作用引起的、物体内相邻部分之间分布作用力的合成。

为了更清晰的分析在外力作用下构件某截面处的内力，确定其大小和方向，通常采用截面法。如图 3-5（a）所示直杆，受轴向拉力作用，为求某一横截面 $m—m$ 上的内力，可假想地用一个横截面在 $m—m$ 处把杆截开，分为左右两段。由于直杆是平衡的，则图 3-5（b）、（c）所示的两段杆仍然平衡。任取其中一段，例如取左段为研究对象，根据其平衡分析，可知在横截面上必然有一个力 F_N 作用，它就是右段对左段的作用力，即内力。由于物体的连续性，左右两段的相互作用力实际上是分布于整个横截面上的，这里的内力 F_N 是指这些分布力的合力。同样，如果选取右段为研究对象，则左段对右段的作用也可以用力 F'_N 来代替。F_N 与 F'_N 是左右两部分在横截面上的作用力与反作用力，两者大小相等，方向相反，通常不必区分，一律用 F_N 表示。

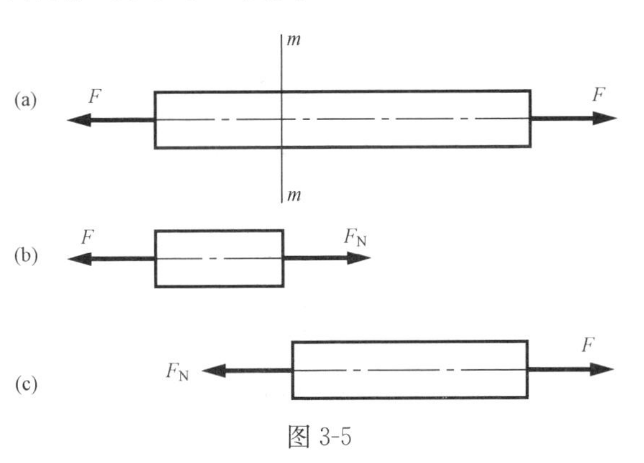

图 3-5

截面上内力的大小和方向，可以利用平衡方程来确定，例如取左段杆分析，根据平衡条件，内力 F_N 必然与杆的轴线相重合，并由平衡方程

$$F_N - F = 0$$

即

$$F_N = F$$

如果选取右段为研究对象，根据平衡也可以得到同样的结果。

综上所述，这种假想地用一个截面将构件截开，从而分析内力并确定内力的方法，称为截面法。利用截面法求解内力的步骤如下：

（1）假想地用一个截面将构件截开为两部分，取其中一部分为研究对象，弃去另一部分；

（2）用作用于截面上的内力代替弃去部分对留下部分的作用；

（3）建立留下部分的平衡方程，确定未知内力的大小和方向。

由以上的分析结果知道，轴向拉伸和压缩的杆件，其横截面上内力作用线与轴线重合，称为轴力。一般规定，拉伸时的轴力为正，压缩时的轴力为负。

轴力的常用单位是牛顿（N）或千牛顿（kN）。

第二节 内力计算和轴力图

当杆受到多个轴向外力作用时，在杆的不同横截面上，轴力也不同。为了能够直观的表示出杆横截面上的轴力随横截面位置而变化的情况，以确定其最大轴力和危险截面，进而进行强度计算，需要绘制轴力图。轴力图的画法如下：用平行于杆轴线的坐标表示横截面的位置，用垂直于杆轴线的坐标表示横截面上轴力的数值，按照选定的比例尺，绘出轴力与截面位置关系的曲线。从轴力图上即可确定最大轴力的数值及其所在横截面的位置。习惯上将正轴力画在上侧，负轴力画在下侧，现举例说明轴力图的画法。

【例 3-1】 一等截面直杆 AE，受力如图 3-6（a）所示，求 1—1、2—2、3—3、4—4 截面上的轴力，并画轴力图。

解 （1）求支座反力，由杆 AE 的平衡方程

$$\sum F_x=0,\quad F_E-2-3+6-2=0$$

得

$$F_E=1\text{kN}$$

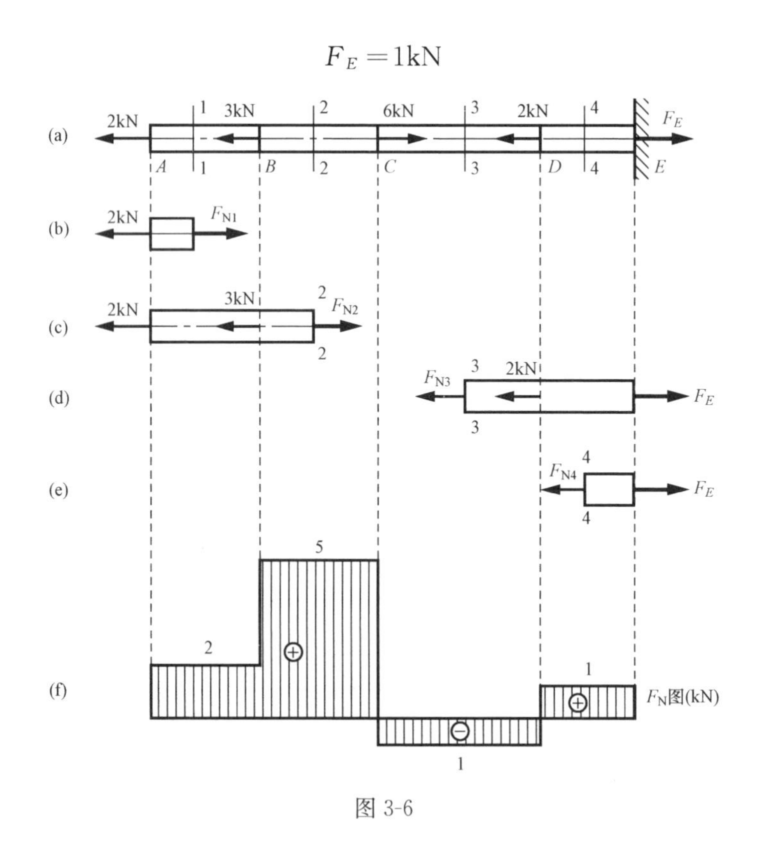

图 3-6

（2）求轴力。

沿横截面 1—1 假想地将杆截开，取左段为研究对象，设截面上的轴力为 F_{N1}，如图 3-6（b)所示，由平衡方程

$$\sum F_x=0,\quad F_{N1}-2=0$$

得

$$F_{N1}=2\text{kN}$$

计算所得的结果为正，表明 F_{N1} 为拉力。当然也可以取右段为研究对象来求轴力 F_{N1}，但右段上包含的外力较多，计算较为复杂。因此，计算时应选取受力较简单的部分作为研究对象。

再沿横截面 2—2 假想地将杆截开，仍取左段为研究对象，设截面上的轴力为 F_{N2} 如图 3-6（c)所示，由平衡方程

$$\sum F_x = 0, \quad F_{N2} - 2 - 3 = 0$$

得

$$F_{N2} = 5\text{kN}$$

同理，沿截面3—3将杆截开，取右段为研究对象，可得轴力F_{N3}，如图3-6（d）所示为

$$F_{N3} = -1\text{kN}$$

结果为负，表明F_{N3}为压力。由图3-6（e），可得横截面4—4上的轴力F_{N4}为

$$F_{N4} = 1\text{kN}$$

（3）作轴力图。

杆的轴力图如图3-6（f）所示。

画轴力图应注意：①轴力图应封闭；②图中直线表示截面位置对应的轴力数值，因此，应垂直于轴线，而不是斜线，画时亦可省略；③轴力图应标出轴力数值、正负号、单位。

第三节　工作应力计算

一、应力的概念

已知杆件的轴力图和最大轴力，不足以解决杆件的强度问题。例如用相同材料制成两根杆，横截面积不同，在相同的拉力作用下，两杆的轴力自然相同，但当拉力增大到某一程度时，细杆必定先被拉断。这说明拉杆的强度取决于单位面积上的内力集度大小，同时还与材料承受荷载的能力有关。因此，定义截面上内力的分布集度为应力，才能进行强度计算，所以，应力是衡量构件是否发生强度破坏的重要指标。

图3-7（a）所示为从任意受力构件中取出的分离体，m—m截面上作用有连续分布的内力。围绕任一点O取微面积ΔA，其上作用的内力设为ΔF，定义ΔF与ΔA之比值为该截面ΔA上的平均应力

$$p_m = \frac{\Delta F}{\Delta A} \tag{3-1a}$$

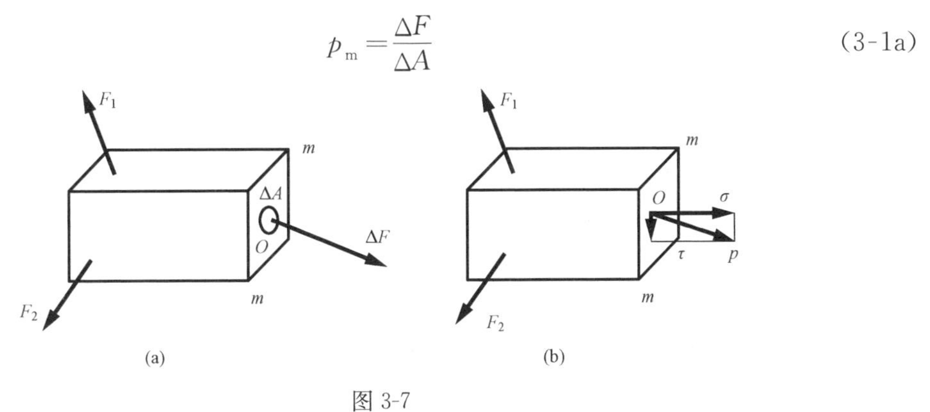

图3-7

由于截面上内力的分布一般是不均匀的，所以平均应力将与所取面积ΔA的大小有关。为了消除ΔA的影响，更准确地描述O点处的内力分布集度，取平均应力的极限值，定义为该截面O点处的应力

$$p = \lim_{\Delta A \to 0} \frac{\Delta F}{\Delta A} = \frac{dF}{dA} \tag{3-1b}$$

通常将应力 p 分解为两个分量，如图 3-7（b）所示。与截面垂直的分量称为正应力，用符号 σ 表示；平行于截面的分量称为切应力，用符号 τ 表示；p 称为全应力。三者之间存在下列关系

$$\sigma = p\cos\alpha$$
$$\tau = p\sin\alpha \tag{3-1c}$$

式中，α 为全应力 p 与正应力 σ 间所夹的锐角。应力的单位为 Pa(N/m^2)，在工程实践中，通常采用 kPa、MPa 和 GPa 来表示应力，其换算关系为 1kPa$=10^3$Pa，1MPa$=10^6$Pa，1GPa$=10^9$Pa。

二、轴向拉压杆横截面上的应力

在已知轴向拉压杆横截面轴力的情况下，确定该横截面的应力，必须要首先了解横截面上应力的分布规律。由于应力分布与构件变形之间存在着一定的物理关系，因此可以从杆件的变形特点上着手，分析应力在横截面上的变化规律。

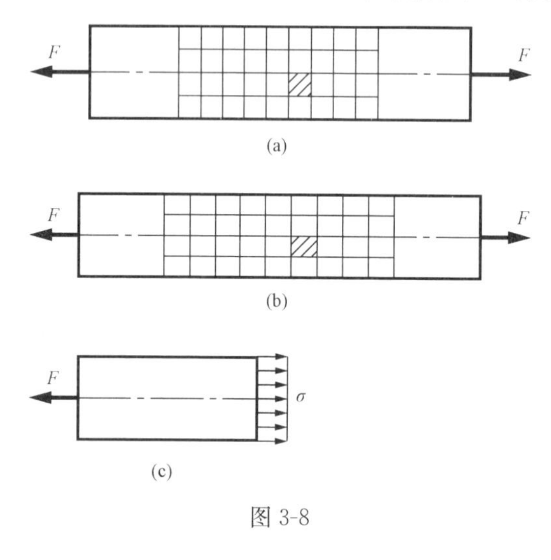

图 3-8

首先取一等直杆，在其表面等间距地画出与杆轴线平行的纵向线和垂直轴线的横向线，如图 3-8（a）所示。当杆受到拉力 F 作用时，观察变形后的杆件，发现：纵向线仍为直线，且仍与轴线平行；横向线仍为直线，且仍与轴线垂直；横向线的间距增加，纵向线的间距减小，变形前横向线和纵向线间相交得到的一系列正方形都沿轴向伸长，横向缩短，变成一系列矩形，如图 3-8（b）所示。

根据观察到的变形现象和材料的连续性假设，可以由表及里地对杆件内部变形做出如下假设：变形前为平面的横截面，在变形后仍然保持为平面，并且垂直于轴线，只是各横截面沿杆轴线间距增加，此即为平面假设。

由于杆件的连续性假设，可假想杆件是由许多纵向纤维所组成的，由平面假设可以推断，两任意横截面间的纵向纤维具有相同的伸长变形。由于材料是均匀的，不难想象，各纵向纤维变形相同，受力也应相同，由此可以推断横截面上各点处的应力均匀分布，如图 3-8（c）所示。

由内力、应力的概念可知，横截面上 σdA（称为内力因素）的合力即为横截面上的轴力 F_N，由于轴力垂直于横截面，可知拉压杆横截面上只有垂直于截面的正应力 σ，因此有

$$F_N = \int_A \sigma dA$$

即

$$\sigma = \frac{F_N}{A} \tag{3-2}$$

式中，A 为横截面面积。正应力的正负号随轴力的正负号而定，即拉应力为正，压应力为负。

【例 3-2】 三脚架结构尺寸及受力如图 3-9（a）所示。其中 $F=22.2\text{kN}$，钢杆 BD 的直径 $d=25.4\text{mm}$，钢杆 CD 的横截面面积为 $A=2.32\times10^3\text{mm}^2$。试求 BD 杆与 CD 杆横截面上的正应力。

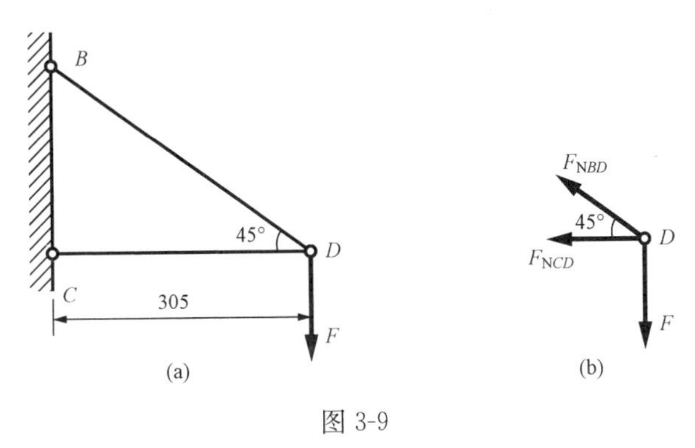

图 3-9

解　（1）内力分析。取结点 D 为研究对象，其受力图如图 3-9（b）所示，求各杆轴力。

$$\sum F_y=0,\quad F_{\text{NBD}}\cos45^\circ-F=0,\quad F_{\text{NBD}}=\sqrt{2}F=31.4\text{kN}$$

$$\sum F_x=0,\quad -F_{\text{NCD}}-F_{\text{NBD}}\sin45^\circ=0,\quad F_{\text{NCD}}=-F=-22.2\text{kN}$$

可见，BD 杆受拉，CD 杆受压。

（2）求各杆的应力。

根据式（3-2），有

$$\sigma_{BD}=\frac{F_{\text{NBD}}}{A_{BD}}=\frac{4\times31.4\times10^3}{\pi\times(25.4\times10^{-3})^2}=62.0(\text{MPa})$$

$$\sigma_{CD}=\frac{F_{\text{NCD}}}{A_{CD}}=\frac{-22.2\times10^3}{2.32\times10^3\times10^{-6}}=-9.6(\text{MPa})$$

式中，BD 杆承受拉应力，CD 杆承受压应力。

三、轴向拉压杆斜截面上的应力

前面分析了等直杆拉伸或压缩时横截面上的应力。但实验表明，铸铁试件受压时，并不是沿着横截面方向发生破坏，而是沿着斜截面方向破坏。所以需要研究拉（压）杆在任意斜截面上的应力情况。

现以拉杆为例，杆的横截面积为 A，受轴向拉力 F 的作用，如图 3-10（a）所示。为了研究任意斜截面上的应力，用一个与横截面夹角为 α 的斜截面 m—m，将杆分成两部分［图 3-10（b）］。用 A_α 表示斜截面面积，用 p_α 表示斜截面上的应力，F_α 表示斜截面上分布内力的合力。按照研究横截面上应力分布情况的方法，同样可以得到斜截面上各点处的应力 p_α 相等的结论。再由左段的平衡条件［图 3-10（b）］可知

$$F=F_\alpha$$

$$p_\alpha=\frac{F_\alpha}{A_\alpha}=\frac{F}{A_\alpha}$$

由几何关系可知

$$A_\alpha=\frac{A}{\cos\alpha}$$

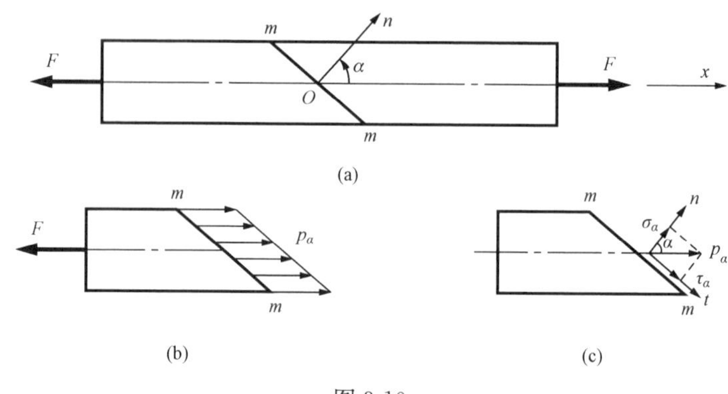

图 3-10

由以上式子可得

$$p_\alpha=\frac{F}{A}\cos\alpha=\sigma\cos\alpha$$

把应力 p_α 分解成垂直于斜截面的正应力 σ_α 和平行于斜截面的切应力 τ_α［图 3-10（c）］，得

$$\sigma_\alpha=p_\alpha\cos\alpha=\sigma\cos^2\alpha \tag{3-3}$$

$$\tau_\alpha=p_\alpha\sin\alpha=\sigma\cos\alpha\sin\alpha=\frac{\sigma}{2}\sin2\alpha \tag{3-4}$$

从以上公式看出，σ_α 和 τ_α 都是 α 的函数，所以斜截面的方位不同，截面上的应力也就不同。当 $\alpha=0$ 时，斜截面 $m—m$ 成为垂直于轴线的横截面，此时，$\tau_\alpha=0$，σ_α 达到最大值，且

$$\sigma_{\max}=\sigma$$

当 $\alpha=45°$时，τ_α 达到最大值，且

$$\tau_{\max}=\frac{\sigma}{2} \tag{3-5}$$

可见，轴向拉伸（压缩）时，在杆件的横截面上，正应力为最大值；在与杆件轴线成 45°的斜截面上，即 $\sigma=45°$时，切应力为最大值，且 $\tau_{\max}=\frac{\sigma}{2}$。此外，当 $\alpha=90°$时，$\sigma_\alpha=\tau_\alpha=0$，这表示在平行于杆件轴线的纵向截面上无任何应力。

【例 3-3】 某轴向受压等截面直杆，横截面面积 $A=400\text{mm}^2$，轴力 $F_N=50\text{kN}$，斜截面的方位角 $\alpha=50°$，试求斜截面上的正应力与切应力。

解 杆件横截面上的正应力为

$$\sigma=\frac{F_N}{A}=-\frac{50\times10^3}{400\times10^{-6}}=-125(\text{MPa})$$

由式（3-3）和式（3-4）可得 50°斜截面上的正应力与切应力分别为

$$\sigma_{50°}=\sigma\cos^2\alpha=-125\cos^2 50°=-51.6(\text{MPa})$$

$$\tau_{50°}=\frac{\sigma}{2}\sin2\alpha=-\frac{125}{2}\sin(2\times50°)=-61.6(\text{MPa})$$

四、圣维南原理与应力集中的概念

在计算拉、压杆的应力时，认为应力沿截面是均匀分布的。实际上，应用式（3-2）～式（3-4）来计算拉压杆的应力是有前提的，只有对于直杆、横截面尺寸无突变，并且距离外力作用点较远的截面处，才可以应用上述公式。上述公式是以直杆为研究对象推导出来的，因此容易理解。其余两个限制条件分别用以下两个概念给以解释。

1. 圣维南原理

法国科学家圣维南在 1855 年指出，荷载作用于杆端方式的不同，不会影响距离杆端较远处的应力分布，这就是著名的圣维南原理。杆端局部范围内的应力分布会受到影响，影响区的轴向范围大约是杆横向尺寸的 1～2 倍。此原理已被大量试验与计算所证实。例如，图 3-11（a）所示承受集中力 F 作用的杆，其截面宽度为 δ，高度为 h，且 $\delta<h$，在 $x=h/4$ 与 $h/2$ 的横截面 1—1 与 2—2 上，应力为非均匀分布［图 3-11（b）］，但在 $x=h$ 的横截面 3—3上，应力则已趋向均匀［图 3-11（c）］。因此，只要荷载合力的作用线沿杆件轴线，在距集中荷载作用点稍远处，横截面上的应力分布都可视为均匀的，就可按式（3-3）计算横截面上的应力。这就是圣维南原理。

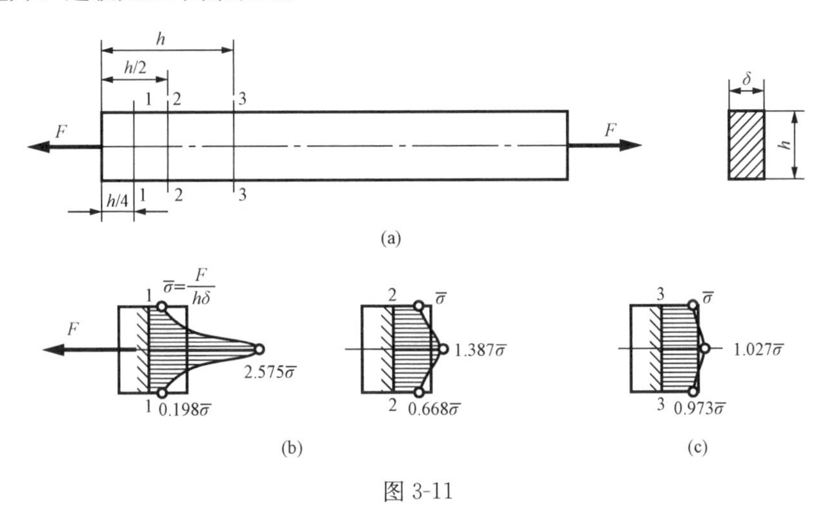

图 3-11

2. 应力集中的概念

等截面直杆受轴向拉伸或压缩时，除两端受力的局部区域外，横截面上的应力是均匀分布的，但当构件的形状或横截面尺寸有突变时，例如具有沟槽或孔等，情况就有所不同了。沟槽或孔所在的局部区域内，应力将急剧增大。如图 3-12（a）所示，含圆孔的受拉薄板，圆孔处截面 A—A 上的应力分布如图 3-12（b）所示，其最大应力显著超过了该截面的平均应力。这种由于截面尺寸急剧变化所引起的应力局部增大的现象，称为应力集中。

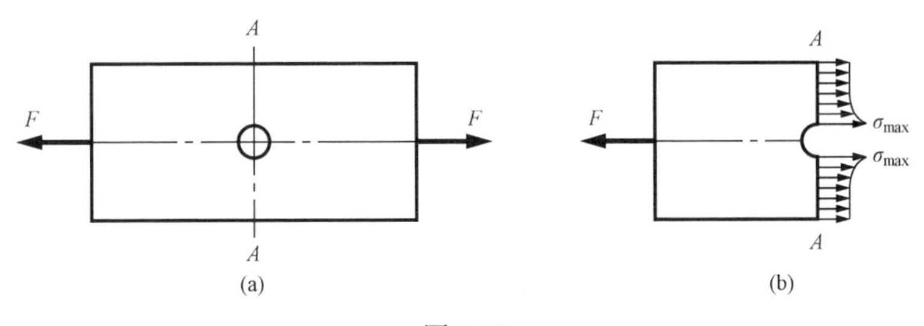

图 3-12

实验结果表明：截面尺寸改变得越急剧、角越尖、孔越小，应力集中的程度就越严重。

因此，构件上应尽可能地避免带尖角的孔和槽，在阶梯轴的轴肩处要用圆弧过渡，而且应尽量使圆弧半径大一些。

第四节 材料的力学性能

由前面的分析可知，衡量一个杆件是否破坏，不仅需要研究杆件在外力作用下的最大应力，还需要研究材料本身强度方面的性能，即材料的力学性能。例如，两根几何尺寸相同的杆件，受相同大小的轴向拉力作用，其中一根的材料是木材，另一根的材料是钢材，显然，钢杆比木杆的承载能力要强很多。因而研究材料在一定温度条件和外力作用下所表现出来的抵抗变形和断裂的能力，即材料的力学性能十分重要。材料的力学性能由试验测定。试验表明，材料的力学性能不但取决于材料的成分及其内部组织的结构，还与试验条件如受力状态、温度及加载方式等有关。本节主要介绍常用材料在常温和静载作用下处于轴向拉伸和压缩时的力学性能，这是材料最基本的力学性能。

拉伸试验是研究材料力学性能最常用和最基本的试验。为了便于对试验结果进行比较，需将试验材料按照国家标准制成标准试样，称为比例试件。一般金属材料采用圆截面或矩形截面比例试件（图 3-13）。试验时在试件等直部分的中部取长度为 l 的一段作为测量变形的工作段，其长度 l 称为标距。对于圆截面试件，如图 3-13（a）所示，通常将标距 l 与横截面直径 d 的比例规定为 $l=10d$ 或 $l=5d$。对于矩形截面试件，如图 3-13（b）所示，其标距与横截面面积 A 的比例规定为 $l=11.3\sqrt{A}$ 和 $l=5.65\sqrt{A}$。图 3-14 为试验装置示意图。

工程上常用的材料品种很多，这里将主要讨论工程中应用较广，且力学性能较典型的低碳钢和铸铁在常温和静荷载作用下的力学性能。

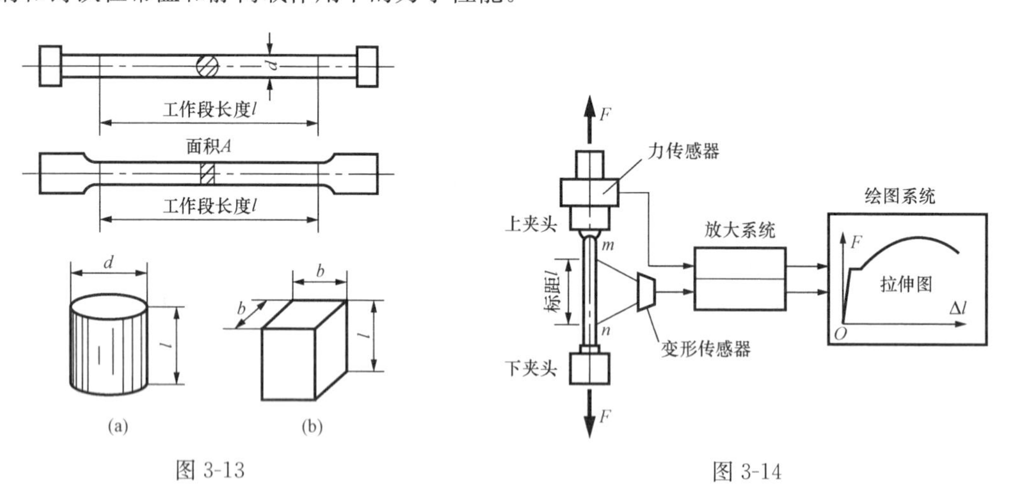

图 3-13　　图 3-14

一、低碳钢在拉伸时的力学性能

低碳钢是指含碳量在 0.3%以下的碳素钢。这类材料在工程中应用广泛，其拉伸时的力学性能最为典型。

将试样装在试验机上，使其受到缓慢增加的拉力作用。随着拉力 F 的变化，试样的伸长量 Δl 也随之变化。图 3-15（a）表示 F 和 Δl 的关系曲线，称为拉伸图。

F-Δl 曲线与试样的尺寸有关，为了消除试件尺寸的影响，将拉力 F 除以试件横截面的原始面积 A，得到横截面上的正应力 $\sigma=\dfrac{F}{A}$；同时，将伸长量 Δl 除以标距 l，得到试件单位长度的伸长量 $\varepsilon=\dfrac{\Delta l}{l}$，$\varepsilon$ 称为轴向拉压杆的平均线应变，是一个无量纲量。以 σ 为纵坐标，ε 为横坐标，绘出与拉伸图相似的 σ-ε 曲线，如图 3-15（b）所示，此曲线称为应力—应变曲线。

根据 σ-ε 曲线，低碳钢的整个拉伸过程可分为以下 4 个阶段，其力学性能大致如下。

1. 弹性阶段

在拉伸的初始阶段 ob 段，应力 σ 小于 b 点所对应的应力，如果卸去外力，变形全部消失，这种撤去外力可以恢复的变形称为弹性变形，ob 段称之为弹性阶段。相应于 b 点的应力用 σ_e 表示，称为弹性极限。在弹性阶段 ob 内，开始部分 oa 段为一斜直线，即应力 σ 与应变 ε 成正比关系，因此 oa 段称为线弹性阶段，a 点相应的应力 σ_p 称为比例极限。应力与应变间的关系可以表示为

$$\sigma=E\varepsilon \tag{3-6}$$

这就是轴向拉压杆在线弹性范围内的胡克定律，其中 E 为斜线 oa 的斜率，是仅与材料有关的一个常数，称为弹性模量，由于 ε 是一个无量纲量，故弹性模量 E 的单位与应力相同。在 σ-ε 曲线上，超过 a 点后 ab 段的图线微弯，b 与 a 极为接近，因此工程中对弹性极限和比例极限并不严格区分。低碳钢的比例极限 $\sigma_p\approx200$MPa，弹性模量 $E\approx200$GPa。

2. 屈服阶段

如图 3-15 所示 bc 段。当应力达到 σ-ε 曲线的 b 点，应力几乎不再增加或在一微小范围内波动，变形却继续增大，在 σ-ε 曲线上出现一条近似水平的小锯齿形线段，这种应力几乎保持不变而应变显著增长的现象，称为屈服或流动，bc 阶段称之为屈服阶段。材料屈服时的应力称为屈服强度，一些低碳钢材料存在上屈服强度和下屈服强度。若不加以说明，一般屈服强度都是指下屈服强度。下屈服强度是指屈服期间，不计初始瞬时效应时的最小应力，在实验过程中通过仪器可直接识别，如果仪器不能直接显示此应力值，则可用图示法来确定。屈服强度也称屈服极限，用 σ_s 表示。低碳钢的屈服极限为 $\sigma_s\approx235$MPa。

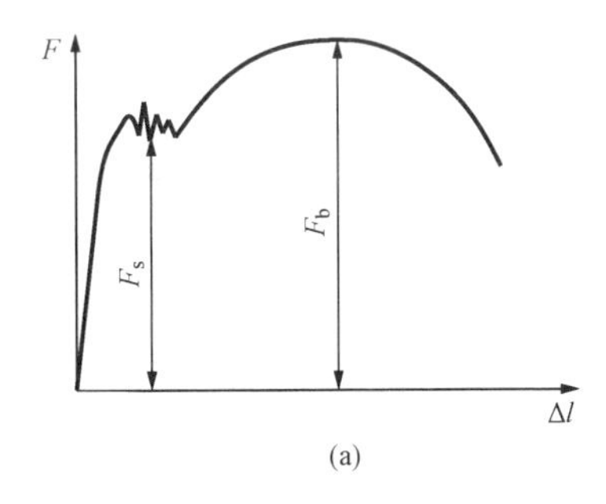

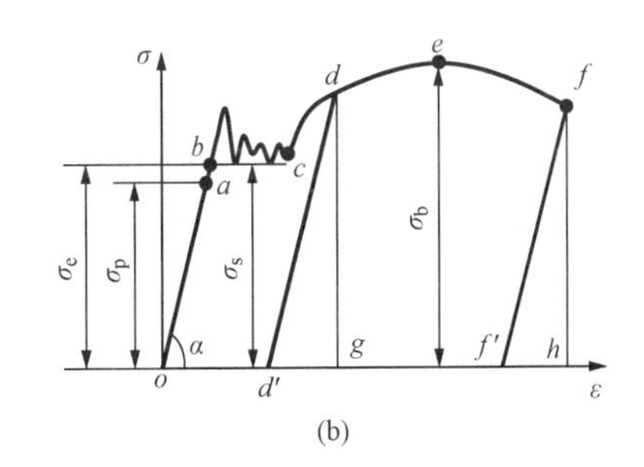

图 3-15

如果用砂纸将试件表面打磨，当材料屈服时，会发现试件表面呈现出与轴线成 45°方向的斜纹。这是由于试件的 45°斜截面上作用有最大切应力，这些斜纹是由于材料沿最大切应力作用面产生滑移所造成的，故称为滑移线，也称契尔诺夫滑移线，如图 3-16 所示。

图 3-16

3. 强化阶段

经过屈服阶段后，应力—应变曲线重新呈现上升趋势，这说明材料又恢复了抵抗变形的能力，这种现象称为应变硬化。从图 3-15 所示的 c 点到曲线的最高点 e，即 ce 阶段为强化阶段。e 点所对应的应力是材料所能承受的最大应力，故称强度极限，用 σ_b 表示。低碳钢的强度极限 $\sigma_b \approx 380\text{MPa}$。在这一阶段中，试件发生明显的横向收缩。

如果在 ce 段中的任意一点 d 处，逐渐卸掉拉力，此时应力—应变关系将沿着斜直线 dd' 回到 d' 点，且 dd' 近似平行于 oa。卸载后，杆件只有部分变形可以恢复，另一部分变形将无法恢复，这部分残留下来无法恢复的变形称为残余变形或塑性变形。这时材料产生较大的塑性变形，横坐标中的 od' 表示残留的塑性应变，$d'g$ 则表示可恢复的弹性应变。如果立即重新加载，应力—应变关系大体上沿卸载时的斜直线 $d'd$ 变化，到 d 点后又沿曲线 def 变化，直至断裂。从图 3-15 中看出，在重新加载过程中，直到 d 点以前，材料的变形是线弹性的，过 d 点后才开始有塑性变形。比较图中的 $oabcdef$ 和 $d'def$ 两条曲线可知，重新加载时其比例极限得到提高，但塑性变形却有所降低。这说明，如果将卸载后已有塑性变形的试样重新进行拉伸实验，其比例极限或弹性极限将得到提高，这一现象称为冷作硬化。在工程中常利用冷作硬化来提高材料的强度，例如用冷拉的办法可以提高钢筋的强度。但有时则要消除其塑性降低的不利影响，例如冷轧钢板或冷拔钢丝时，由于加工硬化，降低了材料的塑性，使继续轧制和拉拔困难，为了恢复塑性，则要进行退火处理。

4. 局部变形阶段

在 e 点以前，试件标距段内变形通常是均匀的。当到达 e 点后，试件变形开始集中于某一局部长度内，此处横截面面积迅速减小，形成颈缩现象，如图 3-17 所示。由于局部的截面收缩，使试件继续变形所需的拉力逐渐减小，直到 f 点试件断裂。

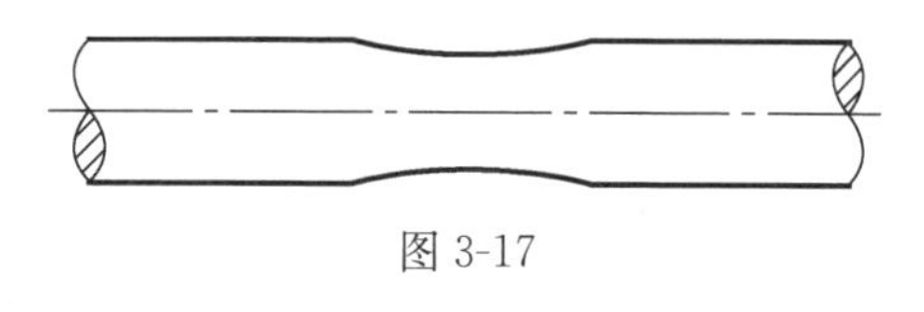
图 3-17

从上述的实验现象可知，当应力达到 σ_s 时，材料会产生显著的塑性变形，进而影响结构的正常工作；当应力达到 σ_b 时，材料会由于颈缩而进一步导致断裂。屈服和断裂，均属于破坏现象。因此，σ_s 和 σ_b 是衡量材料强度的两个重要指标。

材料产生塑性变形的能力称为材料的塑性性能。塑性性能是工程中评定材料质量优劣的重要方面，衡量材料塑性的指标有断后伸长率 δ 和断面收缩率 ψ，断后伸长率 δ 定义为

$$\delta = \frac{l_1 - l}{l} \times 100\% \tag{3-7}$$

式中，l_1 为试件断裂后的长度，l 为原长度。

断面收缩率定义为

$$\psi = \frac{A - A_1}{A} \times 100\% \tag{3-8}$$

式中，A_1 为试件断裂后断口的面积，A 为试件原横截面面积。

工程中通常把断后伸长率 $\delta > 5\%$ 的材料称为塑性材料，$\delta \leqslant 5\%$ 的材料称为脆性材料，低碳钢的断后伸长率 $\delta = 25\% \sim 30\%$，断面收缩率 $\psi = 60\%$，是典型的塑性材料；而铸铁、陶瓷等属于脆性材料。

二、其他材料拉伸时的力学性能

1. 其他几种塑性材料拉伸时的力学性能

工程上常用的塑性材料除低碳钢外，还有中碳钢、某些高碳钢和合金钢、铝合金、青铜、黄铜等。图 3-18（a）中给出了几种塑性材料拉伸时的 σ-ε 曲线，它们有一个共同特点是拉断前均有较大的塑性变形，然而它们的应力—应变规律却大不相同。除了16Mn 钢和低碳钢一样有明显的弹性阶段、屈服阶段、强化阶段和局部变形阶段外，其他材料并没有明显的屈服阶段。对于没有明显屈服阶段的塑性材料，通常以产生的塑性应变为 0.2%时的应力作为屈服极限，称为名义屈服极限，用 $\sigma_{0.2}$ 来表示，如图 3-18（b）所示。

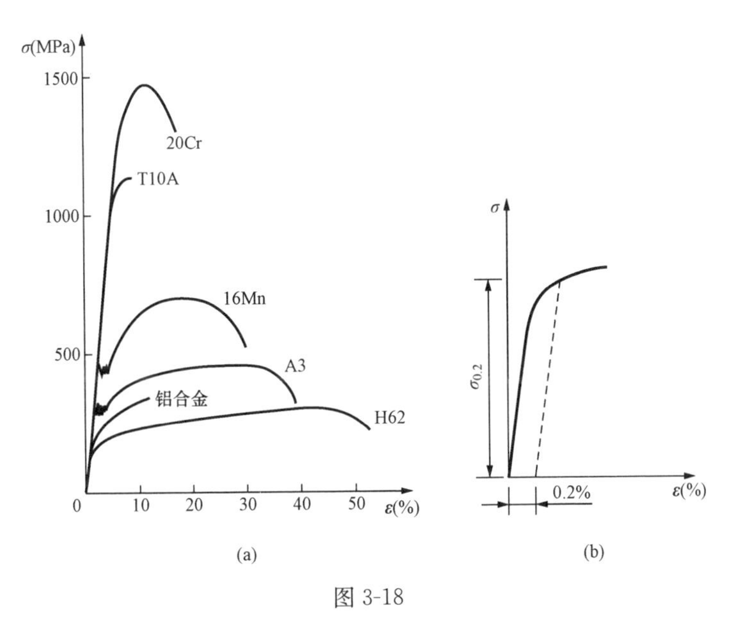

图 3-18

2. 铸铁拉伸时的力学性能

另一类材料的共同特点是断后伸长率 δ 均很小，这类材料称为脆性材料。通常以断后伸长率 $\delta<2\%\sim5\%$ 作为定义脆性材料的界限。图 3-19 所示是灰口铸铁拉伸时的应力—应变关系曲线。整个拉伸过程中 σ-ε 关系为一微弯的曲线，从开始受力直到拉断，试件变形始终很小，既不存在屈服阶段，也没有颈缩现象。断裂时应变仅仅是 0.4%～0.5%。在工程中，通常用总应变为 0.1%时的应力—应变曲线的割线斜率作为弹性模量 E。这样确定的弹性模量称为割线弹性模量，如图 3-19 虚线所示。由于铸铁没有屈服现象，因此强度极限 σ_b 是衡量强度的唯一指标。

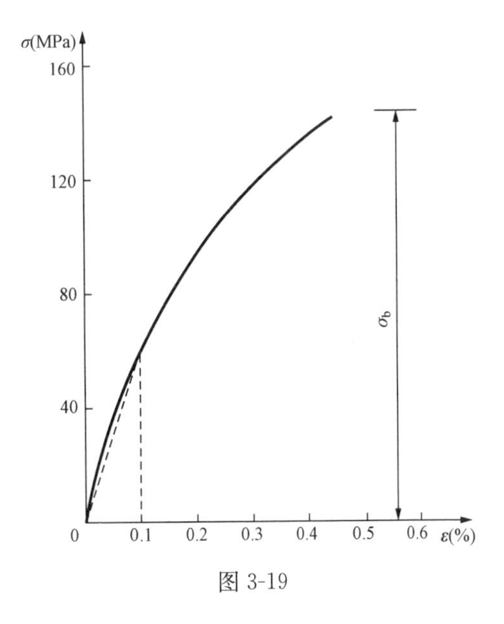

图 3-19

三、材料在压缩时的力学性能

材料的压缩试件一般做成短而粗的，以免发生失稳。金属材料的压缩试件为圆柱形，混凝土、石料等材料的试件为立方体。

低碳钢压缩时的应力—应变曲线如图 3-20 所示。为了便于比较，图中还画出了拉伸时的应力—应变曲线，用虚线表示。可以看出，在屈服以前两条曲线基本重合，这表明低碳钢压缩时的弹性模量 E、屈服极限 σ_s 等都与拉伸时基本相同。不同的是，随着外力的增大，试件被越压越扁，却并不断裂。由于无法测出压缩时的强度极限，所以对低碳钢一般不做压缩实验，主要力学性能可由拉伸实验确定。类似情况在一般的塑性金属材料中也存在，但有的塑性材料，如铬钼硅合金钢，在拉伸和压缩时的屈服极限并不相同，因此对这些材料还要做压缩试验，以测定其压缩屈服极限。

铸铁是典型的脆性材料，压缩时的 σ-ε 曲线如图 3-21 所示，图中无直线部分。铸铁压缩试样在纵向应变大约为 5%时发生突然破裂，破坏面与试样轴线为 45°～55°的倾角。由于破坏面上的切应力比较大，所以试样的破坏形式属于剪断。铸铁的抗压强度极限为它的抗拉强度极限的 4～5 倍，为区别起见，常用 σ_{bt} 和 σ_{bc} 分别表示铸铁的抗拉、抗压强度极限。又因铸铁易于浇铸成形状复杂的零件，且坚硬耐磨和价格低廉，故广泛应用于铸造机床床身、机座、缸体及轴承支座等主要受压的零部件。因此，铸铁的压缩试验与拉伸试验一样重要。

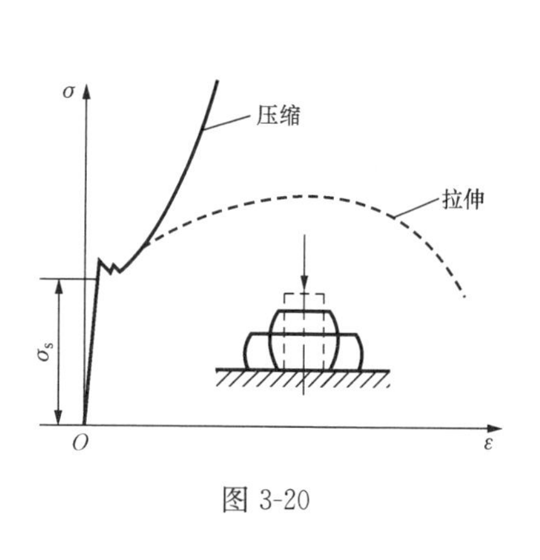

图 3-20

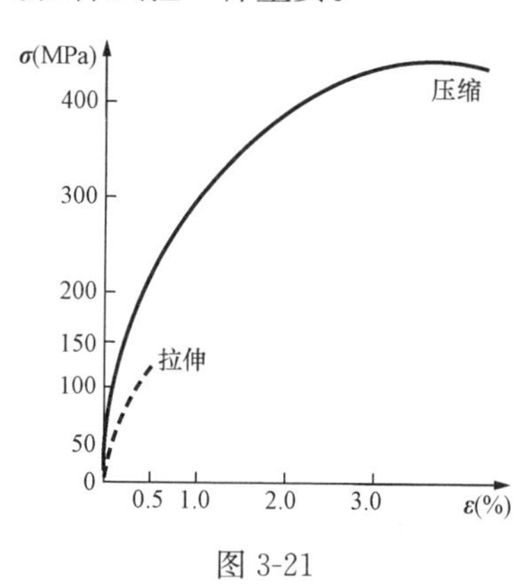

图 3-21

第五节 强度条件

前述试验表明，由脆性材料制成的构件，在拉力作用下，变形很小时就会突然断裂。塑性材料制成的构件，在拉断之前先已出现较大的塑性变形，由于不能保持原有的形状和尺寸，它已不能正常工作。工程上将材料发生断裂和出现较大的塑性变形统称为失效。

脆性材料断裂时的应力是强度极限 σ_b，塑性材料到达屈服时的应力是屈服极限 σ_s，这两者都是构件失效时的极限应力，记为 σ_u。

根据计算分析所得到的构件的应力，称为工作应力。在理想的情况下，为了充分利用材料的强度，可使构件的工作应力接近于材料的极限应力。但实际上这是不可能的，构件的材料会有缺陷，实际加载方式也会有偏差，都不可能是绝对理想的状态，同时还要考虑构件承载的不确定性和复杂性。为了确保安全，构件必须具有适当的强度储备，特别是对于破坏将带来严重后果的构件，更应给予较大的强度储备。由此可见，构件内的最大工作应力值，必

须低于考虑强度储备的极限应力值，称为材料的许用应力，并用 $[\sigma]$ 表示。许用应力与极限应力的关系为

$$[\sigma]=\frac{\sigma_u}{n} \tag{3-9}$$

式中，n 为大于 1 的因数，称为安全因数。

如上所述，安全因数是由多种因素决定的。各种材料在不同工作条件下的安全因数或许用应力，可从有关规范或设计手册中查到。在一般静荷载计算中，对于塑性材料，按屈服极限所规定的安全因数 n_s，通常取为 1.5～2.2；对于脆性材料按强度极限所规定的安全因数 n_b，通常取为 3.0～5.0，甚至更大。

根据以上分析，为了保证拉压杆在工作时不致因强度不够而破坏，杆内的最大工作应力 σ_{max} 不得超过材料的许用应力 $[\sigma]$，即要求

$$\sigma_{max}=\left(\frac{F_N}{A}\right)_{max}\leqslant[\sigma] \tag{3-10}$$

上述判据称为拉压杆的强度条件。对于等截面拉压杆，上式则变为

$$\frac{F_{N,max}}{A}\leqslant[\sigma] \tag{3-11}$$

利用上述条件，可以解决以下几类强度问题。

1. 校核强度

当已知拉压杆的横截面尺寸、许用应力和所受外力时，通过比较工作应力与许用应力的大小，即可判断该杆在所受外力作用下能否安全工作。

2. 选择截面尺寸

如果已知拉压杆所受外力和许用应力，根据强度条件可以确定该杆所需横截面面积。例如对于等截面拉压杆，其所需横截面面积为

$$A\geqslant\frac{F_{N,max}}{[\sigma]} \tag{3-12}$$

3. 确定承载能力

如果已知拉压杆的横截面尺寸和许用应力，根据强度条件可以确定该杆所能承受的最大轴力，其值为

$$[F_N]=A[\sigma] \tag{3-13}$$

最后还应指出，如果工作应力 σ_{max} 超过了许用应力 $[\sigma]$，但只要超过量（即 σ_{max} 与 $[\sigma]$ 之差）不大，例如不超过许用应力的 5%，在工程计算中仍然是允许的。

【例 3-4】 图 3-22（a）所示为可以绕铅垂轴 OO_1 旋转的吊车简图，其中斜拉杆 AC 由两根 50mm×50mm×5mm 的等边角钢组成，水平横梁 AB 由两根 10 号槽钢组成。AC 杆和 AB 梁的材料都是 Q235 钢，许用应力 $[\sigma]$ =120MPa。当行走小车位于 A 点时（小车的两个轮子之间的距离很小，小车作用在横梁上的力可以看作是作用在 A 点的集中力），求允许的最大起吊重力 G（包括行走小车和电动机的自重）。杆和梁的自重忽略不计。

解　根据题意，AB 梁与 AC 杆的两端都可以简化为铰链连接，所以，吊车的计算模型可以简化为图 3-22（b）。则 AB 和 AC 都是二力杆。

（1）内力分析。

以结点 A 为研究对象，并设 AB 和 AC 杆的轴力均为正方向，分别为 F_{N1} 和 F_{N2}，于是结点 A 的受力如图 3-22（c）所示。由平衡条件

$$\sum F_x=0,\qquad -F_{N1}-F_{N2}\cos\alpha=0$$

$$\sum F_y=0,\qquad -G+F_{N2}\sin\alpha=0$$

计算可得

$$\sin\alpha=\frac{1}{2},\qquad \cos\alpha=\frac{\sqrt{3}}{2}$$

由平衡方程解得

$$F_{N1}=-1.73G,\qquad F_{N2}=2G$$

故 AB 杆受压，AC 杆受拉。

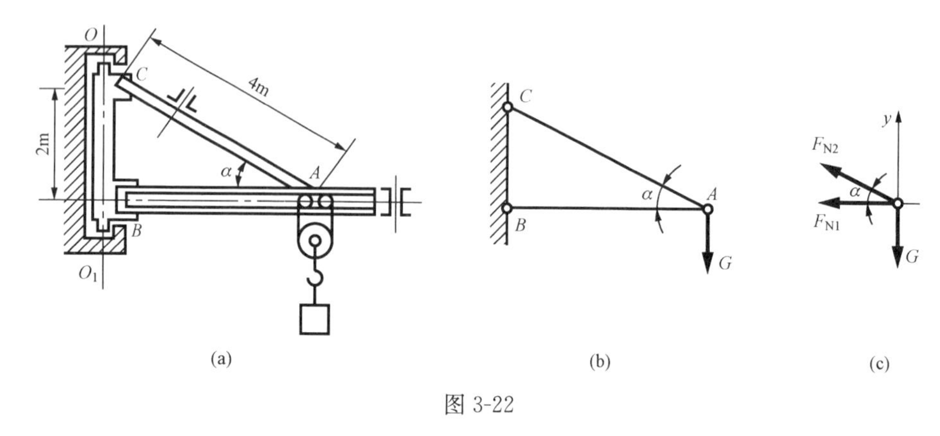

图 3-22

（2）强度计算。

对于 AB 杆，由型钢表查得单根 10 号槽钢的横截面面积为 12.74cm²，注意到 AB 杆由两根槽钢组成，因此，杆横截面上的正应力

$$\sigma_{AB}=\frac{|F_{N1}|}{A_1}=\frac{1.73G}{2\times 12.74\text{cm}^2}$$

将其代入强度设计准则，得到

$$\sigma_{AB}=\frac{|F_{N1}|}{A_1}=\frac{1.73G}{2\times 12.74\text{cm}^2}\leqslant[\sigma]$$

由此解出保证 AB 杆强度安全所能承受的最大起吊重力

$$G_1\leqslant\frac{2\times[\sigma]\times 12.74\times 10^{-4}}{1.73}=\frac{2\times 120\times 10^3\times 12.74\times 10^{-4}}{1.73}=176.7(\text{kN})$$

对于 AC 杆，由型钢表查得单根 50mm×50mm×5mm 等边角钢的横截面面积为 4.803cm²，注意到 AC 杆由两根角钢组成，杆横截面上的正应力

$$\sigma_{AC}=\frac{F_{N2}}{A_2}=\frac{2G}{2\times 4.803\text{cm}^2}\leqslant[\sigma]$$

由此解出保证 AC 杆强度安全所能承受的最大起吊重力

$$G_2\leqslant[\sigma]\times 4.803\times 10^{-4}=120\times 10^3\times 4.803\times 10^{-4}=57.6\text{kN}$$

为保证整个吊车结构的强度安全，吊车的所能起吊的最大重力应取上述 G_1 和 G_2 中较小者。因此，吊车的最大起吊重力 $[G]=57.6\text{kN}$。

第六节　轴向拉伸与压缩时的变形·胡克定律

设拉杆的原长为 l，承受一对轴向拉力 F 的作用，变形后其长度增为 l_1，如图 3-23 所示，则杆的纵向伸长量为

$$\Delta l = l_1 - l$$

杆件沿轴线方向的变形量 Δl 只反映了杆的总变形，其大小与杆件的原长有关，不能说明杆件变形的程度。因此，定义单位长度内杆的伸长量来表示杆件的变形程度，即

$$\varepsilon = \frac{\Delta l}{l} \tag{3-14a}$$

ε 称为纵向线应变，简称线应变，是一个无量纲量。

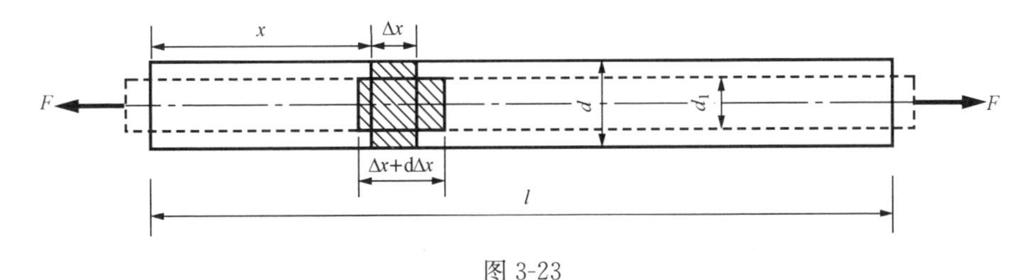

图 3-23

上式表示的是杆件在长度 l 内的平均线应变，若杆沿长度变形均匀，就等于杆在各点处的线应变，若杆沿长度的变形并非均匀，必须用某点处平均线应变的极限值来表示

$$\varepsilon_x = \lim_{\Delta x \to 0} \frac{\mathrm{d}\Delta x}{\Delta x} \tag{3-14b}$$

设杆的原横向尺寸为 d，变形后为 d_1，则杆的横向绝对变形，即缩短量为

$$\Delta d = d_1 - d$$

而杆的横向线应变则为

$$\varepsilon' = \frac{\Delta d}{d} \tag{3-15}$$

式中，ε'称为横向线应变，也是一个无量纲量。

上述有关变形的概念同样适用于轴向压缩。但应注意：拉杆的 ε 为正，ε'为负；而压杆的 ε 为负，ε'为正。

实验表明，当材料处于线弹性变形阶段时，横向线应变与纵向线应变之比的绝对值为一个常数，即

$$\mu = \left| \frac{\varepsilon'}{\varepsilon} \right| \tag{3-16a}$$

μ 称为横向变形系数或泊松比。是一个无量纲量，它是材料的弹性常数。利用这一关系可以通过纵向线应变求出横向线应变，即

$$\varepsilon' = -\mu\varepsilon \tag{3-16b}$$

式中，负号表示杆件的纵向线应变和横向线应变总是相反的。

当杆内的应力不超过比例极限时，即杆件的变形在线弹性范围内，根据式（3-2）、式（3-6）、式（3-14a），可知杆的伸长量 Δl 与轴力 F_N、杆长 l 成正比，而与材料的弹性模

量 E、杆的横截面面积 A 成反比，即

$$\Delta l=\frac{F_{\mathrm{N}}l}{EA} \tag{3-17}$$

这一关系式也称为胡克定律，与式（3-6）等价。由式（3-17）可知，EA 值越大则杆的变形愈小；EA 值愈小则杆的变形愈大，EA 则反映了杆件抵抗拉（压）变形的能力，称为抗拉（压）刚度。

弹性模量 E 和泊松比 μ，均由实验测定。表 3-1 列出了工程中常用材料的 E、μ 值。

表 3-1　常用材料的 E、μ 值

材料名称	牌号	弹性模量 E（$1\mathrm{GPa}=10^9\mathrm{N/m^2}$）	泊松比 μ
低碳钢	Q235	200 ～ 210	0.24 ～ 0.28
中碳钢	45	205	
低合金钢	16Mn	200	0.25～ 0.30
合金钢	40CrNiMoA	210	0.25
灰口铸铁		60～ 162	0.23 ～ 0.27
球墨铸铁		150～ 180	
混凝土		15.2 ～36	0.16 ～ 0.18
木材（顺纹）		8 ～ 12	

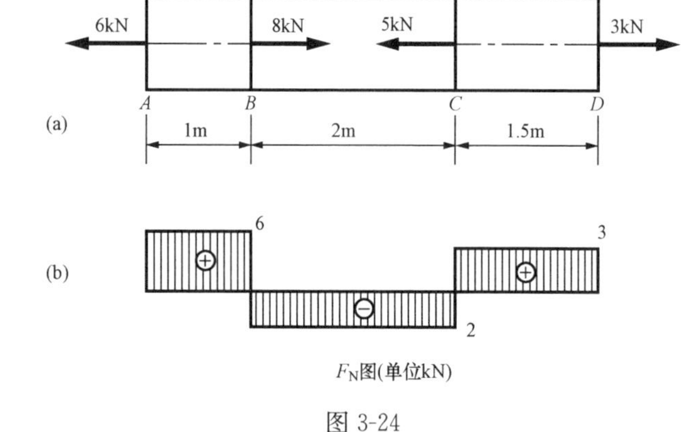

图 3-24

【例 3-5】 如图 3-24（a）所示的受多个力作用的等直杆，横截面面积 $A=500\mathrm{mm}^2$，材料的弹性模量 $E=200\mathrm{GPa}$，试求杆件总的纵向变形量。

解　杆的轴力图如图 3-24（b）所示。

$$F_{\mathrm{N1}}=6\mathrm{kN}$$
$$F_{\mathrm{N2}}=-2\mathrm{kN}$$
$$F_{\mathrm{N3}}=3\mathrm{kN}$$

将杆各段变形量一一求出并求和即可，由式（3-17），可知

$$\Delta l=\sum\Delta l_i=\sum\frac{F_{\mathrm{N}i}l_i}{EA}$$

$$\Delta l=\frac{F_{\mathrm{N1}}l_1+F_{\mathrm{N2}}l_2+F_{\mathrm{N3}}l_3}{EA}$$

$$=\frac{6\times10^3\times1-2\times10^3\times2+3\times10^3\times1.5}{200\times10^9\times500\times10^{-6}}=0.065(\mathrm{mm})$$

思考题

3-1　什么是内力？截面法计算内力的步骤是怎样的？

3-2　拉压杆横截面上的正应力公式是如何建立的？为什么要做假设？该公式的应用条件是什么？

3-3　拉压杆斜截面上的应力公式是如何建立的？正应力、切应力与方位角的正负号是如何规定的？最大正应力与最大切应力各位于何方位截面？其值为多少？

3-4　拉压杆横截面、斜截面上的应力公式必须在材料的线弹性范围内才能应用吗？

3-5　拉压杆的胡克定律是如何建立的？有几种表示形式？该定律的应用条件是什么？何谓杆件的拉压刚度？

3-6　何谓许用应力？何谓强度条件？利用强度条件可以解决哪些类型的强度问题？

3-7　低碳钢在拉伸试验过程中表现为几个阶段？有哪几个特征点？怎样从 σ-ε 曲线上求出拉压弹性模量 E 的数值？

3-8　材料的塑性如何衡量？何谓塑性材料？何谓脆性材料？塑性材料和脆性材料的力学特性如何？有哪些主要区别？

3-9　用三种不同材料制成尺寸相同的试件，在相同的试验条件下进行拉伸试验，得到的应力-应变曲线如图所示。比较三条曲线，其中拉伸强度最高、刚度最大、塑性最好的分别是哪条曲线？

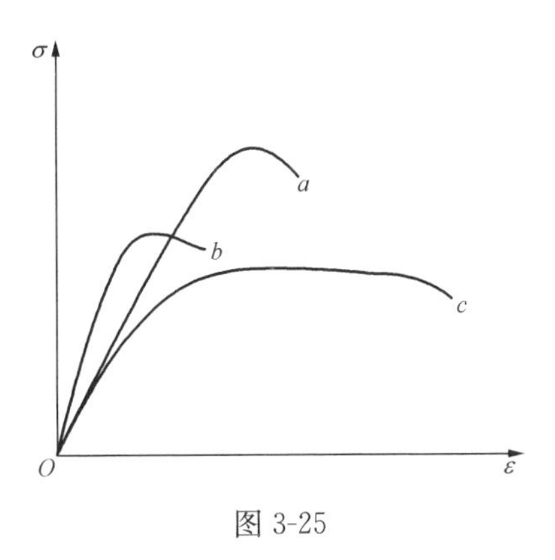

图 3-25

3-1　试求图 3-26 所示各杆的轴力，并画轴力图。

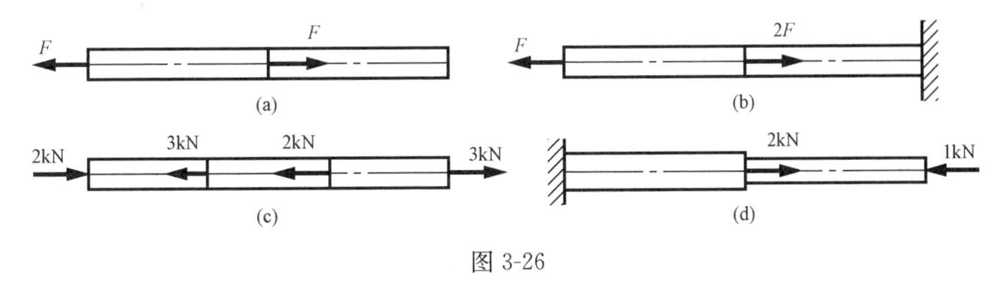

图 3-26

3-2　如图 3-27 所示，杆横截面面积 $A=200\text{mm}^2$，试求杆 1-1，2-2，3-3 截面上的应力。

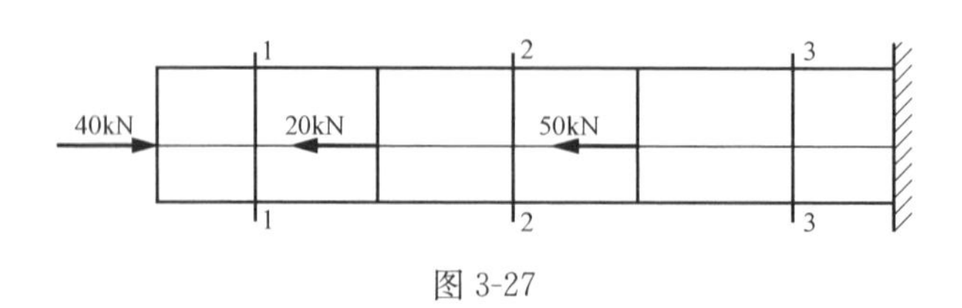

图 3-27

3-3 如图 3-28 所示，两圆杆材料相同，杆 1 为阶梯杆，杆 2 为等直杆，受到拉力 F 的作用，分析两杆的变形情况，杆 1 的伸长是杆 2 的多少倍？

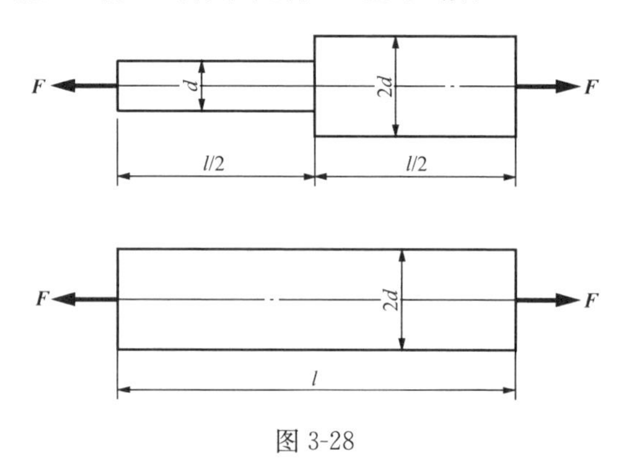

图 3-28

3-4 如图 3-29 所示阶梯形圆截面杆，承受轴向荷载 $F_1=50\text{kN}$ 与 F_2 作用，AB 与 BC 段的直径分别为 $d_1=20\text{mm}$ 与 $d_2=30\text{mm}$，如欲使 AB 与 BC 段横截面上的正应力相同，试求荷载 F_2 的值。

3-5 如图 3-30 所示木杆，承受轴向荷载 $F=10\text{kN}$ 作用，杆的横截面面积 $A=1000\text{mm}^2$，粘接面的方位角 $\theta=45°$，试计算该截面上的正应力与切应力，并画出应力的方向。

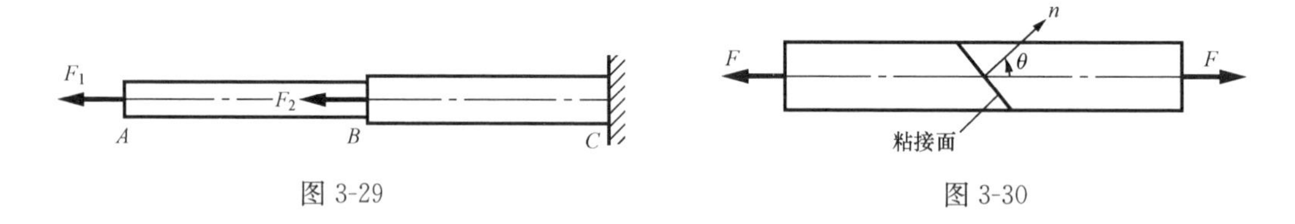

图 3-29　　图 3-30

3-6 一空心圆截面杆，内径 $d=15\text{mm}$，承受轴向压力 $F=20\text{kN}$ 作用，已知材料的屈服应力 $[\sigma_s]=240\text{MPa}$，安全因数 $n_s=1.6$。试确定杆的外径 D。

3-7 一块厚 10mm、宽 200mm 的旧钢板，其截面被直径 $d=20\text{mm}$ 的圆孔所削弱，圆孔的排列对称于杆的轴线，如图 3-31 所示。钢板承受轴向拉力 $F=200\text{kN}$。材料的许用应力 $[\sigma]=170\text{MPa}$，试校核钢板的强度。

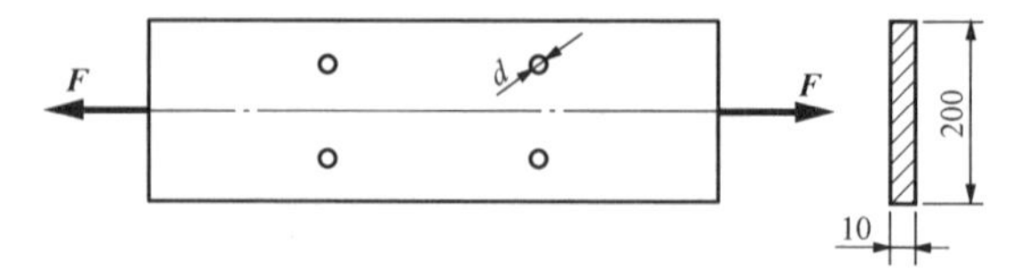

图 3-31

3-8　图 3-32 所示结构中 BC 和 AC 都是圆截面直杆，直径均为 $d=20\text{mm}$，材料都是 Q235 钢，其许用应力 $[\sigma]=170\text{MPa}$。试求该结构的许可荷载。

3-9　图 3-33 所示桁架，杆 1 为圆截面钢杆，杆 2 为方截面木杆，在结点 A 处承受铅垂方向的荷载 F 作用，试确定钢杆的直径 d 与木杆截面的边宽 b。已知荷载 $F=50\text{kN}$，钢的许用应力 $[\sigma_1]=160\text{MPa}$，木材的许用应力 $[\sigma_2]=10\text{MPa}$。

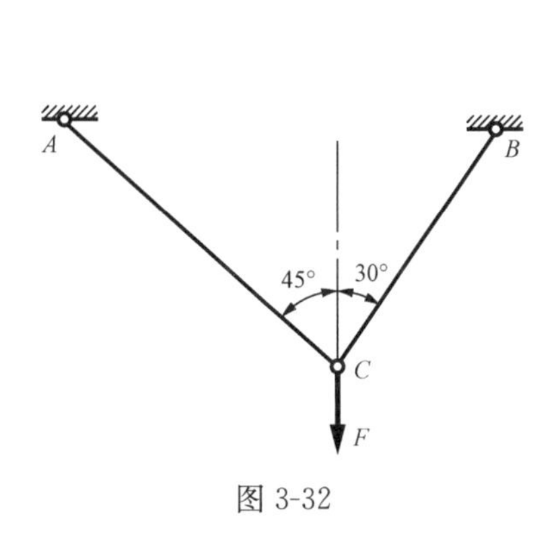

图 3-32

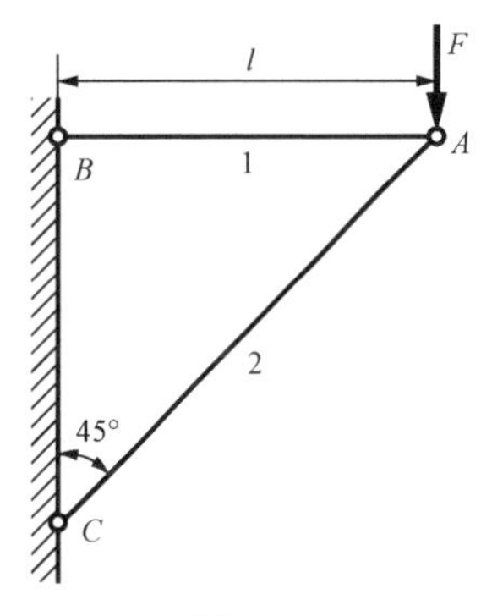

图 3-33

3-10　图 3-34 所示结构中，小车重为 $P=15\text{kN}$，它可以在悬架的 AC 梁上移动。设小车对 AC 梁的作用可简化为集中力。斜杆 AB 的横截面为圆形，直径 $d=20\text{mm}$，材料为钢质，许用应力 $[\sigma]=160\text{MPa}$。试校核 AB 的强度。

3-11　图 3-35 所示简易吊车，BC 为圆截面钢杆，直径 $d=30\text{mm}$，许用应力 $[\sigma_{BC}]=100\text{MPa}$，$AB$ 为正方形截面钢杆，许用应力 $[\sigma_{AB}]=160\text{MPa}$。(1) 试按 BC 杆确定许可荷载 $[F]$；(2) 按 $[F]$ 设计 AB 杆截面边长 a。

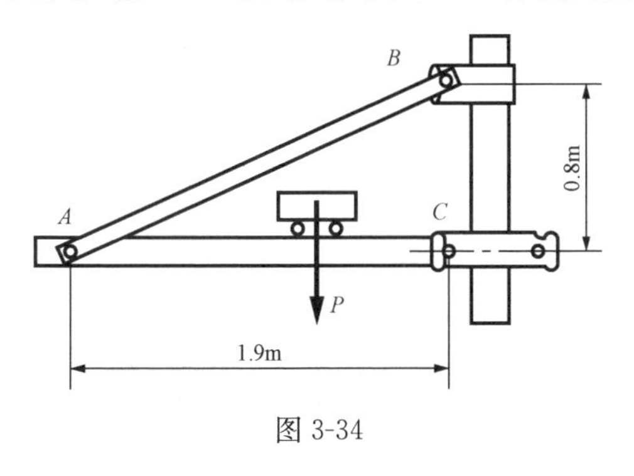

图 3-34

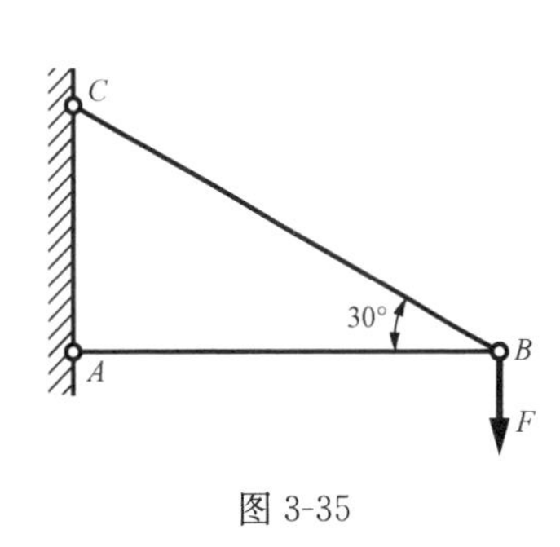

图 3-35

3-12　图 3-36 所示阶梯形杆 AC，$F=10\text{kN}$，$l_1=l_2=400\text{mm}$，$A_1=2A_2=100\text{mm}^2$，$E=200\text{GPa}$，试计算杆 AC 的轴向变形 Δl。

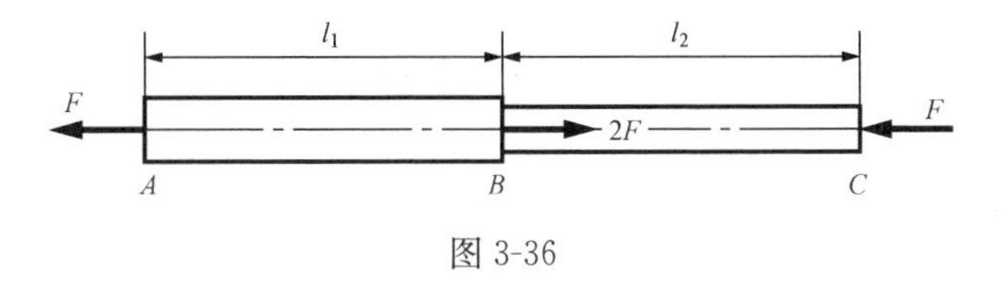

图 3-36

3-13　图 3-37 所示等截面直杆由钢杆 ABC 与铜杆 CD 在 C 点处粘接而成。直杆各部分

的直径均为 $d=36\text{mm}$，受力如图所示。已知铜的弹性模量 $E_c=105\text{GPa}$，钢的弹性模量 $E_s=200\text{GPa}$。若不考虑杆的自重，试求 AC 段和 AD 段杆的轴向变形量 Δl_{AC} 和 Δl_{AD}。

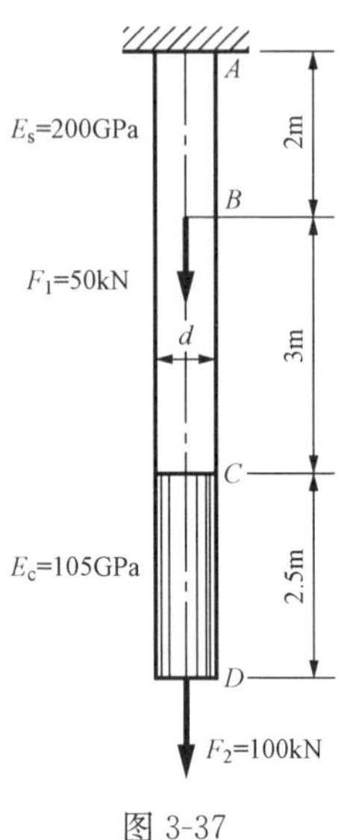

图 3-37

3-14 简易起重设备的计算简图如图 3-38 所示。已知斜杆 AB 用两根 63mm×40mm×4mm 不等边角钢组成，钢的许用应力 $[\sigma]=170\text{MPa}$。在提起 $G=15\text{kN}$ 的重物时，试校核斜杆 AB 的强度条件。

3-15 在图 3-39 所示结构中，AB 为刚性杆，CD 为钢斜拉杆。已知 $F_1=5\text{kN}$，$F_2=10\text{kN}$，$l=1\text{m}$，杆 CD 的截面积 $A_{CD}=100\text{mm}^2$，钢的弹性模量 $E=200\text{GPa}$。试求杆 CD 的轴向变形和刚性杆 AB 在端点 B 的铅垂位移。

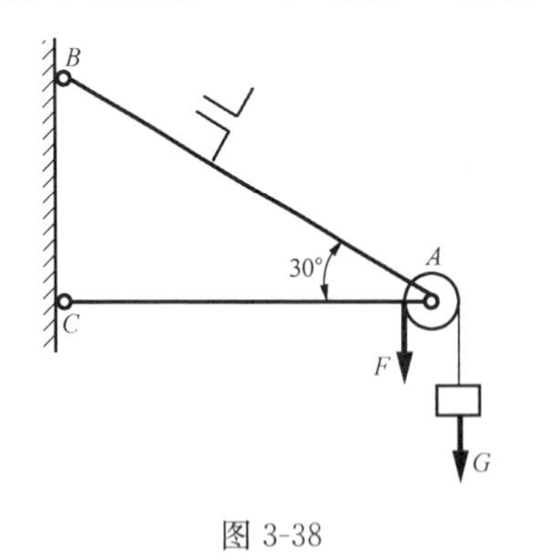

图 3-38

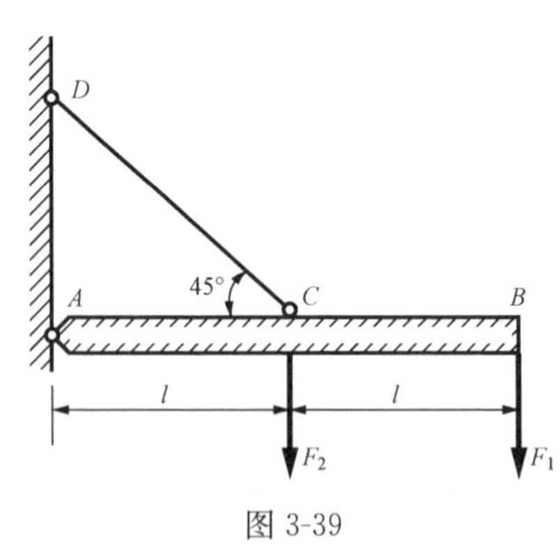

图 3-39

习题参考答案

3-1 (a) $F_{N,\max}=F$；

(b) $F_{N,\max}=F$；

(c) $F_{N,\max}=3\text{kN}$；

(d) $F_{N,\max}=1\text{kN}$

3-2　$\sigma_{11}=-200\text{MPa}$，$\sigma_{22}=-100\text{MPa}$，$\sigma_{33}=150\text{MPa}$

3-3　2.5

3-4　$F_2=62.5\text{kN}$

3-5　$\sigma_{45^\circ}=5\text{MPa}$；$\tau_{45^\circ}=5\text{MPa}$

3-6　$D=19.87\text{mm}$

3-7　$\sigma=125\text{MPa}<[\sigma]$

3-8　$[F]=72.9\text{kN}$

3-9　$d\geqslant 20\text{mm}$；　$b\geqslant 84.1\text{mm}$

3-10　$\sigma_{AB}=123\text{MPa}$

3-11　(1) $[F]=35.4\text{kN}$；　(2) $a\geqslant 19.5\text{mm}$

3-12　$\Delta l=-0.2\text{mm}$

3-13　$\Delta l_{AC}=2.947\text{mm}$；　$\Delta l_{AD}=5.286\text{mm}$

3-14　$\sigma=74\text{MPa}<[\sigma]$

3-15　$\Delta l_{CD}=2\text{mm}$；　$\Delta_{By}=5.65\text{mm}$

第四章　剪 切 与 挤 压

第一节　剪切和挤压的概念

一、剪切的概念与实例

工程中有一些连接件，如键、销钉、螺栓和铆钉等，其尺寸虽小，却起到传递力的作用。图 4-1（a）为铆钉连接示意图，图 4-1（b）为螺栓连接示意图，其中的铆钉和螺栓，是主要发生剪切变形的构件。

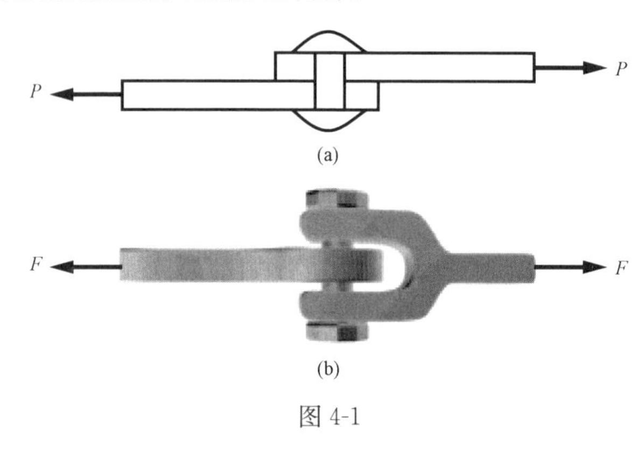

图 4-1

剪切变形是杆件的四种基本变形之一，下面以螺栓［图 4-2（a）］为例，介绍剪切变形的外力特点和变形特点。螺栓的受力情况如图 4-2（b）所示，显然，螺杆所受外力垂直于杆轴线方向，其合力大小相等、方向相反、作用线距离很近，可将螺杆的受力进一步简化成图 4-2（c）的形式，这就是剪切变形的外力特点。此时，截面 ab 相对于截面 cd 将发生错动，如图 4-2（d）所示，此即剪切的变形特点。此时，若变形过大，杆件将在两个外力作用面之间的某一截面 m—m 处被剪断，被剪断的截面称为剪切面。

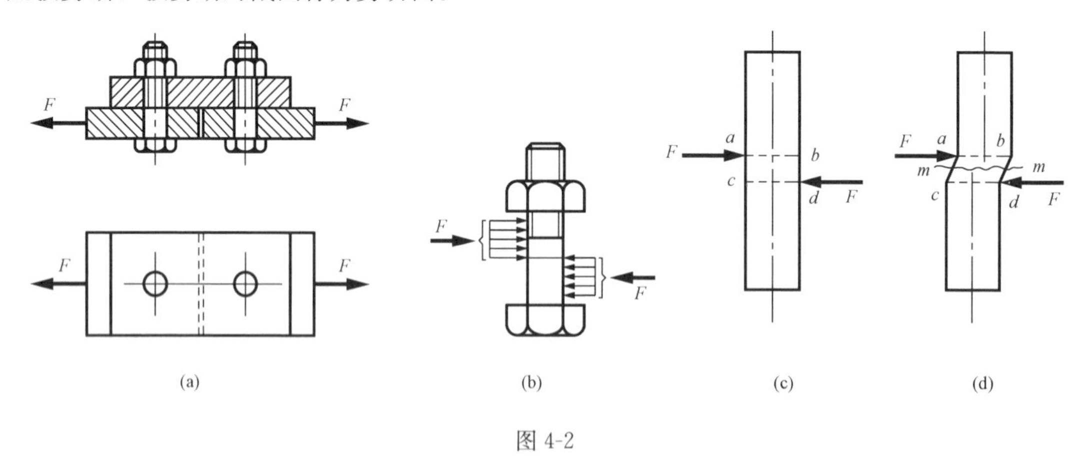

图 4-2

二、挤压的概念与实例

在螺栓连接中，螺栓在受剪切的同时，作用在钢板上的拉力 F，通过钢板与螺栓的接触面传递给螺栓，在螺栓和板的接触面上因互相压紧会产生相互挤压，称为挤压。两构件的接触面称为挤压面，作用于接触面的压力称挤压力，挤压面上的压应力称挤压应力。当挤压应力过大时，强度较小的构件在挤压面上将产生较大的塑性变形，或者孔壁边缘受压起“皱”[图 4-3（a）]，使钢板的圆孔变成椭圆，或者螺栓局部被压“扁”[图 4-3（b）]，从而引起连接松动，这就是挤压破坏。因此，连接件除剪切强度需计算外，还要进行挤压强度计算。

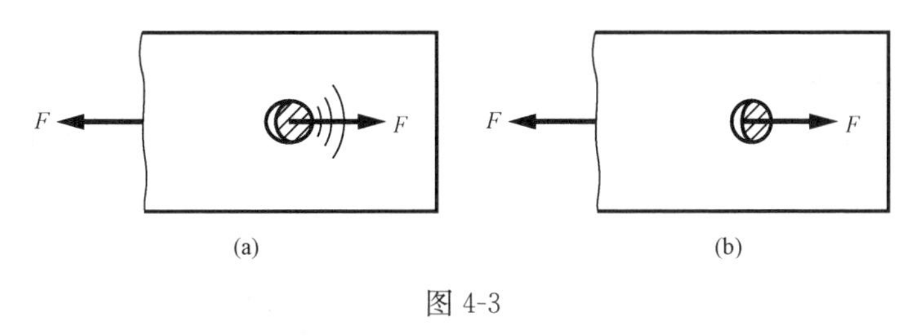

图 4-3

第二节　剪切和挤压的实用计算

一、剪切的实用计算

剪切面上的内力可用截面法求得。假想将螺栓沿剪切面截开，分为上下两部分，任取其中一部分为研究对象（图 4-4），由平衡条件可知，剪切面上的内力 F_S 必然与外力方向相反，大小由平衡方程

$$\sum F_x=0,\quad F-F_S=0$$

求得

$$F_S=F$$

这种平行于截面的内力 F_S 称为剪力，与剪力 F_S 相对应，可以推断，在剪切面上有切应力 τ 存在。由于连接件尺寸较小，切应力在剪切面上的分布情况十分复杂，工程上通常采用一种以试验及经验为基础的实用计算方法，假定剪切面上的切应力 τ 是均匀分布的。因此，有

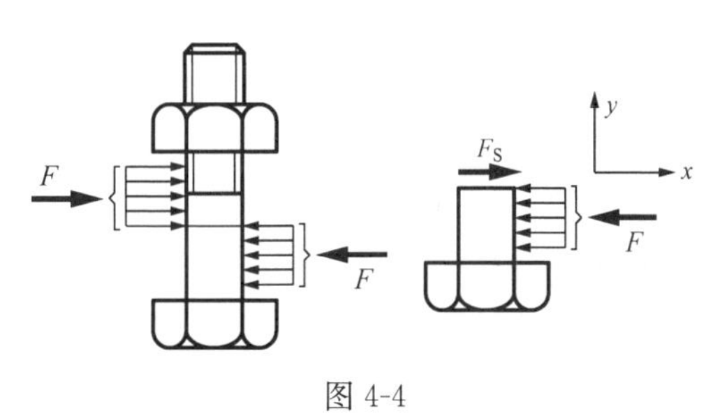

图 4-4

$$\tau=\frac{F_S}{A_S} \tag{4-1}$$

式中，A_S 为剪切面面积，F_S 为剪切面上的剪力。

以上计算是以假设“切应力在剪切面上均匀分布”为基础的，实际上求得的只是剪切面内的一个“平均切应力”，所以也称为名义切应力。

为保证构件不发生剪切破坏，就要求剪切面上的名义切应力不超过材料的许用切应力，即剪切时的强度条件为

$$\tau=\frac{F_S}{A_S}\leqslant[\tau] \tag{4-2}$$

式中，$[\tau]$ 为许用切应力，由试验测得。

二、挤压的实用计算

挤压应力在挤压面上的分布也很复杂，如图 4-5（a）所示。因此也采用实用计算法，假定挤压应力均匀地分布在计算挤压面上，这样，平均挤压应力为

$$\sigma_{bs}=\frac{F_{bs}}{A_{bs}} \tag{4-3}$$

式中，A_{bs}为计算挤压面积，等于实际挤压面垂直于挤压力方向的投影面积，当接触面为平面时，接触面的面积就是计算挤压面积，当接触面为半圆柱面时，圆柱体的直径平面为计算挤压面积［图 4-5（b）］。

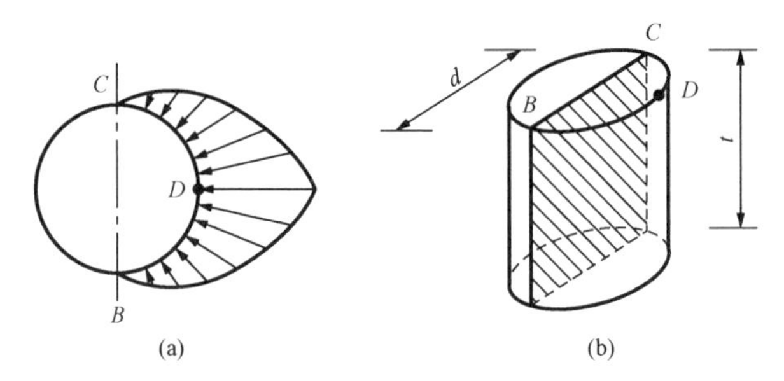

图 4-5　挤压的实用计算

在有些情况下，构件在剪切破坏之前可能首先发生挤压破坏，所以需要建立挤压强度条件，即要求构件的名义挤压应力不超过材料的许用挤压应力

$$\sigma_{bs}=\frac{F_{bs}}{A_{bs}}\leqslant[\sigma_{bs}] \tag{4-4}$$

式中，$[\sigma_{bs}]$为材料的许用挤压应力，由试验测得。

许用切应力和许用挤压应力值通常可根据材料、连接方式和荷载情况等实际工作条件在有关设计规范中查得。一般地，许用切应力$[\tau]$要比同样材料的许用拉应力$[\sigma]$小，而许用挤压应力$[\sigma_{bs}]$则比$[\sigma]$大。

对于塑性材料

$$[\tau]=(0.6\sim0.8)[\sigma]$$
$$[\sigma_{bs}]=(1.5\sim2.5)[\sigma]$$

对于脆性材料

$$[\tau]=(0.8\sim1.0)[\sigma]$$
$$[\sigma_{bs}]=(0.9\sim1.5)[\sigma]$$

本章所讨论的剪切与挤压的实用计算与其他章节的一般分析方法不同。由于剪切和挤压问题的复杂性，很难得出与实际情况相符的理论分析结果，所以工程中主要是采用以实验为基础而建立起来的实用计算方法。

【例 4-1】 图 4-6（a）所示一铆钉连接件，受轴向拉力 F 作用。已知：$F=100$kN，钢板厚 $\delta=8$mm，宽 $b=100$mm，铆钉直径 $d=16$mm，许用切应力$[\tau]=140$MPa，许用挤压应力$[\sigma_{bs}]=340$MPa，钢板许用拉应力$[\sigma]=170$MPa。试校核该连接件的强度。

解　连接件存在三种破坏的可能：（1）铆钉被剪断；（2）铆钉或钢板发生挤压破坏；（3）钢板由于钻孔，断面受到削弱，在削弱截面处被拉断。要使连接件安全可靠，必须同时

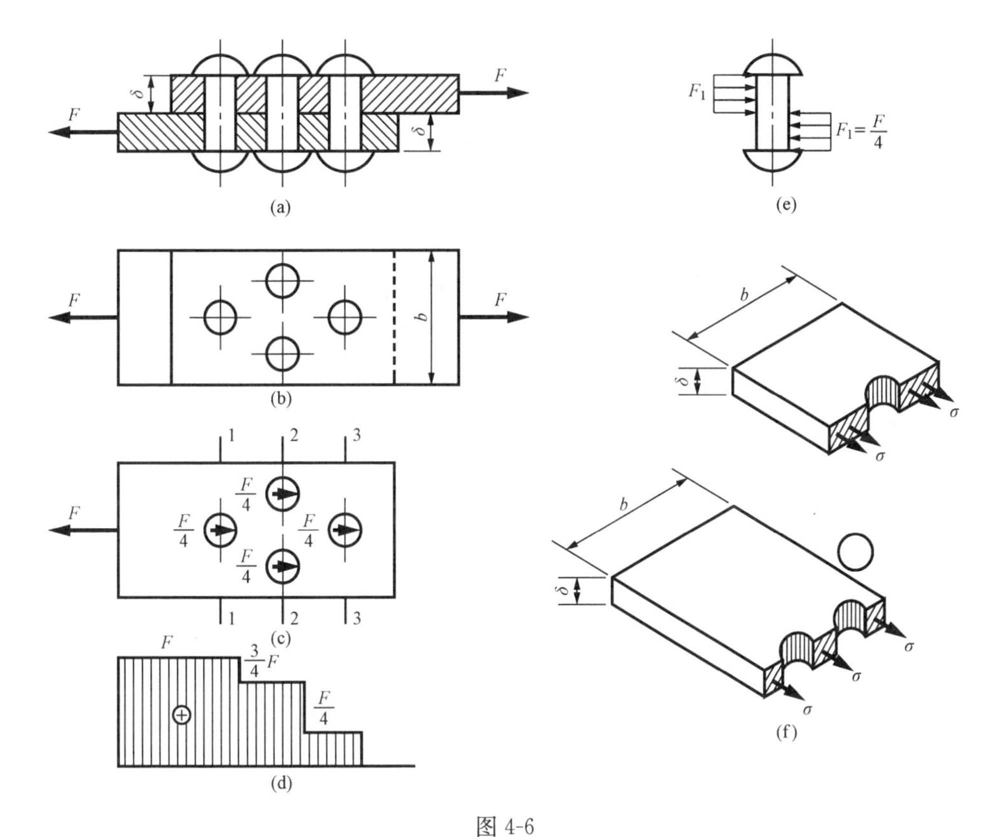

图 4-6

满足以上三方面的强度条件。

(1) 铆钉的剪切强度条件。

连接件有 n 个直径相同的铆钉时，且对称于外力作用线布置，则可设各铆钉所受的力相等

$$F_i=\frac{F}{n}$$

现取一个铆钉作为计算对象，画出其受力图［图 4-6 (b)］，每个铆钉所受的作用力

$$F_1=\frac{F}{n}=\frac{F}{4}$$

剪切面上的剪力

$$F_S=F_1$$

根据式 (4-2)，得

$$\tau=\frac{F_S}{A_S}=\frac{F_1}{A_S}=\frac{\frac{F}{4}}{\frac{\pi d^2}{4}}=\frac{100\times 10^3}{\pi\times 16^2}=124(\text{MPa})<[\tau]=140\text{MPa}$$

所以铆钉满足剪切强度条件。

(2) 挤压强度校核。

每个铆钉所受的挤压力

$$F_{bs}=F_1=\frac{F}{4}$$

根据式（4-4），得

$$\sigma_{bs}=\frac{F_{bs}}{A_{bs}}=\frac{\frac{F}{4}}{d\delta}=\frac{100\times10^3}{4\times16\times8}=195(\text{MPa})<[\sigma_{bs}]=340\text{MPa}$$

所以连接件满足挤压强度条件。

（3）板的抗拉强度校核。

两块钢板的受力情况及开孔情况相同，只要校核其中一块即可。现取下面一块钢板为研究对象，画出其受力图［图 4-6（c）］和轴力图［图 4-6（d）］。

截面 1—1 和 3—3 的净面积相同［图 4-6（e）］，而截面 3—3 的轴力较小，故截面 3—3 不是危险截面。截面 2—2 的轴力虽比截面 1—1 小，但净面积也小［图 4-6（f）］，故需对截面 1—1 和 2—2 进行强度校核。

截面 1—1

$$\sigma_1=\frac{F_{N1}}{A_1}=\frac{F}{(b-d)\delta}=\frac{100\times10^3}{(100-16)\times8}=149(\text{MPa})<[\sigma]=170\text{MPa}$$

截面 2—2

$$\sigma_2=\frac{F_{N2}}{A_2}=\frac{\frac{3F}{4}}{(b-2d)\delta}=\frac{3\times100\times10^3}{4\times(100-2\times16)\times8}=138(\text{MPa})<[\sigma]=170\text{MPa}$$

所以钢板满足抗拉强度条件。

以上三方面的计算表明，该连接件满足强度要求。

思考题

4-1　剪切变形的受力特点与变形特点是什么？举出两个剪切变形的实例。

4-2　什么叫挤压？构件受挤压与受压缩有什么区别？

4-3　剪切与挤压的实用计算都做了什么假设？

4-4　铆钉连接要进行哪三个方面的强度计算？

习题

4-1　试校核图 4-7 所示拉杆头部的剪切强度和挤压强度。已知图中尺寸 $D=32\text{mm}$，$d=20\text{mm}$ 和 $h=12\text{mm}$，杆的许用切应力［τ］$=100\text{MPa}$，许用挤压应力$[\sigma_{bs}]=240\text{MPa}$。

4-2　图 4-8 所示木榫接头，左右两部分形状完全一样，当 F 力作用时，试求接头的剪切与挤压应力。

4-3　图 4-9 所示连接件，试求接头的剪切与挤压应力。

4-4　如图 4-10 所示一螺栓接头。已知 $F=40\text{kN}$，螺栓的许用切应力［τ］$=130\text{MPa}$，许用挤压应力$[\sigma_{bs}]=300\text{MPa}$。试计算螺栓所需直径。

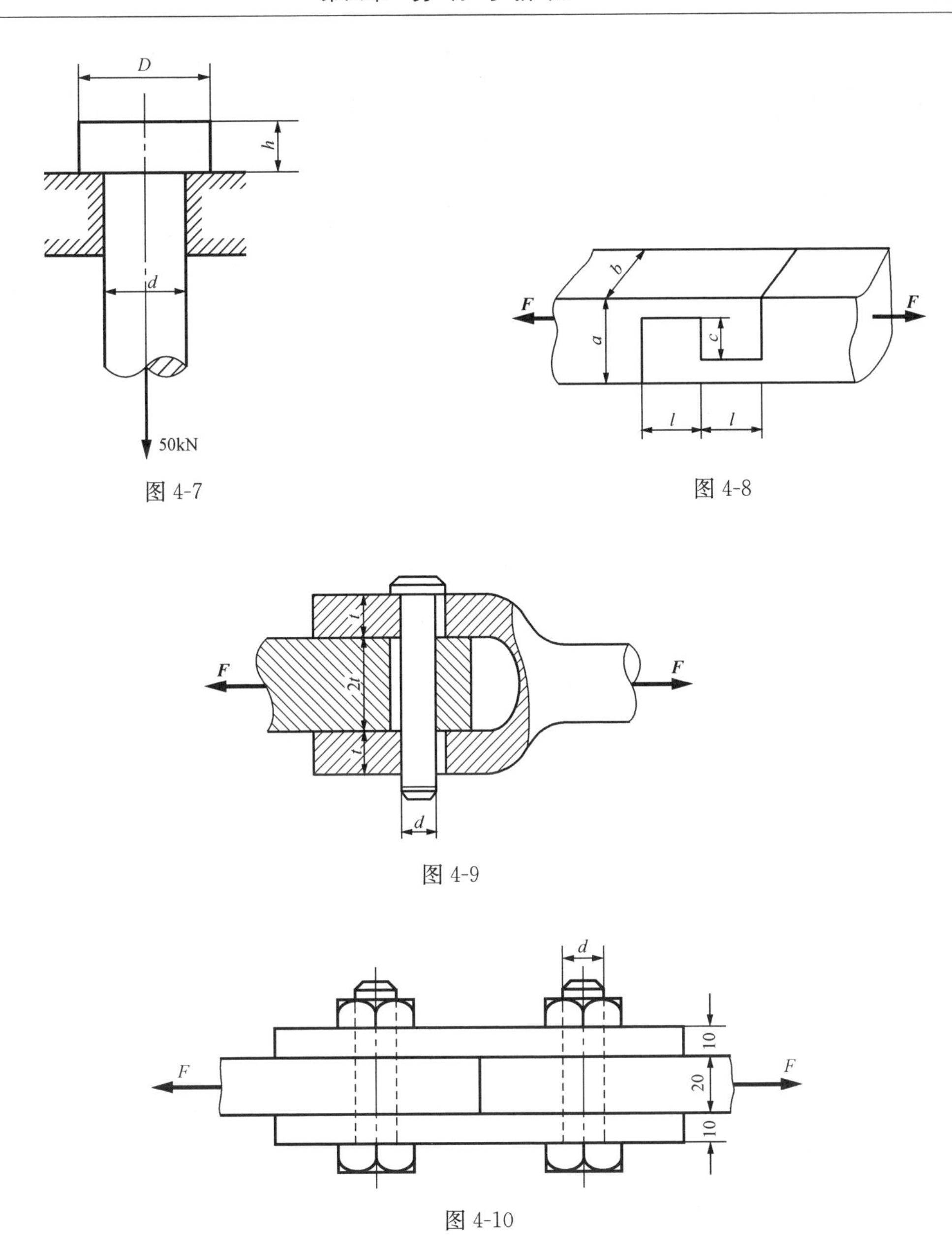

图 4-7

图 4-8

图 4-9

图 4-10

4-5 图 4-11 所示木榫接头，$F=50\text{kN}$，试求接头的剪切与挤压应力。

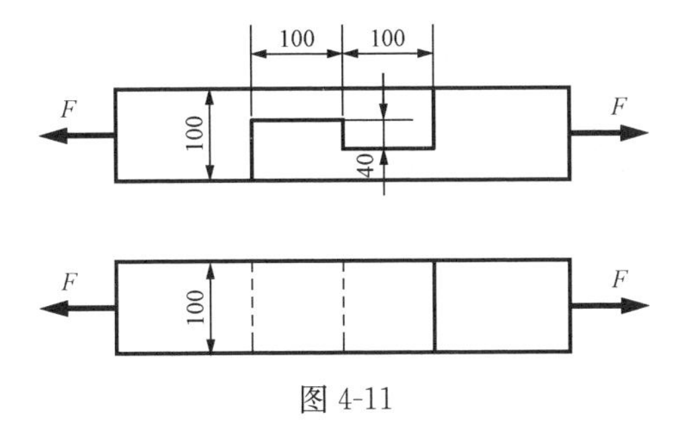

图 4-11

4-6　图 4-12 所示接头，承受轴向荷载 F 作用，试校核接头的强度。已知：荷载 $F=80\text{kN}$，板宽 $b=80\text{mm}$，板厚 $\delta=10\text{mm}$，铆钉直径 $d=16\text{mm}$，许用正应力 $[\sigma]=160\text{MPa}$，许用切应力 $[\tau]=120\text{MPa}$，许用挤压应力 $[\sigma_{bs}]=340\text{MPa}$。板件与铆钉的材料相同。

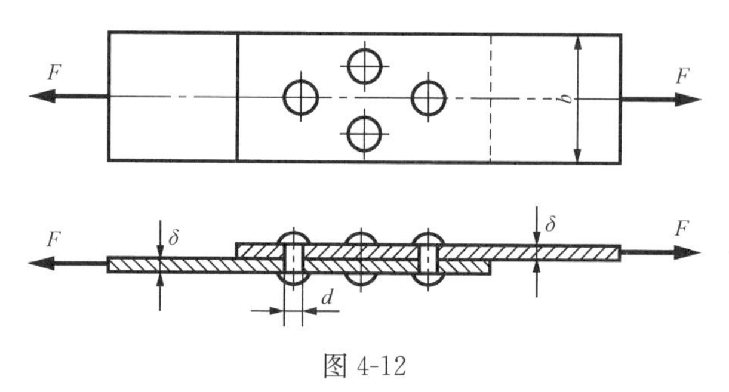

图 4-12

4-7　图 4-13 所示铆钉连接，承受轴向力作用，铆钉直径 $d=20\text{mm}$，许用切应力 $[\tau]=140\text{MPa}$。试按剪切强度确定所需的铆钉个数。

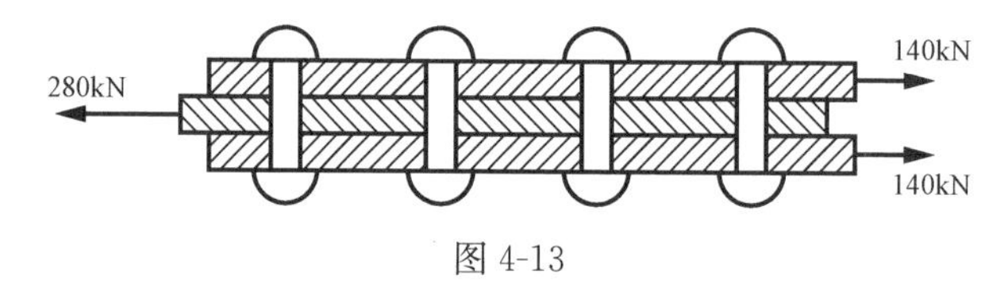

图 4-13

习题参考答案

4-1　$\tau=66.3\text{MPa}$，$\sigma_{bs}=102\text{MPa}$

4-2　$\tau=\dfrac{F}{lb}$；$\sigma_{bs}=\dfrac{F}{bc}$

4-3　$\tau=\dfrac{2F}{\pi d^2}$；$\sigma_{bs}=\dfrac{F}{dt}$

4-4　$d=14\text{mm}$

4-5　$\tau=5\text{MPa}$；$\sigma_{bs}=12.5\text{MPa}$

4-6　$\sigma=125\text{MPa}$；$\tau=99.5\text{MPa}$；$\sigma_{bs}=125\text{MPa}$

4-7　$n=4$

第五章　平面图形的几何性质

第一节　概　　述

一、重心的概念

地球上的任何物体都受到地球引力的作用，这个力称为物体的重力。如果把一个物体分成许多微小部分，则这些微小部分所受的重力形成汇交于地球中心的空间汇交力系。但是，由于地球半径很大，这些微小部分所受的重力可看成空间平行力系，该力系的合力的大小就是该物体的重力。

由实验可知，不论物体在空间的方位如何，物体重力的作用线始终通过一个确定的点，这个点就是物体重力的作用点，称为物体的重心。物体的重心不一定在物体上，例如一个圆环的重心。

对重心的研究，在实际工程中具有重要意义。例如，水坝、挡土墙、起重机等的倾覆稳定性问题就与这些物体的重心位置直接有关；混凝土振捣器，其转动部分的重心必须偏离转轴才能发挥预期的作用；在建筑设计中，重心的位置影响着建筑物的平衡与稳定；在建筑施工过程中采用两个吊点起吊柱子就是要保证柱子重心在两吊点之间。

二、重心与形心的计算公式

1. 重心的坐标公式

物体重心就是物体重力合力的作用点，按照这种定义，根据力矩定理就可求出重心在空间坐标中的位置。但需指出的是，严格讲物体各点重力应组成空间汇交力系（因为都指向地心），但由于地球半径相对物体而言可以视为无限大，故实际确定重心时，重力是作为空间平行力系来处理的。根据静力学力矩理论，得到求物体重心的最一般公式

$$x_C=\frac{\int_G x\,\mathrm{d}G}{G},\quad y_C=\frac{\int_G y\,\mathrm{d}G}{G},\quad z_C=\frac{\int_G z\,\mathrm{d}G}{G}\tag{5-1}$$

式中　$\mathrm{d}G$——物体微小部分的重量（或所受的重力）；

x，y，z——物体微小部分的空间坐标；

G——物体的总重力。

2. 形心的坐标形式

建筑工程中常见的几何形体很多是由简单形状组合而成，因此确定简单形状匀质物体的形心是非常重要的。

对于具有对称面的物体和具有对称轴的平面，以及具有对称中心的图形，形心一定位于对称面、对称轴或对称中心上。建筑力学中最常遇到的图形是圆形、方形、矩形和三角形，这些图形的形心是众所周知的。此外尚有抛物线或圆弧线组成的图形，其形心可通过积分求得。平面图形形心的坐标为

$$z_C=\frac{\int_A z\mathrm{d}A}{A},\quad y_C=\frac{\int_A y\mathrm{d}A}{A}\tag{5-2}$$

式中　$\mathrm{d}A$——平面图形微小部分的面积；

y，z——图形微小部分在平面坐标系 yOz 中的坐标；

A——平面图形的总面积。

第二节　静　　矩

自截面上坐标为（y，z）点处取如图 5-1 所示的面积元素 $\mathrm{d}A$，作 $\mathrm{d}A$ 与 y 的乘积，并对整个截面积分，其数学表达式 $\int_A y\mathrm{d}A$ 定义为截面对 z 轴的静矩。以 S_z 表示，即

$$S_z=\int_A y\mathrm{d}A\tag{5-3}$$

同理，截面对 y 轴的静矩为

$$S_y=\int_A z\mathrm{d}A\tag{5-4}$$

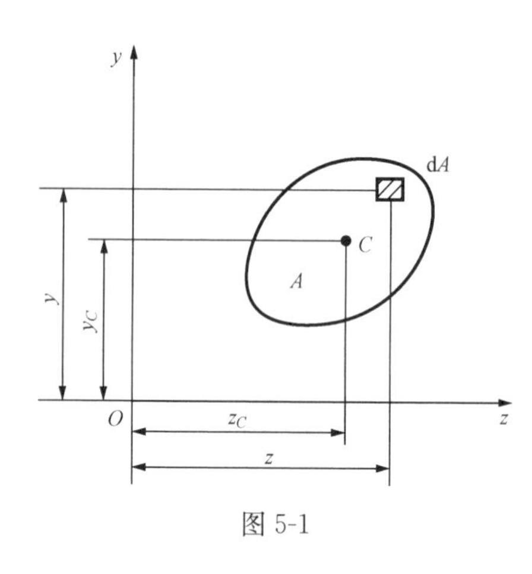

图 5-1

由于静矩中的元素是面积元素与到某轴距离的乘积，有时又称面积矩，或称一次矩（指坐标的一次函数）。静矩的单位为长度的立方。将静矩写为

$$S_z=Ay_C,\quad S_y=Az_C\tag{5-5}$$

同时也可将形心公式写为

$$\left.\begin{aligned}y_C&=\frac{S_z}{A}\\z_C&=\frac{S_y}{A}\end{aligned}\right\}\tag{5-6}$$

工程实际中，有些杆件的截面是由矩形、圆形、三角形等简单几何图形组合而成的，称为组合截面。组合截面对某轴的静矩等于各简单几何图形对该轴静矩的代数和，即

$$S_z=\sum_{i=1}^{n}A_iy_{Ci},\quad S_y=\sum_{i=1}^{n}A_iz_{Ci}\tag{5-7}$$

同样，组合截面形心坐标的计算公式为

$$y_C=\frac{\sum_{i=1}^{n}A_iy_{Ci}}{\sum_{i=1}^{n}A_i},\quad z_C=\frac{\sum_{i=1}^{n}A_iz_{Ci}}{\sum_{i=1}^{n}A_i}\tag{5-8}$$

【例 5-1】 试确定图 5-2 所示图形的形心 C 的位置。

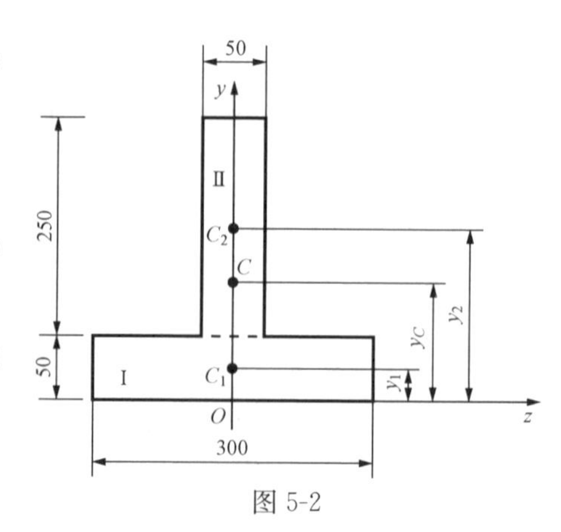

图 5-2

解　把图形看作是由矩形Ⅰ和矩形Ⅱ组成的，选取坐标系如图所示，因 T 形是单轴对称截面，

所以形心在对称轴，$z_C=0$。每一矩形的面积及形心的位置分别为

矩形Ⅰ　$A_1=300\times50=15\,000\ (\text{mm}^2)$

$y_1=\frac{50}{2}=25\ (\text{mm})$

矩形Ⅱ　$A_2=250\times50=12\,500\ (\text{mm}^2)$

$y_2=50+\frac{250}{2}=175\ (\text{mm})$

应用式（5-8）求出整个图形形心 C 的坐标为

$$y_C=\frac{A_1y_1+A_2y_2}{A_1+A_2}=\frac{15\,000\times25+12\,500\times175}{15\,000+12\,500}=93.18(\text{mm})$$

第三节　惯性矩　极惯性矩　惯性积　惯性半径

一、惯性矩与极惯性矩

任意平面图形如图 5-3 所示，其面积为 A。y 轴和 z 轴为图形所在平面内的坐标轴。在坐标（y，z）处取微面积 $\text{d}A$，分别作 $\text{d}A$ 与 z^2 的乘积和 $\text{d}A$ 与 y^2 的乘积，再对整个图形面积 A 的积分

$$I_y=\int_A z^2\text{d}A,\quad I_z=\int_A y^2\text{d}A \tag{5-9}$$

分别定义为图形对 y 轴和 z 轴的惯性矩，也称为图形对 y 轴和 z 轴的二次矩。在式（5-9）中，由于 z^2 和 y^2 总是正的，所以 I_y 和 I_z 也恒为正值。惯性矩的量纲是长度的四次方。

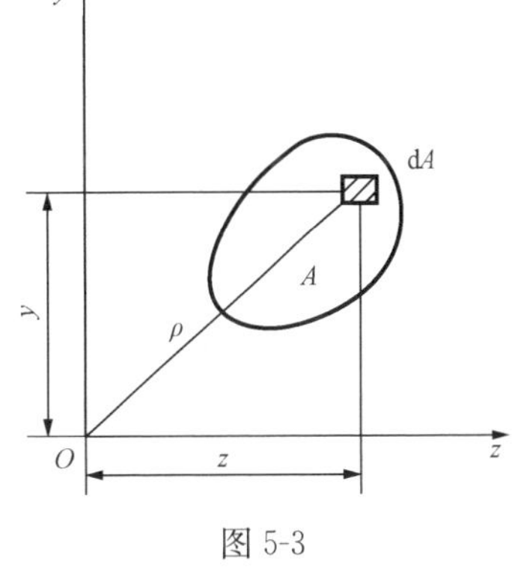

图 5-3

以 ρ 表示微面积 $\text{d}A$ 到坐标原点 O 的距离，下列积分

$$I_\text{p}=\int_A\rho^2\text{d}A \tag{5-10}$$

定义为图形对于坐标原点 O 的极惯性矩。由图 5-3 可以看出，$\rho^2=y^2+z^2$，于是有

$$I_\text{p}=\int_A\rho^2\text{d}A=\int_A(y^2+z^2)\text{d}A=\int_A y^2\text{d}A+\int_A z^2\text{d}A=I_z+I_y \tag{5-11}$$

所以，图形对于任意一对互相垂直的轴的惯性矩之和，等于它对两轴交点的极惯性矩。

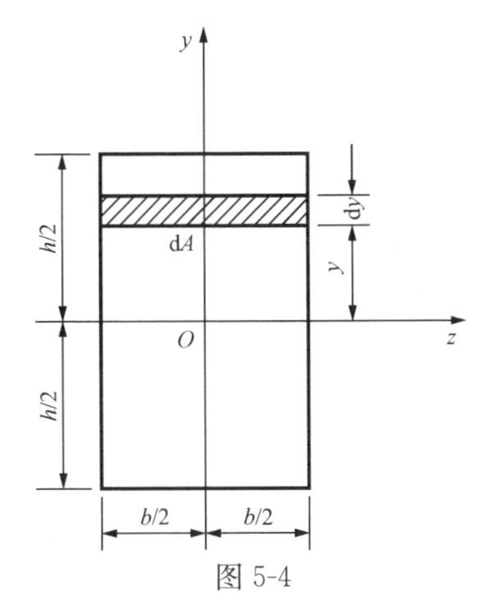

图 5-4

【例 5-2】 试计算矩形图形（图 5-4）对其对称轴 y 和 z 轴的惯性矩。矩形的高为 h，宽为 b。

解　先求对 z 轴的惯性矩。取平行于 z 轴的狭长条为微面积 $\text{d}A$，则

$$\text{d}A=b\text{d}y$$

$$I_z=\int_A y^2\text{d}A=\int_{-\frac{h}{2}}^{\frac{h}{2}}by^2\text{d}y=\frac{bh^3}{12}$$

用完全相同的方法可以求得

$$I_y=\frac{hb^3}{12}$$

二、惯性积

在平面图形的坐标（y，z）处，取微面积 dA（图 5-3），作 dA 与 z 和 y 的乘积，再对整个图形面积 A 的积分

$$I_{yz}=\int_A yz\mathrm{d}A \tag{5-12}$$

定义为图形对于 y、z 轴的惯性积。

由于坐标乘积 yz 可能为正，也可能为负，因此，I_{yz} 的数值可能为正，也可能为负，也可能等于零。例如当整个图形都在第一象限内时，由于所有微面积 dA 的 y、z 坐标值均为正值，所以图形对这两个坐标轴的惯性积也必为正值。又如当整个图形都在第二象限内时，由于所有的微面积 dA 的 z 坐标为正，而 y 坐标为负，因而图形对这两个坐标轴的惯性积必为负值。惯性积的量纲是长度的四次方。

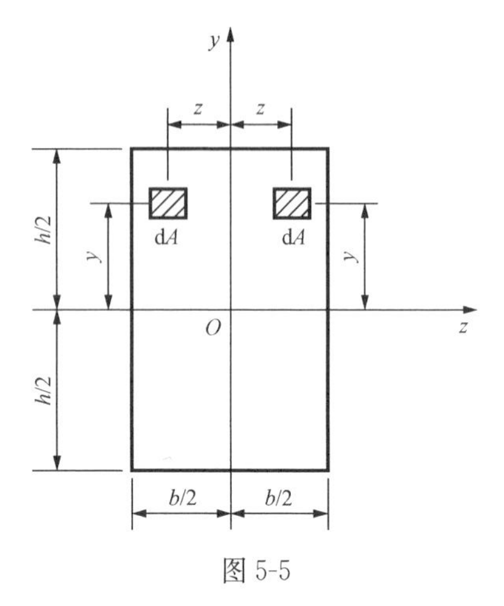

图 5-5

若坐标轴 y 或 z 中有一个是图形的对称轴，例如图 5-5 中的 y 轴。这时，如在 y 轴两侧的对称位置处，各取一微面积 dA，显然，两者的 y 坐标相同，而 z 坐标则数值相等，但是符号相反。因而两个微面积与坐标 y、z 的乘积，数值相等而符号相反，它们在积分中相互抵消。所有微面积与坐标的乘积都两两相互抵消，最后得到 $I_{yz}=\int_A yz\mathrm{d}A=0$。

所以，坐标系的两个坐标轴中只要有一个为图形的对称轴，则图形对于这两个坐标轴的惯性积为零。惯性积为零的形心轴又称为形心主轴。

三、惯性半径

力学计算中，有时候把惯性矩写成图形面积 A 与某一长度的平方的乘积，即

$$I_y=Ai_y^2,\quad I_z=Ai_z^2 \tag{5-13}$$

或者改写为

$$i_y=\sqrt{\frac{I_y}{A}},\quad i_z=\sqrt{\frac{I_z}{A}} \tag{5-14}$$

式中，i_y 和 i_z 分别称为图形对 y 轴和 z 轴的惯性半径。惯性半径的量纲就是长度。

第四节 组合图形的惯性矩

为了求得图 5-6 所示工字形截面对 z 轴的惯性矩，可将工字形截面分为两个翼缘Ⅰ、Ⅲ和腹板Ⅱ三个部分，Ⅱ部分对 z 轴的惯性矩可由基本式（5-9）给出，Ⅰ、Ⅲ部分分别对自己的形心轴 z_1 与 z_3 的惯性矩也可用式（5-9）求出，但必须将其结果由 z_1 或 z_3 轴平移至 z 轴，才能得出最后结果。因此，这里涉及惯性矩的平移关系，同样在惯性积的问题上也需要考虑平移关系。

图 5-7 为任意截面图形，z、y 为通过截面形心的一对正交轴，z_1、y_1 为与 z、y 轴平行的另一对轴，两对轴之间的距离分别为 a 和 b。则根据惯性矩的定义

$$I_{z1}=\int_A y_1^2\mathrm{d}A=\int_A (y+a)^2\mathrm{d}A=\int_A y^2\mathrm{d}A+2a\int_A y\mathrm{d}A+a^2\int_A \mathrm{d}A$$
$$=I_z+2ay_CA+a^2A$$

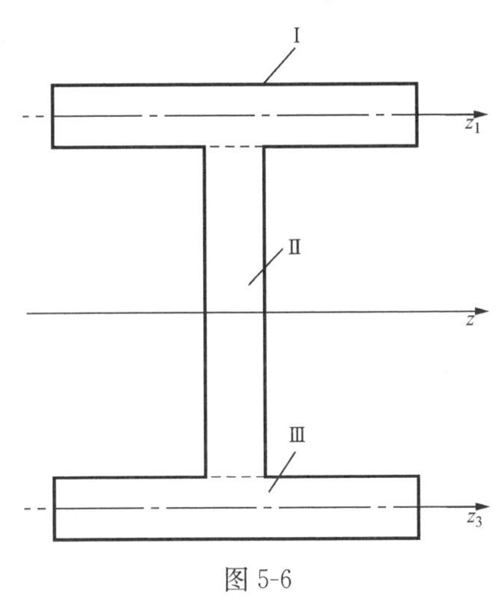

图 5-6

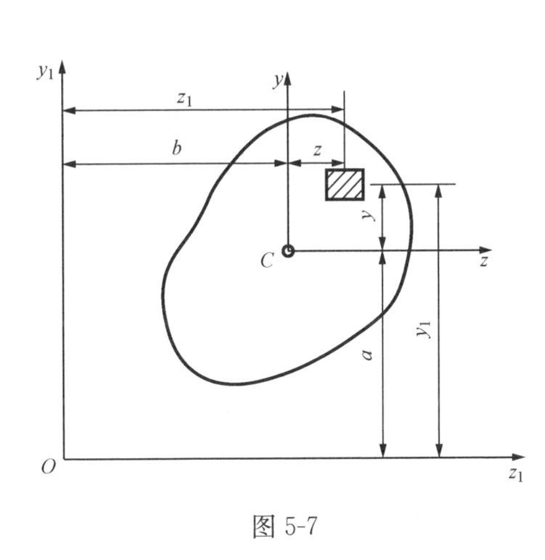

图 5-7

因为 z 轴通过形心，所以 $y_C=0$，故

$$I_{z1}=I_z+a^2A \tag{5-15}$$

同理，可得

$$I_{y1}=I_y+b^2A \tag{5-16}$$

这就是惯性矩的平行移轴公式。此公式表明：截面对任一轴的惯性矩，等于它对平行于该轴的形心轴的惯性矩，加上截面面积与两轴间距离平方的乘积。

【例 5-3】 计算图 5-8 所示 T 形截面对形心轴 y_0 与 z_0 的惯性矩。

解 将图形分割为 A_1与 A_2 两部分，由于 y_0 轴又是 A_1 与 A_2 的形心轴，根据矩形截面对形心轴惯性矩的公式，有

$$I_{y0}=\frac{12\times 50^3}{12}+\frac{58\times 25^3}{12}=200\ 521(\mathrm{cm}^4)$$

为了求得 I_{z0}。首先要确定形心 C 的 y_C 坐标，有

$$y_C=\frac{S_z}{A}=\frac{12\times 50\times 64+25\times 58\times 29}{12\times 50+25\times 58}=39.2(\mathrm{cm})$$

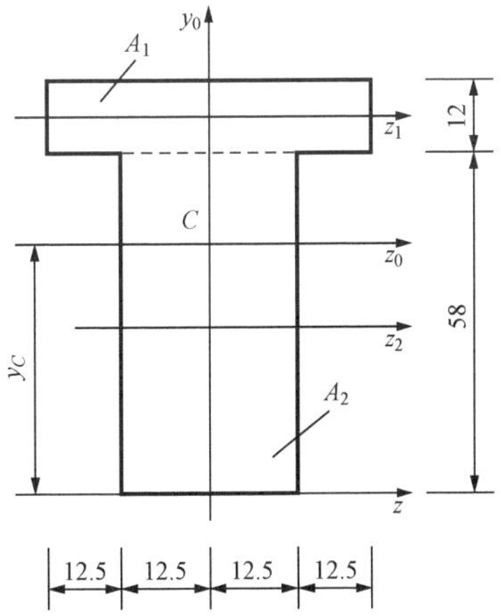

图 5-8

z_1 与 z_0 之间的距离为

$$64-39.2=24.8(\mathrm{cm})$$

z_0 与 z_2 间的距离为

$$39.2-29=10.2(\mathrm{cm})$$

根据平行移轴公式，有

$$I_{z0}=\frac{50\times 12^3}{12}+50\times 12\times 24.8^2+\frac{25\times 58^3}{12}+25\times 58\times 10.2^2=933\ 565(\mathrm{cm}^4)$$

思考题

5-1　截面面积不变的条件下为什么工字形截面比矩形截面有较大的惯性矩（指对水平形心轴）?

5-2　截面形心轴上下的面积是否相等？为什么?

5-3　截面形心轴上下的静矩有何关系?

5-4　矩形截面木梁立放与扁放抗弯能力是否有区别？能否用惯性矩的概念解释。

5-5　用等边角钢作细长柱受压、当压力增大时往往会发生弯曲，请问应绕截面上哪个轴弯曲?

5-6　惯性矩的单位为长度四次方，你如何理解这一概念?

习　题

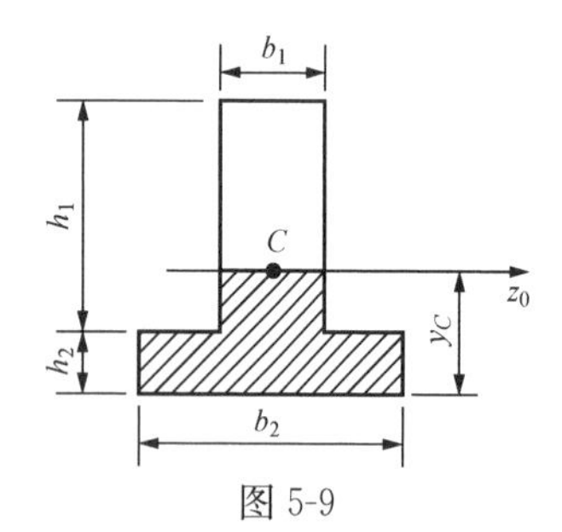

图 5-9

5-1　在图 5-9 所示的对称 T 形截面中，$b_1=0.3\text{m}$，$b_2=0.6\text{m}$，$h_1=0.5\text{m}$，$h_2=0.14\text{m}$。

（1）求形心 C 的位置；

（2）求阴影部分对 z_0 轴的静矩。

5-2　试求图 5-10 所示各截面的阴影线面积对 x 轴的静矩。

5-3　求图 5-11 所示截面对 z_0 轴的惯性矩。

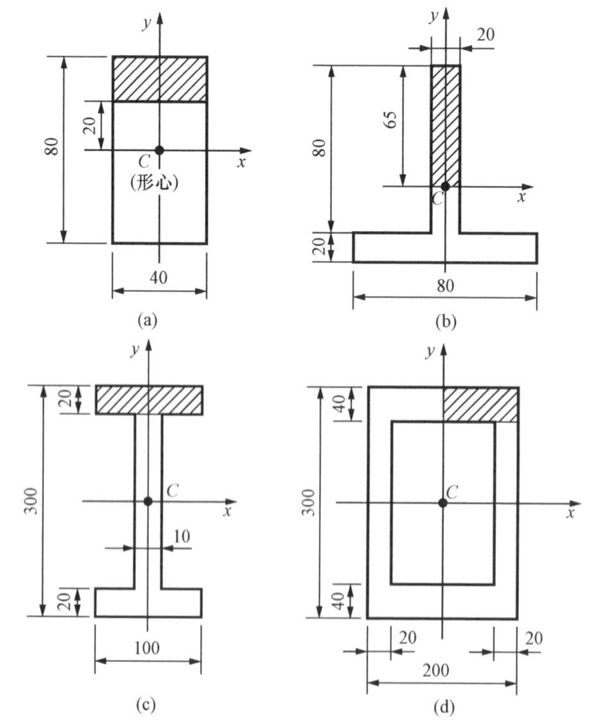

图 5-10

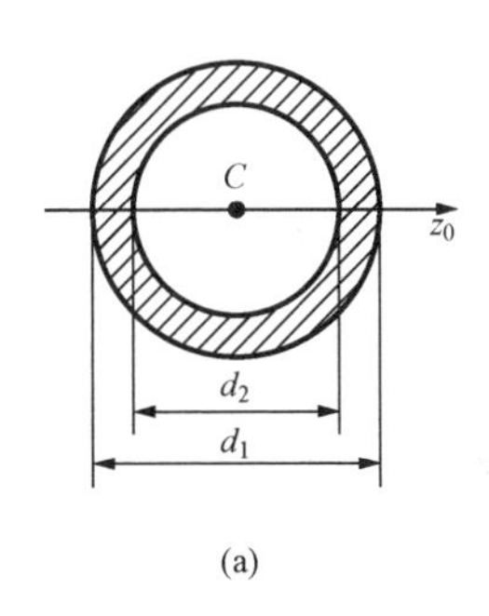

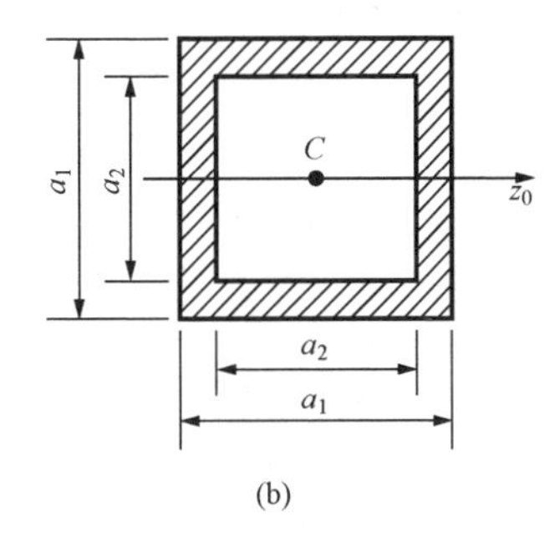

图 5-11

5-4　计算图 5-12 所示空心圆截面对形心轴的惯性半径。

5-5　计算图 5-13 所示图形对 y、z 轴的惯性积 I_{yz}。

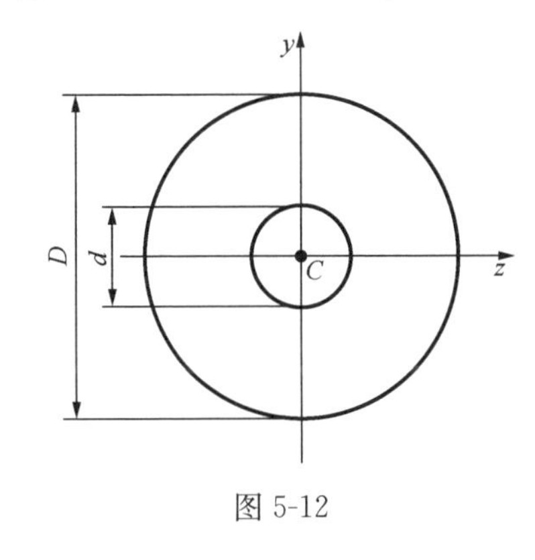

图 5-12

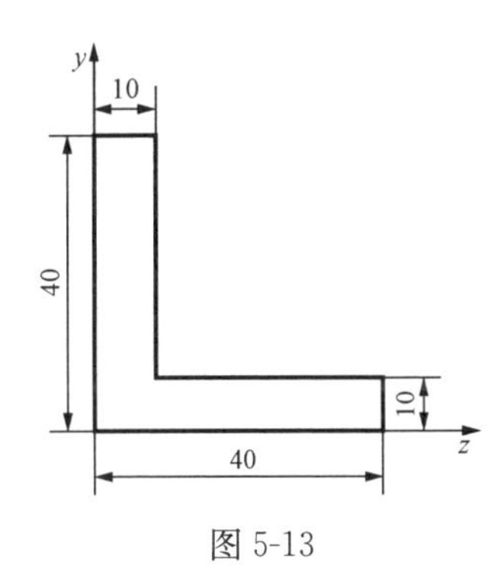

图 5-13

习题参考答案

5-1　$y_C=0.275\text{m}$；　$S_{z0}=2\times10^{-2}\text{m}^3$

5-2　(a) $S_x=24\times10^3\text{mm}^3$；　(b) $S_x=42.25\times10^3\text{mm}^3$；
　　(c) $S_x=280\times10^3\text{mm}^3$；　(d) $S_x=520\times10^3\text{mm}^3$

5-3　(a) $I_{z0}=\dfrac{\pi}{64}(d_1^4-d_2^4)$；　(b) $I_{z0}=\dfrac{1}{12}(a_1^4-a_2^4)$

5-4　$i_y=i_z=\dfrac{D}{4}\sqrt{1+\alpha^2}$　$(\alpha=d/D)$

5-5　$I_{yz}=7.75\times10^4\text{mm}^4$

第六章　扭　　转

第一节　扭转变形的外力和内力

在工程实际中，有很多以扭转变形为主的杆件。例如，图 6-1（a）所示的电钻，螺丝刀杆和钻头都是受扭的杆件；图 6-1（b）所示的载重汽车的传动轴；图 6-1（c）所示挡雨篷的雨篷梁等。

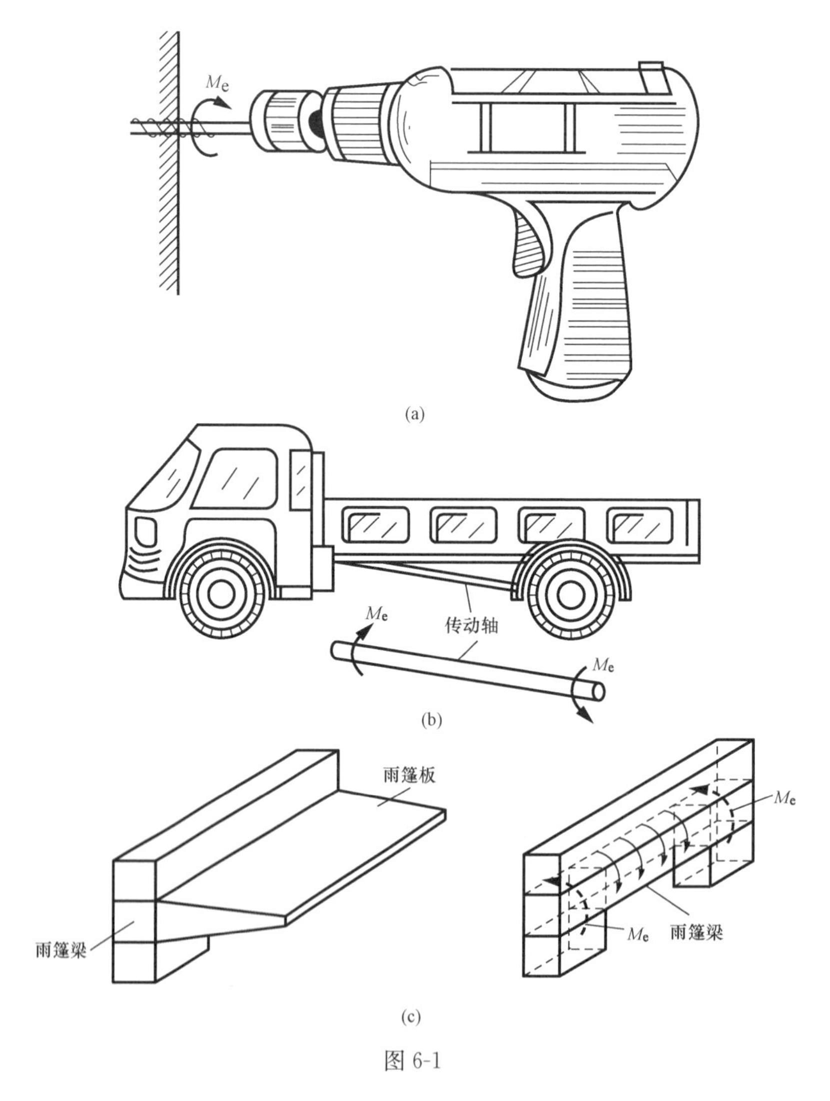

图 6-1

以上受扭杆件的特点是：杆件受力偶系的作用，这些力偶的作用面都垂直于杆轴，杆件发生扭转变形。变形后杆件各横截面之间绕杆轴线相对转动了一个角度，称为相对扭转角，

用 φ 表示，如图 6-2 所示。以扭转为主要变形的直杆一般称为轴。

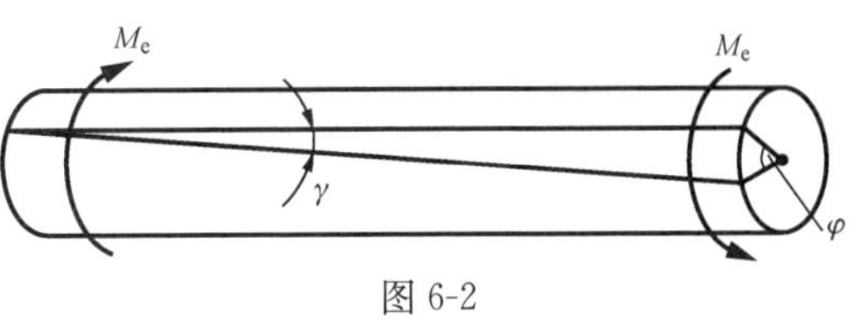

图 6-2

一、传动轴的外力偶矩

工程中常用的传动轴（图 6-3）是通过转动传递动力的构件，其外力偶矩一般不是直接给出的，通常已知轴所传递的功率和轴的转速，可导出外力偶矩、功率和转速之间的关系为

$$M_e = 9549\frac{P}{n} \tag{6-1}$$

式中　M_e——作用在轴上的外力偶矩，N·m；

P——轴传递的功率，kW；

n——轴的转速，r/min。

二、扭矩和扭矩图

已知受扭圆轴外力偶矩，可以利用截面法求任意横截面的内力。图 6-4（a）为受扭圆轴，设外力偶矩为 M_e，求距 A 端为 x 的任意截面 $m—m$ 上的内力。假设在 $m—m$ 截面将圆轴截开，取左部分为研究对象，如图 6-4（b）所示，由平衡条件，得内力偶矩 T 和外力偶矩 M_e 的关系

$$T = M_e$$

式中，内力偶矩 T 称为扭矩。若取图 6-4（c）所示的右半部分为研究对象，仍可求得该截面的扭矩 T'。

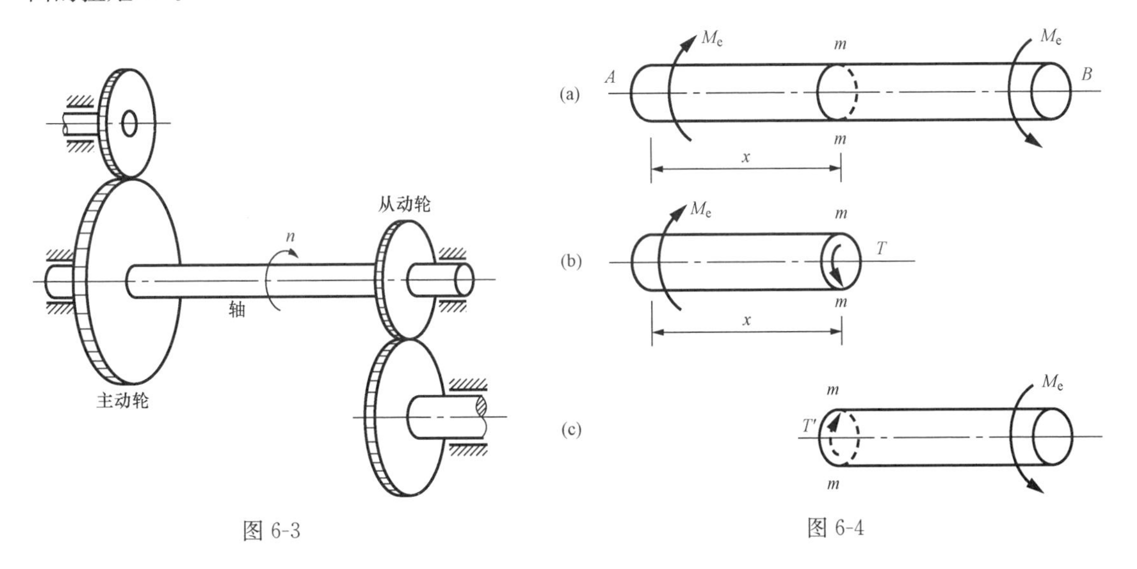

图 6-3　　图 6-4

扭矩的正负号规定如下：扭矩 T 的矢量方向离开截面为正，指向截面为负。

扭矩的单位是 N·m 或 kN·m。

为了清楚地表示扭矩沿轴线变化的规律，以便于确定危险截面，常用与轴线平行的 x 坐标表示横截面的位置，与之垂直的坐标表示相应横截面的扭矩，把计算结果按比例绘在图上，一般情况下，正扭矩画在 x 轴上方，负扭矩画在 x 轴下方。这种图形称为扭矩图。

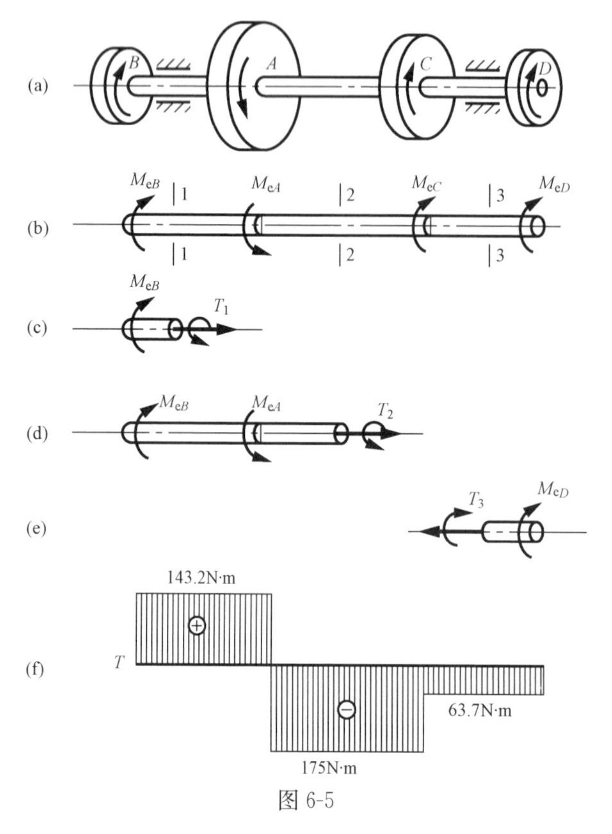

图 6-5

【例 6-1】 图 6-5（a）所示传动轴，转速 $n=300\text{r/min}$，A 轮为主动轮，输入功率 $P_A=10\text{kW}$，B、C、D 为从动轮，输出功率分别为 $P_B=4.5\text{kW}$，$P_C=3.5\text{kW}$，$P_D=2.0\text{kW}$，试求各段扭矩。

解 （1）计算外力偶矩

$$M_{eA}=9549\frac{P_A}{n}=9549\times\frac{10}{300}=318.3(\text{N}\cdot\text{m})$$

$$M_{eB}=9549\frac{P_B}{n}=9549\times\frac{4.5}{300}=143.2(\text{N}\cdot\text{m})$$

$$M_{eC}=9549\frac{P_C}{n}=9549\times\frac{3.5}{300}=111.4(\text{N}\cdot\text{m})$$

$$M_{eD}=9549\frac{P_D}{n}=9549\times\frac{2.0}{300}=63.7(\text{N}\cdot\text{m})$$

（2）分段计算扭矩［图 6-5（c）、（d）、（e）］，设各段扭矩为正，用矢量表示，大小分别为

$$T_1=M_{eB}=143.2\text{N}\cdot\text{m}$$

$$T_2=M_{eB}-M_{eA}=143.2-318.3=-175(\text{N}\cdot\text{m})$$

$$T_3=-M_{eD}=-63.7\text{N}\cdot\text{m}$$

T_2、T_3 为负值说明实际方向与假设的相反。

（3）作扭矩图，如图 6-5（f）所示。

$$|T|_{\max}=175\text{N}\cdot\text{m}$$

第二节 薄壁圆管的扭转

在分析受扭圆轴的强度之前，首先通过对薄壁圆筒的分析，了解剪切胡克定律和切应力互等定理。

一、薄壁圆筒横截面上的切应力

如图 6-6 所示薄壁圆筒，外径 R，内径 r，平均半径 $r_0=\dfrac{R+r}{2}$，壁厚 $t\leqslant\dfrac{r_0}{10}$，在施加扭转外力偶矩之前，先在圆筒表面等间距地画上与轴线平行的纵向线和与轴线垂直的圆周线，纵向线与圆周线相交，形成大小相等的一系列矩形。受扭后，薄壁圆筒发生变形，如图 6-7 所示。观察变形后的薄壁圆筒：圆周线的位置不变；圆周线的大小、形状不变；纵向线顺应外力偶的转向发生倾斜；矩形都歪斜成平行四边形。可以想象，薄壁圆筒受扭后横截面仍然保持为平面，只是绕轴线转过一个角度。定义圆筒两端截面相对转过的角度为相对扭转角，

用 φ 表示；定义矩形的直角改变量为切应变，用 γ 表示。

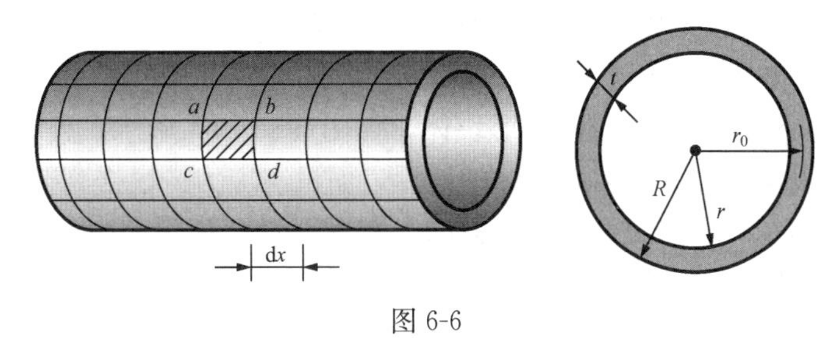

图 6-6

分析变形后的薄壁圆筒，可得到以下结论：圆周线的位置不变，圆筒沿轴线方向没有伸长和缩短，即横截面没有正应力；圆周线的大小、形状不变，说明横截面的切应力没有沿径向的切应力分量；纵向线顺应外力偶的转向发生倾斜，矩形都歪斜成平行四边形，说明切应力的方向垂直半径，与扭矩的转向相一致；根据薄壁圆筒关于轴线的极对称性，可知横截面的切应力关于横截面圆心极对称分布。

下面进一步分析薄壁圆筒横截面上切应力的大小。由于壁厚 $t \leqslant \frac{r_0}{10}$，可认为横截面上的切应力沿厚度方向均匀分布，如图 6-8 所示。根据横截面上的扭矩 T 与切应力 τ 和 $\mathrm{d}A$ 的乘积（称为内力元素）间的静力关系，得到

$$T = \int_A \tau \mathrm{d}A r_0 = \tau r_0 \int_A \mathrm{d}A = \tau r_0 2\pi r_0 t = 2\tau \pi r_0^2 t = 2\tau A_0 t$$

得

$$\tau = \frac{T}{2A_0 t} \tag{6-2}$$

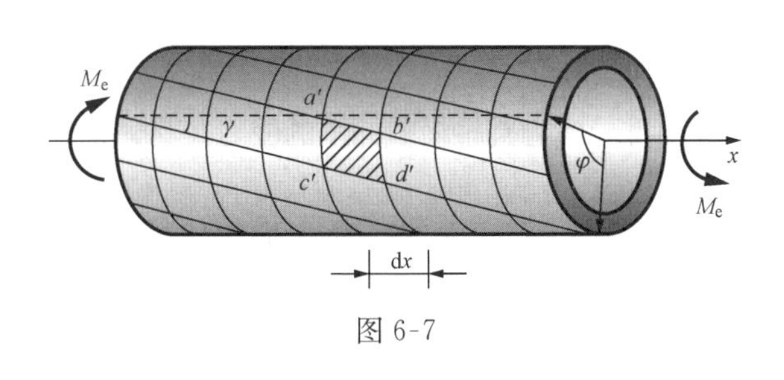

图 6-7

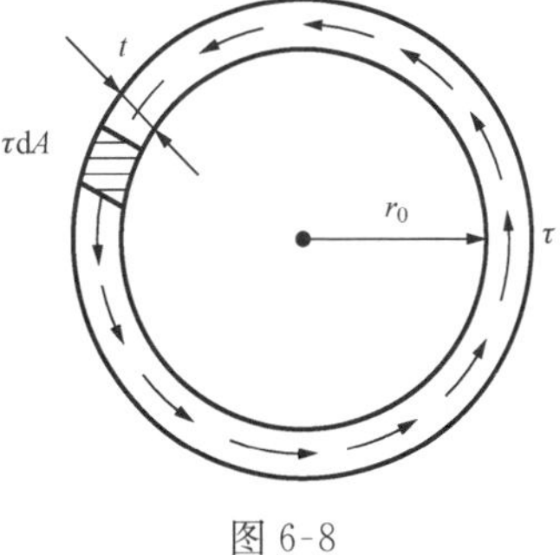

图 6-8

二、剪切胡克定律

由薄壁圆筒的扭转实验，可以测得，当外力偶 M_e（等于扭矩 T）在某一范围内时，外力偶矩与相对扭转角 φ 成正比。又因为小变形时，相对扭转角 φ 和切应变 γ 都很小，根据角 φ 对应的圆弧长度 $=\varphi R=\gamma l$［如图 6-9（a）所示，其中 l 为薄壁圆筒的长度］，可知切应变与相对扭转角 φ 成正比。将式（6-2）代入，可知切应力与切应变成正比，即

$$\tau = G\gamma \tag{6-3}$$

这就是剪切胡克定律，式中，比例常数 G 称为材料的剪切弹性模量。需要指出，式（6-3）

只有在切应力不超过某个极限值时才适用，此极限值称为剪切比例极限，记作 τ_p，即剪切胡克定律仅适用于切应力不超过材料的剪切比例极限的线弹性范围。

三、切应力互等定理

在薄壁圆筒表面切出一微小的正方形块体，如图 6-9（b）所示，且 dx、dy 趋近于零。由于圆筒的内、外表面不受力，因此块体的前后表面没有应力；根据薄壁圆筒截面上的应力分布规律可知，块体左右两侧表面的应力方向如图 6-9（b）所示。由于块体处于平衡状态，对块体列平衡方程 $\sum M_z=0$，有

$$(\tau t\mathrm{d}y)\mathrm{d}x=(\tau' t\mathrm{d}x)\mathrm{d}y$$

故

$$\tau=\tau' \tag{6-4}$$

式（6-4）即为切应力互等定理，可表述如下：微小块体相互垂直的两个平面上的切应力 τ 和 τ' 总是成对出现的，而且大小相等，方向共同指向或者共同背离两平面的交线。该定理具有普遍意义，不局限于上述情况，在截面同时存在正应力的情况下依然适用。

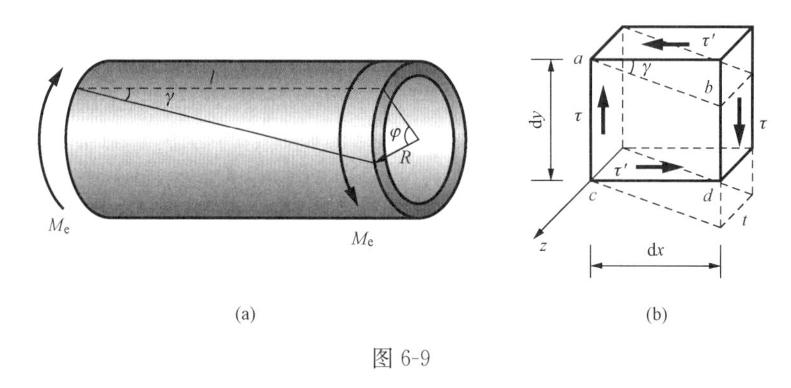

(a) (b)

图 6-9

第三节　圆轴扭转时横截面上的应力和强度计算

一、实心圆轴扭转时横截面上的应力

工程中要求对受扭圆轴进行强度计算，下面推导实心圆轴横截面上的应力及其分布规律。

1. 变形几何关系

取一实心圆轴，在其表面等距离地画上与轴线垂直的圆周线和与轴线平行的纵向线，如图 6-10（a）所示，然后在圆轴右端施加一扭转力偶矩 M_e，使圆轴产生扭转变形，如图 6-10（b）所示。

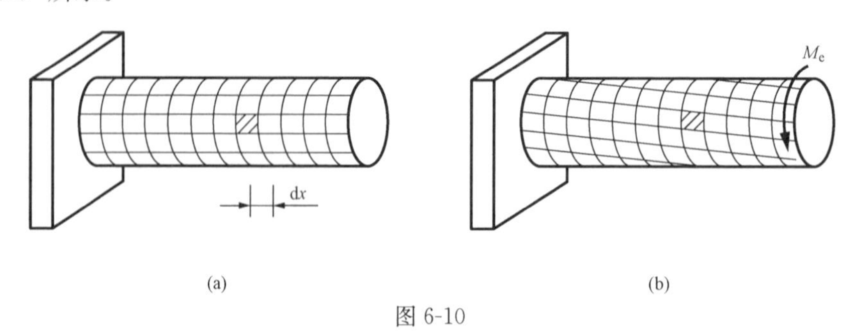

(a) (b)

图 6-10

观察变形后的圆轴，发现：圆周线的位置不变；圆周线的大小、形状不变；圆周线绕圆轴的轴线转过了一个角度，纵向线顺应外力偶的转向倾斜了一微小角度 γ；矩形都歪斜成平行四边形。可以想象，圆轴受扭后横截面仍然保持为平面，只是绕轴线转过一个角度。

分析变形后的圆轴，可得如下结论：圆轴沿轴线方向没有伸长和缩短，即横截面没有正应力；圆周线的大小、形状不变，说明圆轴的横截面保持为平面，即平面假设，且横截面的切应力没有沿着径向的分量；纵向线顺应外力偶的转向发生倾斜，矩形都歪斜成平行四边形，说明切应力的方向垂直半径，与扭矩的转向相一致；根据受扭圆轴的极对称性，可知横截面的切应力关于横截面圆心极对称分布。

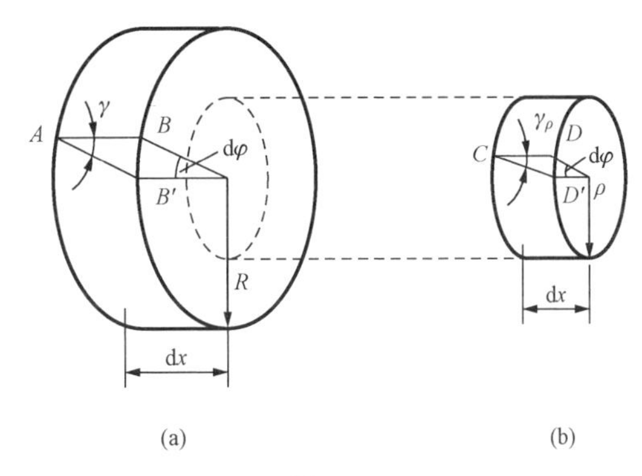

图 6-11

圆轴扭转时，横截面上的切应力并非均匀分布，其分布规律需进一步分析，因此仅依靠静力平衡方程无法求出，必须利用圆轴的变形条件建立补充方程。

根据上述假设，从圆轴中取相距为 $\mathrm{d}x$ 的微段进行研究，如图 6-11（a）所示。

设圆轴半径为 R，根据平面假设，可以设想扭转时各横截面如同刚性平面一样绕杆轴作相对转动。则由图可知变形后，纵向线段 $\overline{AB}$ 变为 $\overline{AB'}$，$\overline{AB}$ 和 $\overline{AB'}$ 的夹角为 γ（切应变），BB' 对应横截面的圆心角 $\mathrm{d}\varphi$，在小变形的条件下可以建立如下关系

$$\widehat{BB'}=\gamma\mathrm{d}x=R\mathrm{d}\varphi$$

$$\gamma=R\frac{\mathrm{d}\varphi}{\mathrm{d}x}$$

为了研究横截面上任意点的切应变，从圆轴截面内取半径为 ρ 的微段，如图 6-11（b）所示。同理可得

$$\gamma_\rho=\rho\frac{\mathrm{d}\varphi}{\mathrm{d}x} \tag{6-5}$$

上式表明，横截面上任意点的切应变同该点到圆心的距离 ρ 成正比关系。

2. 物理关系

根据剪切胡克定律，在剪切比例极限之内（或弹性范围以内）切应力和切应变成正比关系

$$\tau=G\gamma$$

将式（6-5）代入上式，得

$$\tau_\rho=G\gamma_\rho=G\rho\frac{\mathrm{d}\varphi}{\mathrm{d}x} \tag{6-6}$$

上式表明，圆轴扭转时，横截面上任意点处的切应力 τ_ρ 与该点到圆心的距离 ρ 成正比，其分布如图 6-12 所示，式中 $\frac{\mathrm{d}\varphi}{\mathrm{d}x}$ 可利用静力方程确定。

3. 静力学关系

根据图 6-12 所示，横截面上内力因素 $\tau_\rho \mathrm{d}A$ 在整个截面上的合成结果等于扭矩：

$$T=\int_A \rho\tau_\rho \mathrm{d}A$$

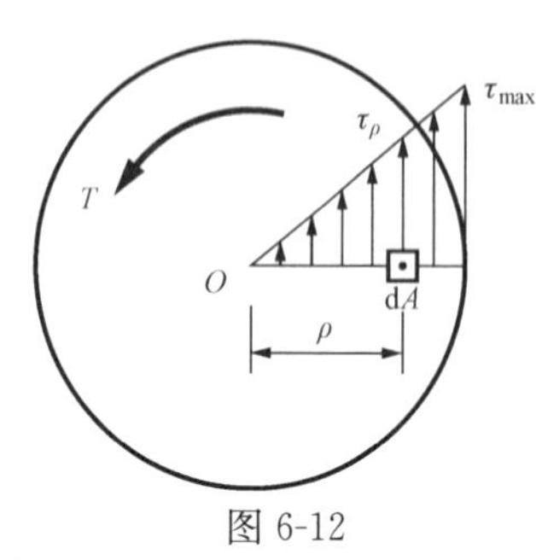

图 6-12

将式（6-6）代入

$$T=G\frac{\mathrm{d}\varphi}{\mathrm{d}x}\int_A\rho^2\mathrm{d}A=G\frac{\mathrm{d}\varphi}{\mathrm{d}x}I_p$$

式中，$I_p=\int_A\rho^2\mathrm{d}A$，称为截面的极惯性矩，是一个只和截面形状有关的纯几何量，代入上式，得

$$\frac{\mathrm{d}\varphi}{\mathrm{d}x}=\frac{T}{GI_p} \tag{6-7}$$

将式（6-7）代入式（6-6），得到圆轴扭转横截面上任意点切应力公式

$$\tau_\rho=\frac{T\rho}{I_p} \tag{6-8}$$

显然，当 $\rho=R$ 时，圆截面边缘处的切应力取得最大值

$$\tau_{max}=\frac{T}{\frac{I_p}{R}}=\frac{T}{W_p} \tag{6-9}$$

式中，W_p 称为抗扭截面系数。它也是仅与截面形状和尺寸有关的纯几何量。

二、极惯性矩和抗扭截面系数

极惯性矩 I_p 和抗扭截面系数 W_p 可按其定义通过积分求得。下面介绍圆截面和圆环截面的极惯性矩 I_p 和抗扭截面系数 W_p。

如图 6-13（a）所示实心圆轴，可在圆轴截面上距圆心为 ρ 处取厚度为 $\mathrm{d}\rho$ 的环形面积作为微面积 $\mathrm{d}A$，于是 $\mathrm{d}A=2\pi\rho\mathrm{d}\rho$，从而可得实心圆截面的极惯性矩为

$$I_p=\int_A\rho^2\mathrm{d}A=2\pi\int_0^{\frac{D}{2}}\rho^3\mathrm{d}\rho=\frac{\pi D^4}{32}$$

抗扭截面系数为

$$W_p=\frac{I_p}{D/2}=\frac{\frac{\pi D^4}{32}}{\frac{D}{2}}=\frac{\pi D^3}{16}$$

如为图 6-13（b）所示空心圆轴，则有

$$I_p=\int_A\rho^2\mathrm{d}A=2\pi\int_{\frac{d}{2}}^{\frac{D}{2}}\rho^3\mathrm{d}\rho=\frac{\pi}{32}(D^4-d^4)=\frac{\pi D^4}{32}(1-\alpha^4)$$

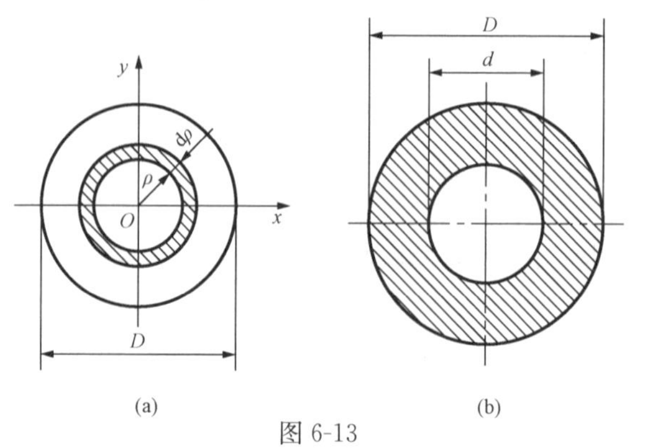

图 6-13

式中，$\alpha=\dfrac{d}{D}$为空心圆轴内外径之比。空心圆轴截面的抗扭截面系数为

$$W_{p}=\frac{I_{p}}{D/2}=\frac{\pi D^{3}}{16}(1-\alpha^{4})$$

极惯性矩 I_{p} 的量纲是长度的四次方，常用的单位为 mm^4 或 m^4。抗扭截面系数 W_{p} 的量纲是长度的三次方，常用单位为 mm^3 或 m^3。

三、圆轴扭转强度条件

工程上要求圆轴扭转时的最大切应力不得超过材料的许用切应力 $[\tau]$，即

$$\tau_{max}=\left(\frac{T}{W_{p}}\right)_{max}\leqslant[\tau] \tag{6-10a}$$

对于等截面圆轴，表示为

$$\tau_{max}=\frac{T_{max}}{W_{p}}\leqslant[\tau] \tag{6-10b}$$

上式称为圆轴扭转强度条件。

试验表明，材料扭转许用切应力 $[\tau]$ 和许用拉应力 $[\sigma]$ 有如下近似的关系：

塑性材料，$[\tau]=(0.5\sim0.6)[\sigma]$；

脆性材料，$[\tau]=(0.8\sim1.0)[\sigma]$。

【例 6-2】 汽车的主传动轴，由 45 号钢的无缝钢管制成，外径 $D=90mm$，壁厚 $\delta=5mm$，工作时的最大扭矩 $T=3kN\cdot m$，若材料的许用切应力 $[\tau]=60MPa$，试校核该轴的强度。

解 （1）计算抗扭截面系数。

主传动轴的内外径之比

$$\alpha=\frac{d}{D}=\frac{90-2\times5}{90}=0.899$$

抗扭截面系数为

$$W_{p}=\frac{\pi D^{3}}{16}(1-\alpha^{4})=\frac{\pi\times90^{3}}{16}\times(1-0.899^{4})=0.0538(m^{3})$$

（2）计算轴的最大切应力。

$$\tau_{max}=\frac{T}{W_{p}}=\frac{3\times10^{3}}{0.0538}=55.8(MPa)$$

（3）强度校核。

$$\tau_{max}=55.8MPa<[\tau]$$

主传动轴安全。

【例 6-3】 如把上题中的汽车主传动轴改为实心轴，要求它与原来的空心轴强度相同，试确定实心轴的直径，并比较空心轴和实心轴的重量。

解 （1）求实心轴的直径，要求强度相同，即实心轴的最大切应力也为 55.8MPa，即

$$\tau=\frac{T}{W_{p}}=\frac{3\times10^{3}}{\dfrac{\pi D_{1}^{3}}{16}}=55.8(MPa)$$

$$D_{1}=\sqrt[3]{\frac{16\times3\times10^{3}}{\pi\times55.8\times10^{6}}}=65(mm)$$

（2）在两轴长度相等、材料相同的情况下，两轴重量之比等于两轴横截面面积之比，即

$$\frac{A_{空}}{A_{实}}=\frac{\frac{\pi}{4}(D^2-d^2)}{\frac{\pi}{4}D_1^2}=\frac{90^2-80^2}{65^2}=0.4$$

讨论 此题结果表明，在其他条件相同的情况下，空心轴的重量只是实心轴重量的40%，其节省材料是非常明显的。这是由于实心圆轴横截面上的切应力沿半径呈线性规律分布，圆心附近的应力很小，这部分材料没有充分发挥作用，若把轴心附近的材料向边缘移置，使其成为空心轴，就会增大 I_p 或 W_p，从而提高了轴的强度。然而，空心轴的壁厚也不能过薄，否则会发生局部皱折而丧失其承载能力（即失稳）。

第四节 圆轴扭转时的变形和刚度计算

一、圆轴扭转时的变形

轴的扭转变形用两横截面的相对扭转角表示，由式（6-7）$\frac{d\varphi}{dx}=\frac{T}{GI_p}$，可求 dx 段的相对扭转角。

$$d\varphi=\frac{T}{GI_p}dx$$

当扭矩为常数，且 GI_p 也为常量时，相距长度为 l 的两横截面相对扭转角为

$$\varphi=\int_l d\varphi=\int_l \frac{T}{GI_p}dx=\frac{Tl}{GI_p}[\text{rad(弧度)}] \tag{6-11}$$

式中，GI_p 称为圆轴扭转刚度，它表示圆轴抵抗扭转变形的能力。

相对扭转角的正负号由扭矩的正负号确定，即正扭矩产生正扭转角，负扭矩产生负扭转角。

若两横截面之间 T 有变化，或极惯性矩 I_p 变化，亦或材料不同（剪切弹性模量 G 变化），则应通过积分或分段计算出各段的扭转角，然后代数相加，即

$$\varphi=\sum_{i=1}^{n}\frac{T_il_i}{G_iI_{pi}}$$

在工程中，对于受扭圆轴的刚度通常用相对扭转角沿杆长度的变化率$\frac{d\varphi}{dx}$来度量，用 θ 表示，称为单位长度扭转角。即

$$\theta=\frac{d\varphi}{dx}=\frac{T}{GI_p} \tag{6-12}$$

二、圆轴扭转刚度条件

工程中轴类构件，除应满足强度要求外，对其扭转变形也有一定要求，例如，汽车车轮轴的扭转角过大，汽车在高速行驶或紧急刹车时就会跑偏而造成交通事故；车床传动轴扭转角过大，会降低加工精度，对于精密机械，刚度的要求比强度更严格。受扭圆轴刚度条件表示为

$$\theta_{max}\leqslant[\theta] \tag{6-13}$$

在工程中，$[\theta]$的单位一般用（°）/m（度/米）表示，将上式中的弧度换算为度，得

$$\theta_{max}=\left(\frac{T}{GI_p}\right)_{max}\times\frac{180}{\pi}\leqslant[\theta]$$

对于等截面圆轴，即为

$$\theta_{max} = \frac{T_{max}}{GI_p} \times \frac{180}{\pi} \leqslant [\theta]$$

许用单位长度扭转角$[\theta]$的数值，根据轴的使用精密度、生产要求和工作条件等因素确定，对一般传动轴，$[\theta]$为0.5～1（°/m），对于精密机器的轴，$[\theta]$常取在0.15～0.30（°/m）之间。

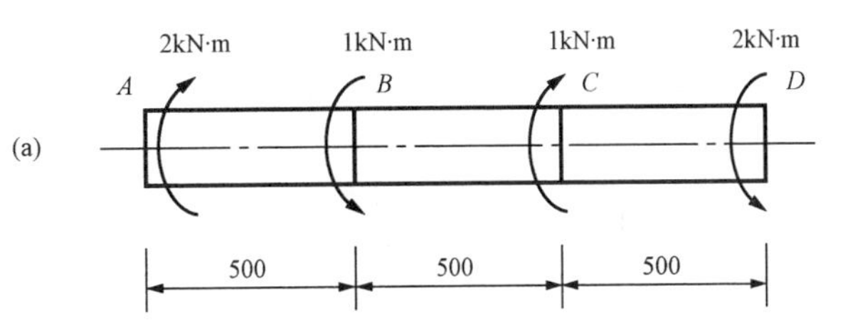

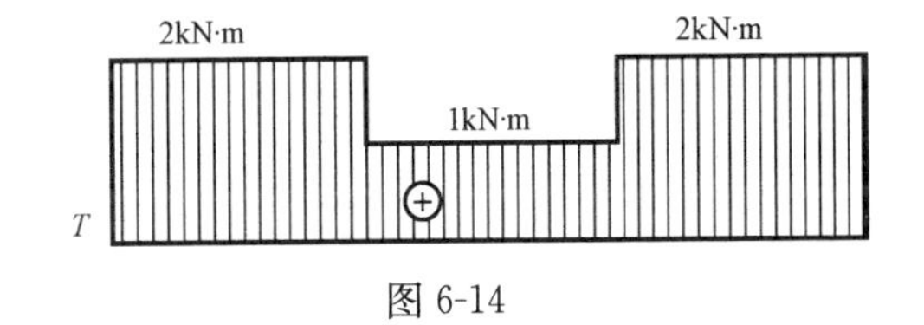

图 6-14

【例 6-4】 图 6-14（a）所示轴的直径 $D=50$mm，剪切弹性模量 $G=80$GPa，试计算该轴两端截面之间的相对扭转角。

解 两端截面之间的相对扭转角φ_{AD}为

$$\varphi_{AD} = \varphi_{AB} + \varphi_{BC} + \varphi_{CD}$$

（1）作扭矩图，如图 6-14（b）所示。

（2）分段求扭转角。

$$\varphi_{AD} = \frac{T_{AB}l}{GI_p} + \frac{T_{BC}l}{GI_p} + \frac{T_{CD}l}{GI_p} = \frac{l}{GI_p}(2T_{AB} + T_{BC})$$

$$I_p = \frac{\pi D^4}{32} = \frac{\pi}{32} \times 50^4 = 61.36 \times 10^4 (\text{mm}^4)$$

$$\varphi_{AD} = \frac{500}{80 \times 10^3 \times 61.36 \times 10^4} \times (2 \times 2 \times 10^6 + 1 \times 10^6) = 0.051(\text{rad})$$

【例 6-5】 主传动钢轴，传递功率 $P=60$kW，转速 $n=250$r/min，传动轴的许用切应力 $[\tau]=40$MPa，许用单位长度扭转角$[\theta]=0.5°/\text{m}$，剪切弹性模量 $G=80$GPa，试计算传动轴所需的直径。

解 （1）计算轴的扭矩

$$T = 9549 \times \frac{60}{250} = 2292(\text{N} \cdot \text{m})$$

（2）根据强度条件求所需直径

$$\tau = \frac{T}{W_p} = \frac{16T}{\pi d^3} \leqslant [\tau]$$

$$d \geqslant \sqrt[3]{\frac{16T}{\pi[\tau]}} = \sqrt[3]{\frac{16 \times 2292 \times 10^3}{\pi \times 40}} = 66.3(\text{mm})$$

（3）根据圆轴扭转的刚度条件，求直径

$$\theta = \frac{T}{GI_p} \times \frac{180}{\pi} \leqslant [\theta]$$

$$d \geqslant \sqrt[4]{\frac{32T}{G\pi[\theta]\frac{\pi}{180}}} = \sqrt[4]{\frac{32 \times 2292 \times 10^3}{80 \times 10^3 \times 0.5/10^3 \times \frac{\pi}{180} \times \pi}} = 76(\text{mm})$$

故应按刚度条件确定传动轴直径，取 $d=76\text{mm}$。

思考题

6-1 直径相同，材料不同的两根等长的实心圆轴，在相同的扭矩作用下，其最大切应力 τ_{max} 和最大单位长度扭转角 θ_{max} 是否相同？

6-2 材料相同情况下，横截面面积相同的空心圆轴和实心圆轴相比，为什么空心圆轴的强度和刚度都较大？

习题

6-1 （1）用截面法分别求图 6-15 所示各杆指定截面上的扭矩，并在截开后的截面上画出扭矩的转向；

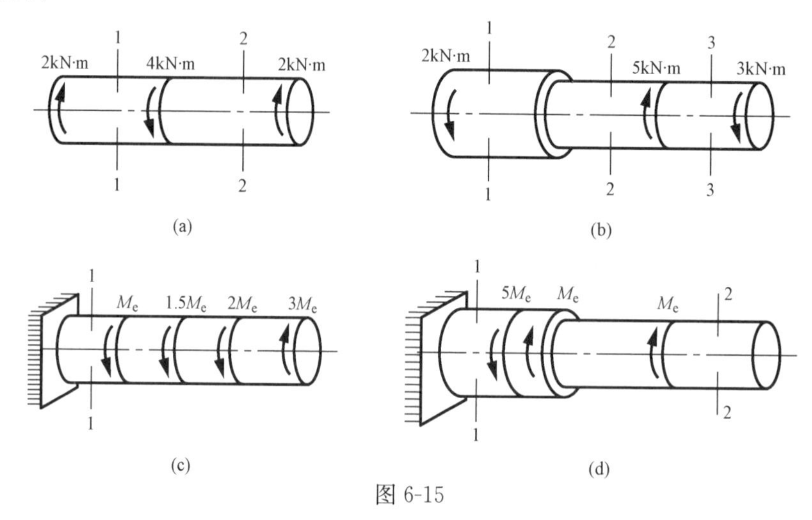

图 6-15

（2）作图示各杆的扭矩图。

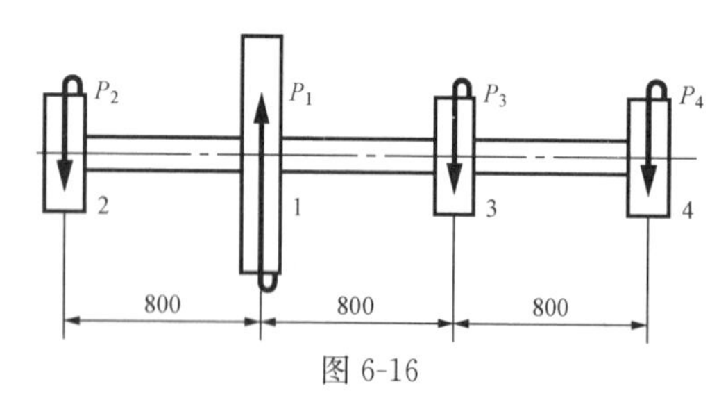

图 6-16

6-2 某传动轴如图 6-16 所示，转速 $n=300\text{r/min}$，轮 1 为主动轮，输入功率 $P_1=50\text{kW}$，轮 2、轮 3 与轮 4 为从动轮，输出功率分别为 $P_2=10\text{kW}$，$P_3=P_4=20\text{kW}$。

（1）试画轴的扭矩图，并求轴的最大扭矩；

（2）若将轮 1 与轮 3 的位置对调，轴的最大扭矩变为何值，对轴的受力是否有利。

6-3 某受扭圆管，外径 $D=44\text{mm}$，内径 $d=40\text{mm}$，横截面上的扭矩 $T=750\text{N}\cdot\text{m}$，试计算圆管横截面上的扭转切应力。

6-4 一受扭转薄壁圆管，内径 $d=30\text{mm}$，外径 $D=32\text{mm}$，材料的弹性模量 $E=200\text{GPa}$，泊松比 $\mu=0.25$，设圆管表面纵线的倾斜角 $\gamma=1.25\times10^{-3}\text{rad}$，试求管承受的扭转力偶矩。$\left[\text{提示：}G=\dfrac{E}{2(1+\mu)}\right]$

6-5 图 6-17 所示圆截面轴，直径 $d=50\text{mm}$，扭矩 $T=1\text{kN}\cdot\text{m}$，试计算 A 点处（$\rho_A=20\text{mm}$）的扭转切应力 τ_A，以及横截面上的最大扭转切应力 $\tau_{\max}$。

6-6 图 6-18 所示空心圆截面轴，外径 $D=40\text{mm}$，内径 $d=20\text{mm}$，扭矩 $T=1\text{kN}\cdot\text{m}$，试计算 A 点处（$\rho_A=15\text{mm}$）的扭转切应力 τ_A，以及横截面上的最大与最小扭转切应力。

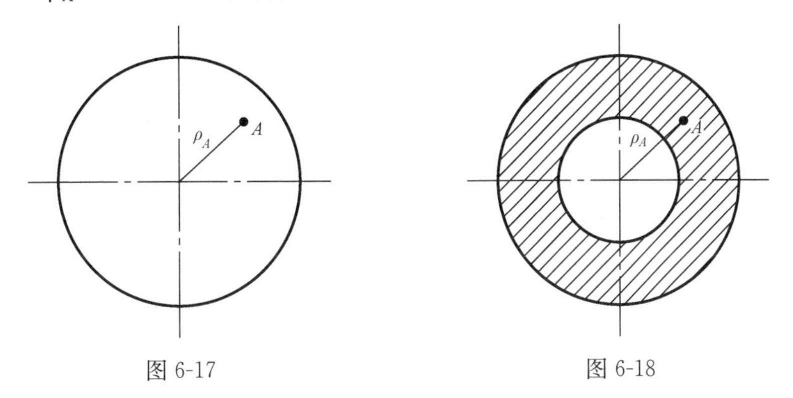

图 6-17　　　　图 6-18

6-7 如图 6-19 所示的空心圆轴，外径 $D=100\text{mm}$，内径 $d=80\text{mm}$，$l=500\text{mm}$，$M_1=6\text{kN}\cdot\text{m}$，$M_2=4\text{kN}\cdot\text{m}$，作轴的扭矩图，并求出最大切应力。

6-8 图 6-20 所示圆轴直径 $d=10\text{mm}$，$l=50\text{cm}$，$M_1=7\text{kN}\cdot\text{m}$，$M_2=5\text{kN}\cdot\text{m}$，材料的剪切弹性模量 $G=82\text{GPa}$，此轴 A、C 截面的相对扭转角是多少?

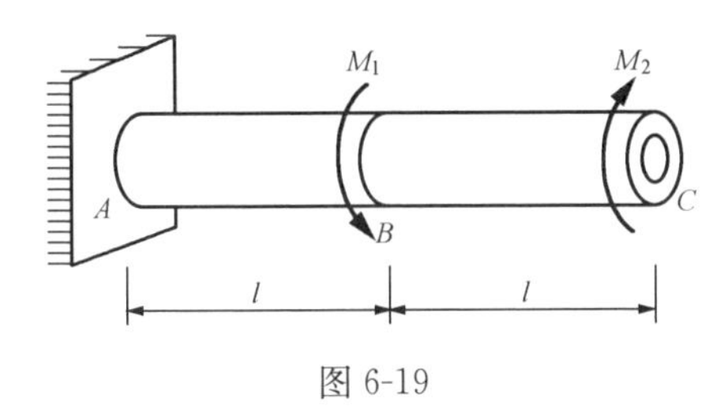

图 6-19

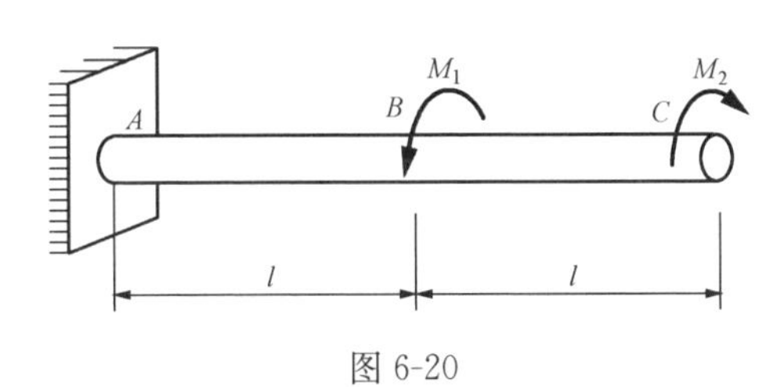

图 6-20

6-9 桥式起重机的传动轴，传递力矩 $M=1\text{kN}\cdot\text{m}$，材料许用应力 $[\tau]=40\text{MPa}$，许用规定单位长度扭转角 $[\theta]=0.5°/\text{m}$，材料 $G=80\text{GPa}$，轴的直径 $d=70\text{mm}$，试校核轴的强度和刚度。

6-10 图 6-21 所示圆截面轴，AB 与 BC 段的直径分别为 d_1 与 d_2，且 $d_1=4d_2/3$，试求轴内的最大切应力与截面 C 的转角，并画出轴表面母线的位移情况，材料的剪切弹性模量为 G。

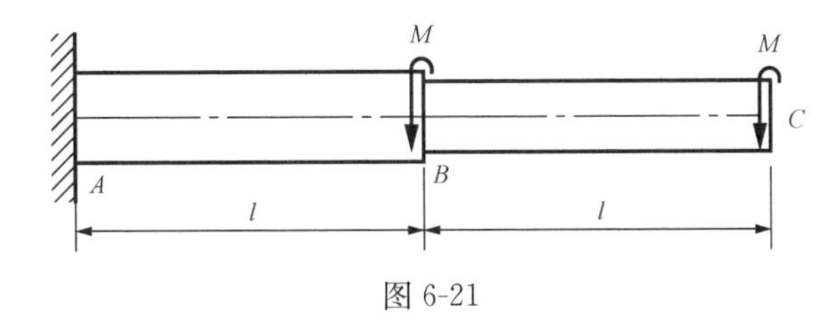

图 6-21

6-11 某圆截面钢轴，转速 $n=250\text{r/min}$，所传功率 $P=60\text{kW}$，许用应力 $[\tau]=40\text{MPa}$，单位长度的许用扭转角 $[\theta]=0.8°/\text{m}$，剪切弹性模量 $G=80\text{GPa}$，试确定轴的直径。

6-12　一圆截面试样，直径 $d=20\text{mm}$，两端承受扭转力偶矩 $M=230\text{N}\cdot\text{m}$ 作用，实验测得标距 $l_0=100\text{mm}$ 范围内的扭转角 $\varphi=0.0174\text{rad}$，试确定剪切弹性模量 G。

习题参考答案

6-1　略

6-2　(a) $T_{max}=1.273\text{kN}\cdot\text{m}$；

(b) $T'_{max}=0.955\text{kN}\cdot\text{m}$

6-3　$\tau_{横}=\tau_{纵}=135.3\text{MPa}$

6-4　$T=151\text{N}\cdot\text{m}$

6-5　$\tau_A=32.6\text{MPa}$，$\tau_{max}=40.7\text{MPa}$

6-6　$\tau_A=63.7\text{MPa}$，$\tau_{max}=84.9\text{MPa}$，$\tau_{min}=42.4\text{MPa}$

6-7　$\tau_{max}=34.5\text{MPa}$

6-8　$\varphi_{CA}=-0.107°$

6-9　$\tau_{max}=14.86\text{MPa}<[\tau]$，$\theta_{max}=0.3°/\text{m}<[\theta]$

6-10　$\tau_{max}=\dfrac{16M}{\pi d_2^3}$，　$\varphi_C=\dfrac{10.19Ml}{G}\left(\dfrac{1}{d_2^4}+\dfrac{2}{d_1^4}\right)$

6-11　$d\geqslant 68\text{mm}$

6-12　$G=84.2\text{GPa}$

第七章　平　面　弯　曲

第一节　平面弯曲的外力和内力

一、弯曲的概念和实例

工程中经常遇到像桥式起重机的大梁［图 7-1（a）］，火车轮轴［图 7-1（b）］等杆件，它们的受力特点是：作用于杆件上的外力都垂直于杆件的轴线。变形特点是：使原来为直线的轴线变形后成为曲线，相邻两横截面之间产生相对转动。这种形式的变形称为弯曲变形。工程上习惯把以弯曲为主要变形的杆称为梁。梁是一种常见的构件，在各类工程结构中都占有重要地位。

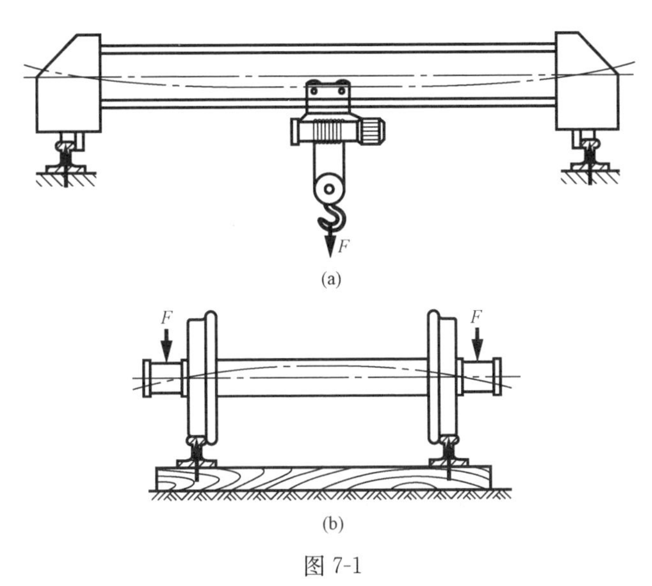

图 7-1

工程中常用到的受弯杆件的横截面都有一根对称轴（亦即形心主轴），因而整个杆件有一个包含轴线的纵向对称面。当作用于杆件上的所有外力都在纵向对称面内时（图 7-2），弯曲变形后的轴线也将是位于这个对称面内的一条曲线。这是弯曲问题中最常见的情况，称为对称弯曲，也称为平面弯曲。

二、梁的计算简图

1. 支座的几种基本形式

处于对称弯曲下的等截面直梁，由于其外力为作用在梁纵向对称面内的平衡力系，因此，梁的计算简图可用梁的轴线表示。梁的支座按其对梁在荷载作用平面的约束情况，通常可简化为以下三种基本形式。

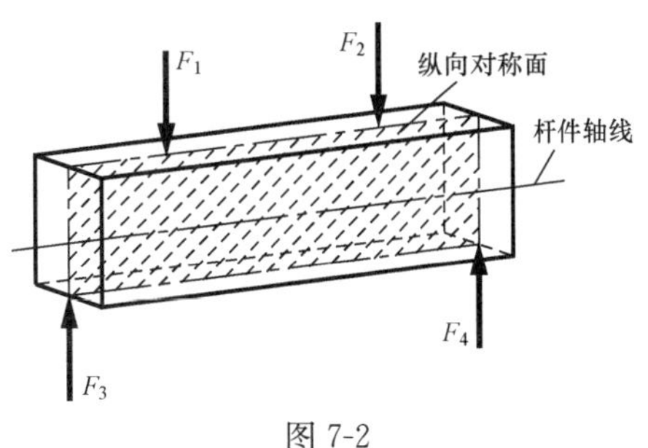

图 7-2

（1）固定端。

固定端的简化形式如图 7-3（a）所示。这种支座使梁的端截面既不能移动，也不能转动。因此，对梁的端截面有三个约束，相应地，就有三个支反力，即水平反力 F_x、铅垂支反力 F_y 和支反力偶 M［图 7-3（d）］。

（2）固定铰支座。

固定铰支座的简化形式如图 7-3（b）所示。这种支座限制梁在支座处沿平面内任意方向的移动，而并不限制梁绕铰中心转动。因此，固定铰支座可简化为水平和铅垂两个方向的约束，相应地就有两个支反力，即水平反力 F_x 和铅垂支反力 F_y［图 7-3（e）］。

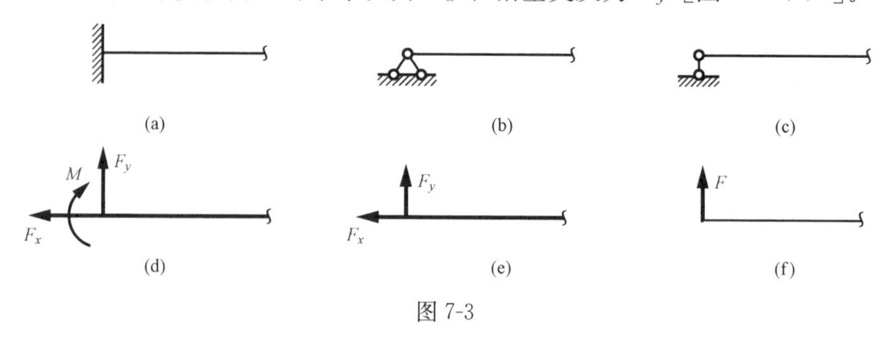

图 7-3

（3）可动铰支座。

可动铰支座的简化形式如图 7-3（c）所示。这种支座只限制梁在支座处沿垂直于支承平面方向的移动，因此，梁在支座处仅有一个约束，相应地也就只有一个垂直于支承面的支反力 F［图 7-3（f）］。

2. 静定梁的基本形式

如果梁的全部支反力仅由静力学平衡方程就可以求出，这种梁称为静定梁。图 7-4 所示为工程上常见的三种基本形式的静定梁。

（1）简支梁：梁的一端为固定铰支座，另一端为滚动支座或单链杆支座［图 7-4（a）］。

（2）伸臂梁：有伸出端的简支梁称为伸臂梁［图 7-4（b）］。

（3）悬臂梁：梁的一端为固定端支座，另一端为自由端［图 7-4（c）］。

三、剪力和弯矩

图 7-5 给出一简支梁受均布荷载 q 作用，当 q 值逐渐增大后梁将发生破坏。由日常生活

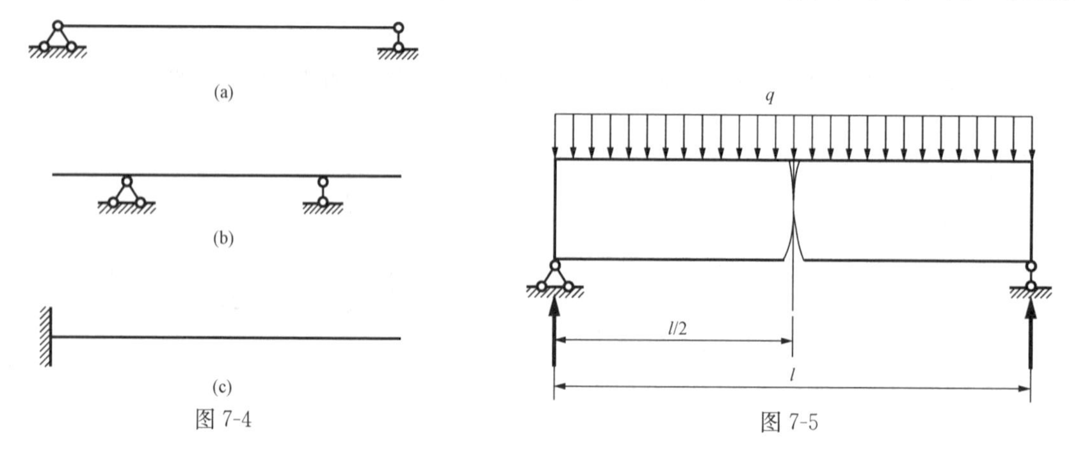

图 7-4

图 7-5

经验可以直接判断，其破坏位置一般均在梁中部所在截面，什么力会使梁中部破坏？原因是由外力 q 而引起的梁的内力，超出了材料能抵抗的极限值。只有明确了梁中有何种内力且这些内力沿梁长是如何分布的，才能正确解释这种现象。因此研究梁的内力将是研究梁的强度与刚度问题的基础。

现以图 7-6（a）所示简支梁为例，F_1、F_2 和 F_3 为作用于梁上的荷载，F_A 和 F_B 为两端的支座反力。为了显示出横截面上的内力，沿截面 $m—m$ 假想地把梁分成两部分，并以左段为研究对象［图 7-6（b）］。由于原来的梁处于平衡状态，所以梁的左段也应该处于平衡状态。作用于左段上的力，除外力 F_A 和 F_1 外，在截面 $m—m$ 上还有右段对它的作用力。把这些内力和外力投影于 y 轴，其总和应等于零。这就要求 $m—m$ 截面上有一个与截面相切的内力 F_S，且由 $\sum F_y=0$，得

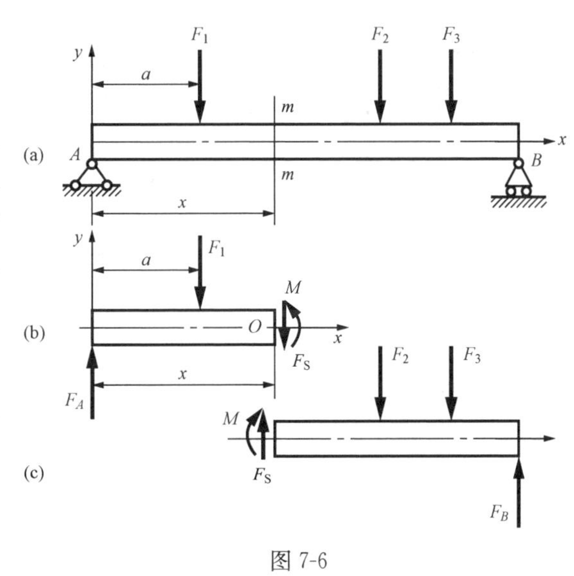

图 7-6

$$F_A-F_1-F_S=0$$

$$F_S=F_A-F_1 \qquad (a)$$

F_S 称为横截面 $m—m$ 上的剪力。它是与横截面相切的分布内力系的合力。若把左段上的所有外力和内力对截面 $m—m$ 的形心取矩，其力矩的总和应等于零。这就要求在截面 $m—m$ 上有一个内力偶矩 M，由 $\sum M_0=0$，得

$$M+F_1(x-a)-F_Ax=0$$

$$M=F_Ax-F_1(x-a) \qquad (b)$$

M 称为横截面 $m—m$ 上的弯矩。它是与横截面垂直的分布内力系的合力偶矩。剪力和弯矩同为梁横截面上的内力。上面的讨论表明，它们都可由梁段的平衡方程来确定。

从式（a）、式（b）还可以看出，在数值上，剪力 F_S 等于截面 $m—m$ 以左所有外力在梁轴线的垂线（y 轴）上投影的代数和；弯矩 M 等于截面 $m—m$ 以左所有外力对于截面形心之矩的代数和。所以，F_S 和 M 可用截面 $m—m$ 以左的外力来计算。

如取右段为研究对象［图 7-6（c）］，用相同的方法也可求得截面 $m—m$ 上的 F_S 和 M。且在数值上，F_S 等于截面 $m—m$ 以右所有外力在梁轴线垂线上投影的代数和；M 等于截面 $m—m$ 以右所有外力对截面形心之矩的代数和。因为剪力和弯矩是左段与右段在截面 $m—m$ 上相互作用的内力，所以，右段作用于左段的剪力 F_S 和弯矩 M，必然在数值上等于左段作用于右段的剪力 F_S 和弯矩 M，但是方向相反。亦即，无论用截面 $m—m$ 左侧的外力，或截面 $m—m$ 右侧的外力来计算剪力 F_S 和弯矩 M，其数值是相等的，但方向相反。

梁的内力（剪力与弯矩）的值可分别自左右两隔离体的任何一部分求出，作为某截面的内力，不论是剪力还是弯矩，总是成对出现，而且根据作用反作用定律，它们的方向、转向又总是相反的。为了研究问题的方便，某截面的某种内力最好用一个代数量来表示，这就出

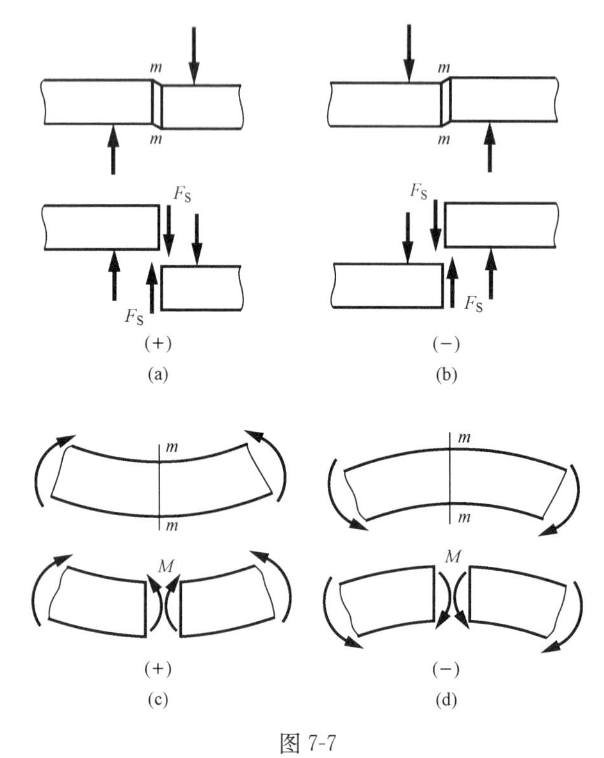

图 7-7

现一个符号规定问题。适用于梁弯曲内力符号的规定如下：剪力使所研究部分顺时针转者为正，反之为负；弯矩以使下部受拉为正，反之为负，如图 7-7 所示。

按上述关于内力符号的规定，一个截面上的剪力和弯矩无论用这个截面的左侧或右侧的外力来计算，所得结果的数值和符号都是一致的。

【例 7-1】 求图 7-8（a）所示简支梁 C 截面的内力。

解　首先求支座反力，取 $\sum m_B=0$，得 $F_A=14.5\text{kN}$；取 $\sum m_A=0$，得 $F_B=13.5\text{kN}$

取 C 截面左侧为隔离体，除左部所受荷载与反力外，右部对左部的作用以正号剪力和弯矩给出，如图 7-8（b）所示。

利用平衡条件 $\sum F_y=0$，有 $F_A-P-q\times1-F_{SC}=0$，得到

$$F_{SC}=F_A-F_P-q\times1=14.5-20-4\times1=-9.5(\text{kN}) \tag{c}$$

9.5kN 前的负号有双重含义，一是说明 F_{SC} 的方向假设错误，实际应向上，另一种含义说明该截面的剪力符号确实为负。

取 $\sum m_C=0$，有

$$M_C-F_A\times3+M_0+F_P\times1+q\times1\times0.5=0$$

得到

$$\begin{aligned}M_C&=F_A\times3-M_0-F_P\times1-q\times1\times0.5\\&=14.5\times3-10-20\times1-4\times0.5=11.5(\text{kN}\cdot\text{m})\end{aligned} \tag{d}$$

上述解法是求梁横截面内力的基本方法，但这种方法每次都要取隔离体、画受力图、建立平衡方程，然后才能得到内力，这样很不方便。能否根据外力直接确定内力？上述的式（c）与式（d）提供了直接计算内力的公式。研究式（a），$F_{SC}=F_A-F_P-q\times1$，它表明 C 截面剪力等于截面一侧（现为左）所有外力的代数和，但此时每一项外力引起剪力的正负号必须有明确规定，如仍以使所研究对象顺时针转为正，反之为负，则外力与剪力的符号能完全统一。

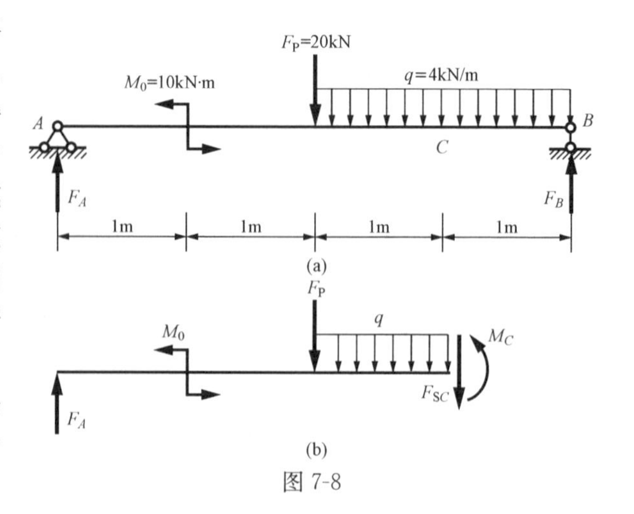

图 7-8

研究式（b），$M_C=F_A\times3-M_0-F_P\times1-q\times1\times0.5$，它表明 C 截面弯矩等于截面一侧（现为左）所有外力对截面形心力矩的代数和。如以外力或力偶使所研究截面下部受拉为正，反之为负的符号规定为准，则内力矩与外力矩符号规则将完全统一。这样将最终得到剪力与弯矩的计算法则为

剪力值=梁截面一侧所有外力的代数和

弯矩值=梁截面一侧所有外力对截面形心力矩的代数和

符号规定：外力绕所研究截面顺时针转产生正剪力，反之为负；外力使下部受拉产生正弯矩，反之为负。

仍以上述例题为对象，直接用代数和法则求剪力和弯矩（取右部可不画隔离体，也不用建立方程式）有

$$F_{SC}=-F_B+q\times1=-13.5+4\times1=-9.5(\mathrm{kN})$$

$$M_C=F_B\times1-q\times1\times0.5=13.5\times1-4\times1\times0.5=11.5(\mathrm{kN\cdot m})$$

前后对照不难发现，用代数和法直接求梁的内力将变得非常简单。

第二节 静定梁的内力图

一、通过剪力方程与弯矩方程绘制内力图

从上面的讨论看出，一般情况下，梁横截面上的剪力和弯矩随截面位置不同而变化。若以横坐标 x 表示横截面在梁轴线上的位置，则各横截面上的剪力和弯矩都可表示为 x 的函数，即

$$F_S=F_S(x)$$

$$M=M(x)$$

上面的函数表达式分别称为梁的剪力方程和弯矩方程。

与绘制轴力图或扭矩图一样，也可用图线表示梁的各横截面上的剪力 F_S 和弯矩 M 沿轴线的变化情况。绘图时以平行于梁轴线的横坐标 x 表示横截面的位置，以纵坐标表示相应截面上的剪力或弯矩。这种图线分别称为剪力图和弯矩图。

【例 7-2】 绘制图 7-9（a）所示悬臂梁的内力图。

解 （1）建立剪力方程与弯矩方程。

以梁左端 A 点为坐标原点，取离左端为 x 远的任一横截面，根据内力计算法则可得任意截面的剪力与弯矩为

$$F_S(x)=0 \quad (0\leqslant x\leqslant l)$$

$$M(x)=-m \quad (0<x<l)$$

此二式即为剪力方程与弯矩方程。弯矩方程中的定义域严格讲属于开区间，即不包括 $x=0$ 与 $x=l$ 两点，原因是，在这两点有集中力偶出现（$x=l$ 时有反力偶）。

（2）画剪力图与弯矩图。

根据函数绘图的方法，由于 $F_S(x)$ 在整个梁上均为零，故其图像为 0 到 l 的基线［图 7-9（b）］。

弯矩图为负常量，在弯矩坐标系中应是与基线平行的水平线，其纵坐标按一定比例将 M 标出［图 7-9（c）］。需要说明的是，M（x）的正方向与数学上的正方向相反，之所以

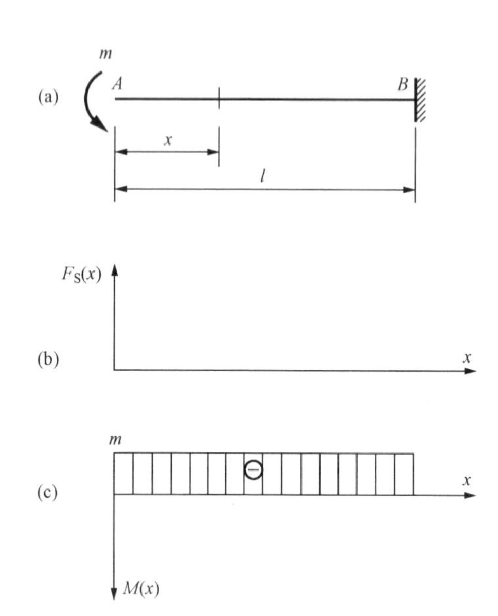

图 7-9

如此规定仅是为了使弯矩图均画在梁受拉的一侧，以便与将来刚架弯矩图协调统一。这一作法仅是建筑工程中的一种规定。

【例 7-3】 绘制图 7-10（a）所示悬臂梁的内力图。

解 （1）建立剪力方程与弯矩方程。

任取一 x 截面，有

$$F_S(x)=F \quad (0<x<l)$$

$$M(x)=-F(l-x) \quad (0<x\leqslant l)$$

此处剪力在两端点无定义，弯矩在 $x=0$ 处无定义。

（2）画剪力图与弯矩图。

由于剪力为定值，所以剪力图为水平线［图 7-10（b）］。

画弯矩时由于方程为 1 次式，故取 $x=0$，得 $M(0)=-Fl$，取 $x=l$，得 $M(l)=0$，将此两点标在图中［图 7-10（c）］，连接两点间的直线，即得到弯矩图。

【例 7-4】 绘制图 7-11（a）所示简支梁的内力图。

解 （1）求支座反力，根据对称性，显然有

$$F_A=F_B=\frac{ql}{2}$$

（2）建立剪力方程与弯矩方程。

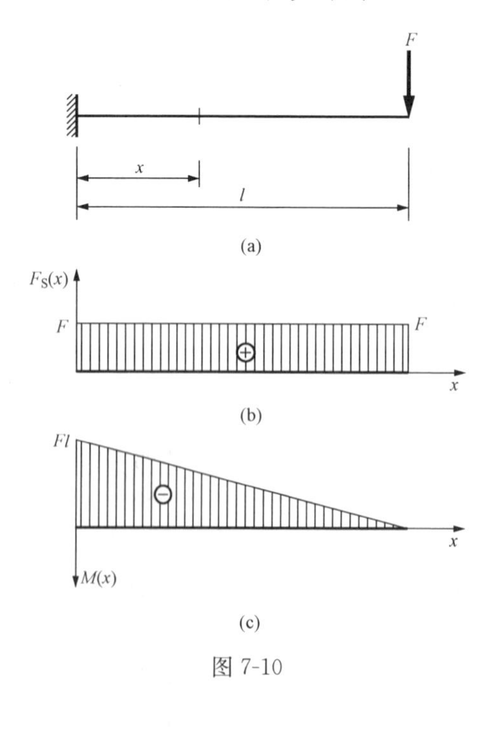

图 7-10

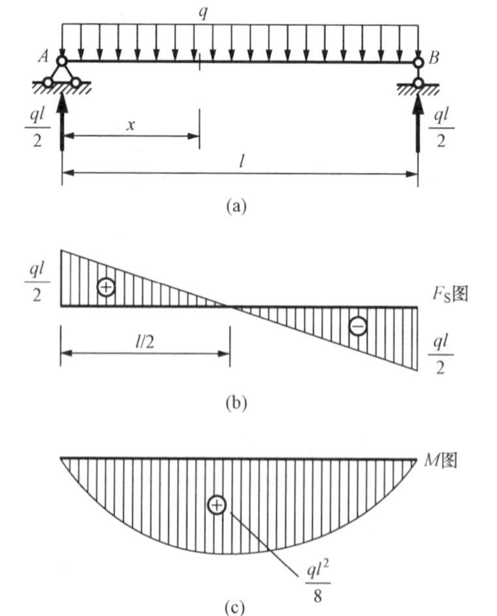

图 7-11

任取 x 截面，有

$$F_S(x)=\frac{ql}{2}-qx \quad (0<x<l)$$

$$M(x)=\frac{ql}{2}x-\frac{1}{2}qx^2=\frac{ql}{2}x\left(1-\frac{x}{l}\right) \quad (0\leqslant x\leqslant l)$$

（3）画剪力图与弯矩图。

为简化作图，可将图中坐标系去掉，但必须在图形旁边注明 F_S 图和 M 图。剪力图为1次式，属斜直线，确定两点，$x=0$，有 $F_S(0)=\frac{ql}{2}$，$x=l$ 有 $F_S(l)=-\frac{ql}{2}$。

将此两点标在图上连直线得剪力图［图 7-11（b）］。由于弯矩方程为二次抛物线，画图时可直接确定三点弯矩，连一光滑曲线即可。取 $x=0$，$M(0)=0$，取 $x=\frac{l}{2}$，有$M\left(\frac{l}{2}\right)=\frac{ql^2}{8}$，取 $x=l$，$M(l)=0$，过此三点作图为一向下凸的光滑曲线［图 7-11（c）］。

不难证明图中弯矩最大的值就是$\frac{ql^2}{8}$，取弯矩的一阶导数为零，有

$$\frac{dM(x)}{dx}=\frac{ql}{2}-qx=0$$

解出 $x=\frac{l}{2}$，这表明极值弯矩确系发生在梁中点处且 $M_{max}=\frac{ql^2}{8}$。进一步取弯矩的二阶导数，有

$$\frac{d^2M(x)}{dx^2}=-q<0$$

该结论一方面说明所取极值为极大值，同时又说明弯矩图是向下凸的（注意弯矩纵坐标与数学规定不同），上述讨论中还可发现，弯矩取极值时恰好剪力为零，这一关系对确定弯矩极值十分有用。

【例 7-5】 绘制图 7-12（a）所示简支梁的内力图。

解 （1）求支座反力。

根据平衡条件有

$$F_A=\frac{Fb}{l},\qquad F_B=\frac{Fa}{l}$$

（2）建立不同段的内力方程与画图。

由于梁上 AC 段与 CB 段的内力方程将有所不同，因此必须分段进行。首先研究 AC 段的方程，考虑截面左侧，有

$$F_S(x)=\frac{Fb}{l} \quad (0<x<a)$$

$$M(x)=\frac{Fb}{l}x \quad (0\leqslant x\leqslant a)$$

在图 7-12（b）、（c）中作出相应图形，剪力图为水平线，弯矩图为斜直线。进一步研究 CB 段，考虑截面右侧，有

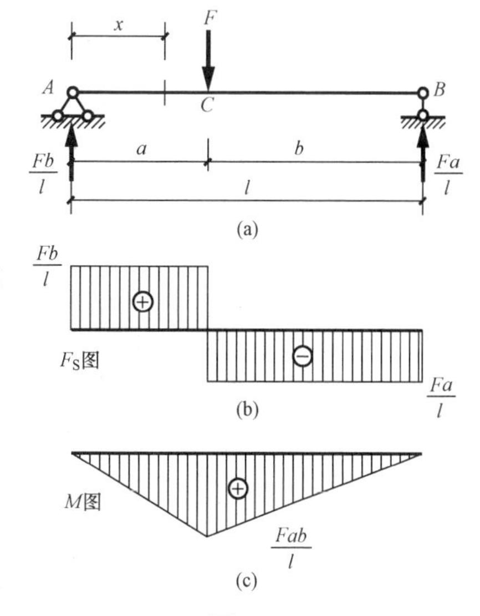

图 7-12

$$F_S(x)=\frac{-Fb}{l} \quad (a<x<l)$$

$$M(x)=\frac{Fa}{l}(l-x) \quad (a\leqslant x\leqslant l)$$

剪力图仍为水平线，但取负值，弯矩图仍然是斜直线。两图示于图 7-12（b）、（c）中。

从剪力图中不难发现，C 截面左右剪力图发生突变，且突变值总和为$\frac{Fb}{l}+\frac{Fa}{l}=P$（集中力）。最大弯矩显然在 C 截面，且有

$$M_{\max}=\frac{Fab}{l}$$

【例 7-6】 绘制图 7-13（a）所示简支梁的内力图。

解 （1）求支座反力。

根据平衡条件，得到图中所示反力 $F_A=\frac{m}{l}(\downarrow)$，$F_B=\frac{m}{l}(\uparrow)$

（2）列方程画内力图，本例中剪力方程在全跨中只有一个，即

$$F_S(x)=-\frac{m}{l} \quad (0<x<l)$$

剪力图如图 7-13（b）所示。然而弯矩方程却需分作两段：

AC 段，有 $M(x)=-\frac{m}{l}x \quad (0\leqslant x<a)$

CB 段，有 $M(x)=\frac{m}{l}(l-x) \quad (a<x\leqslant l)$

两段弯矩图均为斜直线。

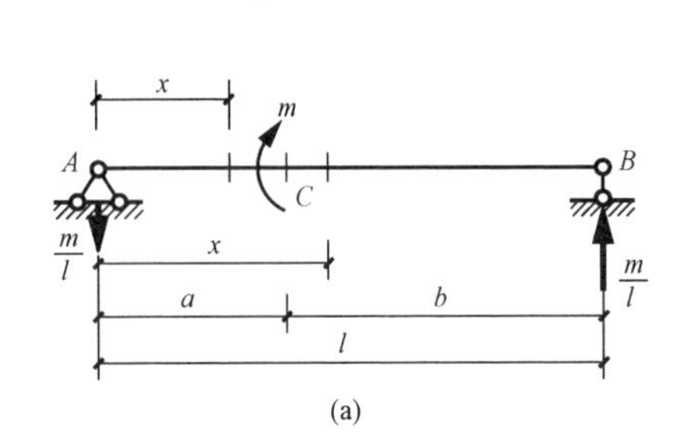

(a)

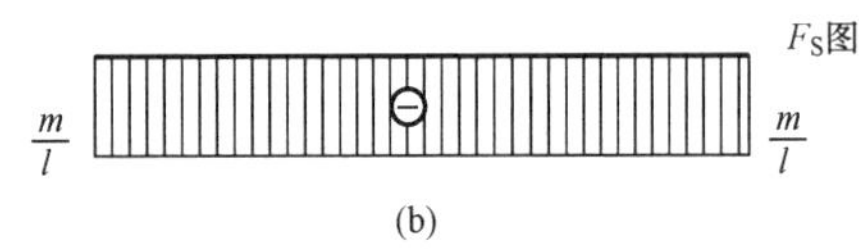

(b)

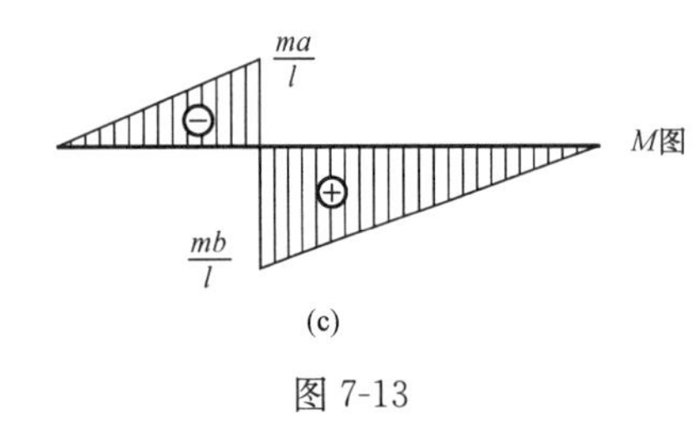

(c)

图 7-13

在以上几个例题中，凡是集中力（包括支反力及集中荷载）作用的截面上，剪力似乎没有确定的数值。事实上，所谓集中力不可能“集中”作用于一点，它是分布于一个微段 Δx 内的分布力简化后得出的结果［图 7-14（a）］。若在 Δx 范围内把荷载看作是均匀分布的，则剪力将连续地从 F_{S1}变到 F_{S2}［图 7-14（b）］。对集中力偶作用的截面，也可作同样的解释。

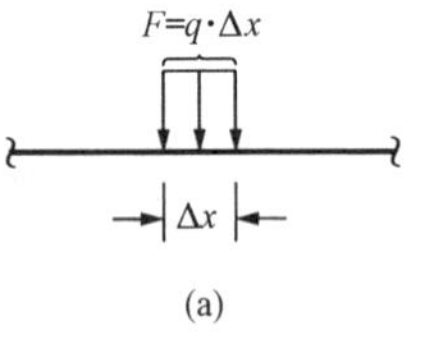

(a)

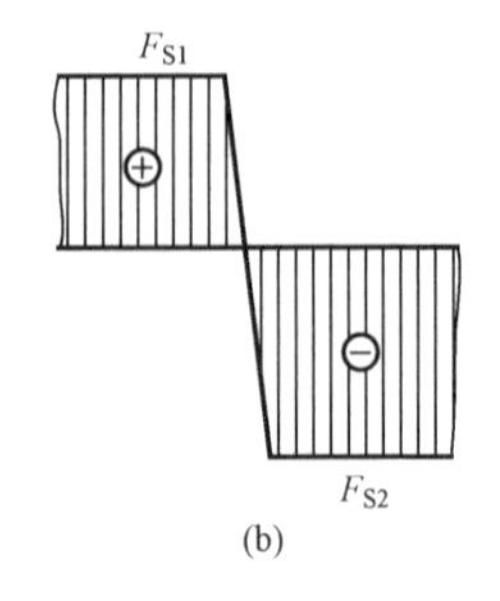

(b)

图 7-14

二、荷载集度、剪力和弯矩间的微分关系

高等数学中研究函数变化规律是通过研究函数的导数而获得的，微分法则及导数应用在函数作图中起着指导作用。为了揭示梁的荷载集度、剪力和弯矩间的本质关系，这里采用高等数学中的微分法。

图 7-15（a）所示为一简支梁受到任意分布荷载 $q(x)$ 的作用，其方向以向上为正，坐标系以梁轴为 x 轴，梁的左端为坐标原点。

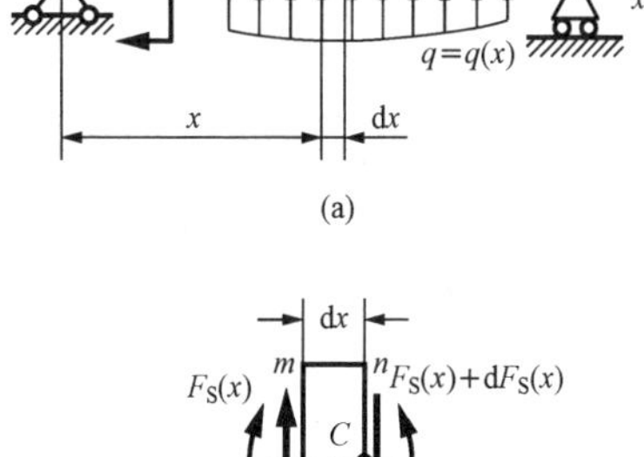

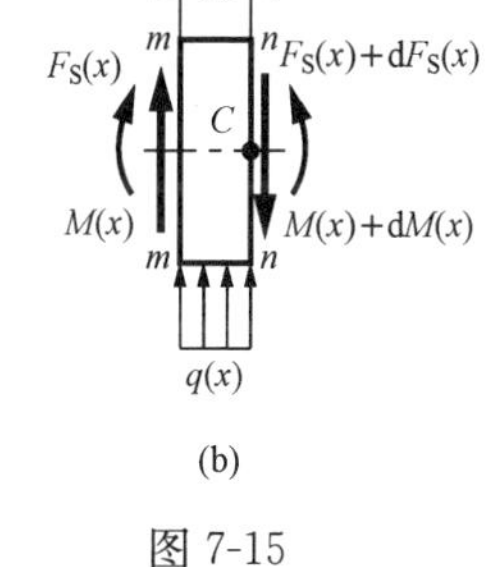

图 7-15

自梁中取出一微元体，其受力图绘于图 7-15（b）中，离坐标原点 x 远处 $m—m$ 截面上作用有剪力 $F_S(x)$ 和弯矩 $M(x)$，均取正号，距此截面 dx 远的 $n—n$ 截面上必定作用有$F_S(x)+dF_S(x)$和 $M(x)+dM(x)$，下端作用有 $q(x)$［在微段 dx 上 $q(x)$ 可视为均匀分布］。从微元体的平衡条件出发，取 $\sum F_y=0$，有 $F_S(x)-[F_S(x)+dF_S(x)]+q(x)dx=0$，简化后得到

$$\frac{dF_S(x)}{dx}=q(x) \tag{7-1}$$

取$\sum m_C=0$（C 为 $n—n$ 截面形心），有

$$M(x)+dM(x)-M(x)-F_S(x)dx-q(x)dx\frac{dx}{2}=0$$

略去高阶无穷小 $q(x)\frac{(dx)^2}{2}$，得到

$$\frac{dM(x)}{dx}=F_S(x) \tag{7-2}$$

将式（7-2）继续求导，并代入式（7-1），得到

$$\frac{d^2M(x)}{dx^2}=q(x) \tag{7-3}$$

上述三式即为荷载集度、剪力、弯矩三者的微分关系。式（7-1）表明，任一点剪力图的切线斜率等于该点荷载集度的大小；式（7-2）表明，任一点弯矩图切线的斜率等于该点剪力的代数值；式（7-3）直接将弯矩与荷载集度建立了微分关系，表明荷载集度即为弯矩的二阶变化率。不难发现，前面总结出的有关荷载集度、剪力图、弯矩图间相互关系的规律基本上都是式（7-1）～式（7-3）的体现。

【例 7-7】 用简捷法作图 7-16 所示梁的内力图。

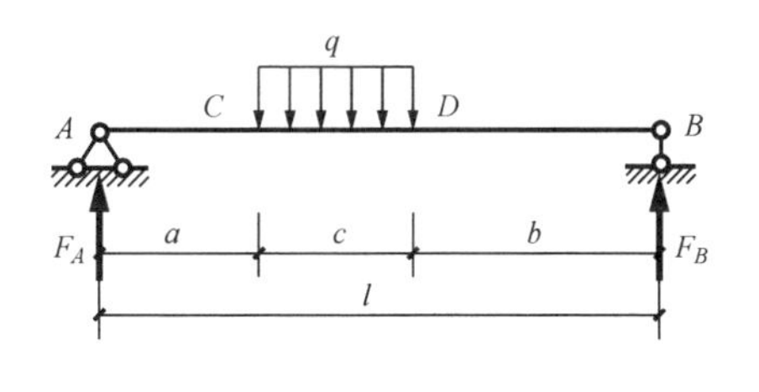

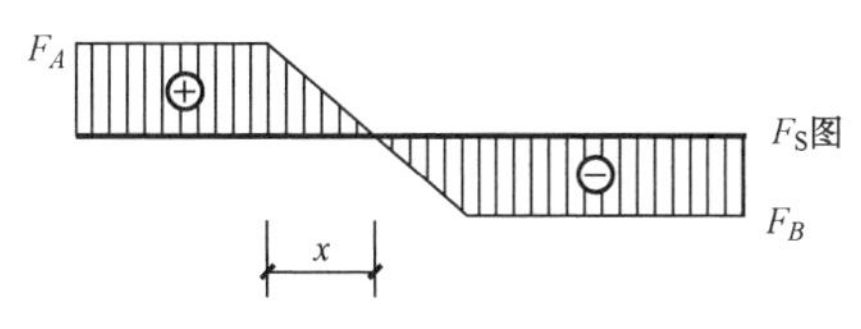

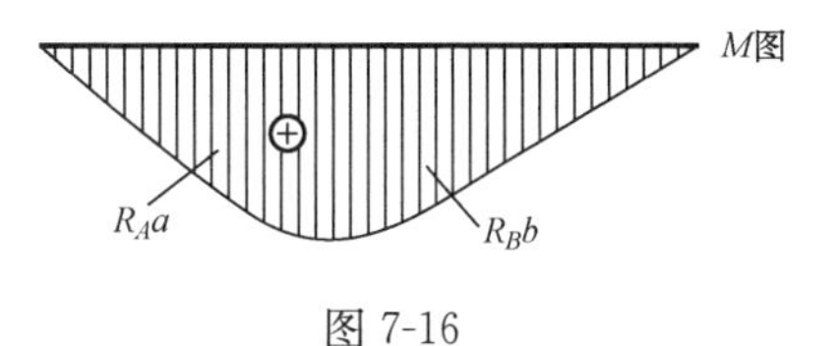

图 7-16

解 首先利用平衡条件求得支座反力。

$$F_A=q\frac{c}{l}\left[l-\left(a+\frac{c}{2}\right)\right],\quad F_B=q\frac{c}{l}\left(a+\frac{c}{2}\right)$$

（1）按荷载特点将梁分为若干段，使每一段中只含一个内力方程（不列）。本题分为 AC、CD、DB 三段。

（2）按规则直接作剪力图，AC 段无荷载，剪力图应为水平线，其值可在 AC 段中任选一截面，有 $F_S=F_A$，将此图绘出；CD 段有均布荷载，剪力图应为斜直线，可取两点，有 $F_{SC}=F_A$ 和 $F_{SD}=-F_B$，连斜线即为此段剪力图，同样可得 DB 段剪力图。观察本题剪力图可以发现，只要求出 C 与 D 截面剪力即可绘出剪力图，因此 C 与 D 为控制截面。

（3）按规则直接作弯矩图，AC 段无荷载，弯矩图应为斜直线，取两点 $M_A=0$，$M_C=F_Aa$；CD 段弯矩图应为抛物线，一般取 3 个点，$M_C=F_Aa$，$M_D=F_Bb$，由于本段中有 $F_S=0$ 的点，故 $M(x)$ 应有极值。令 $F_S(x)=0$，$F_A-qx=0$，得 $x=F_A/q$，因此

$$M_{max}=F_A(a+x)-\frac{1}{2}qx^2$$

DB 段弯矩图为斜直线，已知 $M_D=F_Ab$ 和 $M_B=0$，连线即得本段弯矩图。本图中 A、C、D、B 和剪力为零截面是控制截面，只要这些截面弯矩已知，根据性质可得出 M 图。

【例 7-8】 用简捷法作图 7-17 所示伸臂梁的内力图。

解 利用平衡条件求得支座反力为

$$F_A=10\text{kN}(\uparrow),\quad F_B=2\text{kN}(\uparrow)$$

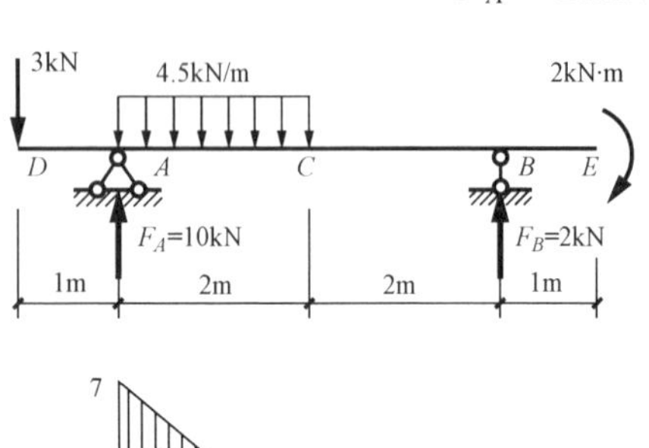

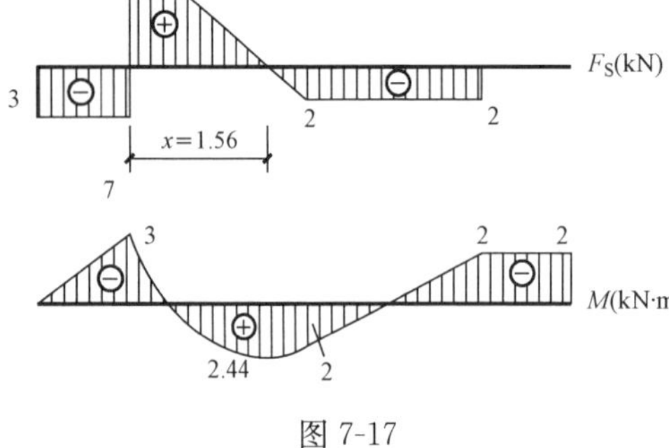

图 7-17

（1）根据荷载分布情况将梁分为 4 段。

（2）作剪力图。

DA 段剪力图为水平线，其值为 -3kN，遇到反力 F_A，剪力向上突变 10kN，使 $A_{右}$ 截面剪力为 7kN，AC 段剪力图为斜直线，$F_{SC}=-3+10+4.5\times2=-2$kN，连接此两点得该段剪力图，$CB$ 段剪力图为水平线，其值为 -2kN，BE 段各截面剪力为零。

（3）作弯矩图。

$M_D=0$，$M_A=-3\times1=-3(\text{kN}\cdot\text{m})$，$DA$ 段弯矩图为斜直线，AC 段弯矩图为二次曲线，$M_A=-3\text{kN}\cdot\text{m}$，$M_C=-2+2\times2=2(\text{kN}\cdot\text{m})$，剪力为零处可自剪力图中按比例求出，有 $\frac{7}{2}=\frac{x}{2-x}$，$9x=14$，解得 $x=1.56$m，因此

$$M_{max}=-3\times2.56+10\times1.56-4.5\times1.56\times\frac{1.56}{2}=2.44(\text{kN}\cdot\text{m})$$

CB 段弯矩图为斜直线，$M_C=2\text{kN}\cdot\text{m}$，$M_B=-2\text{kN}\cdot\text{m}$；因 BE 段 $F_S(x)=0$，所以该段弯矩图为水平线，其值有 $M=-2\text{kN}\cdot\text{m}$。

（4）危险截面内力值。

危险内力一般指绝对值最大的内力。本题绝对值最大的剪力即 $|F_S|_{max}=7$kN，位于 A 的右截面处；绝对值最大的弯矩即 $|M|_{max}=3\text{kN}\cdot\text{m}$，位于 A 截面处。此梁的极值点弯矩 $2.44\text{kN}\cdot\text{m}$ 并非绝对最大。在研究钢筋混凝土梁的配筋问题时，需要用到梁的最大正弯矩与最大负弯矩的概念，就本例而言，最大正弯矩应为 $2.44\text{kN}\cdot\text{m}$，最大负弯矩为 $3\text{kN}\cdot\text{m}$。

第三节　弯曲正应力及强度条件

一、梁纯弯曲时横截面上的正应力

前面详细讨论了梁横截面上的剪力和弯矩。弯矩是垂直于横截面的内力系的合力偶矩；

而剪力是相切于横截面的内力系的合力。所以，弯矩M只与横截面上的正应力σ相关，而剪力F_S只与切应力τ相关。现在研究正应力σ的分布规律。

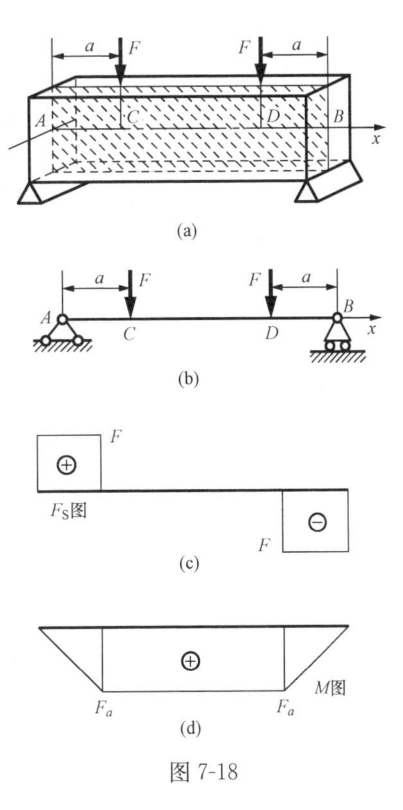

图 7-18

在图 7-18（a）中，简支梁上的两个外力F对称地作用于梁的纵向对称面内。其计算简图、剪力图和弯矩图分别表示于图 7-18（b）～（d）中。从图中看出，在AC和DB两段内，梁横截面上既有弯矩又有剪力，因而既有正应力又有切应力。这种情况称为横力弯曲或剪切弯曲。在CD段内，梁横截面上剪力等于零，而弯矩为常量，于是就只有正应力而无切应力。这种情况称为纯弯曲。例如在图 7-1（b）中，火车轮轴在两个车轮之间的一段就是纯弯曲。纯弯曲容易在材料试验机上实现，并用以观察变形规律。在变形前的杆件侧面上作纵向线aa和bb，并作与它们垂直的横向线mm和nn［图 7-19（a）］，然后使杆件发生纯弯曲变形。变形后纵向线aa和bb弯成弧线［图 7-19（b）］，但横向直线mm和nn仍保持为直线，它们相对旋转一个角度后，仍然垂直于弧线aa和bb。根据这样的实验结果，可以假设，变形前原为平面的梁的横截面变形后仍保持为平面，且仍然垂直于变形后的梁轴线。这就是弯曲变形的平面假设。设想梁由平行于轴线的众多纵向纤维所组成。发生弯曲变形后，例如发生图 7-20 所示凸向下的弯曲，必然要引起靠近底面的纤维伸长，靠近顶面的纤维缩短。因为横截面仍保持为平面，所以沿截面高度，应由底面纤维的伸长连续地逐渐变为顶面纤维的缩短，中间必定有一层纤维的长度不变。这一层纤维称为中性层。中性层与横截面的交线称为中性轴。在中性层上、下两侧的纤维，如一侧伸长则另一侧必为缩短。这就形成横截面绕中性轴的轻微转动。由于梁上的荷载都作用于梁的纵向对称面内，梁的整体变形应对称于纵向对称面，这就要求中性轴与纵向对称面垂直。

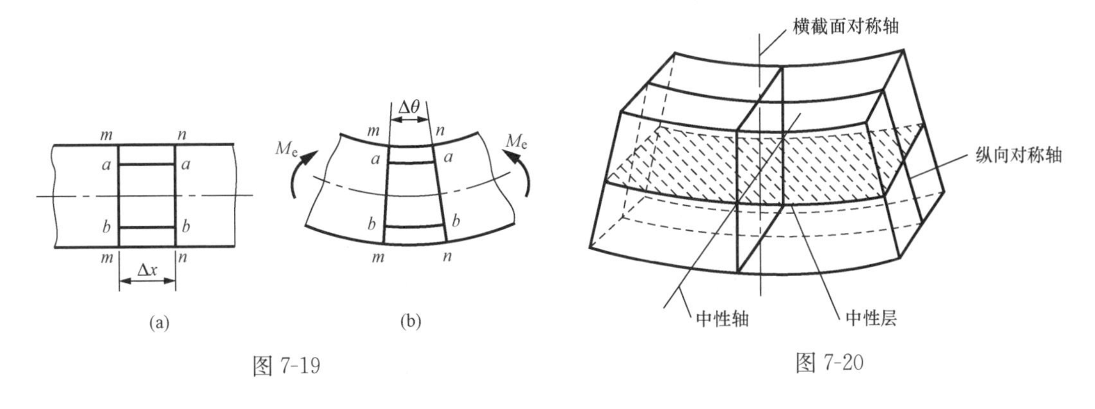

图 7-19　　图 7-20

以上对弯曲变形作了概括的描述。在纯弯曲变形中，还认为各纵向纤维之间并无相互作用的正应力。至此，对纯弯曲变形提出了两个假设，即平面假设和纵向纤维间无正应力假设。根据这两个假设得出的理论结果，在长期工程实践中，符合实际情况，经得住实践的检验。

1. 变形几何关系

弯曲变形前和变形后的梁段分别表示于图 7-21（a）、（b）中。以梁横截面的对称轴为 y 轴，且向下为正［图 7-21（c）］。以中性轴为 z 轴，但中性轴的位置尚待确定。在中性轴尚未确定之前，x 轴只能暂时认为是通过原点的横截面的法线。根据平面假设，变形前相距为 $\mathrm{d}x$ 的两个横截面，变形后各自绕中性轴相对旋转了一个角度 $\mathrm{d}\theta$，并仍保持为平面。这就使得距中性层为 y 的纤维长度变为

$$\overline{b'b'}=(\rho+y)\,\mathrm{d}\theta$$

这里 ρ 为中性层的曲率半径。纤维 bb 的原长度为 $\mathrm{d}x$，且 $\overline{bb}=\mathrm{d}x=\overline{OO}$。因为变形前、后中性层内纤维 OO 的长度不变，所以有

$$\overline{bb}=\mathrm{d}x=\overline{OO}=\overline{O'O'}=\rho\mathrm{d}\theta$$

根据应变的定义，求得纤维 bb 的应变为

$$\varepsilon=\frac{(\rho+y)\,\mathrm{d}\theta-\rho\mathrm{d}\theta}{\rho\mathrm{d}\theta}=\frac{y}{\rho} \tag{7-4}$$

可见，纵向纤维的应变与它到中性层的距离成正比。

2. 物理关系

因为纵向纤维之间无正应力，每一层纤维都是单向拉伸或压缩。当应力小于比例极限时，由胡克定律知

$$\sigma=E\varepsilon$$

将式（7-4）代入上式，得

$$\sigma=E\frac{y}{\rho} \tag{7-5}$$

这表明，任意纵向纤维的正应力与它到中性层的距离成正比。在横截面上，任意点的正应力与该点到中性轴的距离成正比。亦即沿截面高度，正应力按直线规律变化，如图 7-21（d）所示。

3. 静力关系

横截面上的微内力 $\sigma\mathrm{d}A$ 组成垂直于横截面的空间平行力系［在图 7-21（c）中，只画出力系中的一个微内力 $\sigma\mathrm{d}A$］。这一力系只可能简化成三个内力分量，即平行于 x 轴的轴力

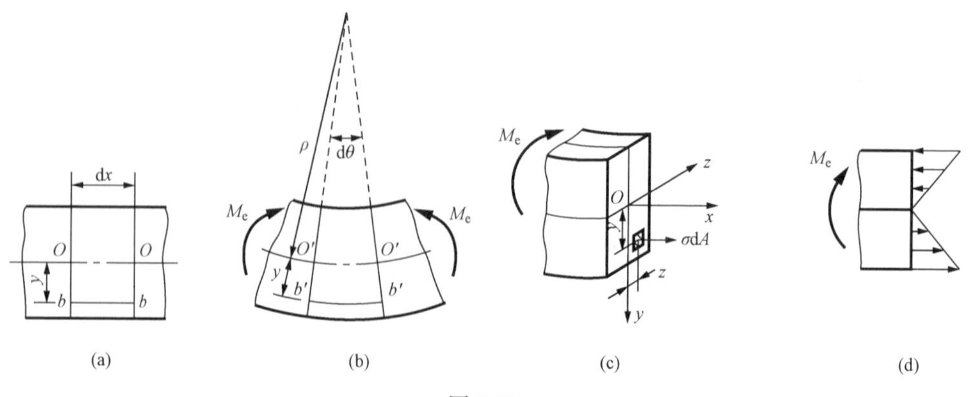

图 7-21

F_N，对 y 轴和 z 轴的力偶矩 M_y 和 M_z。它们分别是

$$F_N=\int_A \sigma \mathrm{d}A,\quad M_y=\int_A z\sigma \mathrm{d}A,\quad M_z=\int_A y\sigma \mathrm{d}A$$

横截面上的内力应与截面左侧的外力平衡。在纯弯曲情况下，截面左侧的外力只有对 z 轴的力偶 M_e［图 7-21（c）］。由于内、外力必须满足平衡方程 $\sum F_x=0$ 和 $\sum M_y=0$，故有 $F_N=0$ 和 $M_y=0$，即

$$F_N=\int_A \sigma \mathrm{d}A=0 \tag{7-6}$$

$$M_y=\int_A z\sigma \mathrm{d}A=0 \tag{7-7}$$

这样，横截面上的内力系最终只归结为一个力偶矩 M_z，它也就是弯矩 M，即

$$M_z=M=\int_A y\sigma \mathrm{d}A \tag{7-8}$$

根据平衡方程，弯矩 M 与外力偶矩 M_e 大小相等，方向相反。以式（7-5）代入式（7-6），得

$$\int_A \sigma \mathrm{d}A=\frac{E}{\rho}\int_A y\mathrm{d}A=0 \tag{7-9}$$

式中，$\dfrac{E}{\rho}$=常量，不等于零，故必须有 $\int_A y\mathrm{d}A=S_z=0$，即横截面对 z 轴的静矩必须等于零，亦即 z 轴（中性轴）通过截面形心。这就完全确定了 z 轴和 x 轴的位置。中性轴通过截面形心又包含在中性层内，所以梁横截面的形心连线（轴线）也在中性层内，其长度不变。

以式（7-5）代入式（7-7），得

$$\int_A z\sigma \mathrm{d}A=\frac{E}{\rho}\int_A yz\mathrm{d}A=0 \tag{7-10}$$

式中，积分 $\int_A yz\mathrm{d}A=I_{yz}$ 是横截面对 y 和 z 轴的惯性积。由于 y 轴是横截面的对称轴，必然有 $I_{yz}=0$。所以式（7-10）是自然满足的。

以式（7-5）代入式（7-8），得

$$M=\int_A y\sigma \mathrm{d}A=\frac{E}{\rho}\int_A y^2\mathrm{d}A \tag{7-11}$$

式中积分

$$\int_A y^2\mathrm{d}A=I_z$$

是横截面对 z 轴（中性轴）的惯性矩。于是式（7-11）可以写成

$$\frac{1}{\rho}=\frac{M}{EI_z} \tag{7-12}$$

式中，$\dfrac{1}{\rho}$是梁轴线变形后的曲率。上式表明，EI_z 越大，则曲率$\dfrac{1}{\rho}$越小，故 EI_z 称为梁的抗弯刚度。从式（7-5）和式（7-12）中消去$\dfrac{1}{\rho}$，得

$$\sigma=\frac{My}{I_z} \tag{7-13}$$

这就是纯弯曲时正应力的计算公式。对图 7-21 所取坐标系，在弯矩 M 为正的情况下，y 为正时 σ 为拉应力；y 为负时 σ 为压应力。一点的应力是拉应力或压应力，也可由弯曲变形直接判定，不一定借助于坐标 y 的正或负。因为，以中性层为界，梁在凸出的一侧受拉，凹入的一侧受压。这样，就可把 y 看作是一点到中性轴的距离的绝对值。

导出式（7-12）和式（7-13）时，为了方便，把梁截面画成矩形。但在推导过程中，并未用过矩形的几何特性。所以，只要梁有一纵向对称面，且荷载作用于这个平面内，公式就可适用。

二、横力弯曲时的正应力

式（7-13）是纯弯曲情况下，以两个假设为基础导出的。常见的弯曲问题多为横力弯曲，这时，梁的横截面上不但有正应力还有切应力。由于切应力的存在，横截面不能再保持为平面。同时，横力弯曲下，往往也不能保证纵向纤维之间没有正应力。虽然横力弯曲与纯弯曲存在这些差异，但用式（7-13）计算横力弯曲时的正应力，并不会引起很大误差，能够满足工程问题所需要的精度。

横力弯曲时，弯矩随截面位置变化。一般情况下，最大正应力 $\sigma_{\max}$ 发生于弯矩最大的截面上，且离中性轴最远处。于是由式（7-13）得

$$\sigma_{\max}=\frac{M_{\max}y_{\max}}{I_z} \qquad (7\text{-}14)$$

但式（7-13）表明，正应力不仅与 M 有关，而且与 $\frac{y}{I_z}$ 有关，即与截面的形状和尺寸有关。对截面为某些形状的梁或变截面梁进行强度校核时，不应只注意弯矩为最大值的截面。

引用符号

$$W_z=\frac{I_z}{y_{\max}} \qquad (7\text{-}15)$$

则式（7-14）可以改写成

$$\sigma_{\max}=\frac{M_{\max}}{W_z} \qquad (7\text{-}16)$$

W_z 称为弯曲截面系数。它与截面的几何形状有关，单位为 m^3。若截面是高为 h、宽为 b 的矩形，则

$$W_z=\frac{I_z}{h/2}=\frac{bh^3/12}{h/2}=\frac{bh^2}{6}$$

若截面是直径为 d 的圆形，则

$$W_z=\frac{I_z}{d/2}=\frac{\pi d^4/64}{d/2}=\frac{\pi d^3}{32}$$

【例 7-9】 试计算图 7-22（a）所示简支矩形截面木梁平放与竖放时的最大正应力，并加以比较。

解 全梁最大弯矩发生在跨中截面，有

$$M_{\max}=\frac{ql^2}{8}=\frac{2\times 4^2}{8}=4(\text{kN}\cdot\text{m})$$

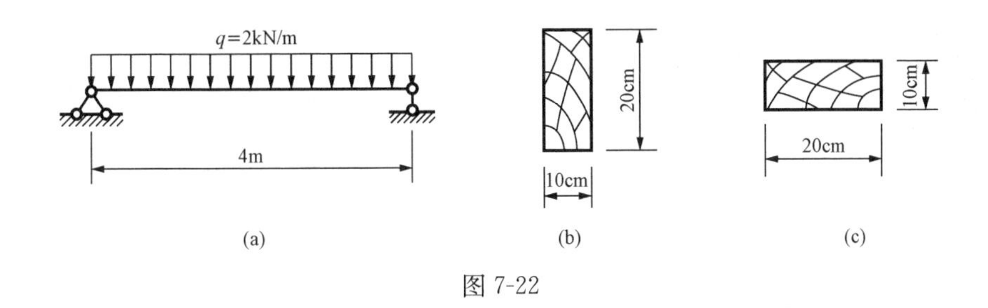

图 7-22

（1）竖放时截面如图 7-22（b）所示，此时

$$W_z=\frac{10\times 20^2}{6}=666.7\times 10^{-6}(\mathrm{m}^3)$$

最大应力

$$\sigma_{\max}=\frac{4\times 1000}{666.7\times 10^{-6}}=6\mathrm{MPa}\begin{cases}\text{上侧压}\\\text{下侧拉}\end{cases}$$

（2）平放时截面如图 7-22（c）所示，此时

$$W_z=\frac{20\times 10^2}{6}=333.3\times 10^{-6}(\mathrm{m}^3)$$

最大应力

$$\sigma_{\max}=\frac{4\times 1000}{333.3\times 10^{-6}}=12(\mathrm{MPa})\begin{cases}\text{上侧压}\\\text{下侧拉}\end{cases}$$

比较两种情况不难看出，竖放最大正应力仅是平放的$\frac{1}{2}$，显然竖放合理。

三、弯曲正应力强度条件及其应用

因为受弯构件横截面上正应力分布并不均匀，因此为保证整个构件处于安全工作状态，则必须求出构件中危险截面上的最大工作正应力 $\sigma_{\max}$，而且 $\sigma_{\max}$应不大于材料的许用弯曲正应力，即

$$\sigma_{\max}=\frac{M_{\max}}{W_z}\leqslant[\sigma] \tag{7-17}$$

这就是弯曲正应力的强度条件，可用它来进行弯曲强度校核。若要进行截面设计，可将此式改为

$$W_z\geqslant\frac{M_{\max}}{[\sigma]} \tag{7-18}$$

当受弯构件的材料与截面尺寸给定后，若想求出许可荷载，可以先求出

$$M_{\max}\leqslant W_z[\sigma] \tag{7-19}$$

即可求出许可荷载。

【例 7-10】 长为 2.5m 的工字钢伸臂梁，如图 7-23 所示，其外伸部分为 0.5m，梁上承受均布荷载，$q=30\mathrm{kN/m}$，试选择工字钢的型号。已知工字钢许用弯曲正应力 $[\sigma]=215\mathrm{MPa}$。

解 首先求出反力 $F_A=46.9\mathrm{kN}$，$F_B=28.1\mathrm{kN}$。

作出剪力图与弯矩图如图 7-23（b）、（c）所示。确定最大弯矩，先确定剪力为零的截面位置，即图中的 x_0。按比例关系可求得 $x_0=0.937\mathrm{m}$，因此最大弯矩

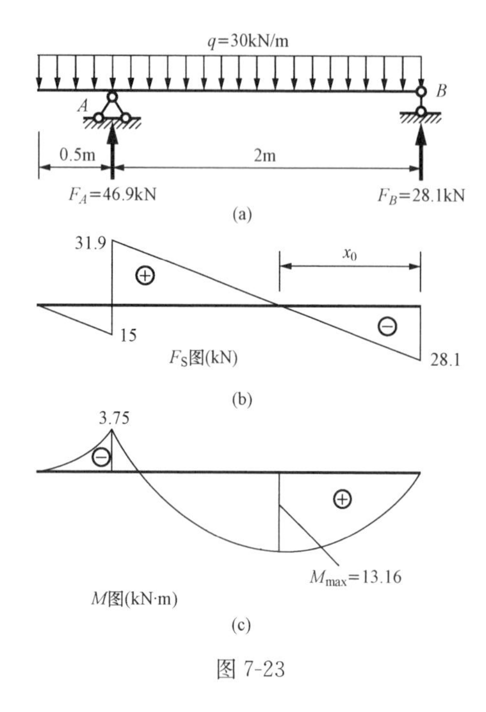

图 7-23

$$M_{max}=28.1\times0.937-30\times0.937\times\frac{0.937}{2}$$

$$=13.16(\text{kN}\cdot\text{m})$$

$$W_z\geqslant\frac{M_{max}}{[\sigma]}=\frac{13.16\times1000}{215\times10^6}=61.2(\text{cm}^3)$$

自型钢表中查得，满足 $W_z\geqslant61.2\text{cm}^3$ 的工字钢可选 12.6 工字钢，其 $W_z=77.5\text{cm}^3$。

【例 7-11】 铸铁梁的荷载情况及截面尺寸如图 7-24 所示。已知截面对形心轴的惯性矩 $I_z=403\times10^{-7}\text{m}^4$，铸铁许用拉应力 $[\sigma]_t=50\text{MPa}$，许用压应力 $[\sigma]_c=125\text{MPa}$。试按正应力强度条件校核梁的强度。

解 由于铸铁抗拉抗压性能不同，又因截面为 T 形，形心距上下两边尺寸也不同，因此校核时的危险截面需慎重判别。先作出梁的弯矩图，如图 7-24（b）的所示，B 截面弯矩最大，属于上侧受拉，C 截面弯矩是下侧受拉的最大值，两者应分别考虑。

B 截面最大拉应力

$$\sigma_{B\max t}=\frac{M_{max}y_{max}}{I_z}=\frac{24\times1000\times61\times10^{-3}}{403\times10^{-7}}=36.3(\text{MPa})$$

B 截面最大压应力

$$\sigma_{B\max c}=\frac{24\times1000\times139\times10^{-3}}{403\times10^{-7}}=82.8(\text{MPa})$$

C 截面最大拉应力

$$\sigma_{C\max t}=\frac{12.75\times1000\times139\times10^{-3}}{403\times10^{-7}}=44(\text{MPa})$$

C 截面最大压应力

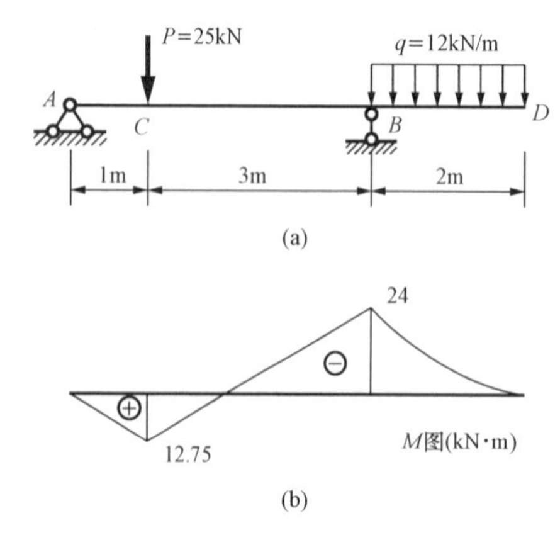

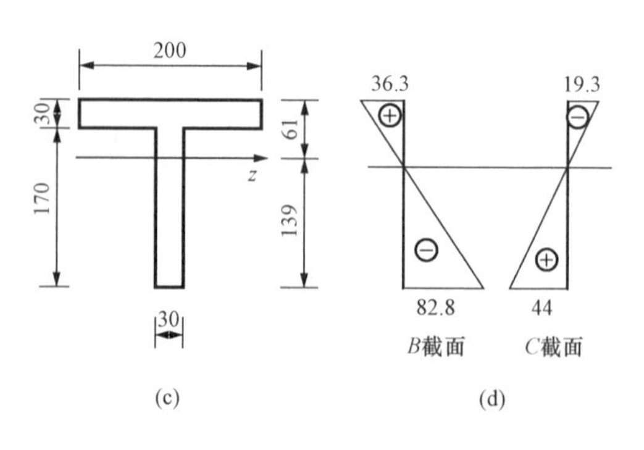

图 7-24

$$\sigma_{Cmaxc}=\frac{12.75\times1000\times61\times10^{-3}}{403\times10^{-7}}=19.3(\text{MPa})$$

应力分布图示于图 7-24（d）。自两截面选出最大拉应力为 44MPa< $[\sigma]_t$=50MPa，最大压应力为 82.8MPa< $[\sigma]_c$=125MPa，故此梁强度满足。

若将截面倒置，则应力数值不变，但符号改变，最大拉应力将出现在 B 截面，且其值为 82.8MPa≫ $[\sigma]_t$=50MPa。此时梁的强度将明显不足。因此 T 形截面梁的放置不能随意翻转。

第四节　弯曲切应力及强度条件

一般情况下正应力起着控制受弯构件强度的作用，但是在某些情况下，剪力在横截面上引起的切应力也可能起控制作用。如图 7-25（a）所示短木梁在试验机压弯下，首先发生的不是跨中的弯曲破坏，而是端部水平方向破坏（错裂）。就弯矩而言，梁两端是最小的，且中性层附近正应力几乎为零，所以木梁端部破坏显然不是由正应力引起的。观察剪力图可以发现端部剪力最大，根据切应力互等定理可知，横截面上有切应力，则水平面内也必有切应力产生。如图 7-25（b）所示（图中未画正应力），正是端部靠近中间的水平面内切应力使梁错开。这一破坏现象表明矩形截面切应力一定在中性层附近是最大的。

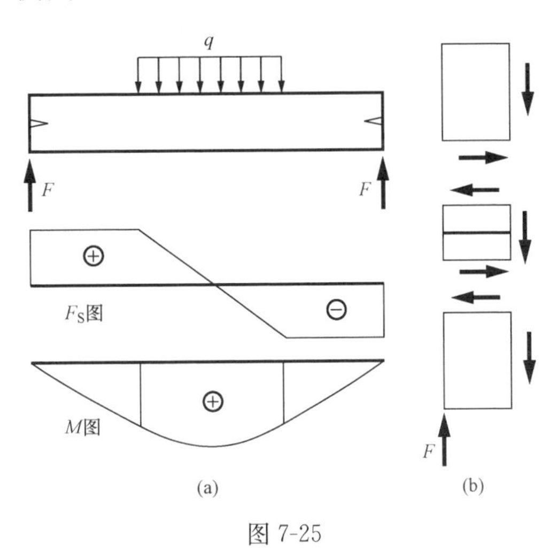

图 7-25

研究弯曲中由剪力在横截面上引起的切应力，以及切应力的分布规律和计算公式，并不一定还要应用几何、物理、平衡三方面。因为剪力是弯矩沿杆长的变化率，弯矩引起正应力 σ，剪力引起切应力 τ，那么切应力 τ 与正应力 σ 也一定会存在着内在的关系。正是基于这一考虑，实际上是通过平衡关系，由研究正应力沿梁长的变化中，推出切应力的公式。

现在按梁横截面的形状，分两种情况讨论弯曲切应力。

一、矩形截面梁

在图 7-26（a）所示矩形截面梁的任意截面上，剪力 F_S 皆与截面的对称轴 y 重合［图 7-26（b）］。关于横截面上切应力的分布规律，作以下两个假设（俄罗斯铁路工程师儒拉夫斯基假定）：

（1）横截面上各点的切应力的方向都平行于剪力 F_S。

（2）切应力沿截面宽度均匀分布。

在截面高度 h 大于宽度 b 的情况下，以上述假定为基础得到的解，与精确解相比有足够的准确度。按照这两个假设，在距中性轴为 y 的横线 pq 上，各点的切应力 τ 都相等，且都平行于 F_S。再由切应力互等定理可知，在沿 pq 切出的平行于中性层的 pr 平面上，也必然有与 τ 相等的 τ'［图 7-26（b）中未画 τ'，画在图 7-27 中］，而且沿宽度 b，τ'也是均匀分布的。

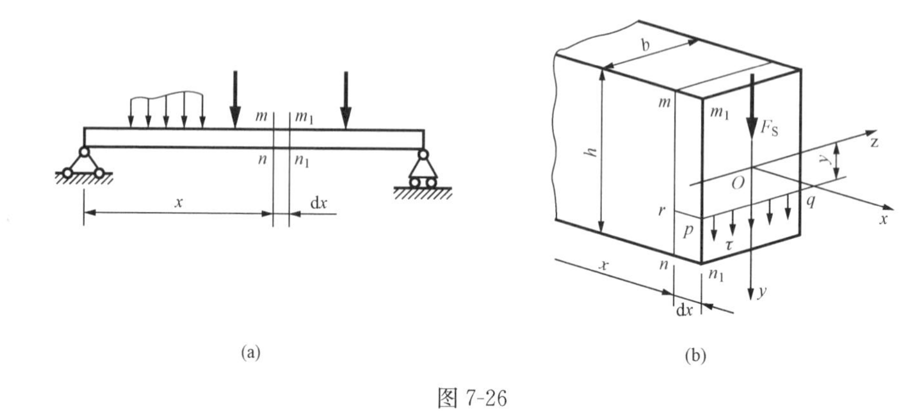

图 7-26

如以横截面 $m—n$ 和 $m_1—n_1$ 从图 7-26（a）所示梁中取出长为 $\mathrm{d}x$ 的一段［图 7-27（a）］，设截面 $m—n$ 和 $m_1—n_1$ 上的弯矩分别为 M 和 $M+\mathrm{d}M$，再以平行于中性层且距中性层为 y 的 pr 平面从这一段梁中截出一部分 $prnn_1$，则在这一截出部分的左侧面 rn 上，作用着因弯矩 M 引起的正应力；而在右侧面 pn_1 上，作用着因弯矩 $M+\mathrm{d}M$ 引起的正应力。在顶面 pr 上，作用着切应力 τ'。以上三种应力（即两侧正应力和顶面切应力 τ'）都平行于 x 轴［图 7-27（a）］。在右侧面 pn_1 上［图 7-27（b）］，由微内力 $\sigma\mathrm{d}A$ 组成的内力系的合力是

$$F_{\mathrm{N2}}=\int_{A_1}\sigma\mathrm{d}A \tag{7-20}$$

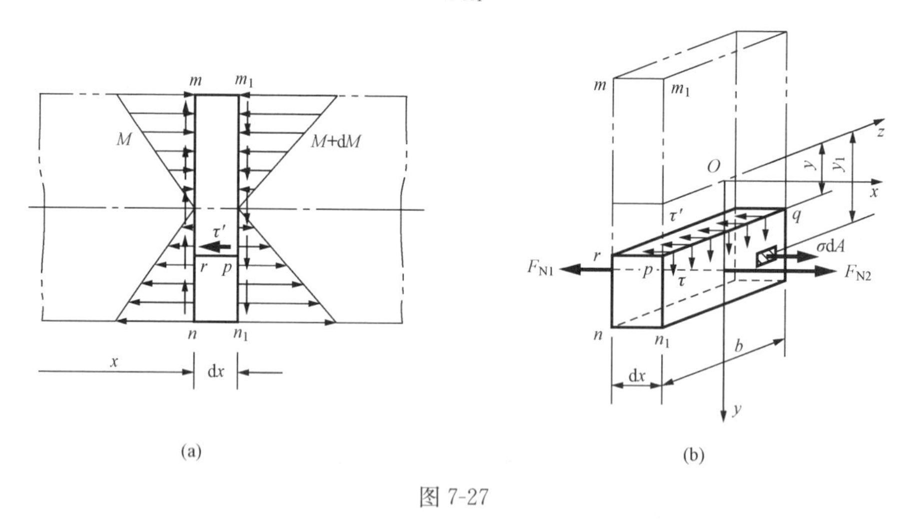

图 7-27

式中，A_1 为侧面 pn_1 的面积。正应力 σ 应按式（7-13）计算，于是

$$F_{\mathrm{N2}}=\int_{A_1}\sigma\mathrm{d}A=\int_{A_1}\frac{(M+\mathrm{d}M)y_1}{I_z}\mathrm{d}A=\frac{(M+\mathrm{d}M)}{I_z}\int_{A_1}y_1\mathrm{d}A=\frac{(M+\mathrm{d}M)}{I_z}S_z^*$$

$$S_z^*=\int_{A_1}y_1\mathrm{d}A \tag{7-21}$$

是横截面的部分面积 A_1 对中性轴的静矩，也就是距中性轴为 y 的横线 pq 以下的面积对中性轴的静矩。同理，可以求得左侧面 rn 上的内力系合力 F_{N1} 为

$$F_{N1}=\frac{M}{I_z}S_z^*$$

在顶面 rp 上，与顶面相切的内力系的合力是

$$dF'_S=\tau' b dx$$

F_{N2}、F_{N1}和 dF'_S 的方向都平行于 x 轴，应满足平衡方程$\sum F_x=0$，即

$$F_{N2}-F_{N1}-dF'_S=0$$

将 F_{N2}、F_{N1}和 dF'_S 表达式代入上式，得

$$\frac{M+dM}{I_z}S_z^*-\frac{M}{I_z}S_z^*-\tau' b dx=0$$

简化后得出

$$\tau'=\frac{dM}{dx}\frac{S_z^*}{I_z b}$$

由$\frac{dM}{dx}=F_S$，上式可变为

$$\tau'=\frac{F_S S_z^*}{I_z b}$$

式中，τ'虽是距中性层为 y 的 pr 平面上的切应力，但由切应力互等定理，它等于横截面的横线 pq 上的切应力τ，即

$$\tau=\frac{F_S S_z^*}{I_z b} \qquad (7\text{-}22)$$

式中，F_S 为横截面上的剪力，b 为截面宽度，I_z 为整个截面对中性轴的惯性矩，S_z^* 为截面上距中性轴为 y 的横线以外部分面积对中性轴的静矩。这就是矩形截面梁弯曲切应力的计算公式。

对于矩形截面（图 7-28），可取 $dA=b dy_1$，于是式（7-21）化为

$$S_z^*=\int_{A1}y_1 dA=\int_y^{\frac{h}{2}}by_1 dy_1=\frac{b}{2}\left(\frac{h^2}{4}-y^2\right)$$

这样，式（7-22）可以写成

$$\tau=\frac{F_S}{2I_z}\left(\frac{h^2}{4}-y^2\right) \qquad (7\text{-}23)$$

从式（7-23）看出，沿截面高度切应力 τ 按抛物线规律变化。当 $y=\pm\frac{h}{2}$时，$\tau=0$。这表明在截面上、下边缘的各点处，切应力等于零。随着离中性轴的距离 y 的减小，τ 逐渐增大。当 $y=0$ 时，τ 为最大值，即最大切应力发生于中性轴上，且

$$\tau_{max}=\frac{F_S h^2}{8I_z}$$

如以 $I_z=\frac{bh^3}{12}$代入上式，即可得出

$$\tau_{max}=\frac{3F_S}{2A} \qquad (7\text{-}24)$$

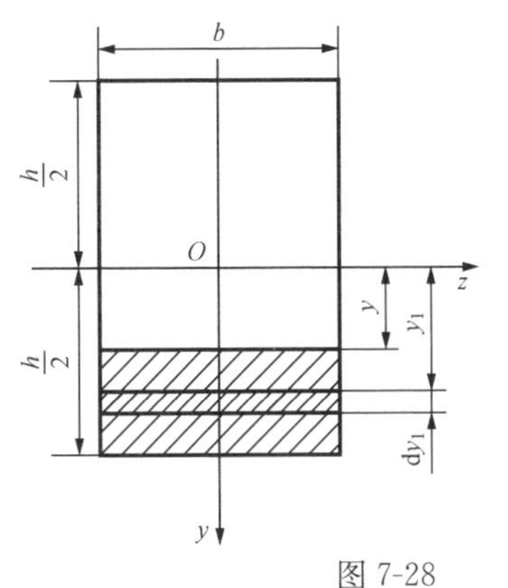

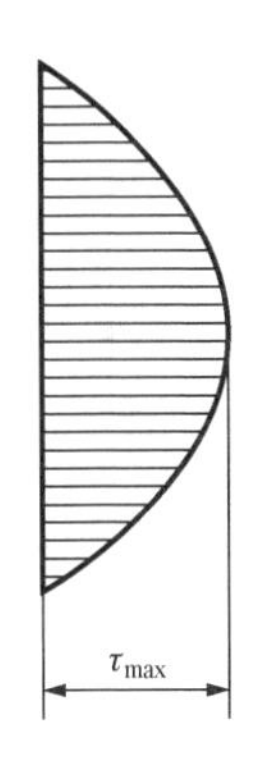

图 7-28

式中，A 为矩形截面的面积。可见矩形截面梁的最大切应力为平均切应力$\frac{F_S}{A}$的 1.5 倍。

二、工字形截面梁

首先讨论工字形截面梁腹板上的切应力。腹板截面是一个狭长矩形，关于矩形截面上的切应力分布的两个假设仍然适用。用相同的方法，同样可以导出相同的应力计算公式，即

$$\tau=\frac{F_S S_z^*}{I_z b_0}$$

若需要计算腹板上距中性轴为 y 处的切应力，则 S_z^* 为图 7-29（a）中画阴影线部分的面积对中性轴的静矩

$$S_z^*=b\left(\frac{h}{2}-\frac{h_0}{2}\right)\left[\frac{h_0}{2}+\frac{1}{2}\left(\frac{h}{2}-\frac{h_0}{2}\right)\right]+b_0\left(\frac{h_0}{2}-y\right)\left[y+\frac{1}{2}\left(\frac{h_0}{2}-y\right)\right]$$

$$=\frac{b}{8}(h^2-h_0^2)+\frac{b_0}{2}\left(\frac{h_0^2}{4}-y^2\right)$$

于是

$$\tau=\frac{F_S}{I_z b_0}\left[\frac{b}{8}(h^2-h_0^2)+\frac{b_0}{2}\left(\frac{h_0^2}{4}-y^2\right)\right] \tag{7-25}$$

可见，沿腹板高度，切应力也是按抛物线规律分布的［图 7-29（b）］。以 $y=0$ 和 $y=\pm\frac{h_0}{2}$ 分别代入式（7-25），求出腹板上的最大和最小切应力分别是

$$\tau_{max}=\frac{F_S}{I_z b_0}\left[\frac{bh^2}{8}-(b-b_0)\frac{h_0^2}{8}\right]$$

$$\tau_{min}=\frac{F_S}{I_z b_0}\left(\frac{bh^2}{8}-\frac{bh_0^2}{8}\right)$$

从以上两式看出，因为腹板的宽度 b_0 远小于翼缘的宽度 b，τ_{max}与 τ_{min}实际上相差不大，所以，可以认为在腹板上切应力大致是均匀分布的。若以图 7-29（b）中应力分布图的面积乘以腹板厚度 b_0，即可得到腹板上的总剪力 F_{S1}。计算结果表明，F_{S1} 等于（0.95～0.97）F_S。可见，横截面上的剪力 F_S 的绝大部分为腹板所负担。既然腹板几乎负担了截面上的全部剪力，而且腹板上的切应力又接近于均匀分布，这样，就可用腹板的截面面积除剪力 F_S，近似地得出腹板内的切应力为

$$\tau=\frac{F_S}{b_0 h_0} \tag{7-26}$$

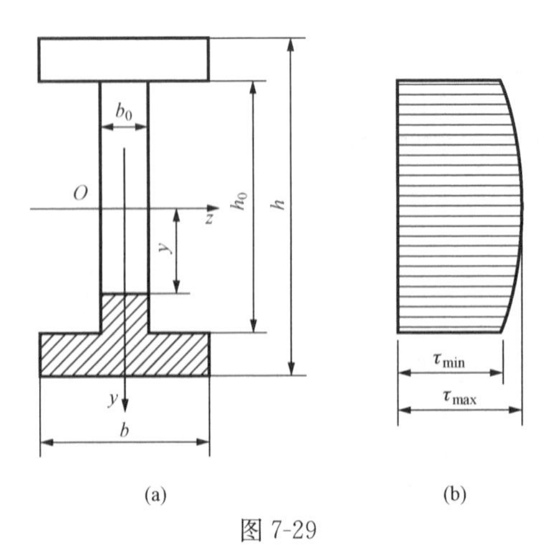

图 7-29

在翼缘上，也应有平行于 F_S 的切应力分量，分布情况比较复杂，但数量很小，并无实际意义，所以通常并不进行计算。此外，翼缘上还有平行于翼缘宽度 b 的切应力分量。它与腹板内的切应力比较，一般说也是次要的。

三、弯曲切应力的强度条件及其应用

当受弯构件中最大剪力截面中的最大切应力

小于等于材料许用弯曲切应力，该构件应视为满足切应力强度条件，其表达式为

$$\tau_{max}=\frac{F_{Smax}S_{zmax}^{*}}{I_z b}\leqslant[\tau] \tag{7-27}$$

同弯曲正应力强度条件相比，弯曲切应力强度条件的应用要少些，只是在以下一些情况中才需要应用：①钢结构中的组合截面梁，例如工字形截面梁，特别是当腹板厚度相对较薄时；②木梁；③当梁的最大弯矩很小而最大剪力却很大时，例如当梁很短但受到很大集中力作用时。

在梁的设计中，通常是按弯曲正应力公式进行截面选择，然后进行弯曲切应力的强度校核。当切应力强度不能满足时，再用切应力公式进行设计，也可另选较大截面后再进行切应力强度校核。

【例 7-12】 如图 7-30 所示简支木梁跨度 $l=2\text{m}$，$c=0.2\text{m}$，截面为矩形，已知 $h:b=4:3$，木材许用弯曲正应力 $[\sigma]=12\text{MPa}$，许用切应力 $[\tau]=3\text{MPa}$，梁承受 $F=100\text{kN}$ 的两个集中力作用，试选择木梁的截面尺寸。

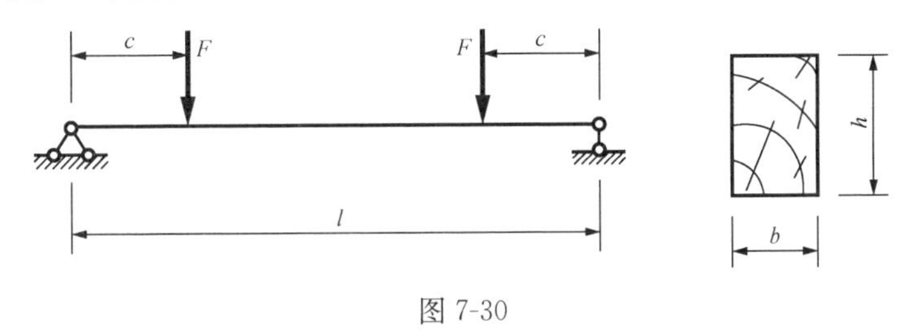

图 7-30

解 本题梁的最大弯矩和最大剪力为

$$M_{max}=Fc=100\times0.2=20(\text{kN}\cdot\text{m})$$

$$F_{Smax}=F=100\text{kN}$$

按正应力强度条件选择截面，有

$$W_z\geqslant\frac{M_{max}}{[\sigma]}=\frac{20\times1000}{12\times10^6}=1666.7\times10^{-6}(\text{m}^3)$$

根据已知条件，可得

$$W_z=\frac{bh^2}{6}=\frac{3}{4}\frac{h^3}{6}=\frac{h^3}{8}\geqslant1666.7\times10^{-6}(\text{m}^3)$$

求得

$$h\geqslant23.7\times10^{-2}\text{m}=23.7\text{cm}$$

取 $h=24\text{cm}$，有 $b=\frac{3}{4}h=\frac{3}{4}\times24=18$ (cm)

校核切应力强度，根据式 (7-24) 有

$$\tau_{max}=1.5\times\frac{F_{Smax}}{A}=1.5\times\frac{100\times10^3}{0.24\times0.18}=3.47(\text{MPa})>[\tau]=3\text{MPa}$$

切应力强度条件不满足，需要新设计截面。

根据切应力强度条件，取

$$\tau_{max}=1.5\times\frac{F_{Smax}}{\frac{3}{4}hh}\leqslant[\tau]$$

有

$$h \geqslant \sqrt{\frac{2F_{Smax}}{[\tau]}}=\sqrt{\frac{2\times 100\times 10^3}{3\times 10^6}}=25.8(\text{cm})$$

选
$$h=26\text{cm},\ b=\frac{3}{4}h=19.5(\text{cm})$$

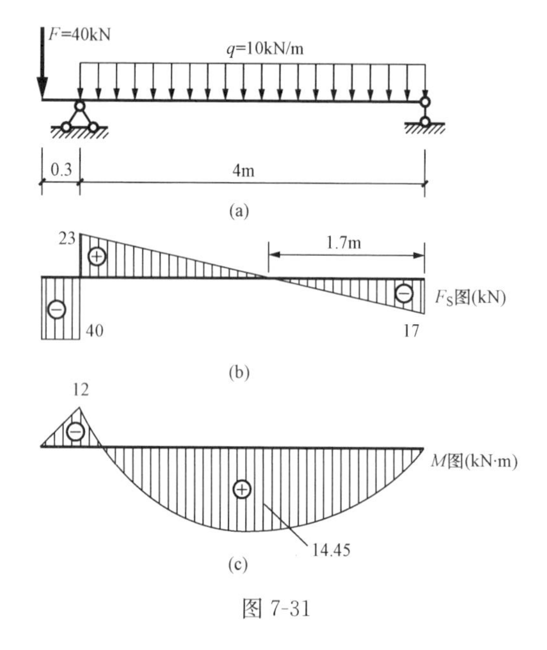

图 7-31

【例 7-13】 某工字型钢梁承受图 7-31（a）所示荷载作用，已知型钢许用弯曲正应力 $[\sigma]=215\text{MPa}$，许用切应力 $[\tau]=125\text{MPa}$，试选择钢梁的型号。并绘出危险截面上腹板的切应力分布图。

解 （1）作梁的剪力图与弯矩图如图 7-31（b）、（c）所示，得

$$|F_S|_{max}=40\text{kN}$$
$$M_{max}=14.45\text{kN}\cdot\text{m}$$

（2）按正应力选择工字钢截面，有

$$W_z \geqslant \frac{M_{max}}{[\sigma]}=\frac{14.15\times 10^3}{215\times 10^6}$$
$$=67.2\times 10^{-6}=67.2(\text{cm}^3)$$

查型钢表，选工字钢型号为 12.6，其 $W_z=77.5\text{cm}^3$。

（3）校核切应力强度。

公式中的 I_z/S^*_{zmax} 对工字钢而言在型钢表中已给出，因此可直接查出，例如本题中，有

$$I_z/S^*_{zmax}=10.85\text{cm}$$

腹板厚度 $d=5\text{mm}$，将有关数据代入式（7-22），得

$$\tau_{max}=\frac{40\times 10^3}{10.85\times 10^{-2}\times 5\times 10^{-3}}=73.7(\text{MPa})<[\tau]=125\text{MPa}$$

切应力强度条件满足。

（4）绘工字型钢梁最大剪力所在截面上的切应力分布图。

最大切应力发生在中性轴上，有 $\tau_{max}=73.7\text{MPa}$（图 7-32）。此应力若采用近似式（7-26），有

$$\tau_{max}=\frac{F_{Smax}}{dh_0}=\frac{40\times 10^3}{5\times 109.2\times 10^{-6}}$$
$$=73.3(\text{MPa})$$

此值与精确值非常接近。腹板最小切应力发生在腹板的上下端，根据切应力式（7-22），有

$$\tau_{min}=\frac{F_{Smax}S^*_z}{I_z b}$$
$$=\frac{40\times 10^3\times 74\times 8.4\times(63-4.2)\times 10^{-9}}{488\times 10^{-8}\times 5\times 10^{-3}}$$
$$=59.9(\text{MPa})(\text{图 7-32})$$

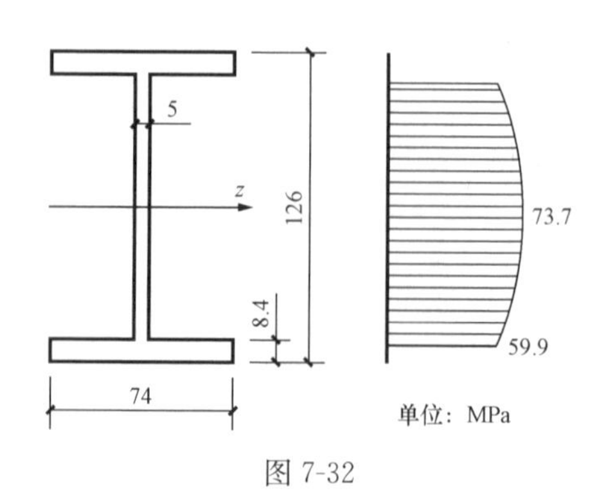

图 7-32

第五节 提高梁弯曲强度的措施

一、合理安排梁的受力情况

改善梁的受力情况，尽量降低梁内最大弯矩，相对地说，也就是提高了梁的强度。例如，简支梁在跨中承受集中荷载 F 时［图 7-33（a）］，梁的最大弯矩为 $M_{\max}=\frac{1}{4}Fl$。若使集中荷载 F 通过辅梁再作用到梁上［图 7-33（b）］，则梁的最大弯矩就下降为 $M_{\max}=\frac{1}{8}Fl$。同理，合理地设置支座位置，也可降低梁内的最大弯矩。如图 7-34 所示，若将承受均布荷载的简支梁两端的支座分别向跨中移动 $\frac{l-a}{2}=0.207l$，则梁内的最大弯矩值就由简支梁的 $M_{\max}=\frac{ql^2}{8}=0.125ql^2$ 下降为 $M_{\max}=0.0215ql^2$，仅为原简支梁最大弯矩值的 17.2%。

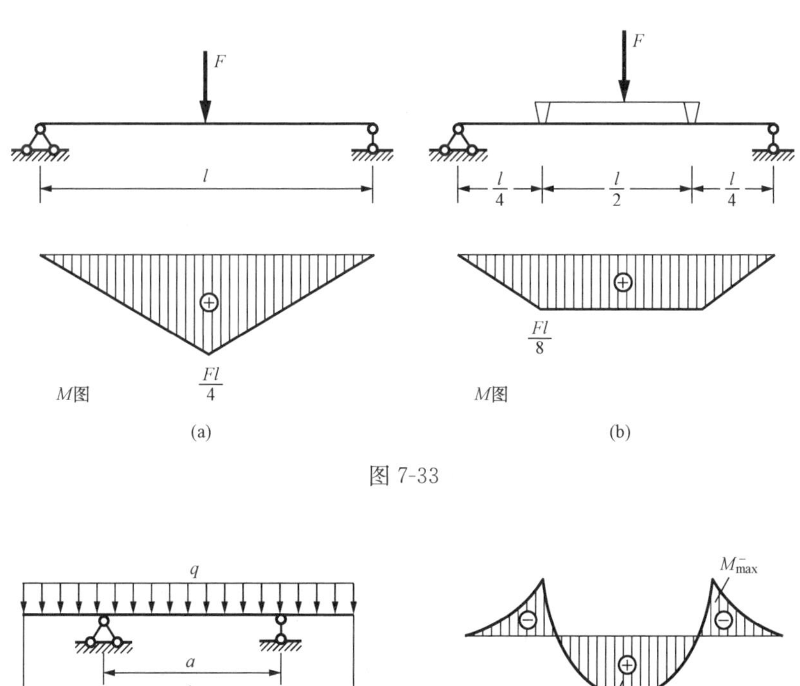

图 7-33

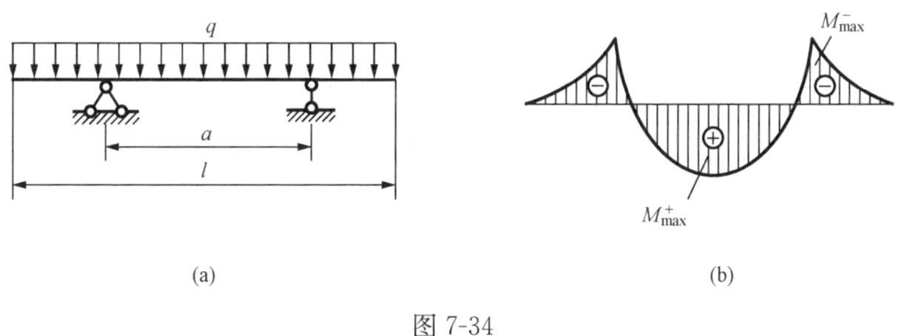

图 7-34

二、梁的合理截面

若把弯曲正应力的强度条件改写成

$$M_{\max}\leqslant[\sigma]W_z$$

可见，梁可能承受的 $M_{\max}$ 与弯曲截面系数 W_z 成正比，W_z 越大越合理。另外，使用材料的

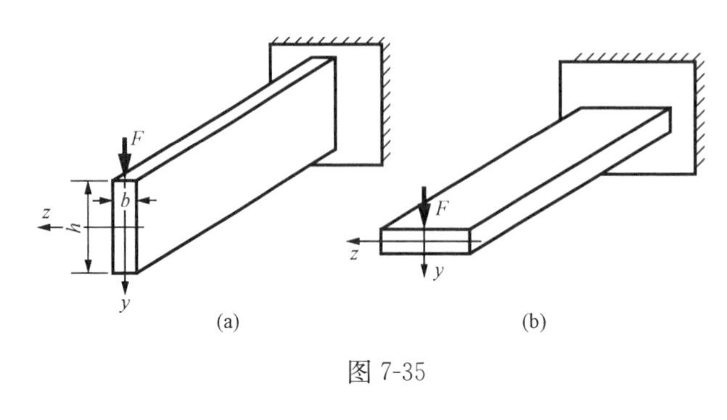

图 7-35

多少和自重的大小，则与截面面积 A 成正比，面积越小越经济，越轻巧。因而合理的截面形状应该是截面面积 A 较小，而弯曲截面系数 W_z 较大。例如，使截面高度 h 大于宽度 b 的矩形截面梁，抵抗垂直平面内的弯曲变形时，如把截面竖放［图 7-35（a）］，则 $W_{z1}=\frac{bh^2}{6}$；如把截面平放［图 7-35（b）］，则 $W_{z2}=\frac{b^2h}{6}$。两者之比是

$$\frac{W_{z1}}{W_{z2}}=\frac{h}{b}>1$$

所以竖放比平放有较高的抗弯强度，更为合理。因此，房屋和桥梁等建筑物中的矩形截面梁，一般都是竖放的。

截面的形状不同，其弯曲截面系数 W_z 也就不同。可以用比值$\frac{W_z}{A}$来衡量截面形状的合理性和经济性。比值$\frac{W_z}{A}$较大，则截面的形状就较为经济合理。可以算出矩形截面的比值$\frac{W_z}{A}$为

$$\frac{W_z}{A}=\frac{1}{6}\frac{bh^2}{bh}=0.167h$$

圆形的比值$\frac{W_z}{A}$为

$$\frac{W_z}{A}=\frac{\pi d^3}{32}\Big/\frac{\pi d^2}{4}=0.125d$$

几种常用截面的比值$\frac{W_z}{A}$已列入表 7-1 中。从表中所列数值看出，工字钢或槽钢比矩形截面经济合理，矩形截面比圆形截面经济合理。所以桥式起重机的大梁以及其他钢结构中的抗弯杆件，经常采用工字形截面、槽形截面或箱形截面等。从正应力的分布规律来看，这也是可以理解的。因为弯曲时梁截面上的点离中性轴越远，正应力越大。为了充分利用材料，应尽可能的把材料置放到离中性轴较远处。圆截面在中性轴附近聚集了较多的材料，使其未能充分发挥作用。为了将材料移置到离中性轴较远处，可将实心圆截面改成空心圆截面。至于矩形截面，如把中性轴附近的材料移置到上、下边缘处（图 7-36），这就成了工字形截面。采用槽形或箱形截面也是同样的想法。

表 7-1　　几种截面的 W_z 和 A 的比值

截面形状	矩形	圆形	槽钢	工字钢
$\frac{W_z}{A}$	$0.167h$	$0.125d$	$(0.27\sim0.31)h$	$(0.27\sim0.31)h$

在讨论截面的合理形状时，还应考虑到材料的特性。对抗拉和抗压强度相等的材料（如碳钢），宜采用对中性轴对称的截面，如圆形、矩形、工字形等。这样可使截面上、下边缘处的最大拉应力和最大压应力数值相等，同时接近许用应力。对抗拉和抗压强度不相等的材料（如铸铁），宜采用中性轴偏于受拉一侧的截面形状，例如图 7-37 中所表示的一些截面。对这类截面，应能使 y_1 和 y_2 之比接近于下列关系

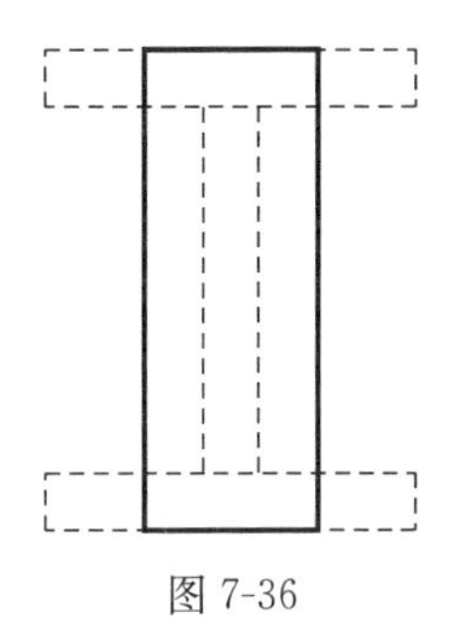
图 7-36

$$\frac{\sigma_{\mathrm{tmax}}}{\sigma_{\max}}=\frac{\dfrac{M_{\max}y_1}{I_z}}{\dfrac{M_{\max}y_2}{I_z}}=\frac{y_1}{y_2}=\frac{[\sigma_t]}{[\sigma_c]}$$

式中，$[\sigma_t]$和$[\sigma_c]$分别表示拉伸和压缩的许用应力，则最大拉应力和最大压应力便可同时接近许用应力。

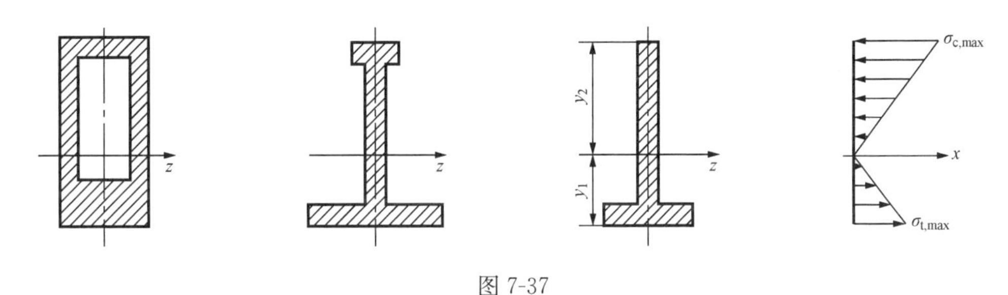

图 7-37

三、等强度梁的概念

前面讨论的梁都是等截面的，W_z = 常数，但梁在各截面上的弯矩却随截面的位置而变化。对于等截面的梁来说，只有在弯矩为最大值 $M_{\max}$的截面上，最大应力才有可能接近许用应力。其余各截面上弯矩较小，应力也就较低，材料没有充分利用。为了节约材料，减轻自重，可改变截面尺寸，使弯曲截面系数随弯矩而变化。在弯矩较大处采用较大截面，而在弯矩较小处采用较小截面。这种截面沿轴线变化的梁，称为变截面梁。变截面梁的正应力计算仍可近似地用等截面梁的公式。如变截面梁各横截面上的最大正应力都相等，且都等于许用应力，就是等强度梁。设梁在任一截面上的弯矩为 $M(x)$，而截面的弯曲截面系数为 $W_z(x)$。根据上述等强度梁的要求，应有

$$\sigma_{\max}=\frac{M(x)}{W_z(x)}=[\sigma]$$

或者写成

$$W_z(x)=\frac{M(x)}{[\sigma]} \tag{7-28}$$

这是等强度梁的 $W_z(x)$ 沿梁轴线变化的规律。

如图 7-38 (a) 所示在集中力 F 作用下的简支梁为等强度梁，截面为矩形，且设截面高度 h 等于常数，而宽度 b 为 x 的函数，即 $b=b(x)\left(0\leqslant x\leqslant\frac{l}{2}\right)$，则由式（7-28），得

$$W_z(x)=\frac{b(x)h^2}{6}=\frac{M(x)}{[\sigma]}=\frac{\frac{F}{2}x}{[\sigma]}$$

于是

$$b(x)=\frac{3F}{[\sigma]h^2}x \tag{7-29}$$

截面宽度 $b(x)$ 是 x 是一次函数［图 7-38（b）］。因为荷载对称于跨度中点，因而截面形状也对跨度中点对称。按照式（7-29）所表示的关系，在梁的两端，$x=0$，$b(x)=0$，即截面宽度等于零。这显然不能满足切应力强度要求。因而要按切应力强度条件改变支座附近截面的宽度。设所需要的最小截面宽度为 $b_{\min}$［图 7-38（c）］，根据切应力强度条件

$$\tau_{\max}=\frac{3}{2}\frac{F_{S\max}}{A}=\frac{3}{2}\times\frac{\frac{F}{2}}{b_{\min}h}=[\tau]$$

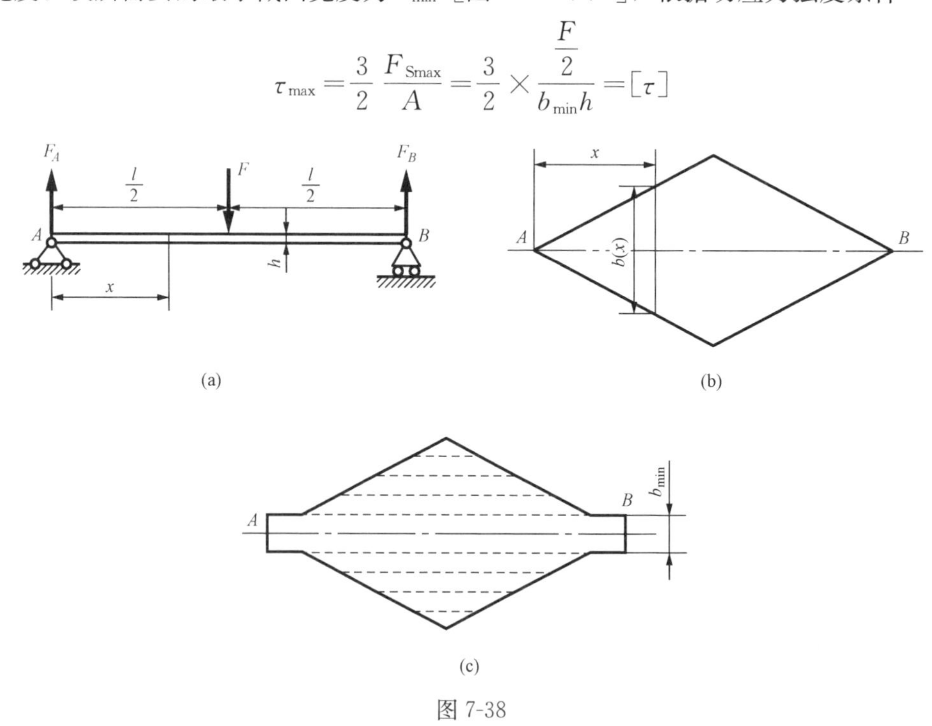

图 7-38

由此求得

$$b_{\min}=\frac{3F}{4h[\tau]} \tag{7-30}$$

若设想把这一等强度梁分成若干狭条，然后叠置起来，并使其略微拱起，这就成为汽车以及其他车辆上经常使用的叠板弹簧，如图 7-39 所示。

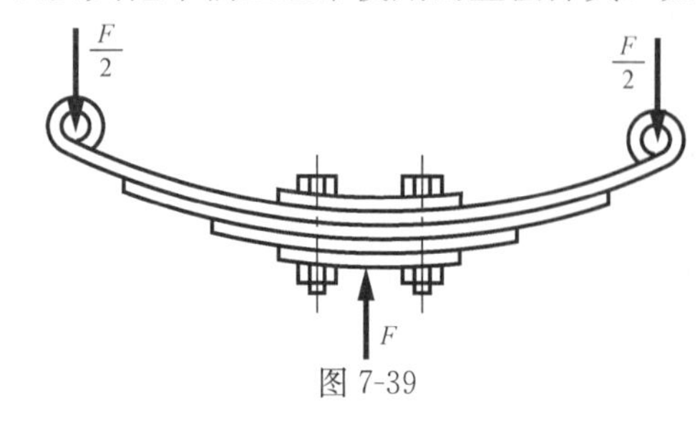

图 7-39

若上述矩形截面等强度梁的截面宽度 b 为常数，而高度 h 为 x 的函数，即 $h=h(x)$，用完全相同的方法可以求得

$$h(x)=\sqrt{\frac{3Fx}{b[\sigma]}} \tag{7-31}$$

$$h_{\min}=\frac{3F}{4b[\tau]} \tag{7-32}$$

按式（7-31）和式（7-32）所确定的梁形状如图 7-40（a）所示。如把梁做成图 7-40（b）所示的形式，就成为在厂房建筑中广泛使用的“鱼腹梁”了。

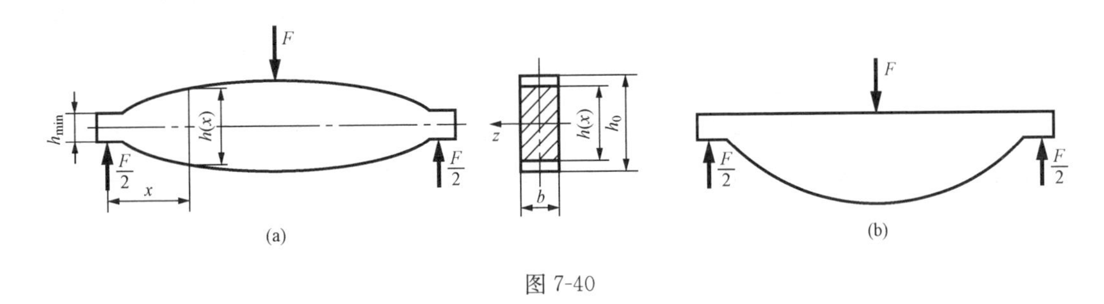

图 7-40

使用式（7-28），也可以求得圆截面等强度梁的截面直径沿轴线的变化规律。但考虑到加工的方便及结构上的要求，常用阶梯形状的变截面梁（阶梯轴）来代替理论上的等强度梁，如图 7-41 所示。

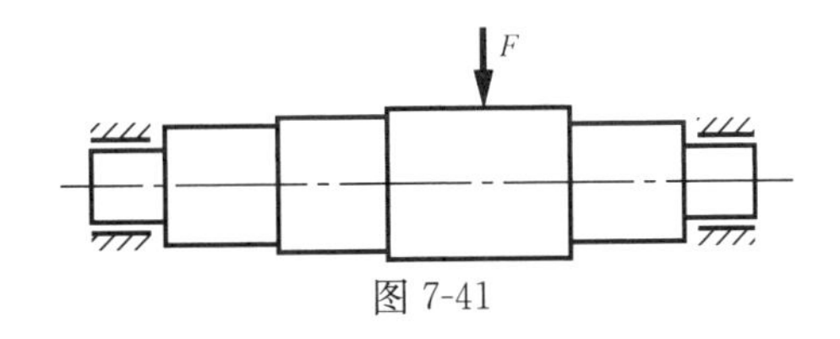

图 7-41

第六节 弯 曲 变 形

研究结构正常使用状态，其中重要内容之一就是结构的刚度问题，所谓刚度问题就是结构的变形或位移是否超过国家规范的有关规定问题，例如带抹灰顶棚的梁其最大挠度应控制在跨度的 1/350 以内，否则将影响抹灰的质量。抗震设计中对一般的框架结构要求层间相对位移不超过层高的 1/450，否则将影响填充墙的质量。这些都是属于刚度的要求。研究弯曲变形，还有助于求解超静定梁以及动应力等问题。本节以梁的位移计算为中心讲述计算梁挠度的一些基本方法，并建立起梁的刚度条件。

一、梁挠曲线的微分方程

梁在竖向荷载作用下，轴线将变为弹性曲线，如图 7-42 所示，在小变形条件下，梁轴线上各点的水平位移可以忽略不计而只考虑竖向位移。距 A 支座 x 远的截面 D 变形后将位于 D'，D 截面的形心 C 将移到 C'，$C'C=y$，即为 D 截面的竖向位移，称为该截面的挠度（或称为线位移）。作为一个截面而言，除随形心 C 产生挠度外还要绕形心轴旋转一微小角度 θ，称为转角或称角位移，所谓求梁的位移，也就是要求梁任意截面的 y 和 θ。弯曲后的梁轴线称为挠曲线，由于挠曲线各点的 y 值是位置 x 的函数，即 $y=f(x)$，称为挠曲线方程。因此求挠度也就是求未知的挠曲线方程$y=f(x)$，一旦该方程求出后，梁上任一点的挠度便可求出。在小变形条件下，由于

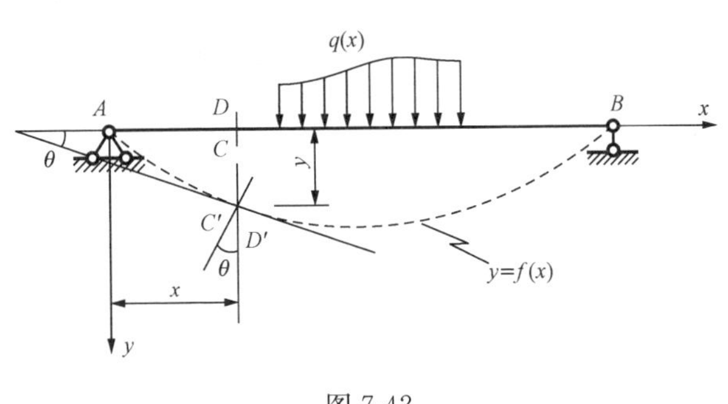

图 7-42

$$\theta \approx \tan\theta = y' = f'(x) \tag{7-33}$$

所以角位移是与挠度有关的量，只要$y=f(x)$给出，梁上各截面的角位移便可通过式（7-33）得到。

总之，求梁位移的问题最后归结为求梁挠曲线方程$y=f(x)$的问题。图7-42中y坐标取向下为正是基于实际多数挠度都是朝下的。

梁的挠曲线与所受荷载有关，与梁长有关，与梁的截面大小和形状有关，与材料有关，此外还与支座形式有关，因此很难直接给出$y=f(x)$方程自身，通常是先确立它的微分方程，通过求解微分方程便可得到原函数$y=f(x)$。在上面研究弯曲变形的应力分析中，已经得到弹性曲线曲率的公式

$$\frac{1}{\rho}=\frac{M}{EI_z}$$

当梁各截面弯矩有变化时，上式可写为

$$\frac{1}{\rho}=\frac{M(x)}{EI_z}$$

利用数学上的曲率公式，有

$$\frac{1}{\rho}=\pm\frac{y''}{(1+y'^2)^{3/2}}=\frac{M(x)}{EI_z} \tag{7-34}$$

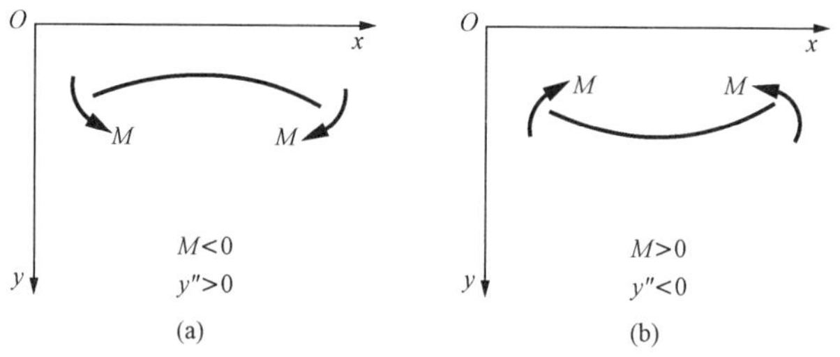

图7-43

在小变形条件下，$y'=\tan\theta\approx\theta$是远小于1的量，略去$y'^2$有

$$y''=\pm\frac{M(x)}{EI_z} \tag{7-35}$$

本式是简化后的挠曲线微分方程，当弯矩方程$M(x)$给出后，由于等截面梁EI_z为常量，挠曲线方程$y=f(x)$便可通过积分式（7-35）得到。式中的“±”号应根据坐标系的选取使y''与$M(x)$统一起来，如图7-43所示，当y轴取向下为正时，取负号弯矩（即$M<0$），对应的y''应为正，反之取正号弯矩（即$M>0$）对应的y''应为负，故y''与$M(x)$间始终差一负号，因此式（7-35）在这种坐标系下应取负号，所以挠曲线近似微分方程最终为

$$y''=-\frac{M(x)}{EI_z} \quad 或 \quad EI_z y''=-M(x) \tag{7-36}$$

二、积分法求梁的挠度和转角

由式（7-36）所表达的梁挠曲线近似微分方程是二阶线性微分方程中非常简单的方程，只要给出弯矩$M(x)$的方程，通过一次积分便可得到转角，有

$$EI_z\theta=-\int M(x)\mathrm{d}x+C \tag{7-37}$$

再积分一次，得到挠度函数

$$EI_zy=-\int\left(\int M(x)\mathrm{d}x\right)\mathrm{d}x+Cx+D \tag{7-38}$$

式中，两个积分常数 C 与 D 需要根据挠曲线的边界条件来确定，所谓边界条件就是在边界上给定挠度或转角，这些条件与支座形式有关，例如边支座为固定端，则该点将有挠度 $y=0$ 与 $\theta=0$。上述通过两次积分便可得到梁的挠度与转角的方法称为积分法。

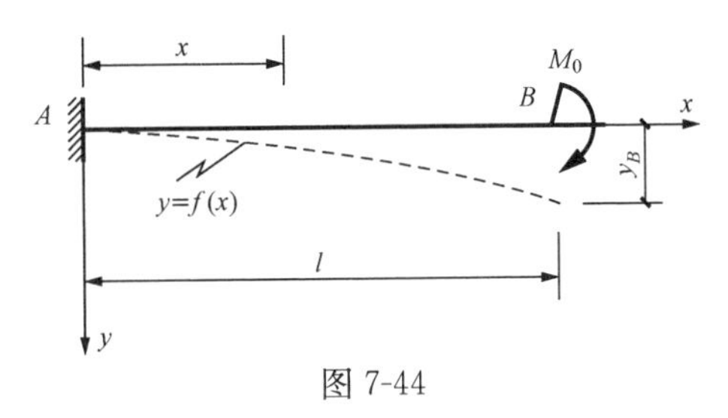

图 7-44

【例 7-14】 求图 7-44 所示悬臂梁在力偶荷载作用下的挠曲线方程。

解　首先列出弯矩方程，有

$$M(x)=-M_0$$

得到

$$EI_z\theta=\int M_0\mathrm{d}x+C=M_0x+C \tag{a}$$

再积分一次，得到

$$EI_zy=\int M_0\mathrm{d}x+Cx+D=\frac{M_0x^2}{2}+Cx+D \tag{b}$$

由于梁 A 端为固定端，有 $x=0$ 时 $y=0$ 和 $x=0$ 时 $\theta=0$，代入式（b）、式（a），得 $D=0$ 和 $C=0$，因此梁的挠曲线方程为

$$y=\frac{M_0x^2}{2EI_z} \tag{c}$$

转角方程

$$\theta=\frac{M_0x}{EI_z} \tag{d}$$

由上面得到的两个方程不难看出，梁的最大挠度与最大转角均出现在自由端，有

$$y_{\max}=y_B=\frac{M_0l^2}{2EI_z},\qquad \theta_{\max}=\theta_B=\frac{M_0l}{EI_z}$$

需要说明的是，本题悬臂梁属于纯弯曲梁，严格讲挠曲线应为圆弧线，而式（c）为抛物线方程。其原因在于微分方程用的是近似微分方程。

【例 7-15】 求图 7-45 所示悬臂梁 A 点的挠度与转角。

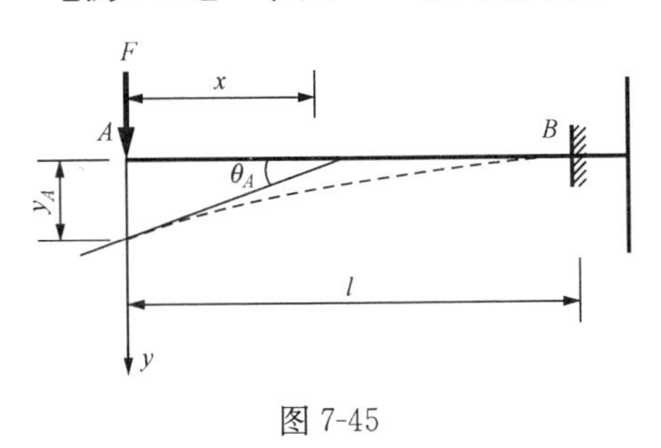

图 7-45

解　列弯矩方程，有

$$M(x)=-Fx$$

得到

$$EI_z\theta=\int Fx\mathrm{d}x+C=F\frac{x^2}{2}+C \tag{a}$$

再积分一次得挠曲线方程

$$EI_zy=\frac{Fx^3}{6}+Cx+D \tag{b}$$

边界条件为 $x=l$ 时 $\theta=0$，代入式（a），得到 $C=-\dfrac{Fl^2}{2}$，再将边界条件 $x=l$ 时 $y=0$ 一并代入式（b）解出 $D=\dfrac{Fl^3}{3}$，将 C 与 D 代回式（a）与式（b）得到

$$\theta=\frac{Fx^2}{2EI_z}-\frac{Fl^2}{2EI_z}$$

和

$$y=\frac{Fx^3}{6EI_z}-\frac{Fl^2}{2EI_z}x+\frac{Fl^3}{3EI_z}$$

将 $x=0$ 代入上两式求得

$$\theta_A=-\frac{Fl^2}{2EI_z}$$

$$y_A=\frac{Fl^3}{3EI_z}$$

【例 7-16】 求图 7-46 所示简支梁在均布荷载作用下的最大挠度与支座处的转角。

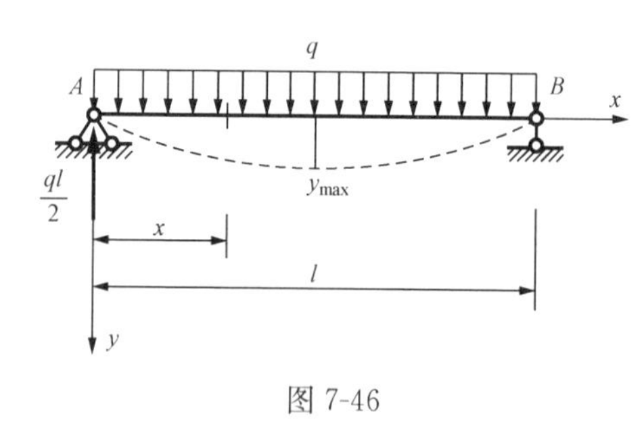

图 7-46

解 列弯矩方程，由于 A 支座反力为 $\dfrac{ql}{2}$，故 $M(x)=\dfrac{ql}{2}x-\dfrac{qx^2}{2}$，有

$$EI_z\theta=-\int\frac{ql}{2}x\mathrm{d}x+\frac{qx^2}{2}\mathrm{d}x+C$$

$$=-\frac{qlx^2}{4}+\frac{qx^3}{6}+C \tag{a}$$

再积分一次，得挠曲线方程

$$EI_zy=\frac{qlx^3}{12}+\frac{qx^4}{24}+Cx+D \tag{b}$$

本题的边界条件为 $x=0$ 时 $y=0$，代入式（b）得 $D=0$，另一边界条件为 $x=l$ 时 $y=0$，再代入式（b），解出 $C=\dfrac{ql^3}{24}$。将 D 与 C 代回式（b）、式（a）得挠曲线方程为

$$y=\frac{1}{EI_z}\left(\frac{ql^3}{24}x-\frac{ql}{12}x^3+\frac{q}{24}x^4\right) \tag{c}$$

和

$$\theta=\frac{1}{EI_z}\left(\frac{ql^3}{24}-\frac{ql}{4}x^2+\frac{q}{6}x^3\right) \tag{d}$$

为了求最大挠度，应令 $y'=\theta=0$，有

$$\frac{ql^3}{24}-\frac{ql}{4}x^2+\frac{q}{6}x^3=0$$

此方程有三个根，一个根为负值，一个根大于 l，这两个根没有力学意义，只有第三个根为 $x=\dfrac{l}{2}$，实际上根据对称性原理 $\theta=0$ 一定位于跨中，将 $x=\dfrac{l}{2}$ 代入式（c），得最大挠度

$$y_{\max}=\frac{1}{EI_z}\left(\frac{ql^4}{48}-\frac{ql^4}{96}+\frac{ql^4}{384}\right)=\frac{5ql^4}{384EI_z}$$

将 $x=0$ 和 $x=l$ 分别代入式（d），得

$$\theta_A=\frac{ql^3}{24EI_z}=-\theta_B$$

三、叠加法求梁的挠度

前面讲述了悬臂梁和简支梁在简单荷载作用下的位移计算问题，得到了挠曲线方程和转角方程，从而获得了最大挠度与最大转角。这些结论和类似的一些结论均列于表 7-2 中，以备查用。当有多种荷载同时作用于梁上，其位移的确定可采用叠加法，即多种荷载作用下梁某截面的挠度和转角等于每一种荷载单独作用下该截面挠度和转角的代数和。这里所述代数和是指平面弯曲而言，斜弯曲时将为矢量和。

【例 7-17】 求图 7-47 所示简支梁在均布荷载与跨中集中力作用下的最大挠度与最大转角。

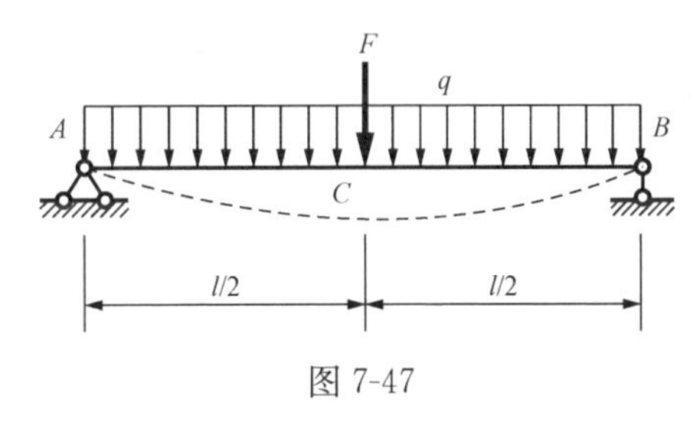

图 7-47

解　按叠加原理，图 7-47 所示梁的最大挠度显然应位于跨中 C 截面，自表 7-2 查得

$$y_{\max}=\frac{5ql^4}{384EI_z}+\frac{Fl^3}{48EI_z}$$

最大转角发生在 A 端，有

$$\theta_{\max}=\theta_A=\frac{ql^3}{24EI_z}+\frac{Fl^2}{16EI_z}=-\theta_B$$

表 7-2　　几种简单荷载作用下梁的挠度和转角

梁的形式及荷载情况	梁端转角	最大挠度 $y_{\max}$
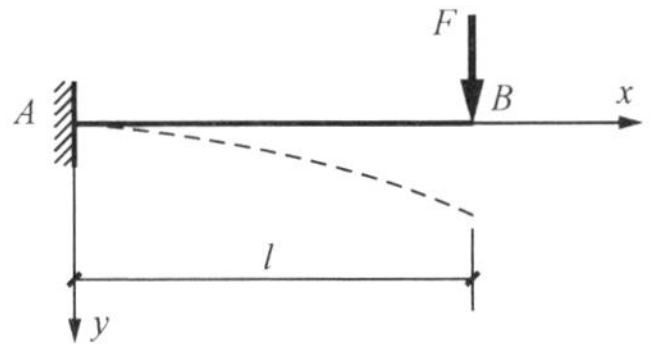	$\theta_B=\frac{Fl^2}{2EI}$	$y_{\max}=y_B=\frac{Fl^3}{3EI}$
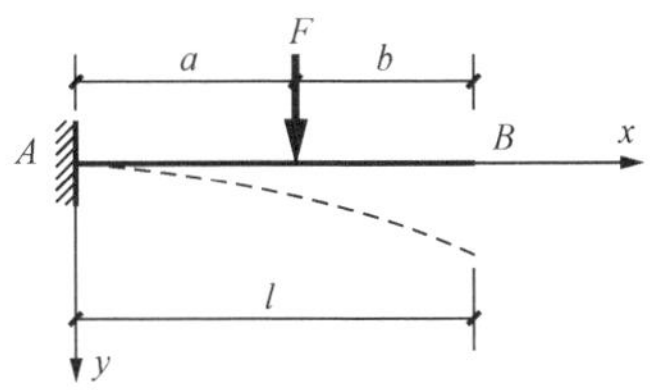	$\theta_B=\frac{Fa^2}{2EI}$	$y_{\max}=y_B=\frac{Fa^2}{6EI}(3l-a)$
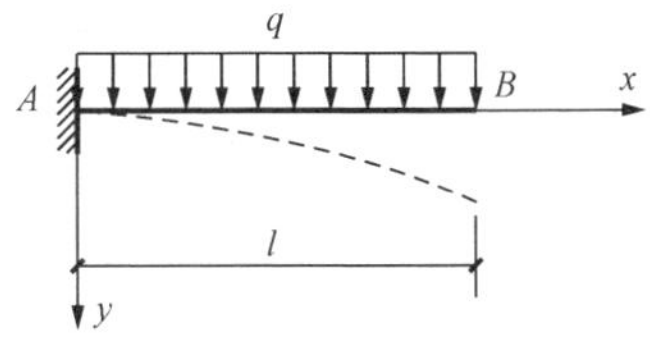	$\theta_B=\frac{Fl^3}{6EI}$	$y_{\max}=y_B=\frac{ql^4}{8EI}$

续表

梁的形式及荷载情况	梁端转角	最大挠度 y_{max}
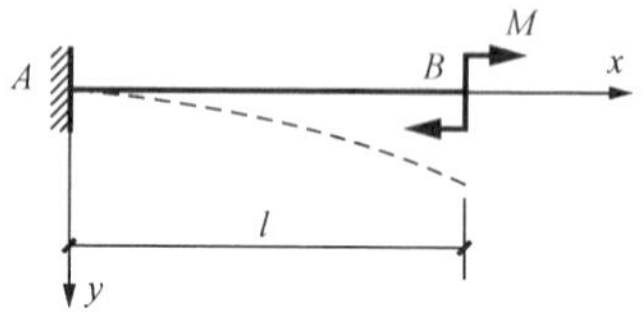 A B M x l y	$\theta_B=\frac{Ml}{EI}$	$y_{max}=y_B=\frac{Ml^2}{2EI}$
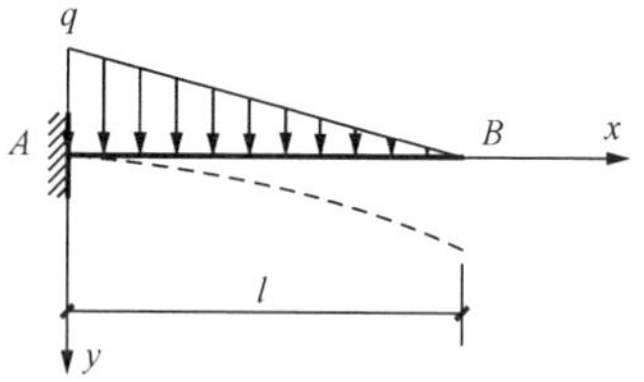 q A B x l y	$\theta_B=\frac{ql^3}{24EI}$	$y_{max}=y_B=\frac{ql^4}{30EI}$
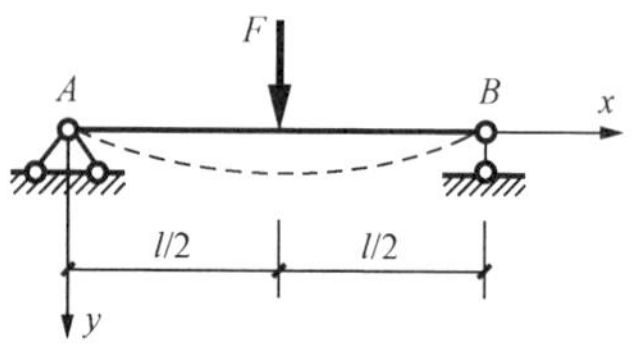 F A B x l/2 l/2 y	$\theta_A=\frac{Fl^3}{16EI}=-\theta_B$	$y_{max}=y\|_{x=\frac{l}{2}}=\frac{Fl^3}{48EI}$
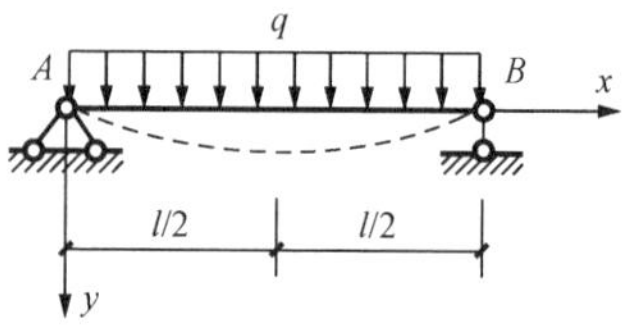 q A B x l/2 l/2 y	$\theta_A=\frac{ql^3}{24EI}=-\theta_B$	$y_{max}=y\|_{x=\frac{l}{2}}=\frac{5ql^4}{384EI}$
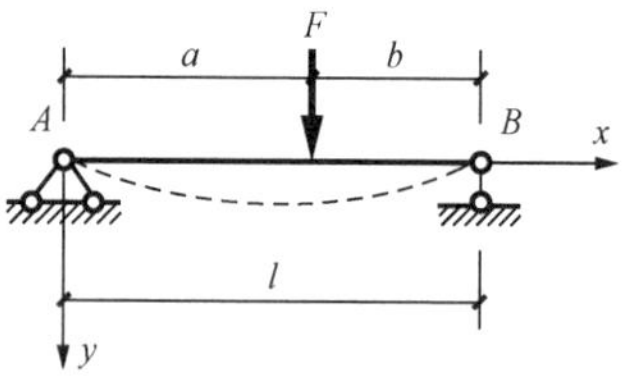 F a b A B x l y	$\theta_A=\frac{Fab(l+b)}{6lEI}$ $\theta_B=\frac{Fab(l+a)}{6lEI}$	$a>b$ $y_{max}=y\|_{x=x0}=\frac{Fb(l^2-b^2)\sqrt{l^2-b^2}}{9\sqrt{3}lEI}$ $x_0=\sqrt{\frac{l^2-b^2}{3}}$ $y\|_{x=\frac{l}{2}}=\frac{Fb}{48EI}(3l^2-4b^2)$
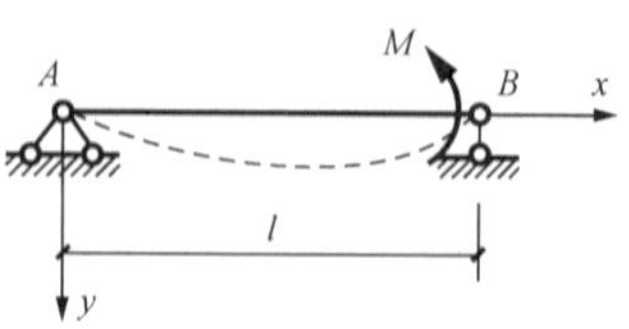 M A B x l y	$\theta_A=\frac{Ml}{6EI}$ $\theta_B=-\frac{Ml}{3El}$	$y_{max}=y\|_{x=x_0}=0.064\ 2\frac{Ml^2}{EI}$ $x_0=0.578l$ $y\|_{x=\frac{l}{2}}=\frac{Ml^2}{16EI}$
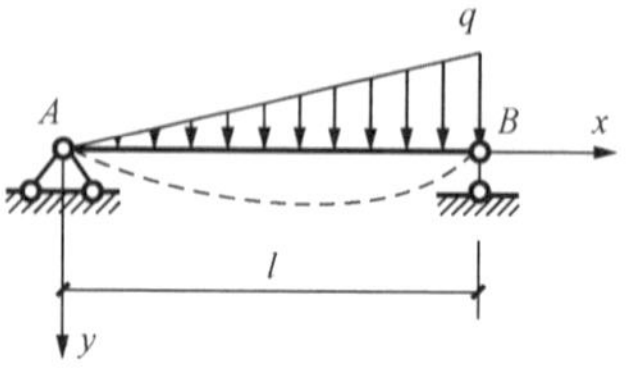 q A B x l y	$\theta_A=\frac{7}{360}\frac{ql^3}{EI}$ $\theta_B=-\frac{ql^3}{45EI}$	$y_{max}=y\|_{x=x_0}=0.065\ 4\frac{ql^4}{EI}$ $x_0=0.519l$

续表

梁的形式及荷载情况	梁端转角	最大挠度 $y_{\max}$
	$\theta_A=\dfrac{5ql^3}{192EI}=-\theta_B$	$y_{\max}=y\mid_{x=\frac{l}{2}}=\dfrac{ql^4}{120EI}$
	$\theta_A=-\dfrac{Fal}{6EI}=-\dfrac{1}{2}\theta_B$ $\theta_C=\dfrac{Fa}{6EI}(2l+3a)$	$y_C=\dfrac{Fa^2}{3EI}(l+a)$
	$\theta_A=-\dfrac{Ml}{6EI}=-\dfrac{1}{2}\theta_B$ $\theta_C=\dfrac{M}{3EI}(l+3a)$	$y_C=\dfrac{Ma}{6EI}(2l+3a)$

四、梁的刚度校核

梁的挠度与转角的计算解决后，现在可以建立起梁的刚度条件。结构规范规定，梁在荷载标准值作用下的最大挠度 $y_{\max}$ 不应超过某一量值 $[y]$，$[y]$ 称为许可挠度，它随着情况的不同而变化，通常在规范中按跨度的若干分之一的方式给出。因此刚度条件就成为如下的表达式，即

$$|y_{\max}|\leqslant[y] \qquad (7\text{-}39)$$

【例 7-18】 校核图 7-48（a）所示工字形钢梁横截面上正应力的强度与刚度。工字钢型号为 No. 25b，$E=210\text{GPa}$，许可挠度 $[y]=\dfrac{l}{400}$。

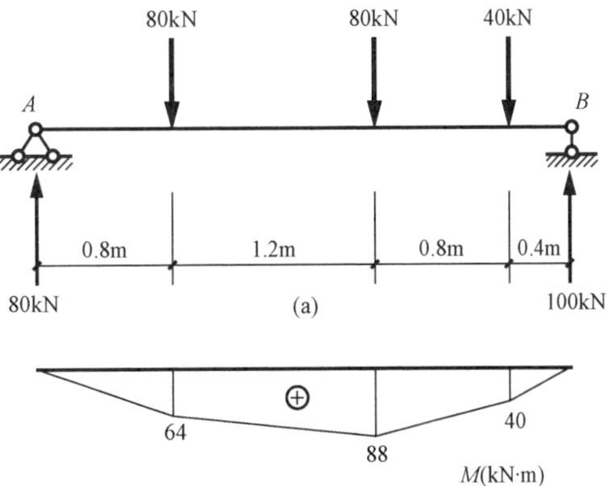

图 7-48

解 求两支座反力，有 $F_A=80\text{kN}$，$F_B=100\text{kN}$，作弯矩图如图 7-48（b）所示，最大弯矩为 $M_{\max}=88\text{kN}\cdot\text{m}$，No. 25b 工字钢的 W_z，查表为 $423\times10^{-6}\text{m}^3$。梁横截面上弯曲最大正应力

$$\sigma_{\max}=\frac{M_{\max}}{W_z}=\frac{88\times10^3}{423\times10^{-6}}=208(\text{MPa})<[\sigma]=215\text{MPa}$$

强度条件满足。

求梁的最大挠度时，为简化计算采用叠加法，并且以跨中挠度代替梁最大挠度，应用表 7-2，可以得到

$$y_{max}=\frac{1}{48EI_z}[60\times0.8\times(3\times3.2^2-4\times0.8^2)+80\times1.2\times(3\times3.2^2-4\times1.2^2)$$
$$+40\times0.4\times(3\times3.2^2-4\times0.4^2)]$$
$$=\frac{4228\times10^3}{48\times210\times10^9\times5280\times10^{-8}}$$
$$=0.00793(\text{m})=7.93\text{mm}<[y]=\frac{3.2\times1000}{400}=8(\text{mm})$$

【例 7-19】 校核图 7-49 所示悬臂木梁的刚度条件。已知弹性模量 $E=10\text{GPa}$，$[y]=\frac{l}{200}\times2$（规范规定，对悬臂构件或伸臂端的容许挠度应乘 2）。

解 木梁截面惯性矩 $I_z=\frac{0.12\times0.2^3}{12}=80\times10^{-6}$（$\text{m}^4$），按叠加法悬臂梁最大挠度 $y_B=y_{max}$，有

$$y_{max}=\frac{Fl^3}{3EI_z}+\frac{F\left(\frac{l}{2}\right)^2}{6EI_z}\left(3l-\frac{l}{2}\right)=\frac{7Fl^3}{16EI_z}$$
$$=\frac{7\times6\times10^3\times2^3}{16\times10\times10^9\times80\times10^{-6}}=2.6(\text{cm})$$
$$[y]=\frac{l}{200}\times2=\frac{200}{200}\times2=2(\text{cm})$$

$|y_{max}|>[y]$刚度不能满足。建议读者修改此设计。

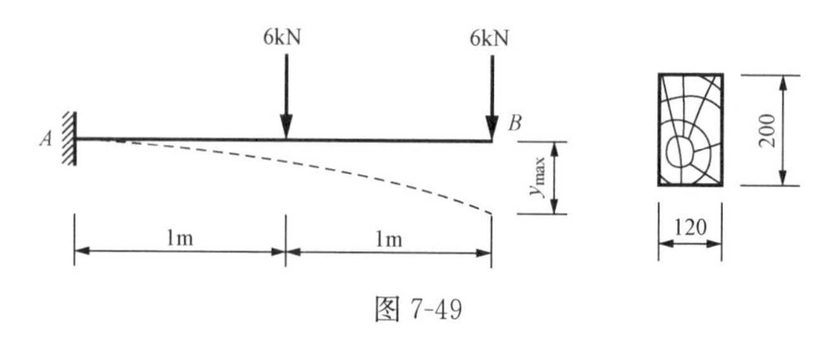

图 7-49

如何增加梁的刚度这是一个非常重要的课题。增加刚度的主要目的在于减小挠度，从挠度计算公式可以看到，挠度除与荷载有关外，还主要与 E、I_z、l 三项有关。增大弹性模量 E 可以减小挠度，但对于钢材而言，各种强度的钢材其弹性模量大体一致，因此为了增加刚度特别选用优质高强度钢材并不是好的方法。由于木材的弹性模量要大大低于钢材，因此一般来说，以钢代木会显著提高刚度。在相同材料下选用大惯性矩的截面，是增加梁刚度的有效方法，如各种型钢截面的选用，此外如箱形截面，环形截面等的应用，还需注意截面位置的布置方式，如横放、竖放等都应使 I_z 增大。梁的挠度对梁的跨度特别敏感，因为它将与跨度的不同次幂成正比。例如在均布荷载下，挠度将与跨度 4 次方成正比，跨度增大一倍，挠度将增加 15 倍。因此对大跨度的梁要特别注意刚度要求。增加支座减小跨度是增加刚度的重要措施，但这样经常要遇到连续梁（超静定梁），需要按超静定方法去求解。在均布荷载作用下采用伸臂梁，利用支座处的负弯矩使跨中挠度降低，也是一种常用的形式。

思考题

7-1 用什么方法求指定截面上的剪力和弯矩？

7-2 对梁而言，凡力的指向向上，无论对任何截面均产生正弯矩。这个结论是否正确？

7-3 集中力下弯矩是否连续？集中力偶下剪力是否有变化？

7-4 当梁的支座、跨度、荷载以及横截面均相同时，钢梁与木梁的最大应力 $\sigma_{\max}$ 或 $\tau_{\max}$ 是否相同？

7-5 中性轴的位置是利用什么条件确定的？

7-6 对于抗压、抗拉强度不相同的材料制成的梁，怎样选择最合理的截面形式？

7-7 将跨中集中力均匀分布在全简支梁上，其最大挠度差为多少倍？

7-8 刚度不满足时可从哪些方面提高梁的刚度？

习 题

7-1 求图 7-50 所示梁 1—1、2—2 截面上的内力。

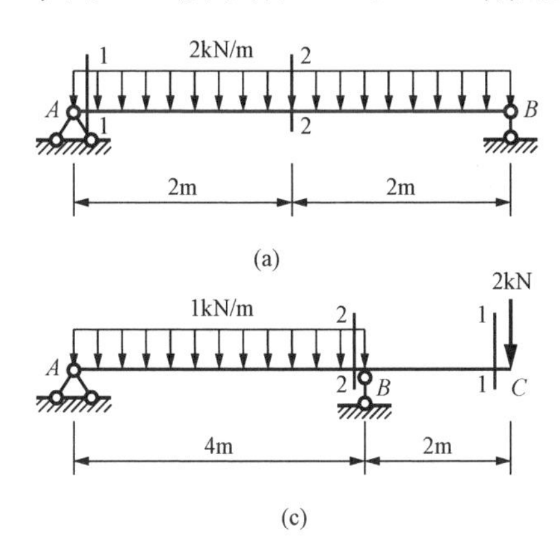

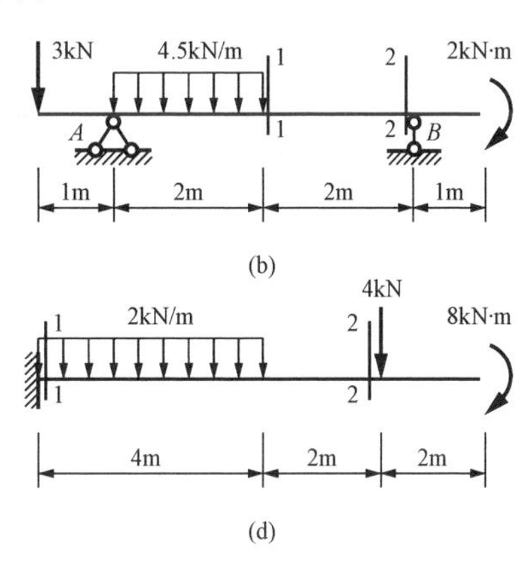

图 7-50

7-2 若将坐标原点定在图 7-51 所示梁的 A 点，试列出该梁的弯矩方程和剪力方程。

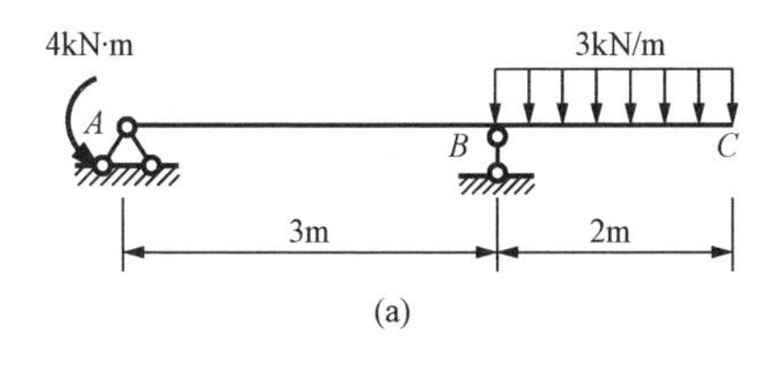

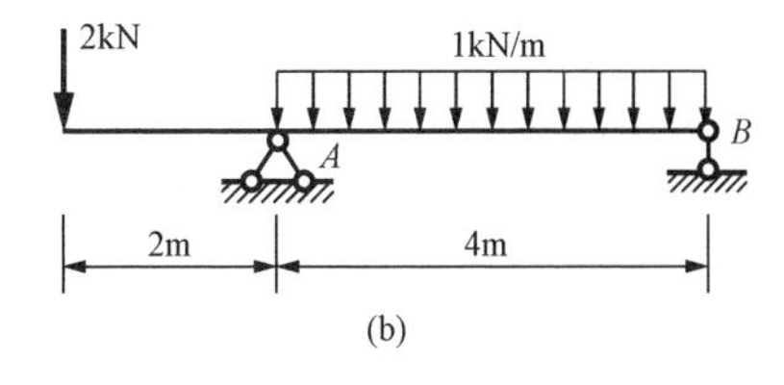

图 7-51

7-3 列方程作图 7-52 所示梁的剪力图和弯矩图。

7-4 用简捷法作图 7-53 所示梁内力图，并求出 $|F_S|_{\max}$、$|M|_{\max}$。

7-5 检查图 7-54 所示各 M 图是否有错误，有错误的请改正。

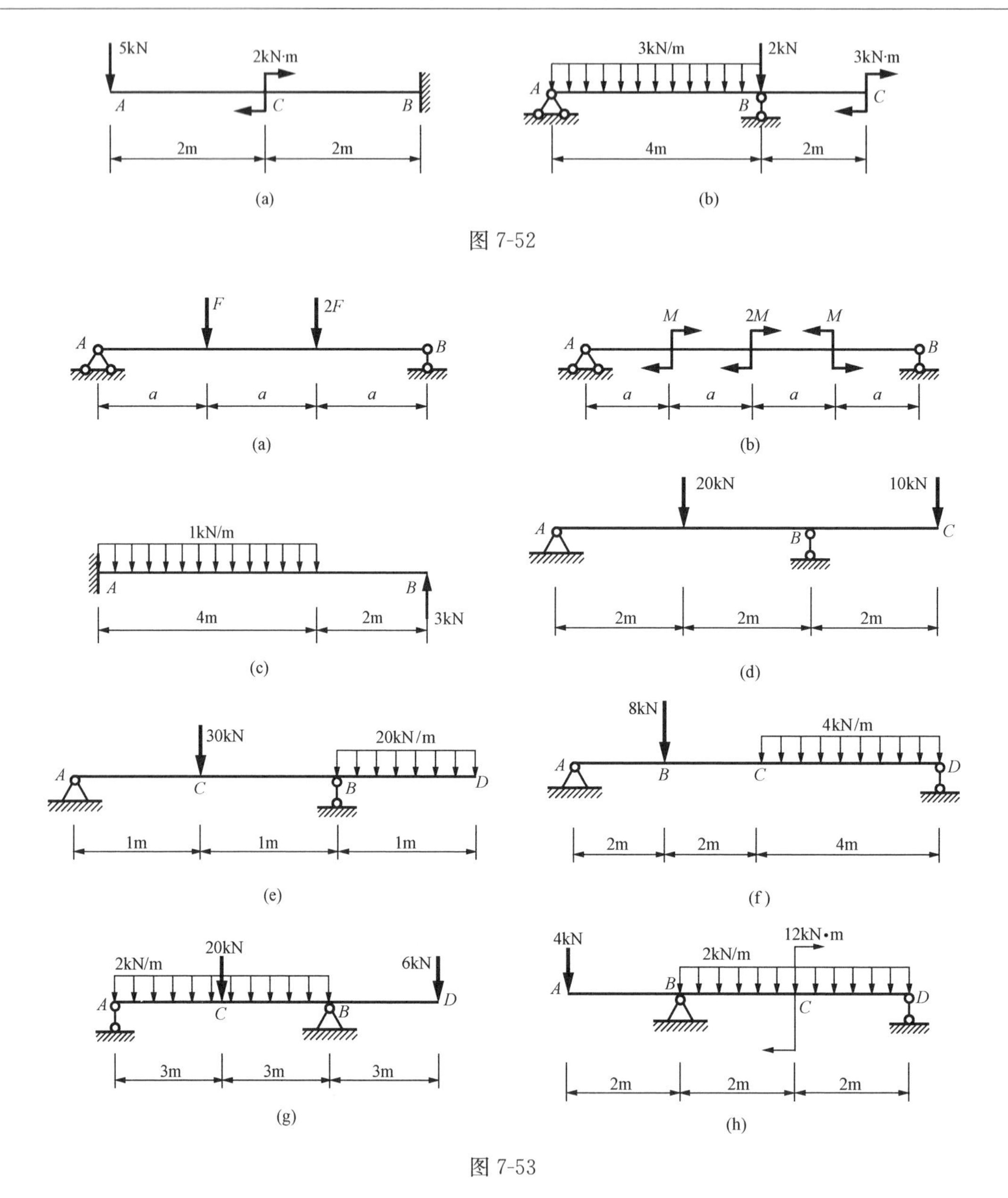

图 7-52

图 7-53

7-6　梁在铅垂平面内受外力作用而弯曲，当梁具有图 7-55 所示各种形状的横截面时，试分别绘出各横截面上的正应力沿其高度变化的分布图。

7-7　厚度为 1.6mm 的带锯，卷成直径为 3m 的圆环，求此时带锯横截面上的最大正应力。已知弹性模量 $E=210\text{GPa}$。

7-8　计算图 7-56 所示悬臂梁危险截面处的 A、B、C 三点的正应力数值。

7-9　一悬臂构件如图 7-57 所示，q 为自重，若各部分尺寸均放大 4 倍，其最大正应力 σ_{max} 是否也放大 4 倍。

7-10　简支梁的荷载情况及尺寸如图 7-58 所示，试求梁的下边缘的总伸长。设弹性模量为 E。

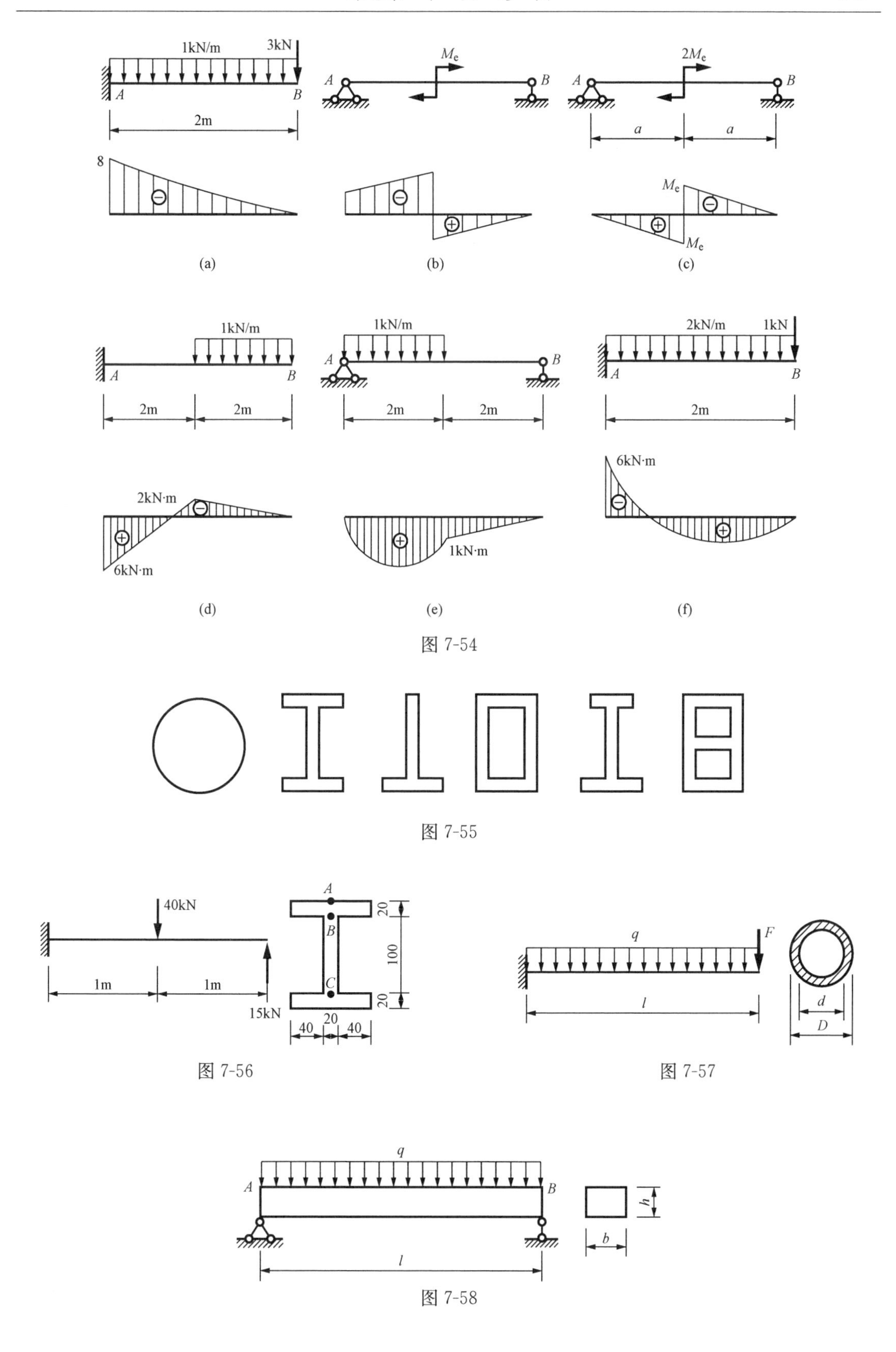

图 7-54

图 7-55

图 7-56

图 7-57

图 7-58

7-11 铸铁梁的受荷载情况及截面尺寸如图 7-59 所示。已知抗拉许用应力 $[\sigma]_t = 50\text{MPa}$，抗压许用应力 $[\sigma]_c = 125\text{MPa}$，荷载为设计值。试按正应力强度条件校核梁的强度。

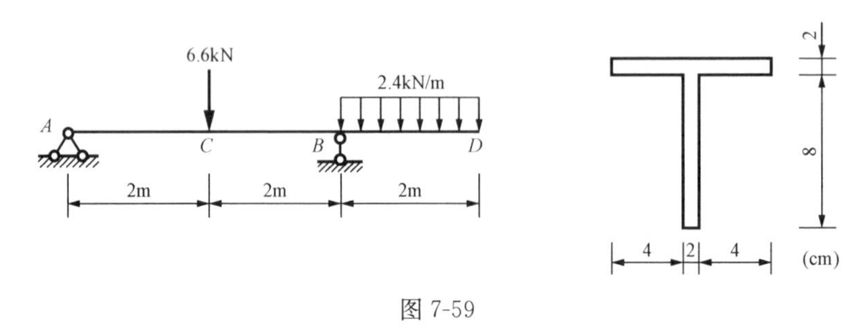

图 7-59

7-12 一简支木梁受力如图 7-60 所示，荷载 $F = 5\text{kN}$，距离 $a = 0.7\text{m}$，材料的许用弯曲正应力 $[\sigma] = 10\text{MPa}$，横截面为 $h/b = 3$ 的矩形。试按正应力强度条件确定梁横截面的尺寸。

7-13 图 7-61 所示一矩形截面简支梁在跨中承受集中荷载 F，求出此梁的最大切应力和最大正应力之比。

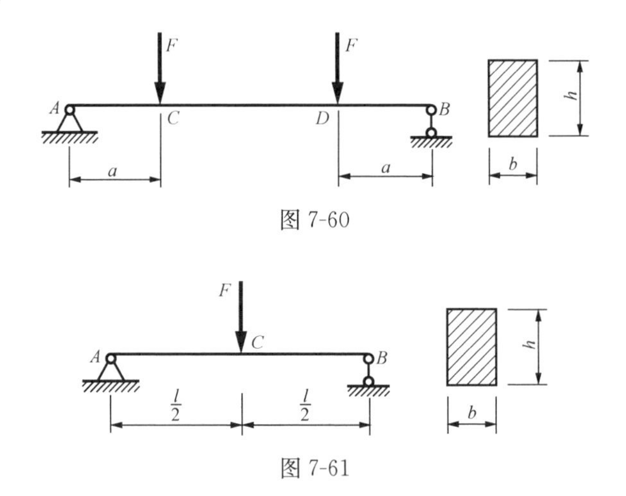

图 7-60

图 7-61

7-14 矩形截面梁受荷载如图 7-62 所示，试求出图中所标明横截面上各点的正应力和切应力。

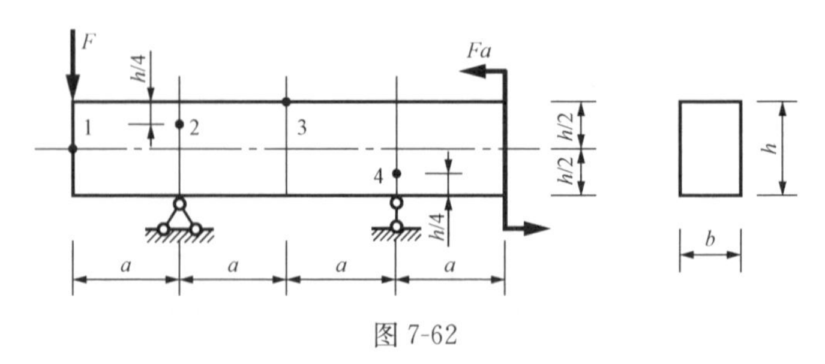

图 7-62

7-15 简支梁受均布荷载作用如图 7-63 所示，若采用两种截面面积相等的实心和空心圆，$D_1 = 40\text{mm}$，$\dfrac{d_2}{D_2} = \dfrac{3}{5}$。试分别计算其最大正应力，并求出空心截面比实心截面的最大正应力减少了百分之几？

7-16 一矩形截面木梁，其截面尺寸及荷载如图 7-64 所示，$q=1.3\text{kN/m}$ 为设计值。许用弯曲切应力 $[\tau]=2.5\text{MPa}$，许用弯曲正应力 $[\sigma]=12\text{MPa}$，试校核梁的正应力和切应力强度。

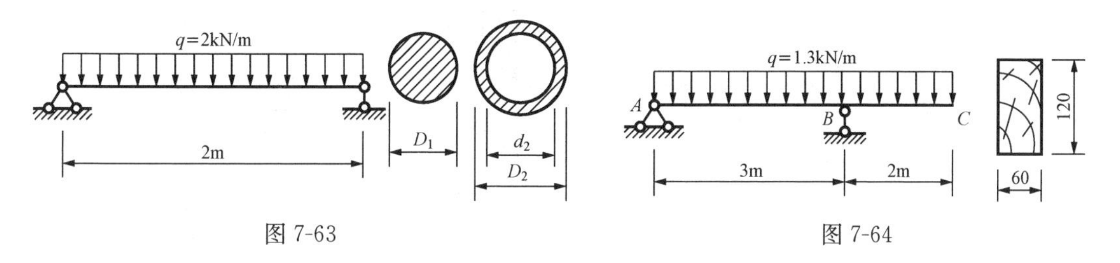

图 7-63　　图 7-64

7-17 如图 7-65 所示矩形截面木梁。已知高宽比为 $\dfrac{h}{b}=\dfrac{3}{2}$，$[\sigma]=10\text{MPa}$，$[\tau]=1.2\text{MPa}$，此截面尺寸应为多少？

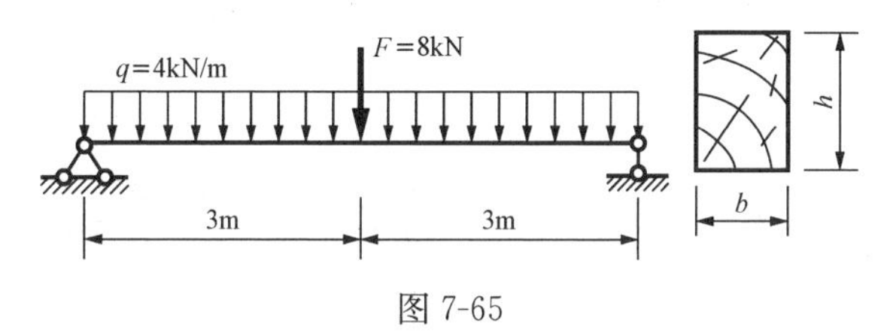

图 7-65

7-18 将直径为 d 的圆柱木料刨成矩形截面梁，如图 7-66 所示。使该矩形截面抗弯截面模量最大，高度 h 和宽度 b 的比值是多少？

7-19 图 7-67 所示木梁受一可移动的荷载 $F=40\text{kN}$ 作用。已知 $[\sigma]=10\text{MPa}$，$[\tau]=3\text{MPa}$。木梁的横截面为矩形，其高度与宽度之比 $\dfrac{h}{b}=\dfrac{3}{2}$，此梁截面尺寸应为多少？

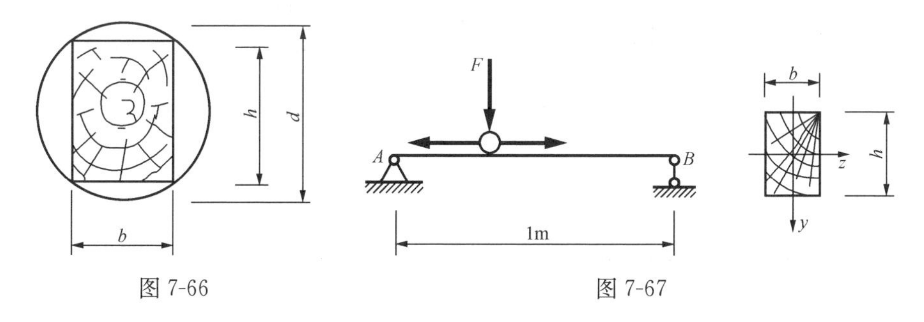

图 7-66　　图 7-67

7-20 一正方形截面的悬臂木梁，其尺寸及所受荷载如图 7-68 所示。木材的 $[\sigma]=12\text{MPa}$。现需要在梁的截面 C 上中性轴处钻一直径为 d 的圆孔，问在保证该梁强度的条件下，圆孔的最大直径 d（不考虑圆孔处应力集中的影响）可达多少？

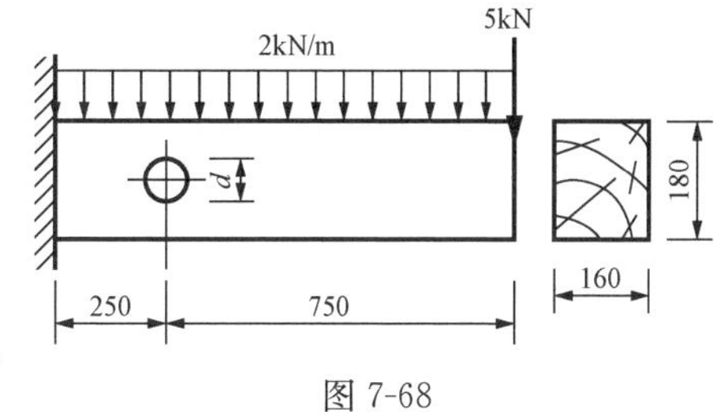

图 7-68

7-21 外伸梁如图 7-69 所示，已知荷载 $F=$

10kN，$q=5\text{kN/m}$，$[\sigma]=160\text{MPa}$。如为梁选择矩形（高宽比 $\frac{h}{b}=2$）和圆管（内外径之比 $\frac{d}{D}=0.6$）截面尺寸，试求矩形截面的高度和圆管的外径的大小。

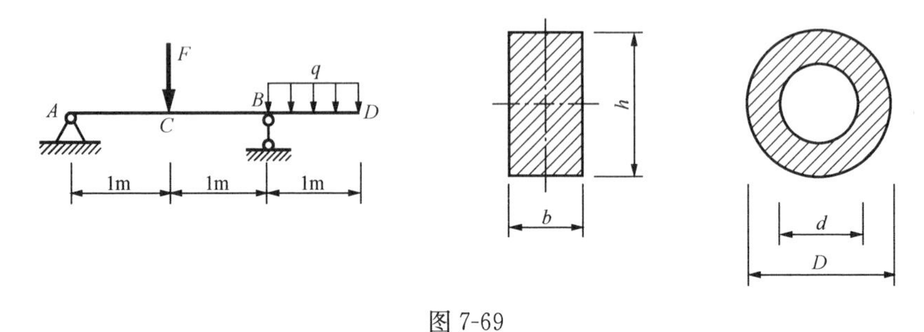

图 7-69

7-22　一矩形截面梁，其截面尺寸及荷载如图 7-70 所示，$q=1.3\text{kN/m}$，已知 $[\sigma]=10\text{MPa}$，$[\tau]=2\text{MPa}$，试校核此梁的正应力强度和切应力强度。

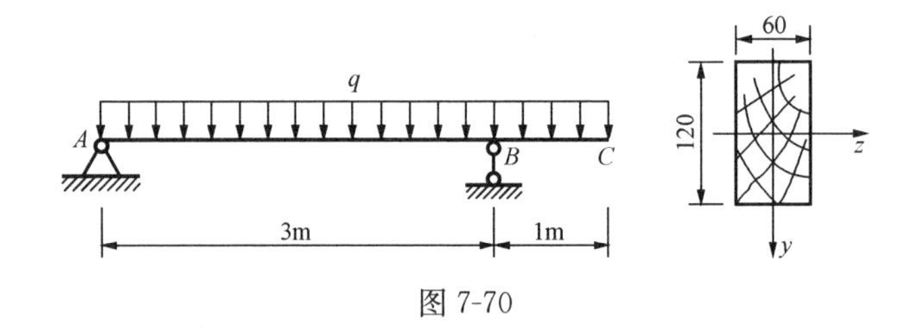

图 7-70

7-23　用积分法求图 7-71 各梁的指定位移。EI=常数。

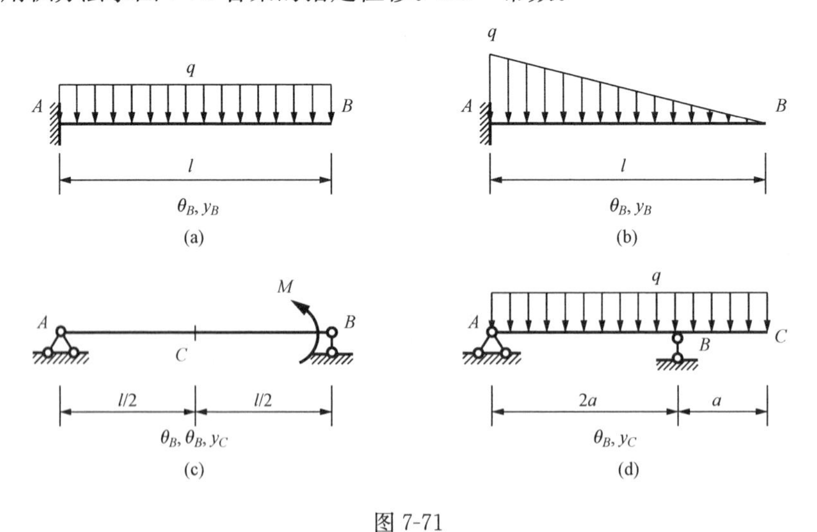

图 7-71

7-24　如图 7-72 所示，荷载 $F=10\text{kN}$，$E=210\text{GPa}$，截面为 20a 工字钢，$[y]=\frac{l}{400}$，考虑自重。试验算刚度。

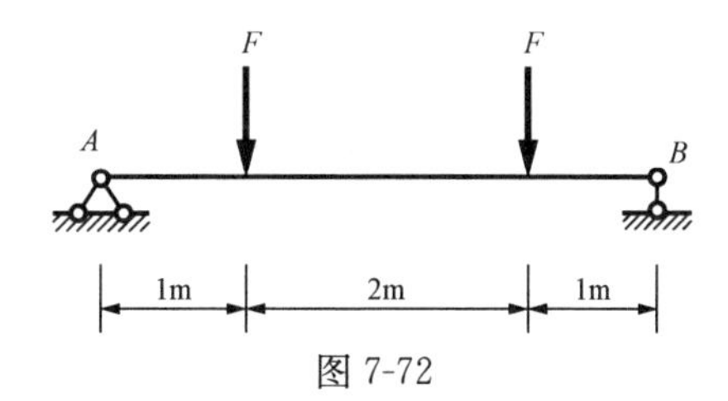

图 7-72

习题参考答案

7-1 (a) $M_{1-1}=0$，$F_{S1-1}=4\text{kN}$，$M_{2-2}=4\text{kN}\cdot\text{m}$，$F_{S2-2}=0$；

(b) $M_{1-1}=2\text{kN}\cdot\text{m}$，$F_{S1-1}=-2\text{kN}$，$M_{2-2}=-2\text{kN}\cdot\text{m}$，$F_{S2-2}=-2\text{kN}$；

(c) $M_{1-1}=0$，$F_{S1-1}=2\text{kN}$，$M_{2-2}=-4\text{kN}\cdot\text{m}$，$F_{S2-2}=-3\text{kN}$；

(d) $M_{1-1}=-48\text{kN}\cdot\text{m}$，$F_{S1-1}=12\text{kN}$，$M_{2-2}=-8\text{kN}\cdot\text{m}$，$F_{S2-2}=4\text{kN}$；

7-2、7-3 略

7-4 (a) $|M|_{\max}=1.67Pa$，$|F_S|_{\max}=1.67P$；

(b) $|M|_{\max}=2M$，$|F_S|_{\max}=\dfrac{M}{2a}$；

(c) $|M|_{\max}=10.5\text{kN}\cdot\text{m}$，$|F_S|_{\max}=3\text{kN}$；

(d) $|M|_{\max}=20\text{kN}\cdot\text{m}$，$|F_S|_{\max}=15\text{kN}$；

(e) $|M|_{\max}=20\text{kN}\cdot\text{m}$，$|F_S|_{\max}=20\text{kN}$；

(f) $|M|_{\max}=24.5\text{kN}\cdot\text{m}$，$|F_S|_{\max}=14\text{kN}$；

(g) $|M|_{\max}=30\text{kN}\cdot\text{m}$，$|F_S|_{\max}=19\text{kN}$；

(h) $|M|_{\max}=8\text{kN}\cdot\text{m}$，$|F_S|_{\max}=5\text{kN}$

7-5、7-6 略

7-7 $\sigma_{\max}=112\text{MPa}$

7-8 $\sigma_A=-64.8\text{MPa}$，$\sigma_B=-46.3\text{MPa}$，$\sigma_C=46.3\text{MPa}$（拉）

7-9 不是

7-10 $\Delta L=\dfrac{ql^3}{2Ebh^2}$

7-11 C 截面 $\sigma_{\max t}=90.6\text{MPa}>[\sigma]$ 不满足强度要求

7-12 $b=61.5\text{mm}$，$h=184.5\text{mm}$

7-13 $\dfrac{\tau_{\max}}{\sigma_{\max}}=\dfrac{h}{2l}$

7-14 $\sigma_1=0$，$\tau_1=\dfrac{3F}{2bh}$；$\sigma_4=\dfrac{3Fa}{bh^2}$，$\tau_4=\dfrac{9F}{8bh}$

7-15 实心截面 $\sigma_{\max}=159\text{MPa}$，空心截面 $\sigma_{\max}=93.6\text{MPa}$

7-16 $\sigma_{\max}=18.1\text{MPa}<[\sigma]$，$\tau_{\max}=0.59\text{MPa}<[\tau]$，强度满足要求

7-17 选 $b=20\text{cm}$，$h=30\text{cm}$

7-18 $\dfrac{h}{b}=\sqrt{2}$

7-19 $h \geqslant 208\text{mm}$，$b \geqslant 139\text{mm}$

7-20 $d=150\text{mm}$

7-21 $h=65.6\text{mm}$，$D=65\text{mm}$

7-22 $\sigma_{\max}=7.99\text{MPa}<[\sigma]$；$\tau_{\max}=0.452\text{MPa}<[\tau]$

7-23 （a）$y_B=\dfrac{ql^4}{8EI}$，$\theta_B=\dfrac{ql^3}{6EI}$；

（b）$y_B=\dfrac{q_0 l^4}{30EI}$，$\theta_B=\dfrac{q_0 l^3}{24EI}$；

（c）$y_C=\dfrac{Ml^2}{16EI}$，$\theta_A=\dfrac{Ml}{6EI}$，$\theta_B=-\dfrac{Ml}{3EI}$

（d）$y_C=\dfrac{qa^4}{8EI}$

7-24 $y_{\max}=3.87\text{mm}<[y]=4\text{mm}$

第八章　组　合　变　形

前面各章节中分别讨论了杆件轴向拉伸（压缩）、剪切、扭转和平面弯曲等基本变形。但工程实际中，由于结构所受荷载是复杂的，大多数构件往往会发生两种或两种以上的基本变形。如果其中一种基本变形是主要的，而其他基本变形所产生的应力、应变相对较小，则按照主要变形计算。如果几种基本变形所引起的应力、应变属于同一个数量级，则称为组合变形。在建筑和机械结构中，同时发生几种基本变形的构件是很多的。如图 8-1 所示的挡土墙，除由本身的自重而引起压缩变形外，还由于承受土壤水平压力的作用而产生弯曲变形。如图 8-2 所示的齿轮轴在工作时发生弯曲和扭转的组合变形。

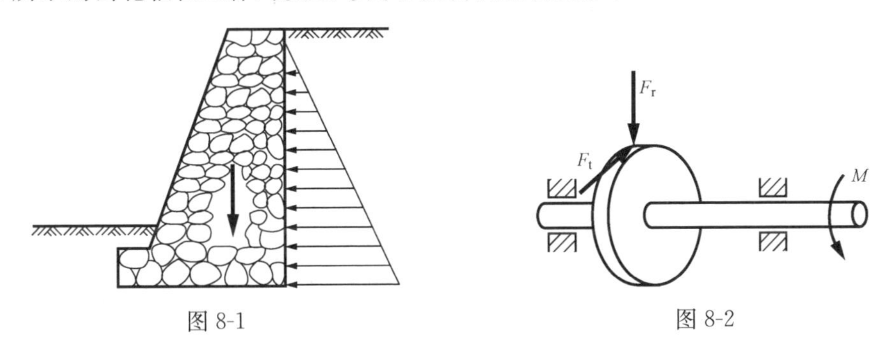

图 8-1　　　　图 8-2

材料在线弹性、小变形的前提下，杆件虽然同时发生几种基本变形，但每一种基本变形都可以认为是各自独立、互不影响的。于是，可以应用叠加原理，首先将构件的组合变形分解为几种基本变形；然后分别计算构件在每一种基本变形情况下的应力；最后将同一点的应力叠加起来，便可得到构件在组合变形情况下的应力。最后确定构件的危险截面、危险点的位置和危险点的应力状态，并据此做强度校核。

第一节　斜　弯　曲

在前面章节已经讨论了平面弯曲问题，对于具有纵向对称面（形心主轴与梁轴组成的平面）的梁，当所有外力或外力偶作用在梁的纵向对称面内时，梁变形后的轴线是一条位于纵向对称面内的平面曲线，因而称之为平面弯曲（亦称对称弯曲）。在工程实际中，有的梁具有两个相互垂直的纵向对称面（对于一般截面的梁是形心主轴与梁轴组成的平面），如果梁的两个纵向对称面同时承受横向力作用，杆件将在相互垂直的两个纵向对称面内同时发生弯曲变形，这种变形称为斜弯曲，即两向平面弯曲的组合。如图 8-3（a）所示，屋架上的檩条梁，其矩形截面具有两个对称轴，从屋面板传送到檩条梁上的荷载垂直向下，荷载作用线虽通过横截面的形心，但不与 y、z 两对称轴重合。如果将荷载沿 y、z 两对称轴分解，如图 8-3（b）所示，此时梁在两个分荷载作用下，分别在横向对称平面（Oxz 平面）和竖向对称平面（Oxy 平面）内发生平面弯曲。

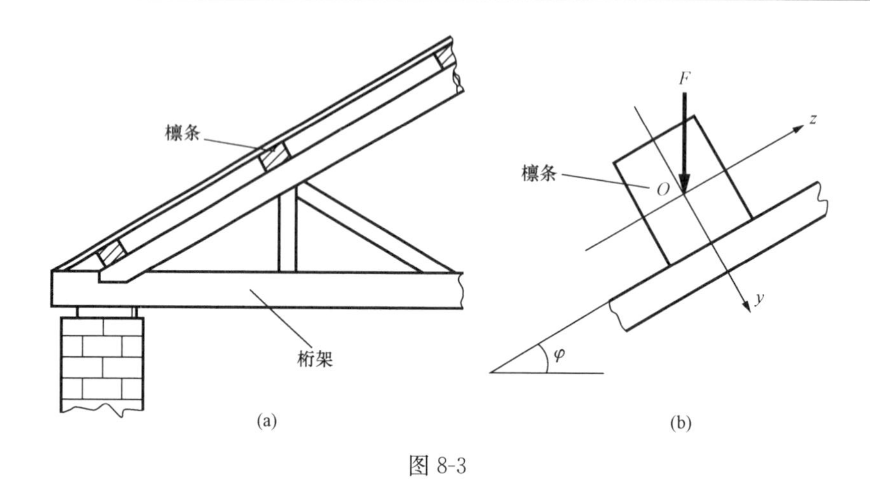

图 8-3

现以如图 8-4（a）所示的矩形截面悬臂梁为例，讲解斜弯曲问题的求解。设在梁的自由端受一集中力 F 的作用，力 F 作用线垂直于梁轴线，且与纵向对称轴 y 成一夹角 φ，当梁发生斜弯曲时，求梁上距自由端为 x 的任一截面 $m—m$ 上，点 $K(y、z)$ 处的应力［图 8-4（b）］。

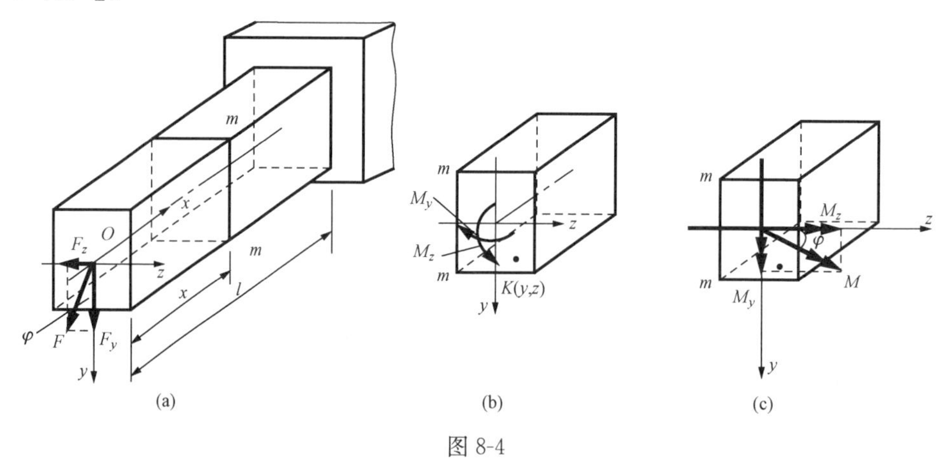

图 8-4

将力 F 沿 y、z 两轴分解为

$$F_y = F\cos\varphi, \quad F_z = F\sin\varphi$$

由 F_y 和 F_z 在截面 $m—m$ 上产生的弯矩为

$$\left.\begin{aligned} M_z &= F_y x = Fx\cos\varphi \\ M_y &= F_z x = Fx\sin\varphi \end{aligned}\right\}$$

M_z 和 M_y 的转向及 M_z、M_y 及合成弯矩 $M(M=\sqrt{M_z^2+M_y^2})$ 的矢量方向如图 8-4（b）、（c）所示。梁的任意横截面 $m—m$ 上任一点 $K(y, z)$ 处，由弯矩 M_z 和 M_y 引起的正应力分别为

$$\sigma' = -\frac{M_z}{I_z}y$$

$$\sigma'' = \frac{M_y}{I_y}z$$

于是，由叠加原理，在 F_y、F_z 同时作用下，截面 $m—m$ 上 K 点处的总的正应力

$$\sigma=\sigma'+\sigma''=-\frac{M_z}{I_z}y+\frac{M_y}{I_y}z \tag{8-1}$$

式（8-1）是梁在斜弯曲情况下计算任一横截面上正应力的一般表达式。式中，I_z 和 I_y 分别为横截面关于对称轴 z 和 y 的惯性矩；M_z 和 M_y 分别是截面上位于铅垂（Oxy）和水平（Oxz）对称平面内的弯矩，其矩矢分别与 z 轴和 y 轴正向相一致。在应用此公式时，可以先不考虑弯矩 M_z、M_y 和坐标 y、z 的正负号，以其绝对值代入式中，σ' 和 σ'' 的正负号可根据杆件弯曲变形情况确定，若点位于弯曲拉伸区，则该项应力为拉应力，取正号；若位于压缩区，则为压应力，取负号。

在工程计算中，梁在斜弯曲情况下，其强度计算仍是以最大正应力作为控制因素。需要首先确定危险截面和危险点的位置。由图 8-4（a）可以看出，在悬臂梁固定端截面处弯矩 M_z 和 M_y 均达到最大值，故该截面是危险截面。为确定此截面上正应力最大的点，必须先确定该截面中性轴的位置。由于中性轴上各点处的正应力均为零，令 y_0、z_0 代表中性轴上任一点的坐标，将其代入式（8-1），可得中性轴方程

$$-\frac{M_z}{I_z}y_0+\frac{M_y}{I_y}z_0=0 \tag{8-2}$$

式（8-2）是斜弯曲时横截面中性轴方程的普遍形式。从公式可见，中性轴是一条通过横截面形心的直线，只要定出该直线的斜率（或倾角 θ），就可以决定中性轴的位置，从图 8-5（a）可以看出

$$\tan\theta=\frac{y_0}{z_0}=\frac{M_y}{M_z}\frac{I_z}{I_y}=\frac{F_z}{F_y}\frac{I_z}{I_y}=\frac{I_z}{I_y}\tan\varphi \tag{8-3}$$

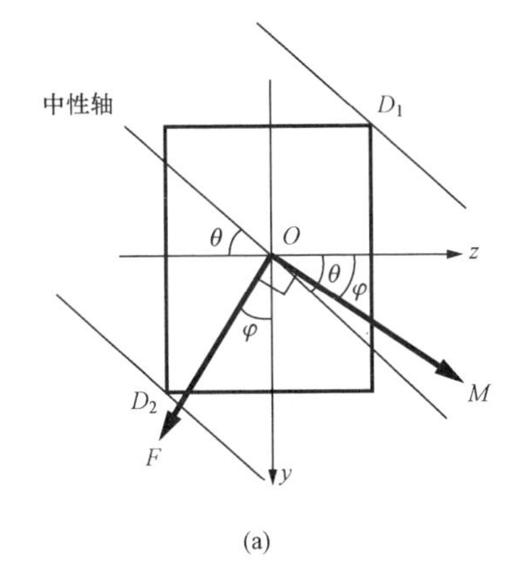

(a)

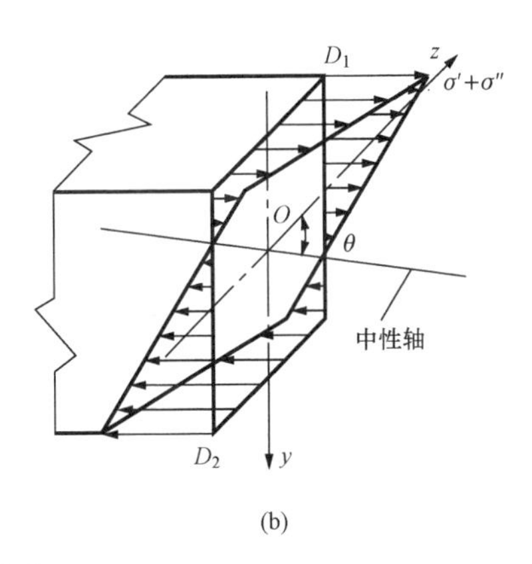

(b)

图 8-5

式中，角度 φ 是横截面上的合成弯矩 M 的矢量与 z 轴间的夹角。在一般情况下，梁截面的两个主惯性矩并不相等，即 $I_z\neq I_y$，$\theta\neq\varphi$，所以中性轴与合成弯矩 M 的矢量方向并不一致，这是斜弯曲的特点。显然，对于圆形、正方形等 $I_z=I_y$ 的截面，有 $\theta=\varphi$，中性轴与合成弯矩 M 的矢量方向一致。此时，若 φ 角为一恒定值，梁所发生的弯曲总是平面弯曲。但是，需要指出，有些情况下，合成弯矩 M 的矢量与 z 轴间的夹角 φ 是关于截面位置坐标 x 的函数，因此，即使截面的 $I_z=I_y$，$\theta=\varphi$，挠曲线也不一定是平面曲线，而是一条空间曲线。

梁的最大正应力显然会发生在最大弯矩所在截面上离中性轴最远的点。当中性轴的位置

确定后，作平行于中性轴的两直线，分别与横截面周边相切于 D_1、D_2 两点，如图 8-5（a）所示，该两点即分别为截面上的最大拉应力和最大压应力的点，其总的正应力分布如图 8-5（b）所示。将最大弯矩 M_{max} 和 D_1、D_2 两点的坐标（y，z）代入式（8-1），可以得到横截面上的最大拉、压应力。

对于工程中常用的，具有棱角的横截面（如矩形、工字形等），在计算最大正应力时，可以不必先确定中性轴的位置，而直接根据两个相互垂直的平面弯曲的正应力分布情况，直观判断正应力最大点的位置，用叠加原理来计算出最大正应力的值。因斜弯曲时，危险点处于单向应力状态，故强度条件为

$$\sigma_{max} \leqslant [\sigma] \tag{8-4}$$

【例 8-1】 如图 8-6（a）所示一个简支梁，用 32a 工字钢制成。在梁跨中有一集中力 F 作用，已知 $l=5\text{m}$，$F=20\text{kN}$，$E=200\text{GPa}$，力 F 的作用线与横截面铅垂对称轴间的夹角为 $\varphi=20°$，且通过横截面的形心。钢的许用应力为 $[\sigma]=170\text{MPa}$。试按正应力强度条件校核此梁的强度。

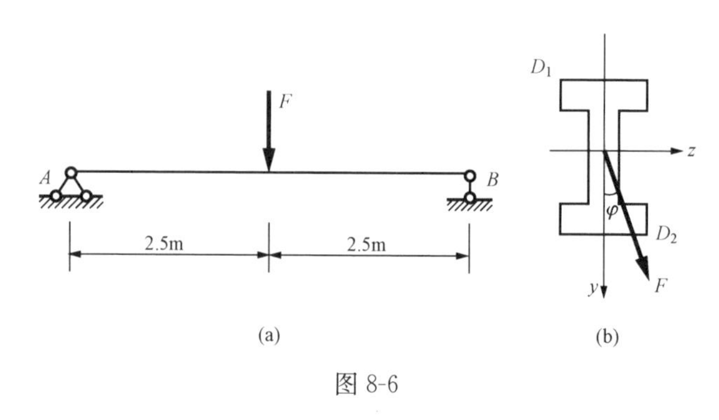

图 8-6

解 荷载 F 在 y 轴和 z 轴上的分量为

$$F_y = F\cos\varphi = 18.79\text{kN}$$

$$F_z = F\sin\varphi = 6.84\text{kN}$$

该梁跨中截面为危险截面，其弯矩值为

$$M_{z\max} = \frac{1}{4}F_y l = \frac{1}{4} \times 18.79 \times 5 = 23.49(\text{kN} \cdot \text{m})$$

$$M_{y\max} = \frac{1}{4}F_z l = \frac{1}{4} \times 6.84 \times 5 = 8.55(\text{kN} \cdot \text{m})$$

根据梁的变形情况可知，最大应力发生在 D_1、D_2 两点，如图 8-6（b）所示，其中 D_1 为最大拉应力点，D_2 为最大压应力点，其绝对值相等，即

$$\sigma_{max} = \frac{M_{z\max}}{W_z} + \frac{M_{y\max}}{W_y}$$

由型钢表查得

$$W_z = 692\text{cm}^3 = 692 \times 10^{-6}\text{m}^3, \quad W_y = 70.8\text{cm}^3 = 70.8 \times 10^{-6}\text{m}^3$$

代入上式，得危险点处的正应力为

$$\sigma_{max} = \frac{23.49 \times 10^3}{692 \times 10^{-6}} + \frac{8.55 \times 10^3}{70.8 \times 10^{-6}} = 154.7(\text{MPa}) < [\sigma]$$

可见，此梁满足正应力的强度条件。

第二节 拉压与弯曲组合变形

作用在杆件上的外力，当其作用线与杆的轴线平行但不重合时，杆件就受到偏心压缩(拉伸)。对这类问题，仍然可以运用叠加原理解决。

一、单向偏心压缩（拉伸）

图 8-7（a）所示的柱子，荷载 F 的作用线与柱的轴线不重合，称为偏心力，其作用线与轴线间的距离 e 称为偏心距。偏心力 F 通过截面一根形心主轴时，称为单向偏心受压。

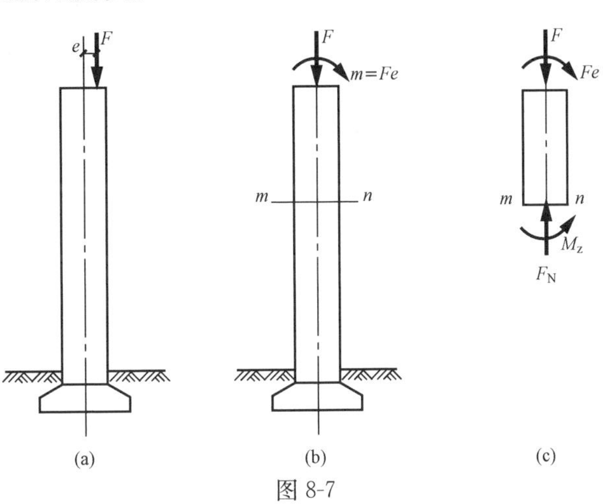

图 8-7

1. 荷载简化和内力计算

将偏心力 F 向截面形心平移，得到一个通过轴线的轴向压力 F 和一个力偶矩 $m=Fe$ 的力偶，如图 8-7（b）所示。可见，偏心压缩实际上是轴向压缩和平面弯曲的组合变形。

运用截面法可求得任意横截面 $m—n$ 上的内力。由图 8-7（c）可知，横截面 $m—n$ 上的内力为轴力 F_N 和弯矩 M_z，其值分别为

$$F_N=F$$

$$M_z=Fe$$

显然，偏心受压的杆件，所有横截面的内力是相同的。

2. 应力计算

对于横截面上任一点 K（图 8-8），由轴力 F_N 引起的正应力为 $\sigma'=-\frac{F_N}{A}$，如图 8-8（b）所示；由弯矩 M_z 所引起的正应力为 $\sigma''=-\frac{M_z y}{I_z}$，如图 8-8（c）所示；根据叠加原理，$K$ 点的总应力为

$$\sigma=\sigma'+\sigma''=-\frac{F_N}{A}-\frac{M_z y}{I_z} \tag{8-5}$$

式中弯曲正应力 σ'' 的正负号由变形情况判定。当 K 点处于弯曲变形的受压区时取负值，处于受拉区时取正号。

3. 强度条件

从图 8-8（a）中可知：最大压应力发生在截面与偏心力 F 较近的边线 $n—n$ 线上；最大拉应力发生在截面与偏心力 F 较远的边线 $m—m$ 线上。其值分别为

$$\left.\begin{aligned}\sigma_{\min}=\sigma_{\text{cmax}}=\frac{F}{A}+\frac{M_z}{W_z}\\ \sigma_{\max}=\sigma_{\text{tmax}}=-\frac{F}{A}+\frac{M_z}{W_z}\end{aligned}\right\} \tag{8-6}$$

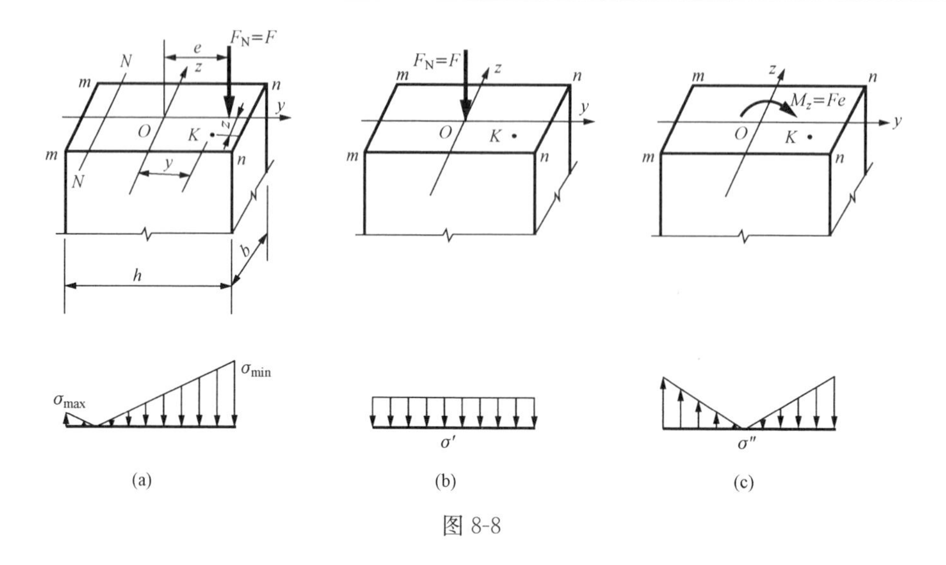

图 8-8

截面上各点均处于单向应力状态，所以单向偏心压缩的强度条件为

$$\left.\begin{aligned}\sigma_{\min}=\sigma_{\mathrm{cmax}}=\left|\frac{F}{A}+\frac{M_z}{W_z}\right|\leqslant[\sigma_{\mathrm{c}}]\\ \sigma_{\max}=\sigma_{\mathrm{tmax}}=-\frac{F}{A}+\frac{M_z}{W_z}\leqslant[\sigma_{\mathrm{t}}]\end{aligned}\right\}\tag{8-7}$$

对于单向偏心压缩，从图 8-8（a）可以看出，中性轴是一条与 z 轴平行的直线 N-N。

4. 讨论

下面来讨论当偏心受压柱是矩形截面时，截面边缘线上的最大正应力和偏心距 e 之间的关系。

图 8-8（a）所示的偏心受压柱，截面尺寸为 $b\times h$，$A=bh$，$W_z=\dfrac{bh^2}{6}$，$M_z=Fe$，将各值代入式（8-6），得

$$\sigma_{\max}=-\frac{F}{bh}+\frac{Fe}{\dfrac{bh^2}{6}}=-\frac{F}{bh}\left(1-\frac{6e}{h}\right)\tag{8-8}$$

边缘 m—m 上的正应力 $\sigma_{\max}$ 的正负号，由上式中 $\left(1-\dfrac{6e}{h}\right)$ 的符号决定，可出现三种情况：

（1）当 $\dfrac{6e}{h}<1$，即 $e<\dfrac{h}{6}$ 时，$\sigma_{\max}$ 为压应力。截面全部受压，截面应力分布图 8-9（a）所示。

（2）当 $\dfrac{6e}{h}=1$，即 $e=\dfrac{h}{6}$ 时，$\sigma_{\max}$ 为零。截面全部受压，而边缘 m—m 上的正应力恰好为零，截面应力分布如图 8-9（b）所示。

（3）当 $\dfrac{6e}{h}>1$，即 $e>\dfrac{h}{6}$ 时，$\sigma_{\max}$ 为拉应力。截面部分受拉，部分受压，应力分布如图 8-9（c）所示。

可见，截面上应力分布情况随偏心距 e 而变化，与偏心力 F 的大小无关。当偏心距 $e\leqslant$

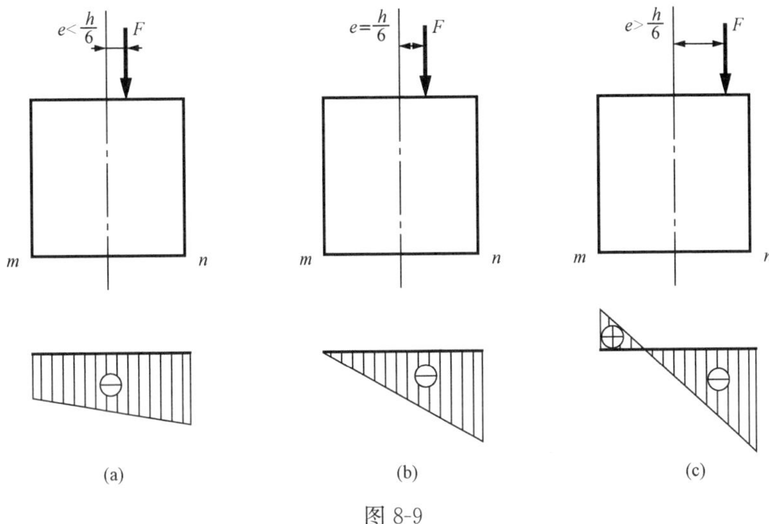

图 8-9

$\frac{h}{6}$时，截面全部受压；当偏心距$e>\frac{h}{6}$时，截面上出现受拉区。

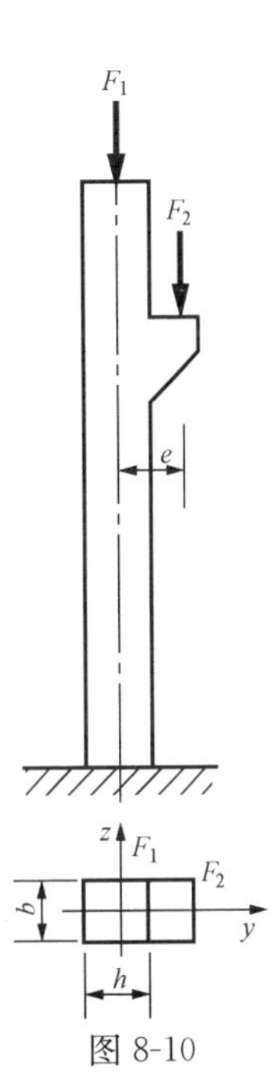

图 8-10

【例 8-2】 如图 8-10 所示矩形截面柱，屋架传来的压力 $F_1=100\text{kN}$，吊车梁传来的压力 $F_2=50\text{kN}$，F_2的偏心距 $e=0.2\text{m}$。已知截面宽 $b=200\text{mm}$，试求：

（1）若 $h=300\text{mm}$，则柱截面中的最大拉应力和最大压应力各为多少？

（2）欲使柱截面不产生拉应力，截面高度 h 应为多少？在确定的 h 尺寸下，柱截面中的最大压应力为多少？

解 （1）内力计算。

将荷载向截面形心简化，柱的轴向压力为

$$F_N=F_1+F_2=100+50=150(\text{kN})$$

截面的弯矩为

$$M_z=F_2e=50\times0.2=10(\text{kN}\cdot\text{m})$$

（2）计算σ_{tmax}和σ_{cmax}。

由式（8-6）得

$$\sigma_{\text{tmax}}=-\frac{F_N}{A}+\frac{M_z}{W_z}=-\frac{150\times10^3}{200\times300}+\frac{10\times10^6}{\frac{200\times300^2}{6}}$$

$$=-2.5+3.33=0.83(\text{MPa})$$

$$\sigma_{\text{cmax}}=-\frac{F_N}{A}-\frac{M_z}{W_z}=-2.5-3.33=-5.83(\text{MPa})$$

（3）确定 h 和计算σ_{cmax}。

欲截面不产生拉应力，应满足$\sigma_{\text{tmax}}\leqslant0$，即

$$-\frac{F_N}{A}+\frac{M_z}{W_z}\leqslant0$$

$$-\frac{150\times10^3}{200h}+\frac{10\times10^6}{\frac{200h^2}{6}}\leqslant 0$$

求得 $h\geqslant400$mm，则取 $h=400$mm。

当 $h=400$mm 时，截面的最大压应力为

$$\sigma_{\mathrm{cmax}}=-\frac{F_{\mathrm{N}}}{A}-\frac{M_z}{W_z}=-\frac{150\times10^3}{200\times400}-\frac{10\times10^6}{\frac{200\times400^2}{6}}$$

$$=-1.875-1.875=-3.75(\mathrm{MPa})$$

对于工程中常见的另一类构件，除受轴向荷载外，还有横向荷载的作用，构件产生弯曲与压缩的组合变形。这一类问题与偏心压缩（拉伸）相类似，下面通过例题来说明。

【例 8-3】 图 8-11（a）所示的悬臂式起重架，在横梁的中点 D 作用集中力 $F=15.5$kN，横梁材料的许用应力 $[\sigma]=170$MPa。试按强度条件选择横梁工字钢的型号（自重不考虑）。

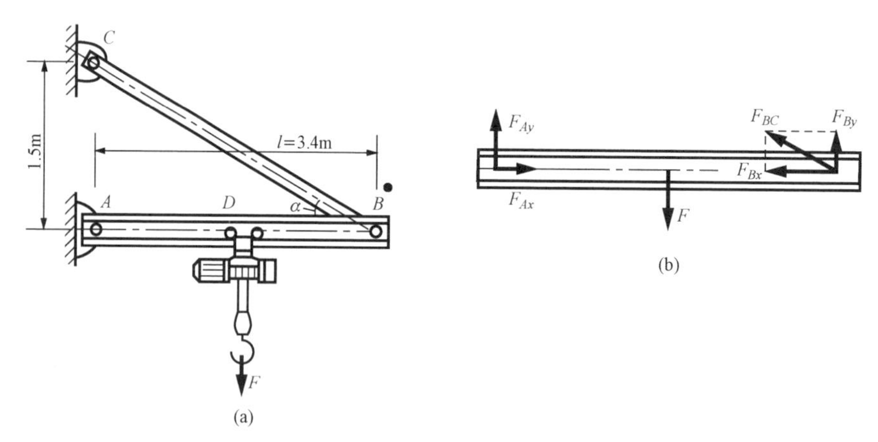

图 8-11

解 （1）计算横梁的外力。

横梁受力如图 8-11（b）所示。为了计算方便，将拉杆 BC 的作用力 F_{BC} 分解为 F_{Bx} 和 F_{By} 两个分力。由对称性及平衡方程解得

$$F_{Ay}=F_{By}=\frac{F}{2}=7.75\mathrm{kN}$$

$$F_{Ax}=F_{Bx}=F_{By}\cot\alpha=7.75\times\frac{3.4}{1.5}=17.57(\mathrm{kN})$$

（2）计算横梁内力。

横梁在 F_{Ay}、F 和 F_{By} 的作用下产生平面弯曲，横梁中点截面 D 的弯矩最大，其值为

$$M_{\max}=\frac{Fl}{4}=\frac{15.5\times3.4}{4}=13.18(\mathrm{kN\cdot m})$$

横梁在 F_{Ax} 和 F_{Bx} 作用下产生轴向压缩，各截面的轴力都相等，其值为

$$F_{\mathrm{N}}=F_{Ax}=17.57\mathrm{kN}$$

（3）选择工字钢型号。

由式（8-7），有

$$\sigma_{\text{cmax}}=\left|-\frac{F_{\text{N}}}{A}-\frac{M_{\max}}{W_z}\right|\leqslant[\sigma]$$

由于式中 A 和 W_z 都是未知的，无法求解。因此，可先不考虑轴力 F_{N} 的影响，仅按弯曲强度条件初步选择工字钢型号，再按照压弯组合变形强度条件进行校核。由

$$\sigma_{\max}=\frac{M_{\max}}{W_z}\leqslant[\sigma]$$

得

$$W_z\geqslant\frac{M_{\max}}{[\sigma]}=\frac{13.18\times10^6}{170}=77.5(\text{cm}^3)$$

查型钢表，选择 14 号工字钢，$W_z=102\text{cm}^3$，$A=21.5\text{cm}^2$。

根据式（8-7）校核，有

$$\sigma_{\text{cmax}}=\left|-\frac{F_{\text{N}}}{A}-\frac{M_{\max}}{W_z}\right|=\left|-\frac{17.57\times10^3}{21.5\times10^2}-\frac{13.18\times10^6}{102\times10^3}\right|=137(\text{MPa})<[\sigma]$$

结果表明：强度足够，横梁选用 14 号工字钢。若强度不够，则还需重新选择。

二、双向偏心压缩（拉伸）

当偏心压力 F 的作用线与受压柱轴线平行，但不通过横截面任一形心主轴时，称为双向偏心压缩。如图 8-12（a）所示，偏心压力 F 至 z 轴的偏心距为 e_y，至 y 轴的偏心距为 e_z。

1. 荷载简化和内力计算

将压力 F 向截面的形心 O 简化，得到一个轴向压力 F 和两个附加力偶矩 M_z、M_y，如图 8-12（b）所示，其中

$$M_z=Fe_y,\quad M_y=Fe_z$$

可见，双向偏心压缩就是轴向压缩和两个相互垂直的平面弯曲的组合。

由截面法可求得任一截面 $ABCD$ 上的内力为

$$F_{\text{N}}=F,\quad M_z=Fe_y,\quad M_y=Fe_z$$

2. 应力计算

对于该截面上任一点 K，如图 8-12（c）的应力。

由轴力 F_{N} 所引起的正应力为

$$\sigma'=-\frac{F_{\text{N}}}{A}$$

由弯矩 M_z 所引起的正应力为

$$\sigma''=-\frac{M_z y}{I_z}=-\frac{Fe_y y}{I_z}$$

由弯矩 M_y 所引起的正应力为

$$\sigma'''=-\frac{M_y z}{I_y}=-\frac{Fe_z z}{I_y}$$

式中，弯曲应力 σ'' 和 σ''' 的正负号，可根据变形情况直接判定，如图 8-12（c）所示。

根据叠加原理，K 点的总应力为

$$\sigma=\sigma'+\sigma''+\sigma'''=-\left(\frac{F_{\text{N}}}{A}+\frac{M_y}{I_y}z+\frac{M_z}{I_z}y\right)=-\frac{F}{A}\left(1+e_y y\frac{A}{I_z}+e_z z\frac{A}{I_y}\right)\tag{8-9a}$$

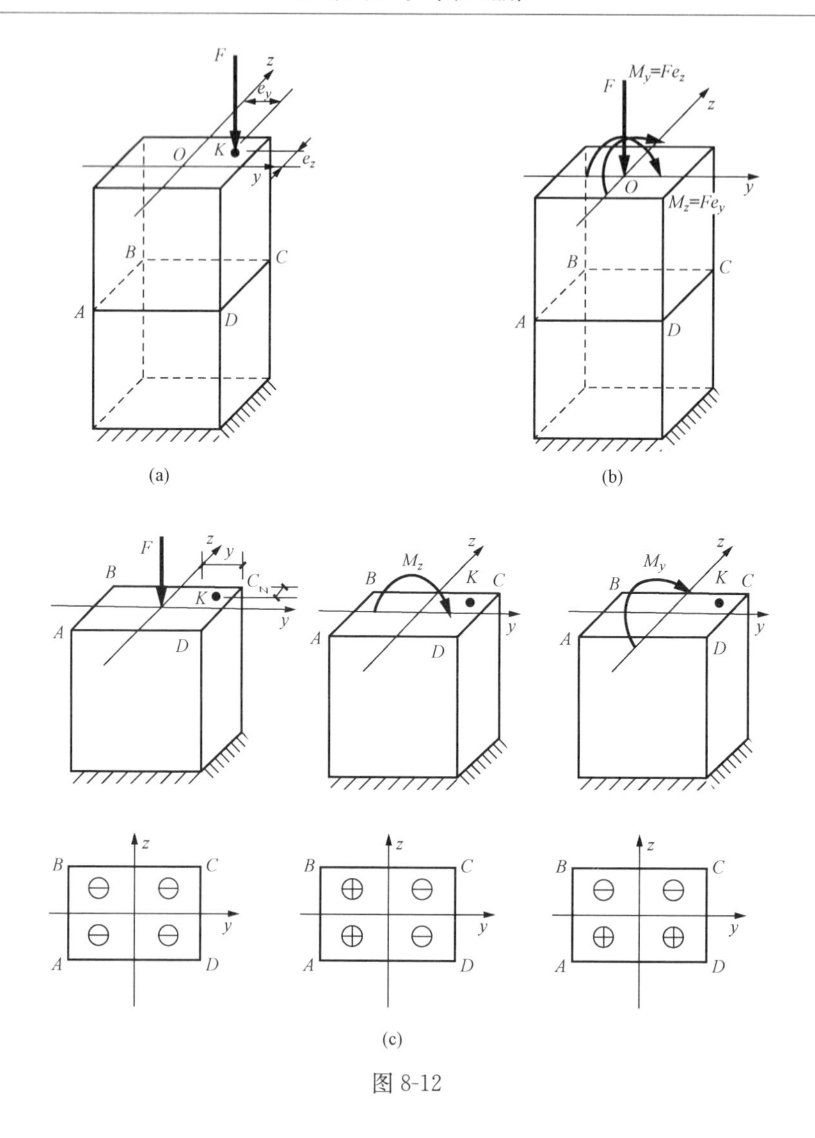

(a) (b) (c)

图 8-12

上式可写成

$$\sigma=-\frac{F}{A}\left(1+\frac{e_y}{i_z^2}y+\frac{e_z}{i_y^2}z\right) \tag{8-9b}$$

式中，A 为横截面面积，i_y 与 i_z 分别为横截面对轴 y 和 z 的惯性半径，其中 $i_y^2=\frac{I_y}{A}$，$i_z^2=\frac{I_z}{A}$。显然，偏心距 e_y 和 e_z 是已知常数；对构件的某一个截面而言，惯性半径 i_y 与 i_z 也是常数。因此，横截面上的正应力按线性规律变化，故距中性轴最远的点有最大应力。如以（y_0，z_0）代表中性轴上任意点的坐标，将此坐标代入式（8-9b）后，得

$$\sigma=-\frac{F}{A}\left(1+\frac{e_z}{i_y^2}z_0+\frac{e_y}{i_z^2}y_0\right)=0$$

于是得中性轴方程式为

$$1+\frac{e_z}{i_y^2}z_0+\frac{e_y}{i_z^2}y_0=0 \tag{8-10}$$

可见，中性轴是一条不通过截面形心的直线，如图 8-13 所示。在上式中分别令 $z_0=0$ 与 $y_0=0$，可得中性轴在 y、z 两轴上的截距分别为

$$a_y=-\frac{i_z^2}{e_y},\quad a_z=-\frac{i_y^2}{e_z} \tag{8-11}$$

式（8-11）表明，a_y 与 e_y 以及 a_z 与 e_z 符号相反，所以中性轴与外力作用点位于截面形心的两侧，如图 8-13 所示。

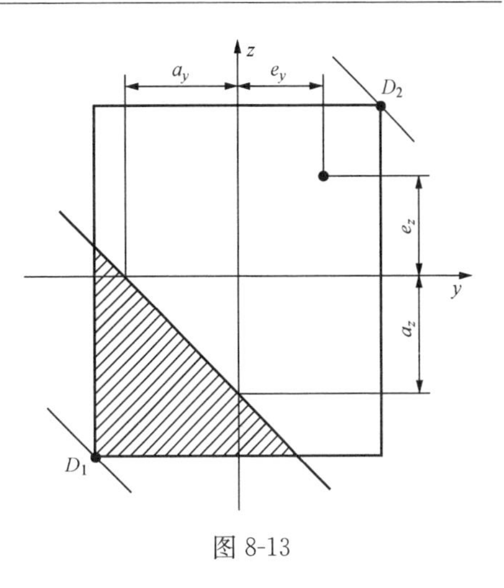

图 8-13

3. 强度条件

中性轴将截面划分为受拉与受压两个区域，图中划阴影线的部分表示拉应力区。在截面的周边上作平行于中性轴的切线，切点 D_1 与 D_2 就是截面上距中性轴最远的点，也就是危险点，如图 8-13 所示。对于具有凸出棱角的截面，棱角的顶点显然就是危险点，如图 8-12（c）所示，最大压应力 $\sigma_{\min}$ 发生在 C 点，最大拉应力 $\sigma_{\max}$ 发生在 A 点。把危险点的坐标代入式（8-9a），即可求得横截面上的最大拉应力与最大压应力。而它们均不应超过材料的许用应力。由于危险点 A、C 均处于单向应力状态，所以强度条件为

$$\left.\begin{aligned}\sigma_{\min}=\sigma_{\text{cmax}}&=\left|-\frac{F_{\text{N}}}{A}-\frac{M_z}{W_z}-\frac{M_y}{W_y}\right|\leqslant[\sigma_{\text{c}}]\\ \sigma_{\max}=\sigma_{\text{tmax}}&=-\frac{F_{\text{N}}}{A}+\frac{M_z}{W_z}+\frac{M_y}{W_y}\leqslant[\sigma_{\text{t}}]\end{aligned}\right\} \tag{8-12}$$

单向偏心受压是双偏心受压的特殊情况，即当偏心压力通过截面一个形心主轴时，即 e_y 或 e_z 为零的情形。

三、截面核心

在单向偏心压缩时曾得出结论，当压力 F 的偏心距小于某一值时，横截面上的正应力全部为压应力，而不出现拉应力。由中性轴的截距式（8-10）和式（8-11）可以看出，当双向偏心压缩荷载作用点的位置（e_y，e_z）改变时，中性轴在两轴上的截距 a_y 与 a_z 也随之改变，而且 e_y 和 e_z 越小，a_y 与 a_z 越大，中性轴就越是远离形心。当中性轴在截面之外时，整个截面上的正应力全部为压应力，而不出现拉应力。这一点具有重要的实际意义。例如土建工程中常用的混凝土构件和砖、石砌体，其抗拉强度远低于抗压强度，因此在受到偏心压缩的时候，就不希望截面上产生拉应力，而希望整个横截面上只受压应力。当偏心受压时，若偏心荷载作用点的位置坐标 e_y 和 e_z 小于某个值，亦即荷载作用点的位置位于截面形心附近的某个封闭区域，就可以保证中性轴不穿过横截面，这个封闭的区域就称为截面核心。

由式（8-11）可见，对于给定的截面，e_y 和 e_z 越小，a_y 与 a_z 越大，中性轴距形心就越远。因此，当外力作用在截面核心的边界上时，与此相对应的中性轴应正好与截面的周边相切，如图 8-14 所示，利用这一关系就能确定截面核心的边界。

为确定任意形状截面的截面核心边界，可将与截面周边相切的任一直线①（图 8-14），看作是中性轴，它在 y、z 两个形心主惯性轴上的截距分别为 a_{y1} 和 a_{z1}。根据这两个值，就可从式（8-11）中确定与该中性轴对应的外力作用点 1，亦即截面核心边界上的一个点的坐标（y_{F1}，z_{F1}）

$$y_{F1}=-\frac{i_z^2}{a_{y1}},\quad z_{F1}=-\frac{i_y^2}{a_{z1}} \tag{8-13}$$

同样，分别将与截面周边相切的直线②、③等看作是中性轴，并按上述方法求得与它们对应的截面核心边界上点 2、3 等的坐标。连接这些点，得到的一条封闭曲线，就是所求截面核心的边界，而该边界曲线所包围的带阴影线的面积，即为截面核心。下面以圆形和矩形截面为例，来具体说明确定其截面核心边界的方法。

由于圆截面对于圆心 O 是极对称的，因而，截面核心的边界对于圆心也应是极对称的，也是一个圆心为 O 的圆。作一条与圆截面周边相切于 A 点的直线①，如图 8-15 所示，将其看作是中性轴，并取 OA 为 y 轴，于是，该中性轴在 y、z 两个形心主惯性轴上的截距分别为

$$a_{y1}=\frac{d}{2},\quad a_{z1}=\infty$$

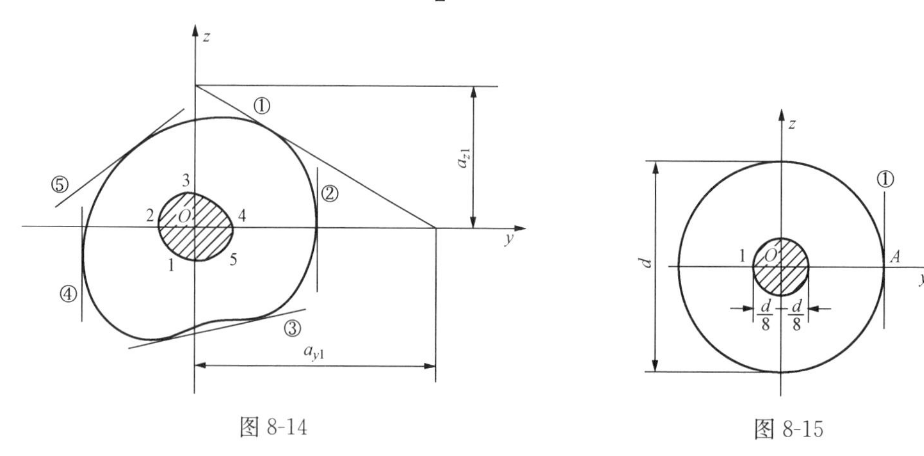

图 8-14　　　　图 8-15

而圆截面的 $i_y^2=i_z^2=\frac{d^2}{16}$，将以上各值代入式（8-13），就可得到与中性轴①对应的截面核心边界上点 1 的坐标为

$$y_{F1}=-\frac{i_z^2}{a_{y1}}=-\frac{d^2/16}{d/2}=-\frac{d}{8},\quad z_{F1}=-\frac{i_y^2}{a_{z1}}=0$$

从而可知，截面核心边界是一个以 O 为圆心、以 $\frac{d}{8}$ 为半径的圆，如图 8-15 中带阴影线的区域即为截面核心。

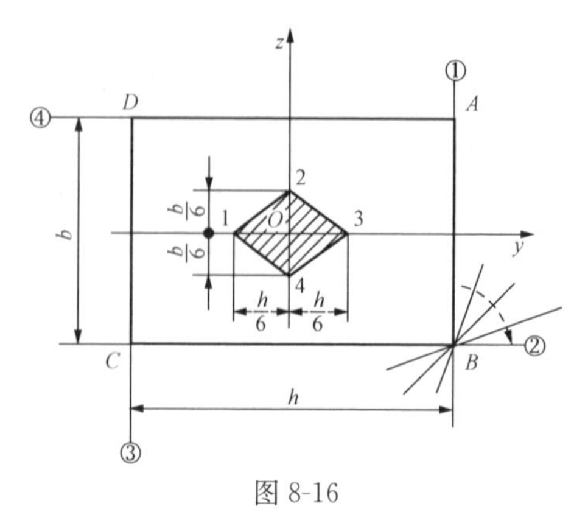

图 8-16

对于边长为 b 和 h 的矩形截面，如图 8-16 所示，y、z 两对称轴就是该截面的形心主惯性轴。先将与 AB 边相切的直线①看作是中性轴，其在 y、z 两轴上的截距分别为

$$a_{y1}=\frac{h}{2},\quad a_{z1}=\infty$$

矩形截面的 $i_y^2=\frac{b^2}{12}$，$i_z^2=\frac{h^2}{12}$。将以上各值代入式（8-13），就可以得到与中性轴①对应的截面核心边界上点 1 的坐标为

$$y_{F1}=-\frac{i_z^2}{a_{y1}}=-\frac{h^2/12}{h/2}=-\frac{h}{6},\quad z_{F1}=-\frac{i_y^2}{a_{z1}}=0$$

如图 8-16 所示。同理分别将与 BC、CD 和 DA 边相切的直线②、③、④看作是中性轴，可求得对应的截面核心边界上点 2、3、4 的坐标依次为

$$y_{F2}=0,\ z_{F2}=\frac{b}{6};\ y_{F3}=\frac{h}{6},\ z_{F3}=0;\ y_{F4}=0,\ z_{F4}=-\frac{b}{6}$$

这样，就得到了截面核心边界上的 4 个点。当中性轴从截面的一个侧边绕截面的顶点旋转到其相邻边时，例如当中性轴绕顶点 B 从直线①旋转到直线②时，将得到一系列通过 B 点但斜率不同的中性轴，而 B 点的坐标 y_B、z_B 是这一系列中性轴上所共有的，将此坐标代入中性轴方程式（8-10），经改写后即得

$$1+\frac{z_B}{i_y^2}z_F+\frac{y_B}{i_z^2}y_F=0$$

由于上式中的 y_B、z_B 为常数，因此该式就可看作是表示外力作用点坐标 y_F 与 z_F 间关系的直线方程。这就表明，当中性轴绕 B 点旋转时，相应的外力作用点移动的轨迹是一条连接点 1、2 的直线。于是，将 1、2、3、4 四点中相邻的两点连以直线，即得矩形截面的截面核心边界。它是个位于截面中央的菱形，其对角线长度分别为 $\frac{h}{3}$ 和 $\frac{b}{3}$，如图 8-16 所示。

对于具有棱角的截面，均可按上述方法确定截面核心。对于周边有凹进部分的截面，例如槽形或 T 字形截面等，在确定截面核心的边界时，应该注意不能取与凹进部分的周边相切的直线作为中性轴，因为这种直线显然是穿过横截面的。

【例 8-4】 试确定图示 T 字形截面的截面核心边界。图 8-17 中 y、z 两轴为截面的形心主惯性轴。

解　（1）计算截面的有关几何性质。

$$A=0.4\times0.6+0.4\times0.9=0.6(\text{m}^2)$$

$$I_y=\frac{1}{3}(0.9\times0.4^3+0.4\times0.6^3)=48\times10^{-3}(\text{m}^4)$$

$$I_z=\frac{1}{12}(0.4\times0.9^3+0.6\times0.4^3)=27.5\times10^{-3}(\text{m}^4)$$

$$i_y^2=\frac{I_y}{A}=\frac{48\times10^{-3}}{6\times10^{-1}}=8\times10^{-2}(\text{m}^2)$$

$$i_z^2=\frac{I_z}{A}=\frac{27.5\times10^{-3}}{6\times10^{-1}}=4.58\times10^{-2}(\text{m}^2)$$

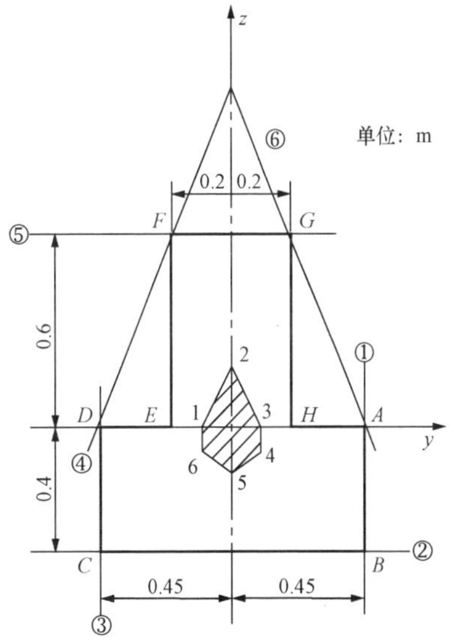

单位：m

图 8-17

（2）列表求出各值（单位：m）。

中性轴编号		①	②	③	④	⑤	⑥
中性轴的截距	a_{y1}	0.45	∞	−0.45	−0.45	∞	0.45
	a_{z1}	∞	−0.40	∞	1.08	0.60	1.08
对应截面核心边界上的点		1	2	3	4	5	6
截面核心边界点的坐标	y_{F1}	−0.102	0	0.102	0.102	0	−0.102
	z_{F1}	0	0.20	0	−0.074	−0.133	−0.074

然后作①、②等6条直线，将它们看作是中性轴，其中①、②、③和⑤分别与周边 AB、BC、CD 和 FG 相切，而④和⑥则分别连接两顶点 D、F 和两顶点 G、A，如图8-17所示。依次求出它们在 y、z 坐标轴上的截距，并用式（8-13）算出与这些中性轴对应的核心边界上1、2等6个点的坐标值。再利用中性轴绕一点旋转时相应的外力作用点移动的轨迹为一直线这一关系，将此6个点中每相邻两点用直线连接，就得到图中所示的截面核心边界。其计算结果列于上表中。

在图8-18中分别画出了圆形、矩形、工字形和槽形等四种截面的截面核心，其中截面的惯性半径 $i_y^2=\dfrac{I_y}{A}$，$i_z^2=\dfrac{I_z}{A}$。

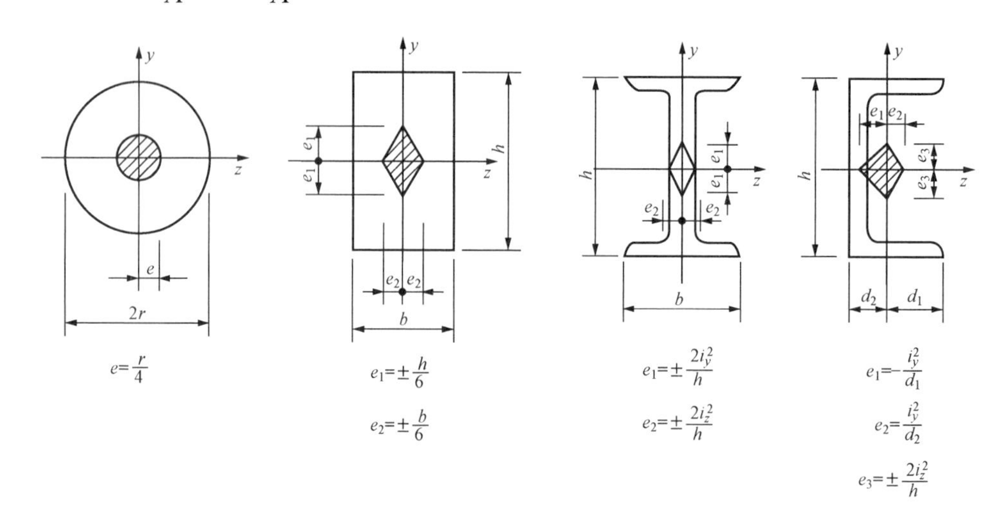

图8-18

思考题

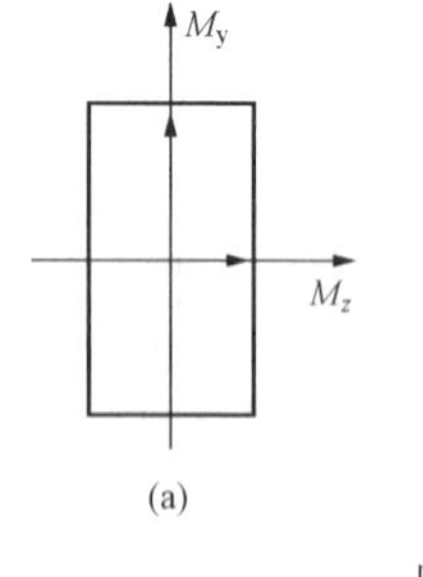

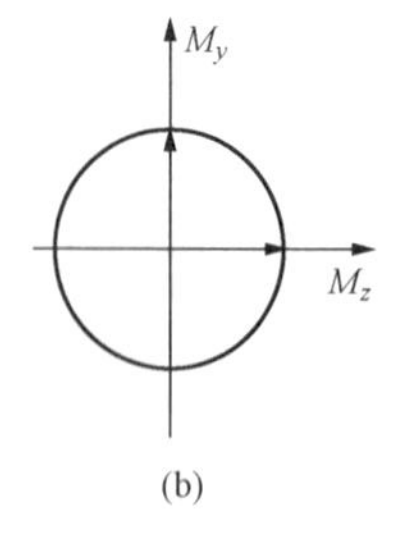

图8-19

8-1 图8-19为等截面直杆的矩形和圆形横截面，受到弯矩 M_y 和 M_z 的作用，它们的最大正应力是否都可以用公式 $\sigma_{\max}=\dfrac{M_y}{W_y}+\dfrac{M_z}{W_z}$ 计算？为什么？

8-2 拉压和弯曲的组合变形，与偏心拉压有何区别和联系？

习题

8-1 由14号工字钢制成的简支梁受力如图8-20所示，F 的作用线通过截面形心且与 y 轴成 φ 角，已知 $F=5\text{kN}$，$l=4\text{m}$，$\varphi=15°$，试求梁截面上的最大正应力。

8-2　矩形截面悬臂梁受力如图 8-21 所示，F 通过截面形心且与 y 轴成 φ 角，已知 $F=1.2\text{kN}$，$\varphi=12°$，$l=2\text{m}$，$\dfrac{h}{b}=1.5$，材料的许用应力 $[\sigma]=10\text{MPa}$，试确定 b 和 h 的尺寸。

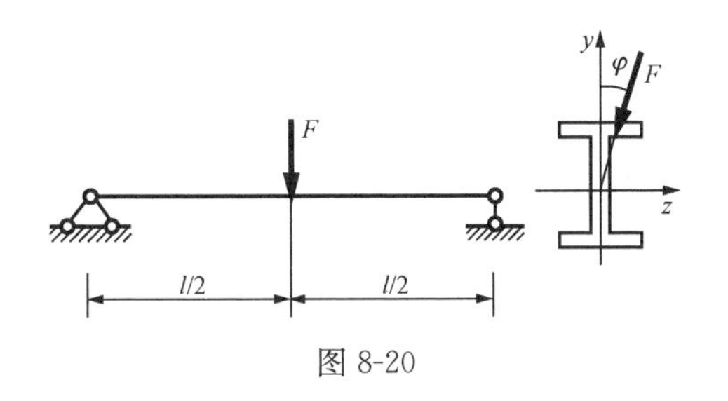

图 8-20

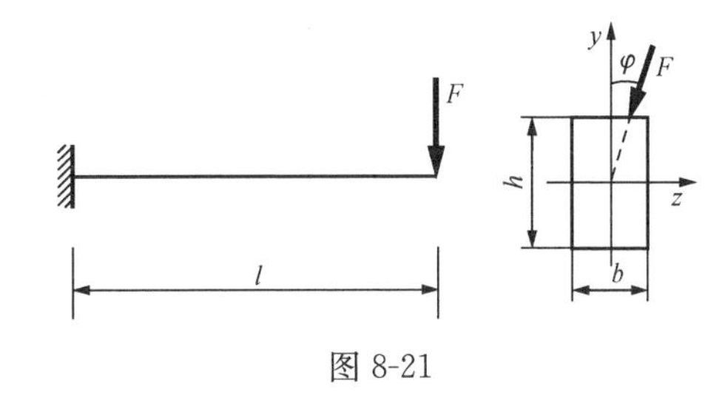

图 8-21

8-3　承受均布荷载作用的矩形截面简支梁如图 8-22 所示，q 与 y 轴成 15°角且通过形心，已知 $l=4\text{m}$，$b=100\text{mm}$，$h=150\text{mm}$，材料的许用应力 $[\sigma]=10\text{MPa}$，试求梁能承受的最大分布荷载集度 $q_{\max}$。

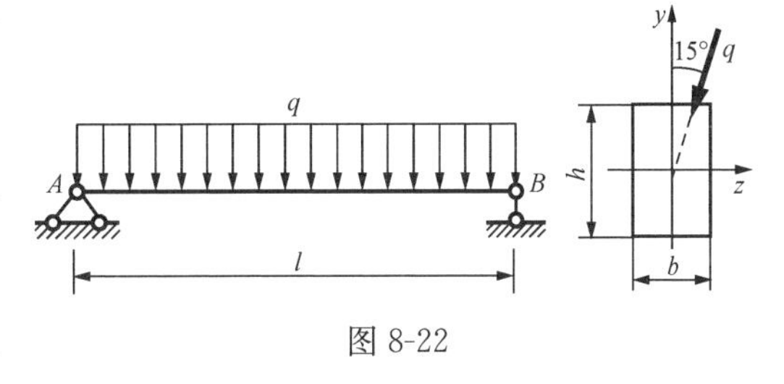

图 8-22

8-4　矩形截面杆受力如图 8-23 所示，F_1 和 F_2 的作用线均与杆的轴线重合，F_3 作用在杆的对称平面内，已知 $F_1=5\text{kN}$，$F_2=10\text{kN}$，$F_3=1.2\text{kN}$，$l=2\text{m}$，$b=120\text{mm}$，$h=180\text{mm}$，试求杆横截面上的最大压应力。

8-5　图 8-24 所示结构中，BC 杆为 10 号工字钢制成，已知 $F=4\text{kN}$，$l=2\text{m}$，试求 BC 杆横截面上的最大正应力。

8-6　一矩形截面轴向受压杆，在其中间某处挖一槽口（图 8-25），已知 $F=8\text{kN}$，$b=100\text{mm}$，$h=160\text{mm}$，试求 n—n 槽口处截面上 A 点和 B 点的正应力。

8-7　矩形截面偏心受拉杆如图 8-26 所示，F、h、b 均为已知，力 F 作用于端面底边中点。试求杆横截面上的最大拉应力并指明其所在位置。

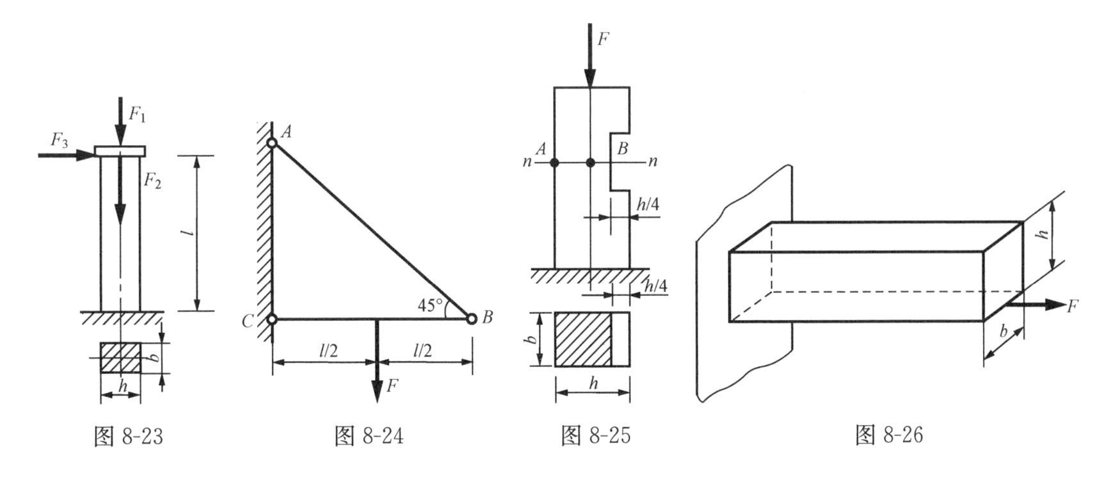

图 8-23　图 8-24　图 8-25　图 8-26

8-8　矩形截面杆受力如图 8-27 所示，F_1 的作用线与杆的轴线重合，F_2 的作用点位于截面的 y 轴上，已知 $F_1=20\text{kN}$，$F_2=10\text{kN}$，$b=120\text{mm}$，$h=200\text{mm}$，$e=40\text{mm}$，试求杆

横截面上的最大压应力。

8-9　螺旋夹紧器立臂的横截面为 $a\times b$ 的矩形，如图 8-28 所示。已知该夹紧器工作时承受的夹紧力 $F=16\text{kN}$，材料的许用应力 $[\sigma]=160\text{MPa}$，立臂厚 $a=20\text{mm}$，偏心距 $e=140\text{mm}$。试求立臂宽度 b。

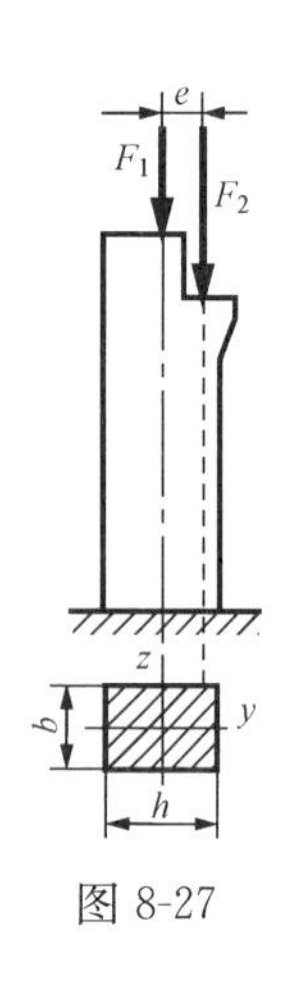

图 8-27

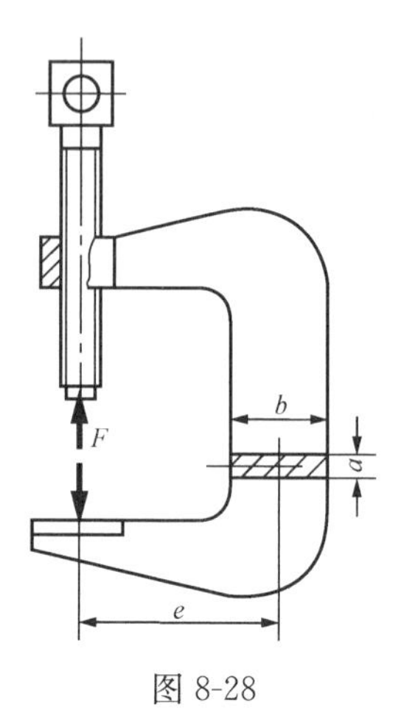

图 8-28

8-1　$\sigma_{\max}=127.7\text{MPa}$

8-2　$b=0.094\text{m}$，$h=0.141\text{m}$

8-3　$q_{\max}=1.39\text{kN/m}$

8-4　$\sigma_{\max}=-4.39\text{MPa}$

8-5　$\sigma_{\max}=42.78\text{MPa}$

8-6　$\sigma_A=0$，$\sigma_B=-1.34\text{MPa}$

8-7　$\sigma_{\max}=\dfrac{7P}{bh}$

8-8　$\sigma_{\max}=-1.75\text{MPa}$

8-9　$b=67.3\text{mm}$

第九章　压　杆　稳　定

建筑结构中受压杆件比比皆是，砖混结构中墙体受压，钢筋混凝土结构中柱的受压，钢结构中除柱受压外，各种桁架中有大量受压杆件等等，这些受压杆件当其长度很短时，例如基础受压，不论是受轴向压缩还是偏心压缩，其强度条件都可按

$$\sigma=\frac{F_N}{A}\leqslant[\sigma]\text{（轴向受压）}$$

和

$$\sigma_{\max}=\frac{F_N}{A}+\frac{M}{W_z}\leqslant[\sigma]\text{（单向偏心受压）}$$

进行校核。但是，上述两个条件并不能保证细长柱受压构件的安全。下面做一简单试验加以说明，图 9-1 所示一根 600mm 长的钢板尺，其横截面面积为 32mm×1mm，两端用铰连接进行压曲实验。按上面给出的强度条件，该钢板尺能承受的荷载

$$[F]=[\sigma]A=170\times10^6\times32\times1\times10^{-6}=5440(\mathrm{N})$$

但是，实际上当荷载 F 加到 15N 左右时钢板尺便开始处于弯曲状态，随着 F 的继续增大，钢板尺将迅速弯曲而退出工作。对于轴向受压构件，一旦由直线状态转化为曲线状态，这意味着构件处于临界状态，继续加载将会引起突然破坏。

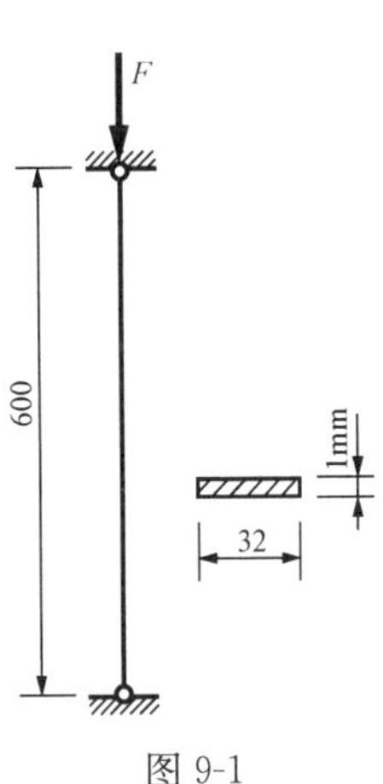

图 9-1

钢板尺从强度出发可以承受 5440N 的压力，而从纵向压曲出发仅能承受 15N，这种差别反映了细长杆受压与短粗杆受压有着本质的区别。

第一节　细长中心受压直杆临界力的欧拉公式

两端铰结细长受压直杆的试验表明［图 9-2（a）］，当轴向力小于某值 F_{cr}时，杆处于直线状态，当横向加微小干扰力后，直杆将呈微弯状态。去除横向力，杆件仍能恢复直线平衡状态称为杆的直线稳定平衡状态；当荷载 F 增大到某值 F_{cr}时，横向微小干扰力使杆微弯后，撤掉干扰力，但此时杆并不能回到原始的直线状态［图 9-2（b）］，而呈曲线状态的随遇平衡趋势。这种状态相对直线稳定平衡状态而言可以称为直线不稳定平衡，或者说杆失去了直线稳定平衡，通常所说压杆失稳就是指这种状态。这种状态对实际结构而言应为临界状态，与此相应的荷载 F_{cr}称为临界荷载或临界力；继续增大荷载，使 $F>F_{cr}$，则如图 9-2（c）所示，对塑性材料的杆件可以产生相当大的弯曲，但对脆性材料的杆件而言将会折断。

临界力 F_{cr}是工程中压杆的一个重要指标，1774 年欧拉利用求解微分方程的方法就得到了 F_{cr}的表达式，现简要推证如下：

F_{cr}的特征是与杆件微弯相联系的，因此推导 F_{cr}时取图 9-3（a）所示，两端铰结中心受

压细长杆的受力图进行研究，沿 x 截面将杆截开保留下部［图 9-3（b）］，截面位移为 y，从平衡出发截面上应有竖向力 F_{cr}作用，此力与支座反力 F_{cr}形成一力偶，所以截面上还要有一 $M(x)=F_{cr}y$ 的力偶存在方能保持平衡，实际上正是这一弯矩使杆件弯曲。利用梁的挠曲线近似微分方程，有

$$EIy''=-M(x)=-F_{cr}y \quad 或 \quad y''+\frac{F_{cr}}{EI}y=0 \tag{9-1}$$

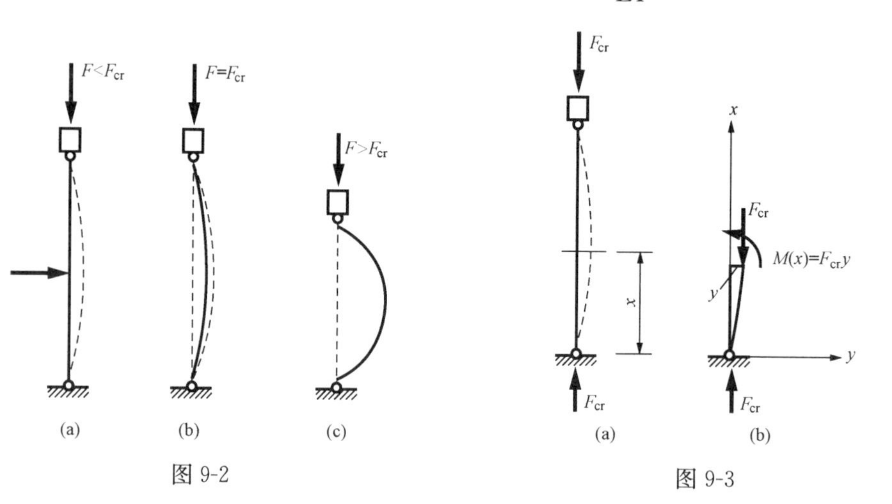

图 9-2 图 9-3

由此式看到，在 EI 为常量的条件下，只要能求出 y，即能找到弹性曲线，也能得到 y''，因此便可确定 F_{cr}的值。从数学角度考察，式（9-1）恰好为二阶线性常系数齐次微分方程，其通解很容易得出，为

$$y=A\sin kx+B\cos kx \tag{9-2a}$$

式中，$k=\sqrt{\frac{F_{cr}}{EI}}$，$A$、$B$ 为积分常量。根据两端铰支座的约束特点，有边界条件为 $x=0$ 时 $y=0$ 和 $x=l$ 时 $y=0$，将条件 $x=0$ 时 $y=0$ 代入式（9-2a）可得

$$B=0$$

式（9-2a）化为

$$y=A\sin kx \tag{9-2b}$$

将条件 $x=l$ 时 $y=0$ 代入上式，有

$$A\sin kl=0 \tag{9-2c}$$

此时如取 $A=0$，则由式（9-2b）看到将会出现 $y=f(x)=0$，即杆件无横向位移，这与微弯状态相矛盾，因此若使式（9-2c）满足，只有

$$\sin kl=0$$

显然

$$kl=0,\ \pi,\ 2\pi\cdots$$

考虑 F_{cr}是临界荷载，最后取

$$\sqrt{\frac{F_{cr}}{EI}}l=\pi \ 或\ F_{cr}=\frac{\pi^2 EI}{l^2} \tag{9-2d}$$

此式称为欧拉公式。

现在利用欧拉公式计算图 9-1 所示钢板尺的临界力。由于每个截面都具有两个相互垂直的形心主轴，一个具有最大惯性矩 I_{max}，另一个具有最小惯性矩 I_{min}，纵向弯曲中一般总是绕最小惯性矩轴发生，因此 I 要取 I_{min}。将有关数据代入，得钢板尺的临界力

$$F_{cr}=\frac{\pi^2\times210\times10^9\times\dfrac{32\times1^3\times10^{-12}}{12}}{0.6^2}=15.4(\mathrm{N})$$

与试验结果相符。

第二节　杆端约束对临界力的影响

工程应用中除两端铰结支承的受压柱外，还有各种不同支承的受压柱或受压杆件，这些构件的临界力一般虽与两端铰结的不同，但又有一定联系。从数学推导上讲，都可仿照上节做法进行（建议读者自己作一定的类似推证），下面通过变形比较法直接给出结论。

一、一端固定一端自由压杆的临界力

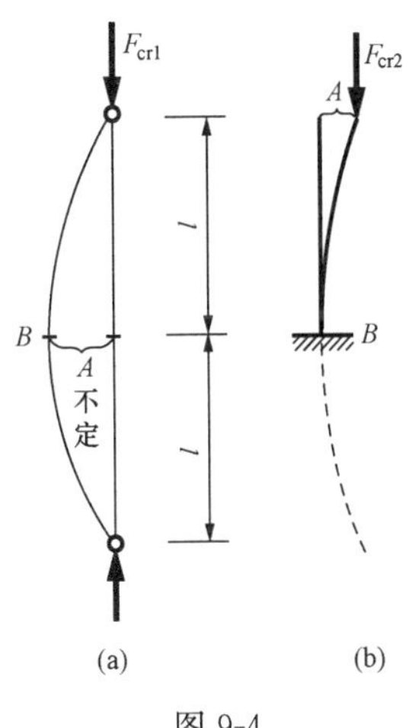

图 9-4

图 9-4（a）给出一长为 $2l$ 的两端铰结压杆，其临界力 F_{cr1} 按式（9-2d）应为

$$F_{cr1}=\frac{\pi^2EI}{(2l)^2}=\frac{\pi^2EI}{4l^2}$$

现在取图 9-4（b）所示的压杆，顶端为自由，下端为固定端，长为 l，其失稳状态如图所示，B 截面由于固定既不能有位移也不能有转角，且 F_{cr2} 与 B 点应有一不定值 A 存在。图 9-4（a）中点截面 B 处由于结构对称，转角也应为零，且 B 点与 F_{cr1} 也有一不定距离 A 存在。因此图 9-4（a）上半部与图 9-4（b）变形一致，可判断 F_{cr2} 应等于 F_{cr1}，即一端固定一端自由的压杆，其临界力

$$F_{cr}=\frac{\pi^2EI}{4l^2}\qquad(9\text{-}3)$$

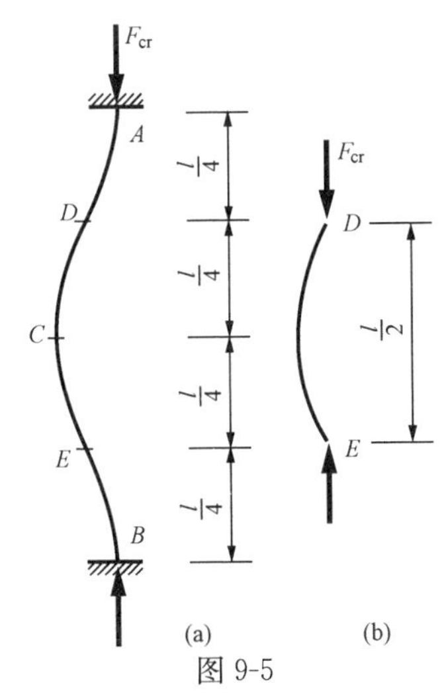

图 9-5

上述对比也可将图 9-4（b）向下对称延伸（见虚线），形成与图 9-4（a）相同的半个正弦波，只不过计算长度应取 $2l$，结果与式（9-3）相同。式（9-3）结果仅为式（9-2d）结果的 1/4，说明一端固定一端自由的压杆同前者相比是非常容易失稳的。

二、两端固定压杆的临界力

图 9-5（a）所示为两端固定压杆失稳的状态图，根据对称关系，中点 C 截面不能发生转角，然而 AC 间杆的弯曲方向必定要发生变化，所以反弯点 D 应在 $l/4$ 处。反弯点处弯矩应为零，把 DE 两反弯点间的失稳图取出，如图 9-5（b）所示，D、E 两点相当于两端铰结，其临界力 F_{cr} 用式（9-2d）并注意杆长为 $l/2$，有

$$F_{cr}=\frac{\pi^2EI}{\left(\frac{l}{2}\right)^2}=\frac{4\pi^2EI}{l^2} \tag{9-4}$$

不难判断，长为 l 的两端固定压杆临界力应与此式相同，因为压杆中各截面所受竖向力应相同。

三、一端铰结一端固定压杆的临界力

图 9-6（a）示出一端铰结一端固定压杆失稳的状态图，其反弯点 C 的位置大约在距顶点 $0.7l$ 处，因此临界力应按长为 $0.7l$ 的两端铰结压杆处理，有

$$F_{cr}=\frac{\pi^2EI}{(0.7l)^2}=\frac{2\pi^2EI}{l^2} \tag{9-5}$$

根据上述讨论，为使公式统一化，不论哪种支承，均可将临界力写成如下形式，即

$$F_{cr}=\frac{\pi^2EI}{(\mu l)^2} \tag{9-6}$$

式中，μl 称为杆的相当长度或计算长度（含有两端铰结的长度），μ 称为计算长度系数。各种情况的计算长度系数在表 9-1 中列出，这里列出的计算长度都属于理论上的计算长度，结合各种具体结构还要作适当修正，这将在各种结构课中给出。

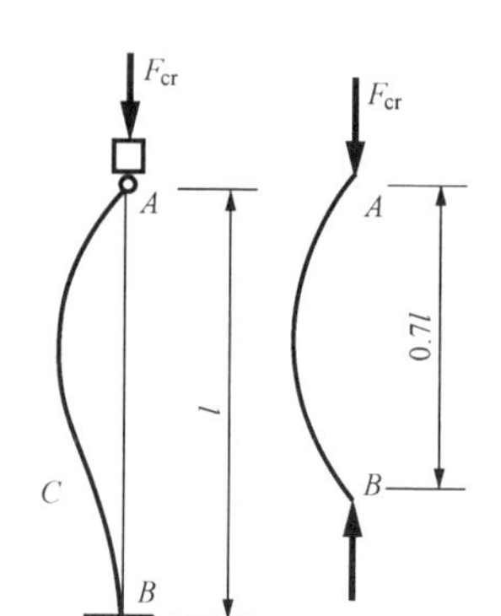

图 9-6

表 9-1 压杆临界力及其计算长度

杆端情况				
临界力 F_{cr}	$\frac{\pi^2EI}{l^2}$	$\frac{\pi^2EI}{(2l)^2}$	$\frac{\pi^2EI}{(0.5l)^2}$	$\frac{\pi^2EI}{(0.7l)^2}$
计算长度 l_0	l	$2l$	$0.5l$	$0.7l$
计算长度系数 μ	1	2	0.5	0.7

第三节 临界应力总图

将欧拉临界力 F_{cr} 除以压杆的横截面面积 A 可以得到临界应力 σ_{cr}，有

$$\sigma_{cr}=\frac{F_{cr}}{A}=\frac{\pi^2 EI}{A(\mu l)^2}=\frac{\pi^2 E}{\frac{(\mu l)^2}{\frac{I}{A}}}=\frac{\pi^2 E}{\left(\frac{\mu l}{i}\right)^2}=\frac{\pi^2 E}{\lambda^2} \tag{9-7}$$

$$\lambda=\frac{\mu l}{i} \tag{9-8}$$

式中，$i=\sqrt{\frac{I}{A}}$ 为惯性半径或回转半径；λ 称为压杆的长细比或柔度，它反映压杆的细长程度，为无名数。

一、临界应力的范围

自式（9-7）可以发现，长细比越大临界应力越小，反之长细比越小临界应力越大，这表明当柱或压杆越来越短粗时 σ_{cr} 可以无限增大，显然这仅有数学意义，而实际杆在受力中若应力超过比例极限 σ_P，则胡克定律就不能应用，然而欧拉公式正是建立在材料为线弹性阶段的，因此当 $\sigma_{cr}>\sigma_P$ 时临界应力公式将不再适用，其界限可令 $\sigma_{cr}=\sigma_P$ 而推出相应的长细比 λ_P，以 Q235 钢为例，$\sigma_P\approx 200\text{MPa}$，$E=2.06\times10^5\text{MPa}$，自式（9-7）解出 λ_P 为

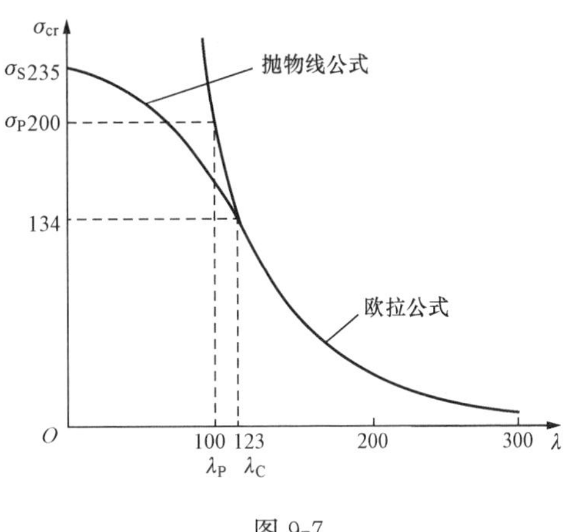

图 9-7

$$\lambda_P=\sqrt{\frac{\pi^2 E}{\sigma_P}}=\sqrt{\frac{\pi^2\times2.06\times10^5}{200}}\approx100$$

这说明 $\lambda<\lambda_P$ 时是不能应用临界力公式的（图 9-7）。

二、非弹性失稳短柱的临界应力

理想中心受压杆当其临界应力 σ_{cr} 超过比例极限 σ_P 后，杆中将发生塑性变形，失稳将处于弹塑性状态，这一状态下临界应力 σ_{cr} 与长细比 λ 的关系从理论上讲绝不像弹性状态下那样简单，而变得相当复杂，此外实际中心受压柱还要受到如前所述的初弯曲与初偏心的影响以及构件在加工制造过程中的各种残余应力的影响等更增加了这一课题的研究难度。我国钢结构规范中对于不能采用欧拉公式计算临界应力的中心受压柱，给出了以实验为基础的 σ_{cr} 与 λ 间的抛物线公式。以 Q235 为例，其公式为

$$\sigma_{cr}=235-0.006\,68\lambda^2 \quad (\lambda\geqslant123) \tag{9-9}$$

图 9-7 中左上部曲线即为该抛物线的图形，它与欧拉公式曲线交点的坐标经计算（读者可自行求解），横坐标以 λ_C 表示为 123，纵坐标为 134MPa。这里弹性与非弹性的界线 $\lambda_C=123$ 而不是 $\lambda_P=100$，反映出理想中心受压柱与实际中心受压柱间是有差别的。在图 9-7 中给出了 Q235 钢临界应力总图，由应力总图中可以看到，只有 $\lambda=0$ 的柱才有 $\sigma_{cr}=\sigma_S$ 即破坏属于强度问题，只要 $\lambda>0$，即使是短粗柱也都有 $\sigma_{cr}<\sigma_S$，因此都存在失稳问题。所以在结构课中一般研究柱受压构件时都要考虑稳定问题。

第四节 压杆稳定校核、φ 系数法

轴向受压杆件能否失稳的条件应当是杆的实际工作应力 σ 小于或等于临界应力 σ_{cr} 除以稳定安全系数 n_{st}，即有下式成立

$$\sigma=\frac{F_N}{A}\leqslant\frac{\sigma_{cr}}{n_{st}}=[\sigma_{st}]$$

$[\sigma_{st}]$是稳定许用应力，它比许用压应力$[\sigma]$小，可以表示为

$$[\sigma_{st}]=\varphi[\sigma]$$

式中，φ 称为应力折减系数，$\varphi<1$。

由以上式子得到

$$\sigma=\frac{F_N}{A}\leqslant\varphi[\sigma] \quad 或 \quad \frac{F_N}{A\varphi}\leqslant[\sigma] \tag{9-10}$$

这就是检验压杆稳定的计算公式，因其中引入 φ 系数，又称 φ 系数法。此处 φ 系数的作用可以理解为考虑稳定时材料的许用应力有所降低（φ 系数小于 1），但此处的 φ 值并不是一个常量，它与柔度 λ 有关。

为便于设计人员使用式（9-10），国家规范已针对各种不同材料给出随长细比 λ 而变的 φ 系数表，见表 9-2，表中 Q235 钢与 16 锰钢系数是取自钢结构规范中常见的 b 类截面对应系数，a 类与 c 类截面没有列出。

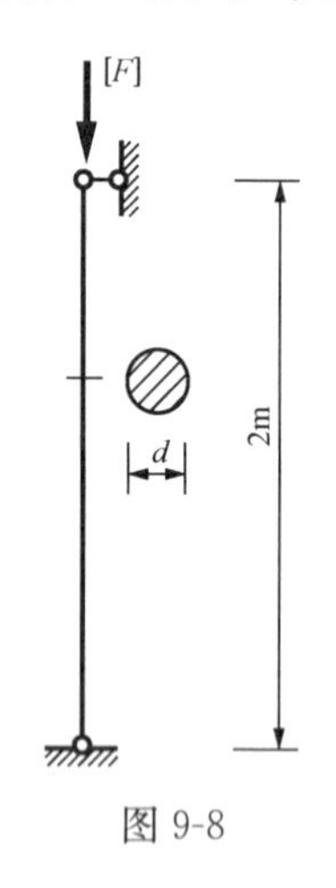

图 9-8

【例 9-1】 试确定图 9-8 所示圆截面立柱抗稳定的承载力［F］。已知截面直径 $d=6$cm，木材的抗压许用应力［σ］$=10$MPa，立柱两端均按铰结考虑。

解 本题中柱的轴力 F_N 即为所求承载力［F］，式（9-10）中取等号，得

$$[F]=F_N=A\varphi[\sigma] \tag{a}$$

式中 A 与［σ］均可直接计算或代入，但 φ 值须自表 9-2 查出，为此首先要确定长细比 λ 之值。自式（9-8）得到 $\lambda=\frac{\mu l}{i}$，其中长度 $l=2$m，计算长度系数 μ 根据表 9-1 结合本题应取 1，回转半径 i 对本题圆截面而言有

$$i=\sqrt{\frac{I}{A}}=\sqrt{\frac{\frac{\pi d^4}{64}}{\frac{\pi d^2}{4}}}=\frac{d}{4}=\frac{6}{4}=1.5(\text{cm})$$

由此得到细长比

$$\lambda=\frac{1\times2}{1.5\times10^{-2}}=133.3$$

查表 9-2 中木材所属 φ 值，按内插法得到

$$\varphi = 0.178 - (0.178 - 0.153) \times \frac{133.3 - 130}{140 - 130} = 0.1698$$

将有关数据代入式（a），得到立柱抗稳定的承载力

$$[F] = \frac{\pi \times 0.06^2}{4} \times 0.1698 \times 10 \times 10^3 = 4.8(\mathrm{kN})$$

表 9-2　纵向弯曲系数 φ 值

长细比 λ	Q235 钢	16 锰钢	木材
0	1.000	1.000	1.000
10	0.992	0.989	0.971
20	0.970	0.956	0.932
30	0.936	0.913	0.883
40	0.899	0.863	0.822
50	0.856	0.804	0.751
60	0.807	0.734	0.668
70	0.751	0.656	0.575
80	0.688	0.575	0.470
90	0.621	0.499	0.370
100	0.555	0.431	0.300
110	0.493	0.373	0.248
120	0.437	0.324	0.208
130	0.387	0.283	0.178
140	0.345	0.249	0.153
150	0.308	0.221	0.133
160	0.276	0.197	0.117
170	0.249	0.176	0.104
180	0.225	0.159	0.093
190	0.204	0.144	0.083
200	0.186	0.131	0.075
210	0.170	0.119	
220	0.156	0.109	
230	0.144	0.101	
240	0.133	0.093	
250	0.123	0.086	

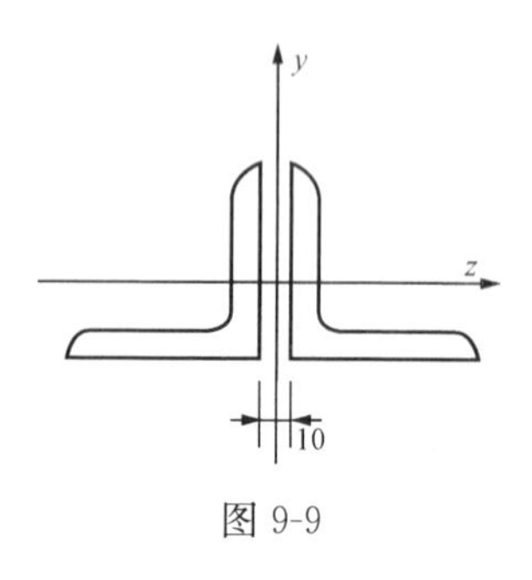

图 9-9

【例 9-2】 某钢屋架受压腹杆的轴向压力为 50.6kN，杆长为 $l=255.5$mm，屋架平面内的计算长度为 $0.8l$，屋架平面外的计算长度为 l，$[\sigma]=215$MPa。试按两个等边角钢选择截面（图 9-9）。

解 当选择截面时，式（9-10）可改为

$$A \geqslant \frac{F_N}{\varphi[\sigma]} \tag{9-11}$$

但由于 φ 为未知，因此 A 值无法得到，一般采用先假设一个 φ 值的方法进行试算。取 $\varphi=0.5$，代入上式

$$A=\frac{50.6\times10^3}{0.5\times215\times10^6}=0.47\times10^{-3}\text{m}^2=4.7(\text{cm}^2)$$

查型钢表，选 2∟40×4，$A=2\times2.36=4.72\text{cm}^2$，$i_z=1.23$cm，则

$$i_y=\sqrt{\frac{I_y}{A}}=\sqrt{\frac{2\times(3.59+2.36\times1.59^2)}{2\times2.36}}=2.01(\text{cm})$$

计算长细比，$\lambda_z=\frac{0.8l}{1.23}=\frac{0.8\times255.5}{1.23}=166$

$$\lambda_y=\frac{l}{i_y}=\frac{255.5}{2.01}=127$$

与 λ_z 对应 $\varphi=0.26$，与 λ_y 对应 $\varphi=0.402$。

第二次可以取平均值 $\varphi=\frac{0.5+0.26}{2}=0.38$，代入式（9-11）得

$$A=\frac{50.6\times10^3}{0.38\times215\times10^6}=6.19(\text{cm}^2)$$

查型钢表，若选 2∟40×4，$A=2\times3.09=6.18\text{cm}^2$，面积虽然接近，但 $i_z=1.22$ 与上一轮计算得到的 $i_z=1.23$cm 变化太小。因此，应适当选 i_z 较大的截面，选 2∟45×4，$A=2\times3.49=6.98\text{cm}^2$，$i_z=1.38$cm

$$i_y=\sqrt{\frac{2\times(6.65+3.49\times1.76^2)}{2\times3.49}}=2.24(\text{cm})$$

长细比

$$\lambda_z=\frac{0.8\times255.5}{1.38}=148=\lambda_{max}$$

$$\lambda_y=\frac{255.5}{2.24}=114$$

与 λ_{max} 对应 $\varphi=0.315$。此时不必继续寻找 φ 值，可直接进行稳定校核。将 φ 代入式（9-10），有

$$\frac{F_N}{A\varphi}=\frac{50.6\times110^3}{6.98\times0.315\times10^{-4}}=230(\text{MPa})>[\sigma]=215\text{MPa}$$

再选 2∟50×4，$A=2\times3.90=7.8\text{cm}^2$，$i_z=1.54$cm

$$i_y=\sqrt{\frac{2\times(9.26+3.90\times1.88^2)}{2\times3.9}}=2.43$$

长细比

$$\lambda_z=\frac{0.8\times255.5}{1.54}=132=\lambda_{max}$$

$$\lambda_y = \frac{255.5}{2.43} = 105$$

与 λ_{max} 对应 $\varphi=0.379$，代入式（9-10），有

$$\frac{F_N}{A\varphi} = \frac{50.6\times 10^3}{7.8\times 0.379\times 10^{-4}} = 171(\text{MPa}) < [\sigma] = 215\text{MPa}$$

一般经过 2～3 次选择即可确定截面。本例最后可选择 2∟50×4 等边角钢。

第五节　提高压杆稳定性的措施

由以上各节的讨论可知，影响压杆稳定的因素有：压杆的截面形状、长度和约束条件、材料的性质等。因而，也从这几个方面入手，讨论如何提高压杆的稳定性。

一、选择合理的截面形状

从欧拉公式看出，截面的惯性矩 I 越大，临界压力 F_{cr} 越大。从经验公式又可看到，柔度 λ 越小，临界应力越高。由于 $\lambda=\frac{\mu l}{i}$，所以提高惯性半径 i 的数值就能减小 λ 的数值。可见，如不增加截面面积，尽可能地把材料放在离截面形心较远处，以取得较大的 I 和 i，就等于提高了临界压力。例如，空心环形截面就比实心圆截面合理（图 9-10）。因为，若两者截面面积相同，环形截面的 I 和 i 都比实心圆截面的大得多。同理，由四根角钢组成的起重臂（图 9-11），其四根角钢分散放置在截面的四角［图 9-11（b）］，而不是集中地放在截面形心的附近［图 9-11（c）］。由型钢组成的桥梁桁架中的压杆或建筑物中的柱，也都是把型钢分开安放，如图 9-12 所示。当然，也不能为了取得较大的 I 和 i，就无限制地增加环形截面的直径并减小其壁厚，这将使其因变成薄壁圆管而有可能引起局部失稳、发生局部折皱的破坏。对由型钢组成的组合压杆，也要用足够强的缀条或缀板把分开放置的型钢联成一个整体（图 9-11 和图 9-12）。否则，各个型钢将变为分散单独的受压杆件，反而降低了稳定性。

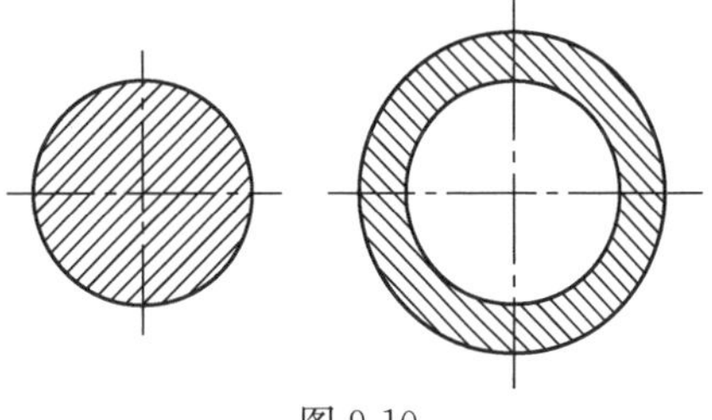

图 9-10

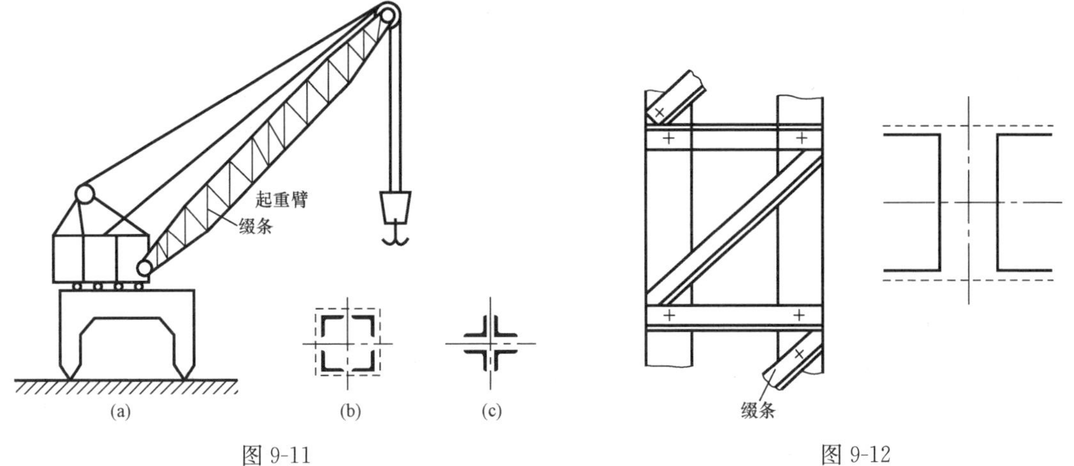

图 9-11　　图 9-12

如压杆在各个纵向平面内的相当长度 μl 相同，应使截面对任一形心轴的 i 相等，或接近相等。这样，压杆在任一纵向平面内的柔度 λ 都相等或接近相等，于是在任一纵向平面内有相等或接近相等的稳定性。例如，圆形、环形或图9-11（b）所表示的截面，都能满足这一要求。相反，某些压杆在不同的纵向平面内，μl 并不相同。例如，发动机的连杆，在摆动平面内，两端可简化为铰支座［图 9-13（a）］，$\mu_1=1$；而在垂直于摆动平面的平面内，两端可简化为固定端［图 9-13（b）］，$\mu_2=0.5$。这就要求连杆截面对两个形心主惯性轴 x 和 y 有不同的 i_x 和 i_y，使得在两个主惯性平面内的柔度 $\lambda_1=\frac{\mu_1 l_1}{i_x}$ 和 $\lambda_2=\frac{\mu_2 l_1}{i_y}$ 接近相等。这样，连杆在两个平面内可以有接近相等的稳定性。

二、改变压杆的约束条件

改变压杆的支座条件将直接影响临界力的大小。例如长为 l、两端铰支的压杆，其 $\mu=1$，$F_{cr}=\frac{\pi^2 EI}{l^2}$。若在这一压杆的中点增加一个中间支座，或者把两端改为固定端（图 9-14），则相当长度变为 $\mu l=\frac{l}{2}$，临界压力变为

$$F_{cr}=\frac{\pi^2 EI}{\left(\frac{l}{2}\right)^2}=\frac{4\pi^2 EI}{l^2}$$

可见临界压力变为原来的 4 倍。增加压杆的约束，使其更不容易发生弯曲变形，可以提高压杆的稳定性。

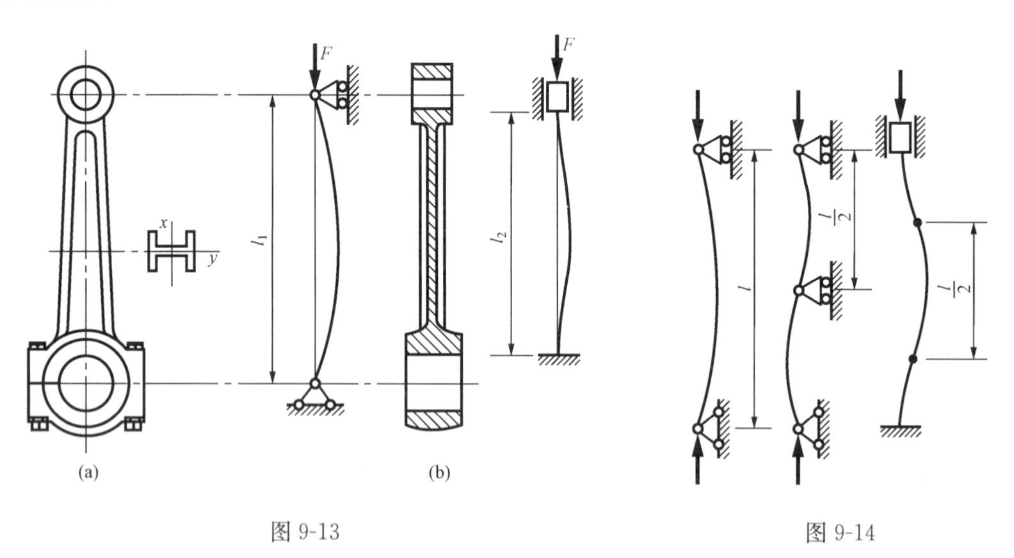

图 9-13　　图 9-14

三、合理选择材料

细长压杆（$\lambda>\lambda_1$）的临界压力由欧拉公式计算，故临界压力的大小还与材料的弹性模量 E 有关。由于各种钢材的 E 大致相等，所以选用优质钢材或普通低碳钢并无很大差别。对中等柔度的压杆，无论是根据经验公式或理论分析，都说明临界应力与材料的强度有关。优质钢材在一定程度上可以提高临界应力的数值。至于柔度很小的短杆，本来就是强度问题，优质钢材的强度高，其优越性自然是明显的。

9-1　压杆失稳指的是失去什么样的稳定?

9-2　两端定向支承时压杆计算长度系数 μ 应为何值?

9-3　具备哪些条件后才能确定 φ 系数?

9-4　为了使细长压杆不失稳，选用高强钢材是否合理? 为什么?

9-1　图 9-15 所示各杆材料和截面均相同，试问杆能承受的压力哪根最大，哪根最小[图 9-15 (e) 所示杆在中间支承处不能转动]?

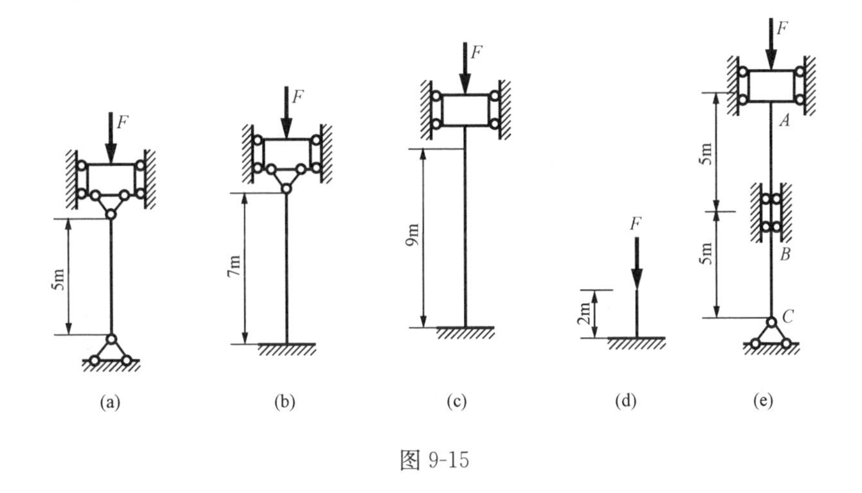

图 9-15

9-2　如果杆分别由下列材料制成:

(1) 比例极限 σ_P=220MPa，弹性模量 E=190GPa 的钢;

(2) σ_P=490MPa，E=215GPa，含镍 3.5%的镍钢;

(3) σ_P=20MPa，E=11GPa 的松木。

试求可用欧拉公式计算临界力压杆的最小柔度。

9-3　说明两端为球形铰支的细长压杆，如有图 9-16 所示形式的横截面，失稳时会在哪个方向屈曲(失稳弯曲)?

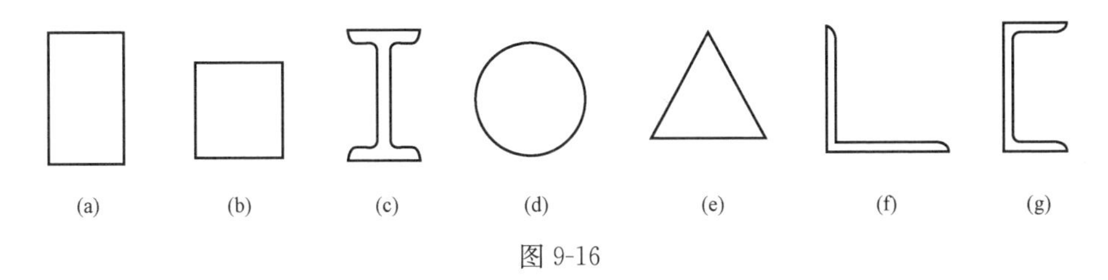

图 9-16

9-4　一两端为球形铰支的细长杆，已知杆长 $l=1\text{m}$。材料的弹性模量 $E=200\text{GPa}$，若其横截面为：(a) 直径 $d=25\text{mm}$ 圆形，(b) 高 $h=40\text{mm}$，宽 $b=20\text{mm}$ 的矩形，试用欧拉公式计算其临界荷载。

9-5　图 9-17 所示压杆的横截面为矩形，$h=80\text{mm}$，$b=40\text{mm}$，杆长 $L=2\text{m}$，$E=210\text{GPa}$，两端约束为：在正视图 (a) 的平面内相当于铰结；在俯视图 (b) 的平面内弹性固定，采用 $\mu=0.8$。试求此杆的临界力。

9-6　验算图 9-18 所示结构木压杆 BC 的稳定性。已知 $[\sigma]=12\text{MPa}$，$d=12\text{cm}$。压杆两端平面内与平面外均按铰结考虑。

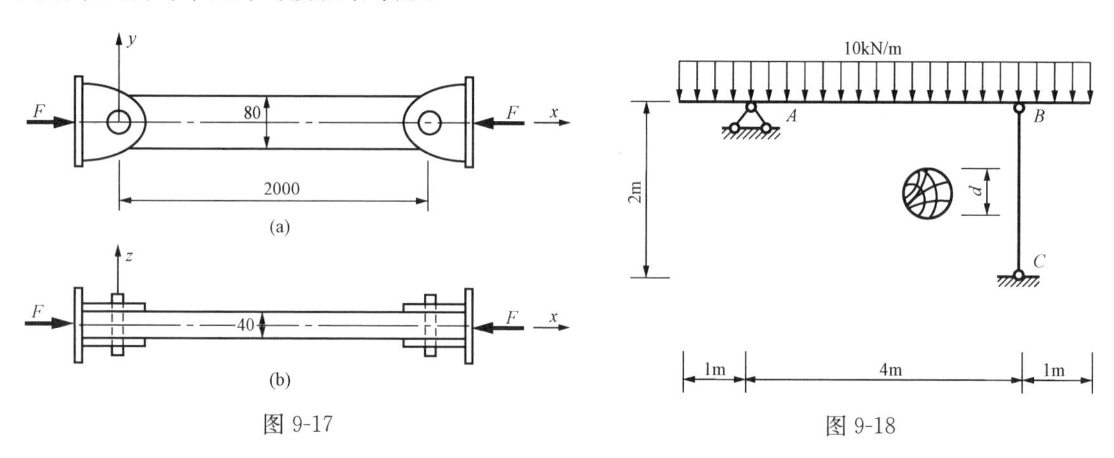

图 9-17　　图 9-18

9-7　验算图 9-19 所示结构 Q235 钢压杆 BC 的稳定性，已知 $[\sigma]=170\text{MPa}$。z 轴失稳（平面内）按两端铰结处理；绕 y 轴失稳（平面外）按 B 端固定 C 端自由处理。

9-8　图 9-20 所示结构，BC 杆为圆截面木杆，$[\sigma]=12\text{MPa}$，求 BC 杆所需的最小直径。平面内两端按铰结处理，平面外 μ 值取 1.3。

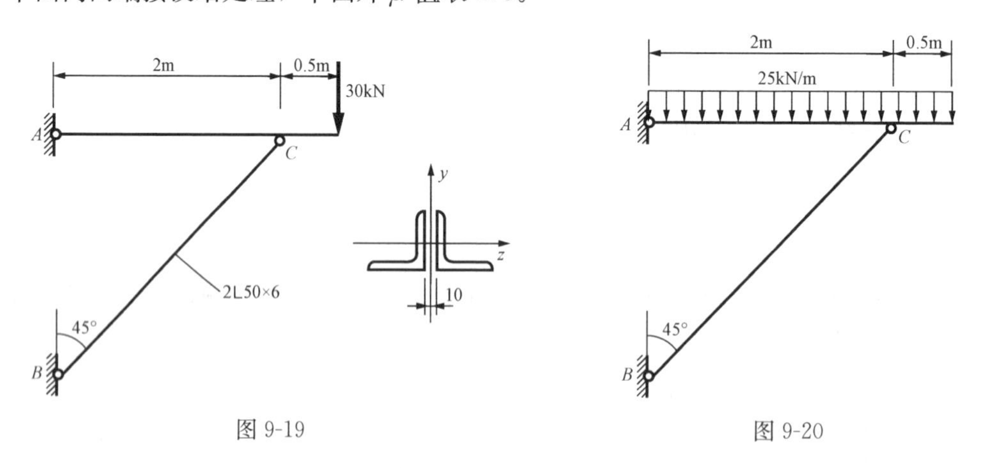

图 9-19　　图 9-20

9-9　如图 9-21 所示轴心受压杆件，两端为球铰支承，材料为 Q235 钢，$E=2\times10^5\text{MPa}$，截面为矩形 ($h\times b=200\text{mm}\times100\text{mm}$)，则稳定计算中长细比应取多少？

9-10　校核图 9-22 木柱的安全性，已知 $[\sigma]=12\text{MPa}$。

9-11　两端铰支的木制压杆，杆长 $l=3\text{m}$，横截面为矩形 $b\times h=12\text{ cm}^2$。材料为 TC17

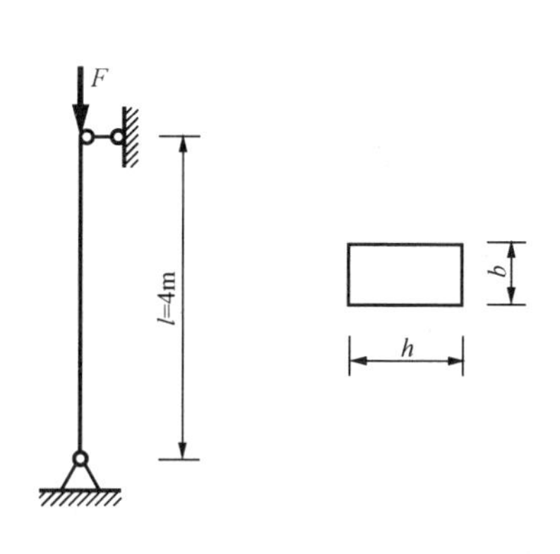

图 9-21

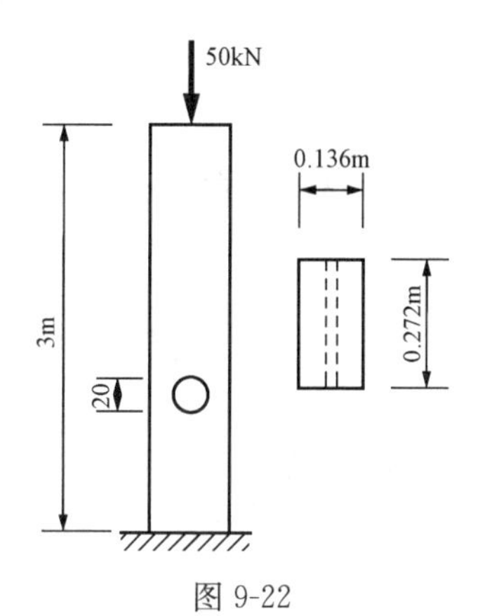

图 9-22

柏木，按木结构设计规范：

$$\lambda \leqslant 75, \varphi = \frac{1}{1+\left(\frac{\lambda}{80}\right)^2}; \lambda > 75, \varphi = \frac{3000}{\lambda^2}$$

$[\sigma] = 10\text{MPa}$，$E = 10\text{GPa}$，试求压杆的许可荷载。

9-12 图 9-23 所示结构中钢梁 AB 为 16 号工字钢，立柱 BC 为圆环截面，$D = 100\text{mm}$，$d = 90\text{mm}$ 梁与柱的材料均为 Q235 钢，$[\sigma] = 170\text{MPa}$，试验算梁柱是否安全。柱两端均按球铰考虑。

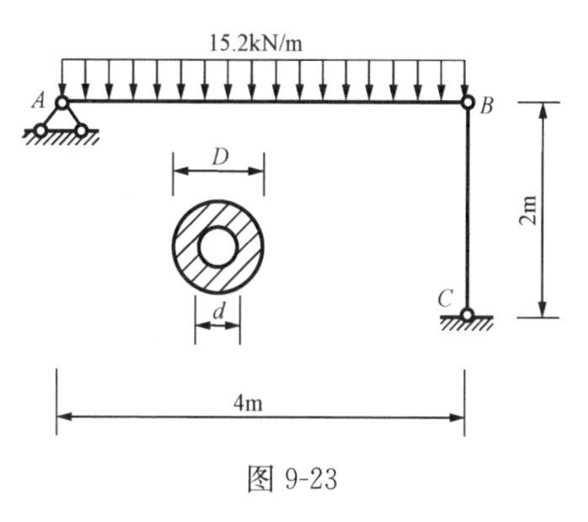

图 9-23

习题参考答案

9-1 (e) 承受的压力最大，(a) 承受的压力最小

9-2 (1) $\lambda_P = 92.3$；(2) $\lambda_P = 65.8$；(3) $\lambda_P = 73.7$

9-4 $F_{cr} = 37.8\text{kN}$（圆形截面）；$F_{cr} = 52.6\text{kN}$（矩形截面）

9-5 $F_{cr} = 345.4\text{kN}$

9-6 $\frac{F_N}{\varphi A} = 4.38\text{MPa} < [\sigma]$，稳定

9-7 $\frac{F_N}{\varphi A} = 321\text{MPa} > [\sigma]$，不稳定

9-8 $d = 14.4\text{cm}$

9-9 138.56

9-10 $\sigma = 1.6\text{MPa} < [\sigma] = 12\text{MPa}$，$\frac{F_N}{\varphi A} = 10.1\text{MPa} < [\sigma] = 12\text{MPa}$，安全

9-11 $[F] = 11.4\text{kN}$

9-12 梁 $\sigma_{max} = 215.6\text{MPa} > [\sigma]$；

柱 $\frac{F_N}{\varphi A} = 50\text{MPa} < [\sigma]$

第十章　平面体系的几何组成分析

第一节　自由度和约束

体系受到荷载作用后，构件将产生变形。通常这种变形是很微小的。在不考虑材料变形的条件下，体系受力后，能保持其几何形状和位置的不变而不发生刚体形式的运动，这类体系称为几何不变体系。如图 10-1（a）所示即为这类体系的一个例子，杆件 AC 和 BC 在 C 点铰结，A、B 处用铰与地面连接，构成一个三角形体系。在外力的作用下，它的几何形状和位置都不会改变，因此是几何不变体系。而对于另外一类体系，如图 10-1（b）所示的例子，其结构计算简图仅比图 10-1（a）体系多了一根杆 CD，但由于 A、B、C、D 四点均为铰链连接，只要稍许加水平力 P 就会产生如图虚线所示的显著的刚体运动，这种体系称为几何可变体系。显然，土木工程结构不能采用几何可变体系，而只能采用几何不变体系。

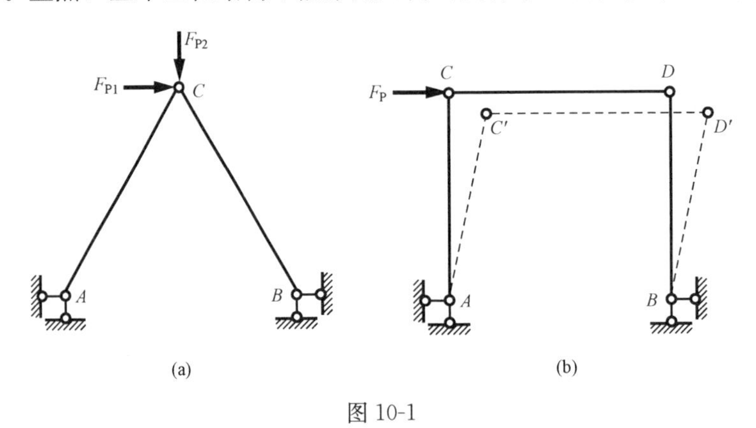

图 10-1

研究几何不变体系的几何组成规律，称为几何组成分析。几何组成分析是进行结构设计的基础知识。

一、刚片

对体系进行几何组成分析时，由于不考虑材料的变形，所以各个构件均为刚体，由若干个构件组成的几何不变体系也是一个刚体，称为刚片。

二、自由度

为了便于对体系进行几何组成分析，先讨论平面体系自由度的概念。所谓体系的自由度，是指该体系运动时，用来确定其位置所需独立坐标的数目。图 10-2（a）所示为平面内一点 A 的运动情况，A 点可以沿着 x 轴方向和 y 轴方向移动，即点在平面内可以作两种相互独立的运动。因为确定平面上一个质点的位置需要两个独

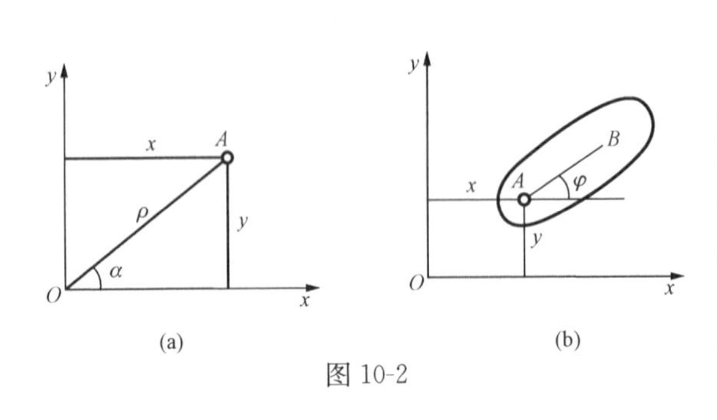

图 10-2

立的坐标（x，y）或（α，ρ），故一个质点在平面内运动有两个自由度（$W=2$）。图 10-2（b）所示为平面内一刚片（既平面刚体），当刚片内任一点 A 由坐标（x，y）确定后，刚片仍有绕 A 转动的可能，如果将反映转动的角位移 φ 进一步确定后，则刚片的位置即完全确定，因此独立坐标数为 3 个。故一个刚片在平面内运动时有三个自由度（$W=3$），即刚片在平面内不但可以自由移动，而且还可以自由转动。

三、约束

当对刚片施加约束装置时，它的自由度将会减少，凡能减少一个自由度的装置称为一个约束。常见的约束有链杆和铰。用一根链杆将刚片与基础相连［图 10-3（a）］，则刚片将不能沿链杆方向移动，因而减少了一个自由度，故一根链杆为一个约束。图 10-3（b）所示为用一个铰把两个刚片连接起来，这种连接两个刚片的铰称为单铰。此时，刚片Ⅰ的位置由 A 点的坐标（x，y）和倾角 φ_1 确定，刚片Ⅱ的位置由刚片上任一直线的倾角 φ_2 即可确定，它只能绕 A 点作转动而丧失自由移动的可能，减少了两个自由度。由上述可见，一个单铰相当于两个约束，也相当于两根相交链杆的约束作用。同理可知，连接三个刚片的铰能减少四个自由度，相当于四个链杆，因而，可以把它看作两个单铰［图 10-3（c）］。

那么，当 n 个刚片用一个铰连接时，从减少自由度的观点来看，可以当作 $n-1$ 个单铰。

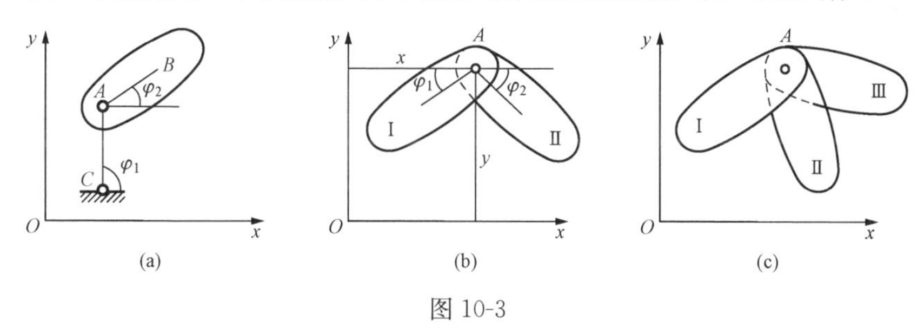

图 10-3

四、多余约束

如果在体系上增加一个约束而不减少体系的自由度，则此约束称为多余约束。例如，图 10-4 所示体系，AB 部分用固定端与地基连接成为几何不变体系，支座 A 的两根链杆对于保证体系的几何不变性来说是多余的，故该体系具有两个多余约束。

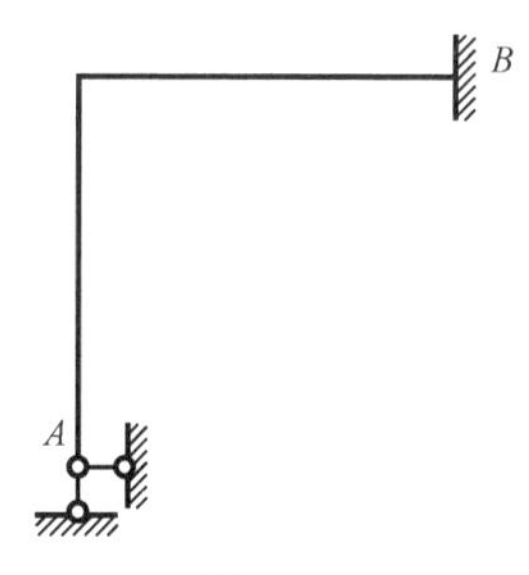

图 10-4

五、平面体系的计算自由度

m 个刚片组成的结构，若用 h 个单铰相连（复铰转换成单铰），当支座链杆数为 r 时，结构自由度 W 的数目应为

$$W=3m-2h-r \tag{10-1}$$

【例 10-1】 计算图 10-5（a）、（b）所示两个结构体系的自由度。

解　图 10-5（a）中：刚片数 $m=8$，单铰数 $h=10$，支座链杆数 $r=3$，代入式（10-1），得 $W=3\times8-2\times10-3=1$，此体系有一个自由度。

图 10-5（b）中：刚片数 $m=9$，单铰数 $h=12$，支座链杆数 $r=3$，应用式（10-1），$W=3\times9-2\times12-3=0$，此体系自由度为 0。

对于上述桁架体系因为各结点均为铰结，且各杆件均为链杆，考虑到一个铰结点有两个自由度，而一根链杆减少一个自由度，故还可建立如下自由度计算公式

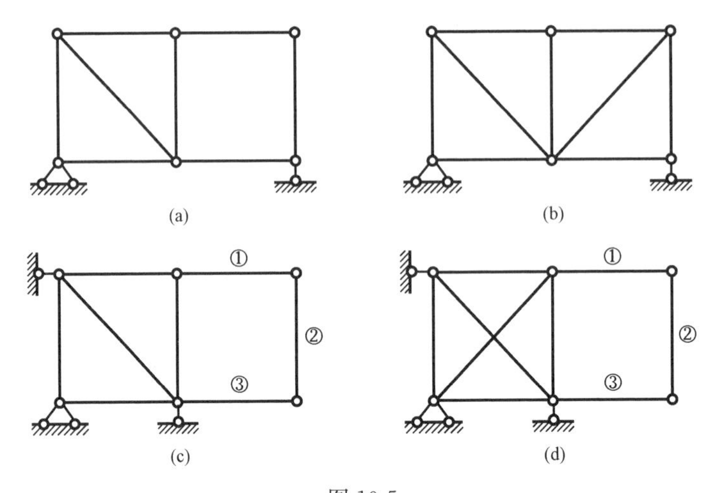

图 10-5

$$W = 2j - b - r \tag{10-2}$$

式中 j 为铰结点个数；b 为链杆数（不含支座链杆）。

【例 10-2】 计算图 10-5（c）、（d）所示两结构的自由度。

解 图 10-5（c）中 $j=6$，$b=8$，$r=4$，应用式（10-2）得到 $W=2\times6-8-4=0$，此体系自由度为零。

图 10-5（d）中，$j=6$，$b=9$，$r=4$，应用式（10-2），有 $W=2\times6-9-4=-1$，此体系自由度为负值。

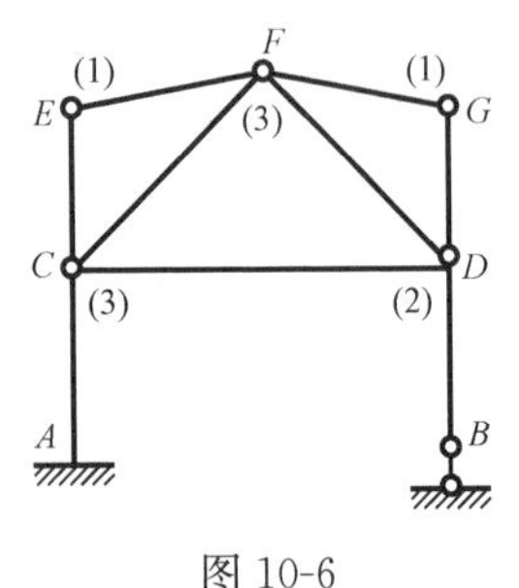

图 10-6

【例 10-3】 计算图 10-6 所示结构的自由度。

解 图示体系：刚片数 $m=8$，AC、CDB、CE、EF、CF、DF、DG、FG，单铰数 $h=10$，支座链杆数 $r=4$，体系的计算自由度为

$$W = 3m - (2h + r) = 3 \times 8 - (2 \times 10 + 4) = 0$$

注意 D 结点：折算单铰数为 2，CDB 为一根杆件。

固定支座 A：3 个联系相当于 3 根链杆。

【例 10-4】 计算图 10-7 所示体系的自由度。

解 图示铰结链杆体系：结点数 $j=6$，杆件数 $b=9$，支座链杆数 $r=3$，则

$$W = 2 \times 6 - (9 + 3) = 0$$

另一种解法：（按铰结计算）6 个铰结点，12 根单链杆，$W=2\times6-12=0$。

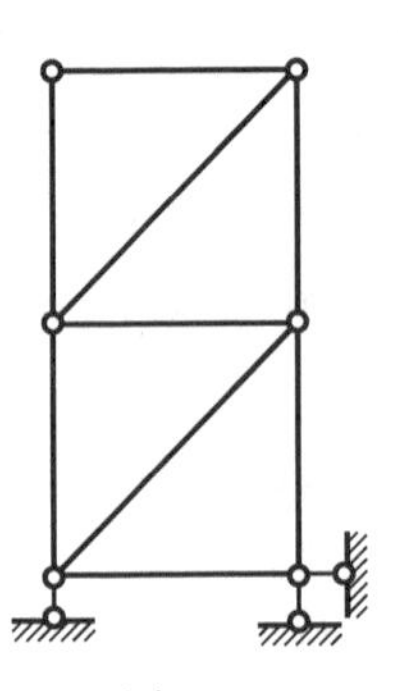

图 10-7

六、利用自由度数判定结构几何组成的不充分性

当 $W>0$ 时，由于结构有自由度，结构的整体或局部在适当荷载作用下必将发生刚体运动，这种结构显然应属于几何可变体系。图 10-5（a）即为这种体系。

当 $W=0$ 时，总体看自由度为零，似乎结构应为几何不变体系，对图 10-5（b）而言，确实属于这种状况。但图 10-5（c）中 W 也为零，从图中不难看出结构右端①②③杆将会发生刚体运动，因此该体系实为几

何可变体系。

由于$W=0$时，三种体系（可变、不变、瞬变）都有存在的可能性，所以$W=0$不能作为几何不变体系的充分条件。

当$W<0$时，结构似乎不仅应为不变体系，而且应存在多余的约束（或联系），但图10-5（d）表明，本来$W=-1$的结构，由于内外部组成的不合理，至使结构仍为几何可变体系。

上述分析表明，自由度$W>0$的结构一定是几何可变体系，而自由度$W\leqslant 0$的结构有可能是几何不变体系。正是由于自由度数不足以充分判别几何不变体系，所以下面将要叙述的几何组成规则将是重要的。

第二节　简单几何不变体系的组成规则

几何组成分析的主要课题是无多余约束几何不变体系的组成规律。几何不变体系基本组成规则有三个。

一、两刚片的组成规则

两刚片用既不完全平行，也不相交于一点的三根链杆连接，所组成的体系是几何不变的，且没有多余约束。

如图10-8（a）所示，若刚片Ⅰ和刚片Ⅱ用两根不平行的链杆AB和CD连接。为了分析两刚片间的相对运动情况，设刚片Ⅰ固定不动，刚片Ⅱ将可绕AB与CD两杆延长线的交点O转动；反之，若设刚片Ⅱ固定不动，则刚片Ⅰ也将绕O点转动。O点称为刚片Ⅰ和Ⅱ的相对转动瞬心。上述连接刚片Ⅰ和刚片Ⅱ的两根链杆的作用相当于其交点处的一个单铰，而这个铰的位置随着链杆的转动而改变，称为虚铰。如图10-8（b）所示，在体系中增加EF杆，限制了刚片Ⅰ和刚片Ⅱ之间的相对转动，故该体系为几何不变体系。

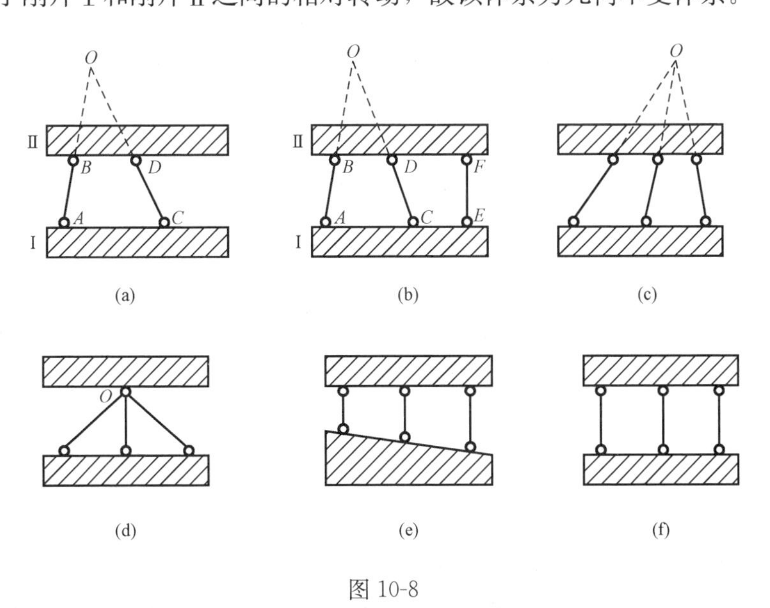

图10-8

两刚片如图10-8（c）所示，用三根延长线相交于一点的杆件相连时，由于O点为三根杆共同组成的虚铰，所以刚片Ⅰ相对刚片Ⅱ将会发生绕 O 点的瞬间转动，但由于该体系瞬间转动后三根杆即不再相交于一点而成为几何不变体系，故刚片Ⅰ与刚片Ⅱ组成瞬时可变体系。这种在某一瞬间可以产生微小运动的体系称为瞬变体系。

图 10-8（d）所示三杆形成一实铰 O，显然刚片Ⅰ有绕 O 点转动的自由度，因此Ⅰ与Ⅱ构成几何可变体系。

两刚片用如图 10-8（e）所示三根平行但不等长的链杆连接时，刚片Ⅰ相对刚片Ⅱ将会发生瞬时移动，但由于瞬时移动后三杆即不平行，因此这种连接体系也属于瞬时可变体系。当三杆平行且等长时，如图 10-8（f）所示，一般将属于几何可变体系。

二、三刚片的组成规则

三个刚片用不在同一直线的三个铰两两相连，组成的体系是几何不变的，且没有多余约束。

如图 10-9 所示，平面中三个独立的刚片Ⅰ、Ⅱ、Ⅲ，用不在同一直线上的 A、B、C 三个铰两两相连，这三个刚片组成一个三角形，如同用三条线段 AB、BC、CA 作一三角形。由平面几何知识可知，用三条定长的线段只能作出一个形状和大小都一定的三角形，所以该体系是几何不变的。

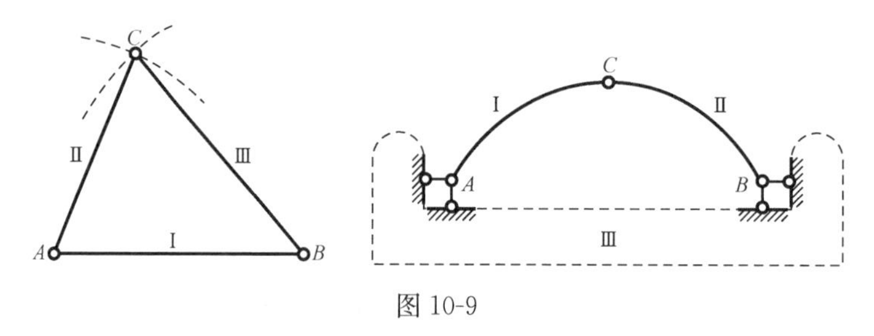

图 10-9

如果三个刚片用位于同一直线上的三个铰两两相连［图 10-10（a）］，此时 C 点位于以 AC 和 BC 为半径的两个圆弧的公切线上，C 点可沿此公切线做微小的移动。不过在发生一微小移动后，三个铰就不再位于一直线上，运动也就不再继续，故此体系是一个瞬变体系。

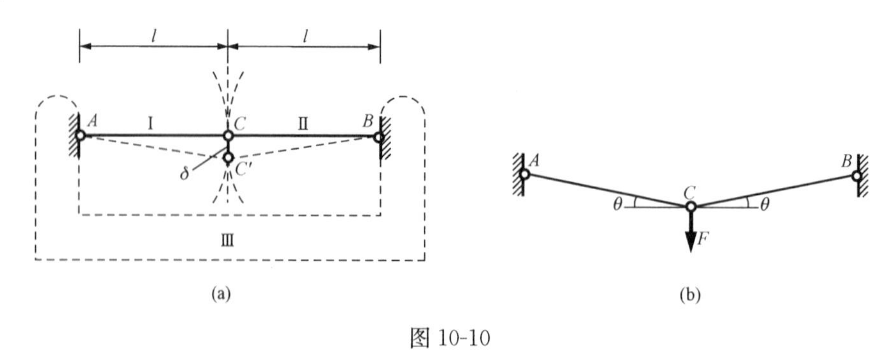

图 10-10

瞬变体系只发生微小的相对运动，似乎可以作为结构，但实际上当它受力时将可能出现很大的内力而导致破坏，或者产生过大的变形而影响使用。例如图 10-10（b）所示瞬变体系，在外力 F 作用下，铰 C 向下发生一微小的位移，由平衡条件可知，AC 和 BC 杆的轴

力为

$$F_{\mathrm{N}}=\frac{F}{2\sin\theta}$$

因为 θ 为一无穷小量，所以

$$F_{\mathrm{N}}=\lim_{\theta\to 0}\frac{F}{2\sin\theta}$$

可见，杆 AC 和 BC 将产生很大的内力和变形，从而导致体系破坏。由此可知，在工程中是不能采用瞬变体系的。

三、二元体规则

在一个刚片上增加或减少一个二元体，仍为几何不变体系，且没有多余约束。

如图 10-11 所示体系，是按照三刚片规则组成的。如果把三个刚片中的一个作为刚片，而把另外两个看作链杆，则体系可以认为是这样组成的：在一个刚片上增加两根链杆，此两杆不在一直线上，链杆的另一端用铰相连。这种由两根不共线的链杆连接一个新结点的装置（例如图 10-11 中的 A—B—C）称为二元体。

【例 10-5】 试分析图 10-12 所示体系。

解　如图 10-12 所示以铰结三角形 123 为基础，增加一个二元体得结点 4，1234 为几何不变体系，如此依次增加二元体，最后的体系为几何不变体系，没有多余联系。或从结点 10 开始拆除二元体，依次拆除结点 9、8、7…，最后剩下铰结三角形 123，它是几何不变的，故原体系为几何不变体系，没有多余联系。

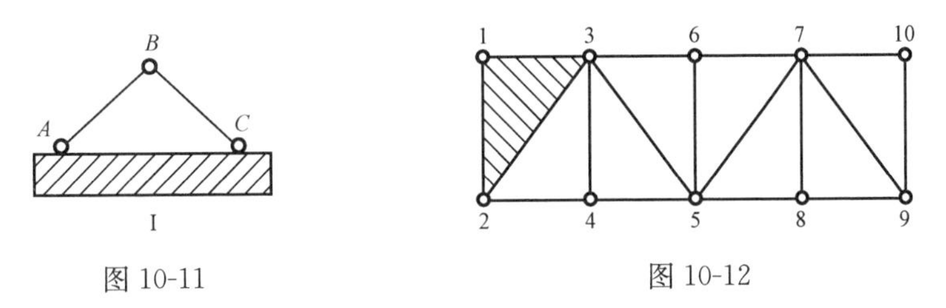

图 10-11　　　　图 10-12

第三节　几何组成分析举例

【例 10-6】 试对图 10-13（a）所示体系进行几何组成分析（或称机动分析）。

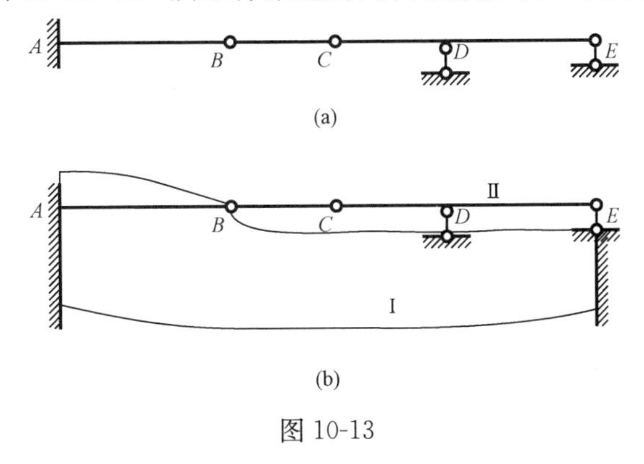

图 10-13

解 如图 10-13（b）所示，将大地作为刚片，由于 A 为固定端，所以大地与 AB 梁将形成一个扩大的刚片Ⅰ，将 CE 梁视为一刚片Ⅱ，BC 视为链杆，则Ⅰ、Ⅱ两刚片间用三根不全平行也不全交于一点的链杆相连，根据规则一，此连续梁为一几何不变体系且无多余联系（一般称为多跨静定梁）。

【例 10-7】 分析图 10-14（a）所示体系。

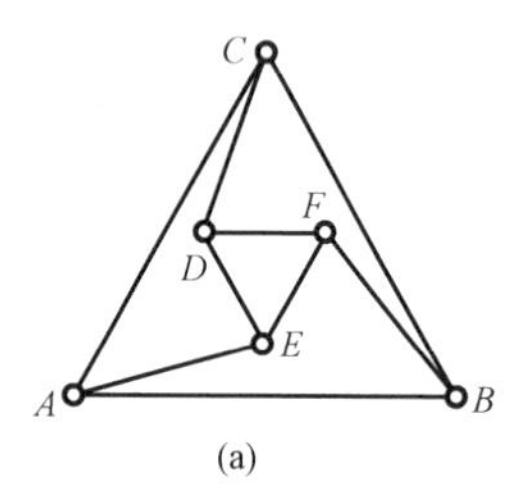

(a)

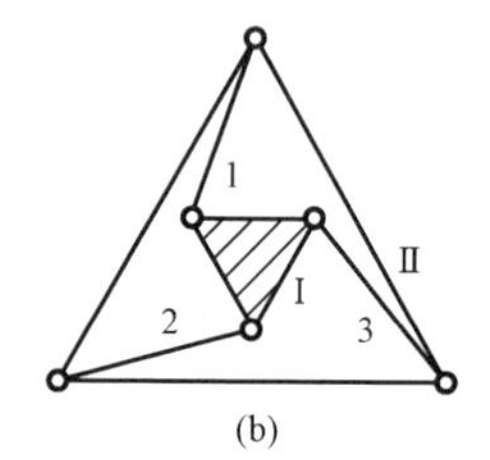

(b)

图 10-14

解 首先由 DE、EF、FD 三根杆组成刚片Ⅰ，而由 AB、BC、CA 组成刚片Ⅱ，刚片Ⅰ、Ⅱ通过既不完全平行，也不汇交于一点的链杆 1、2、3 连接，如图 10-14（b）所示，根据两刚片规则可知，该体系为几何不变体系。

【例 10-8】 分析图 10-15（a）所示体系。

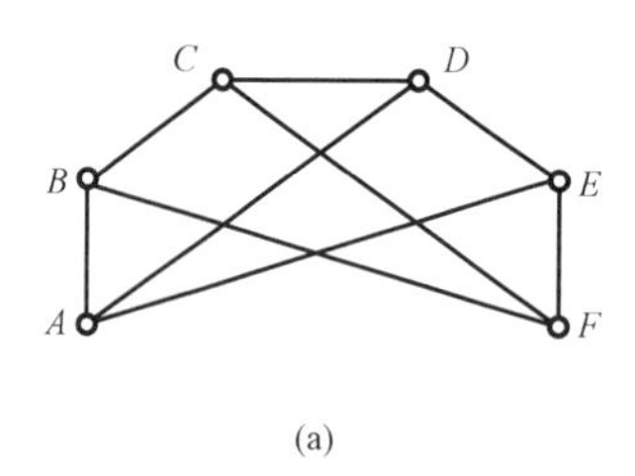

(a)

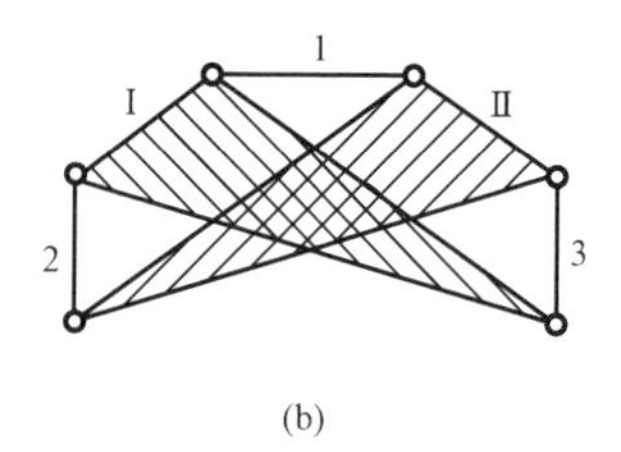

(b)

图 10-15

解 首先由 BF、FC、CB 三根杆组成刚片Ⅰ，而由 AE、ED、DA 组成刚片Ⅱ，刚片Ⅰ、Ⅱ通过既不完全平行，也不汇交于一点的链杆 1、2、3 连接，如图 10-15（b）所示，根据两刚片规则可知，该体系为几何不变体系。

【例 10-9】 试对图 10-16（a）所示体系进行机动分析。

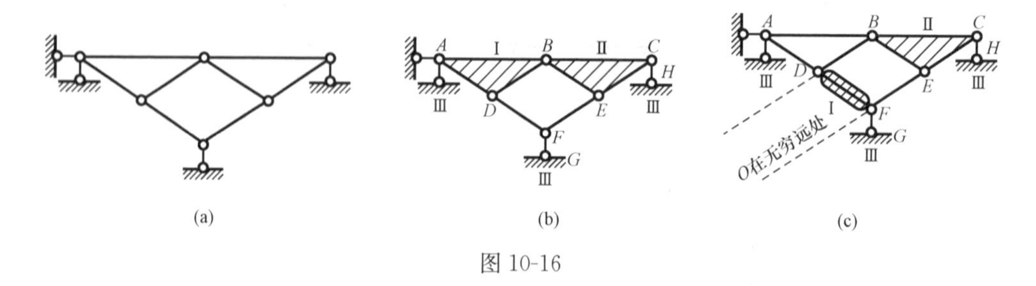

(a) (b) (c)

图 10-16

解 首先分析体系与地基有四根链杆相连，因此选择地基作为刚片Ⅲ，三角形 ABD 作为刚片Ⅰ和 BCE 作为刚片Ⅱ［图 10-16（b）］。刚片Ⅰ和Ⅱ用铰 B 相连，刚片Ⅰ和Ⅲ用铰

A 相连，刚片Ⅱ和Ⅲ呢？分析无法进行下去。

另选刚片：地基作为刚片Ⅲ，杆件 DF 和三角形 BCE 作为刚片Ⅰ、Ⅱ［图 10-16（c）］。刚片Ⅰ和Ⅱ用链杆 BD、EF 相连，虚铰 O 在两杆延长线的无穷远处；刚片Ⅰ和Ⅲ用链杆 AD、FG 相连，虚铰在 F 点；刚片Ⅱ和Ⅲ用链杆 AB、CH 相连，虚铰在 C 点。三铰在一条直线上，体系为瞬变体系。

【例 10-10】 试对图 10-17（a）所示体系进行机动分析。

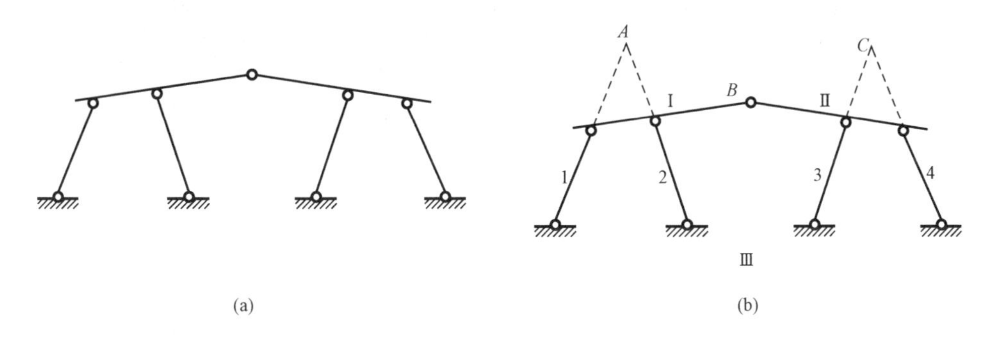

图 10-17

解　如图 10-17（b）所示，刚片Ⅰ、Ⅱ由铰 B 连接，刚片Ⅰ和基础Ⅲ之间由链杆 1、2 连接，相当于一个在 A 点的铰；刚片Ⅱ和基础Ⅲ之间由链杆 3、4 连接，相当于一个在 C 点的铰。如 A、B、C 不在同一条直线上，则体系是几何不变的，如 A、B、C 在同一条直线上，则体系是瞬变体系。

思考题

10-1　几何组成分析的假定和目的是什么？

10-2　无多余约束几何不变体系简单组成规则间有何关系？

10-3　为什么计算自由度 $W \leqslant 0$ 的体系不一定就是几何不变的？试举例说明。

10-4　体系计算自由度有何作用？

10-5　作平面体系组成分析的基本思路、步骤如何？

10-6　试述几何不变体系的三个基本组成规则，为什么说它们实质上只是同一规则？

10-7　什么是瞬变体系？为什么土木工程中要避免采用瞬变体系？

10-8　连接 n 根杆（或刚片）的复铰相当于多少单铰？

10-9　不变体系有多余联系时，使其变成无多余联系几何不变体系是否唯一？

习题

10-1　试对图 10-18 所示体系进行几何组成分析。

10-2　试作图 10-19 所示体系的几何组成分析。

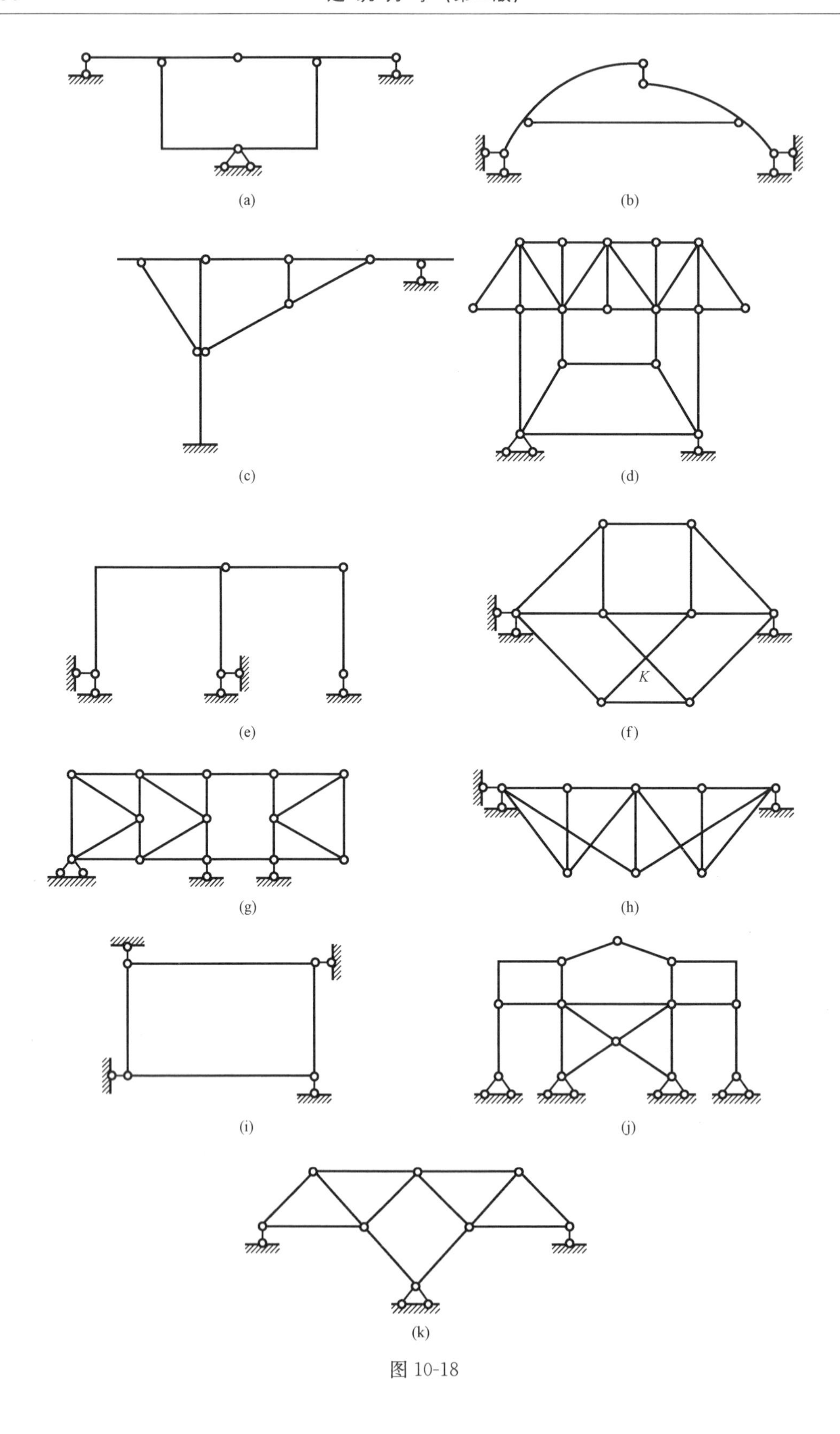

图 10-18

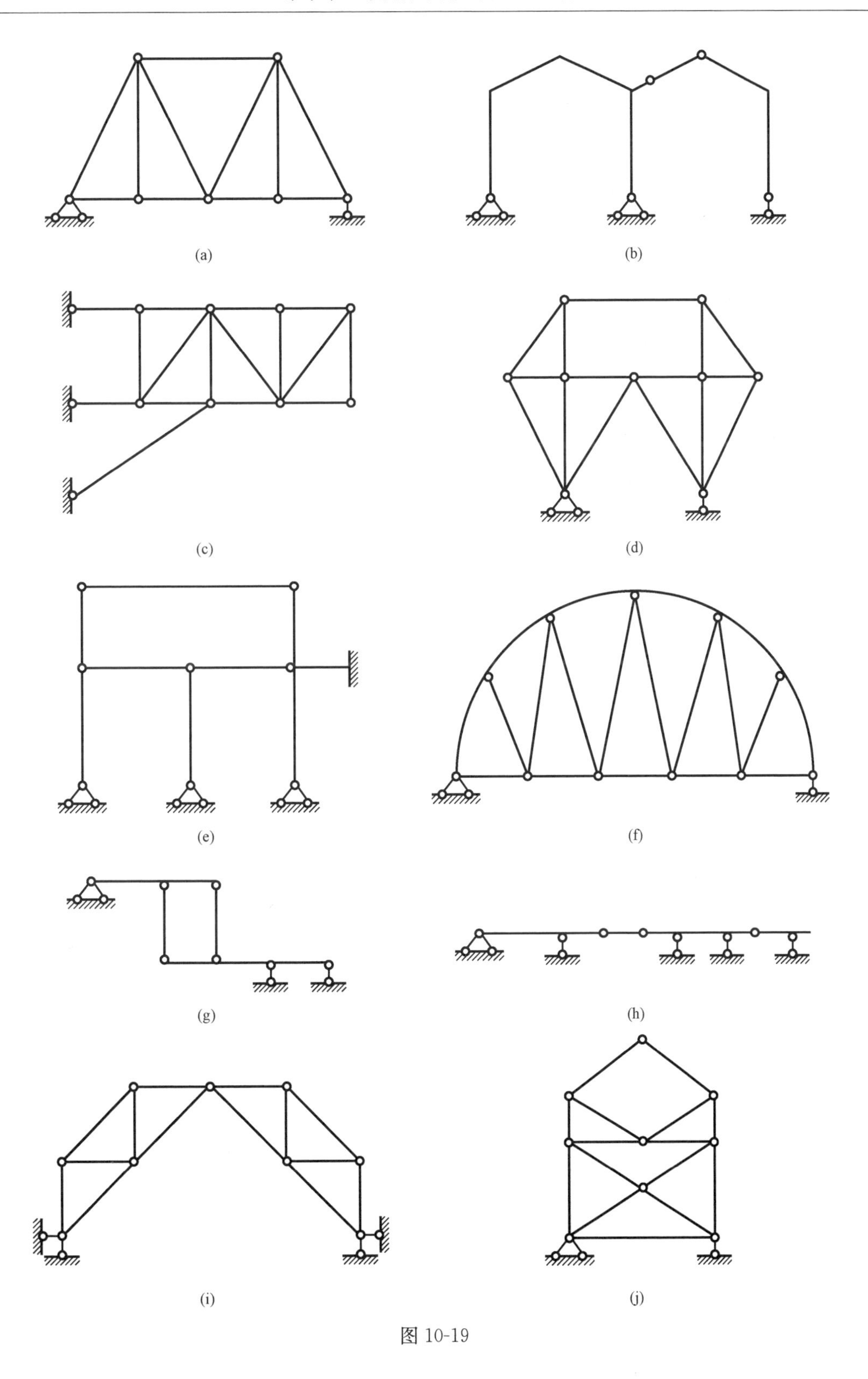

图 10-19

习题参考答案

10-1 （a）、（b）无多余约束的几何不变体系；

（c）、（e）有一个多余约束的几何可变体系；

（d）、（f）瞬变体系；

（g）、（h）、（i）无多余约束的几何不变体系；

（j）有一个多余约束的几何不变体系；

（k）无多余约束的几何不变体系

10-2 （a）、（c）、（d）、（h）、（i）为无多余约束的几何不变体系；

（b）为几何可变体系；

（e）为有两个多余约束的几何不变体系；

（f）为有五个多余约束的几何不变体系；

（g）、（j）为几何瞬变体系

第十一章　静定结构内力分析

第一节　多跨静定梁

一、多跨静定梁的形式与分层图

多跨静定梁是工程实际中比较常见的结构，如图 11-1（a）所示为公路桥使用的多跨静定梁，其计算简图如图 11-1（b）所示。从几何构造分析知道，梁 AB 和 CD 直接由链杆固定于基础，是几何不变的。短梁 BC 两端支承于 AB 和 CD 上。整个结构是几何不变的。梁 AB 和 CD 可以独立承受荷载，称为基本部分。梁 BC 依赖基本部分才能承受荷载保持平衡，称为附属部分。由于几何组成次序是先固定基本部分，后固定附属部分，因此受力分析的次序是：先计算附属部分，后计算基本部分。还有一种基本组成形式如图 11-2 所示，在伸臂梁 AC 上依次加上 CE、EF 两根梁。AC 是通过三根既不全平行也不全相交于一点的三根链杆与基础连接，所以它是几何不变的。CE 梁是通过铰 C 和支座链杆 D 连接在 AC 梁和基础上；EF 梁又是通过铰 E 和 F 支座链杆连接在 CE 梁和基础上。由此可知，AC 梁直接与基础组成一几何不变部分，它的几何不变性不受 CE 和 EF 影响，故称 AC 梁为该多跨静定梁中的基本部分。而 CE 梁要依靠 AC 梁才能保证其几何不变性，故称 CE 梁为 AC 梁的附属部分。同理，EF 梁对于 AC 和 CE 组成的部分来说，也是附属部分，而 AC 和 CE 组成的部分，相对于 EF 梁来说，则是基本部分。

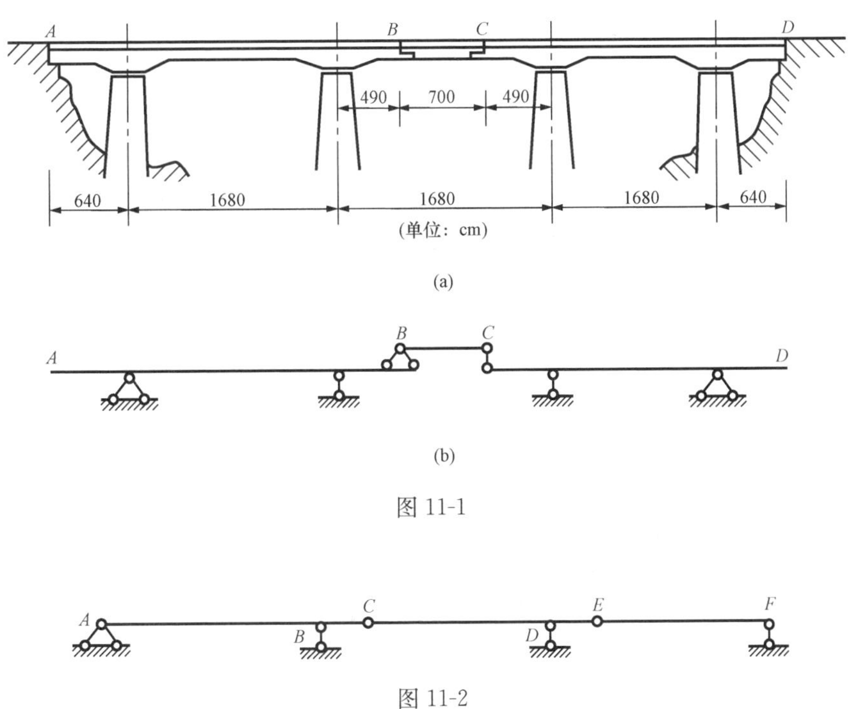

(a)

(b)

图 11-1

图 11-2

上述组成顺序可用图 11-3 来表示。这种图形称为层次图。通过层次图可以看出力的传递过程。

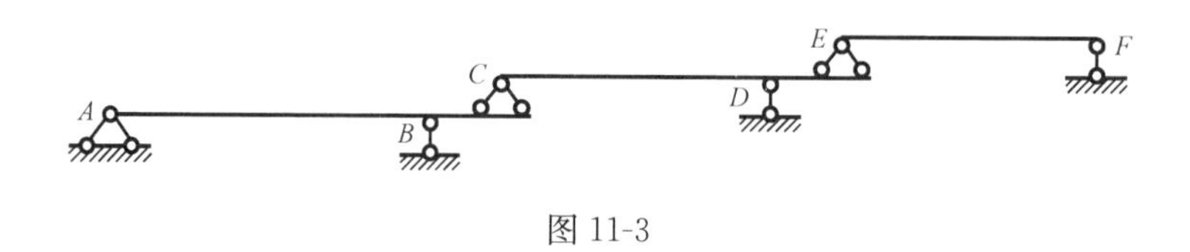

图 11-3

二、多跨静定梁的计算

通过画层次图，多跨静定梁可拆成若干个单跨梁，按照先计算附属梁后计算基本梁的程序，可以绘出各单跨梁的内力图，然后将内力图连在一起即为多跨静定梁的内力图。

下面举例说明多跨静定梁的计算方法。

【例 11-1】 试作图 11-4（a）所示多跨静定梁的内力图。梁仅受竖向荷载作用。

解 先画该梁的层次图［图 11-4（b）］，C 铰上的 10kN 集中力可视为作用在附属梁上。画各梁的受力图，注意 F_C 的反作用力 F'_C应为基本梁的荷载。第一步作 CD 梁的弯矩图，跨中弯矩

$$M_{CD}^{中}=\frac{20\times 6}{4}=30(\text{kN}\cdot\text{m})$$

由于 $F_C=20\text{kN}$，故 F'_C为向下的 20kN，作 AC 梁的弯矩图时可采用叠加法，先求出

$$M_A^R=40\text{kN}\cdot\text{m}$$

$$M_B=-F'_C\times 2=-40(\text{kN}\cdot\text{m})$$

$$M_C=0$$

BC 间连斜直线，AB 间连虚斜线，自斜直线中点向下$\frac{ql^2}{8}=\frac{5\times 8^2}{8}=40$（kN·m），作出抛物线，得如图 11-4（d）所示的 M 图。注意到上述计算过程中并未应用 F_A 与 F_B 的值，这是由于应用区段叠加的结果。如果还要求作剪力图，则必须求出 $F_A=10\text{kN}$、$F_B=50\text{kN}$，然后整个多跨静定梁的剪力图可以自左至右顺次绘出［图 11-4（e）］。由于 AB 段中剪力有零点，因此弯矩有极值。通过比例可先求出 $x=2\text{m}$，最后可得

$$M_{\max}=40+\frac{1}{2}\times 10\times 2=50(\text{kN}\cdot\text{m})$$

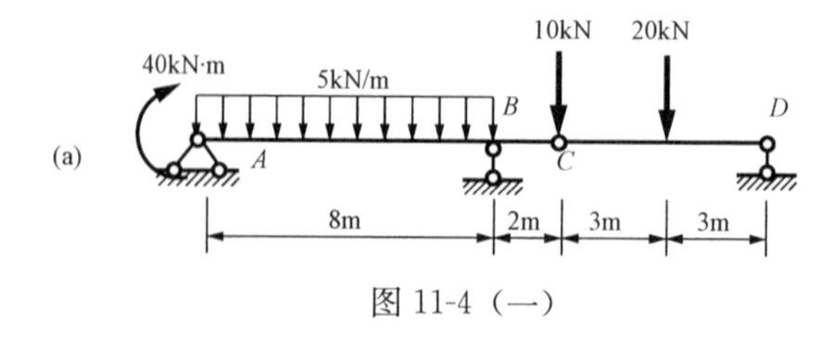

图 11-4（一）

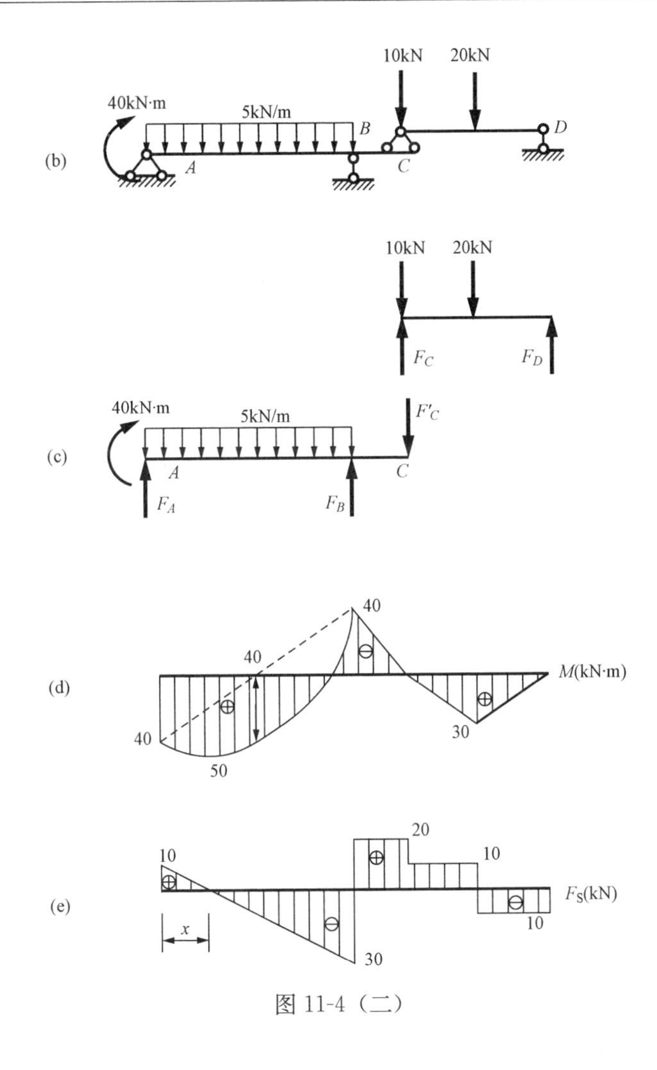

图 11-4（二）

第二节　静 定 平 面 刚 架

静定平面刚架是指由梁和柱通过刚结点或部分铰结点组成的无多余约束的几何不变体系。具有刚结点是刚架的特点。与铰结点［图 11-5（a）］相比，刚结点具有下述特点：从变形角度来看，在刚结点处各杆杆端轴线不能发生相对转动，因而他们之间的夹角始终保持不变，如图 11-5（b）中虚线所示；从受力角度看，刚结点可以承受和传递力矩，在刚架中弯矩是主要的内力（而铰结点处是不能传递弯矩的，该处的弯矩恒为零）。

刚架的内力是指各杆件中垂直于杆轴的横截面上的弯矩 M、剪力 F_S 和轴力 F_N。在计算静定刚架时，通常应由整体或某些部分的平衡条件，求出各支座反力和各铰结处的约束力，然后逐杆绘制内力图。值得指出，前述有关梁的内力图的绘制方法，对于刚架中的每一杆件同样适用。

一、刚架中各杆的杆端内力

（1）要注意内力正负号的规定。在刚架中，剪力、轴力的符号规定与梁中的相同；但对于弯矩不规定正负号，而是规定弯矩图画在杆件的受拉一侧。

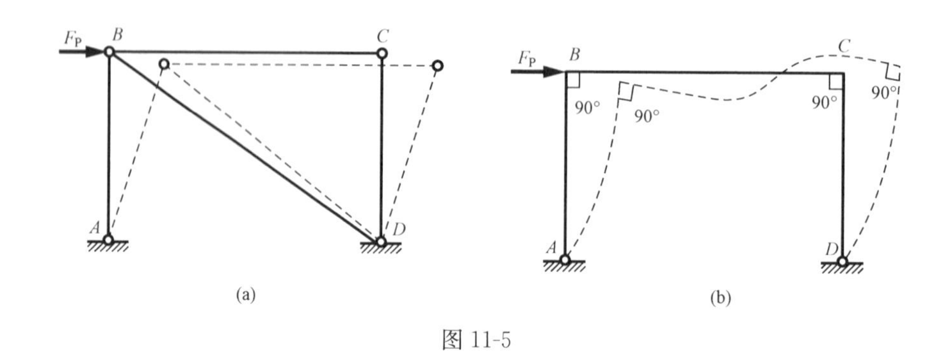

图 11-5

（2）要注意在结点处各杆端截面有不同的方向。例如在图 11-6（a）中所示刚架上，结点 B 处有三根杆件 BC、BA、BD 相交。因此，在结点 B 处有三个不同的截面 B_1、B_2、B_3。为此，这三个截面的弯矩分别表示为 M_{BC}、M_{BA}、M_{BD}；其两个下标就是杆两端的字母符号，其中第一个字母代表截面所在的一端，第二个字母代表截面所在杆件的另一端。剪力与轴力也采用同样的写法。

（3）正确选取隔离体，例如用截面法求三个指定截面 B_1、B_2、B_3 的内力时，应分别在指定截面处切开，得到隔离体如图 11-6（b）～（d）所示。这里，在每个切开的截面处都作用有三个未知力 M、剪力 F_S 和轴力 F_N。其中 F_S、F_N 都按正方向画出，未知力 M 按任一指定的方向画出。

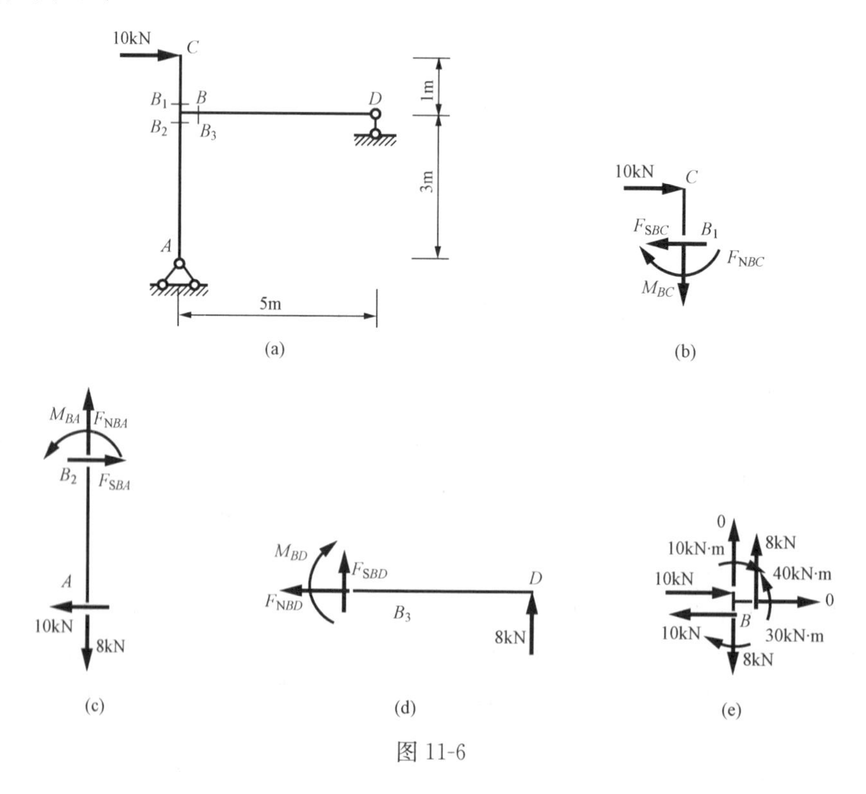

图 11-6

（4）要注意结点隔离体的平衡条件。上述三个截面的内力应满足结点 B 的三个平衡

条件

$$\begin{cases}\sum F_x = 0, & 10 - 10 + 0 = 0 \\ \sum F_y = 0, & 0 - 8 + 8 = 0 \\ \sum M_B = 0, & 10 + 30 - 40 = 0\end{cases}$$

通常利用结点隔离体的平衡条件作计算校核。

（5）要注意判断截面上剪力的符号和弯矩的符号、刚结点上互相垂直相邻的杆件截面内力的关系。

二、刚架内力图

刚架内力图的基本作法是将刚架拆成单个杆件。求出各杆端的内力后，利用杆端内力分别作各杆的内力图，各杆的内力图合在一起就是刚架的内力图。

计算图 11-6（a）所示刚架的过程如下。

1. 求支座反力

对于图 11-6（a）所示刚架，可通过考虑整体平衡，先求出各支座反力

由 $\sum M_A = 0$，　$-10 \times 4 + F_{Dy} \times 5 = 0$，　得

$$F_{Dy} = 8\text{kN}$$

由 $\sum F_y = 0$，　$-F_{Ay} + 8 = 0$，　得

$$F_{Ay} = 8\text{kN}$$

再由 $\sum F_x = 0$，　$-F_{Ax} + 10 = 0$，　得

$$F_{Ax} = 10\text{kN}$$

然后根据其他平衡条件进行校核。例如由 $\sum M_D = 0$，即 $8 \times 5 - 10 \times 3 - 10 \times 1 = 0$，得知反力计算无误。

2. 绘制内力图

（1）弯矩图。

根据各杆的荷载情况进行分段绘图，即对于无荷载区段，只须定出两控制截面的弯矩值，即可连成直线图形；对于承受均布荷载的区段，则可利用相应简支梁的弯矩图进行叠加。由图 11-6（a）所示刚架和荷载情况，可知其弯矩图应分为 BC、BA、BD 三段来绘制。这三段都是无荷载区段，故取 A、B、C、D 为控制截面。各控制截面弯矩计算如下：

A 端为铰，所以 $M_{AB} = 0$；

截取图 11-6（b）所示隔离体，由 $\sum M_B = 0$ 可求得 $M_{BC} = 10\text{kN} \cdot \text{m}$（左侧受拉）；

截取图 11-6（c）所示隔离体，由 $\sum M_B = 0$ 可求得 $M_{BA} = 30\text{kN} \cdot \text{m}$（右侧受拉）；

截取图 11-6（d）所示隔离体，由 $\sum M_B = 0$ 可求得 $M_{BD} = 40\text{kN} \cdot \text{m}$（下侧受拉）。

由上述控制截面的弯矩值，即可绘出图 11-7（a）所示的弯矩图。

弯矩图作出后，应进行校核。为此，可取各刚结点来检验其是否满足力矩平衡条件。例如，取结点 B 为隔离体［图 11-6（e）］，并写出其力矩平衡方程如下：

$$\sum M_B = 0, \quad 40 - 30 - 10 = 0$$

可见计算无误。

（2）剪力图。

剪力仍规定以隔离体有顺时针方向转动趋势为正。在图 11-6 中所示的剪力都为正向。现因本例所分的三个区段都为无荷载区段，故各区段的剪力分别为一常数。只需求出每个区

段中某一截面的剪力值便可做出剪力图。正号的剪力对于水平杆件一般绘制在杆轴的上侧，并注明正号。对于竖杆和斜杆，正、负剪力可分绘于杆件两侧，并注明符号。

分别由图 11-6（b）～（d）所示隔离体，即可求得 $F_{SBA}=10kN$，$F_{SBC}=10kN$，$F_{SBD}=-8kN$，绘出剪力图为图 11-7（b）所示。

（3）轴力图。

一般规定轴力以拉力为正。本例中三杆的轴力都为常数，由图 11-6（b）～（d）所示隔离体可分别求得 $F_{NBA}=8kN$，$F_{NBC}=0kN$，$F_{NBD}=0kN$。

正号的轴力对于水平杆件一般绘制在杆件的上侧，并注明正号。对于竖杆和斜杆，正、负轴力可分绘于杆件两侧，并注明符号。图 11-7（c）所示即为刚架的轴力图。

为了校核所作剪力图和轴力图的正确性，可用任一截面截取出刚架的某一部分，检验其平衡条件 $\sum F_x=0$ 和 $\sum F_y=0$ 是否得到满足。例如，可截取如图 11-6（e）所示隔离体，由 $\sum F_x=0, 10-10+0=0$ 满足，$\sum F_y=0, 8-8-0=0$ 可知所得剪力图和轴力图无误。

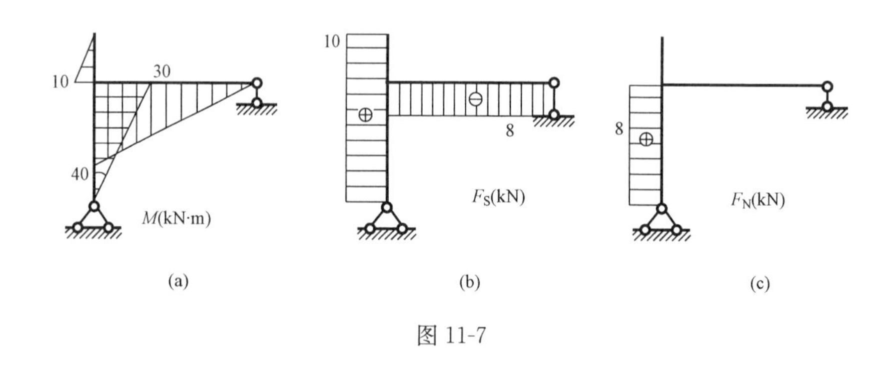

图 11-7

【例 11-2】 试作图 11-8（a）所示刚架的内力图。

解 （1）求支座反力。

$\sum M_A=0$，　$F_B\times4-20\times4\times2-40\times2=0$

$$F_B=60kN(\uparrow)$$

$\sum F_y=0$，　$F_{Ay}-20\times4+F_B=0$

$$F_{Ay}=20kN(\uparrow)$$

$\sum F_x=0$，　$F_{Ax}+40=0$　$F_{Ax}=-40kN(\leftarrow)$

绘制 M 图时可只求出 $F_{Ax}=40kN$，再由 $\sum M_B=0$ 进行校核，有 $-20\times4-40\times2+20\times4\times2=0$，故知反力计算无误［图 11-8（b）］。

（2）绘制内力图。

1）弯矩图。

为了计算方便，暂规定弯矩的符号以使刚架内侧纤维受拉的为正。根据荷载情况可知，弯矩图可分为 AE、EC、CD、DB 四段来绘制，各段控制截面的弯矩，可截取隔离体由平衡条件求得，也可根据任一截面上的弯矩等于该截面任一侧的所有外力对其形心的力矩的代数和，直接写出各控制截面上的弯矩。如果先从刚架的左侧开始，可知

$$M_{AE}=0$$

$$M_{EA}=40\times2=M_{EC}=80kN\cdot m$$

$$M_{CE}=M_{CD}=40\times4-40\times2=80\text{kN}\cdot\text{m}$$

计算 M_{DB}、M_{DC} 时，取截面以右部分考虑较简便，于是有 $M_{DC}=M_{DB}=0$。

求得上述各控制截面的弯矩值后，便可绘制弯矩图。根据荷载分布情况可知该刚架的弯矩图除 CD 段外，其余各段的弯矩图都为直线，以直线连接两端竖标即得。至于 CD 段的弯矩图，则可利用叠加法来绘制。整个刚架的弯矩图如图 11-8（c）所示。可以看到连接两杆的刚结点处弯矩相等，且同侧受拉。

2）剪力图。

各段控制截面上的剪力，等于该截面任一侧的全部外力在截面方向上投影的代数和，从而可作出剪力图如图 11-8（d）所示。

3）轴力图。

杆件中任一截面上的轴力，等于该截面任一侧的全部外力在垂直于截面方向上投影的代数和，于是可作出如图 11-8（e）所示的轴力图。

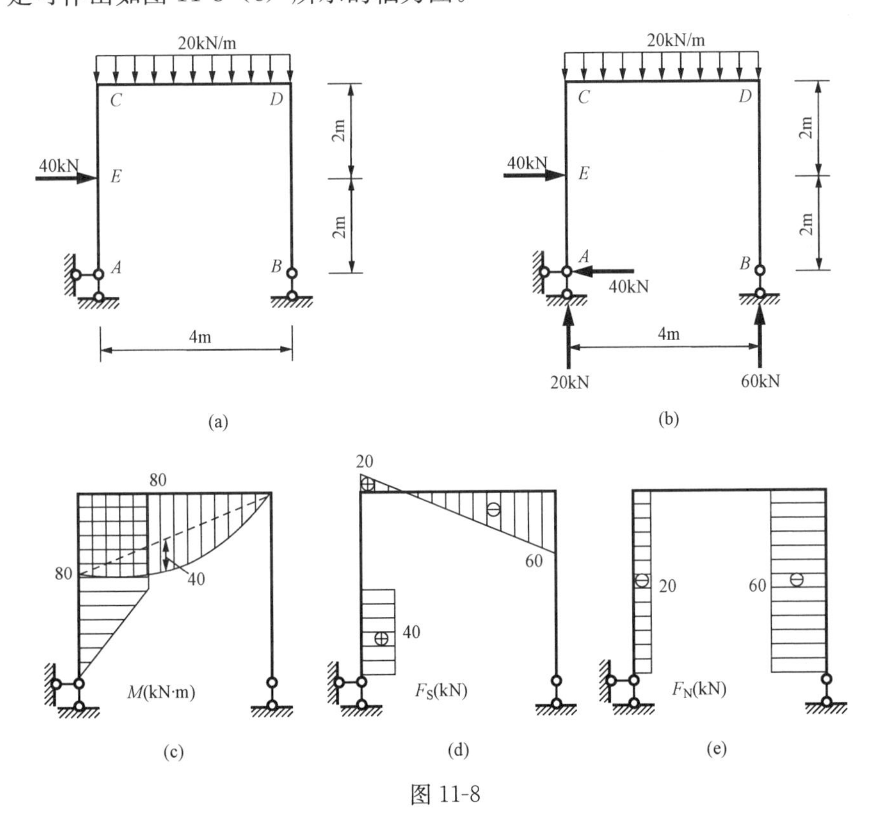

图 11-8

【例 11-3】 绘制图 11-9（a）所示简支刚架的内力图。

解　（1）求支座反力。

取整体平衡，则 $\sum F_x=0$，　$-F_B+4\times4=0$，　得

$$F_B=16\text{kN}$$

$\sum M_B=0$，　$4\times4\times6-8-F_C\times4=0$，　得

$$F_C=22\text{kN}$$

$\sum F_y=0$，　有 $F_A-F_C=0$，　得

$$F_A = F_C = 22\text{kN}$$

（2）绘制内力图。

1）作 M 图。

BE 杆，有 $M_{BE}=0$，$M_{EB}=16\times4=64\text{kN}\cdot\text{m}$（右侧受拉）$BE$ 弯矩图应为斜直线。EC 杆，有 $M_{CE}=0$，$M_{EC}=22\times4+8=96\text{kN}\cdot\text{m}$（上侧受拉），连虚线，叠加简支梁在集中力偶下的弯矩图得 EC 杆最后的 M 图［图 11-9（b）］。AE 杆，有 $M_{AE}=0$ 和 $M_{EA}=4\times4\times2=32\text{kN}\cdot\text{m}$（左侧受拉）连虚线，叠加简支梁在均布荷载作用下的 M 图，得最后 AE 杆的 M 图。由于 F_A 与作 AE 杆弯矩图无关，此杆弯矩图也可用类似悬臂梁受均布荷载作用下的弯矩图代替，而不用区段叠加。

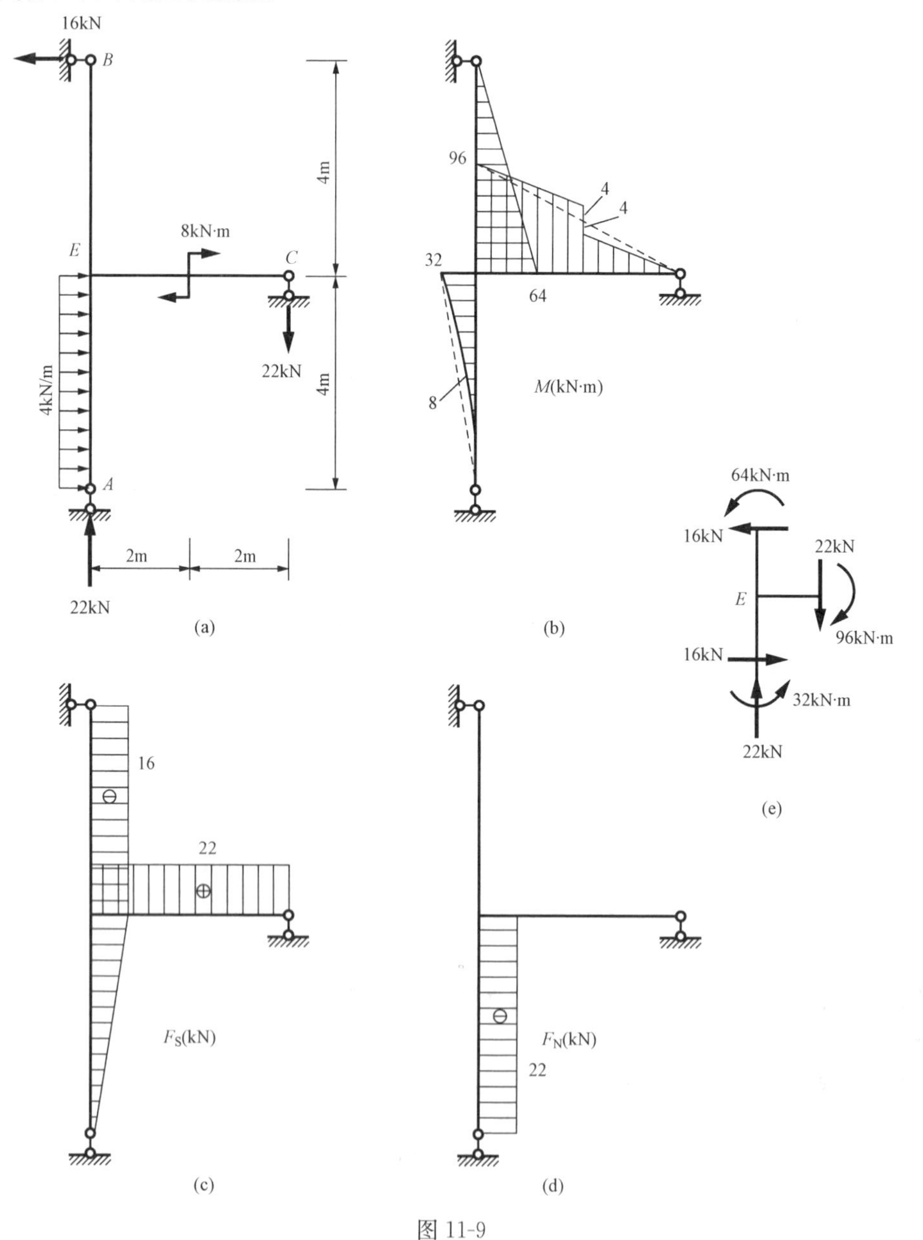

图 11-9

2）作 F_S 图。

BE 杆剪力应为定值等于－16kN，EC 杆的剪力应为定值等于＋22kN，AE 杆剪力应为斜直线，有 $F_{SAE}=0$，$F_{SEA}=-4\times4=16$kN。剪力图示于图 11-9（c）。

3）作 F_N 图

BE 与 EC 杆均无轴力，AE 杆的轴力为定值等于－22kN。轴力图示于图 11-9（d）。

（3）校核。

图 11-9（e）绘出了 E 结点的受力图，其中 $M_{EB}=64$kN·m（右侧受拉），$M_{EC}=96$ kN·m（上侧受拉），$M_{EA}=32$kN·m（左侧受拉），$F_{SEB}=-16$kN，$F_{SEC}=22$kN，$F_{SEA}=-16$kN，$F_{NEB}=0$，$F_{NEC}=0$，$F_{SEA}=-22$kN。不难看出此结点受力满足三个平衡方程，需要指出的是：当刚结点由两个以上杆件组成时，两杆端弯矩相等的结论一般不再成立，而是所有杆端弯矩的代数和为零。

第三节　静　定　拱

一、概述

拱是应用比较广泛的结构形式之一。在房屋建筑中，屋面承重结构也用到拱结构。拱按其含铰的多少可分为三铰拱［图 11-10（a）］、两铰拱［图 11-10（b）］、无铰拱［图 11-10（c）］。三铰拱属于静定结构，而两铰拱和无铰拱均属于超静定结构，本章只研究三铰拱。

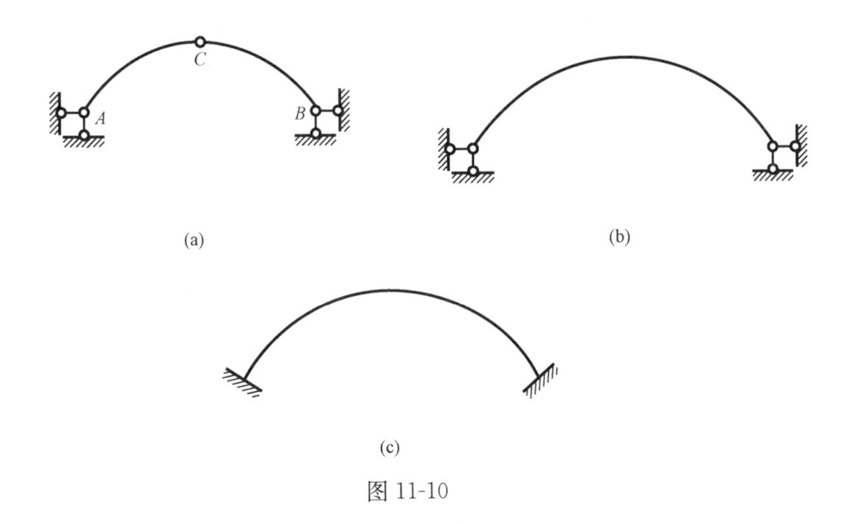

图 11-10

拱结构的特点是：杆轴为曲线，（常见有抛物线、圆弧线和悬链线等），而且在竖向荷载作用下支座将产生水平反力。这种水平反力又称为水平推力，或简称推力。拱结构与梁结构的区别，不仅在于外形不同，更重要的还在于在竖向荷载作用下是否产生水平推力。例如图 11-11 所示的两个结构，虽然它们的杆轴都是曲线，但图 11-11（a）所示结构在竖向荷载作用下不产生水平推力，其弯矩与相应的简支梁（同跨度、同荷载的梁）的弯矩相同，所以这种结构不是拱结构而是一根曲梁。但图 11-11（b）所示结构，由于其两端都有水平支座链杆，在竖向荷载作用下将产生水平推力，所以属于拱结构。由于水平推力的存在，拱中各截面的弯矩将比相应的曲梁或简支梁的弯矩要小，并且会使整个拱体主要承受压力。因此，拱结构可用抗压强度较高而抗拉强度较低的砖、石、混凝土等建筑材料来建造。

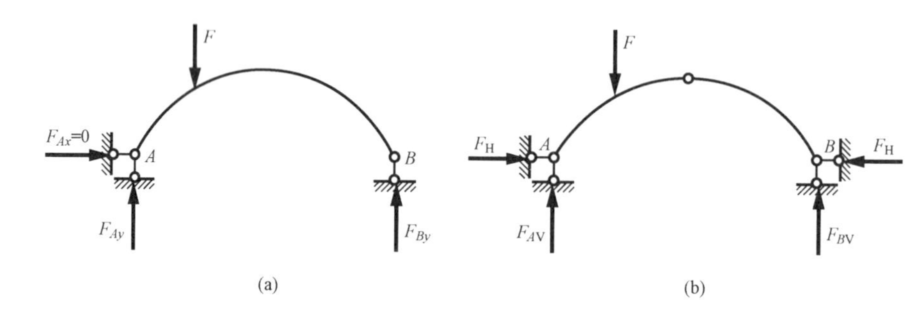

图 11-11

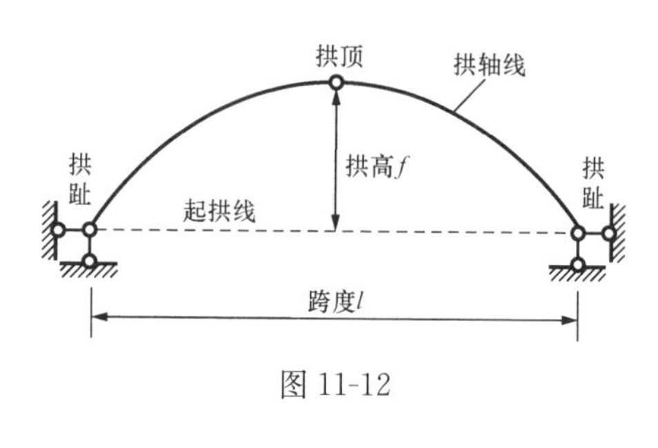

图 11-12

拱结构（图 11-12）最高的一点称为拱顶。三铰拱的中间铰通常是安置在拱顶处。拱的两端与支座连接处称为拱趾，或者称为拱脚。两拱趾在同一水平线上的拱称为平拱，否则称为斜拱。两个拱趾间的水平距离 l 称为跨度。拱顶到两拱趾连线的竖向距离 f 称为拱高，或者称为拱矢。拱高与跨度之比 f/l 称为高跨比或矢跨比。由后面可知，拱的主要力学性能与高跨比有关。

用作屋面承重结构的三铰拱，常在两支座铰之间设水平拉杆代替支座承受的水平推力［图 11-13（a）］。这样，在竖向荷载作用下，使支座只产生竖向反力。这种结构的内部受力情况与三铰拱完全相同，故称为具有拉杆的拱，或者简称为拉杆拱。它的优点在于消除了推力对支承结构（例如砖墙）的影响。有时也将拉杆做成折线形，这样可获得较大空间［图 11-13（b）］。在西方的许多古建筑维修中也采用拉杆进行加固。

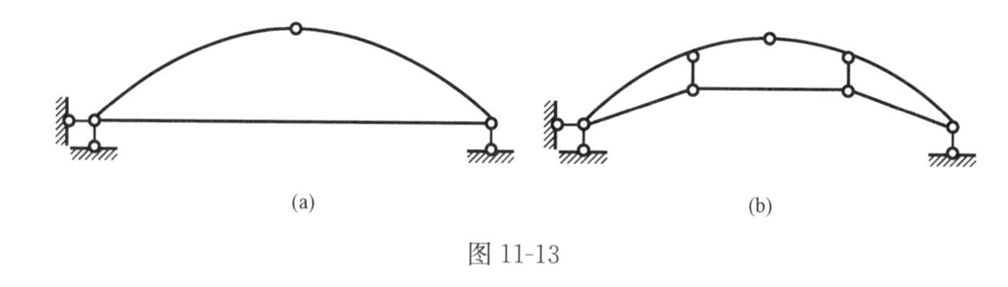

图 11-13

二、三铰拱的计算

图 11-14（a）给出了三铰拱在竖向荷载作用下的计算简图，为了与梁的受力性能进行对比，在图 11-14（b）中给出了与拱跨相等并受相同竖向荷载的简支梁，称其为三铰拱的相应梁。三铰拱为静定结构，其全部反力和内力可由静力平衡方程算出。三铰拱的支座反力与前面所述三铰刚架反力求法是相同的，现以图 11-14（a）所示在竖向荷载作用下的平拱为例，导出其计算公式。

1. 支座反力的计算公式

取整体平衡，由 $\sum M_B=0$ 和 $\sum M_A=0$，得到

$$F_{AV}=\frac{F_1(l-a_1)+F_2(l-a_2)}{l}$$

$$F_{BV}=\frac{F_1a_1+F_2a_2}{l}$$

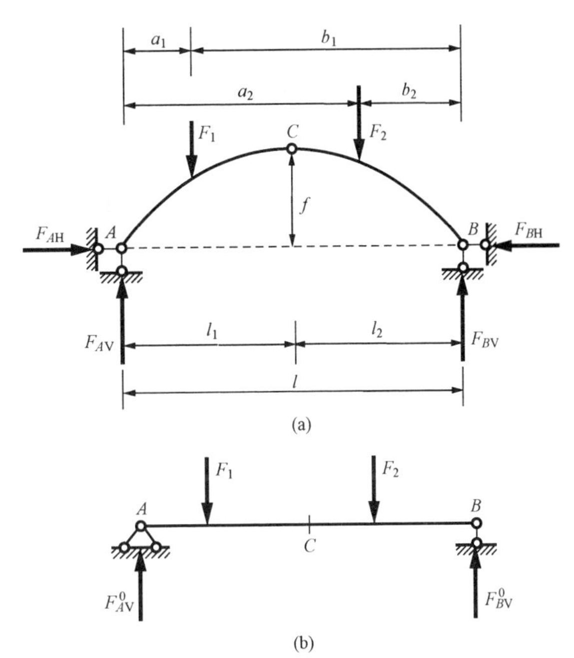

图 11-14

考虑相应梁的竖向反力，根据平衡条件，不难得出

$$F_{AV}^0=\frac{F_1(l-a_1)+F_2(l-a_2)}{l}=F_{AV}$$

$$F_{BV}^0=\frac{F_1a_1+F_2a_2}{l}=F_{BV}$$

结论表明，拱与相应梁具有相同的竖向反力。

求拱的水平推力时，应用铰 C 弯矩为零的条件有（取左侧）

$$F_{AH}f-F_{AV}l_1+F_1(l_1-a_1)=0$$

得到

$$F_{AH}=\frac{F_{AV}l_1-F_1(l_1-a_1)}{f}=\frac{F_{AV}^0l_1-F_1(l_1-a_1)}{f}=\frac{M_C^0}{f}$$

式中 M_C^0 为与铰 C 对应的相应梁上截面的弯矩，此表达式

$$F_{AH}=\frac{M_C^0}{f}=F_{BH}=F_H$$

可以作为求三铰拱水平推力的公式，由此公式看出，拱的水平推力与中间铰 C 的高度成反比，拱越扁平推力越大，反之推力将减少。

由上述得

$$F_{AV}=F_{AV}^0 \tag{11-1}$$

$$F_{BV}=F_{BV}^0 \tag{11-2}$$

$$F_H=F_{AH}=F_{BH}=\frac{M_C^0}{f} \tag{11-3}$$

由式（11-3）可知，推力 F_H 等于相应简支梁截面 C 的弯矩 M_C^0 除以中间铰 C 的高度。其值只与三个铰的位置有关，而与各铰间的拱轴形状无关。

2. 内力的计算公式

计算内力时，应注意到拱轴为曲线这一特点，所取截面应与拱轴正交，即与拱轴的切线相垂直［图 11-15（a）］。任一截面 K 的位置取决于该截面形心的坐标 x、y，以及该处拱轴切线的倾角 φ。截面 K 的内力可以分解为弯矩 M_K、剪力 F_{SK} 和轴力 F_{NK}，其中 F_{SK} 沿截面方向，即沿轴线法线方向作用，轴力 F_{NK} 沿垂直于截面的方向，即沿拱轴切线方向作用。下面分别研究这三种内力的计算。

（1）弯矩的计算公式。

弯矩的符号规定以使拱内侧纤维受拉的为正，反之为负。取 AK 段为隔离体［图 11-15（b）］，

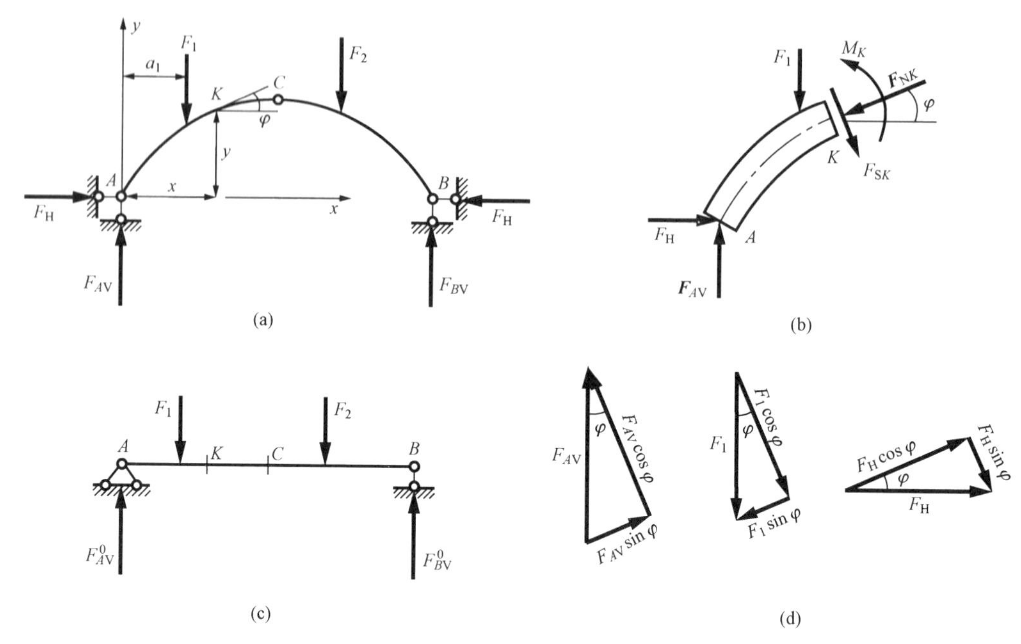

图 11-15

由$\sum M_K=0$，有

$$F_{AV}x-F_1(x-a_1)-F_Hy-M_K=0$$

得截面 K 的弯矩

$$M_K=[F_{AV}x-F_1(x-a_1)]-F_Hy$$

根据式 $F_{AV}=F_{AV}^0$可知式中方括号内之值等于相应简支梁［图 11-15（c）］截面 K 的弯矩 M_K^0，所以上式可改写为

$$M_K=M_K^0-F_Hy \tag{11-4}$$

即拱内任一截面的弯矩，等于相应简支梁对应截面的弯矩减去由于拱的推力 F_H 所引起的弯矩 F_Hy。由此可知，因推力的存在，三铰拱中的弯矩比相应简支梁的弯矩小。

（2）剪力的计算公式。

剪力的符号通常规定以使截面两侧的隔离体有顺时针方向转动趋势为正，反之为负。取 AK 段为隔离体，将其上各力对截面 K 投影［图 11-15（d）］，由平衡条件

$$F_{SK}+F_1\cos\varphi+F_H\sin\varphi-F_{AV}\cos\varphi=0$$

得

$$F_{SK}=(F_{AV}-F_1)\cos\varphi-F_H\sin\varphi$$

式中，（$F_{AV}-F_1$）等于相应简支梁在截面 K 处的剪力 F_{SK}^0，于是上式可改写为

$$F_{SK}=F_{SK}^0\cos\varphi-F_H\sin\varphi \tag{11-5}$$

式中，φ 为截面 K 处拱轴切线的倾角。

（3）轴力的计算公式。

因拱轴通常为受压，所以规定使截面受压的轴力为正，反之为负。取 AK 段为隔离体，将其上各力向垂直于截面 K 的方向投影［图 11-15（d）］，由平衡条件

$$F_{NK}+F_1\sin\varphi-F_{AV}\sin\varphi-F_H\cos\varphi=0$$

得　$F_{NK}=(F_{AV}-F_1)\sin\varphi+F_H\cos\varphi$

即　$F_{NK}=F_{SK}^0\sin\varphi+F_H\cos\varphi$　(11-6)

有了上述公式，则不难求得任一截面的内力，从而作出三铰拱的内力图，具体作法见下例。

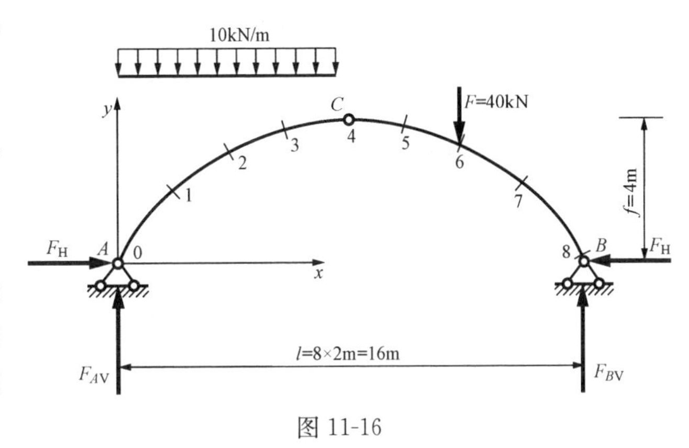

图 11-16

【例 11-4】 试绘制图 11-16 所示三铰拱的内力图。其拱轴为一抛物线，当坐标原点选在左支座时，拱轴方程由下式表述

$$y=\frac{4f}{l^2}x(l-x)$$

解　根据平衡条件，相应简支梁的竖向反力 $F_{AV}^0=70\text{kN}$，$F_{BV}^0=50\text{kN}$，故三铰拱的竖向反力 $F_{AV}=70\text{kN}$，$F_{BV}=50\text{kN}$，相应简支梁 C 截面弯矩为

$$M_C^0=50\times8-40\times4=240(\text{kN}\cdot\text{m})$$

代入式（11-3），得三铰拱水平推力

$$F_H=\frac{240}{4}=60(\text{kN})$$

反力求出后，即可根据式（11-4）～式（11-6）绘制内力图。为此，将拱跨分成八等分，列表 11-1 算出各截面上的 M、F_S、F_N 值，然后根据表中所得数值绘制 M、F_S、F_N 图，如图 11-17（a）～（c）所示。今以截面 1（离 A 支座 2.0m 处）和截面 6（离 B 支座 4.0m 处）的内力计算为例，对表 11-1 说明如下。

在截面 1，有 $x_1=2.0\text{m}$，由拱轴方程可求得

$$y_1=\frac{4f}{l^2}x(l-x)=\frac{4\times4}{16^2}\times2.0\times(16-2.0)=1.75(\text{m})$$

截面 1 处的切线斜率为

$$\tan\varphi_1=\left(\frac{dy}{dx}\right)_1=\frac{4f}{l^2}(l-2x_1)=\frac{4\times4}{16^2}\times(16-2\times2)=0.75$$

于是

$$\sin\varphi_1=\frac{\tan\varphi_1}{\sqrt{1+\tan^2\varphi_1}}=0.6$$

$$\cos\varphi_1=\frac{1}{\sqrt{1+\tan^2\varphi_1}}=0.8$$

根据式（11-4）～式（11-6），求得该截面的弯矩、剪力和轴力分别为

$$M_1=M_1^0-F_Hy_1=70\times2.0-10\times2.0\times1.0-60\times1.75=15(\text{kN}\cdot\text{m})$$

$$F_{S1}=F_{S1}^0\cos\varphi_1-F_H\sin\varphi_1=50\times0.8-60\times0.6=4(\text{kN})$$

$$F_{N1}=F_{S1}^0\sin\varphi_1+F_H\cos\varphi_1=50\times0.6+60\times0.8=78(\text{kN})$$

在截面 6 因有集中荷载作用，该截面两边的剪力和轴力不相等，此处 F_S、F_N 图将发生突变。现计算该截面内力如下：

在截面6，有 $x_6=12\text{m}$，由拱轴方程可求得

$$y_6=\frac{1}{16}\times 12\times(16-12)=3(\text{m})$$

截面6处的切线斜率为

$$\tan\varphi_6=\left(\frac{\mathrm{d}y}{\mathrm{d}x}\right)_6=\frac{4f}{l^2}(l-2x_6)=\frac{4\times 4}{16^2}\times(16-2\times 12)=0.5$$

于是

$$\sin\varphi_6=\frac{\tan\varphi_6}{\sqrt{1+\tan^2\varphi_6}}=-0.447$$

$$\cos\varphi_6=\frac{1}{\sqrt{1+\tan^2\varphi_6}}=0.894$$

$$M_6=M_6^0-F_H y_6=50\times 4-60\times 3=20\text{kN}\cdot\text{m}$$

$$F_{S6}^{L}=F_{S6}^{0L}\cos\varphi_6-F_H\sin\varphi_6=-10\times 0.894+60\times 0.447=-17.88(\text{kN})$$

$$F_{S6}^{R}=F_{S6}^{0R}\cos\varphi_6-F_H\sin\varphi_6=-50\times 0.894+60\times 0.447=-17.88(\text{kN})$$

$$F_{N6}^{L}=F_{S6}^{0L}\sin\varphi_6+F_H\cos\varphi_6=10\times 0.447+60\times 0.894=58.11(\text{kN})$$

$$F_{N6}^{R}=F_{S6}^{0R}\sin\varphi_6+F_H\cos\varphi_6=50\times 0.447+60\times 0.894=75.99(\text{kN})$$

其他各截面内力的计算与以上类同。

本例题的详细计算见表11-1。M 图、F_S 图与 F_N 图绘于图11-17（a）～（c）中，自图中可以看到，最大弯矩发生在集中力作用处，其值为20kN·m，仅为该截面对应简支梁弯矩200kN·m的1/10倍。剪力最大值也发生在集中力作用处的左、右截面，其值为19.7kN，且集中力处剪力有突变。由 F_N 图中可以发现拱中轴力较大，且分布较均匀，支座处轴力最大为91.9kN（压力）。在集中力处轴力也有突变。

表11-1　　三铰拱内力计算

截面几何参数						F_S^0	弯矩计算		
x	y	$\tan\varphi$	φ	$\sin\varphi$	$\cos\varphi$		M^0	$-F_H y$	M
0	0	1	45°	0.707	0.707	70	0	0	0
2	1.75	0.75	36.52°	0.600	0.800	50	120	−100	15
4	3.00	0.50	26.34°	0.447	0.894	30	200	−180	20
6	3.75	0.25	14.2°	0.243	0.970	10	240	−225	15
8	4.00	0	0	0	1	−10	240	−240	0
10	3.75	−0.25	−14.2°	−0.243	0.970	−10	220	−225	−5
12	3.00	−0.50	−26.34°	−0.447	0.894	−10 −50	200	−180	20
14	1.75	−0.75	−36.52°	−0.600	0.800	−50	100	−105	−5
16	0	−1	45°	−0.707	0.707	−50	0	0	0

剪力计算			轴力计算		
$F_S^0\cos\varphi$	$-F_H\sin\varphi$	F_S	$F_S^0\sin\varphi$	$F_H\cos\varphi$	F_N
49.5	−42.4	7.1	49.5	42.4	91.9
40.0	−36.0	4.0	30.0	48.0	78.0
26.8	−26.8	0	13.4	53.6	67.0
9.7	−14.6	−4.9	2.4	58.2	60.6

续表

剪力计算			轴力计算		
$F_S^0\cos\varphi$	$-F_H\sin\varphi$	F_S	$F_S^0\sin\varphi$	$F_H\cos\varphi$	F_N
−10.0	0	−10.0	0	60.0	60.0
−9.7	14.6	1.9	−2.4	58.2	60.6
{−8.9 −4.47	26.8	{17.9 −17.9	{4.5 22.4	53.6	{58.1 76.0
−40.0	36.0	4.0	30.0	48.0	78.0
−35.4	42.4	7.0	35.4	42.4	77.8

弯矩相对较小，轴力相对较大是一般拱式结构的受力特点，正因如此，它比较适合于脆性材料（抗压能力强，抗拉能力弱），如砖、石、混凝土等。在砌体结构门窗过梁的受力分析中都要用到拱的受力特性，特别是拱推力的存在，设计不好将会使砌体结构发生开裂或破坏。

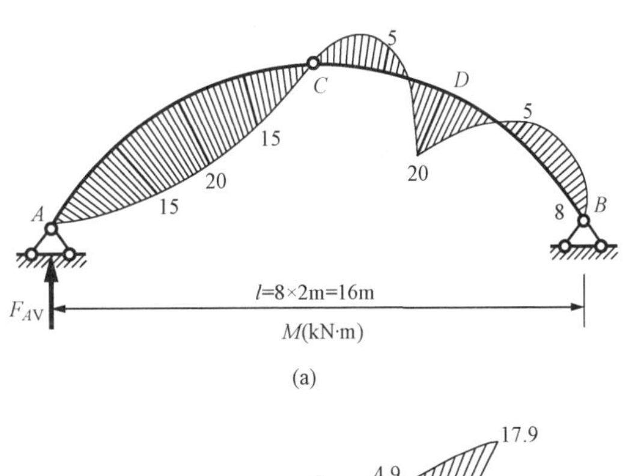

(a)

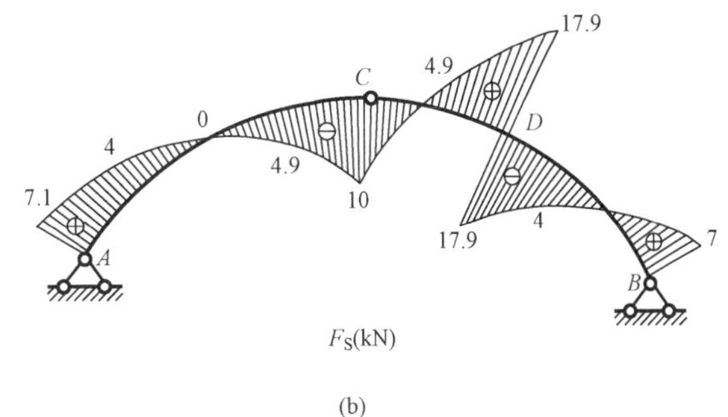

(b)

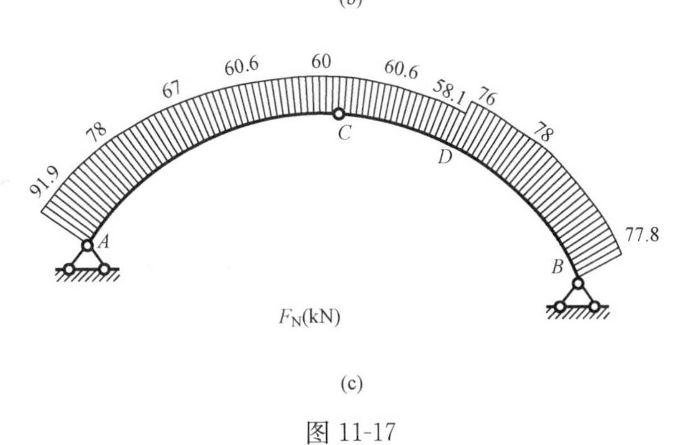

(c)

图 11-17

三、拱的合理轴线

对于三铰拱来说，在一般情况下，截面上有弯矩、剪力和轴力作用，而处于偏心受压状态，其正应力分布不均匀。但是，在给定荷载作用下，可以选取一根适当的拱轴线，使拱上各截面只承受轴力，而弯矩为零。此时，任一截面上正应力分布将是均匀的，因而拱体材料能够得到充分的利用，这样的拱轴线称为合理轴线。

由式（11-4），任意截面 K 的弯矩为

$$M_K = M_K^0 - F_H y$$

上式说明，三铰拱的弯矩 M_K 是由相应简支梁的弯矩 M_K^0 与 $-F_H y$ 叠加而得。当拱的跨度和荷载为已知时，M_K^0 不随拱轴线改变而变，而 $-F_H y$ 则与拱的轴线有关（注意：前已指出推力 F_H 的数值只与三个铰的位置有关，而与各铰间的轴线形状无关）。因此，对拱的轴线形式 y 加以选择，就有可能使拱处于无弯矩状态。为了求出合理轴线方程，由式（11-4）根据各截面弯矩都为零的条件应有

$$M=M^0-F_{\mathrm{H}}y=0$$

所以得

$$y=\frac{M^0}{F_{\mathrm{H}}} \tag{11-7}$$

由式（11-7）可知：合理轴线的纵坐标 y 与相应简支梁的弯矩竖标成正比，$\frac{1}{F_{\mathrm{H}}}$是这两个竖标之间的比例系数。当拱上所受荷载为已知时，只需求出相应简支梁的弯矩方程，然后除以推力 F_{H}，便可得到拱的合理轴线方程。

【例 11-5】 试求图 11-18（a）所示对称三铰拱在均布荷载 q 作用下的合理轴线。

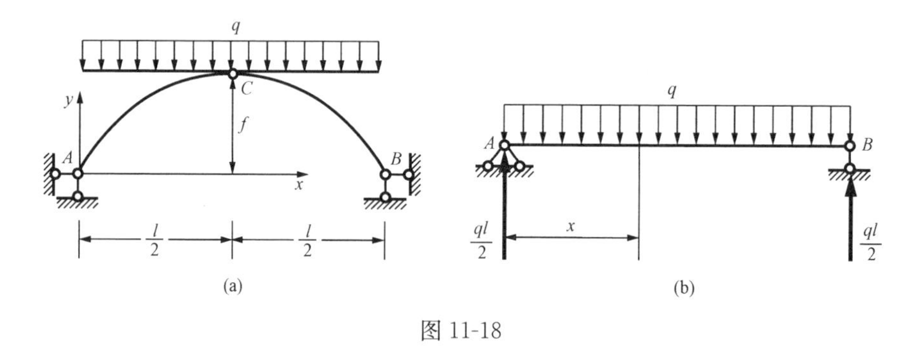

图 11-18

解 作出相应简支梁如图 11-18（b）所示，其弯矩方程为

$$M^0=\frac{1}{2}qlx-\frac{1}{2}qx^2=\frac{1}{2}qx(l-x)$$

$$F_{\mathrm{H}}=\frac{M_C^0}{f}=\frac{\frac{1}{8}ql^2}{f}=\frac{ql^2}{8f}$$

合理轴线方程为

$$y=\frac{\frac{1}{2}qx(l-x)}{\frac{ql^2}{8f}}=\frac{4f}{l^2}x(l-x)$$

即满跨均布荷载作用下，合理拱轴为抛物线曲线。因此，在大跨度的拱型结构中往往采用抛物线形式的拱轴。

第四节 静定平面桁架

桁架结构在土木工程中应用很广泛，特别在大跨度结构中，桁架更是一种重要的结构形式。桁架的形式、桁架杆件之间的连接方式以及它所用的材料是多种多样的。在分析桁架时必须选取既能反映这种结构的本质而又便于计算的计算简图。实验和理论分析表明，各种桁架有着共同的特性：在结点荷载作用下，桁架中各杆的内力主要是轴力，而弯矩和剪力则很小，可以忽略不计。因而从力学的观点来看，各结点所起的作用和理想铰是接近的。这样桁架的计算简图引用了下列假定：

(1) 各结点都是无摩擦的理想铰。

(2) 各杆轴都是直线，并在同一平面内且通过铰中心。

(3) 荷载作用在结点上，并在桁架的平面内。

在上述理想情况下，桁架各杆均为两端铰结的直杆，仅在两端受约束力作用，故只产生轴力。这类杆件也称为二力杆。在轴向受拉或受压的杆件中，由于截面上的应力均匀分布且同时达到极限值，故材料能得到充分的利用。

实际的桁架常不能完全符合上述理想情况。例如，桁架的结点具有一定的刚性，有些杆件在结点处可能是连续直杆，或杆件之间的夹角几乎不变动。另外，各杆轴无法绝对平直，结点上各杆的轴线也不一定全交于一点，荷载不一定都作用在结点上等。因此，桁架在荷载作用下，其中某些杆件必将发生弯曲而产生弯曲应力，并不能如理想情况下只产生轴向均匀分布的应力。通常把桁架理想情况下计算出来的应力称为初应力或基本应力，由非理想情况产生的附加应力称为次应力。关于次应力的计算有专门的参考文献论述，本节只限于讨论桁架的理想情况。

常用的桁架一般是按下列两种方式组成的：

(1) 由基础或由一个基本铰结三角形开始，依次增加二元体，组成一个桁架，如图 11-19 (a)～(c) 所示。这样的桁架称为简单桁架。

(2) 几个简单桁架按照几何不变体系的简单组成规则联成一个桁架，如图 11-19 (d)、(e) 所示。这样的桁架称为联合桁架。

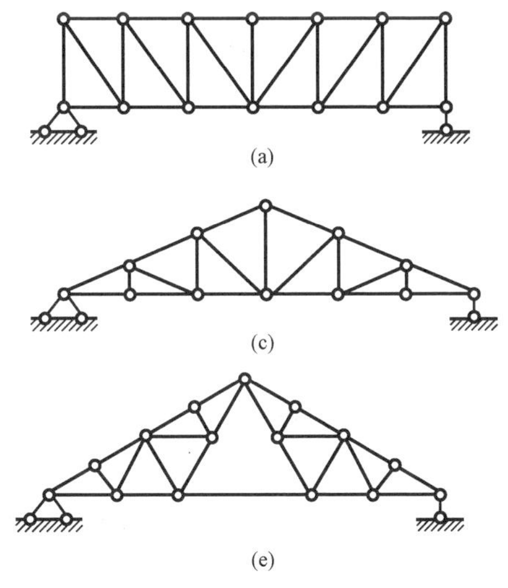

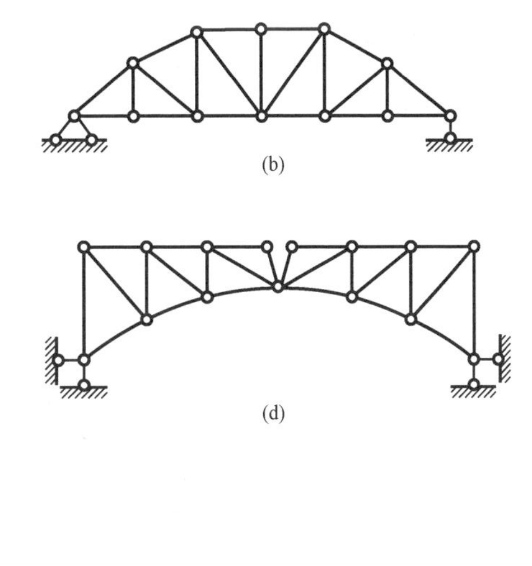

图 11-19

按照桁架的杆件所在位置不同，可分为弦杆和腹杆两类。弦杆是指在桁架上、下外围的杆件，上边的杆件称为上弦杆，下边的杆件称为下弦杆。桁架上弦杆和下弦杆之间的杆件称为腹杆，腹杆又称为竖杆和斜杆。弦杆上相邻两结点之间的区间称为节间，其距离 d 称为节间长度（图 11-20）。

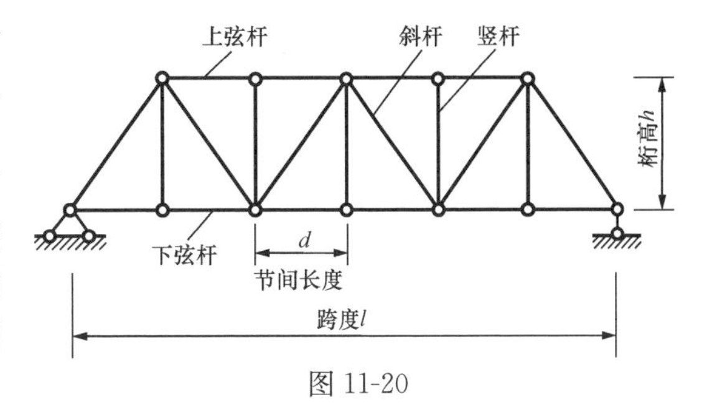

图 11-20

下面讨论桁架内力的计算方法。

1. 结点法

为了求得桁架各杆的轴力，截取桁架的一部分为隔离体，考虑隔离体的平衡，建立平衡方程，由平衡方程解出杆的轴力。这种方法称为数解法。若隔离体只包含一个结点，这种方法称为结点法。因为桁架的各杆只承受轴力，作用于任一结点的各力组成一个平面汇交力系，所以可就每一个结点列出平衡方程进行计算。

平面汇交力系可建立两个独立方程，所以选取的结点的未知力应不超过两个。

【例 11-6】 试用结点法解算图 11-21（a）所示桁架中各杆的内力。

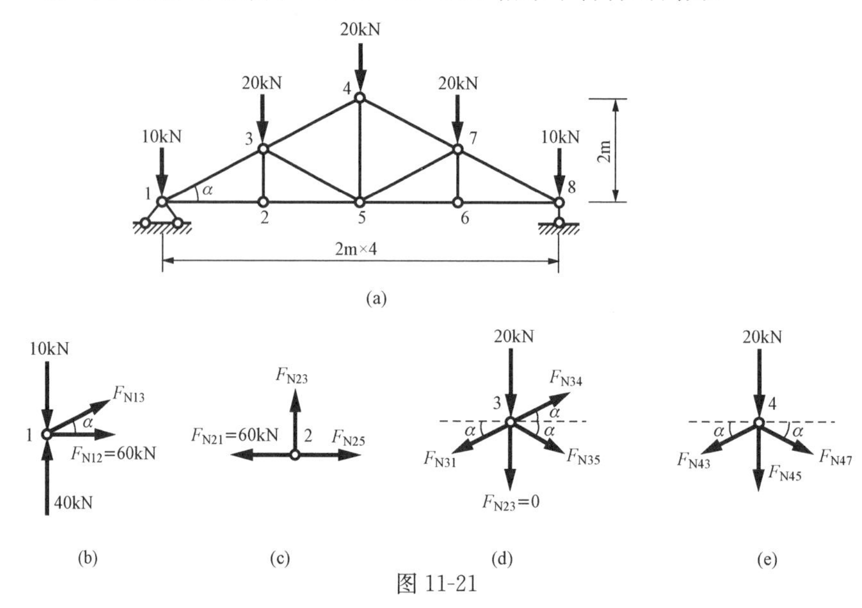

图 11-21

解　首先求出支座反力。

由$\sum M_8=0$，$(-F_{1y}+10)\times8+20\times6+20\times4+20\times2=0$，　得 $F_{1y}=40\text{kN}(\uparrow)$

再由$\sum F_y=0$，　$40-10-20-20-20-10+F_{8y}=0$，　得 $F_{8y}=40\text{kN}(\uparrow)$

求出反力后，截取结点计算各杆的内力。分析只包含两个未知力的结点有 1 和 8 两个结点，现在从 1 开始，然后依次 2、3、4…次序进行计算。

在计算时，通常假定杆件内力为拉力，如所得结果为负，则为压力。现在用结点法计算各杆内力如下：

（1）取结点 1 为隔离体［图 11-21（b）］。

$$\sum F_y=0,\ F_{N13}\times\frac{1}{\sqrt{5}}-10+40=0$$

得

$$F_{N13}=-67.08\text{kN}$$

$$\sum F_x=0,\ F_{N13}\times\frac{2}{\sqrt{5}}+F_{N12}=0$$

得

$$F_{N12}=60\text{kN}$$

（2）取结点 2 为隔离体［图 11-21（c）］。

$$\sum F_y = 0, \quad F_{N23} = 0$$

$$\sum F_x = 0, \quad F_{N25} - F_{N21} = 0$$

得

$$F_{N25} = F_{N21} = 60\text{kN}$$

（3）取结点 3 为隔离体［图 11-21（d）］。

$$\sum F_x = 0, \quad -F_{N31} \times \frac{2}{\sqrt{5}} + F_{N34} \times \frac{2}{\sqrt{5}} + F_{N35} \times \frac{2}{\sqrt{5}} = 0$$

$$\sum F_y = 0, \quad -20 + F_{N34} \times \frac{1}{\sqrt{5}} - F_{N35} \times \frac{1}{\sqrt{5}} - F_{N31} \times \frac{1}{\sqrt{5}} = 0$$

可得

$$F_{N34} = -44.72\text{kN}, \ F_{N35} = -22.36\text{kN}$$

（4）取结点 4 为隔离体［图 11-21（e）］。

由 $\sum F_x = 0$，得

$$F_{N47} = -44.72\text{kN}$$

由 $\sum F_y = 0$，得

$$F_{N45} = 20\text{kN}$$

由于对称可得其他各杆的内力。至此，桁架中各杆件的内力都已求得。

通过上例可知桁架中有些杆件的内力为零，这种杆件称为零杆。如上例中的 23、67、两杆件就是零杆，下面给出简易判断零杆的法则和某些可使计算简化的结论。

（1）（L 形结点）一结点只有不在一直线上的两根杆件且无其他任何力的作用，则此二杆内力必均为零［图 11-22（a）］。

（2）（T 形结点）一结点有两杆（或一杆一力）在一直线上，第 3 根杆件不在此直线上，结点再无其他杆件与力，则第 3 杆件为零杆，如图 11-22（b）所示。

（3）（X 形结点）一结点有两杆在一直线上，第 3 杆与力 F 位于另一直线上，如图11-22（c）所示，则第 3 杆内力与 F 相等为拉力，此时 1、2 杆内力相等，拉、压性质相同。一结点由四杆组成，其中两两在一直线上，如图 11-22（d）所示，此时 1、2 杆内力相等，拉压性质相同。3、4 杆内力相等，拉压性质相同（证明从略）。

上述结论都不难由结点平衡条件得到证实。在分析桁架时，可先利用上述原则找出零杆，这样可使计算工作简化。

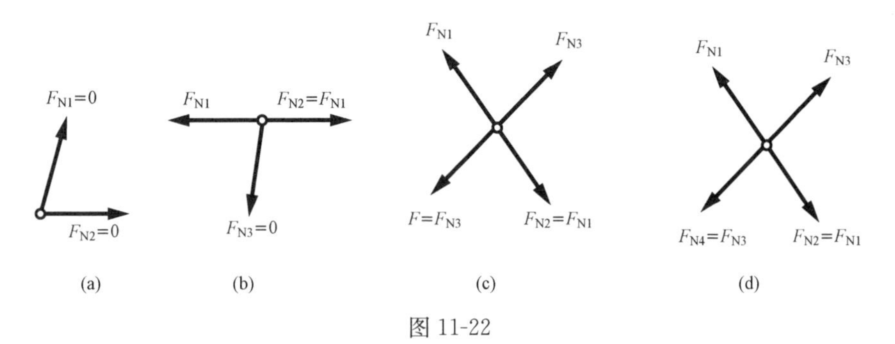

图 11-22

图 11-23 桁架中虚线所示杆件的轴力皆为 0。

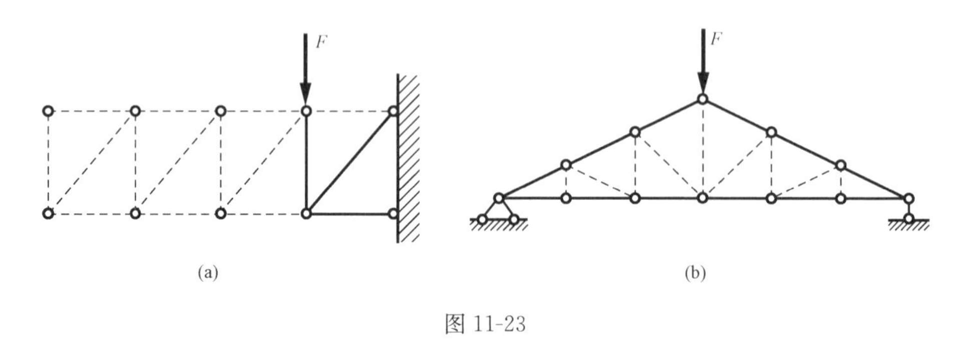

图 11-23

2. 截面法

除结点法外，另一种分析桁架的基本方法是截面法。这种方法是用一假想的截面，将桁架分为两部分，然后任取一部分为隔离体（隔离体包含一个以上的结点），建立静力平衡方程求出未知的杆件内力。作用于隔离体上的力系为平面任意力系，所以，只要未知力数目不多于三个，则可把截面上的全部未知力求出。现举例说明如下。

【例 11-7】 试求图 11-24（a）所示桁架中 25、34、35 三杆的内力。

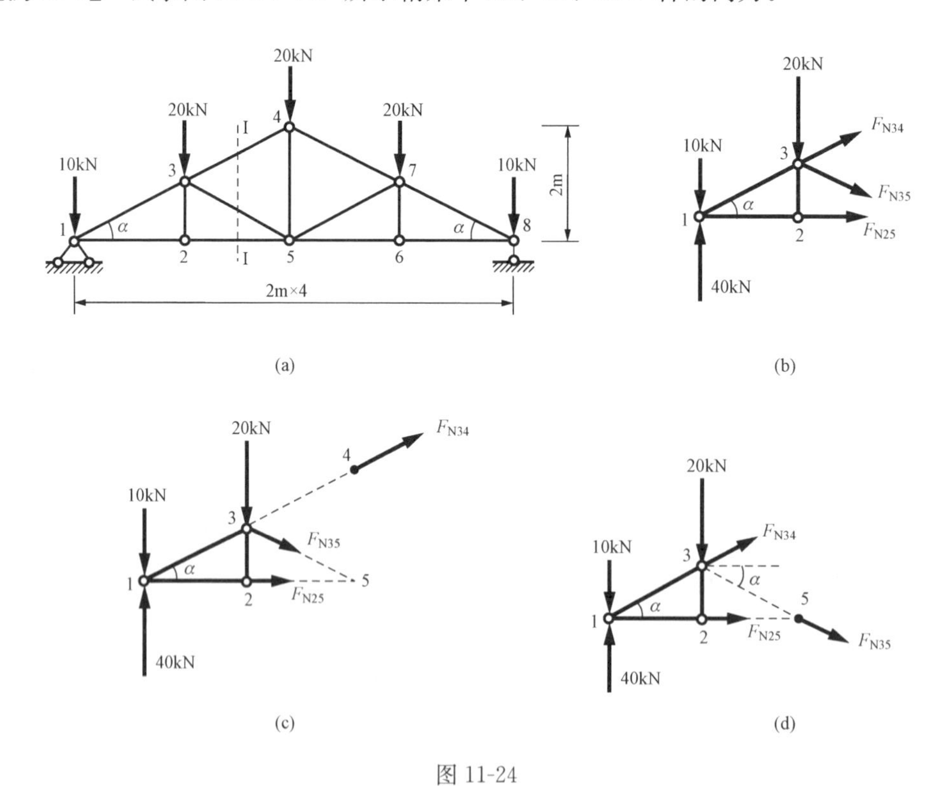

图 11-24

解 首先求出支座反力。

$$F_{1y}=40\text{kN}(\uparrow),\ F_{8y}=40\text{kN}(\uparrow)$$

然后设想用截面 Ⅰ—Ⅰ 将 34、35、25 杆截断，取桁架左边部分为隔离体［图 11-24

(b)]。为求得 F_{N25}，可取 F_{N34} 和 F_{N35} 两未知力的交点 3 为矩心，由 $\sum M_3=0$ 得

$$-(40-10)\times 2+F_{N25}\times 1=0$$

$$F_{N25}=60\text{kN}$$

为了求得 F_{N34}，可取 F_{N35} 和 F_{N25} 两未知力的交点 5 为矩心，不过，这时需要算出 F_{N34} 的力臂，不是很方便。为此，可将 F_{N34} 沿其作用线移到点 4［图 11-24（c）］并分解为水平与竖向两分力。因竖向分力通过矩心 5，故由 $\sum M_5=0$ 得

$$-(40-10)\times 4+20\times 2-F_{N34}\times\frac{2}{\sqrt{5}}\times 2=0$$

$$F_{N34}=-44.72\text{kN}$$

同理，为了求得 F_{N35}，可将 F_{N35} 沿其作用线移至 5 点分解［图 11-24（d）］，由 $\sum M_1=0$，可求得 $F_{N35}=-22.36\text{kN}$。也可利用投影方程来求 F_{N35}。

一般截面法截断的杆件个数不超过三根可以直接求得杆的内力，但有一些特殊情况虽然截开的杆件个数超过三个，但对于某一个杆件仍可以直接求解，如图 11-25 所示。图 11-25（a）中除 a 杆外截断的其他杆件交于一点 K，则取隔离体对 K 点取矩，可以直接求得 a 杆轴力；图 11-25（b）中除 b 杆外，截断的其他杆件都相互平行，则取隔离体，利用 $\sum F_x=0$，可以直接求得 b 杆轴力。

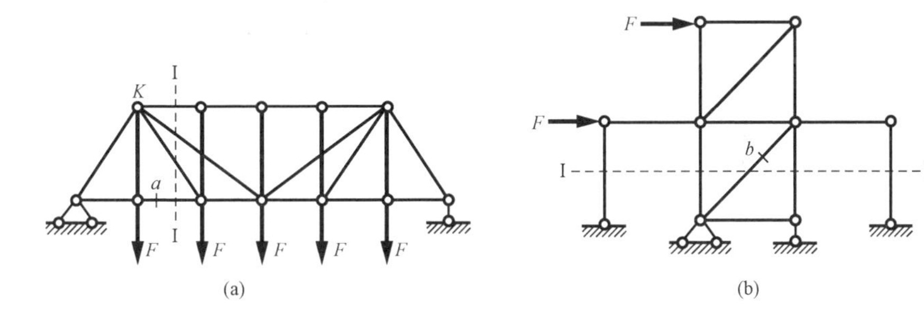

图 11-25

结点法及截面法为计算桁架内力常用的两种方法，对于简单桁架来说用哪种方法来计算都很简便。至于联合桁架的内力分析，则宜先用截面法将联合处杆件的内力求出，然后再对组成联合桁架的各简单桁架进行分析。例如图 11-26 所示联合桁架，由截面法（用截面Ⅰ—Ⅰ截开）先求出联系杆件 34 的内力后，则其左、右两部分都可作为简单桁架加以处理。

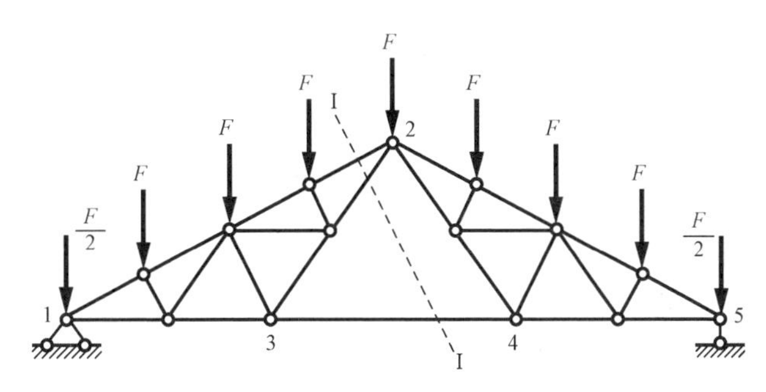

图 11-26

思考题

11-1　刚结点处受力有何特点？

11-2　两相互垂直杆组成的结点其剪力与轴力有何关系？

11-3　三铰拱式屋架为什么常加拉杆？

11-4　绘制三铰拱内力图的方法与绘制静定梁和静定刚架内力图时所采用的方法有何不同？为什么会有这些差别？

11-5　K形结点受力有何特征？

习　题

11-1　试作图11-27所示多跨静定梁的M、F_S图。

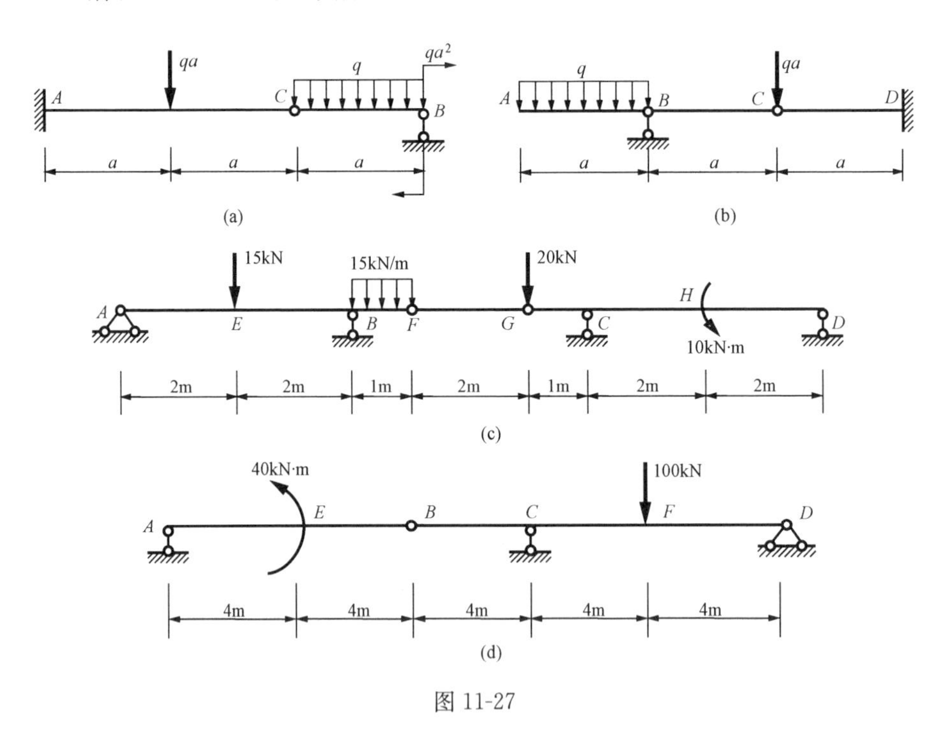

图 11-27

11-2　试作图11-28所示刚架的内力（M、F_S、F_N）图，并校核所得结果。

11-3　试求图11-29所示半圆弧三铰拱K截面的内力。

11-4　试求图11-30所示抛物线三铰拱K截面的内力，已知拱轴方程为$y=\frac{4f}{l^2}x(l-x)$。

11-5　试求图11-31所示对称三铰拱在上填料重量作用下的合理拱轴线。荷载集度$q=q_C+\gamma y$，q_C为拱顶处的荷载集度，γ为填料容重。

11-6　试求三铰拱在垂直于拱轴线的均布荷载作用下的合理拱轴线（图11-32）。

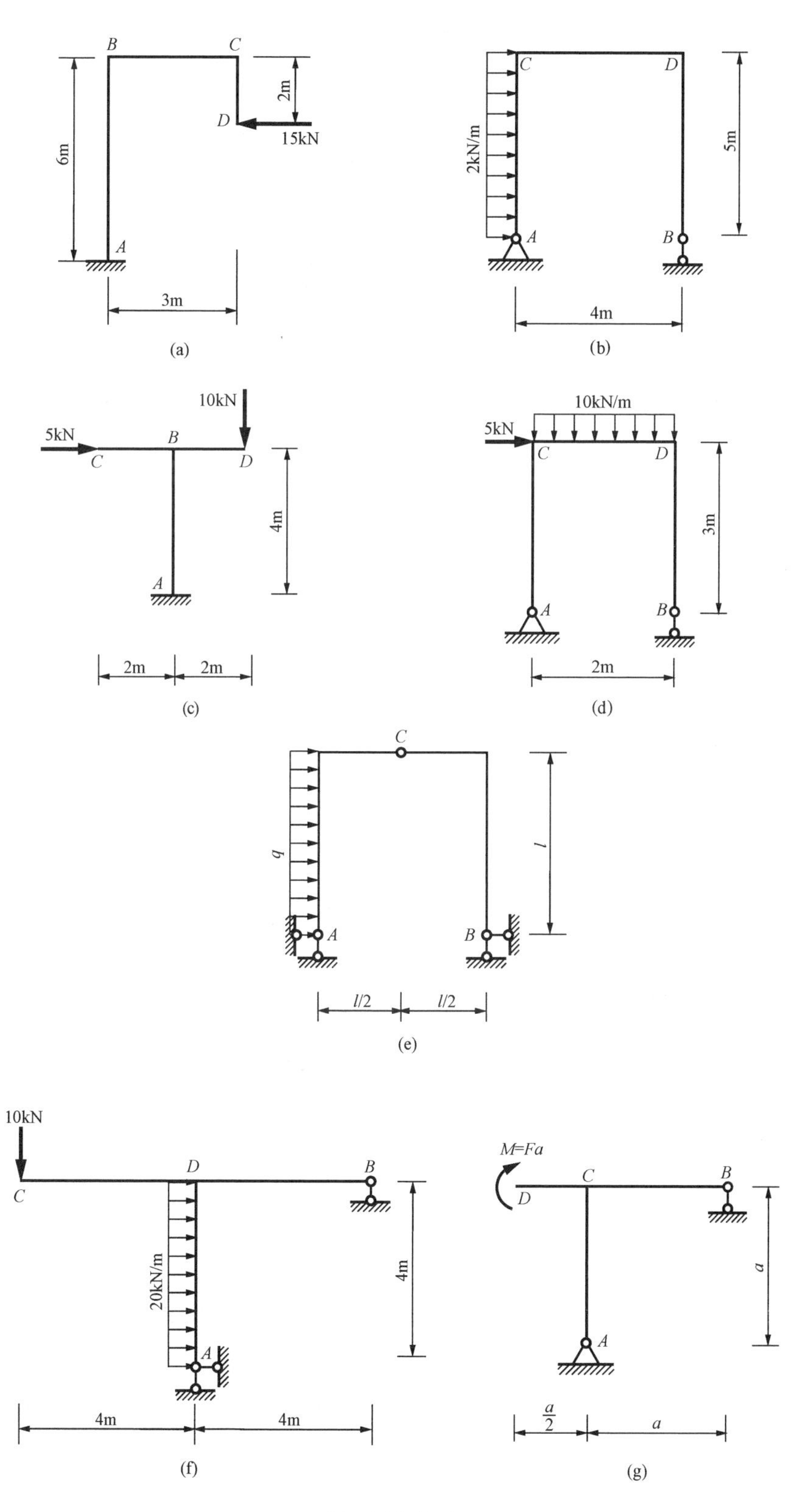
B
C
2m
D
15kN
6m
A
3m
(a)
C
D
2kN/m
5m
A
B
4m
(b)
10kN
5kN
B
C
D
4m
A
2m
2m
(c)
10kN/m
5kN
C
D
3m
A
B
2m
(d)
C
q
l
A
B
l/2
l/2
(e)
10kN
D
B
C
20kN/m
4m
A
4m
4m
(f)
M=Fa
C
B
D
a
A
a/2
a
(g)

图 11-28（一）

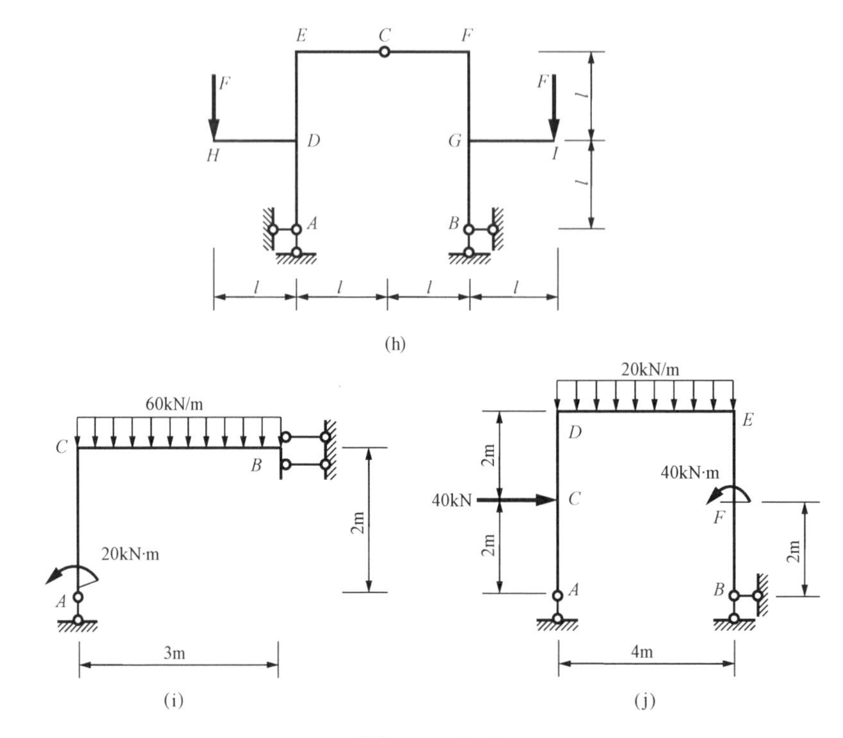

图 11-28（二）

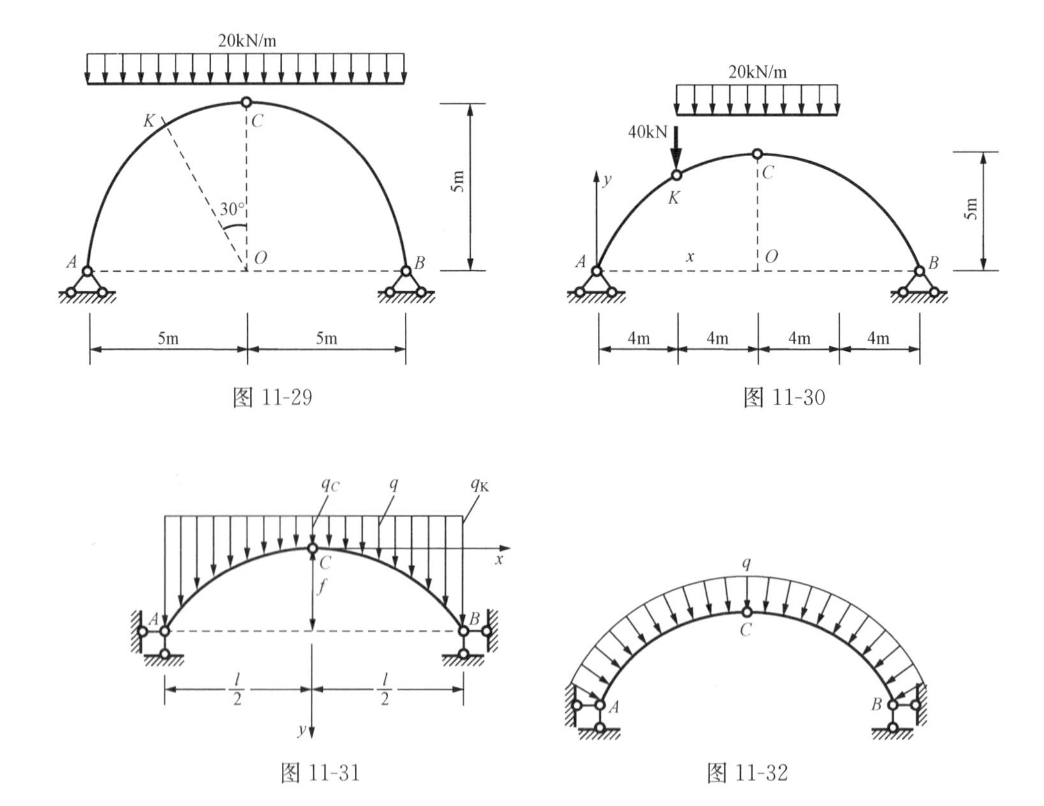

图 11-29

图 11-30

图 11-31

图 11-32

11-7　判别图 11-33 所示各桁架的零杆。

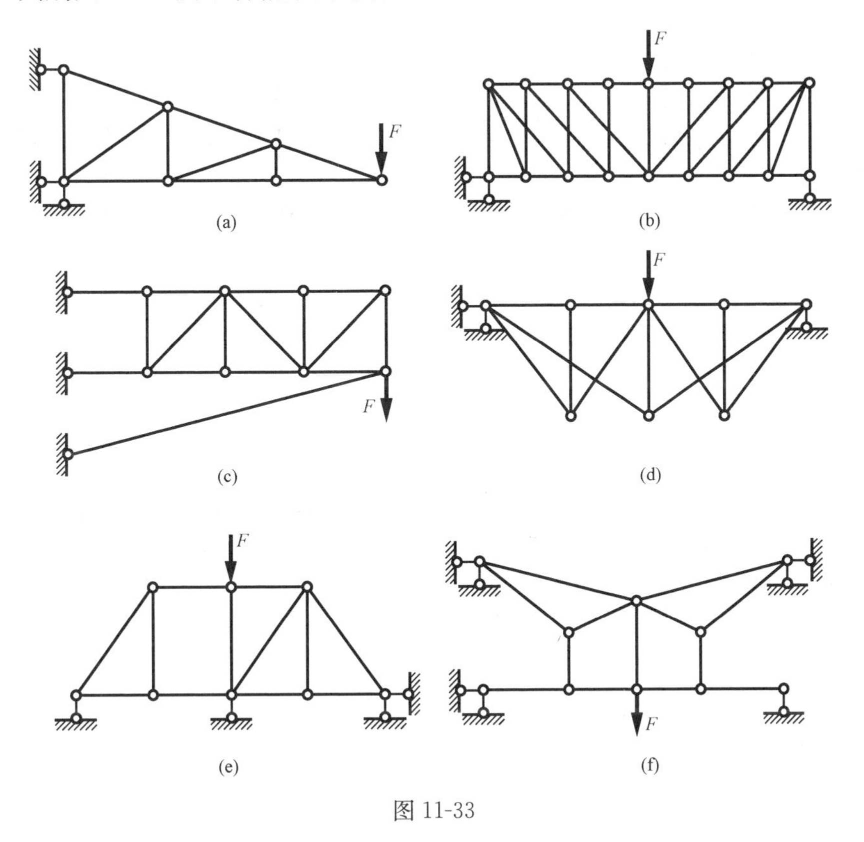

图 11-33

11-8　用结点法计算图 11-34 所示桁架各杆内力，并指明拉、压性。

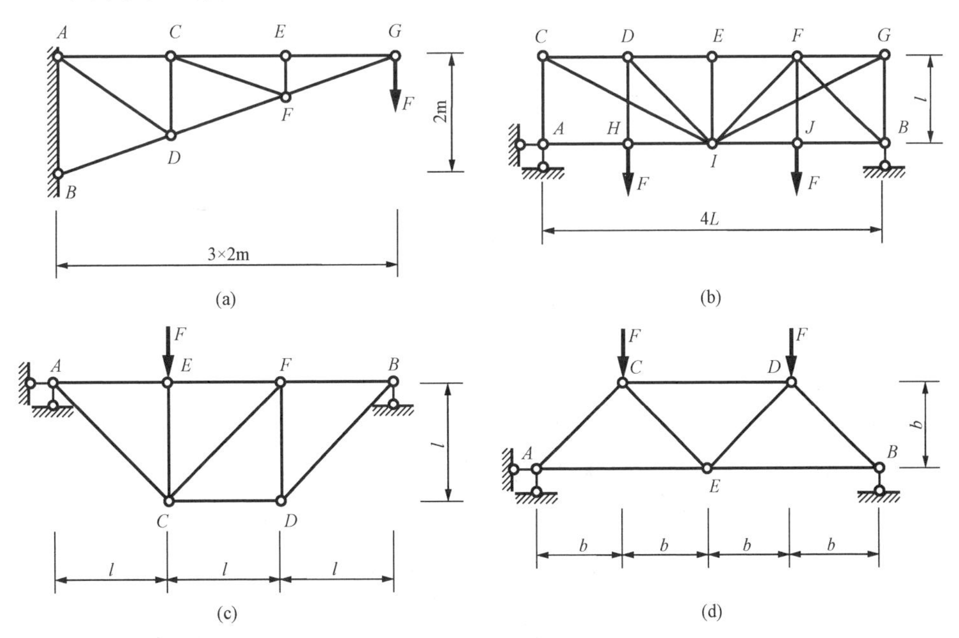

图 11-34

11-9 用截面法计算图 11-35 所示桁架 1、2 杆的内力，并指明其拉、压性。

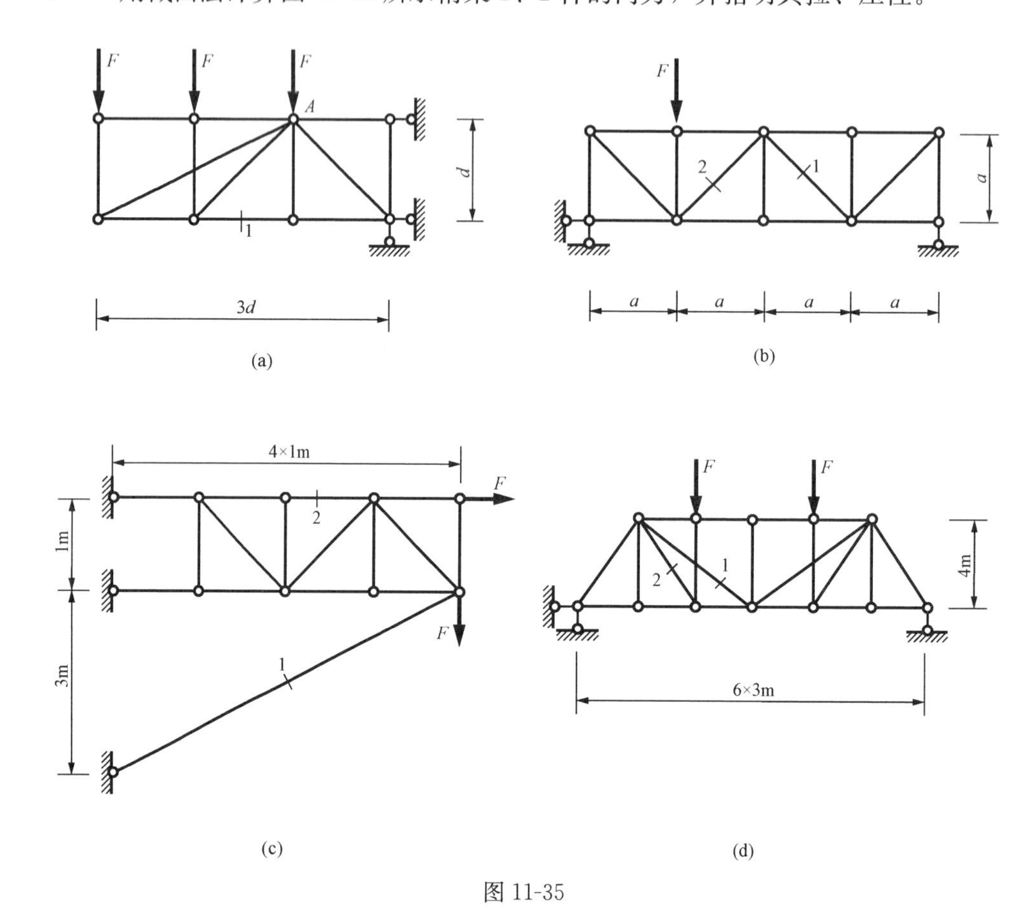

图 11-35

习题参考答案

11-1 (a) $M_A=0$，$M_B=-qa^2$（上侧受拉）；

(b) $M_B=-\dfrac{1}{2}qa^2$（上侧受拉），$M_D=-\dfrac{1}{2}qa^2$（上侧受拉）；

(c) $M_H^R=-15\text{kN}\cdot\text{m}$，$M_E=11.25\text{kN}\cdot\text{m}$；

(d) $M_E^L=20\text{kN}\cdot\text{m}$，$M_E^R=-20\text{kN}\cdot\text{m}$，$M_C=20\text{kN}\cdot\text{m}$

11-2 (a) $M_{AB}=60\text{kN}\cdot\text{m}$（右侧受拉）；

(b) $M_C=25\text{kN}\cdot\text{m}$（内侧受拉）；

(c) $M_{BA}=20\text{kN}\cdot\text{m}$（左侧受拉），$M_{AB}=40\text{kN}\cdot\text{m}$；

(d) $M_{CD}=15\text{kN}\cdot\text{m}$（内侧受拉），$F_{SDC}=-17.5\text{kN}$，$F_{NCA}=-2.5\text{kN}$；

(e) $M_{DC}=\dfrac{ql^2}{4}$（下侧受拉），$M_{EC}=\dfrac{ql^2}{4}$（上侧受拉）；

(f) $M_{DC}=40\text{kN}\cdot\text{m}$（上侧受拉），$M_{DA}=160\text{kN}\cdot\text{m}$（右侧受拉）；

(g) $M_{CB}=Fa$（下侧受拉），$F_{SCB}=-F$，$F_{NCA}=F$；

(h) $M_{DA}=\frac{Fl}{2}$（右侧受拉），$M_{EC}=0$；

(i) $M_{BC}=250\text{kN}\cdot\text{m}$（下侧受拉），$M_{CA}=20\text{kN}\cdot\text{m}$（左侧受拉）；

(j) $M_{ED}=120\text{kN}\cdot\text{m}$（上侧受拉），$M_{FB}=80\text{kN}\cdot\text{m}$（右侧受拉）；

11-3　$M_K=91.506\text{kN}\cdot\text{m}$（内侧受拉），$F_{NK}=-68.3\text{kN}$，$F_{SK}=18.3\text{kN}$

11-4　$M_K=20\text{kN}\cdot\text{m}$（内侧受拉），$F_{NK}^{L}=-153.3\text{kN}$，$F_{SK}^{L}=33.93\text{kN}$

$F_{NK}^{R}=-132.1\text{kN}$，$F_{SK}^{R}=0\text{kN}$

11-5　$y=\frac{q_C}{\gamma}(\cosh\sqrt{\frac{\gamma}{F_H}}x-1)$

11-6　$\rho=\frac{F_N}{q}$

11-7　(a) 4；(b) 12；(c) 11；(d) 6；(e) 11；(f) 10

11-8　(a) $F_{NEG}=3P$（拉），$F_{NFG}=-\sqrt{10}P$（压）；

(b) $F_{NCA}=-P$（压），$F_{NCI}=\sqrt{5}P$（拉），$F_{NCD}=-2P$（压），$F_{NDH}=P$（拉），$F_{NDI}=-\sqrt{2}P$（压），$F_{NDE}=-P$（压）；

(c) $F_{NAC}=\frac{2\sqrt{2}}{3}P$（拉），$F_{NAE}=-\frac{2}{3}P$（压），$F_{NEC}=-P$（压），$F_{NEF}=-\frac{2}{3}P$（压），$F_{NFD}=-\frac{1}{3}P$（压），$F_{NCD}=\frac{1}{3}P$（拉），$F_{NDB}=\frac{\sqrt{2}}{3}P$（拉），$F_{NFB}=-\frac{1}{3}P$（压）；

(d) $F_{NAC}=F_{NBD}=-\sqrt{2}P$（压），$F_{NCD}=-P$（压），$F_{NCE}=F_{NDE}=0$，$F_{NAE}=F_{NEB}=P$（拉）

11-9　(a) $-3F$；

(b) 0，F；

(c) $F_{N1}=-\frac{5}{3}P$（压），$F_{N2}=P$（拉）；

(d) $F_{N1}=0$，$F_{N2}=\frac{5}{4}P$（拉）

第十二章　静定梁的影响线

前面几章研究了在固定荷载作用下静定结构的反力与内力计算问题。建筑工程中还会遇到位置可变荷载作用下的反力与内力计算问题。所谓位置可变荷载，这里主要指两种形式的荷载，一种就是如图 12-1（a）所示的，作用在吊车梁上可以移动的集中荷载称为移动荷载。这种荷载是由吊车最大轮压引起的，其值和各集中力间距离均保持不变，但作为一组集中荷载的整体，在梁上是可以自由移动的，吊车梁的计算简图如图 12-1（b）所示。另一种是由房屋中的人员、设备等引起的位置可以任意布置的等效均布活荷载，如图 12-1（c）～（e）所示。其特点是等效均布活荷载集度 q 是已知的（由荷载规范上可以查出）。但这种荷载的位置是任意的，既可以在全梁布置，如图 12-1（c）所示，也可以只布置在外伸端，如图 12-1（d）所示。还可以局部布置在任何位置上，如图 12-1（e）所示。研究在这两种位置可变荷载作用下静定梁反力和内力的变化规律，找到最危险的反力与内力是本章主要研究的内容。

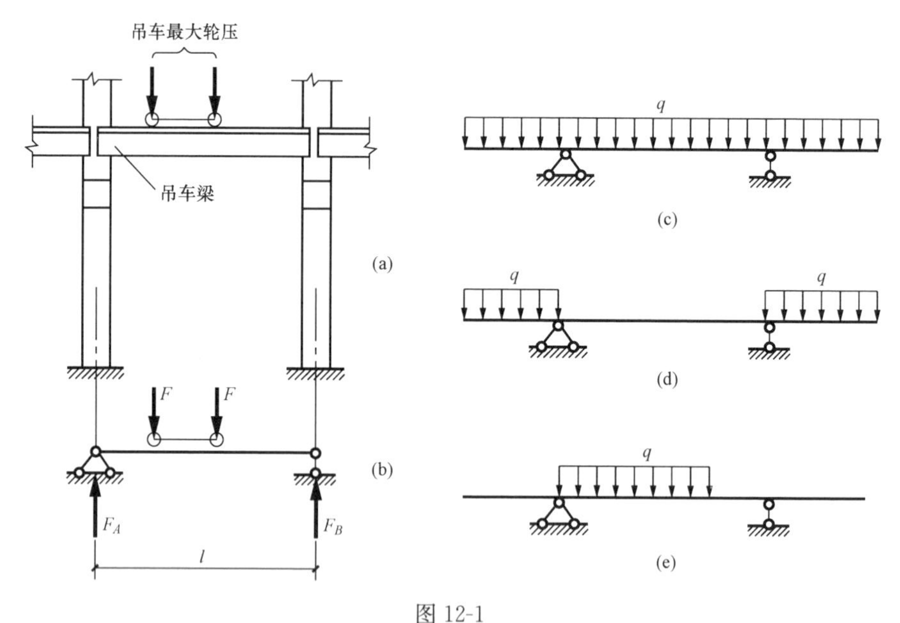

图 12-1

第一节　影响线的概念

确定移动荷载作用下梁的反力与内力，由于集中力个数往往不只一个，且荷载位置又要发生变化，因此研究变得比较复杂。例如一个相当简单的问题，如图 12-2 所示，若要确定在一台吊车（两轮各重 280kN，间距 4.8m）作用下、简支吊车梁 AB 中点截面 C 的最大弯矩问题。这里关键问题是使 C 截面产生最大弯矩时，吊车的位置在何处？这个位置一般称为荷载的最不利位置。通常人们总是以为当吊车的中点（也就是两个集中力的合力位置）移动到 C 截面时，该截面将要产生最大弯矩，但这个结论是错误的，只有当其中一个集中力移动到 C 截面时才有可能使 C 截面产生最大弯矩。为了使问题简化，从影响线这一概念出发进行研究。所谓影响线是指在单位集中移动荷载作用下，梁的支座反力或某固定截面上内力随荷载位置变化而变化的函数图像。下面以简支梁支座反力为例先说明影响线的概念，然后进一步再去寻找影响线的绘制方法。图 12-3 所示一简支梁受一个 $F=1$ 的集中移动荷载作用（所以取单位力是因为它是最基本的，而且此力为无名数）。根据静力学平衡条件可知，当单位力作用于梁的中点 C 处时，A 端反力 $F_A=0.5$，取横坐标 x 代表单位力的作用位置，取纵坐标代表反力 F_A 的值。将 0.5 这个值标入 C 截面下；当单位力移动到 A 点时，F_A 显然为 1，将此纵坐标绘于 A 截面下方；若单位力移动到 B 端，则 F_A 将为 0，将 0 坐标标于 B 截面下方；类似当单位力作用于距 B 端 1/3 跨的 D 截面时，F_A 按比例应等 1/3，将此值标在 D 截面下方，随着单位力在不同位置作用，F_A 将不断变化，在图上将得到一系列纵坐标，将其连线，所得图形即为简支梁 F_A 的影响线。有了这个影响线，F_A 随单位力移动的变化规律便呈现在我们面前，在这个基础上就可以进一步研究两个或多个集中力时的变化情况。

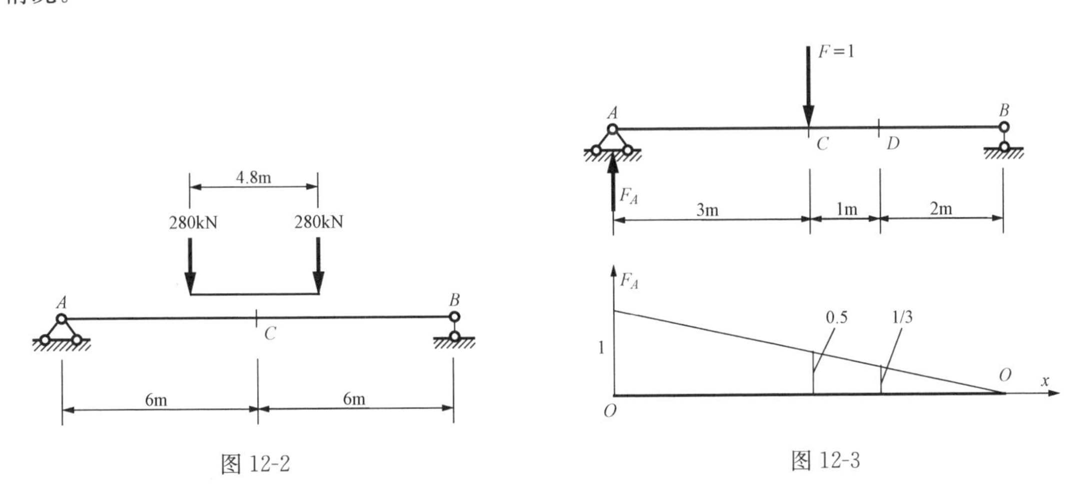

图 12-2　　图 12-3

上述 F_A 影响线的作法仅是为了说明影响线的概念，真正作影响线时还应通过作函数图像的方法进行。

第二节　静力法绘制静定梁的影响线

一、绘制简支梁的影响线

1. 反力影响线

如图 12-4（a）所示，以 x 表示单位力矩坐标原点的距离，取 $\sum M_B=0$，有 $1(l-x)-F_Al=0$ 得反力 F_A 的影响函数为

$$F_A=1-\frac{x}{l}$$

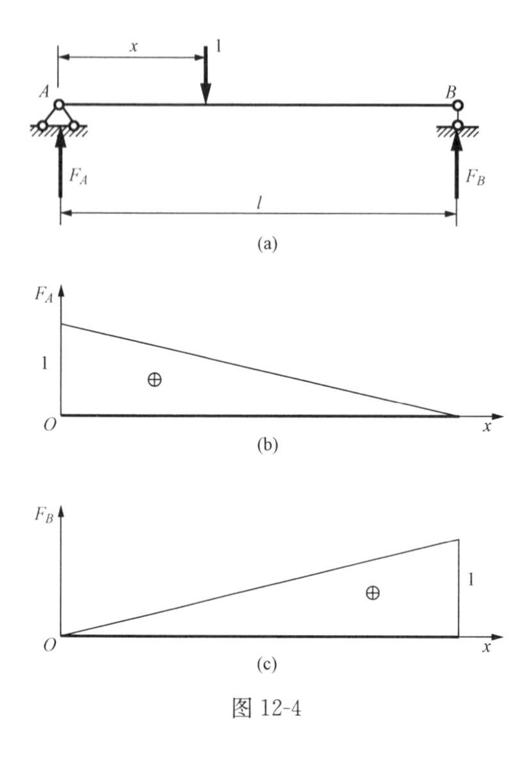

图 12-4

此函数图像为斜直线，如图 12-4（b）所示，此图即为 F_A 的影响线。其简单作法为，在 A 处取 1，在 B 处取 0，连斜直线即可，同理取 $\sum M_A=0$，有 $F_Bl-1x=0$，得 $F_B=\dfrac{x}{l}$，此函数图像如图 12-4（c）所示。只要在 B 处取 1，在 A 处取 0 连线即可。

2. 弯矩影响线

作图 12-5（a）所示简支梁 C 截面弯矩影响线，就是要找出当单位力在梁上移动时 C 截面弯矩的变化规律，为此可先建立 C 截面的弯矩函数然后再作影响线图形。单位力在 AC 段时 $M_C=F_Bb$，将 $F_B=\dfrac{x}{l}$ 代入得 $M_C=\dfrac{b}{l}x$，取 $x=0$，$M_C=0$，取 $x=a$，$M_C=\dfrac{ab}{l}$。连线即为 AC 段影响线，单位力在 CB 段时，$M_C=F_Aa=\left(1-\dfrac{x}{l}\right)a$，取 $x=a$，$M_C=\dfrac{ab}{l}$，取 $x=l$，$M_C=0$，连线即为 CB 段影响线，由上述讨论可看出 AC 段弯矩影响线实际是 F_B 影响线的 b 倍，而 CB 段弯矩影响线实际是 F_A 影响线的 a 倍，所以弯矩影响线的图形还可在 A 处量纵坐标 a，B 处量纵坐标 b，分别与对方零点相连，所交阴影线三角形就是弯矩影响线［图 12-4（b）］。

3. 剪力影响线

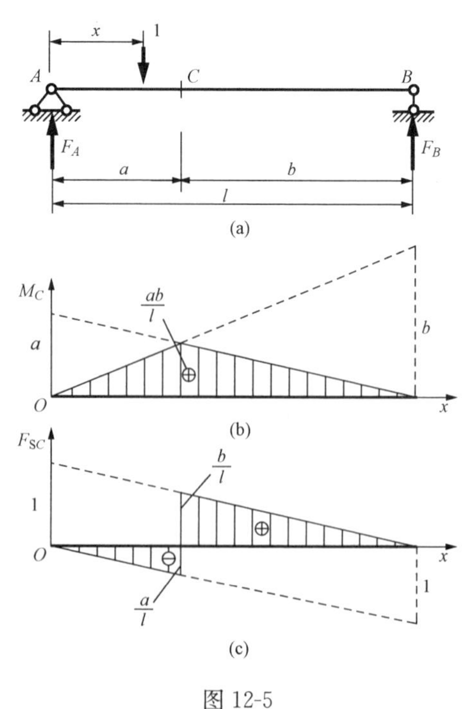

图 12-5

与作弯矩影响线相似，作 C 截面剪力影响线时也先建立影响函数。单位力在 AC 段时 $F_{SC}=-F_B=-\dfrac{x}{l}$，$x=0$，$F_{SC}=0$，$x=a$，$F_{SC}=-a/l$，连线即得 AC 段剪力影响线［图 12-5（c）］；单位力在 CB 段时，$F_{SC}=F_A=1-x/l$，$x=a$，$F_{SC}=b/l$，$x=l$，$F_{SC}=0$，连线即为 CB 段剪力影响线。从上述研究中还可看出，AC 段剪力影响线与 F_B 影响线相同，仅差一负号，而 CB 段剪力影响线与 F_A 影响线完全相同，因此 C 截面剪力影响线也可如图 12-5（c）所示，A 点向上方量 1，B 点向下量 1，分别与另一端零相连，过 C 截面向下作竖直线，取图中阴影部分即为剪力影响线。

在上述影响线图中研究弯矩影响线可以发现它与弯矩图有某些相似之处，但必须明白二者的区别。图 12-6 分别给出简支梁 C 截面弯矩影响线和 C 截面受单位力时的弯矩图，两图形的形状、纵坐标的对应值以及符号均相同（仅一个画在上侧，另一个画在下侧），但两图竖标的概念却有着本质的差别，D 点下两纵坐标的值 $y_1=y_2$，但 y_1 代表 D 点受单位力 C 截面弯矩，而 y_2 代表 C 截面受单位力 D 截面的弯矩。仔细研究可以发现，两图中只有一根纵坐标不仅值相等，而且力学概念相同，这就是 C 截面下两图的纵坐标。

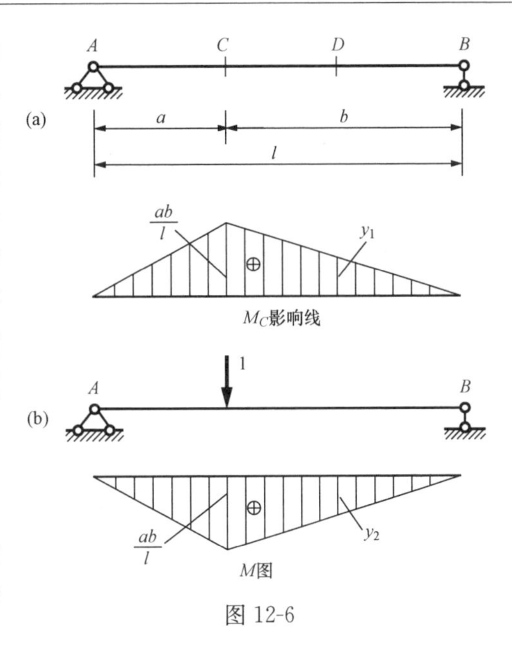

图 12-6

二、绘制悬臂梁的影响线

1. 反力影响线

悬臂梁在单位力作用下，A 点反力始终为 $F_A=1$，故 $F_A=1$ 影响线如图 12-7（b）所示为一水平直线。

2. 反力偶矩影响线

单位力作用在离 A 点 x 处，有 $M_A=-1x$，影响线图绘于图 12-7（c）中。

3. C 截面剪力影响线

单位力作用于 C 截面左侧时 $F_{SC}=0$，作用于 C 截面右侧时 $F_{SC}=1$，影响线图绘于图 12-7（d）中。

4. C 截面弯矩影响线

单位力作用于 C 截面左侧时 $M_C=0$，作用于 C 截面右侧时 $M_C=-[a-(l-x)]1=l-x-a$，$x=l-a$ 时，$M_C=0$，$x=l$ 时 $M_C=-a$ 影响线图绘于图 12-7（e）中。

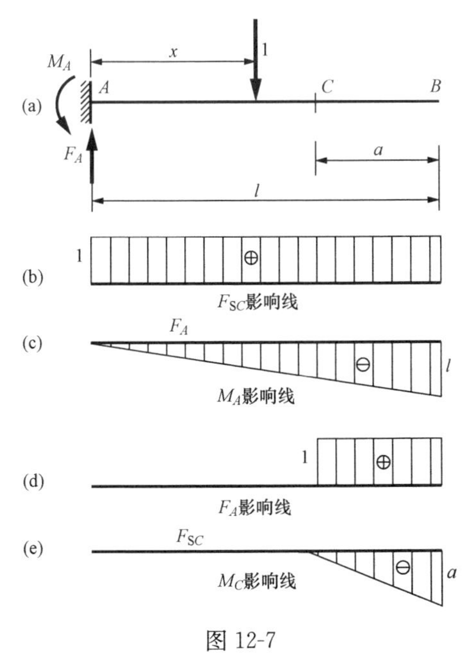

图 12-7

三、绘制伸臂梁的影响线

1. 反力影响线

当单位力作用于伸臂梁的简支段时［图 12-8（a）］，$F_A=1-\dfrac{x}{l}$，当单位力作用于右伸出端时此方程显然不变，当单位力作用于左伸出端时，只要注意到 x 值本身为负，则 F_A 方程仍旧不变。因此从数学上看，左、中、右三段应为一条直线，由于简支段（中）图形已绘出，所以只要将其延长到左、右端即可［图 12-8（b）］。反力 F_B 可类似作出［图 12-8（c）］。

2. 弯矩影响线

简支段 C 截面弯矩影响线可由反力影响线生成。反力影响线可以向两伸出端延长，故弯矩影响线也可向两伸出端延长［图 12-8（d）］。对于伸出端 K 截面弯矩影响线，当单位力作用于 K 截面左侧时，显然 M_K 为零，而当单位力作用于 K 截面右侧时，显然又与悬臂梁弯矩影响线相同［图 12-8（g）］。

3. 剪力影响线

对于简支段 C 截面剪力影响线，也可以在简支梁剪力影响线的基础上向两伸出端延长［图 12-8（c）］，因为剪力影响线是由反力影响线组成的。至于伸出端 K 截面剪力影响线，当单位力位于 K 截面左侧时 $F_{SK}=0$，而单位力在 K 截面右侧时又与悬臂梁剪力影响线相同［图 12-8（f）］。

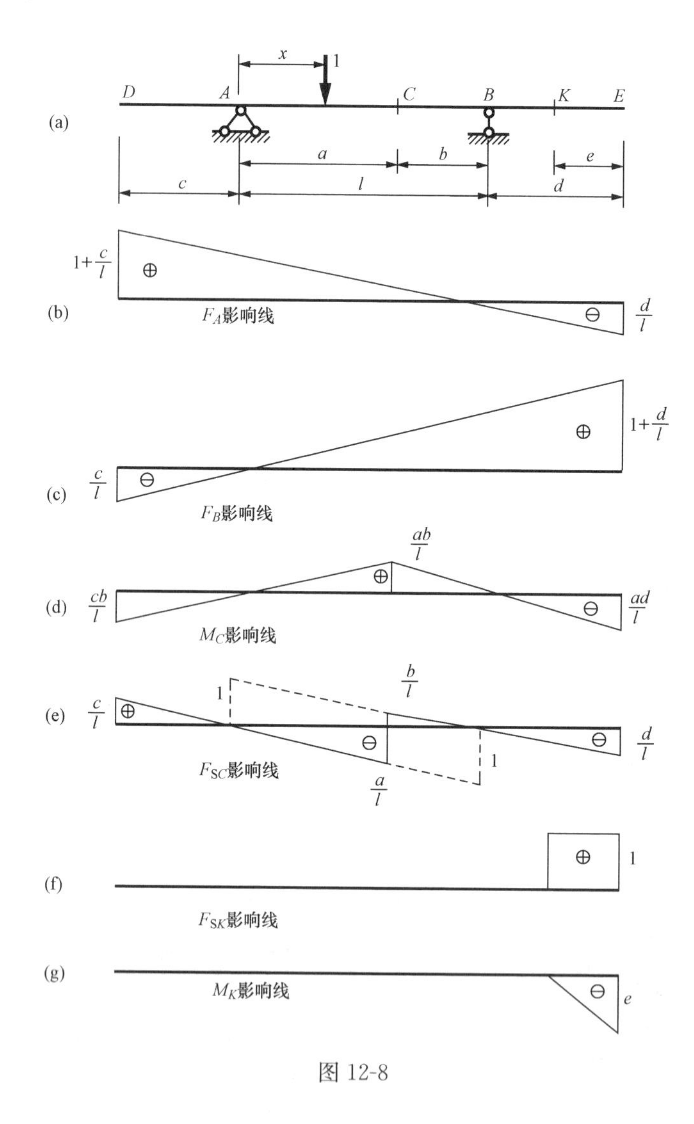

图 12-8

第三节　影响线的应用

影响线的应用主要有如下两个方面：

（1）求各种固定荷载作用下静定梁的支座反力和截面内力；

(2) 确定移动荷载或其他活荷载的最不利作用位置，从而得到最危险的反力或内力值。

一、利用影响线计算量值

影响线的概念表明，其值是在单位集中移动荷载作用下梁所产生的反力与内力。有了影响线就不难确定某组固定荷载所产生的相应反力与内力，因为单个固定荷载所产生的反力与内力必定与相应影响线的值成比例，然后通过叠加原理可得到某组固定荷载所产生的各种量值。

图 12-9 (a) 给出某简支梁 C 截面弯矩影响线，若求分别作用于 D、E 和 F 上的 F_1、F_2和 F_3三力所产生的 C 截面弯矩，可先将三力所对应的影响线量值 y_1、y_2 和 y_3 算出，由于 y_1 代表单位力作用在 D 处时 C 截面的弯矩，因此 F_1y_1 即为 F_1 作用于 D 处时 C 截面的弯矩，同样道理，F_2y_2 和 F_3y_3 分别代表 F_2 与 F_3 所产生的 C 截面的弯矩，根据叠加原理，三个固定荷载使 C 截面的弯矩总值 $M_C=F_1y_1+F_2y_2+F_3y_3$。

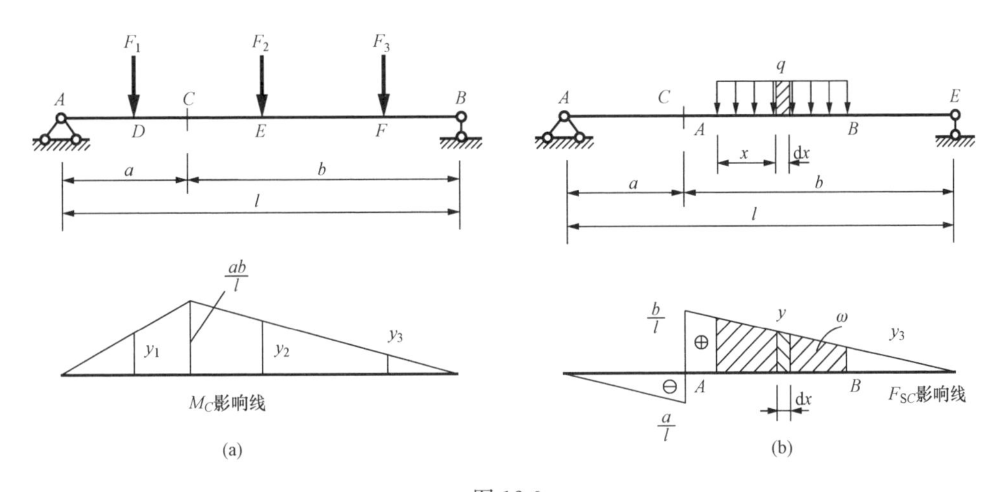

图 12-9

就一般情况而言，当有一组集中荷载 F_1、F_2、…、F_n。作用于梁上，而梁的某一量值 S 的影响线在各荷载作用处的纵坐标为 y_1、y_2、…、y_n，则该量值

$$S=F_1y_1+F_2y_2+\cdots+F_ny_n=\sum_{i=1}^{n}F_iy_i \tag{12-1}$$

当梁受到均布荷载 q 作用时，若 y 为该梁某种量值 S 的影响线图 [图 12-9 (b) 中 F_S]，则 $q\mathrm{d}xy$ 即代表该微分力所产生的 S 值，对 AB 段上的整个均布荷载而言，它使梁产生的 S 值应为

$$S=\int_A^B q\,\mathrm{d}xy=q\int_A^B y\,\mathrm{d}x=q\int_A^B \mathrm{d}\omega=q\omega \tag{12-2}$$

式中，$\mathrm{d}\omega$ 代表影响线的微分面积，ω 代表 AB 段影响线的总面积 [图 12-9 (b)]。上式表明，均布荷载使梁产生的某种量值，等于荷载集度 q 与对应范围内影响线面积的乘积。尚需注意 ω 有正、负之分。

【例 12-1】 利用影响线求图 12-10 (a) 所示简支梁的 F_A、M_K和 F_{SK}。

解 先作出简支梁 F_A、M_K 和 F_{SK} 的影响线，如图 12-10 (b) ～ (d) 所示。将集中力作用点 C、D 与均布荷载端点 E、B 所对应各影响线的量值按比例求出。利用式(12-1)和式（12-2）可以求出所需的各值。

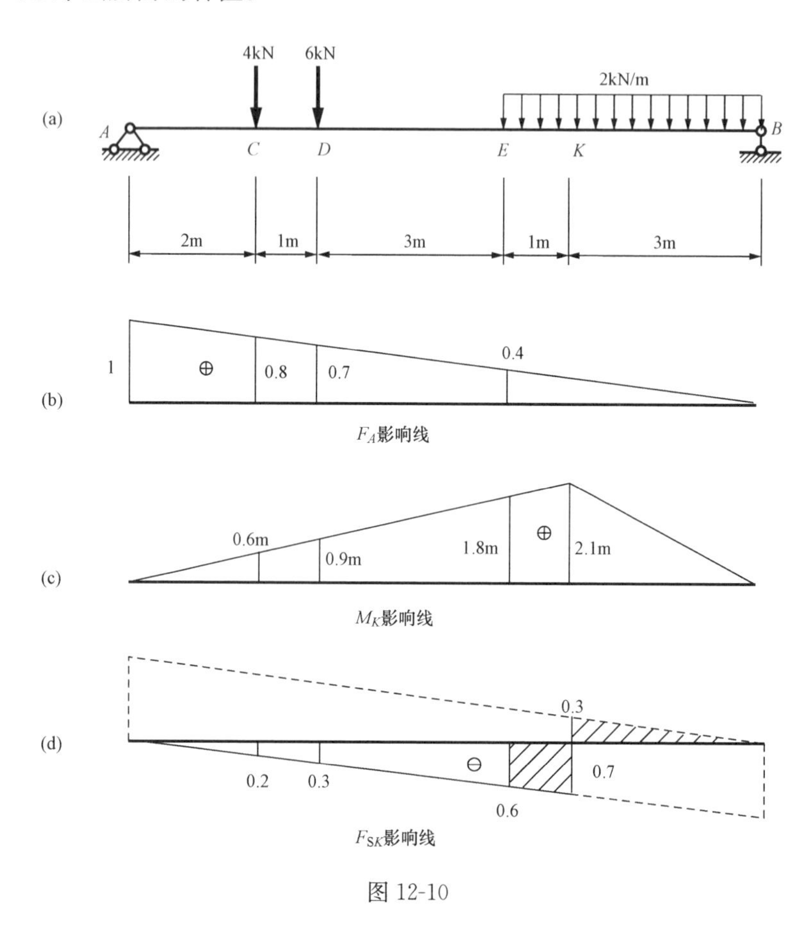

图 12-10

$$F_A=4\times0.8+6\times0.7+2\times\frac{1}{2}\times0.4\times4=9(\mathrm{kN})$$

$$M_K=4\times0.6+6\times0.9+2\times\left(\frac{1.8+2.1}{2}\times1+\frac{2.1\times3}{2}\right)=18(\mathrm{kN\cdot m})$$

$$F_{SK}=4\times(-0.2)+6\times(-0.3)+2\times\left(\frac{-0.5-0.7}{2}\times1+\frac{0.3\times3}{2}\right)=-3(\mathrm{kN\cdot m})$$

需要指出的是，这里仅仅是给出求固定荷载作用下反力及内力的一种计算方法。但这种方法并不一定是最简便的方法。

二、确定最不利荷载位置，计算危险反力或内力值

当移动荷载处在某位置时能使梁产生最大正值或最大负值的反力或内力时，该位置称为最不利荷载位置。当梁的某量值 S 的影响线如图 12-11（a）所示为三角形时，若集中移动荷载只有一个力，显然只有当集中力移到影响线顶点 C 时才会产生最大影响值，此时就是最不利荷载位置，若集中移动荷载为两个，最不利荷载位置又应如何？考查图 12-11（a）中的①状态（两力均在 C 左侧），由于

$$S=F_1y_1+F_2y_2$$

随荷载向右而增加，因此到②状态（第一力到达 C 点）前 S 是不会有极值的［图 12-11（b）］，当 F_1到达 C 点时情况开始发生变化，因为再向右移（状态③），F_1下的影响线值开始减少，但 F_2 还在增加，所以 S 值有三种可能［图 12-11（b）］。一种是开始减少，如果出现这个结果，则 F_1到达 C 点时便是最不利荷载位置；另一种是 S 值继续增加（但增加缓慢），这时 S 不会出现极值，这种状态一直要保持到④时才能在发生变化，因为 F_2 到达 C 后，S 值绝不能再增加，而只能是减少，所以这时也可能是最不利荷载位置。第三种是 S 值不增不减，但当 F_2到达 C 后 S 值必定开始减少，这种情况两力到达 C 点均可视为极值。总之只有一个集中力作用在 C 点时才可能是最不利荷载位置，推广上述讨论结果可以得到一个简单但又非常重要的结论。即一组集中移动荷载作用下的最不利荷载位置，一定发生在某一集中力（称为临界荷载）到达影响线顶点时才有可能。至于究竟哪个集中力是临界荷载，尚须研究判断法则（可参考一般结构力学教材）。由于吊车梁上的集中荷载最多也只要考虑 4 个，而有的直观判别就可否定其为临界荷载，因此我们不准备再去讲述判别法，顶多试算两次或三次就可确定临界荷载并得到最大正值或是最大负值的影响量。

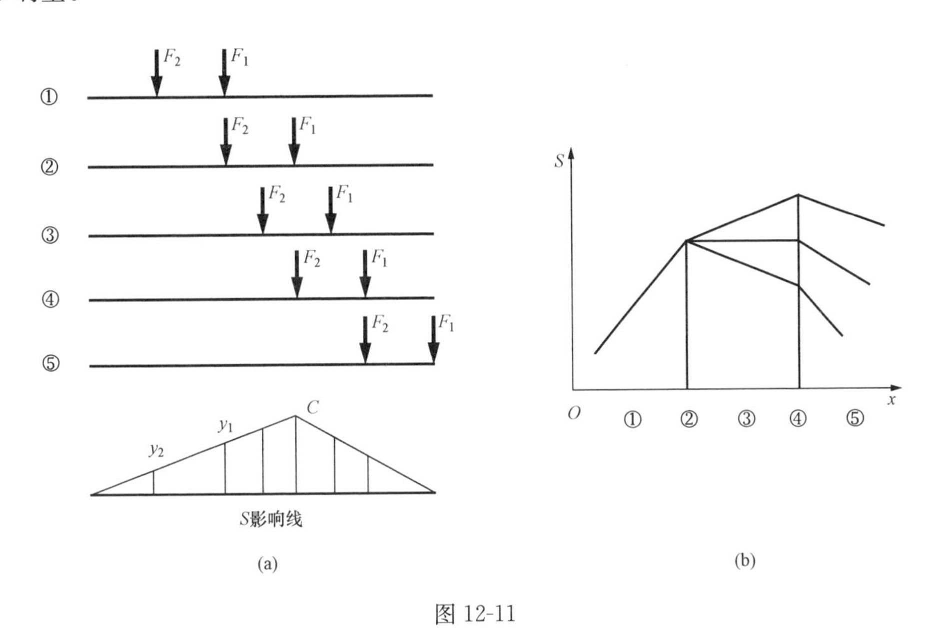

图 12-11

【例 12-2】 求简支梁在所给移动荷载作用下（图 12-12）C 截面的最大弯矩。

解　（1）分析临界力的可能性：

三个力中 4kN 肯定不是临界荷载，因为它位于 C 点时，前两个力均已移出梁外。因此只有两种可能性，即 6kN 或 8kN。

（2）通过计算比较得出最大弯矩：先作 C 截面弯矩影响线，如图 12-12（b）所示，并求出对应的各影响线值。

1）取 6kN 为临界力［图 12-12（c）］，有

$$M_C = 6\times\frac{4}{3} + 8\times\frac{11}{15} = 13.87(\mathrm{kN\cdot m})$$

2）取 8kN 为临界力［图 12-12（d）］，有

$$M_C=6\times\frac{2}{15}+8\times\frac{4}{3}+4\times\frac{8}{15}=13.6(\text{kN}\cdot\text{m})$$

通过对比计算发现，6kN 确系临界力，而 C 截面最大弯矩 $M_{C\max}=13.87\text{kN}\cdot\text{m}$。

【例 12-3】 求简支梁在图 12-13（a）所示荷载作用下 C 截面的最大正剪力。

解 作 C 截面剪力影响线如图 12-13（b）所示，影响线上最大正剪力的纵坐标为 0.6，在 C 截面右侧。为了得到最大正剪力，四个集中力必有一个位于 0.6 值上，当 F_4 作用于 0.6 上时，前三个力已移到梁外，此种情况不会是最不利的；F_1 作用于 0.6 上时 F_2、F_3 已移近靠 B 支座处，此时影响线的正值已很小，故此种情况也不是最不利的，而只有当 F_2 作用在 0.6 上时才是最不利荷载位置［图 12-13（b）］，此时有

$$F_{SC\max}=280\times(0.6+0.48+0.08)=324.8(\text{kN})$$

F_1 作用于 0.6 上时，读者可自行验证。

当位置可变荷载是均布活荷载时，为使梁产生某种量的最大正值或最大负值，根据公式（12-2），应将均布活荷载布满该值影响线的所有范围。

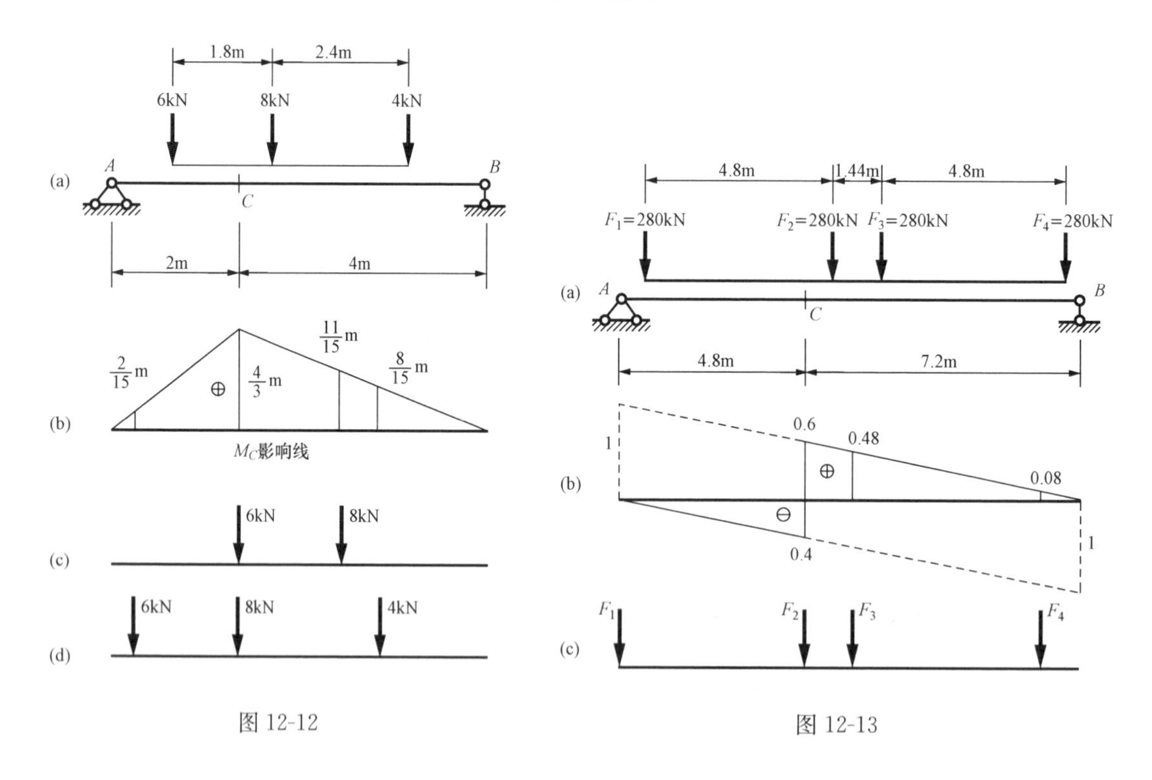

图 12-12　　图 12-13

【例 12-4】 已知均布活荷载集度 $q=6\text{kN/m}$，试求使图 12-14（a）所示伸出梁 C 截面产生最大正弯矩与最大负弯矩的值。

解 作伸出梁 C 截面弯矩影响线［图 12-14（b）］。其正值分布在简支段 AB 范围内，其负值分布在两伸出端。为了得到 C 截面的最大正弯矩，均布活荷载必须布满 AB 跨

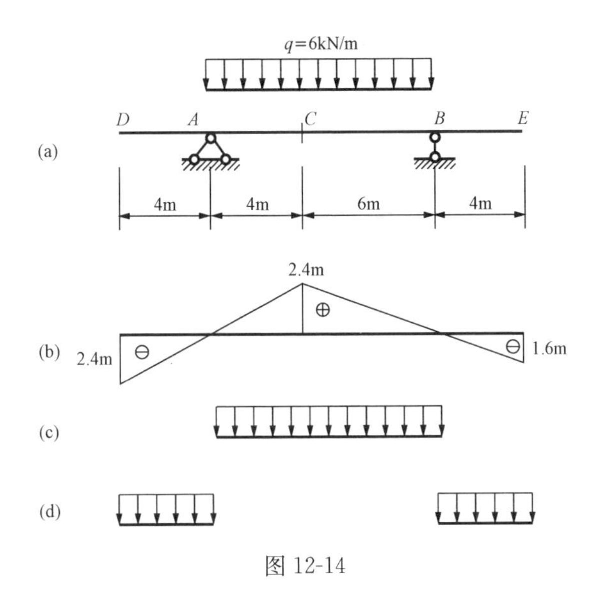

图 12-14

[图 12-14 (c)]。其弯矩值为

$$M_{C\max}=q\omega=6\times\frac{1}{2}\times10\times2.4=72(\mathrm{kN\cdot m})$$

而为使 C 截面有最大负弯矩，均布活荷载必须布满两伸出端 [图 12-14 (d)]，其弯矩值为

$$M_{C\min}=q\omega=6\times\left[\frac{1}{2}\times(-2.4)\times4+\frac{1}{2}\times(-1.6)\times4\right]=-48(\mathrm{kN\cdot m})$$

思考题

12-1　影响线与内力图的区别是什么?

12-2　简支梁剪力影响线有何特点?

12-3　静定梁的影响线都是直线组成的，这个结论为什么正确?

习　题

12-1　用静力法作图 12-15 所示梁指定量值的影响线。

12-2　利用影响线求图 12-16 所示结构在固定荷载作用下的 F_{SC}。

12-3　利用影响线求图 12-17 所示结构在固定荷载作用下的 F_B。

12-4　利用影响线求图 12-18 所示结构在固定荷载作用下的 M_F [利用题 12-1 (c) 的结果]。

12-5　求简支梁在图 12-19 所示移动荷载作用下 C 截面的最大弯矩。

12-6　求简支梁在图 12-20 所示移动荷载作用下 C 截面的最大弯矩。

12-7　求 [例 12-3] 中的简支梁在荷载作用下 C 截面的最大弯矩。

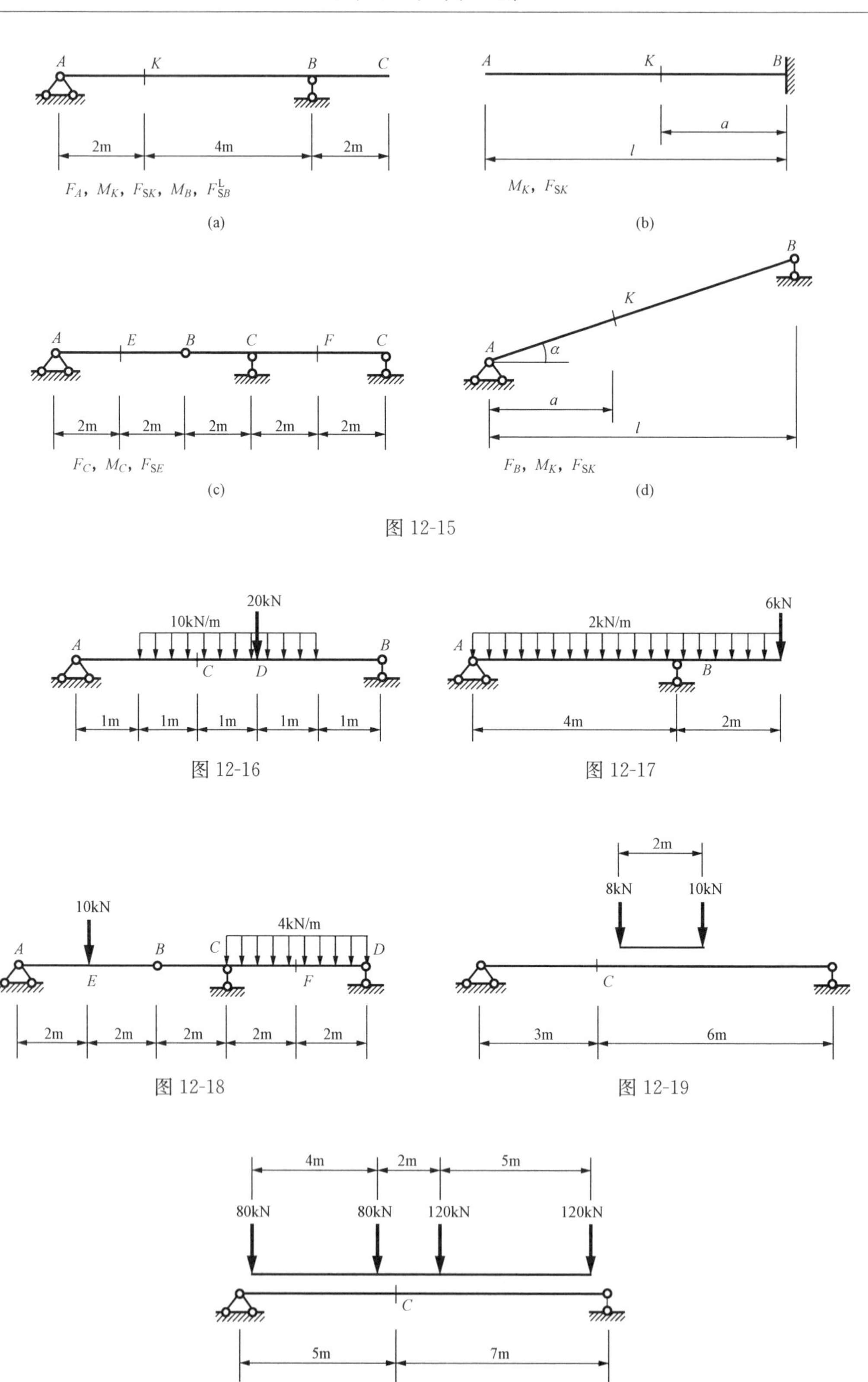

图 12-15

图 12-16

图 12-17

图 12-18

图 12-19

图 12-20

习题参考答案

12-2　$F_{SC}=13kN$

12-3　$F_{B}=18kN$

12-4　$M_{F}=3kN \cdot m$

12-5　$M_{Cmax}=29.3kN \cdot m$

12-6　$M_{Cmax}=590kN \cdot m$

12-7　$M_{Cmax}=1639kN \cdot m$

第十三章　静定结构的位移计算

结构在荷载作用下会产生内力，同时使杆件产生应变，致使整个结构发生变形。由于变形，结构上各点的位置将会发生改变。结构中杆件的横截面除发生线位移外，还将发生转动产生角位移。这些线位移和角位移称为结构的位移。此外，结构在其他因素如温度改变、支座位移等的影响下，也都会发生位移。

图 13-1（a）所示简支梁，在荷载作用下梁的轴线由直线变成曲线，如图 13-1（b）所示。这时，横截面 $m—m$ 的形心 C 移动了 CC' 长度，称为 C 点的线位移。同时截面 $m—m$ 还转动了一个角度 φ_C，称为截面 C 的角位移或转角。又如图 13-2 所示结构，在内侧温度升高的影响下发生如图中虚线所示的变形。此时，C 点发生了 CC' 长度的线位移。若将 CC' 沿水平和竖向分解［图 13-2（b）］，则分量 $C''C'$ 和 CC'' 分别称为 C 点的水平线位移和竖向线位移。同样，截面 C 还转动了一个角度 φ_C，即截面 C 的角位移。

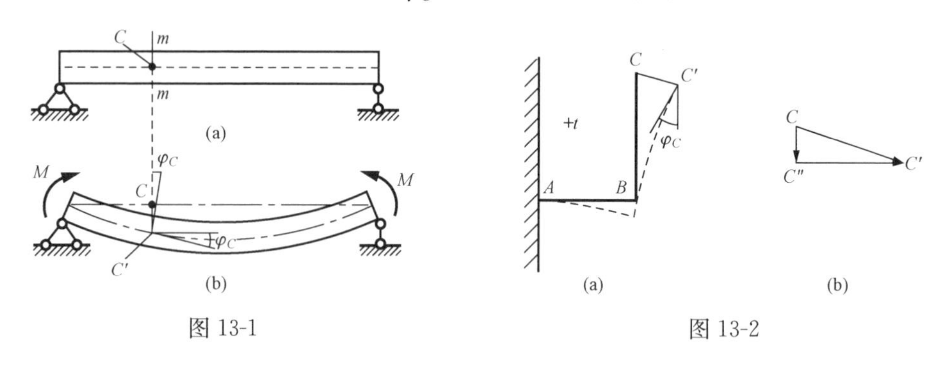

图 13-1　　图 13-2

在结构设计中，除了要考虑结构的强度外，还要计算结构的位移以验算其刚度。验算刚度的目的，是保证结构在使用过程中不致发生过大的位移。计算结构位移的另一重要目的，是在计算超静定结构的反力和内力时，除利用静力平衡条件之外，还须考虑结构位移条件，为超静定结构的反力和内力计算建立补充方程。此外，在结构的建造过程中，也需计算其位移，预先知道结构位移后的位置，以便采取一定的施工措施。

本章研究线性变形体系位移的计算。线性变形体系是位移与荷载成比例的结构体系，荷载对这种体系的效应可以采用叠加。由于是弹性体系，所以，当去除荷载时，由荷载引起的位移也完全消失。线性变形体系的变形是微小的，且应力与应变的关系符合胡克定律。由于变形是微小的，因此，在计算结构的反力和内力时，可认为结构的几何尺寸、荷载的位置不变。

第一节　虚　功　原　理

力在自身原因引起的位移上所做的功称为实功，当作功的力与相应的位移彼此无关时，就把这种功称为虚功。作用在结构上的外力所作的虚功，称为外力虚功，以 W 表示。虚功并非是没有功，而是指作功的力与位移不像实功那样相关。弹性体的虚功原理是求结构一般位移的基础。

图 13-3（a）所示一平面结构在外荷载作用下，其内部各截面上产生的内力有弯矩、剪力和轴力。在内外力作用下，任一单元体也应保持平衡。图 13-3（a）所示为力状态，图 13-3（b）所示为原结构的变形状态。变形可以有多方面的原因，例如，某些荷载引起的变形、支座移动引起的结构变形、由温度变化引起的结构变形等，同时也可以是上述几种因素的组合。无论引起变形与位移的原因是什么，但所有变形与位移都是微小的，而且这些位移在支座处还要满足边界的约束条件。这种位移统称为虚位移。

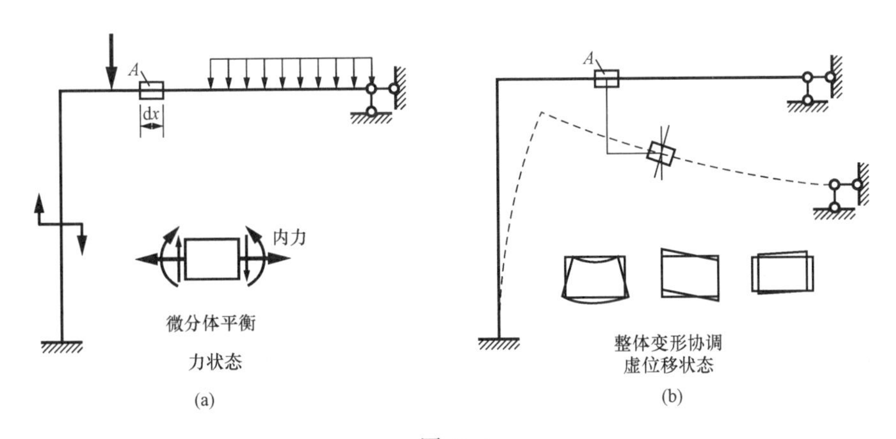

图 13-3

虚位移中既包括如图 13-3（b）所示的单元体的刚体位移，也包括各单元体由弯曲、剪切和拉压引起的虚变形两个部分。先将外力加入结构形成图 13-3（a）所示的力状态，然后令结构再发生图 13-3（b）所示的虚位移状态，两种状态一般说来相互无关。在后一过程中，力状态所属的外力与内力值均不发生变化，但由于虚位移的发生，力状态所属的外力与内力都将作功，而且这些功属于常力作功，其总功应等于

$$W_{总}=W_{外}+W_{内}$$

式中，$W_{外}$为外力在虚位移上所作总功，$W_{内}$是各横截面内力在虚位移上所作总功，由于截面左右两侧内力互为作用反作用，而截面发生虚位移时又保持连续协调，因此各截面内力功彼此相消，故 $W_{内}=0$，这样有

$$W_{总}=W_{外}$$

从另一角度出发将所有虚位移分解为刚体虚位移和虚变形，因此总虚功又可等于

$$W_{总}=W_{刚}+W_{变}$$

式中，$W_{变}$为外力与内力在虚变形上所作的总功，经计算外力在虚变形上所作总功属于无穷小量，而内力在虚变形上所作总功为常量，因此 $W_{变}$的含义仅为内力在虚变形上所作总功。$W_{刚}$为外力与内力在刚体位移上所作总虚功，根据刚体虚功原理，因为力状态是属于平衡的，所以 $W_{刚}=0$，因此上式化为

$$W_{总}=W_{变}$$

将以上式子联合，有

$$W_{外} = W_{变} \tag{13-1}$$

本式即为弹性体虚功原理的表达式，它表明在外力作用下的弹性体若处于平衡状态，则外力在任何可能发生的虚位移上所作的总功等于该外力所引起的内力在相应虚位移中虚变形上所作总功。

第二节　结构位移计算的一般公式

下面将从虚功原理出发导出计算杆件结构位移的一般公式。图 13-4（a）所示为某一结构，由于荷载 F_1 和 F_2、支座 A 的位移 c_1 和 c_2 等各种因素的作用而发生如图中虚线所示的变形，这一状态称为结构的实际状态。现要求出实际状态中 D 点的水平位移 Δ，所以应将实际状态作为结构的位移状态。为了利用虚功方程求得 D 点的水平位移，应选取如图 13-4（b）所示虚设的力状态，即在该结构的 D 点处沿水平方向加上一个单位荷载 $F=1$。这时，A 处虚拟状态中的支座反力为 $\overline{R}_1$、$\overline{R}_2$，B 处的反力为 $\overline{R}_3$，结构在单位力和相应的支座反力的作用下维持平衡，其内力用 $\overline{M}$、$\overline{F}_N$、$\overline{F}_S$ 来表示。由于结构的力状态是虚设的，故称为虚拟状态。虚设力系的外力（包括反力）对实际状态所作的总功为

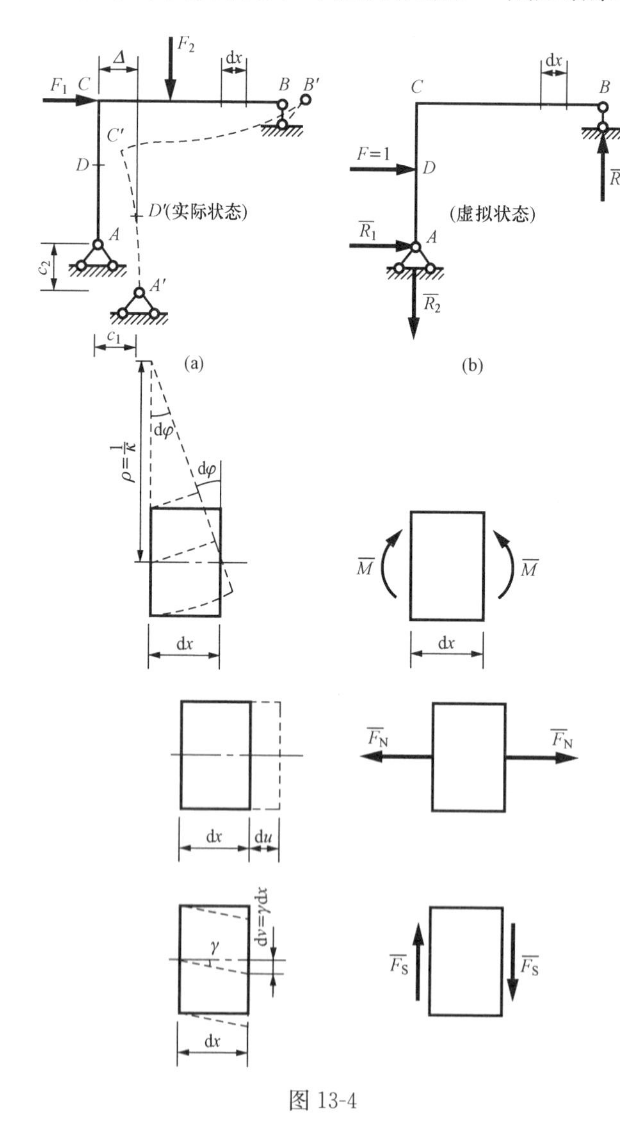

图 13-4

$$W_{外} = 1\Delta + \overline{R}_1 c_1 + \overline{R}_2 c_2$$

一般可写为

$$W_{外} = \Delta + \sum \overline{R} c$$

式中，$\overline{R}$ 表示虚拟状态中的广义支座反力，c 表示实际状态中的广义支座位移，$\sum \overline{R} c$ 表示支座反力所作虚功之和。以 $\mathrm{d}\varphi$、$\mathrm{d}u$、$\mathrm{d}\gamma$ 表示实际状态中微段的变形，则变形虚功为

$$W_{变} = \sum \int_l \overline{M} \mathrm{d}\varphi + \sum \int_l \overline{F}_N \mathrm{d}u + \sum \int_l \overline{F}_S \mathrm{d}\gamma$$

由杆件结构的虚功方程式（13-1）可得

$$\Delta + \sum \overline{R} c = \sum \int_l \overline{M} \mathrm{d}\varphi + \sum \int_l \overline{F}_N \mathrm{d}u + \sum \int_l \overline{F}_S \mathrm{d}\gamma$$

即

$$\Delta = \sum \int_l \overline{M} \mathrm{d}\varphi + \sum \int_l \overline{F}_N \mathrm{d}u$$

$$+\sum\int_l \overline{F}_S d\gamma - \sum \overline{R}c \tag{13-2}$$

这就是计算结构位移的一般公式。

这种利用虚力原理求结构位移的方法称为单位荷载法。应用这个方法每次只能求得一个位移。在计算时，虚拟单位荷载的指向可以任意假定，若按上式计算出来的结果是正的，就表示实际位移的方向与虚拟单位荷载的方向相同，否则相反。

单位荷载法不仅可用来计算结构的线位移，而且可用来计算其他性质的位移，只要虚拟状态中的单位荷载为所求位移相应的广义力即可。当求梁或刚架某一截面 K 的角位移时，可在该截面处加上一个单位力偶。

如果结构只受到荷载作用的影响，以 M_P、F_{NP}、F_{SP}表示结构实际状态的内力，则在实际状态下微段的变形为

$$\left.\begin{aligned} d\varphi &= \kappa dx = \frac{M_P}{EI}dx \\ du &= \varepsilon dx = \frac{F_{NP}}{EA}dx \\ d\gamma &= \gamma dx = \frac{kF_{SP}}{GA}dx \end{aligned}\right\}$$

式中，EI、EA 和 GA 分别是杆件的抗弯、抗拉和抗剪强度；k 为截面的切应力分布不均匀系数，它只与截面形状有关，当截面为矩形时，$k=1.2$。将上式带入式（13-2）并注意到无支座移动（即 $c=0$），得

$$\Delta = \sum\int_l \frac{\overline{M}M_P}{EI}dx + \sum\int_l \frac{\overline{F}_N F_{NP}}{EA}dx + \sum\int_l \frac{k\overline{F}_S F_{SP}}{GA}dx \tag{13-3}$$

式中，$\overline{M}$、$\overline{F}_N$、$\overline{F}_S$代表虚拟状态中由于单位荷载所产生的内力。在静定结构中，上述内力均可通过静力平衡条件求得，故不难利用式（13-3）求出相应的位移。

在梁和刚架中，轴向变形和剪切变形的影响甚小，可以略去，其位移的计算只考虑弯曲变形一项的影响已足够精确。这样，式（13-3）可简化为

$$\Delta = \sum\int_l \frac{\overline{M}M_P}{EI}dx \tag{13-4}$$

在桁架中，只有轴力的作用，且每一杆件的内力及截面都沿杆长 l 不变，故其位移的计算公式成为

$$\Delta = \sum \frac{\overline{F}_N F_{NP} l}{EA} \tag{13-5}$$

【例 13-1】 试求图 13-5（a）所示等截面简支梁中点 C 的竖向位移 Δ_{Cy}。已知 EI=常数。

解　在 C 点加一竖向单位荷载作为虚拟状态［图 13-5（b）］，分别求出实际荷载和单位荷载作用下梁的弯矩。设以 A 为坐标原点，则当 $0\leqslant x\leqslant \frac{l}{2}$时，有

$$\overline{M} = \frac{1}{2}x, \quad M_P = \frac{q}{2}(lx - x^2)$$

因为对称，所以由式（13-4）得

$$\Delta_{Cy} = 2\int_0^{\frac{l}{2}} \frac{1}{EI}\frac{x}{2}\frac{q}{2}(lx - x^2)dx$$

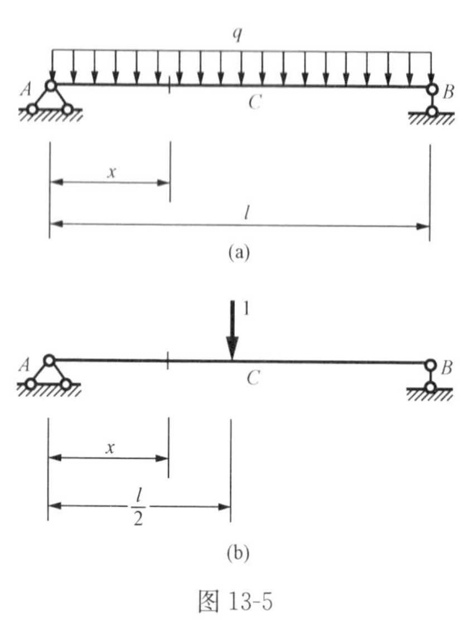

图 13-5

$$=\frac{q}{2EI}\int_0^{\frac{l}{2}}(lx-x^2)\mathrm{d}x$$

$$=\frac{5ql^4}{384EI}(\downarrow)$$

计算结果为正，说明 C 点竖向位移的方向与虚拟单位荷载方向相同，即为向下。

【例 13-2】 试求图 13-6（a）所示结构 C 端的水平位移 Δ_{Cx} 和角位移 φ_C。已知 EI 为一常数。

解 略去轴向变形和剪切变形的影响，只计算弯曲变形一项。在荷载作用下，弯矩的变化如图 13-6（b）所示。

（1）求 C 端的水平位移时，可在 C 点加上一水平单位荷载作为虚拟状态，其方向取为向左如图 13-6（c）所示。两种状态的弯矩为

横梁 BC 上 $\qquad \overline{M}=0,\quad M_P=-\frac{1}{2}qx^2$

竖柱 AB 上 $\qquad \overline{M}=x,\quad M_P=-\frac{1}{2}ql^2$

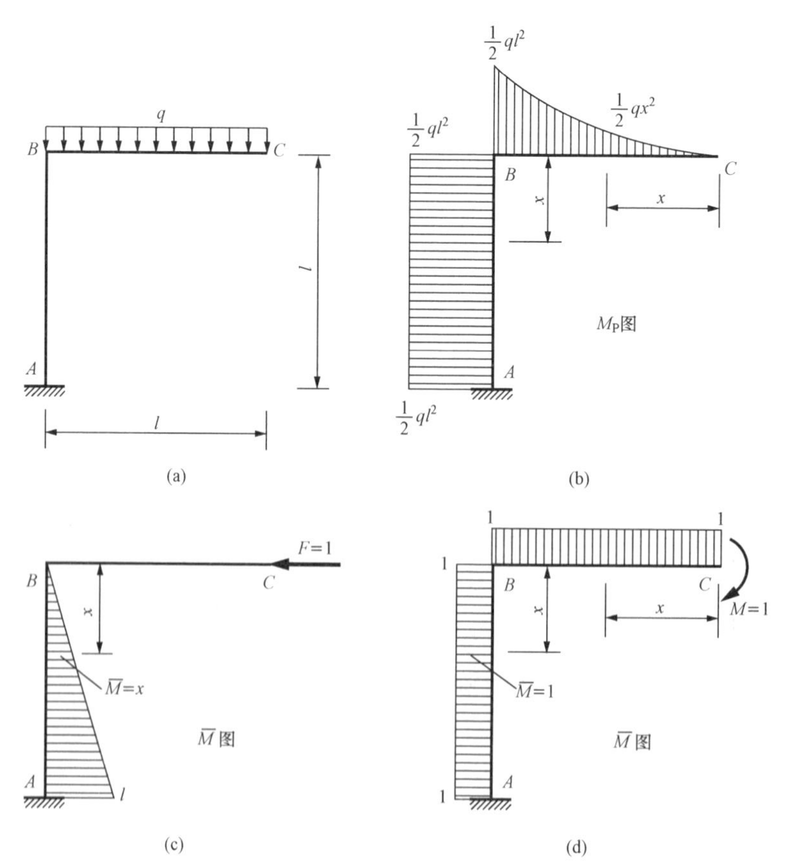

图 13-6

代入式（13-4）得 C 端水平位移为

$$\Delta_{Cx}=\sum\int\frac{\overline{M}M_{\mathrm{P}}}{EI}\mathrm{d}x=\frac{1}{EI}\int_0^l x\left(-\frac{1}{2}ql^2\right)\mathrm{d}x=-\frac{ql^4}{4EI}(\rightarrow)$$

计算结果为负，表示实际位移与所设虚拟单位荷载的方向相反，即为向右。

（2）求 C 端的角位移时，可在 C 点加一单位力偶作为虚拟状态，其方向设为顺时针方向，如图 13-6（d）所示。两种状态的弯矩为

横梁 BC 上　$\overline{M}=-1$，$M_{\mathrm{P}}=-\frac{1}{2}qx^2$

竖柱 AB 上　$\overline{M}=-1$，$M_{\mathrm{P}}=-\frac{1}{2}ql^2$

代入式（13-4）得 C 端角位移为

$$\varphi_C=\frac{1}{EI}\int_0^l(-1)\left(-\frac{1}{2}qx^2\right)\mathrm{d}x+\frac{1}{EI}\int_0^l(-1)\left(-\frac{1}{2}ql^2\right)\mathrm{d}x=\frac{2ql^3}{3EI}(\curvearrowright)$$

计算结果为正，表示 C 端转动的方向与虚拟力偶的方向相同，为顺时针转动。

【例 13-3】 试求图 13-7（a）所示木桁架下弦中间结点 5 的挠度。设各杆截面面积均为 $A=0.12\times0.12=0.0144\mathrm{m}^2$，$E=850\times10^7\mathrm{Pa}$。

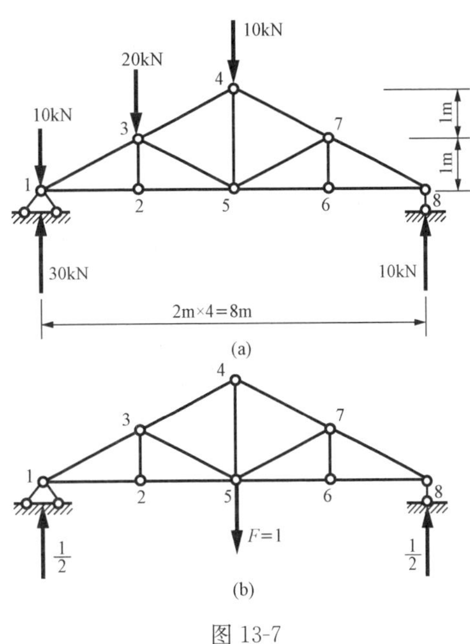

图 13-7

解　设虚拟状态如图 13-7（b）所示。实际状态和虚拟状态所产生的杆件内力均列在表 13-1 中，根据式（13-5），有

$$\Delta=\sum\frac{\overline{F}_{\mathrm{N}}F_{\mathrm{NP}}l}{EA}$$

可列成表 13-1 进行计算。由此可得所求结点 5 的挠度为

$$\Delta_{5y}=\frac{125\sqrt{5}\times10^3+260\times10^3}{850\times10^7\times0.0144}=0.0044(\mathrm{m})=4.4\mathrm{mm}(\downarrow)$$

正号表示结点 5 的挠度向下。

表 13-1　　［例 13-3］的计算结果

杆件		l(m)	$\overline{F}_{\mathrm{N}}$	F_{NP}(kN)	$\overline{F}_{\mathrm{N}}F_{\mathrm{NP}}l$(kN·m)
上弦	1—3	$\sqrt{5}$	$-0.5\sqrt{5}$	$-20\sqrt{5}$	$50\sqrt{5}$
	3—4	$\sqrt{5}$	$-0.5\sqrt{5}$	$-10\sqrt{5}$	$25\sqrt{5}$
	4—7	$\sqrt{5}$	$-0.5\sqrt{5}$	$-10\sqrt{5}$	$25\sqrt{5}$
	7—8	$\sqrt{5}$	$-0.5\sqrt{5}$	$-10\sqrt{5}$	$25\sqrt{5}$
下弦	1—2	2	1	40	80
	2—5	2	1	40	80
	5—6	2	1	20	40
	6—8	2	1	20	40

续表

杆件		l(m)	$\overline{F}_{N}$	F_{NP}(kN)	$\overline{F}_{N}F_{NP}l$(kN·m)
竖杆	2—3	1	0	0	0
	4—5	2	1	10	20
	6—7	1	0	0	0
斜杆	3—5	$\sqrt{5}$	0	$-10\sqrt{5}$	0
	5—7	$\sqrt{5}$	0	0	0

第三节　图　乘　法

在求梁和刚架结构的位移时，对于式（13-4）

$$\Delta=\sum\int\frac{\overline{M}M_{P}}{EI}\mathrm{d}x$$

如果组成结构的各杆段满足：各杆段的 EI 为常数；各杆段的轴线为直线；各杆段的$\overline{M}$图和 M_{P} 图中至少有一个为直线图形，则这一积分式就可通过$\overline{M}$和 M_{P} 两个弯矩图形之间的相乘方法来求得解答。现以图 13-8 所示杆段的两个弯矩图来作说明，假设其中$\overline{M}$图为直线，而 M_{P} 图为任何形状，并取

$$\overline{M}=x\tan\alpha+b$$

代入积分式，则有

$$\begin{aligned}\int\frac{\overline{M}M_{P}}{EI}\mathrm{d}x&=\frac{1}{EI}\left(\tan\alpha\int xM_{P}\mathrm{d}x+b\int M_{P}\mathrm{d}x\right)\\&=\frac{1}{EI}\left(\tan\alpha\int x\mathrm{d}A_{P}+b\int\mathrm{d}A_{P}\right)\end{aligned}\tag{13-6}$$

式中，$\mathrm{d}A_{P}$ 表示 M_{P} 图的微分面积，$\int x\mathrm{d}A_{P}$ 表示 M_{P} 图的面积 A_{P} 对于 $O_{1}O_{2}$ 轴的静矩。这个静矩可以写成

$$\int x\mathrm{d}A_{P}=A_{P}x_{C}$$

式中，x_{C} 是 M_{P} 图的形心到 $O_{1}O_{2}$ 轴的距离。$\int\mathrm{d}A_{P}$ 则为 M_{P} 图的面积 A_{P}。因此，得

$$\int\frac{\overline{M}M_{P}\mathrm{d}x}{EI}=\frac{1}{EI}A_{P}(x_{C}\tan\alpha+b)$$

又因 $x_{C}\tan\alpha+b=y_{C}$ 为$\overline{M}$图中与 M_{P} 图形心相对应的竖标，所以得

$$\int\frac{\overline{M}M_{P}}{EI}\mathrm{d}x=\frac{1}{EI}A_{P}(x_{C}\tan\alpha+b)\tag{13-7}$$

由此可见，积分式$\int\frac{\overline{M}M_{P}}{EI}\mathrm{d}x$之值等于 M_{P} 图的面积 A_{P} 乘其形心下相应的$\overline{M}$图上的竖标 y_{C}，再比上常数 EI。所得结果按 A_{P} 与 y_{C} 在基线的同一侧为正，否则为负。这就是图形相乘法，简称图乘法。应当注意，y_{C} 必须从直线图形上取得。当$\overline{M}$图形是由若干段直线组成时，

就应该分段图乘。如图 13-9 所示情况有

$$\int \frac{\overline{M}M_{\mathrm{P}}}{EI}\mathrm{d}x = \frac{1}{EI}(A_{\mathrm{P1}}y_1 + A_{\mathrm{P2}}y_2 + A_{\mathrm{P3}}y_3)$$

应用图乘法时，如遇到弯矩图的形心位置或面积不便于确定的情况，则可将该图形分解为几个易于确定形心位置和面积的部分，并将这些部分分别与另一图形相乘，然后再将所得结果相加，即得两图相乘之值。例如图 13-10 所示的两个梯形相乘时，可不必找出梯形的形心，而将其中一个梯形（设为 M_{P} 图的 $ABCD$）分解为两个三角形 ABD 和 ADC，并以 M'_{P} 和 M''_{P} 分别表示任一截面的弯矩在这两个三角形中各分别所含的竖标，将 $M_{\mathrm{P}}=M'_{\mathrm{P}}+M''_{\mathrm{P}}$ 带入计算位移的积分式中，便得

$$\int \frac{\overline{M}M_{\mathrm{P}}}{EI}\mathrm{d}x = \frac{1}{EI}\left(\int \overline{M}M'_{\mathrm{P}}\mathrm{d}x + \int \overline{M}M''_{\mathrm{P}}\mathrm{d}x\right)$$

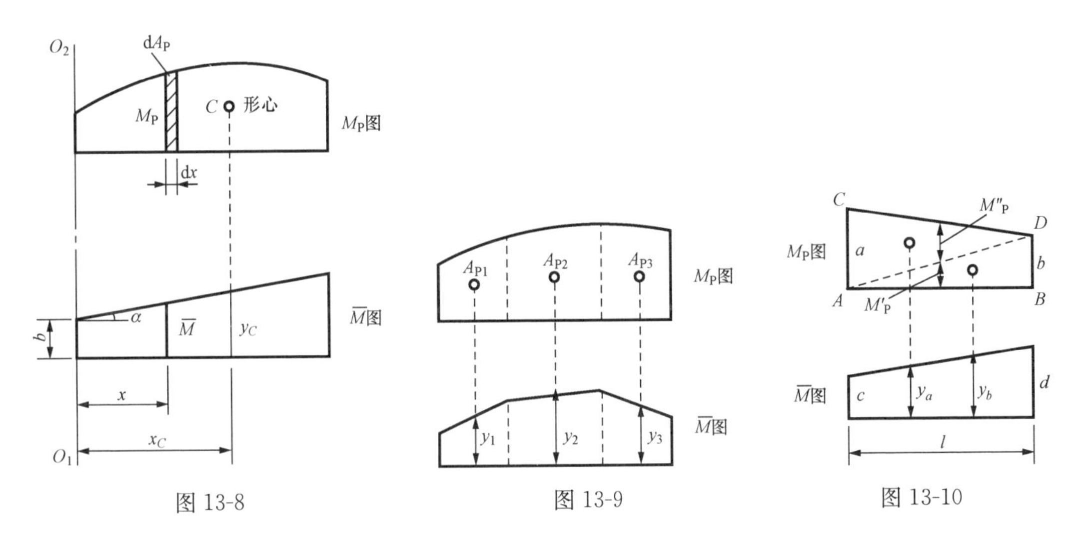

图 13-8　　图 13-9　　图 13-10

上式标明：可将三角形 ABD 和 ADC 分别与 $\overline{M}$ 图相乘，再将所得结果相加后以 EI 除之，即得计算位移的积分值。按上述方法处理的结果，有

$$\int \frac{\overline{M}M_{\mathrm{P}}}{EI}\mathrm{d}x = \frac{1}{EI}\left(\frac{al}{2}y_a + \frac{bl}{2}y_b\right)$$

式中

$$y_a = \frac{2}{3}c + \frac{1}{3}d,\quad y_b = \frac{1}{3}c + \frac{2}{3}d$$

又如图 13-11 所示两个图形都呈直线变化，但都含有不同符号的两部分，在进行图乘时，可将其中一个图形（设为 M_{P} 图）分解为 ABD 和 ABC 两个三角形，由于原图形任一截面的竖标 M_{P} 等于这两部分所含竖标 M'_{P} 和 M''_{P} 的代数和，故可按同上方法处理而得

$$\int \frac{\overline{M}M_{\mathrm{P}}}{EI}\mathrm{d}x = \frac{1}{EI}\left(\frac{al}{2}y_a + \frac{bl}{2}y_b\right)$$

$$y_a = \frac{2}{3}c - \frac{1}{3}d,\quad y_b = \frac{2}{3}d - \frac{1}{3}c$$

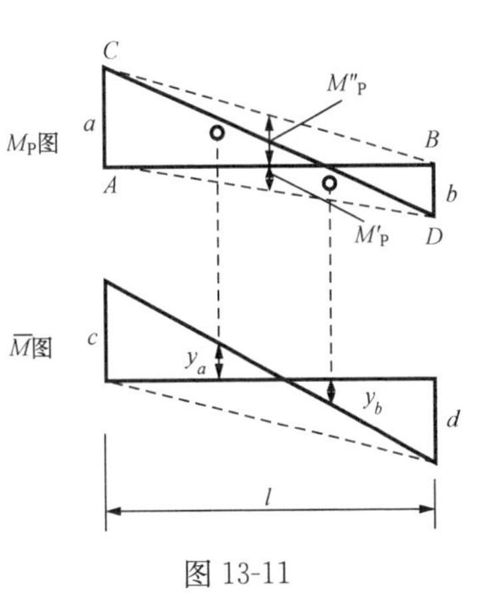

图 13-11

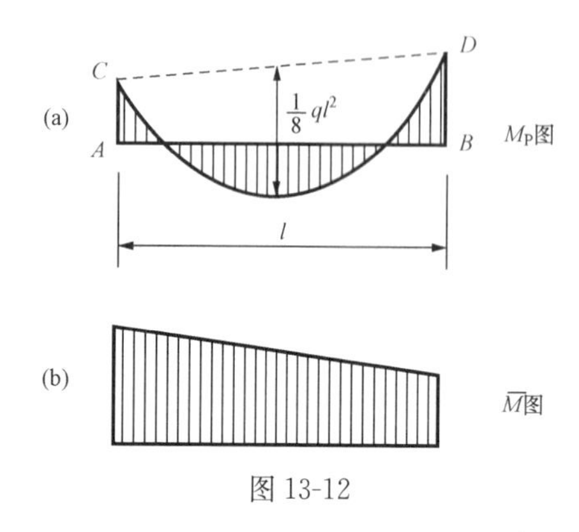

图 13-12

对于图 13-12 所示某一均布荷载作用区段的 M_P 图，将 M_P 图看作是由两端弯矩竖标连成的梯形 $ABCD$（当有一端为零时则为三角形）与相应简支梁在均布荷载作用下的弯矩图叠加而成的，后者即虚线 CD 与曲线之间所包含的部分。因此，可将 M_P 图分解为上述两个图形并分别与$\overline{M}$图相乘，然后取其代数和，即可方便地得出其结果。

为了计算方便，现将常遇到的二次和三次标准抛物线图形的面积及其形心位置表示于图 13-13 中。所谓标准抛物线是指含有顶点在内且顶点处的切线与基线平行的抛物线。弯矩图为标准抛物线时，在顶点处应有$\dfrac{dM}{dx}=0$，也就是说，顶点处截面的剪力为零。

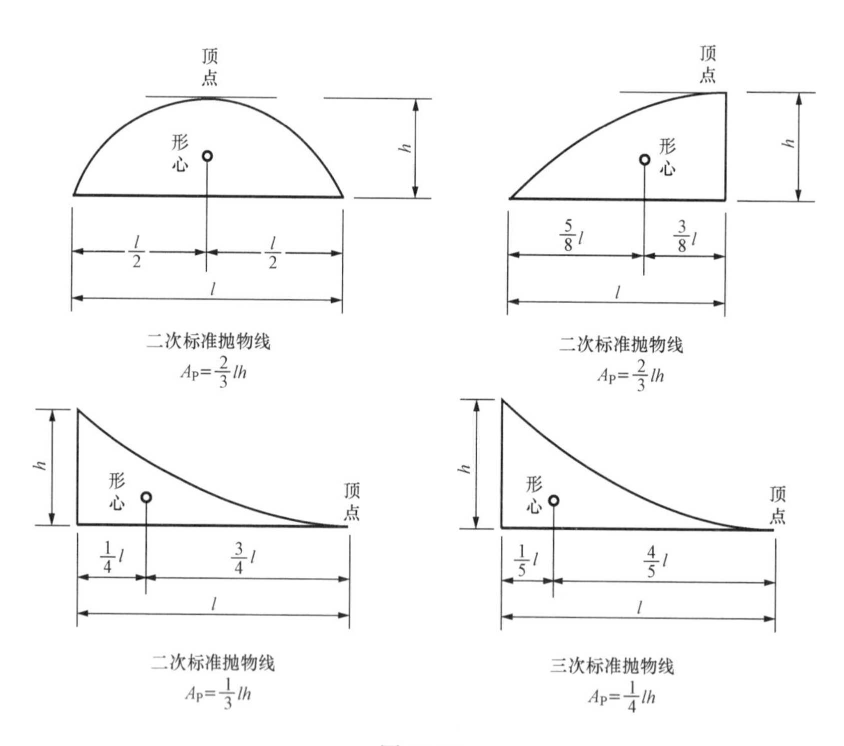

图 13-13

【例 13-4】 试求图 13-14（a）所示简支梁 A 端的角位移 φ_A 和中点 C 的竖向位移 Δ_{Cy}。EI 为常数。

解 荷载作用下弯矩图和两个单位弯矩图如图 13-14（b）～（d）所示。

将图 13-14（b）与图 13-14（c）相乘，则得

$$\varphi_A=\frac{1}{EI}\left(\frac{2}{3}l\frac{ql^2}{8}\right)\frac{1}{2}=\frac{ql^3}{24EI}$$

将图 13-14（b）与图 13-14（d）相乘，则得

$$\Delta_{Cy}=\frac{1}{EI}(A_{P1}y_1+A_{P2}y_2)$$
$$=\frac{2}{EI}\left(\frac{2}{3}\ \frac{l}{2}\ \frac{ql^2}{8}\right)\frac{5}{32}l$$
$$=\frac{5ql^4}{384EI}(\downarrow)$$

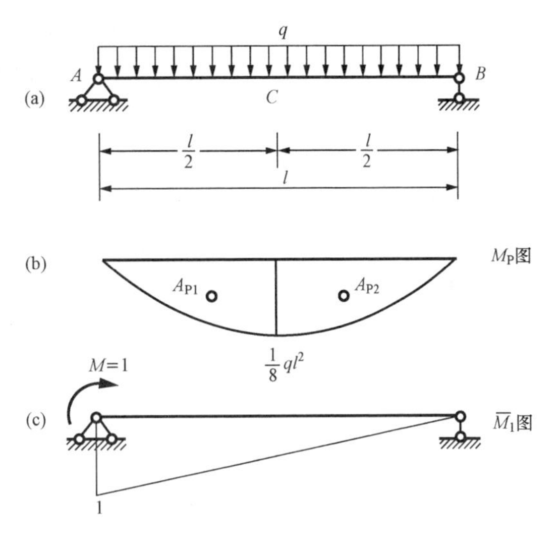

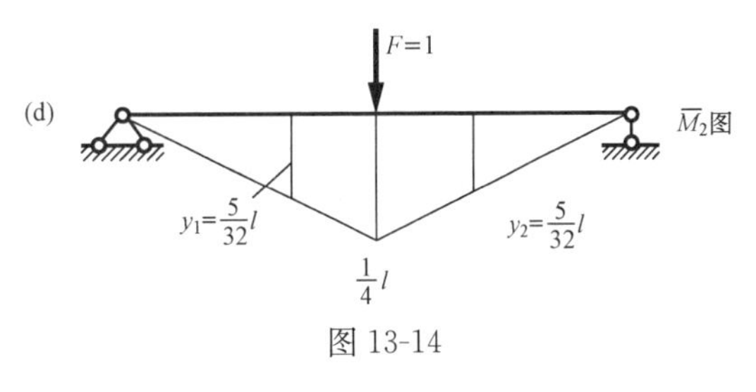

图 13-14

【例 13-5】 试求图 13-15（a）所示刚架 C 点的水平位移 Δ_{Cx}。EI 为常数。

解 作出 M_P 图和 $\overline{M}$ 图如图 13-15（b）、（c）所示。因为 $\overline{M}$ 图中 BC 段没有弯矩，故只需在 AB 段进行图乘。由于 M_P 图和 $\overline{M}$ 图在 AB 段都是直线图形，故为了图乘简便起见，宜在面积计算简单的 $\overline{M}$ 图上取面积，而在 M_P 图上取相应的竖标，即得

$$\Delta_{Cx}=\frac{1}{EI}\times\frac{1}{2}\times4\times4\times\left(\frac{1}{3}\times80\times10^3+\frac{2}{3}\times160\times10^3\right)$$
$$=\frac{1.067\times10^6}{EI}(\rightarrow)$$

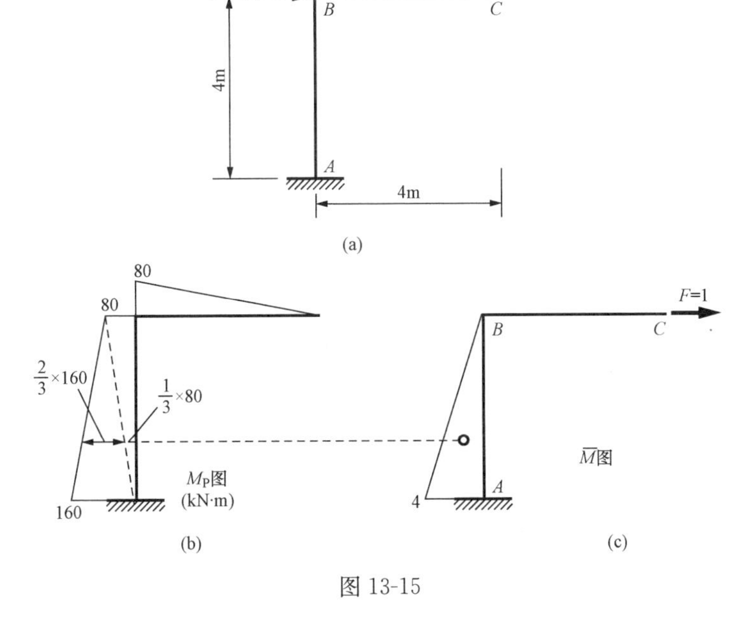

图 13-15

【例 13-6】 试求图 13-16（a）所示伸臂梁 A 端的角位移 φ_A 及 C 端的竖向位移 Δ_{Cy}。$EI=5\times10^7\text{N}\cdot\text{m}^2$。

解 先作出 M_P 图和两个 $\overline{M}$ 图如图 13-16（b）～（d）所示。

将图 13-16（b）与图 13-16（c）相乘，则得

$$\varphi_A=-\frac{1}{5\times10^7}\times\frac{1}{2}\times48\times10^3\times6\times\frac{1}{3}\times1=-9.6\times10^{-4}(\text{rad})$$

式中，最初所用的负号是因为相乘的两个图形不在基线的同一侧。最后结果中的负号则表示 φ_A 的实际转动方向与 $M=1$ 方向相反，即 φ_A 是逆时针方向转动的。

为了计算 Δ_{Cy} 值，需将图 13-16（b）与图 13-16（d）相乘。此时，对于 AB 区段并无任何困难。而对于承受均布荷载的 BC 段，则可将 M_P 图看作是由 B、C 两端的弯矩竖标所连成的三角形图形与相应简支梁在均布荷载作用下的标准抛物线图形［即图 13-16（b）中的虚线与曲线之间所包含的面积］叠加而成的。将上述两种图形分别与图 13-16（d）相乘，由此可得

$$\Delta_{Cy}=\frac{1}{5\times10^7}\times\left(\frac{1}{2}\times48\times10^3\times6\times\frac{2}{3}\times1.5+\frac{1}{2}\times48\times10^3\times1.5\times\frac{2}{3}\times1.5-\frac{2}{3}\times4.5\times10^3\times1.5\times\frac{1.5}{2}\right)=3.5(\text{mm})(\downarrow)$$

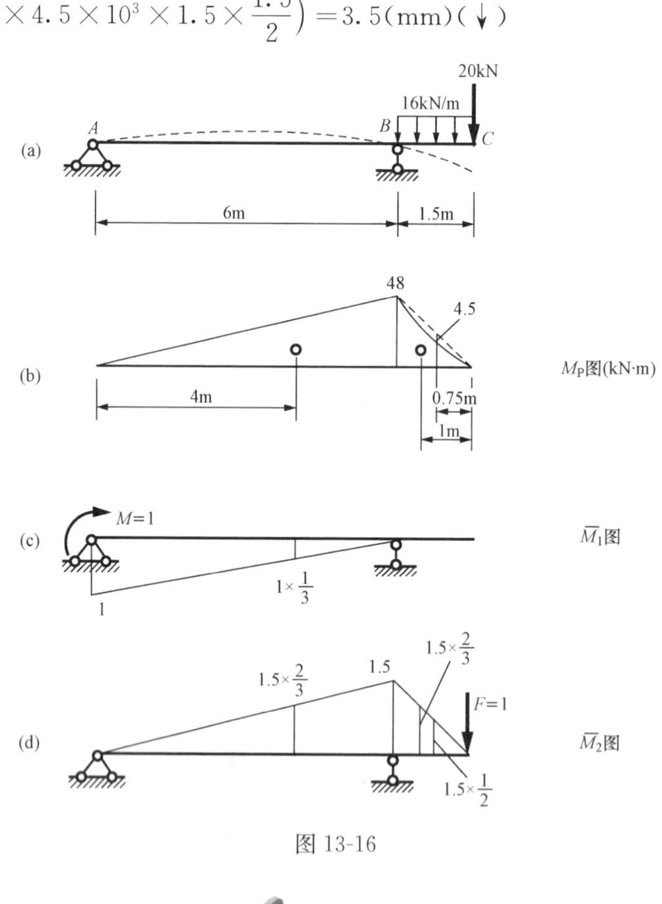

图 13-16

思考题

13-1 用公式 $\Delta=\sum\int_l\frac{\overline{M}M_P}{EI}\mathrm{d}x$ 计算梁和刚架的位移，需先写出 $\overline{M}$ 和 M_P 的表达式，在同一区段写这两个弯矩表达式时，可否将坐标原点分别取在不同的位置？为什么？

13-2　[例 13-6] 中求 C 端的竖向位移时，BC 段的图乘若按下面两种算式计算（图 13-17）是否正确？试述其理由。

(1) $\frac{1}{5\times10^7}\times\left(\frac{1}{3}\times48\times10^3\times1.5\right)\times\left(\frac{3}{4}\times1.5\right)$

(2) $\frac{1}{5\times10^7}\times\left[\left(\frac{1}{3}\times\frac{1}{2}\times16\times10^3\times1.5^2\times1.5\right)\times\left(\frac{3}{4}\times1.5\right)+\left(\frac{1}{2}\times20\times10^3\times1.5\times1.5\right)\times\left(\frac{2}{3}\times1.5\right)\right]$

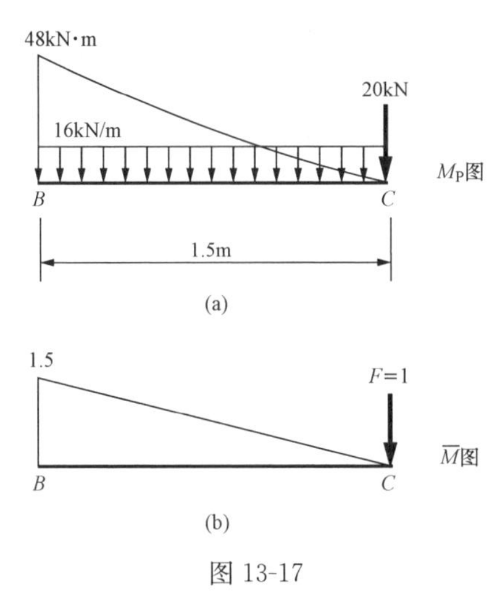

图 13-17

13-1　试用图乘法求图 13-18 所示结构的指定位移。

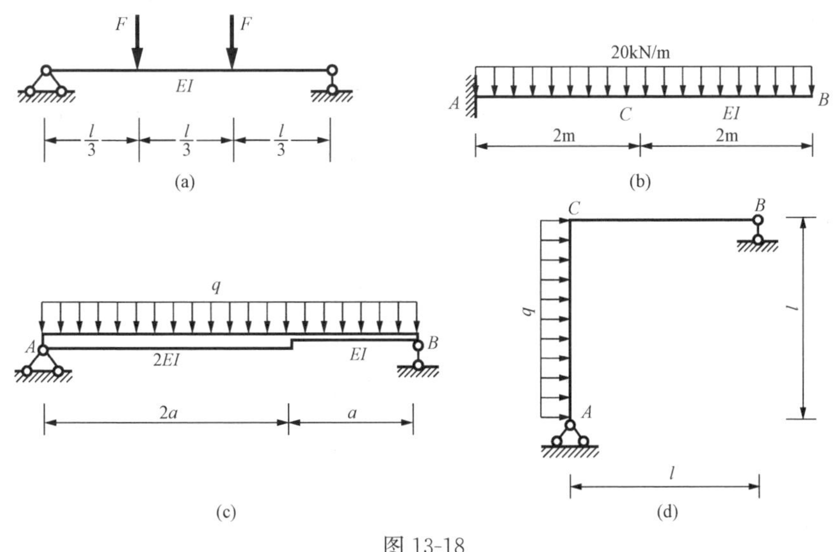

图 13-18

(a) 求 Δ_{ymax}；(b) 求 Δ_{Cy}；

(c) 求 φ_B；(d) 求 Δ_{Cx}

13-2 试用图乘法求图 13-19 所示结构中 B 处转角和 C 处的竖向位移。EI＝常数。

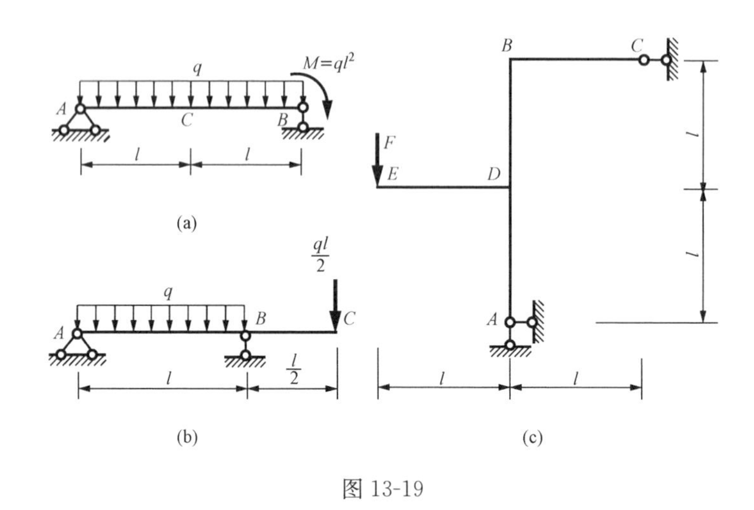

图 13-19

13-3 试求图 13-20 所示结构 C 点的竖向位移。

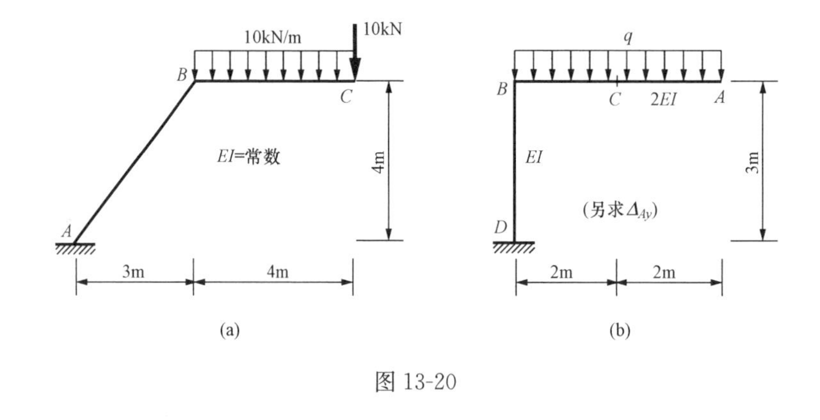

图 13-20

13-4 图 13-21 所示桁架各杆截面均为 $A=2\times10^{-3}\,\mathrm{m}^2$，$E=210\mathrm{GPa}$，$F=40\mathrm{kN}$，$d=2\mathrm{m}$。试求：(a) C 点的竖向位移；(b) 角 ADC 的改变量。

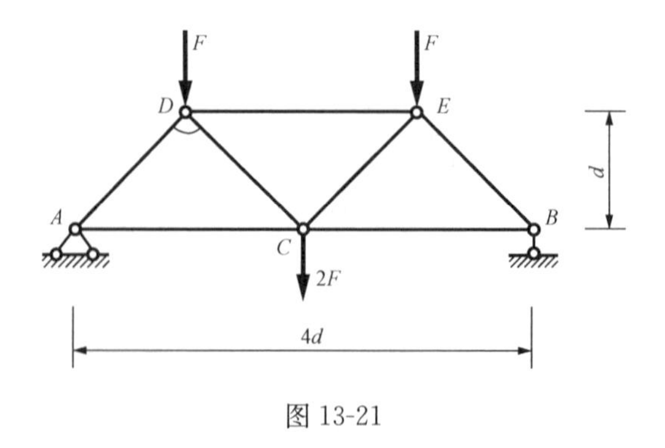

图 13-21

习题参考答案

13-1　(a) $\Delta_{ymax}=\dfrac{23Fl^3}{648EI}$ (↓)；

(b) $\Delta_{Cy}=\dfrac{680}{3EI}$ (↓)；

(c) $\varphi_B=-\dfrac{19qa^4}{24EI}$ (↓)；

(d) $\Delta_{Bx}=\dfrac{3ql^4}{8EI}$ (→)

13-2　(a) $\varphi_B=\dfrac{ql^3}{3EI}$，$\Delta_{Cy}=\dfrac{ql^4}{24EI}$ (↑)；(b) $\varphi_B=\dfrac{ql^3}{24EI}$，$\Delta_{Cy}=\dfrac{ql^4}{24EI}$ (↓)；

(c) $\varphi_B=\dfrac{Fl^2}{12EI}$，$\Delta_{Cy}=\dfrac{Fl^3}{12EI}$ (↓)

13-3　(a) $\Delta_{Cy}=\dfrac{18250}{3EI}$ (↓)；(b) $\Delta_{Cy}=\dfrac{53.67q}{EI}$ (↓)，$\Delta_{Ay}=\dfrac{112q}{EI}$ (↓)

13-4　$\Delta_{Cy}=2.76\text{mm}$

$\varphi_{ADC}=5.1564\times10^{-4}\text{rad}$

第十四章　力　　法

第一节　超静定结构概述

超静定结构是工程实际中常用的结构，超静定结构的反力和内力仅凭静力平衡条件是无法确定的，或者是不能全部确定的。例如图 14-1（a）所示的连续梁，它的水平反力虽可由静力平衡条件求出，但其竖向反力只凭静力平衡条件就无法确定，因此也不能进一步计算出其全部内力。又如图 14-1（b）所示的加劲梁，虽然它的反力可由静力平衡条件求得，但却不能确定杆件的内力。

对以上两个结构进行几何组成分析，可知它们都具有一个多余约束。多余约束上所发生的力称为多余未知力。如图 14-1（a）所示的连续梁中，可认为 B 支座链杆是多余约束，其多余未知力为 F_B [图 14-1（c）]，又如图 14-1（b）所示的加劲梁，可认为其中的 BD 杆是多余约束，其多余未知力为该杆的轴力 F_N [图 14-1（d）]。超静定结构在去掉多余约束后，就变成为静定结构。

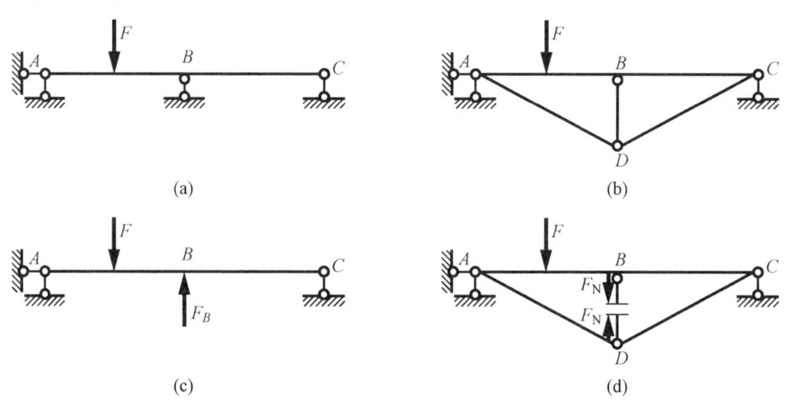

图 14-1

常见的超静定结构类型有：超静定梁（图 14-2），超静定刚架（图 14-3），超静定桁架（图 14-4），超静定拱（图 14-5），超静定组合结构（图 14-6）和铰结排架（图 14-7）等。

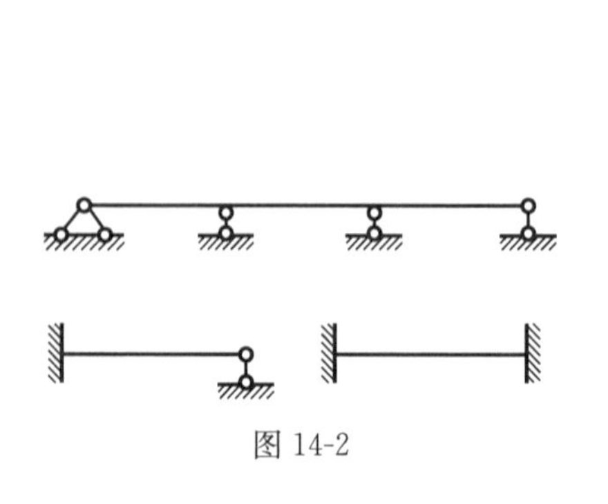

图 14-2

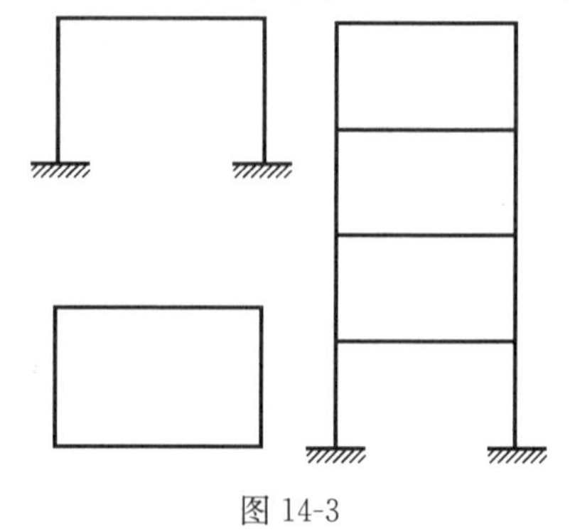

图 14-3

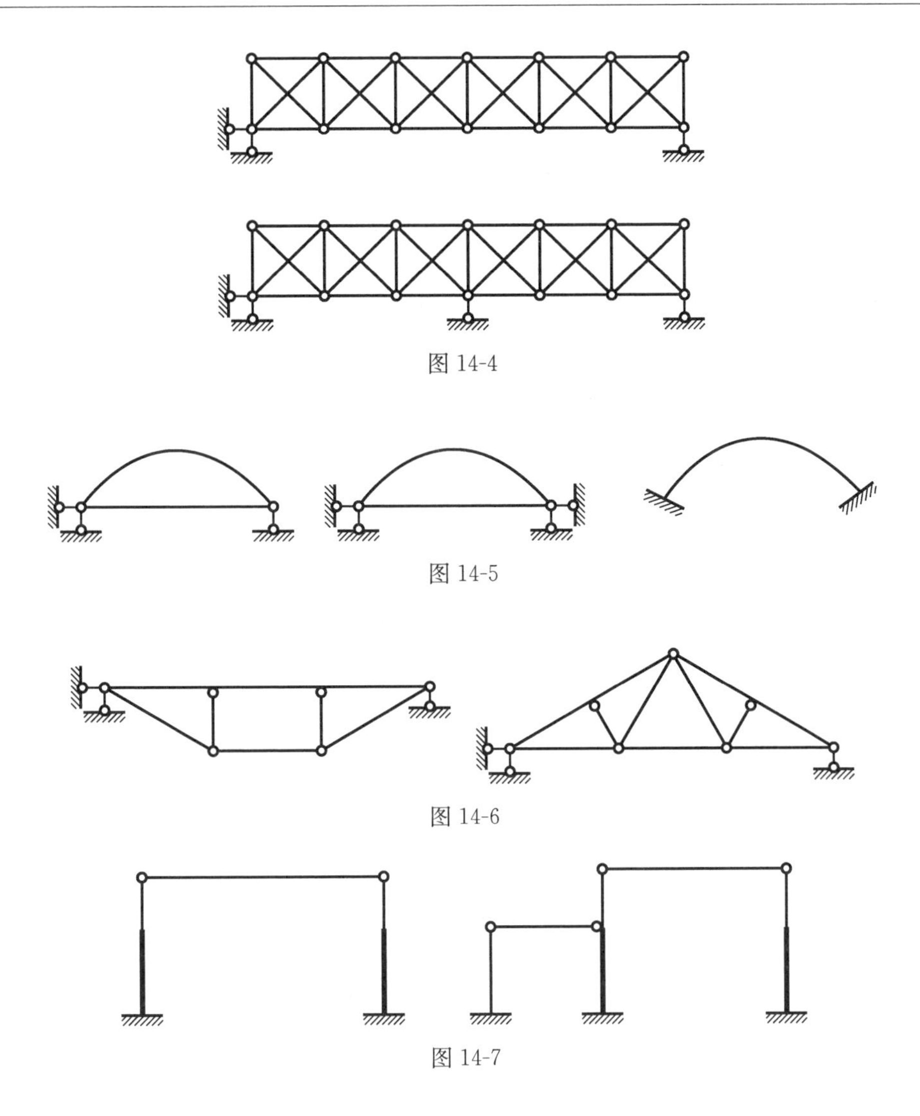

图 14-4

图 14-5

图 14-6

图 14-7

超静定结构最基本的计算方法有两种，即力法和位移法。此外还有各种由此派生出来的方法，如力矩分配法就是由位移法派生出来的一种方法。这些计算方法将在本章和以下两章中分别介绍。

第二节　力法的基本概念

在掌握静定结构内力和位移计算的基础上，下面来叙述计算超静定结构的方法。

先举一个简单的例子加以阐明。设有图 14-8（a）所示一端固定另一端铰支的梁，它是具有一个多余约束的超静定结构。如果以右端的支座链杆作为多余约束，则在去掉该约束后，得到一个悬臂梁的静定结构，该静定结构称为力法的基本结构。在基本结构上，若以多余未知力 X_1 代替所去约束的作用，作用原有荷载 q，并满足该静定结构的原有位移条件，则得到如图 14-8（b）所示在荷载 q 和多余未知力 X_1 共同作用下的体系，该体系称为力法的基本体系。在基本体系上的原有荷载 q 是已知的，而多余力 X_1 是未知的。因此，只要能设法先求出多余未知力 X_1，则原结构的其他约束反力及内力计算问题即可在静定的基本结构上得到。注意到原结构在支座 B 处，由于受竖向支座链杆约束，所以 B 点的竖向位移应为零，即原结构的位移条件。因此，只有当 X_1 的数值与原结构 B 支座链杆上实际发生的反力相等时，才能使基本体系在原有荷载 q 和 X_1 共同作用下 B 点的竖向位移（即沿 X_1 方向的位移）Δ_1 等于零。所以，用来确定 X_1 的位移条件是：在原有荷载和多余未知力共同作用下，在基本体系上去掉多余约束处的位移应与原结构中相应的位移相等。由上述可见，为了确定超静定结构的反力和内力，必须同时考虑静力平衡条件和位移条件。

以 Δ_{11} 及 Δ_{1P} 分别表示基本结构在多余未知力 X_1 及荷载 q 单独作用时 B 点沿 X_1 方向的位移［图 14-8（c）、（d）］，其符号都以沿 X_1 方向者为正。根据叠加原理及 $\Delta_1=0$，有

$$\Delta_{11}+\Delta_{1P}=0$$

再以 δ_{11} 表示 X_1 为单位力 $\overline{X}_1=1$ 时，B 点沿 X_1 方向所产生的位移，则 $\Delta_{11}=\delta_{11}X_1$，于是上式可写成

$$\delta_{11}X_1+\Delta_{1P}=0 \tag{14-1}$$

由于 δ_{11} 和 Δ_{1P} 都是静定结构在已知力作用下产生的位移，均可按第十三章所述的位移计算方法求得，于是多余未知力即可由式（14-1）确定。这里采用图乘法计算 δ_{11} 及 Δ_{1P}。先分别

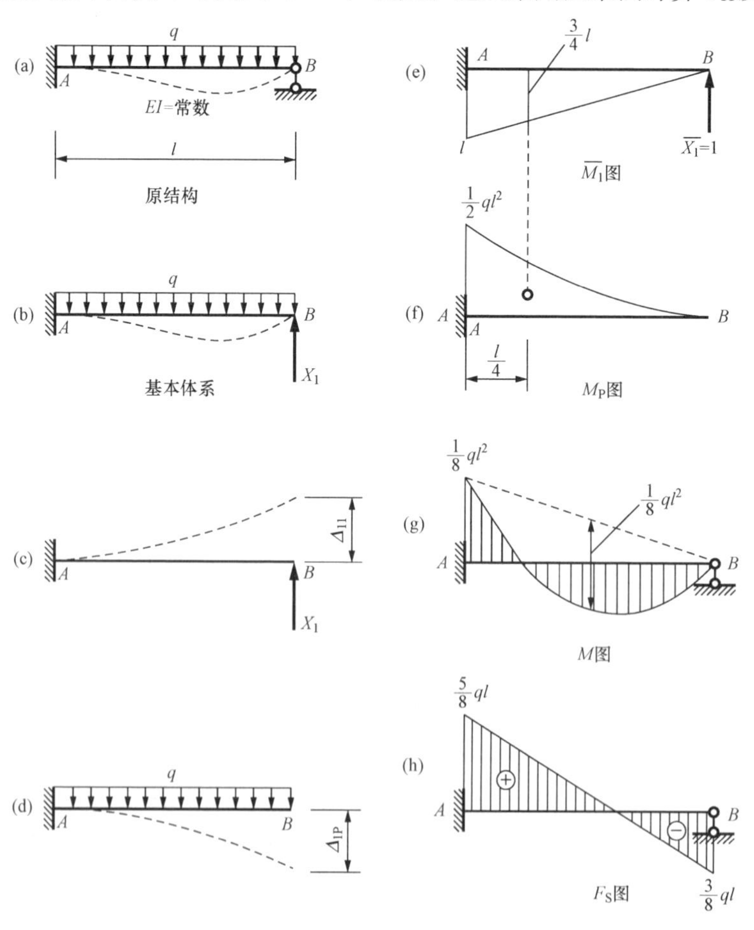

图 14-8

绘出 $\overline{X}_1=1$ 和荷载 q 单独作用在基本结构上的弯矩图 $\overline{M}_1$［图 14-8（e）］和 M_P［图 14-8（f）］，然后求得

$$\delta_{11}=\frac{1}{EI}\times\frac{l^2}{2}\times\frac{2l}{3}=\frac{l^3}{3EI}$$

$$\Delta_{1P}=-\frac{1}{EI}\left(\frac{1}{3}l\times\frac{ql^2}{2}\right)\times\frac{3}{4}l=-\frac{ql^4}{8EI}$$

所以由式（14-1）有

$$X_1=-\frac{\Delta_{1P}}{\delta_{11}}=\frac{ql^4}{8EI}\times\frac{3EI}{l^3}=\frac{3}{8}ql$$

多余未知力 X_1 求得后，就与计算悬臂梁一样，完全可用静力平衡条件来确定其反力和内力。例如 A 端的弯矩为

$$M_{AB}=X_1l-ql\times\frac{l}{2}=\frac{3}{8}ql^2-\frac{1}{2}ql^2=-\frac{1}{8}ql^2$$

最后弯矩图和剪力图如图 14-8（g）、（h）所示。

以上所述计算超静定结构的方法称为力法。它的基本特点就是以多余未知力作为基本未知量，并根据基本体系上相应的位移条件将多余未知力首先求出，以后计算即与静定结构无异。力法可用来分析各种类型的超静定结构。

第三节　超静定次数的确定

由上节所述基本概念可知，用力法计算超静定结构时，首先应确定多余约束的数目，即多余未知力的数目。多余未知力的数目亦即除静力平衡方程之外，尚需补充的位移条件的数目。通常将多余约束或多余未知力的数目称为超结构的超静定次数。

因此，确定结构超静定次数的方法就是，去掉结构的多余约束，使原结构变成一个静定结构，则所去掉约束的数目即为结构的超静定次数。下面结合具体例子加以说明。

图 14-9（a）所示结构，如果将链杆 CD 切断［图 14-9（b）］，原结构就成为一个静定结构，因为一根链杆相当于一个约束。所以这个结构具有一个多余约束，是一次超静定结构。

去掉多余约束使超静定结构成为静定结构，可以有多种不同的方式。例如图 14-10（a）所示单跨梁，可以把 B 支座链杆去掉而使结构成为静定的悬臂梁［图 14-10（b）］，所以它是具有一个多余约束的超静定结构。如果在原结构的固定端支座 A 处，将阻止转动的约束去

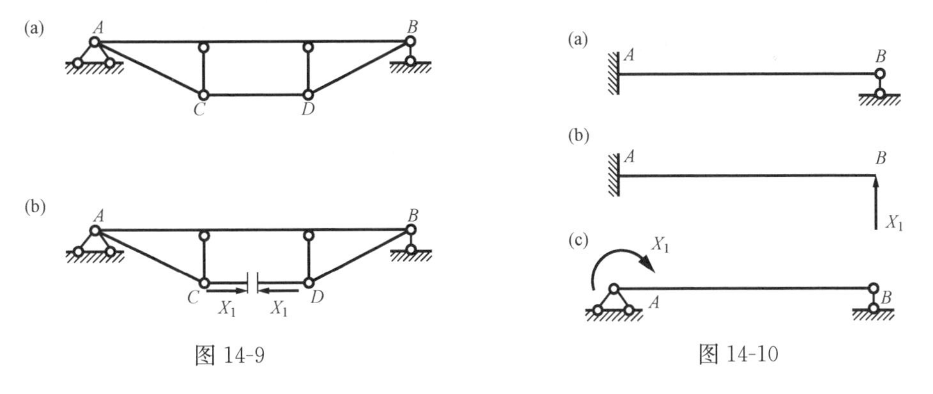

图 14-9　　图 14-10

掉，使之成为固定铰支座，则成为图 14-10（c）所示的简支梁。这时与所去掉约束相对应的多余未知力是固定端处的反力偶。对于同一个超静定结构，由于去掉多余约束的方式不同，因而所得基本结构也不同，但是所去多余约束的数目，应该是一样的。例如图 14 - 10（a）所示结构，虽然可取成不同的基本结构，但都只有一个多余约束，是一次超静定结构。

对于图 14-11（a）所示刚架，可将 A、B 两固定端支座改成固定铰支座，则得到图 14-11（b）所示的静定结构（三铰刚架），所以其超静定次数是两次。也可去掉中间铰 C，而得图 14-11（c）所示静定结构。去掉一个连接两刚片的铰，相当于去掉两个约束，即限制铰结处两侧截面发生相对水平位移和相对竖向位移的约束。

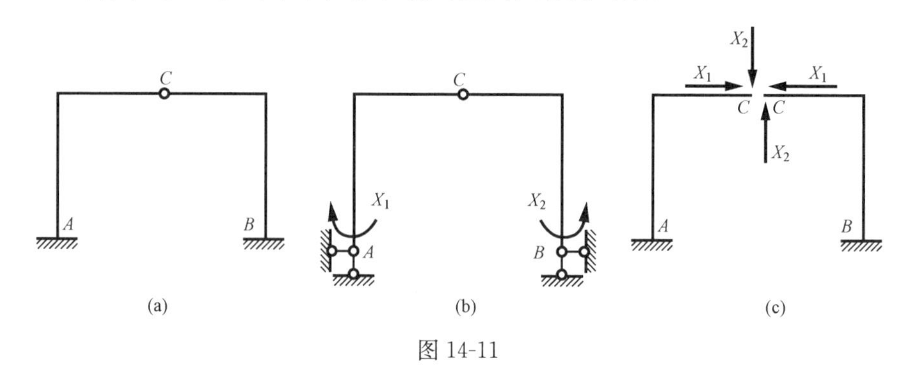

图 14-11

图 14-12（a）所示刚架，若将 B 固定端支座撤去，则得图 14-12（b）所示悬臂刚架，所以是三次超静定的。如果将原结构从横梁中间切断，则得图 14-12（c）所示的两个悬臂刚架，将一梁式杆切断，相当于去掉三个约束，即限制切口两侧截面发生相对水平位移和相对竖向位移以及相对转角的约束。另外，还可将原结构横梁的中点及两固定端支座处改成铰结，得图 14-12（d）所示三铰刚架。所以，将受弯杆件刚性连接处改成铰结，就相当于去掉一个约束，即限制该处两侧截面发生相对转角的约束。

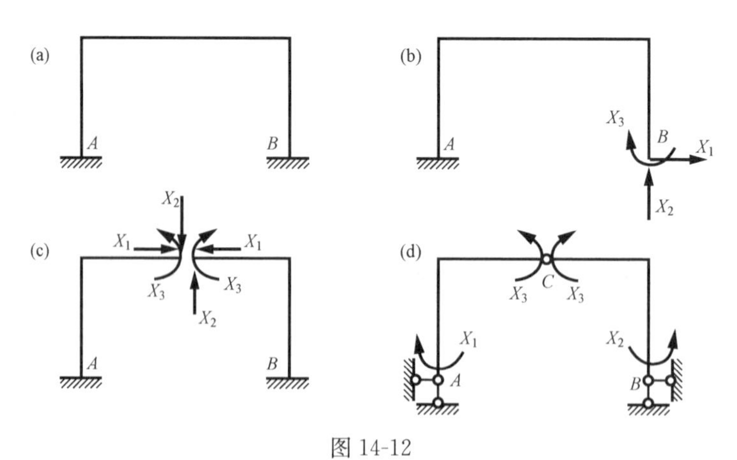

图 14-12

总结上述例子可知，在结构上去掉多余约束的方法，通常有如下几种：

（1）切断一根链杆，或者去掉一个支座链杆，相当于去掉一个约束，对应于一对集中力或一个集中力。

（2）将一个固定端支座改成固定铰支座，或者将受弯杆件某处改成铰结，相当于去掉一个约束，对应于一个集中力偶或一对集中力偶。

（3）去掉一个连接两刚片的铰，或者撤去一个固定铰支座，相当于去掉两个约束，对应于两对 x 和 y 方向上的集中力或两个 x 和 y 方向上的集中力。

（4）将一梁式杆切断，或者撤去一个固定支座，相当于去掉三个约束，对应于两对 x 和 y 方向上的集中力及一对集中力偶。

应用上述去掉约束的基本方法，可以确定任何结构的超静定次数。例如图 14-13（a）所示结构，将它从中间切开，就成为图 14-13（b）所示的静定结构，由于切断了原结构的两根梁式杆，所以相当于去掉六个约束，故结构是六次超静定的。分析该结构需注意，在图 14-13（a）所示的刚架中，由 CD、DF、FE、EC 四根杆件刚性连接起来的 $CDFE$ 封闭框，是一内部超静定体系，同图 14-12（a）所示刚架一样。因此，必须将它从某一截面处切开，才能使得这一部分成为静定的。而不能只将图 14-13（a）所示结构撤去一个固定端支座以后就成为静定的了，因为这样去掉的约束只有三个，而这时 $CDFE$ 部分的内力仍无法由静力平衡条件确定。

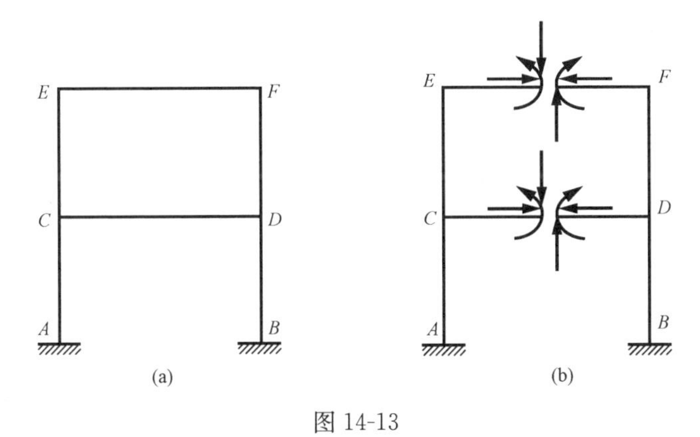

图 14-13

由于去掉多余约束的方案不同，同一超静定结构的基本结构就会有不同的形式，但应注意，选取的基本结构必须是几何不变的。为了保证基本结构的几何不变性，有些约束是不能去掉的。例如图 14-14 所示的连续梁，其水平支座链杆就不能去掉，否则将成为几何可变体系。又如图 14-15 所示两铰拱，其任一竖向支座链杆也不能去掉，否则将成为瞬变体系。

图 14-14　　　　图 14-15

第四节　力法的典型方程

如前所述，用力法计算超静定结构是以多余未知力作为基本未知量，并根据相应的位移条件来求解多余未知力，待多余未知力求出后，即可按静力平衡条件求其反力和内力。因此，用力法解算一般超静定结构的关键，就是根据位移条件建立力法方程以求解多余未知力。下面通过一个三次超静定的刚架来说明如何建立力法方程。

图 14-16（a）所示刚架为三次超静定结构，设去掉固定端支座 B，并以相应的多余未知力 X_1、X_2和 X_3 代替所去约束的作用，得到图 14-16（b）所示的基本体系。在原结构中，由于 B 端为固定端，所以没有水平位移、竖向位移和角位移。因此，承受荷载 F_1、F_2和三个多余未知力 X_1、X_2、X_3 作用的基本体系上，也必须保证同样的位移条件，即 B 点沿 X_1 方向的位移（水平位移）Δ_1、沿 X_2 方向的位移（竖向位移）Δ_2 和沿 X_3 方向的位移（角位移）Δ_3 都应等于零，即

$$\Delta_1=0,\quad \Delta_2=0,\quad \Delta_3=0$$

令 δ_{11}、δ_{21}和 δ_{31}分别表示当多余未知力 $\overline{X}_1=1$ 单独作用时，基本结构上 B 点沿 X_1、X_2 和 X_3 方向的位移［图 14-16（c）］；δ_{12}、δ_{22}、δ_{32}分别表示当多余未知力 $\overline{X}_2=1$ 单独作用时，基本结构上 B 点沿 X_1、X_2 和 X_3 方向的位移［图 14-16（d）］；δ_{13}、δ_{23}、δ_{33}分别表示当多余未知力 $\overline{X}_3=1$ 单独作用时，基本结构上 B 点沿 X_1、X_2 和 X_3 方向的位移［图 14-

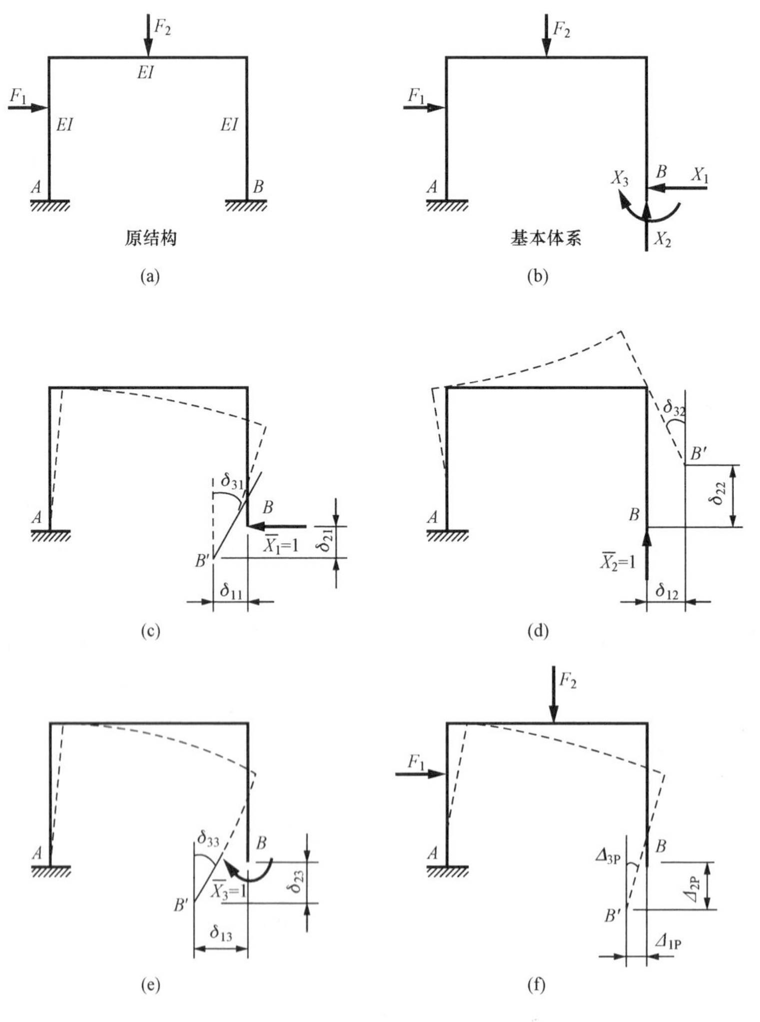

图 14-16

16（e）］；Δ_{1P}、Δ_{2P}和Δ_{3P}分别表示当荷载（F_1、F_2）单独作用时，基本结构上B点沿X_1、X_2和X_3方向的位移［图14-16（f）］，根据叠加原理，则位移条件可写成：

$$\left.\begin{aligned}\Delta_1=0,\quad \delta_{11}X_1+\delta_{12}X_2+\delta_{13}X_3+\Delta_{1P}=0\\ \Delta_2=0,\quad \delta_{21}X_1+\delta_{22}X_2+\delta_{23}X_3+\Delta_{2P}=0\\ \Delta_3=0,\quad \delta_{31}X_1+\delta_{32}X_2+\delta_{33}X_3+\Delta_{3P}=0\end{aligned}\right\}\tag{14-2}$$

这就是根据位移条件建立的求解多余未知力X_1、X_2和X_3的方程组。这组方程的物理意义为：在基本体系中，由于全部多余未知力和已知荷载的共同作用，在去掉多余约束处（该例题为B点）的位移应与原结构中相应的位移相等。在上列方程中，主斜线（从左上方的δ_{11}至右下方的δ_{33}）上的系数δ_{ii}称为主系数，其余的系数δ_{ik}称为副系数，Δ_{iP}（如Δ_{1P}、Δ_{2P}和Δ_{3P}）则称为自由项。所有系数和自由项，都是基本结构中在去掉多余约束处沿某一多余未知力方向的位移，并规定与所设多余未知力方向一致的为正。所以，主系数总是正的，且不会等于零，而副系数则可能为正、为负或为零。根据位移互等定理（参看结构力学书籍）可以得知，副系数有互等关系，即

$$\delta_{ik}=\delta_{ki}$$

方程式（14-2）通常称为力法的典型方程。其中各系数和自由项都是基本结构的位移，因而可根据第十三章求位移的方法求得。

系数和自由项求得后，即可解算典型方程求得各多余未知力，然后再按照分析静定结构的方法求得原结构的其他反力以及内力。

对于n次的超静定结构来说，共有n个多余未知力，而每一个多余未知力对应着一个多余约束，也就对应着一个已知的位移条件，故可按n个已知的位移条件建立n个方程。当已知多余未知力作用处的位移为零时，则力法典型方程可写为

$$\left.\begin{aligned}&\delta_{11}X_1+\delta_{12}X_2+\cdots+\delta_{1i}X_i+\cdots+\delta_{1n}X_n+\Delta_{1P}=0\\ &\delta_{21}X_1+\delta_{22}X_2+\cdots+\delta_{2i}X_i+\cdots+\delta_{2n}X_n+\Delta_{2P}=0\\ &\vdots\\ &\delta_{i1}X_1+\delta_{i2}X_2+\cdots+\delta_{ii}X_i+\cdots+\delta_{in}X_n+\Delta_{iP}=0\\ &\vdots\\ &\delta_{n1}X_1+\delta_{n2}X_2+\cdots+\delta_{ni}X_i+\cdots+\delta_{nn}X_n+\Delta_{nP}=0\end{aligned}\right\}\tag{14-3}$$

下面用力法计算超静定刚架。图14-17（a）为一超静定刚架，基本体系如图14-17（b）所示，其力法典型方程如下

$$\delta_{11}X_1+\delta_{12}X_2+\Delta_{1P}=0$$
$$\delta_{21}X_1+\delta_{22}X_2+\Delta_{2P}=0$$

其中各系数和自由项的物理意义示于图14-17（c）～（e）中。

为了用图乘法求得各系数和自由项，作出单位弯矩图$\overline{M}_1$、$\overline{M}_2$和荷载弯矩图M_P，如图14-18（a）～（c）所示。

由图乘法算得

$$\delta_{11}=\frac{1}{EI_1}\left(\frac{1}{2}l\times1\times\frac{2}{3}\times1\right)=\frac{l}{3EI_1}$$

$$\delta_{22}=\frac{1}{EI_1}\left(\frac{1}{2}l^2\times\frac{2}{3}l\right)+\frac{1}{2EI_1}\left(\frac{1}{2}l^2\times\frac{2}{3}l\right)=\frac{l^3}{2EI_1}$$

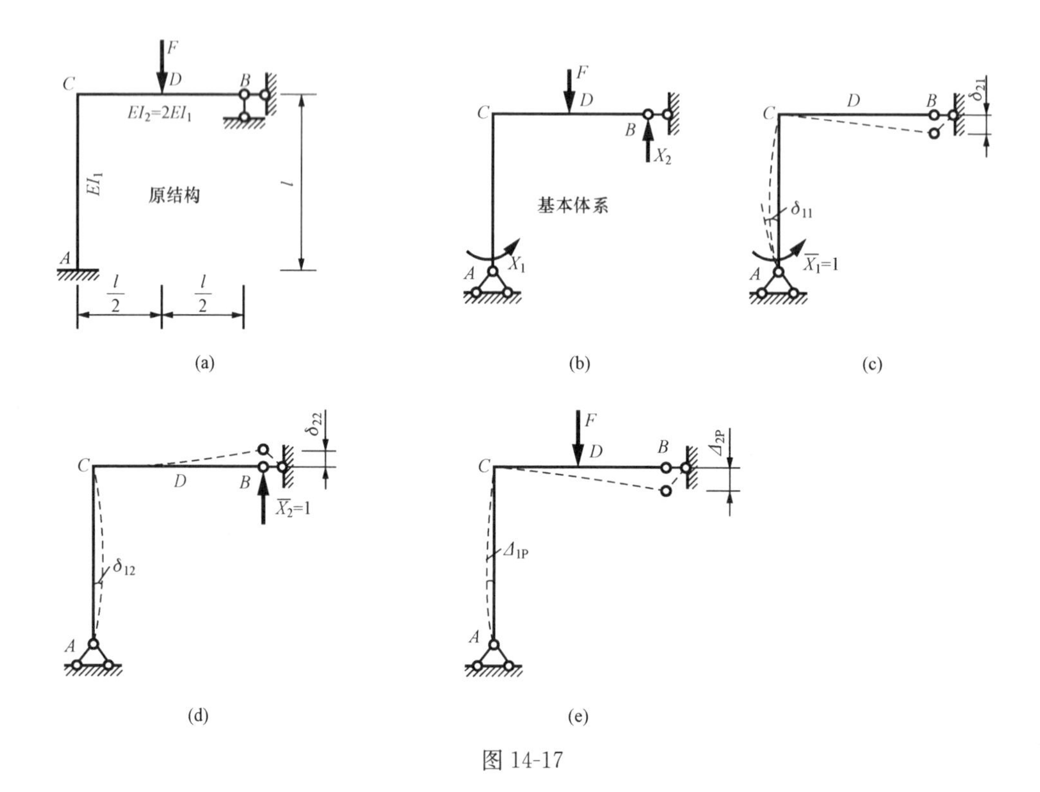

图 14-17

$$\delta_{12}=\delta_{21}=-\frac{1}{EI_1}\left(\frac{1}{2}l^2\times\frac{1}{3}\right)=-\frac{l^2}{6EI_1}$$

$$\Delta_{1P}=\frac{1}{EI_1}\left(\frac{1}{2}l\times1\times\frac{1}{3}\times\frac{Fl}{2}\right)=\frac{Fl^2}{12EI_1}$$

$$\Delta_{2P}=-\frac{1}{EI_1}\left(\frac{1}{2}l\times\frac{Fl}{2}\times\frac{2}{3}l\right)-\frac{1}{2EI_1}\left(\frac{1}{2}\times\frac{l}{2}\times\frac{Fl}{2}\times\frac{5}{6}l\right)=-\frac{7Fl^3}{32EI_1}$$

代入典型方程并整理得

$$\frac{1}{3}X_1-\frac{l}{6}X_2+\frac{Fl}{12}=0$$

$$-\frac{1}{6}X_1+\frac{l}{2}X_2-\frac{7Fl}{32}=0$$

联立解得

$$X_1=-\frac{3}{80}Fl,\quad X_2=\frac{17}{40}F$$

多余未知力求得后，最后弯矩图可按叠加原理由下式计算

$$M=X_1\overline{M}_1+X_2\overline{M}_2+M_P$$

例如，AC 杆 C 端的弯矩为（设使 C 端内侧受拉的弯矩为正）

$$M_{CA}=\left(-\frac{3}{80}Fl\right)\times0+\left(\frac{17}{40}F\right)l+\frac{Fl}{2}=\frac{6}{80}Fl$$

根据基本结构上荷载和各多余未知力作用的情况，应将刚架的弯矩图分为三段，分别计算出各段控制截面的弯矩值后，即可作出最后弯矩图如图 14-18（d）所示。

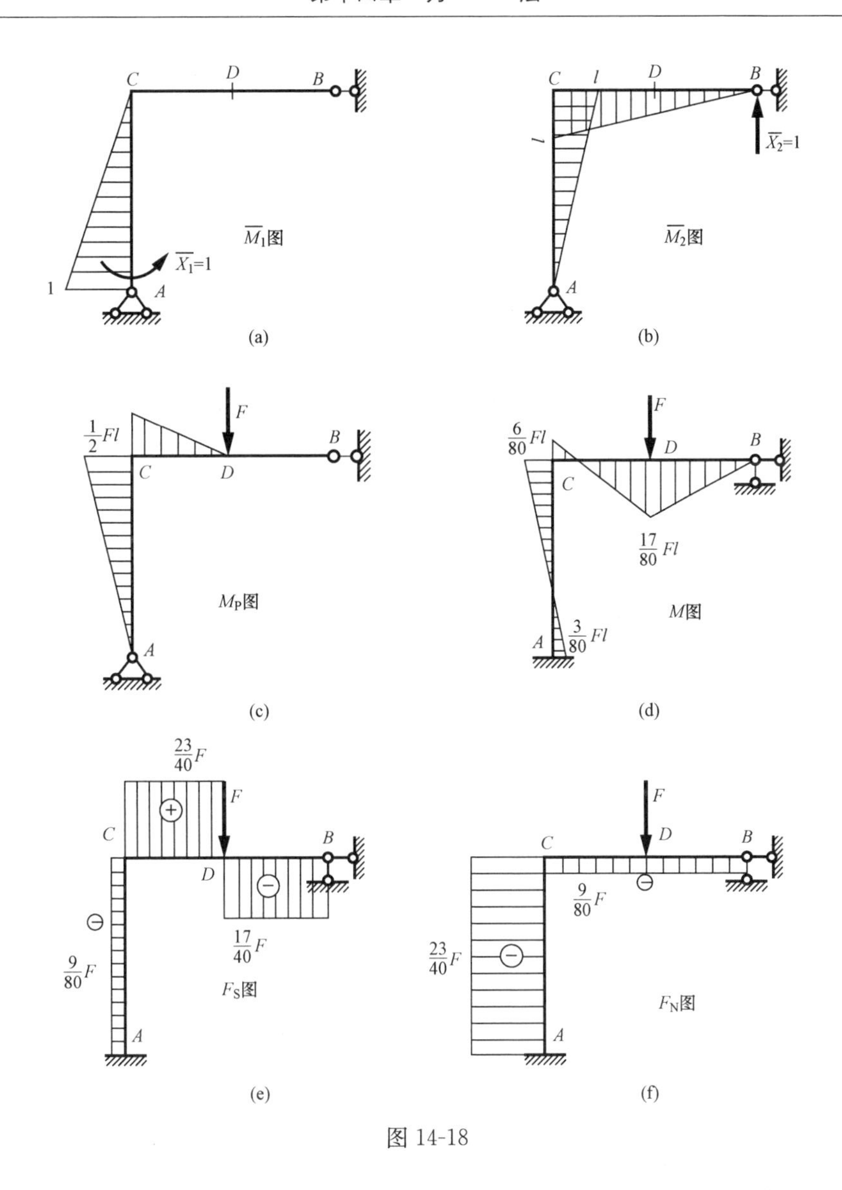

图 14-18

至于剪力图和轴力图，在多余未知力求得后，便不难按绘制静定结构内力图的方法作出。剪力图和轴力图示于图 14-18（e）、（f）中。

由这个例子可以看出，在荷载作用下，如果结构中各根杆件的弹性模量 E 相同（即为同一种材料），则结构的内力只与各杆件惯性矩的比值有关。当各杆所用材料不同时，弹性模量 E 就不能从计算式中消去，此时结构的内力就与各杆的抗弯刚度 EI 的比值有关。这是超静定结构的一个重要特性。由于这一特性，在计算荷载作用下结构的内力时，为了简便起见，各杆件的刚度可采用其比值。

根据以上所述，可将力法计算超静定结构的步骤归纳如下：

（1）确定基本未知量数目。

（2）去掉结构的多余约束得出一个静定的基本结构，并以多余未知力代替相应多余约束的作用。

（3）根据基本体系在多余未知力和原有荷载共同作用下，多余未知力作用点沿多余未知力方向的位移应与原结构中相应多余约束处的位移相同的条件，建立力法典型方程。为此，需要：

1）作出基本结构的单位内力图和荷载内力图。

2）按照求位移的方法计算系数和自由项。

（4）解典型方程，求出各多余未知力。

（5）多余未知力确定后，即可按分析静定结构的方法绘出原结构的内力图。这种内力图也称最后内力图。

（6）校核。对最后内力图进行校核分两步：一是静力平衡校核，二是位移条件的校核。

第五节　对称性的利用

在工程中常有这样一类结构，它们不仅杆件轴线所构成的几何图形是对称的，而且杆件的刚度及支承情况也是对称的，这类结构称对称结构。例如图 14-19（a）、（b）所示的刚架就是两个对称结构。平分对称结构的中线称为对称轴。现根据对称结构的特点来研究它们的简化计算方法。

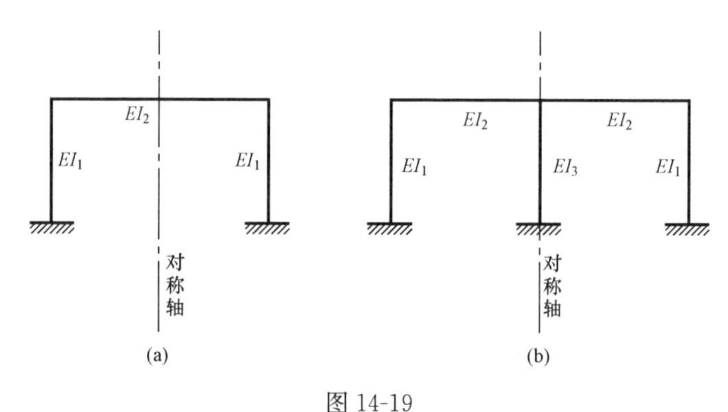

图 14-19

作用在对称结构上的荷载，有两种特殊的情况。例如图 14-20 所示对称刚架，若将左部分绕对称轴转 180°，则与右部分结构重合。如果左右两部分上所受荷载的作用线重合，且其大小和方向都相同［图 14-20（a）、（b）］，则这种荷载称为正对称的；如果左右两部分上所受荷载的作用线互相重合且其大小相同，但方向恰好相反［图 14-20（c）、（d）］，则这种荷载称为反对称的。

下面讨论图 14-21 所示对称结构受正对称荷载作用时的受力和变形特点，并由此得出其简化计算方法。现将刚架从 CD 的中点截面 K 处切开，并代以相应的多余未知力 X_1、X_2、X_3，得图 14-22 所示的基本体系。因为原结构中 CD 杆是连续的，所以在 K 处左右两边的截面，没有相对转动，也没有上下和左右的相对移动。据此位移条件，可写出力法典型方程如下

$$\delta_{11}X_1+\delta_{12}X_2+\delta_{13}X_3+\Delta_{1P}=0$$
$$\delta_{21}X_1+\delta_{22}X_2+\delta_{23}X_3+\Delta_{2P}=0$$
$$\delta_{31}X_1+\delta_{32}X_2+\delta_{33}X_3+\Delta_{3P}=0$$

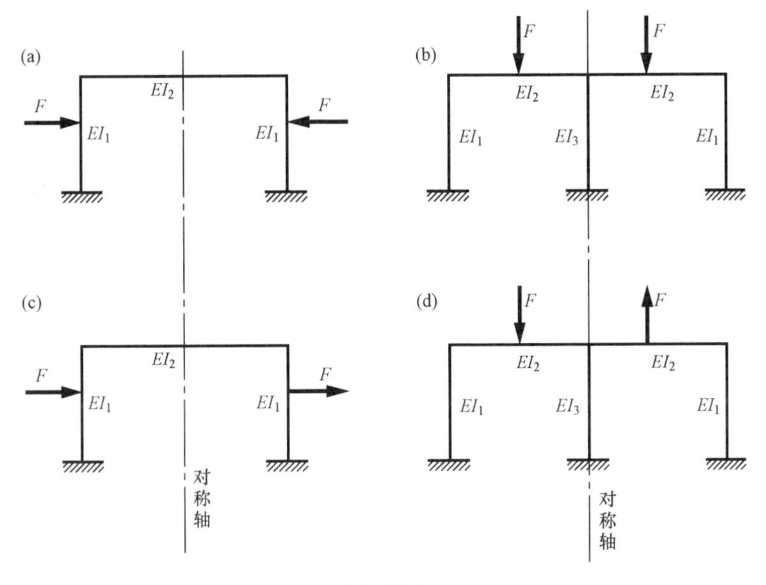

图 14-20

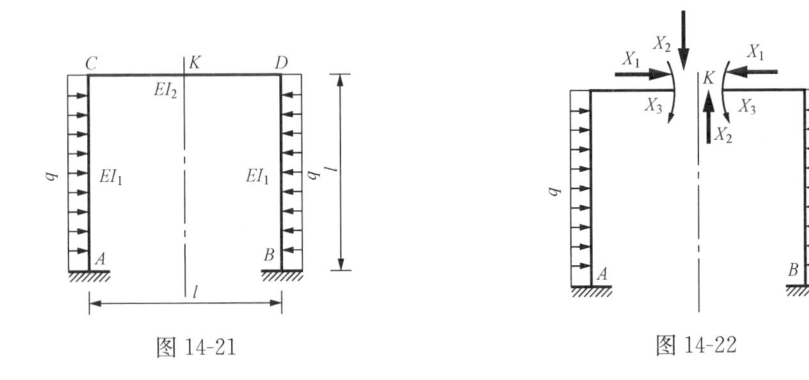

图 14-21　　图 14-22

为了计算系数和自由项，分别绘出单位弯矩图和荷载弯矩图如图 14-23 所示。因为 $\overline{X}_1$ 和 $\overline{X}_3$ 是正对称的力，所以 $\overline{M}_1$ 和 $\overline{M}_3$ 图都是正对称图形。而 $\overline{X}_2$ 是反对称的力，所以 $\overline{M}_2$ 图是反对称图形。又因杆件的刚度是对称的，所以按这些图形来计算系数时，其结果必然是

$$\delta_{12}=\delta_{21}=0$$

$$\delta_{23}=\delta_{32}=0$$

又由于 M_{P} 图是正对称图形，所以 $\Delta_{2\mathrm{P}}=0$。这样，典型方程为

$$\delta_{11}X_1+\delta_{13}X_3+\Delta_{1\mathrm{P}}=0$$

$$\delta_{31}X_1+\delta_{33}X_3+\Delta_{3\mathrm{P}}=0$$

$$\delta_{22}X_2=0$$

由方程组的第三式可得 $X_2=0$。由第一、二两式则可解出 X_1和 X_3。

根据上述分析可知，对称的超静定结构，如果从结构的对称轴处去掉多余约束来选取对称的基本结构，则可使某些副系数为零，从而使力法的计算得到简化。如果荷载是正对称的，则在对称的基本体系上，反对称的多余未知力为零。这时，作用在对称的基本结构上的

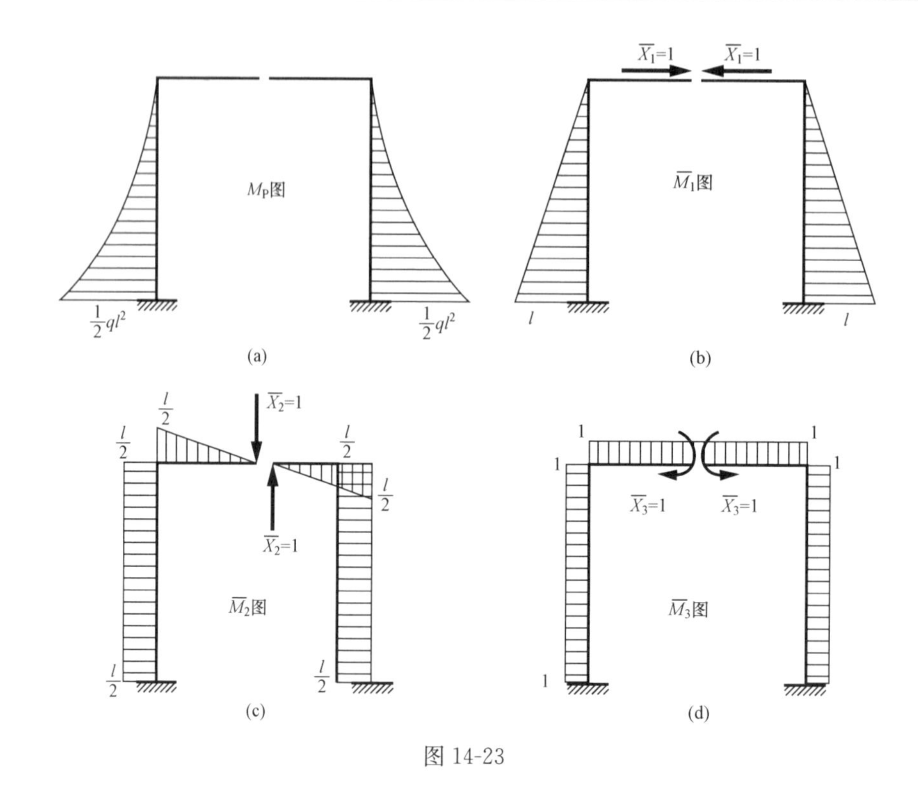

图 14-23

荷载和多余未知力都是正对称的，故结构的受力和变形状态都是正对称的，不会产生反对称的内力和位移。如果荷载是反对称的，则基本结构上的 M_P 图也是反对称的，将它与对称的 $\overline{M}_1$、$\overline{M}_3$ 图［图 14-23（b）、（d）］进行图乘时，求得的自由项 Δ_{1P}、Δ_{3P}必等于零。由此可知，正对称的多余未知力 X_1、X_3 将等于零。于是，结构中的内力将呈反对称分布，变形状态也必然是反对称的。据此，可得如下结论：对称结构在正对称荷载作用下，其内力和位移都是正对称的；在反对称荷载作用下，其内力和位移都是反对称的。

利用上述结论，可使对称结构的计算得到很大的简化。如在分析对称刚架时，可取半个刚架来进行计算。下面就图 14-24（a）、（c）所示奇数跨和偶数跨两种对称刚架加以说明。

图 14-24（a）所示对称刚架，在正对称荷载作用下，其变形和内力只能是正对称分布的，位于对称轴上的截面 C，不能发生转动和水平移动，只能发生竖向移动；该截面上的内力只可能存在弯矩和轴力，不存在剪力。这种情况如同截面 C 受到了一种约束，可以用一个定向支座形象地表示这种约束，并把右半部分刚架弃去，则得到图 14-24（b）所示的半刚架。定向支座约束了截面 C 的转动和水平移动，而允许产生竖向移动；定向支座能产生反力矩和水平反力，但无竖向反力，所以它使截面 C 受到的约束，与原来的情况完全相同。因此，这时图 14-24（b）所示刚架的受力和变形情况与图 14-24（a）中左半刚架的情况完全相同。

图 14-24（c）所示对称刚架，在正对称荷载作用下，只可能发生正对称的内力和变形，因此柱 CD 只有轴力和轴向变形，而不可能有弯曲和剪切变形。由于在刚架分析中，一般不考虑杆件轴向变形的影响，所以对称轴上的 C 点，不可能发生任何位移。分析时截面 C 处约束如同固定支座，故可得到图 14-24（d）所示半刚架。而柱 CD 的轴力即等于图 14-24（d）中支座 C 竖向反力的两倍。

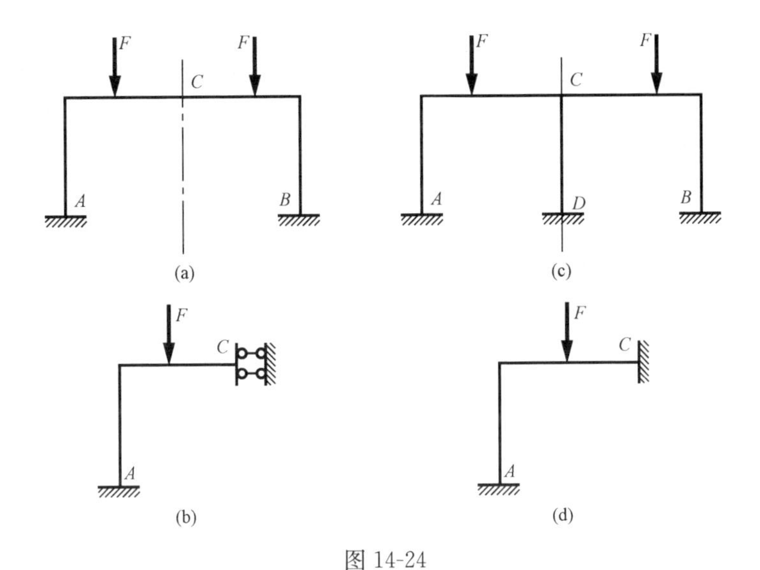

图 14-24

图 14-25（a）所示对称刚架在反对称荷载作用下，位于对称轴的 C 截面上，由前述已知只有剪力，不存在弯矩和轴力。同时，由于这时刚架的变形是反对称的，所以 C 截面可以左右移动和转动，但不会产生竖向位移。因此，截取半刚架时可在该处用一根竖向链杆的装置代替原有的约束作用［图 14-25（b）］。

图 14-25（c）所示为偶数跨对称刚架，在反对称荷载作用下，内力和变形都是反对称的，为了取出半刚架，设想将处于对称轴上的竖柱用两根惯性矩为$\frac{I}{2}$的竖柱代替［图 14-25（e）］。将其沿对称轴切开，由于荷载是反对称的，故截面上只有剪力 F_{SC}［图 14-25（f）］。剪力 F_{SC}仅仅分别在左右柱中产生拉力和压力。又因求原柱的内力时，应将两柱中的内力叠加，故剪力 F_{SC}对原结构的内力和变形无影响。于是，可将其略去而取出如图 14-25（d）中所示

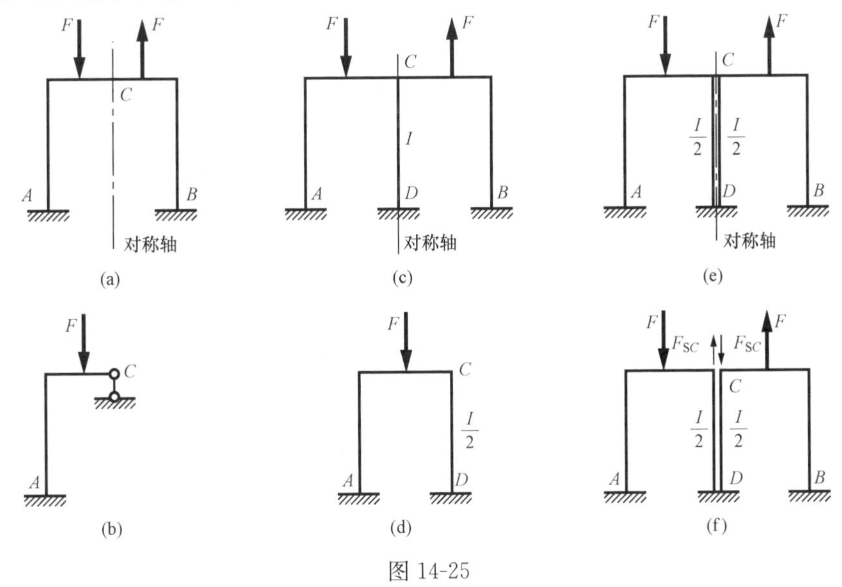

图 14-25

的半刚架。

计算出半刚架的内力后，另一半刚架的内力利用对称性即不难确定。若对称刚架上作用着任意荷载［图 14-26（a）］，则可先将其分解为正对称和反对称两组［图 14-26（b）、（c）］，然后利用上述方法分别取半刚架计算。最后将两个计算结果叠加，即得原结构的内力。

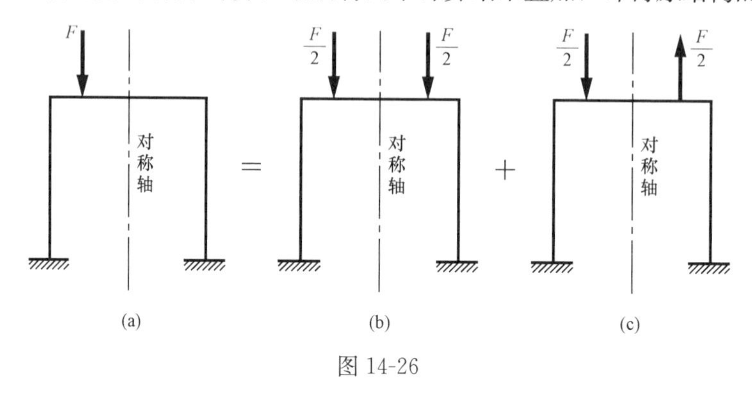

图 14-26

思考题

14-1 图 14-27（b）、（c）都可作为用力法计算图 14-27（a）所示超静定结构的基本体系。试问分别用这两种基本体系计算时，其位移条件各是什么？并分别写出其力法典型方程。

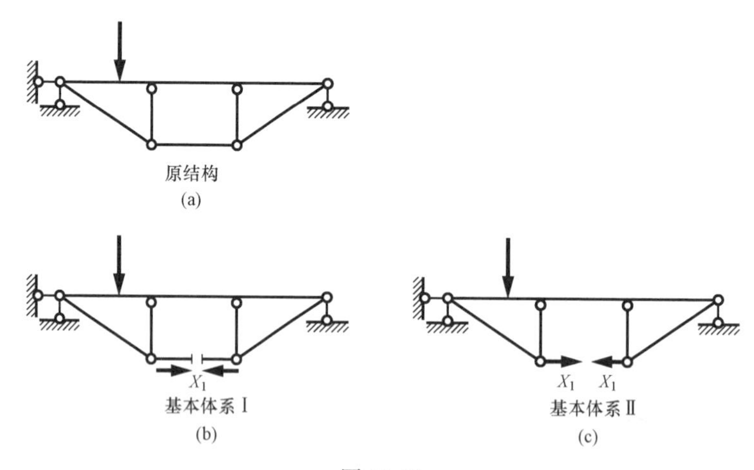

图 14-27

14-2 试为图 14-28 所示连续梁选取计算最为简便的力法基本结构。

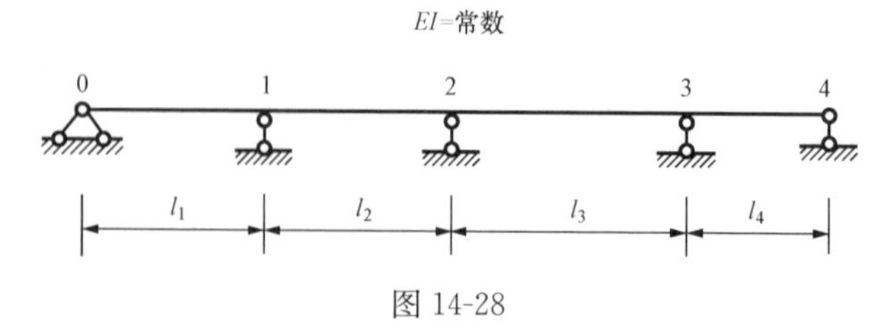

图 14-28

14-3　欲使力法解算超静定结构的工作得到简化，应该从哪些方面去考虑?

14-4　试选出图 14-29 所示超静定结构的半结构，并画出其内力图。

14-5　试问图 14-30 所示连续梁的弯矩图轮廓是否正确？为什么?

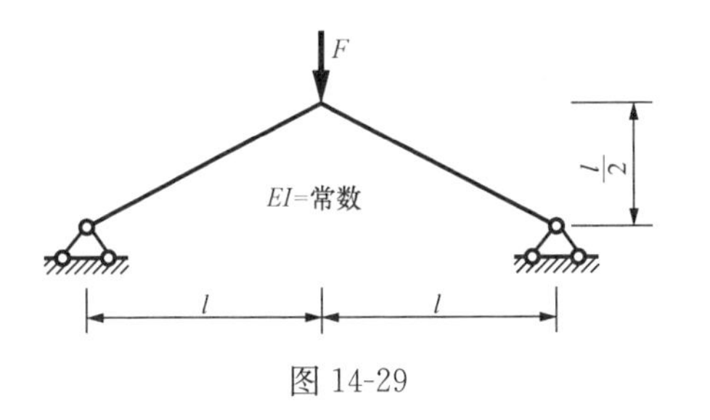

图 14-29

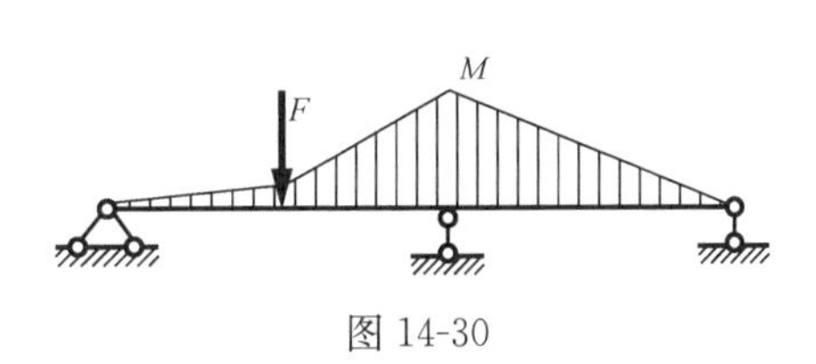

图 14-30

习　题

14-1　试确定图 14-31 所示结构的超静定次数。

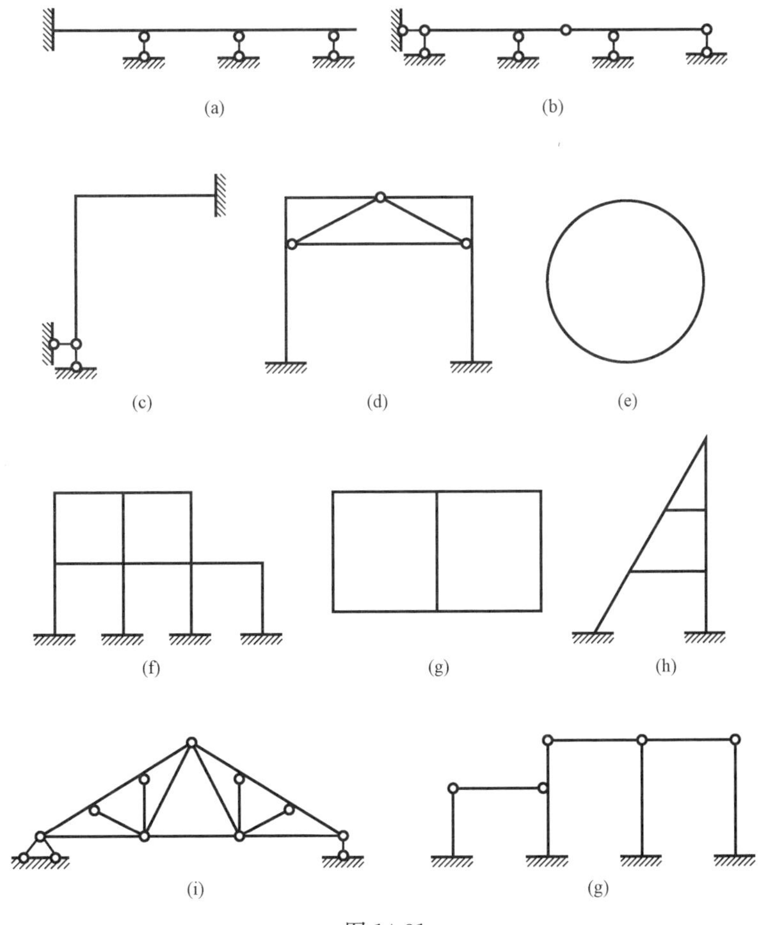

图 14-31

14-2 试用力法计算图 14-32 所示结构，并绘出弯矩图。

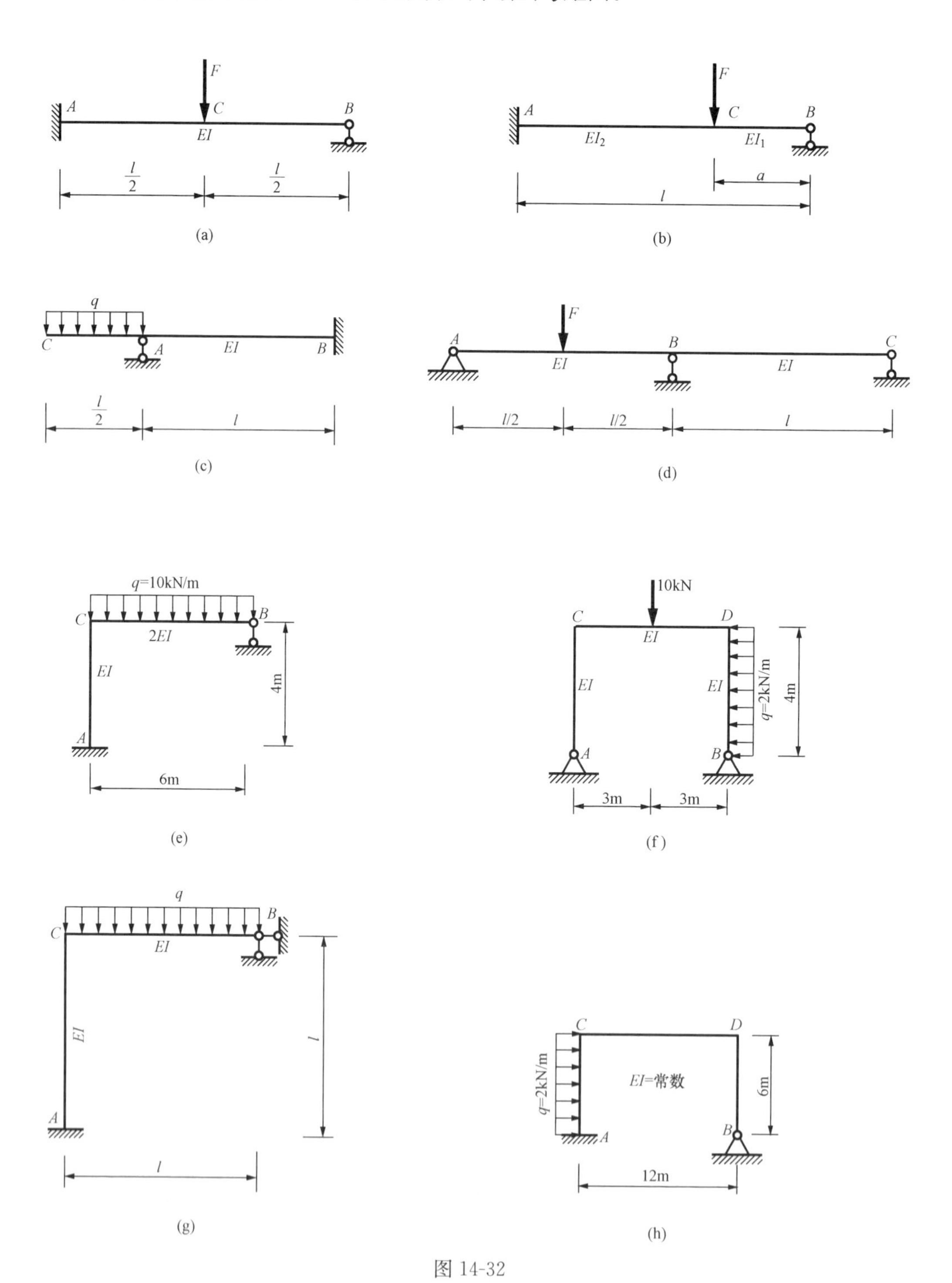

图 14-32

14-3 试利用可能简便的方法计算图 14-33 所示对称结构的内力，并绘出弯矩图。

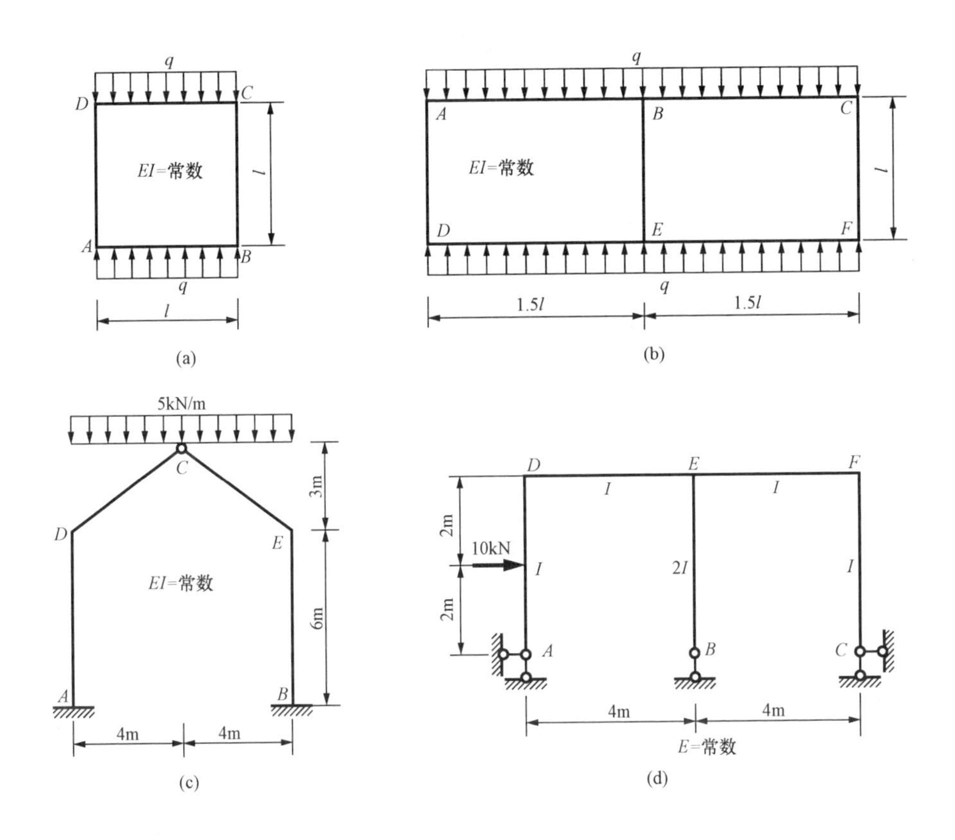

图 14-33

14-4　试用力法计算图 14-34 所示组合结构中各链杆的轴力，并绘出横梁的弯矩图。已知：横梁的 $EI=10^4\mathrm{kN}\cdot\mathrm{m}^2$，$E_1A_1=15\times10^4\mathrm{kN}$。（提示：$AB$ 杆为受弯杆件，只需考虑弯曲变形的影响，其余各杆均为二力杆，只有轴向变形的影响。）

14-5　试用力法计算图 14-35 所示桁架，各杆 EA＝常数。

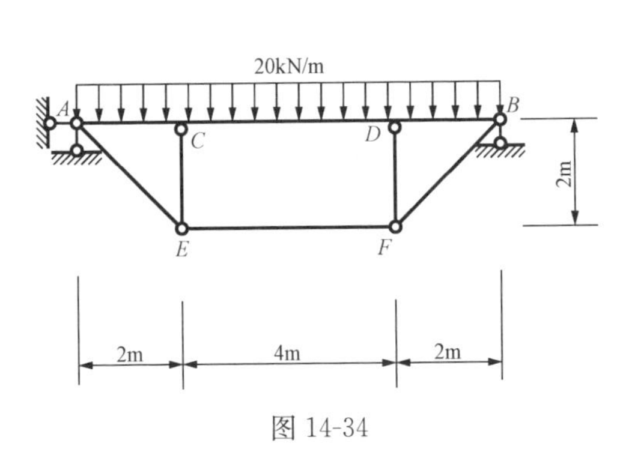

图 14-34

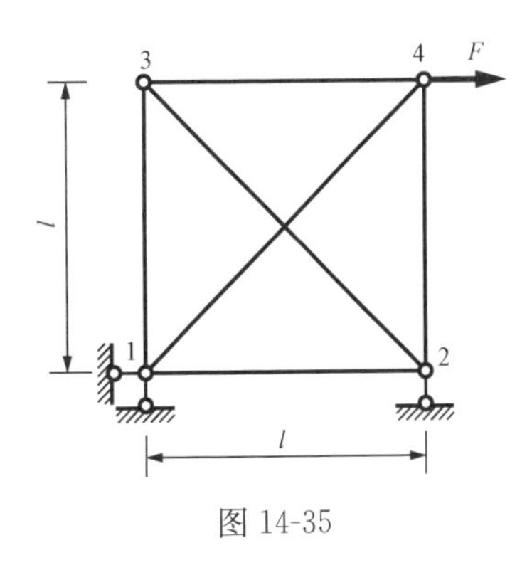

图 14-35

习题参考答案

14-2 (a) $M_{AB}=\frac{3}{16}F$（上边受拉）；

(b) $F_{By}=\frac{F}{2}\cdot\frac{2l^3-3l^2a+a^3}{l^3-\left(1-\frac{I_2}{I_1}\right)a^3}$；

(c) $M_{BA}=\frac{ql^2}{16}$（下边受拉）；

(d) $M_B=-\frac{3Fl}{32}$（上侧受拉）

(e) $M_C=9\text{kN}\cdot\text{m}$（外侧受拉）

(f) $M_C=13.8\text{kN}\cdot\text{m}$（外侧受拉）

(h) $M_A=23.5\text{kN}\cdot\text{m}$（左侧受拉），$M_D=5.92\text{kN}\cdot\text{m}$（外侧受拉）

(g) $M_{AC}=\frac{ql^2}{28}$（右侧受拉），　$F_{By}=\frac{3}{7}ql$（↑），　$F_{Bx}=\frac{3}{28}ql$（←）

14-3 (a) $M_{BA}=\frac{ql^2}{24}$（下边受拉）；

(b) $M_{AB}=\frac{9ql^2}{112}$（上边受拉），　$M_{BA}=\frac{27ql^2}{112}$（上边受拉）；

(c) $M_{AD}=17.51\text{kN}\cdot\text{m}$（右侧受拉），　$M_{DA}=20.83\text{kN}\cdot\text{m}$（左侧受拉）；

(d) $M_{DE}=-\frac{55}{7}\text{kN}\cdot\text{m}$（下边受拉）

14-4 $F_{NEF}=67.3\text{kN}$，　$M_C=14.6\text{kN}\cdot\text{m}$（上边受拉）

14-5 $F_{N34}=0.396F$，$F_{N24}=-0.604F$，$F_{N14}=0.854F$，$F_{N23}=-0.560F$

第十五章 位 移 法

位移法又称刚度法，是以力法为基础的。它是在用力法对单跨超静定梁的受力分析作了充分研究的基础上发展起来的。因此在讲述位移法本身的内容以前，首先要用力法对单跨超静定梁进行全面系统的研究，为学习位移法做好准备。

第一节 等截面直杆的转角位移方程

一、杆端位移与杆端力的关系

结构在荷载作用下，任一等直杆件 AB（杆上无荷载）都可能发生如图 15-1（a）所示的位移。其中由 AB 到 $A'B'$的位移属于刚体位移，在这一过程中杆件 AB 是不会产生内力的。由 $A'B'$到 $A'B''$的位移是与变形有关的位移，在假定杆长不变的条件下（即忽略轴力引起的变形），这种位移表现为 A 端转动 φ_A 角，B 端转动 φ_B 角，B 端相对 A 端发生了位移 Δ_{AB}，这三者称为杆端位移，并均规定顺时针转动方向为正。由于存在杆端位移，杆件将发生弯曲变形，相应要产生弯矩和剪力，杆端的弯矩和剪力称为杆端力。为了研究的方便，杆端力也均规定顺时针转动为正（注意这种规定与前面梁弯矩符号规定有别）。当杆端位移给定后（φ_A、φ_B、Δ_{AB}确定），如何求解杆端力（M_{AB}、M_{BA}、F_{SAB}、F_{SBA}）是位移法中的基础，这一问题可以通过力法加以解决。将 $A'B'$视为两端固定梁，将 φ_A、φ_B、Δ_{AB}视为支座移动，通过力法即可得到杆端力。在上述条件下梁中轴力为零，证略（读者可自己思考）。取如图 15-1（b）所示的基本结构，作 $\overline{M}_1$ 图、$\overline{M}_2$ 图以及基本结构发生支座移动时的位移[图 15-1（c）～（e）]，列力法方程

$$\begin{cases}\delta_{11}X_1+\delta_{12}X_2+\Delta_{1\Delta}=0\\ \delta_{21}X_1+\delta_{22}X_2+\Delta_{2\Delta}=0\end{cases}$$

等号右侧为零，表示梁中间截面相对位移总和应为零。$\Delta_{1\Delta}$、$\Delta_{2\Delta}$分别为基本结构发生支座位移时梁中点沿 X_1 方向的转角和沿 X_2 方向的竖向位移。

$$\delta_{11}=\frac{1\times l\times 1}{EI}=\frac{l}{EI}$$

$$\delta_{22}=\frac{1}{2}\times\frac{l}{2}\times\frac{l}{2}\times\frac{2}{3}\times\frac{l}{2}\times\frac{2}{EI}=\frac{l^3}{12EI}$$

显然 $\delta_{12}=\delta_{21}=0$

由式（13-2）得

$$\Delta_{1\Delta}=-\sum\overline{R}c=-(1\times\varphi_A-1\times\varphi_B)=\varphi_B-\varphi_A$$

$$\Delta_{2\Delta}=-\sum\overline{R}c=-\left(-\frac{l}{2}\varphi_A-\frac{l}{2}\varphi_B+1\times\Delta_{AB}\right)=(\varphi_B+\varphi_A)\frac{l}{2}-\Delta_{AB}$$

代入力法方程，得到

$$\frac{l}{EI}X_1+\varphi_B-\varphi_A=0,\ X_1=\frac{EI}{l}(\varphi_A-\varphi_B)$$

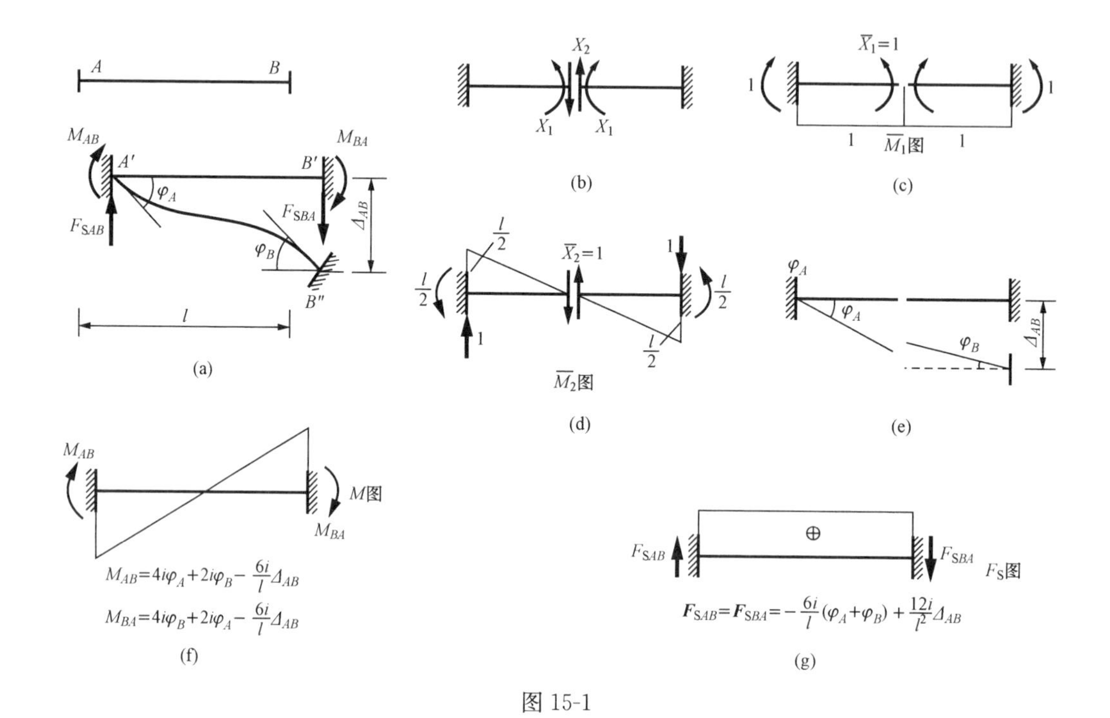

图 15-1

$$\frac{l^3}{12EI}X_2+(\varphi_B+\varphi_A)\frac{l}{2}-\Delta_{AB}=0,\ X_2=\frac{12EI}{l^3}\left[\Delta_{AB}-(\varphi_A+\varphi_B)\frac{l}{2}\right]$$

引入线刚度概念，令 $i=\frac{EI}{l}$，它表示单位杆长的抗弯刚度，称为线刚度，则两个多余未知力分别表示为

$$X_1=i(\varphi_A-\varphi_B),\qquad X_2=\frac{12i}{l^2}\Delta_{AB}-\frac{6i}{l}(\varphi_A+\varphi_B)$$

根据 $M=\overline{M}_1X_1+\overline{M}_2X_2$，得出

$$M_{AB}=X_1-\frac{l}{2}X_2=i(\varphi_A-\varphi_B)-\frac{6i}{l}\Delta_{AB}+3i(\varphi_A+\varphi_B)=4i\varphi_A+2i\varphi_B-\frac{6i}{l}\Delta_{AB}$$

$$M_{BA}=-X_1-\frac{l}{2}X_2=-i(\varphi_A-\varphi_B)-\frac{6i}{l}\Delta_{AB}+3i(\varphi_A+\varphi_B)=4i\varphi_B+2i\varphi_A-\frac{6i}{l}\Delta_{AB}$$

$$F_{SAB}=F_{SBA}=-\frac{6i}{l}(\varphi_A+\varphi_B)+\frac{12i}{l^2}\Delta_{AB}$$

不难看出，杆端弯矩与杆端剪力之间存在平衡关系，即

$$F_{SAB}=F_{SBA}=-\frac{M_{AB}+M_{BA}}{l}$$

上述杆端弯矩与剪力公式，是进行位移法计算的基础，现重记如下

$$\left.\begin{aligned}M_{AB}&=4i\varphi_A+2i\varphi_B-\frac{6i}{l}\Delta_{AB}\\M_{BA}&=4i\varphi_B+2i\varphi_A-\frac{6i}{l}\Delta_{AB}\\F_{SAB}&=F_{SBA}=-\frac{6i}{l}(\varphi_A+\varphi_B)+\frac{12i}{l^2}\Delta_{AB}\end{aligned}\right\}\tag{15-1}$$

二、等直杆件转角位移方程

当单跨超静定梁发生 φ_A、φ_B 和相对线位移 Δ_{AB} 并且受有某种荷载作用时，其两个杆端所发生的弯矩可以写成

$$\left.\begin{aligned} M_{AB} &= 4i\varphi_A + 2i\varphi_B - \frac{6i}{l}\Delta_{AB} + M_{AB}^{\mathrm{F}} \\ M_{BA} &= 4i\varphi_B + 2i\varphi_A - \frac{6i}{l}\Delta_{AB} + M_{BA}^{\mathrm{F}} \end{aligned}\right\} \tag{15-2}$$

M_{AB}^{F}、M_{BA}^{F} 是梁在荷载作用下的杆端弯矩，称为固端弯矩。固端弯矩可以由力法求出，此两个方程称为等直杆件的转角位移方程。由这组方程可以看出，单跨超静定梁，只要荷载给出，并能确定杆端的三个位移 φ_A、φ_B 和 Δ_{AB}，则该杆的杆端弯矩便可求出。利用区段叠加的原理，该杆的弯矩图便可完全确定。利用式（15-1)，并考虑荷载引起的单跨超静定梁的固端剪力，可以得到杆端总剪力的公式

$$\left.\begin{aligned} F_{\mathrm{S}AB} &= -\frac{6i}{l}(\varphi_A + \varphi_B) + \frac{12i}{l^2}\Delta_{AB} + F_{\mathrm{S}AB}^{\mathrm{F}} \\ F_{\mathrm{S}BA} &= -\frac{6i}{l}(\varphi_A + \varphi_B) + \frac{12i}{l^2}\Delta_{AB} + F_{\mathrm{S}BA}^{\mathrm{F}} \end{aligned}\right\} \tag{15-3}$$

式中，$F_{\mathrm{S}AB}^{\mathrm{F}}$ 与 $F_{\mathrm{S}BA}^{\mathrm{F}}$ 为固端剪力，其值可以根据相应的固端弯矩与荷载通过平衡求出。为方便今后应用，现将几种简单梁在常见外因（荷载作用、支座位移）影响下的杆端力数值列于表 15-1 中。

表 15-1 等截面直杆的杆端弯矩和剪力

编号	梁的简图	弯矩		剪力	
		M_{AB}	M_{BA}	$F_{\mathrm{S}AB}$	$F_{\mathrm{S}BA}$
1	$\varphi=1$, A, EI, B, l	$4i$ $\left(i=\frac{EI}{l}\text{，下同}\right)$	$2i$	$-\frac{6i}{l}$	$-\frac{6i}{l}$
2	A, B, 1, l	$-\frac{6i}{l}$	$-\frac{6i}{l}$	$\frac{12i}{l^2}$	$\frac{12i}{l^2}$
3	a, F, b, A, B, l	$-\frac{Fab^2}{l^2}$	$\frac{Fa^2b}{l^2}$	$\frac{Fb^2(1+2a)}{l^3}$	$-\frac{Fa^2(1+2b)}{l^3}$
		当 $a=b=l/2$ 时，$-\frac{Fl}{8}$	$\frac{Fl}{8}$	$\frac{F}{2}$	$-\frac{F}{2}$

续表

编号	梁的简图	弯矩		剪力	
		M_{AB}	M_{BA}	F_{SAB}	F_{SBA}
4	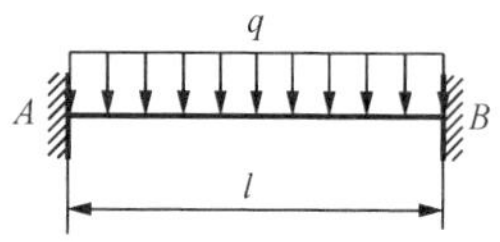	$-\frac{ql^2}{12}$	$\frac{ql^2}{12}$	$\frac{ql}{2}$	$-\frac{ql}{2}$
5	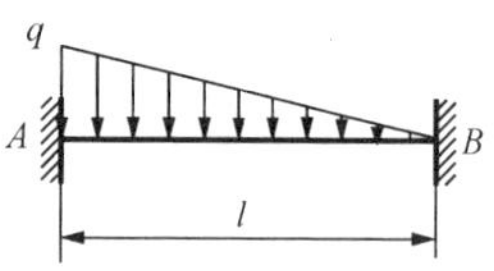	$-\frac{ql^2}{20}$	$\frac{ql^2}{30}$	$\frac{7ql}{20}$	$-\frac{3ql}{20}$
6	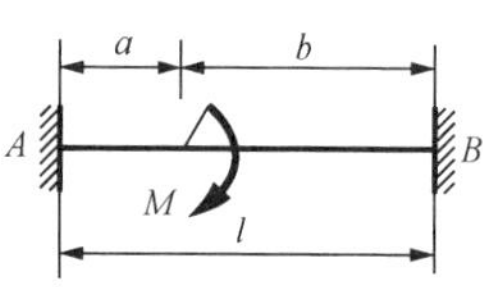	$M\frac{b(3a-l)}{l^2}$	$M\frac{a(3b-l)}{l^2}$	$-M\frac{6ab}{l^3}$	$-M\frac{6ab}{l^3}$
7	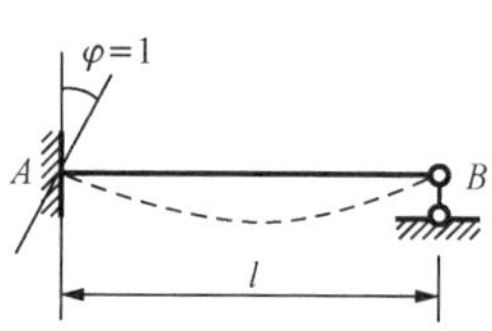	$3i$	0	$-\frac{3i}{l}$	$-\frac{3i}{l}$
8	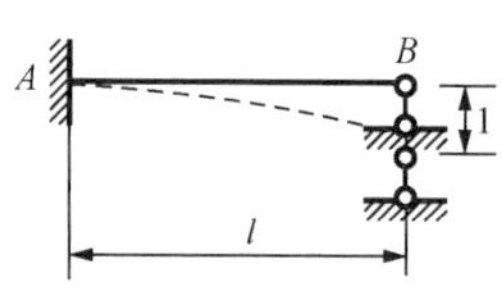	$-\frac{3i}{l}$	0	$\frac{3i}{l^2}$	$\frac{3i}{l^2}$
9	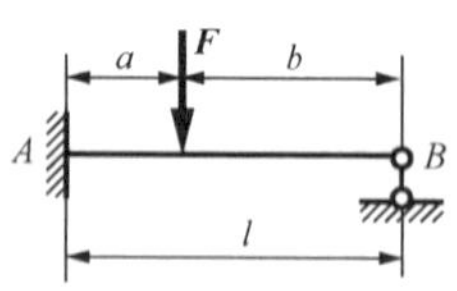	$-\frac{Fab(l+b)}{2l^2}$	0	$\frac{Fb(3l^2-b^2)}{2l^3}$	$-\frac{Fa^2(2l+b)}{2l^3}$
		当 $a=b=l/2$ 时，$-\frac{3EI}{16}$	0	$\frac{11F}{16}$	$-\frac{5F}{16}$
10	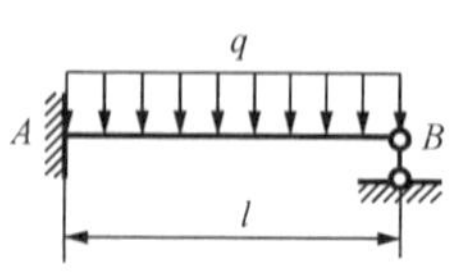	$-\frac{ql^2}{8}$	0	$\frac{5ql}{8}$	$-\frac{3ql}{8}$

续表

编号	梁的简图	弯矩		剪力	
		M_{AB}	M_{BA}	F_{SAB}	F_{SBA}
11	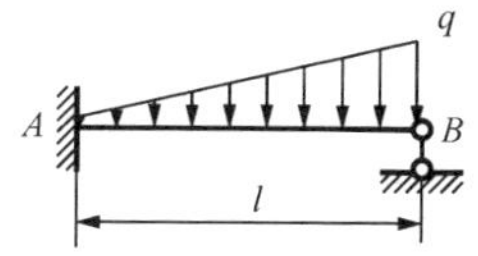	$-\frac{7ql^2}{120}$	0	$\frac{9ql}{40}$	$-\frac{11ql}{40}$
12	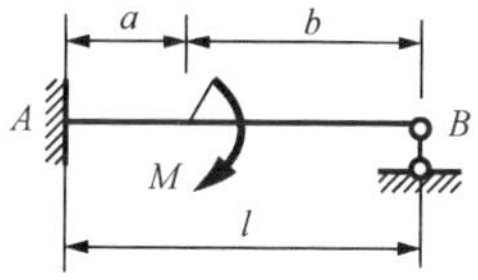	$M\frac{l^2-3b^2}{2l^2}$	0	$-M\frac{3(l^2-b^2)}{2l^3}$	$-M\frac{3(l^2-b^2)}{2l^3}$
		当 $a=l$ 时，$\frac{M}{2}$	$M_B^L=M$	$-M\frac{3}{2l}$	$-M\frac{3}{2l}$
13	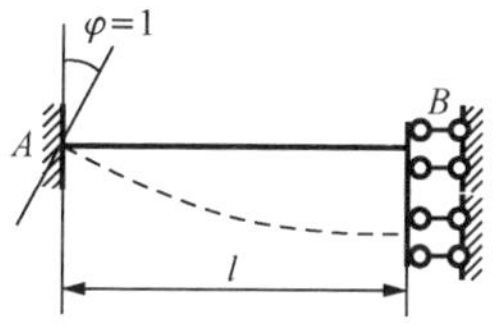	i	$-i$	0	0
14	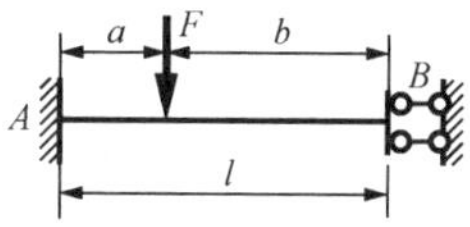	$-\frac{Fa}{2l}(2l-a)$	$-\frac{Fa^2}{2l}$	F	0
		当 $a=\frac{l}{2}$ 时，$-\frac{3Fl}{8}$	$-\frac{Fl}{8}$	F	0
15	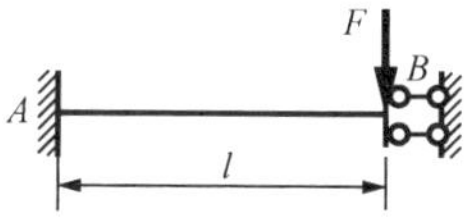	$-\frac{Fl}{2}$	$-\frac{Fl}{2}$	F	$F_{SB}^L=F$ $F_{SB}^R=0$
16	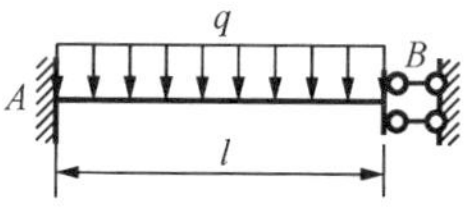	$-\frac{ql^2}{3}$	$-\frac{ql^2}{6}$	ql	0

第二节 位移法的基本概念

图 15-2 (a) 所示三次超静定刚架，用力法需求解三个未知量。本题若不计杆件轴力引起的变形（认为各杆长均不变），由于 A、C 端均为固定端，所以刚结点 B 不可能发生水平或竖向位移，但在荷载作用下 B 结点将会发生角位移，设此角位移为 Z_1，根据刚结点的特性，B 的右截面与 B 的下截面转角均应等于 Z_1。如果能求出 Z_1，则刚架两杆的内力根据转角位移方程便可完全确定。例如 AB 杆的 B 端弯矩 $M_{BA}=4iZ_1$。这种以结点位移（本题为角位移）为基本未知量的方法称为位移法。

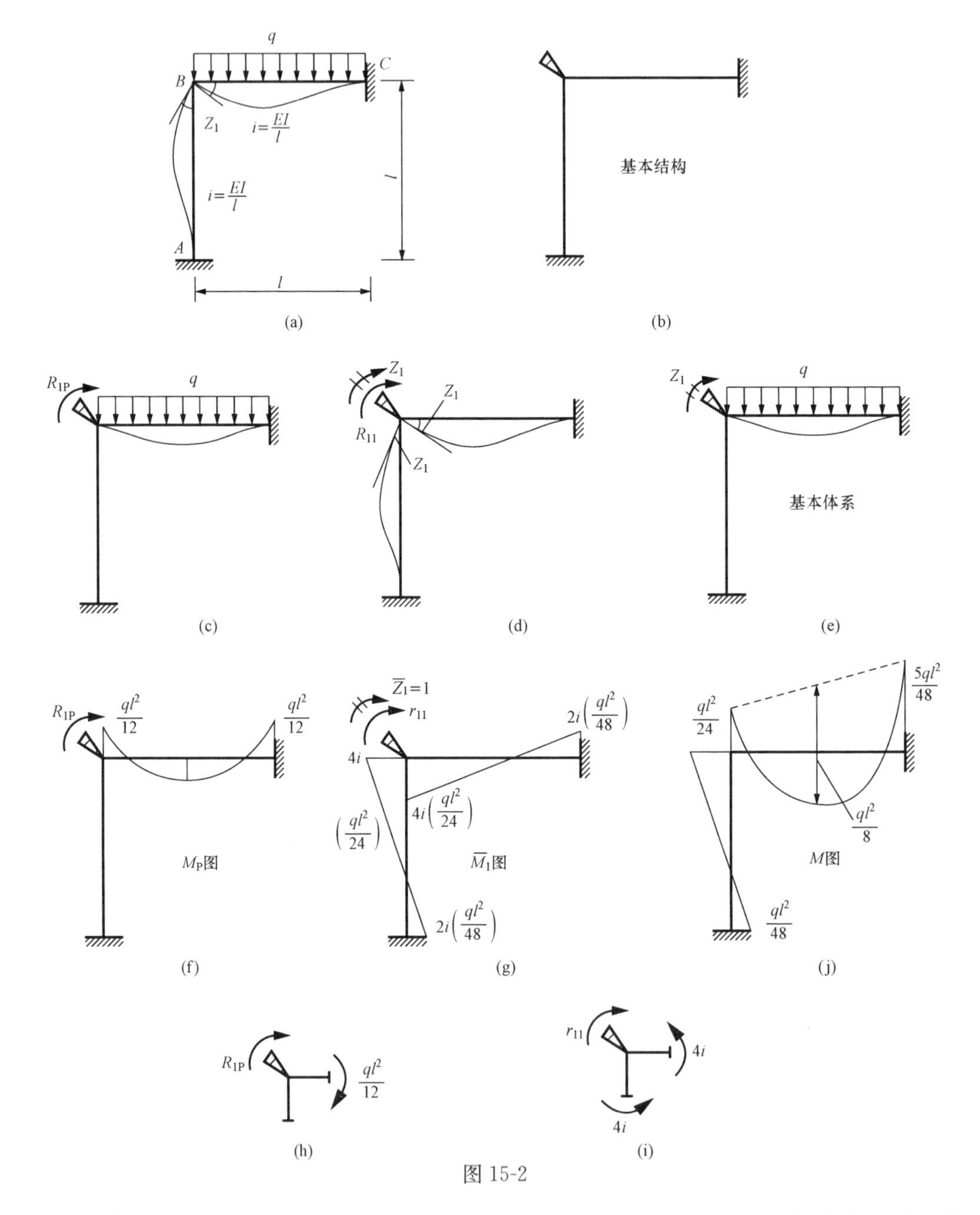

图 15-2

由于单跨超静定梁的内力与位移分析由力法已经得出结果，因此需考虑将所给超静定刚架转化为一组单跨超静定梁。由于 B 点不能发生线位移，只能发生角位移，且 A、C 端又均为固定端，所以只要设想 B 结点不发生转动，则杆 AB 与 BC 均可视为两端固定的单跨超静定梁。为达到此目的，可在 B 点，如图 15-2（b）所示，人为加一刚臂，其作用仅是阻止转动（好似拿钳子将 B 点夹住不许转动），此时 B 点既不能左右、上下移动又不能转动，完全可以视为固定端。这样原结构就成为两根两端固定的单跨超静定梁，它就是该刚架用位移法求解的基本结构。为使基本结构所形成的体系（称为基本体系）能代替原结构，将荷载加入基本结构上，如图 15-2（c）所示，横梁将发生变形，但 B 端由于刚臂作用将无转角发生，不过刚臂由于起到支座约束的作用，因此将产生反力偶，设为 R_{1P}（以顺时针转为正）。这时同原结构相比唯一的差别便是 B 点无转角，为使基本体系等价于原结构，令基本结构 B 点发生一个 Z_1 转角（与原结构 B 点转角相同），如图 15-2（d）所示。为使刚臂发生此转角，应给刚臂施加一力矩，设此力矩为 R_{11}（以顺时针转为正）。符号中的下角标，前者表示方向，后者表示原因。在 R_{11} 的作用下横梁与立柱均发生相应位移。不难判定，图 15-2（c）与图 15-2（d）相叠加后，无论从荷载还是变形两方面考虑都与原结构相当，只是 B 点所加刚臂中要存在 $R_{1P}+R_{11}$ 的力矩，只有令 $R_{1P}+R_{11}=0$（相当没有刚臂）才能最终使基本体系等价于原结构［图 15-2（e）］。为求 Z_1 可将 R_{11} 记为 $R_{11}=r_{11}Z_1$，r_{11} 称为刚度系数，其力学意义代表使 Z_1 方向发生单位转角即 $\overline{Z}_1=1$ 时绕 Z_1 方向加给刚臂的力矩，只要将 $R_{11}=r_{11}Z_1$ 代入 $R_{1P}+R_{11}=0$ 的表达式中，就可得到位移法的基本方程

$$r_{11}Z_1+R_{1P}=0 \tag{15-4}$$

方程中基本未知量虽然是位移，但方程本身却表示刚臂中力矩的平衡关系，所以位移法的基本方程是平衡方程。

为了求得转角 Z_1，必须先求系数 r_{11} 与自由项 R_{1P}。图 15-2（f）给出了基本结构在荷载作用下的 M_P 图，图 15-2（g）给出了基本结构上刚臂发生单位转角时的 $\overline{M}_1$ 图，这两图都是根据单跨超静梁的结果作出的，荷载引起的弯矩值可自表 15-1 查出。将 M_P 图中的结点 B（含刚臂）取出如图 15-2（h）所示，根据结点力矩平衡可以得到

$$R_{1P}+\frac{ql^2}{12}=0$$

求出

$$R_{1P}=-\frac{ql^2}{12}$$

将 $\overline{M}_1$ 图中的结点 B（含刚臂）取出如图 15-2（i）所示，根据结点力矩平衡，有

$$r_{11}-4i-4i=0$$

求出

$$r_{11}=8i$$

将 R_{1P} 与 r_{11} 代入式（15-4），得到

$$Z_1=-\frac{R_{1P}}{r_{11}}=-\frac{-\dfrac{ql^2}{12}}{8i}=\frac{ql^2}{96i}$$

由于基本体系与原结构等价，因此结构最后弯矩应由两项组成，即

$$M=M_P+\overline{M}_1Z_1$$

将 $\overline{M}_1$ 扩大 Z_1 倍（见 $\overline{M}_1$ 图中括弧内的值）再与 M_P 叠加得最后 M 图［图 15-2（j）］。

继续观察图 15-3（a）所示超静定结构。这是一个三次超静定排架，用力法求解仍需解三个未知量。但考查其结构位移，由于三根横梁为三根不变形的二力杆，所以各结点均发生同一水平位移 Z_1。如能解出 Z_1 则各柱弯矩图可按单跨超静定梁给出。取如图 15-3（b）所示的基本体系，在 D 点人为加入一水平链杆以阻止结构侧移，此时 DH 柱将成为一端固定一端简支的单跨超静定梁，因为横梁不伸长和缩短，所以 CG、BF 与 AE 三柱也都成为单跨超静定梁，这样此结构除三根二力杆外基本结构成为一组单跨静定梁，为使基本体系与原

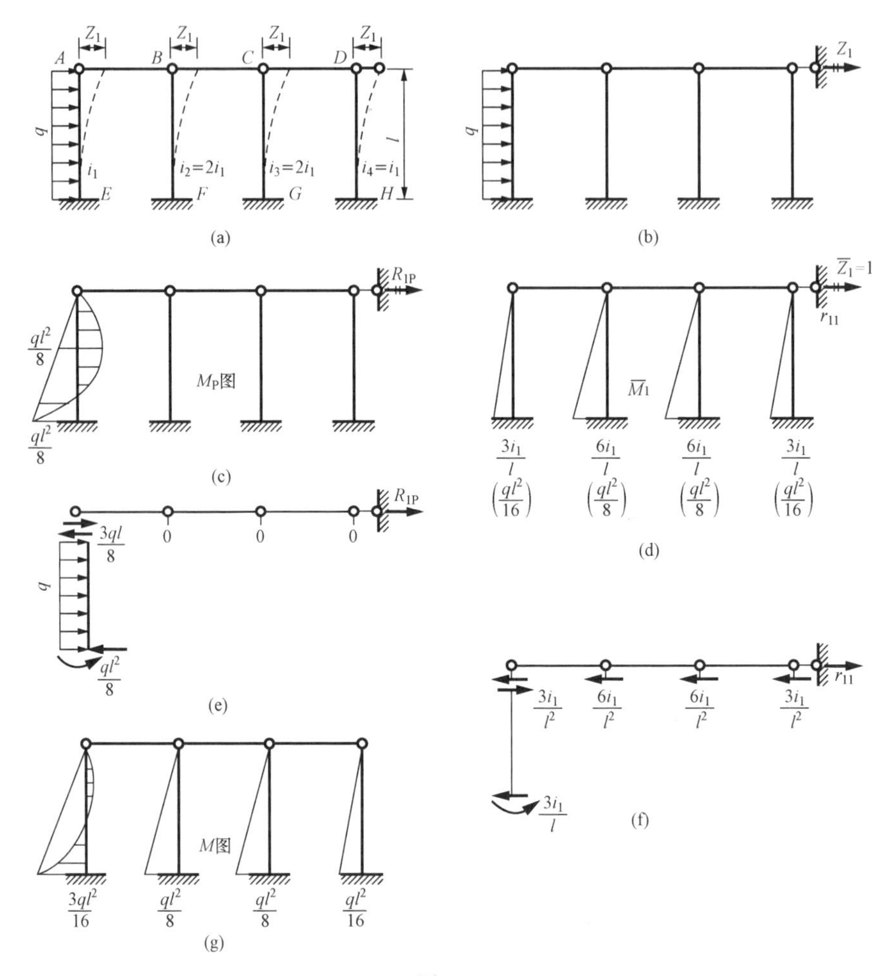

图 15-3

结构等价，在基本结构上除加荷载外还要使柱顶发生正向位移 Z_1。由于原结构 D 点并未受到外力作用，因此附加链杆约束所受力的总和应为零，即满足位移法方程

$$r_{11}Z_1+R_{1P}=0$$

式中，R_{1P}代表荷载作用于基本结构上在链杆中引起的反力，$r_{11}Z_1$ 代表基本结构发生 Z_1 位移时链杆所受的力。图 15-3（c）给出了基本结构在荷载作用下的 M_P 图，图 15-3（d）给出了基本结构在支座链杆处发生单位线位移时的$\overline{M}_1$ 图。R_{1P}可以自 M_P 图中截出图 15-3（e）所示体系并分析受力平衡而得出，取$\sum F_x=0$，有

$$R_{1P}+\frac{3ql}{8}=0$$

得到

$$R_{1P}=-\frac{3ql}{8}$$

r_{11}可以由 $\overline{M}_1$ 图中截出图 15-3（f）所示部分的受力平衡而得出，取$\sum F_x=0$，有

$$r_{11}=\frac{3i_1}{l^2}+\frac{6i_1}{l^2}+\frac{6i_1}{l^2}+\frac{3i_1}{l^2}=\frac{18i_1}{l^2}$$

代入位移法方程，解出

$$Z_1=-\frac{-\frac{3ql}{8}}{\frac{18i_1}{l^2}}=\frac{ql^3}{48i_1}$$

根据 $M=M_P+\overline{M}Z_1$，即将 $\overline{M}_1$ 图扩大 Z_1 倍（见 $\overline{M}_1$ 图中括弧内的值）与 M_P 叠加得最终弯矩图如图 15-3（g）所示。

第三节 位移法的基本未知量

对于一个较复杂的超静定结构，在用位移法求解前要确定其基本未知量的个数。该个数就等于基本结构上所加刚臂的数目与所加链杆的数目之和。为使结构变为一组单跨超静定梁就必须在所有刚结点上加上阻止转动的刚臂（不阻止移动），因此刚臂的数目也就是结构中存在的刚结点数目，此外在能发生独立线位移之处必须加上链杆以阻止移动，因此链杆数也就是独立线位移的个数。

图 15-4（a）所示刚架有两个刚结点，因此要加两个刚臂，由于杆长不变，两个刚结点上下均不能移动，左右移动时又受横梁长度不变的控制，故只有一个水平独立线位移，因此需加一根链杆，这样总未知量为 3。

图 15-4（b）有 9 个刚结点，每层又有一个独立的线位移，所以总未知量为 12 个。本题要用力法求解为 3×6=18 次超静定。

图 15-4（c）虽有三个结点，但只有一个为刚结点，此外还有一个侧移，因此未知量为 2。考察基本结构中除一根为链杆外都属于单跨超静定梁。

图 15-4（d）为不等高排架，采用位移法时除要加两根链杆以阻止位移外，在高低跨相交处还必须加一刚臂方可，类似多跨超静定梁。本题为两次超静定结构，而用位移法却要有 3 个未知量，所以对于不等高排架一般常采用力法而不用位移法。但等高排架，特别是等高多跨排架，当不计水平链杆的轴向变形而仅有一个线位移时，用位移法是方便的。

图 15-4（e）所示结构除两个刚结点和一个水平侧移外，在铰结处，上下存在位移，所以还必须加一竖向链杆，因此总未知量为 4 个。

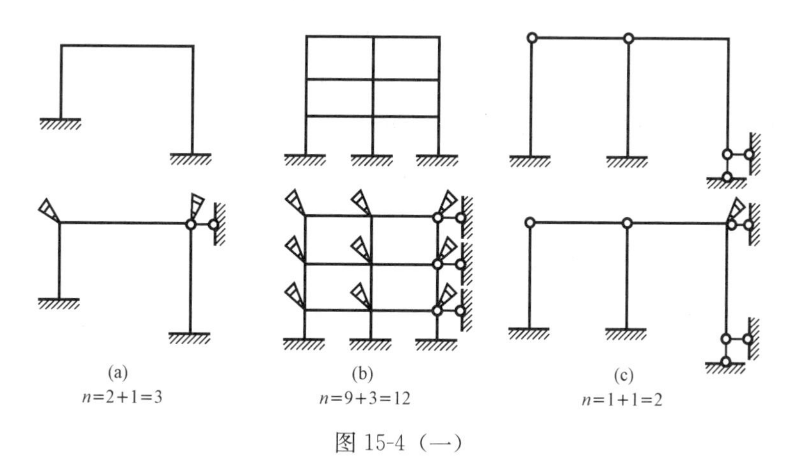

图 15-4（一）

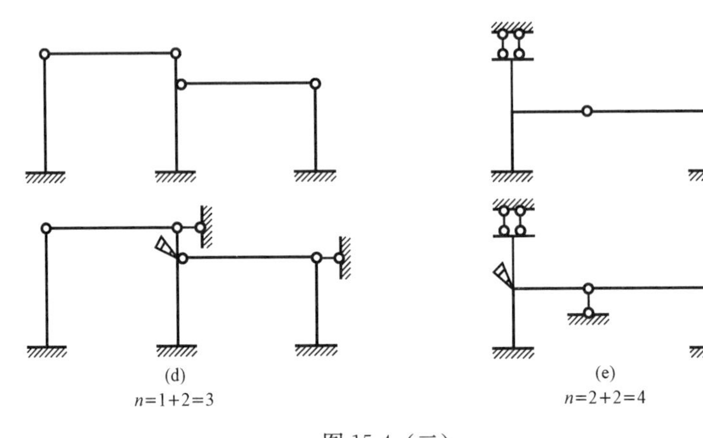

图 15-4（二）

第四节　位移法的典型方程及其应用

一个未知量（不论是转角或线位移）的位移法方程

$$r_{11}Z_1+R_{1P}=0$$

从形式上看与力法方程

$$\delta_{11}X_1+\Delta_{1P}=0$$

是完全对应的。两个或两个以上位移法的基本方程在形式上也完全与力法对应，即

$$\left.\begin{aligned}r_{11}Z_1+r_{12}Z_2+\cdots+r_{1i}Z_i+\cdots+r_{1n}Z_n+R_{1P}=0\\r_{21}Z_1+r_{22}Z_2+\cdots+r_{2i}Z_i+\cdots+r_{2n}Z_n+R_{2P}=0\\r_{j1}Z_1+r_{j2}Z_2+\cdots+r_{ji}Z_i+\cdots+r_{jn}Z_n+R_{jP}=0\\r_{n1}Z_1+r_{n2}Z_2+\cdots+r_{ni}Z_i+\cdots+r_{nn}Z_n+R_{nP}=0\end{aligned}\right\}\tag{15-5}$$

称为位移法的典型方程。式中 Z_i 可以是结点转角也可以是独立线位移，根据反力互等定理（参考结构力学书籍），式中的系数 $r_{ji}=r_{ij}$，其意义为基本结构上 i 方向发生单位位移在 j 方向产生的反力等于 j 方向发生单位位移在 i 方向产生的反力，即刚度系数。这些刚度系数可以为正、为负或为零，称为副系数，而 r_{jj} 称为主系数，其值均为正，自由项 R_{jP} 代表荷载引起的沿 j 方向的反力或反力偶。方程组中的每一个方程均表示平衡方程，它们可以是某结点附加刚臂中力矩总和为零，也可以是某附加链杆中反力总和为零。

【例 15-1】 用位移法解图 15-5（a）所示刚架，作内力图。

解　(1) 确定位移法的基本未知量和基本体系。

该刚架的位移法基本未知量为结点 B 的角位移 Z_1，结点 C 的水平线位移 Z_2，基本体系如图 15-5（b）所示。

(2) 建立位移法典型方程。

根据两个基本未知量，其方程应为

$$\begin{cases}r_{11}Z_1+r_{12}Z_2+R_{1P}=0\\r_{21}Z_1+r_{22}Z_2+R_{2P}=0\end{cases}$$

(3) 为求系数和自由项需作 $\overline{M}_1$、$\overline{M}_2$ 和 M_P 图［图 15-5（c）～（e）］。

(4) 求系数和自由项的值。

在图 15-5（c）～（e）中分别取刚结点 B 为隔离体，由力矩平衡条件 $\sum M_B=0$，可求得

$$r_{11}=7i, \quad r_{12}=-\frac{3i}{2}, \quad R_{1P}=32\mathrm{kN \cdot m}$$

它们均为附加刚臂上的反力矩。

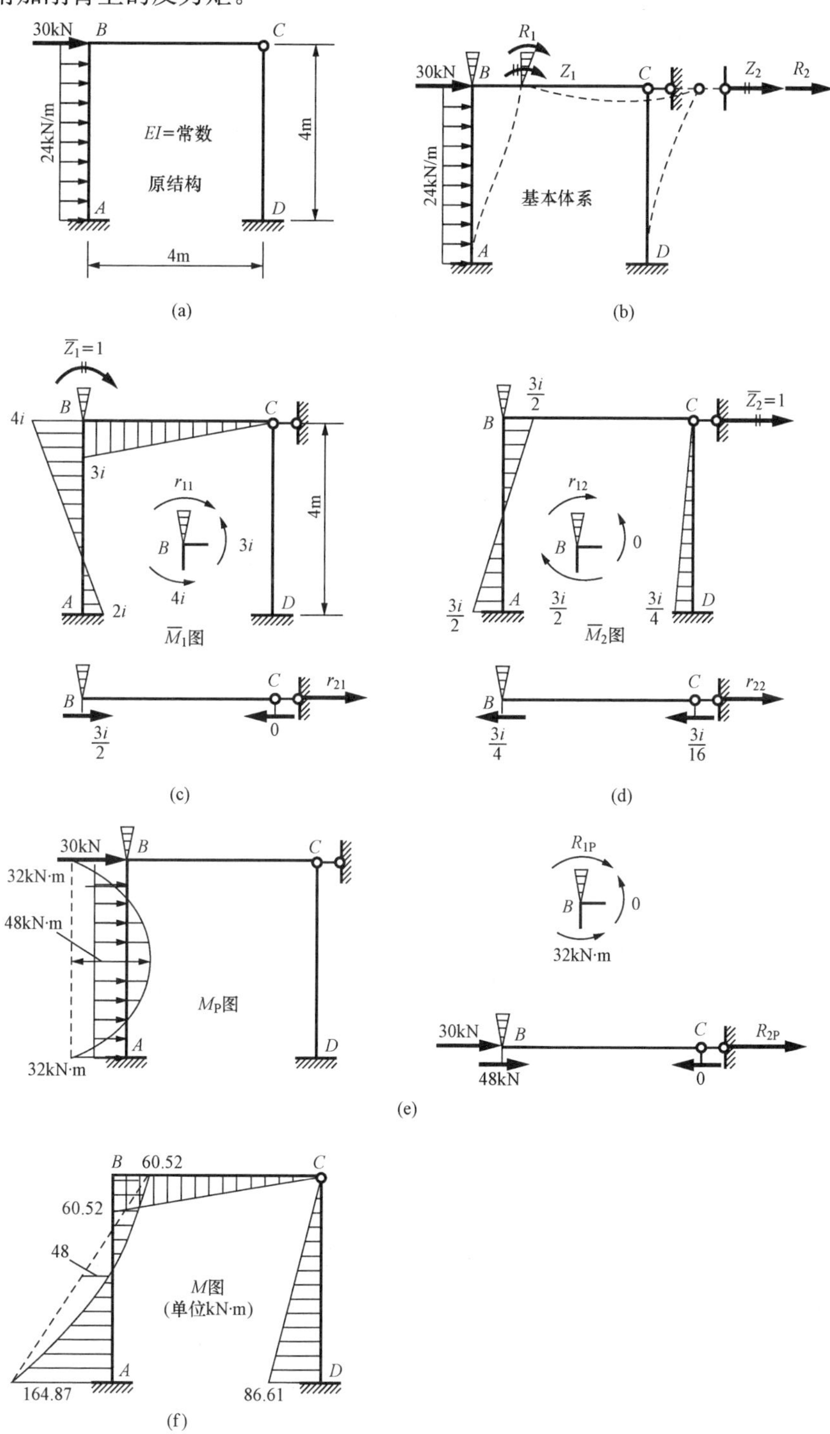

图 15-5

在图 15-5（c）～（e）中截开各柱顶取出柱顶以上横梁 BC 部分为隔离体，由投影方程 $\sum F_x=0$，可求得

$$r_{21}=-\frac{3i}{2},\quad r_{22}=\frac{15i}{16},\quad R_{2P}=-78\text{kN}$$

它们均为附加链杆上的反力。

（5）将求得的系数及自由项代入位移法典型方程，得

$$\left.\begin{aligned}7iZ_1-\frac{3i}{2}Z_2+32\times10^3=0\\-\frac{3}{2}iZ_1+\frac{15i}{16}Z_2-78\times10^3=0\end{aligned}\right\}$$

解方程组可得

$$Z_1=\frac{464\ 000}{23i},\quad Z_2=\frac{2\ 656\ 000}{23i}$$

（6）作最后弯矩图。

求得结点位移后，最后弯矩图可按叠加原理由下式计算

$$M=Z_1\overline{M}_1+Z_2\overline{M}_2+M_P$$

例如 AB 杆 A 端的弯矩为（弯矩正负按转角位移方程中的规定）

$$\begin{aligned}M_{AB}&=\frac{464\ 000}{23i}\times2i+\frac{2\ 656\ 000}{23i}\times\left(-\frac{3i}{2}\right)+(-32\times10^3)\\&=-164.87(\text{kN}\cdot\text{m})\end{aligned}$$

最后弯矩图如图 15-5（f）所示。

综上所述，位移法的基本解题过程可归纳为：

（1）位移法以结点的角位移与独立的线位移为基本未知量。

（2）位移法通过对刚结点加刚臂和有独立线位移处加链杆的方式，使原结构变为一组单跨超静定梁，并以此为基本结构。基本结构加载后，令各刚臂发生应有的转动；各链杆发生应有的位移，以形成与原结构等价的基本体系。

（3）利用刚臂和链杆中的反力矩或反力总和为零建立位移法典型方程。

（4）作出荷载弯矩图与单位位移弯矩图。

（5）通过结点平衡或横梁平衡以求得位移法方程中的系数和自由项，代入方程解出基本未知量。

（6）通过叠加原理，可得到结构的最终 M 图。

最后，将力法与本节介绍的位移法作一比较，以加深理解。

（1）利用力法或位移法计算超静定结构时，都必须同时考虑静力平衡条件和变形谐调条件，才能确定结构的受力与变形状态。

（2）力法以多余未知力作为基本未知量，其数目等于结构的多余约束数目（即超静定次数）。位移法以结构独立的结点位移作为基本未知量，其数目与结构的超静定次数无关。

（3）力法的基本结构是从原结构中去掉多余约束后所得到的静定结构。位移法的基本结构则是在原结构中加入附加约束，以控制结点的独立位移后所得的单跨超静定梁的组合体系。

（4）在力法中，求解基本未知量的方程是根据原结构的位移条件建立的，体现了原结构的变形谐调。在位移法中，求解基本未知量的方程是根据原结构的平衡条件建立的，体现了原结构的静力平衡。

思考题

15-1　位移法的基本思路是什么？为什么说位移法是建立在力法的基础之上的？

15-2　位移法中独立线位移的数目应如何确定？

15-3　什么是固端弯矩与固端剪力？它们与杆端位移是否有关？

15-4　给出杆端位移就能计算出杆端弯矩，给出杆端弯矩是否也一定能算出杆端位移？

15-5　力法与位移法的本质区别是什么？

15-6　力法与位移法在原理与步骤上有何异同？试将二者从基本未知量、基本结构、基本体系、典型方程的意义、每一系数和自由项的含义和求法等方面作一全面比较。

习题

15-1　试确定图 15-6 所示结构用位移法计算时的基本未知量。

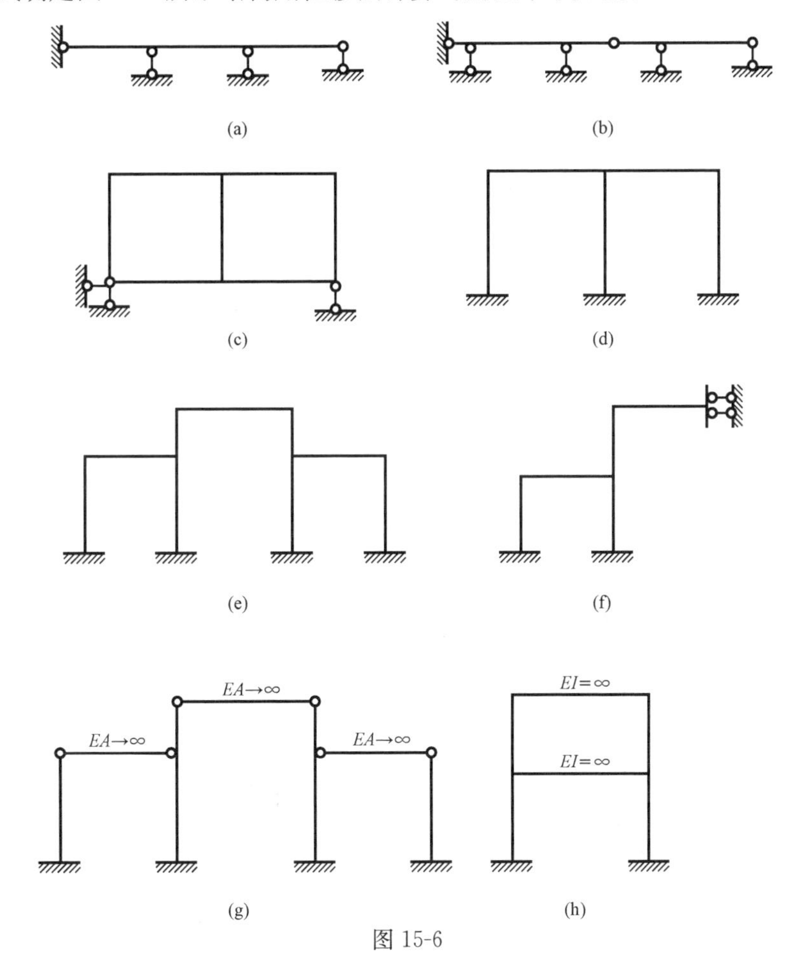

图 15-6

15-2　试用位移法计算图 15-7 所示连续梁，并绘出其弯矩图和剪力图。

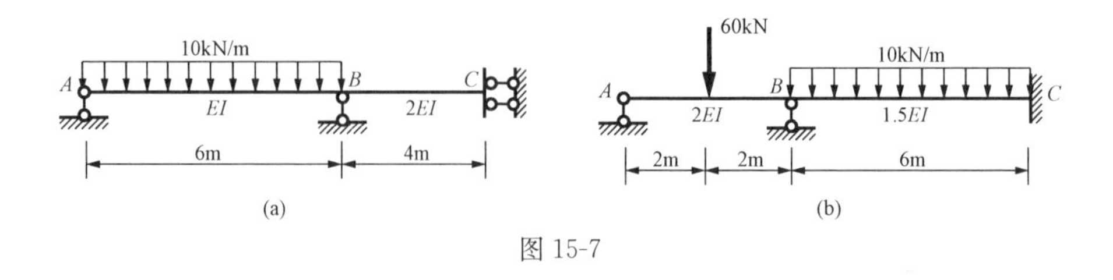

图 15-7

15-3 试用位移法计算图 15-8 所示刚架，并绘出其弯矩图和剪力图。

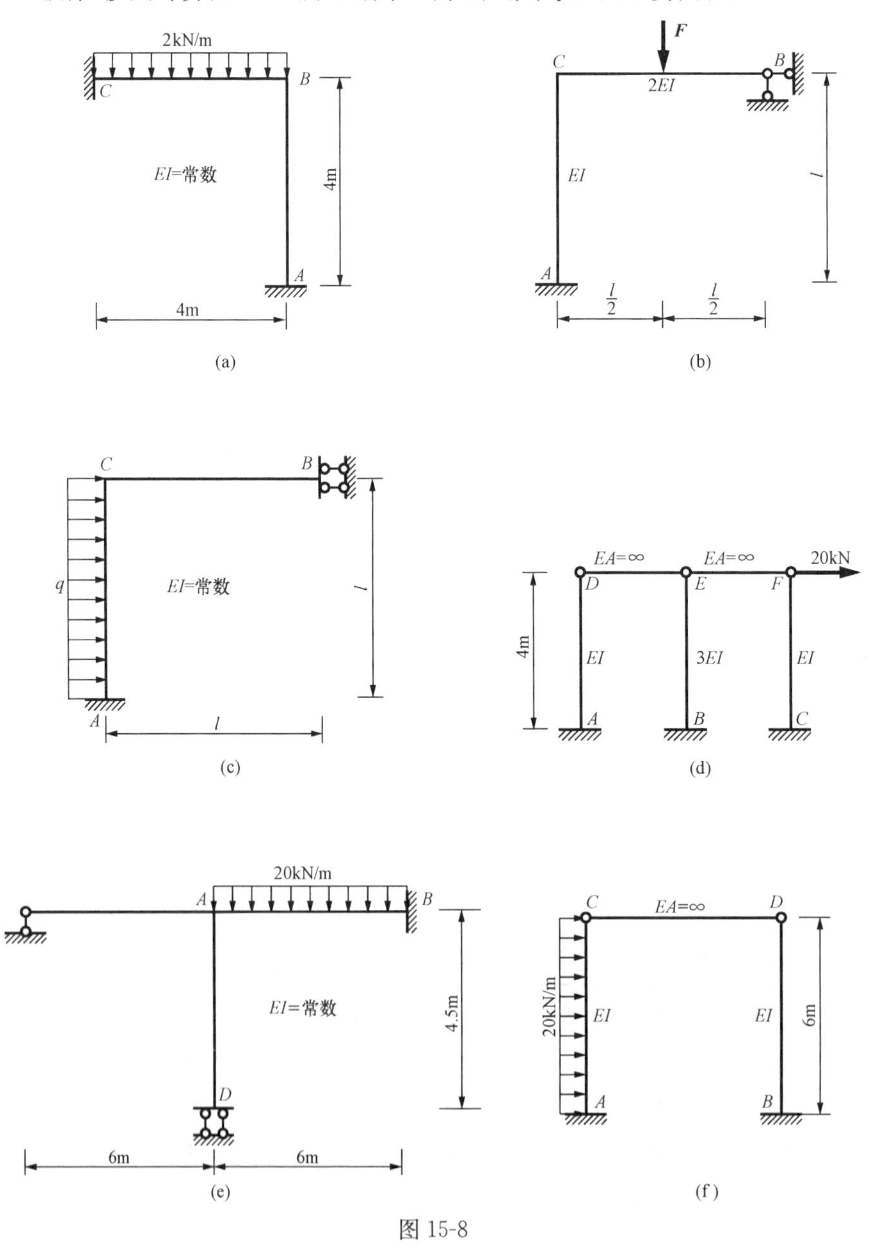

图 15-8

15-4 试用位移法计算图 15-9 所示连续梁，并绘出其弯矩图。

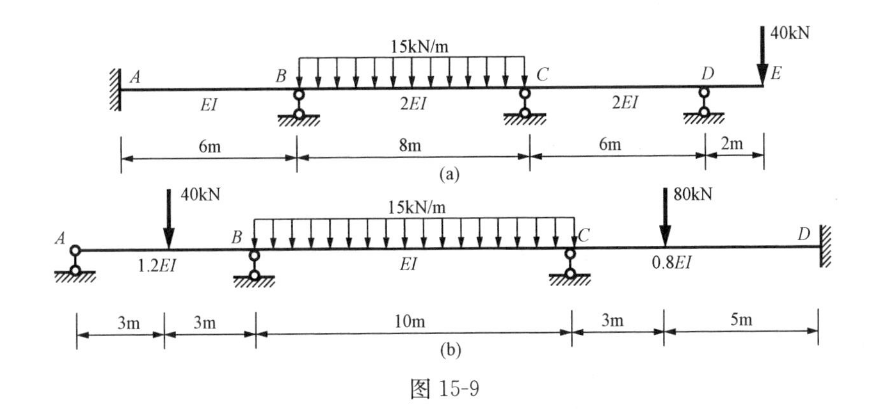

图 15-9

15-5　试用位移法计算图 15-10 所示刚架，并绘出其内力图。

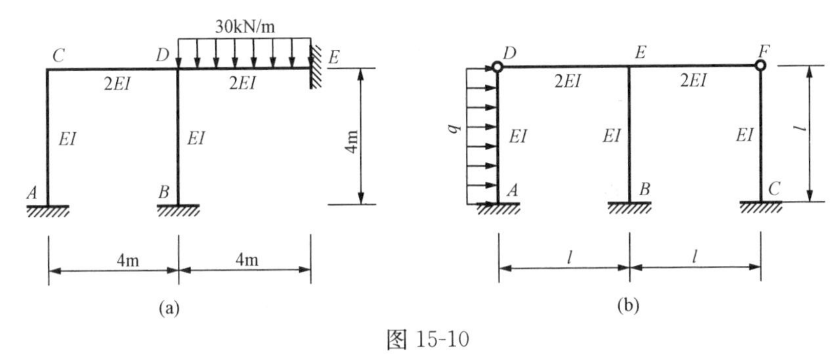

图 15-10

习题参考答案

15-1　略

15-2　(a) $M_{BA}=22.5\text{kN}\cdot\text{m}$；

(b) $M_{BA}=36.0\text{kN}\cdot\text{m}$

15-3　(a) $M_{AB}=\dfrac{1}{48}ql^2$（内侧受拉），$M_{BA}=\dfrac{1}{24}ql^2$（外侧受拉）；

(b) $M_{AC}=\dfrac{3Fl}{80}$（内侧受拉），$M_{AC}=\dfrac{3Fl}{40}$（外侧受拉）；

(c) $M_{AC}=\dfrac{7}{60}ql^2$（外侧受拉），$M_{CA}=\dfrac{1}{60}ql^2$（外侧受拉）；

(d) $M_{AD}=-16\text{kN}\cdot\text{m}$，$M_{BE}=-48\text{kN}\cdot\text{m}$，$M_{CF}=-16\text{kN}\cdot\text{m}$；

(e) $M_{AB}=-31.2\text{kN}\cdot\text{m}$；

(f) $M_{AC}=-225\text{kN}\cdot\text{m}$，$F_{SAC}=97.5\text{kN}$

15-4　(a) $M_{BA}=47.6\text{kN}\cdot\text{m}$，$M_{CB}=37.8\text{kN}\cdot\text{m}$；

(b) $M_{BA}=100.5\text{kN}\cdot\text{m}$，$M_{CD}=-118.6\text{kN}\cdot\text{m}$，$M_{DC}=43.8\text{kN}\cdot\text{m}$

15-5　(a) $M_{DE}=-\dfrac{160}{7}\text{kN}\cdot\text{m}$，$M_{ED}=\dfrac{340}{7}\text{kN}\cdot\text{m}$，$M_{ED}=\dfrac{30}{7}\text{kN}\cdot\text{m}$；

(b) $M_{AD}=-\dfrac{11}{56}ql^2$，$M_{BE}=-\dfrac{1}{8}ql^2$，$M_{CF}=-\dfrac{1}{14}ql^2$

第十六章　力矩分配法

第一节　力矩分配法的计算原理

力矩分配法主要用于连续梁和无结点线位移刚架的计算，其特点是不需要建立和解算联立方程组，可以在其计算简图上进行计算，或者列表计算，并能直接求得各杆杆端弯矩。此方法采用轮流放松各结点的办法，使各刚结点逐步达到平衡。随着计算轮数的增加，结果将越来越接近真实的解答，所以属渐近法。由于力矩分配法的物理意义清楚，便于掌握，且适合手算，故仍是工程计算中常用的方法。

在本章中，关于杆端弯矩符号的规定，仍与位移法中的规定相同，即对杆端而言，弯矩以顺时针方向为正，反之为负；对结点而言，则以逆时针方向为正，反之为负。关于结点的转角，则以顺时针方向为正，反之为负。

首先介绍力矩分配法中所使用的几个名词。

一、转动刚度 S

图 16-1（a）所示杆件 AB，A 端为铰支座，B 端为固定端支座。当使 A 端转动 $\varphi=1$ 的单位角度时，在 A 端所需施加的力矩称为 AB 杆在 A 端的转动刚度，并用 S_{AB} 表示。其中第一个下标代表施力端或称近端，第二个下标代表远端。由于杆件受力情况只与杆件所承受的荷载和杆端位移有关，故图 16-1（a）所示 AB 杆的变形和受力情况，与图 16-1（b）所示两端固定梁当 A 端转动 $\varphi=1$ 的单位角度时的情况相同。因此，图 16-1（a）的转动刚度 S_{AB} 等于图 16-1（b）中 A 端所产生的弯矩 M_{AB}。对于等截面杆件，由表 15-1 可知 $M_{AB}=\dfrac{4EI}{l}=4i$。因此，图 16-1（a）所示 AB 杆 A 端的转动刚度 $S_{AB}=4i$。当远端为不同支承情况时，等截面直杆施力端的转动刚度 S_{AB} 的数值见表 16-1。

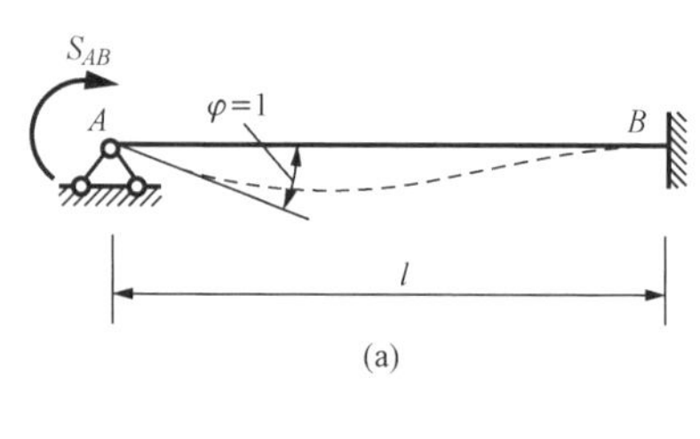

(a)

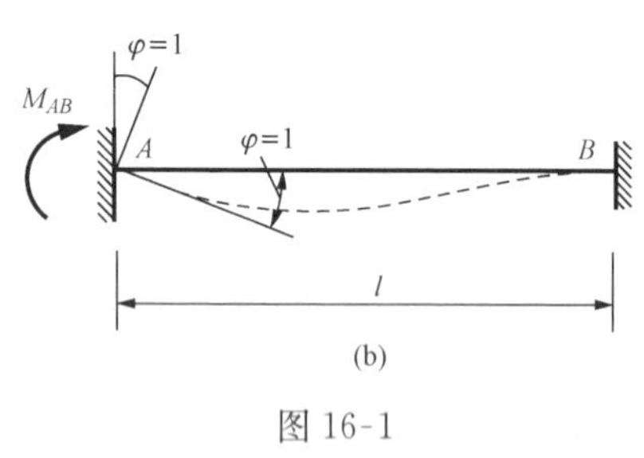

(b)

图 16-1

由表 16-1 可见，等截面直杆杆端的转动刚度与该杆的线刚度和远端的支承情况有关。杆件的 i 值越大（即 EI 越大或 l 越小），杆端的转动刚度就越大。这时欲使杆端转动一单位角度所需施加的力矩就越大。所以，杆端的转动刚度即表示杆端抵抗转动的能力。

二、分配系数 μ

设有图 16-2（a）所示由等截面杆件组成的刚架，只有一个刚结点 1，它只能转动不能移动。当有外力矩 M 加于结点 1 时，刚架发生如图中虚线所示的变形，各杆的 1 端均发生转角 φ_1，试求杆端弯矩 M_{12}、M_{13}、M_{14}、M_{15}。

由转动刚度的定义可知

表 16-1 等截面直杆的杆端转动刚度

简图	A 端转动刚度	说明
	$S_{AB}=\frac{4EI}{l}=4i$	远端固定
	$S_{AB}=\frac{3EI}{l}=3i$	远端铰支
	$S_{AB}=\frac{EI}{l}=i$	远端定向支承

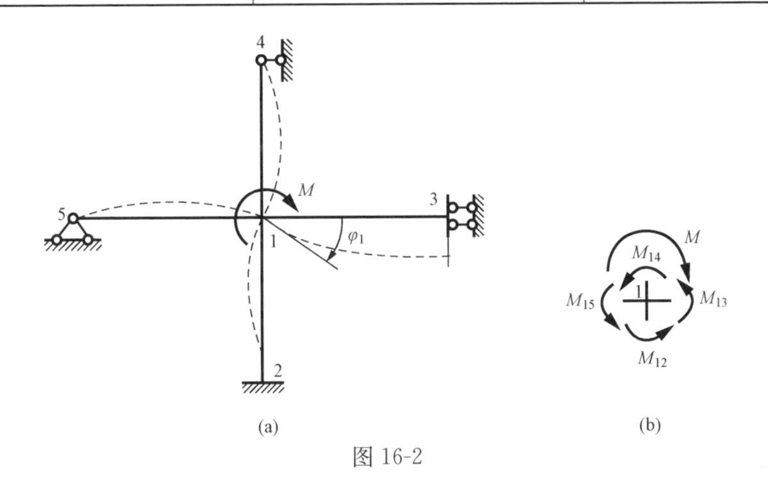

图 16-2

$$\left.\begin{aligned} M_{12}&=S_{12}\varphi_1=4i_{12}\varphi_1\\ M_{13}&=S_{13}\varphi_1=i_{13}\varphi_1\\ M_{14}&=S_{14}\varphi_1=3i_{14}\varphi_1\\ M_{15}&=S_{15}\varphi_1=3i_{15}\varphi_1 \end{aligned}\right\} \tag{16-1}$$

利用结点 1［图 16-2（b）］的力矩平衡条件得

$$M=M_{12}+M_{13}+M_{14}+M_{15}=(S_{12}+S_{13}+S_{14}+S_{15})\varphi_1$$

所以

$$\varphi_1=\frac{M}{S_{12}+S_{13}+S_{14}+S_{15}}=\frac{M}{\sum\limits_{(1)}S}$$

式中，$\sum\limits_{(1)}S$ 为汇交于结点 1 的各杆件在 1 端的转动刚度之和。

将所求得的 φ_1 代入式（16-1），得

$$\left.\begin{aligned}M_{12}&=\frac{S_{12}}{\sum\limits_{(1)}S}M\\M_{13}&=\frac{S_{13}}{\sum\limits_{(1)}S}M\\M_{14}&=\frac{S_{14}}{\sum\limits_{(1)}S}M\\M_{15}&=\frac{S_{15}}{\sum\limits_{(1)}S}M\end{aligned}\right\}\tag{16-2}$$

式（16-2）表明，各杆近端产生的弯矩与该杆杆端的转动刚度成正比，转动刚度越大，则所产生的弯矩越大。

$$\mu_{1j}=\frac{S_{1j}}{\sum\limits_{(1)}S}\tag{16-3}$$

式中，下标 j 为汇交于结点 1 的各杆之远端，在本例中即为 2、3、4、5。于是，式（16-2）可写成

$$M_{1j}=\mu_{1j}M\tag{16-4}$$

μ_{1j} 称为各杆件在近端的分配系数。汇交于同一结点的各杆杆端的分配系数之和应等于 1，即

$$\sum_{(1)}\mu_{1j}=\mu_{12}+\mu_{13}+\mu_{14}+\mu_{15}=1$$

由上述可见，加于结点 1 的外力矩 M，按各杆杆端的分配系数分配给各杆的近端。因而杆端弯矩 M_{1j} 称为分配弯矩。

三、传递系数 C

在图 16-2（a）中，当外力矩 M 加于结点 1 时，该结点发生转角 φ_1，于是各杆的近端和远端都将产生杆端弯矩。由表 15-1 可得这些杆端弯矩分别为

$$M_{12}=4i_{12}\varphi_1,\quad M_{21}=2i_{12}\varphi_1$$
$$M_{13}=i_{13}\varphi_1,\quad M_{31}=-i_{13}\varphi_1$$
$$M_{14}=3i_{14}\varphi_1,\quad M_{41}=0$$
$$M_{15}=3i_{15}\varphi_1,\quad M_{51}=0$$

将远端弯矩与近端弯矩的比值称为由近端向远端的传递系数，并用 C_{1j} 表示。而将远端弯矩称为传递弯矩。例如，对杆 12 而言，其传递系数和传递弯矩分别为

$$C_{12}=\frac{M_{21}}{M_{12}}=\frac{1}{2},\quad M_{21}=C_{12}M_{12}=\frac{1}{2}\times4i_{12}\varphi_1=2i_{12}\varphi_1$$

所以，传递弯矩可按下式计算

$$M_{j1}=C_{1j}M_{1j}\tag{16-5}$$

传递系数 C 也随远端的支承情况而异。对等截面直杆来说，各种支承情况下的传递系数为

远端固定 $C=\frac{1}{2}$

远端定向支承 $C=-1$

远端铰支　　　　　　　　　　$C=0$

由前述可知，对于图16-2（a）所示只有一个刚结点的结构，在刚结点上受一力矩M作用，则该结点只产生角位移，其解算过程分为两步：首先，按各杆的分配系数求出各杆件的近端弯矩，又称为分配弯矩，这一步称为分配过程；其次，将近端弯矩乘以传递系数便得远端弯矩，又称为传递弯矩，这一步称为传递过程。经过分配和传递便得出了各杆的杆端弯矩，这种求解方法称为力矩分配法。

对于承受一般荷载作用下的结构，如图16-3（a）所示连续梁，其变形如图中虚线所示。计算时，首先在结点B加上一个附加刚臂，使结点B不能转动，于是得到一个由单跨超静定梁组成的基本结构［图16-3（b）］。将原结构的荷载作用在基本结构上，这时，各杆件的杆端产生固端弯矩。本例的BC跨因无荷载作用，所以$M_{BC}^{F}=0$。在基本结构的结点B处，各杆的固端弯矩不能互相平衡，故附加刚臂必产生约束力矩M_{B}^{F}，其值可由图16-3（b）所示结点B的力矩平衡条件求得

$$M_{B}^{F}=M_{BA}^{F}+M_{BC}^{F}$$

约束力矩M_{B}^{F}称为结点B上的不平衡力矩，它等于汇交于该结点的各杆端的固端弯矩之代数和。以顺时针方向为正。

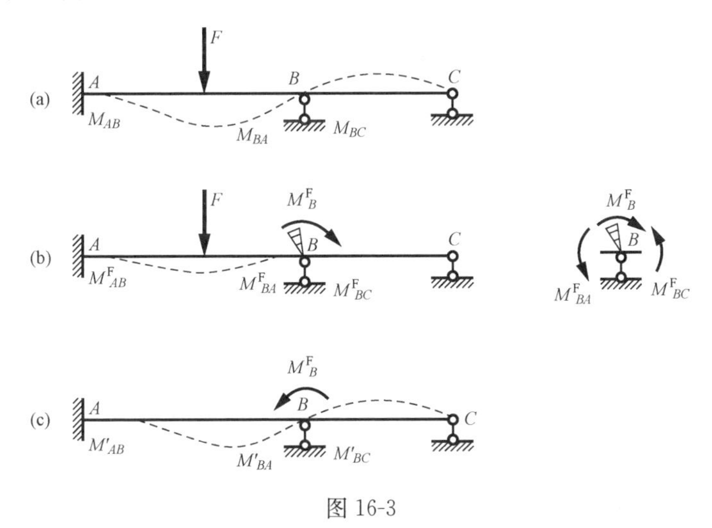

图16-3

在连续梁的结点B，原来没有刚臂，也没有约束力矩M_{B}^{F}作用。因此，图16-3（b）的杆端弯矩并不是结构在实际状态下的杆端弯矩，必须对此结果加以修正。为此，放松结点B处的刚臂，消除约束力矩M_{B}^{F}的作用，使梁回复到原来的状态［图16-3（a）］。这一过程相当于在结点B加一个外力矩，其值等于约束力矩M_{B}^{F}，但方向与约束力矩相反［图16-3（c）］。将图16-3（b）和图16-3（c）所示两种情况相叠加，就消去了约束力矩，也就是消去了刚臂的约束作用，得到图16-3（a）所示原结构的情况。将图16-3（b）和图16-3（c）所示的杆端弯矩叠加，就是所要求的杆端弯矩。例如$M_{BA}=M_{BA}^{F}+M'_{BA}$。

图16-3（c）中的各杆端弯矩可按前述方法求得。在结点B处，各杆端弯矩即为分配弯矩，按式（16-4）计算。各杆的远端将产生传递弯矩，按式（16-5）计算。应注意，在计算分配弯矩时，须将式（16-4）中的M代以$-M_{B}^{F}$。

用力矩分配法计算的要点是：先在刚结点B加上附加刚臂，把原结构分成若干单跨超

静定梁，求出各杆端产生的固端弯矩。汇交于结点 B 处的各杆固端弯矩之代数和即为该结点的不平衡力矩 M_B^F。按式（16-3）计算汇交于结点 B 各杆杆端的分配系数。将不平衡力矩反号乘以各杆端的分配系数即得近端的分配弯矩，再将分配弯矩乘以传递系数，便得到远端的传递弯矩。各杆端的最后弯矩等于该端的固端弯矩与该端的分配弯矩或传递弯矩之和。可见，具有一个刚结点的结构，且该结点只能转动时，用力矩分配法计算是简便的，而且得到的是精确解答。

第二节　用力矩分配法计算连续梁和无结点线位移的刚架

【例 16-1】 试用力矩分配法计算图 16-4（a）所示的两跨连续梁，绘出梁的弯矩图和剪力图，并计算各支座反力。

解 计算过程通常在梁的下方列表进行。为了便于学习，现将各栏的计算说明如下：

（1）计算结点 B 处各杆端的分配系数。

转动刚度为

$$S_{BA}=3\times\frac{2EI}{12}=0.5EI$$

$$S_{BC}=4\times\frac{EI}{8}=0.5EI$$

所以

$$\mu_{BA}=\frac{0.5}{0.5+0.5}=0.5$$

$$\mu_{BC}=\frac{0.5}{0.5+0.5}=0.5$$

且

$$\mu_{BA}+\mu_{BC}=0.5+0.5=1$$

可见汇交于结点 B 两杆端的分配系数之和等于 1。

将分配系数记在图 16-4（a）第（1）栏的方框内。

（2）按表 15-1 计算固端弯矩。

此时认为刚结点 B 不能转动，即各杆成为单跨超静定梁在荷载作用下的情况。于是可得

$$M_{AB}^F=0$$

$$M_{BA}^F=\frac{1}{8}ql^2=\frac{1}{8}\times10\times10^3\times12^2=180(\text{kN}\cdot\text{m})$$

$$M_{BC}^F=-\frac{1}{8}Fl=-\frac{1}{8}\times100\times10^3\times8=-100(\text{kN}\cdot\text{m})$$

$$M_{CB}^F=\frac{1}{8}Fl=\frac{1}{8}\times100\times10^3\times8=100(\text{kN}\cdot\text{m})$$

将各固端弯矩记在图 16-4（a）的第（2）栏内，并得出结点 B 的不平衡力矩为

$$M_B^F=M_{BA}^F+M_{BC}^F=80\text{kN}\cdot\text{m}$$

（3）计算分配弯矩与传递弯矩。

分配弯矩为

$$M_{BA}=0.5\times(-80\times10^3)=-40(\text{kN}\cdot\text{m})$$

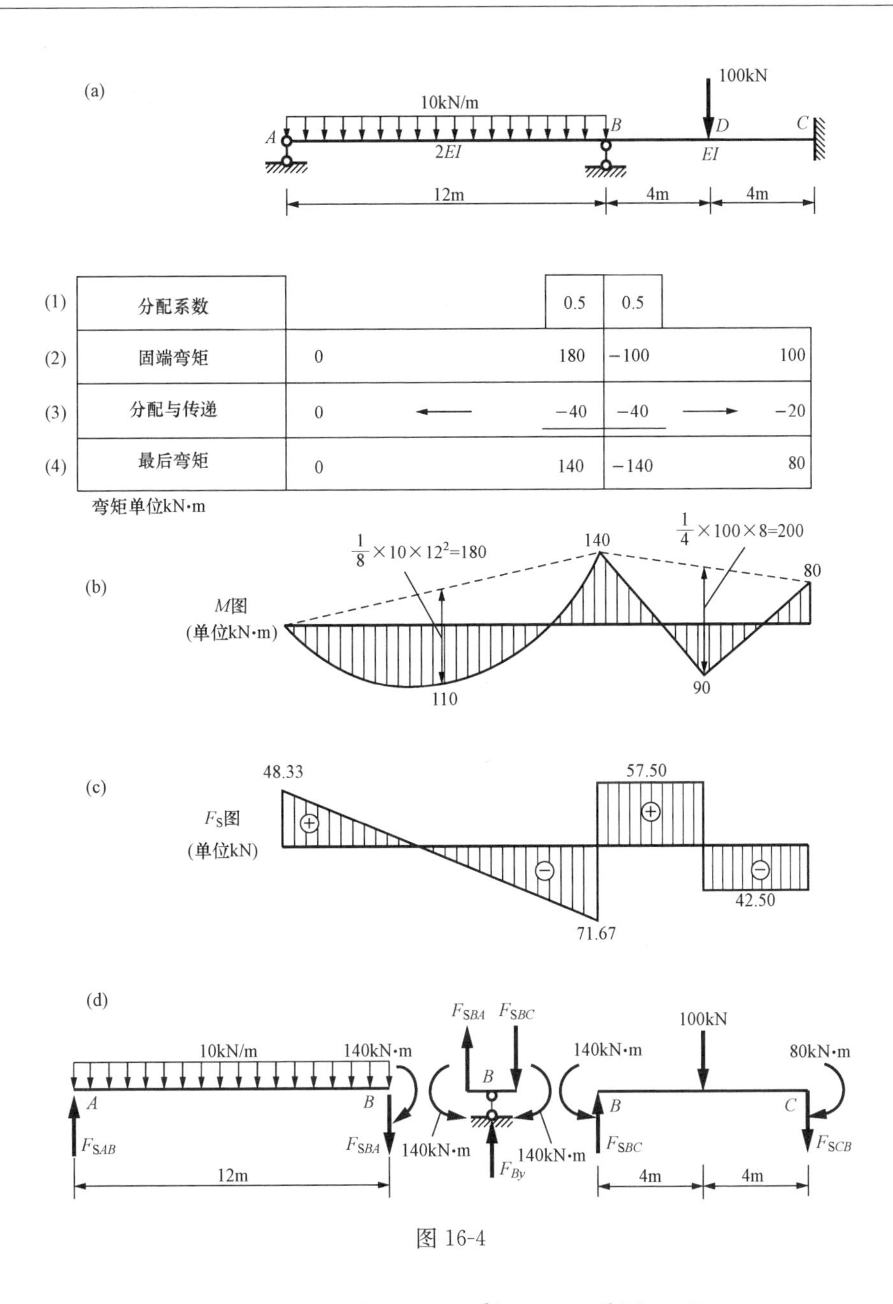

		A	B（BA）	B（BC）	C
(1)	分配系数		0.5	0.5	
(2)	固端弯矩	0	180	−100	100
(3)	分配与传递	0 ←	−40	−40 →	−20
(4)	最后弯矩	0	140	−140	80

弯矩单位kN·m

图 16-4

$$M_{BC}=0.5\times(-80\times10^3)=-40(\mathrm{kN\cdot m})$$

传递弯矩为

$$M_{CB}=C_{BC}M_{BC}=\frac{1}{2}\times(-40\times10^3)=-20(\mathrm{kN\cdot m})$$

$$M_{AB}=C_{BA}M_{BA}=0\times(-40\times10^3)=0$$

将它们记在图 16-4（a）的第（3）栏内，并在结点 B 的分配弯矩下画一条横线，表示该结点已达到平衡。在分配弯矩与传递弯矩之间划一水平方向的箭头，表示弯矩传递方向。

（4）计算杆端最后弯矩。

将以上结果相加，即得最后弯矩，记在图 16-4（a）的第（4）栏内。

由 $140\times10^3+(-140\times10^3)=0$ 可知满足结点 B 的力矩平衡条件 $\sum M_B=0$。

(5) 根据各杆杆端的最后弯矩即可利用叠加法作出连续梁的弯矩图，如图 16-4 (b) 所示。

(6) 由图 16-4 (d) 所示隔离体的平衡条件，即可算得各杆的杆端剪力和梁的支座反力如下

$$F_{SAB}=48.33\text{kN},\quad F_{SBA}=-71.67\text{kN}$$
$$F_{SBC}=57.50\text{kN},\quad F_{SCB}=-42.50\text{kN}$$
$$F_{Ay}=48.33\text{kN}(\uparrow),\quad F_{By}=129.17\text{kN}(\uparrow)$$
$$F_{Cy}=42.50\text{kN}(\uparrow)$$

剪力图如图 16-4 (c) 所示。

【例 16-2】 试用力矩分配法计算图 16-5 所示刚架的各杆端弯矩。

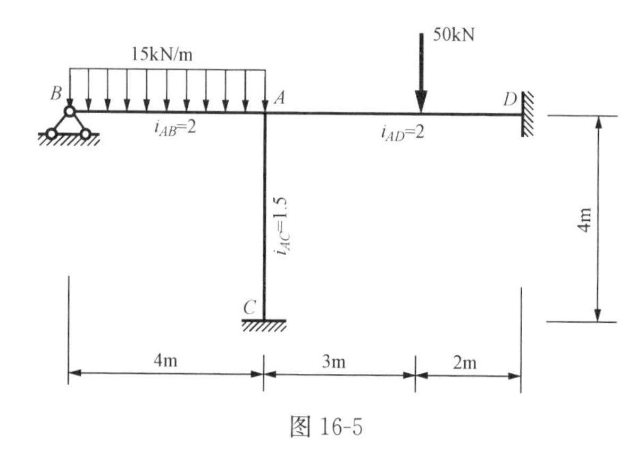

图 16-5

解 按式(16-3) 算出各杆端的分配系数

$$\mu_{AB}=\frac{3\times2}{3\times2+4\times2+4\times1.5}=0.3$$

$$\mu_{AD}=\frac{4\times2}{3\times2+4\times2+4\times1.5}=0.4$$

$$\mu_{AC}=\frac{4\times1.5}{3\times2+4\times2+4\times1.5}=0.3$$

按表 15-1 算出各杆的固端弯矩

$$M_{AB}^{F}=\frac{1}{8}\times15\times10^3\times4^2=30(\text{kN}\cdot\text{m})$$

$$M_{AD}^{F}=-\frac{50\times10^3\times3\times2^2}{5^2}=-24(\text{kN}\cdot\text{m})$$

$$M_{DA}^{F}=\frac{50\times10^3\times3^2\times2}{5^2}=36(\text{kN}\cdot\text{m})$$

用力矩分配法计算刚架时，可列成表格进行，见表 16-2。

上面以只有一个结点转角的结构说明了力矩分配法的基本原理。对于具有多个结点转角但无结点线位移（简称无侧移）的结构，只需依次对各结点使用上节所述方法便可求解。作法是：先将所有刚结点固定，计算各杆固端弯矩；然后将各刚结点轮流放松，即每次只放松

一个结点，其他结点仍暂时固定，这样把各刚结点的不平衡力矩轮流进行分配与传递，直到传递弯矩小到可略去时为止。这种计算杆端弯矩的方法属于渐近法。下面结合具体例子说明。

表 16-2 杆端弯矩的计算

结点	B	A			D	C
杆端	BA	AB	AC	AD	DA	CA
分配系数		0.3	0.3	0.4		
固端弯矩	0	30	0	−24	36	0
分配弯矩和传递弯矩	0	−1.80	−1.80	−2.40	−1.20	−0.90
最后弯矩	0	28.2	−1.80	−26.4	34.80	−0.90

图 16-6 所示三跨等截面连续梁，在荷载作用下，两个中间结点 B、C 将发生转角，设想用附加刚臂使结点 B 和 C 不能转动（以下称为固定结点），得出由三根单跨超静定梁组成的基本结构，并可求得各杆的固端弯矩如下

$$M_{AB}^{F}=0,\quad M_{BA}^{F}=0$$

$$M_{BC}^{F}=-\frac{1}{8}\times 400\times 10^{3}\times 6=-300(\text{kN}\cdot\text{m})$$

$$M_{CB}^{F}=\frac{1}{8}\times 400\times 10^{3}\times 6=300(\text{kN}\cdot\text{m})$$

$$M_{CD}^{F}=-\frac{1}{8}\times 40\times 10^{3}\times 6^{2}=-180(\text{kN}\cdot\text{m})$$

$$M_{DC}^{F}=0$$

而 B、C 两结点处的不平衡力矩分别为

$$M_{B}^{F}=-300\text{kN}\cdot\text{m}$$

$$M_{C}^{F}=120\text{kN}\cdot\text{m}$$

为了消去这两个不平衡力矩，设先放松结点 B，而结点 C 仍为固定。此时 ABC 部分即可利用上节所述力矩分配和传递的方法进行计算。为此，需求出汇交于结点 B 的各杆端的分配系数

$$\mu_{BA}=\frac{4\times 2}{4\times 2+4\times 3}=0.4$$

$$\mu_{BC}=\frac{4\times 3}{4\times 2+4\times 3}=0.6$$

将不平衡力矩 M_{B}^{F} 反号再乘以分配系数，求得结点 B 的各杆端的分配弯矩为

$$M_{BA}=300\times 10^{3}\times 0.4=120(\text{kN}\cdot\text{m})$$

$$M_{BC}=300\times 10^{3}\times 0.6=180(\text{kN}\cdot\text{m})$$

将分配弯矩乘上相应的传递系数求得传递弯矩为

$$M_{AB}=120\times 10^{3}\times\frac{1}{2}=60(\text{kN}\cdot\text{m})$$

$$M_{CB}=180\times 10^{3}\times\frac{1}{2}=90(\text{kN}\cdot\text{m})$$

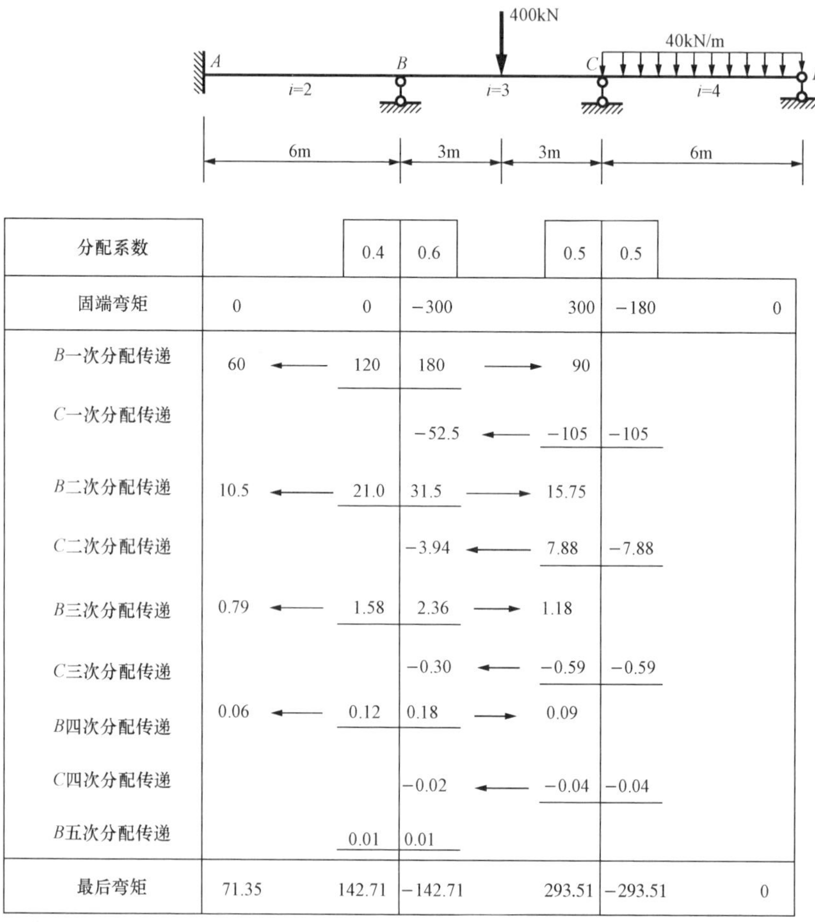

分配系数		0.4	0.6	0.5	0.5	
固端弯矩	0	0	−300	300	−180	0
B一次分配传递	60 ←	120	180	→ 90		
C一次分配传递			−52.5 ←	−105	−105	
B二次分配传递	10.5 ←	21.0	31.5	→ 15.75		
C二次分配传递			−3.94 ←	7.88	−7.88	
B三次分配传递	0.79 ←	1.58	2.36	→ 1.18		
C三次分配传递			−0.30 ←	−0.59	−0.59	
B四次分配传递	0.06 ←	0.12	0.18	→ 0.09		
C四次分配传递			−0.02 ←	−0.04	−0.04	
B五次分配传递		0.01	0.01			
最后弯矩	71.35	142.71	−142.71	293.51	−293.51	0

弯矩单位kN·m

图 16-6

这样，就完成了在结点 B 的第一次分配和传递，将求得的分配弯矩和传递弯矩记入图16-6 所示表格中的第三行内。通过上述运算，结点 B 暂时得到平衡，在分配弯矩值下面绘一横线表示。这时，结点 C 仍然存在不平衡力矩，它的数值等于原来在荷载作用下产生的不平衡力矩再加上由于放松结点 B 而传来的传递弯矩，故结点 C 上的不平衡力矩为 210kN・m。为消去结点 C 上的这一不平衡力矩，需放松结点 C，但在放松结点 C 之前应将结点 B 重新固定，这样才能在 BCD 部分进行力矩分配和传递。汇交于结点 C 的各杆端的分配系数为

$$\mu_{CB}=\frac{4\times3}{4\times3+4\times3}=0.5$$

$$\mu_{CD}=\frac{4\times3}{4\times3+4\times3}=0.5$$

各杆近端的分配弯矩为

$$M_{CB}=-210\times10^{3}\times0.5=-105\times10^{3}\,\mathrm{N\cdot m}=-105\,\mathrm{kN\cdot m}$$

$$M_{CD}=-210\times10^{3}\times0.5=-105\times10^{3}\,\mathrm{N\cdot m}=-105\,\mathrm{kN\cdot m}$$

远端的传递弯矩为

$$M_{BC}=-105\times10^3\times\frac{1}{2}=-52.5(\text{kN}\cdot\text{m})$$

$$M_{DC}=-105\times10^3\times0=0$$

上述数字都记在表格中的第四行，与连续梁相应杆端对齐，并在分配弯矩值下面绘一横线，表示此时结点 C 也得到暂时的平衡。至此，完成了力矩分配法的第一个循环（或称为第一轮）的计算。但是这时结点 B 上又有了新的不平衡力矩，其数值为－52.5kN·m，不过已比前一次的不平衡力矩值（－300kN·m）小了许多。按照上述完全相同的步骤，继续依次在结点 B 和结点 C 消去不平衡力矩，则不平衡力矩绝对值越来越小。经过若干轮以后，传递弯矩小到可以略去不计时，便可停止进行。此时，结构也就非常接近于真实的平衡状态了。各次计算结果都一一记在图 16-6 的表格中，把每一杆端历次的分配弯矩、传递弯矩和原有的固端弯矩相加便得到各杆端的最后弯矩，其单位为 kN·m。

上面叙述的计算方法同样可用于一般无结点线位移的刚架。

力矩分配法的计算过程是依次放松各刚结点以消去结点上出现的不平衡力矩，求得各杆端弯矩的修正值，使结点上出现的不平衡力矩绝对值逐渐减小，直至可以忽略（一般计算两轮即可满足要求）。为了使计算时收敛较快，通常宜从不平衡力矩绝对值较大的结点开始计算。

力矩分配法的计算步骤可归纳如下：

(1) 在各结点上按各杆端的转动刚度 S_{ik} 计算其分配系数 μ_{ik}，并确定其传递系数 C_{ik}。

(2) 计算各杆的固端弯矩 M_{ik}^{F}。

(3) 依次放松各结点以使弯矩平衡。每平衡一个结点时，按分配系数将不平衡力矩反号分配于各杆近端，然后将各杆端所得的分配弯矩乘以传递系数传递至远端。将此步重复运用至各杆端的传递弯矩小到可以略去而不需传递时为止。

(4) 将各杆端的固端弯矩与历次的分配弯矩和传递弯矩相加，即得各杆端的最后弯矩。

第三节　超静定结构的受力分析和变形特点

一、超静定结构的特性

(1) 超静定结构具有多余约束。

从几何组成看，多余约束的存在，是超静定结构区别于静定结构的主要特征。由于具有多余约束，相应地就有多余未知力，因此超静定结构的反力和内力仅凭静力平衡条件不能唯一确定，只有在考虑变形谐调条件后才能得到唯一解答。

(2) 超静定结构在撤除多余约束后，仍可维持几何不变性。

静定结构是几何不变且无多余约束的体系，若撤除任何一个约束，它就成为几何可变的机构，因而失去了承载能力。如图 16-7 (a) 的静定桁架，若任意一根杆件（如 AB 杆）被破坏，即成为机构。

超静定结构则不然，当撤除部分或全部多余约束后，它仍为几何不变体系。例如图 16-7 (b) 所示超静定桁架，若任意一根桁架杆件（如 AB 杆）被破坏时，仍为几何不变

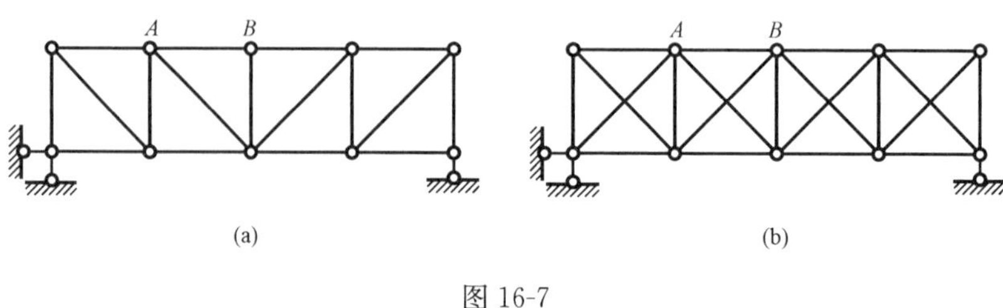

图 16-7

体系，因而还有一定的承载能力。与静定结构相比较，超静定结构具有较强的防护能力。

（3）超静定结构的内力和变形分布比较均匀。

在荷载、跨度、刚度、结构类型相同的情况下，超静定结构的最大内力和位移一般小于静定结构的相应数值。如图 16-8（b）所示的等截面两端固定梁与相应的简支梁［图 16-8（a）］比较，其弯矩分布均匀，峰值较小，最大挠度仅为后者的$\frac{1}{5}$。

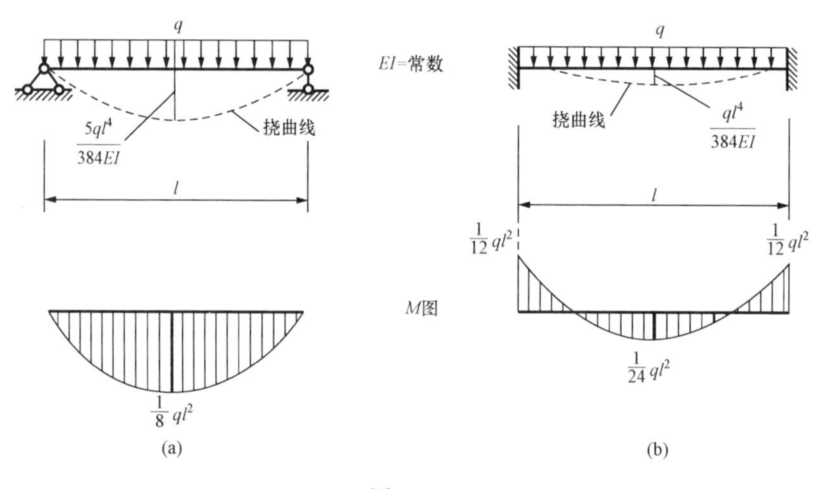

图 16-8

（4）超静定结构在荷载作用下的反力和内力，仅与各杆的相对刚度有关。

静定结构的内力和反力只按静力平衡条件即可确定，其值与结构的材料性质和截面尺寸无关。超静定结构的全部反力和内力如只按静力平衡条件则无法确定，还必须同时考虑变形协调条件，即各部分的变形必须符合原结构的连接条件和支承条件，才能得出确定的解答。因此，超静定结构的内力状态与结构的材料性质和截面尺寸有关。在荷载作用下，超静定结构的内力只与各杆刚度的相对比值有关，而与其绝对值无关。

由于超静定结构在荷载作用下的内力与各杆刚度比值有关，因此在设计超静定结构时，需根据经验或参考同类结构的已有资料预先假设截面尺寸，定出各杆刚度比值，才能进行内力计算。然后根据内力计算的结果来重新合理选择截面尺寸，若假设截面与设计截面相差悬殊，则需进行必要的调整。

根据这个特点，还可以通过改变杆件间刚度比值的方法，来达到合理调整内力的目的。

(5) 超静定结构在温度变化和支座位移时会产生内力，且内力与各杆刚度的绝对值有关。

对于静定结构，除荷载外，其他因素如温度变化、支座位移等均不引起内力。但是对于超静定结构，由于存在着多余约束，当结构受到这些因素影响而发生位移时，都会受到多余约束的限制，因而相应产生内力。而且内力的大小与各杆刚度的绝对值有关。一般来说，各杆刚度绝对值增大，内力也随之增大。

超静定结构的这一特性，在一定条件下会带来不利影响，例如连续梁可能由于地基不均匀沉陷而产生过大的附加内力。但是，在另外的情况下又可能成为有利的方面。例如，可以通过改变支座的高度来调整连续梁的内力，以得到更合理的内力分布。超静定结构的这一特性也说明，为了提高结构对温度变化和支座位移的抵抗能力，靠增大截面的尺寸，并不是有效的措施。

二、计算超静定结构的基本方法是力法和位移法

力法和位移法通常都需要建立和求解联立方程，其基本未知量的多少是影响计算工作量的主要因素。因此，一般来说，凡是多余约束多而结点位移少的结构，采用位移法要比力法简便，反之，则力法优于位移法。此外，由于有单跨超静定梁的计算成果，所以在计算典型方程的系数和自由项时，位移法比力法要简单些。

力矩分配法是位移法的变体，它避免了建立和解算联立方程的工作，能直接计算杆端弯矩，又适用于手算。在电子计算机被广泛应用的今天，力矩分配法仍有一定的实用价值。

思考题

16-1 什么是转动刚度？什么是分配系数？为什么汇交于同一刚结点处各杆端的分配系数之和等于1？

16-2 什么是不平衡力矩？如何计算不平衡力矩？为什么要将它反号才能进行分配？

16-3 力矩分配法只适合于计算无结点线位移的结构，当这类结构发生已知支座位移时结点是有线位移的，为什么还可以用力矩分配法计算？

16-4 试就图16-6中的计算过程说明结点 B 经过了几次放松才消除了不平衡力矩；每一次放松是否都使该结点转动了同样大小的角度？转动的方向是否相同？

16-5 对于某一无结点线位移的结构，用力矩分配法求解后，你能提出两种计算其结点角位移的方法吗？

16-6 在力矩分配法的计算过程中，若仅是传递弯矩有误，杆端最后弯矩能否满足结点的力矩平衡条件？为什么？

习题

16-1 试用力矩分配法计算图16-9所示连续梁，绘出弯矩图和剪力图，并求支座 B 的反力。

16-2 试用力矩分配法计算图15-9所示连续梁，并绘出弯矩图。

16-3 试用力矩分配法计算图16-10所示刚架，并绘出弯矩图。

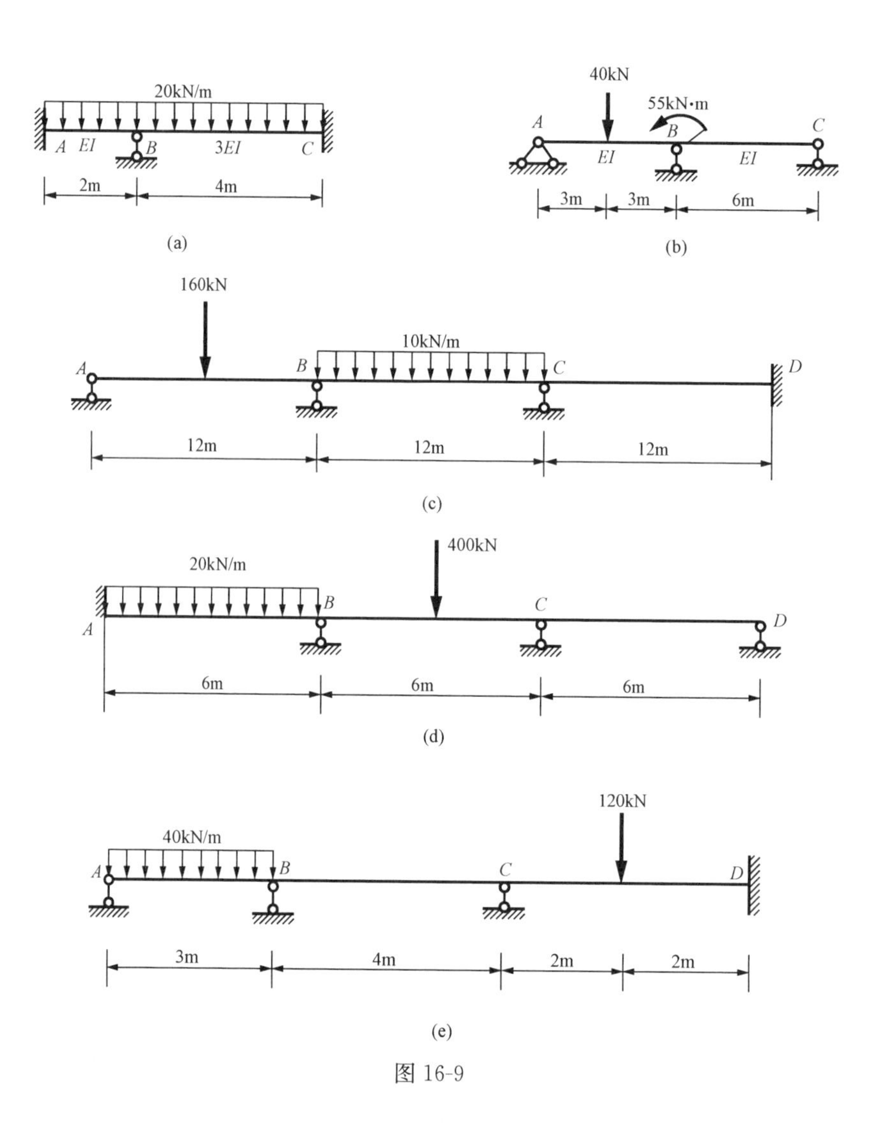

图 16-9

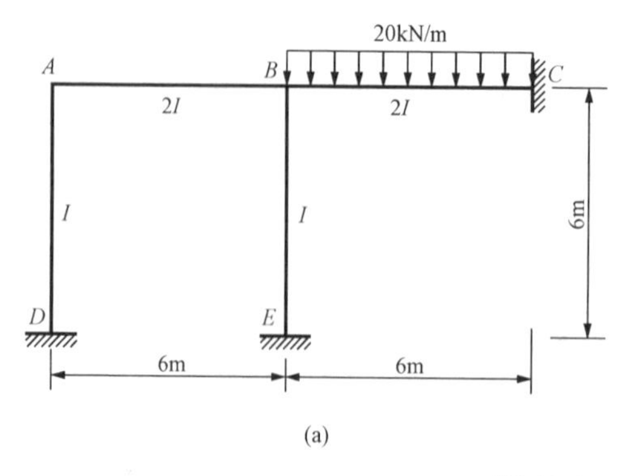

(a)

20kN/m
D C
EI=常数
4m
A B
20kN/m
4m

(b)

图 16-10

习题参考答案

16-1 （a）$M_{CB}=32.67\text{kN}\cdot\text{m}$；

（b）$M_{BA}=-5\text{kN}\cdot\text{m}$，$M_{BC}=-50\text{kN}\cdot\text{m}$；

（c）$M_{BC}=-263.04\text{kN}\cdot\text{m}$，$M_{CD}=-27.68\text{kN}\cdot\text{m}$，$M_{DC}=-13.84\text{kN}\cdot\text{m}$；

（d）$M_{AB}=27.67\text{kN}\cdot\text{m}$，$M_{BC}=-235.33\text{kN}\cdot\text{m}$，$M_{CD}=-165.96\text{kN}\cdot\text{m}$

（e）$M_{BA}=13.13\text{kN}\cdot\text{m}$，$M_{CB}=22.5\text{kN}\cdot\text{m}$，$M_{DC}=78.75\text{kN}\cdot\text{m}$

16-2 略

16-3 （a）$M_{AD}=-4.3\text{kN}\cdot\text{m}$，$M_{BE}=12.9\text{kN}\cdot\text{m}$，$M_{CB}=72.8\text{kN}\cdot\text{m}$；

（b）$M_{AB}=13.33\text{kN}\cdot\text{m}$

附录 型 钢 表

附表 1 热 轧 等 边 角 钢

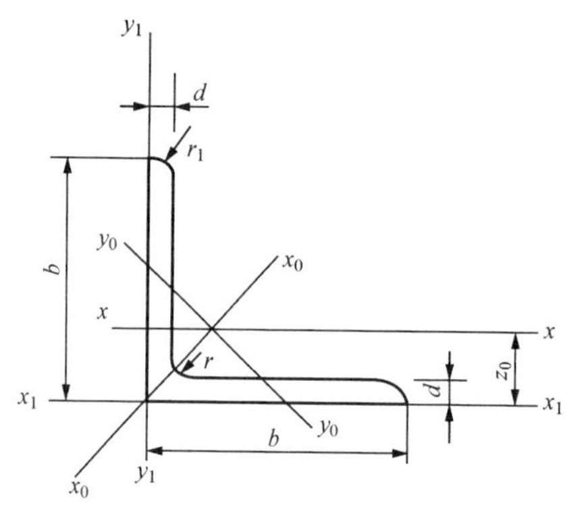

符号意义：

b——边宽度；

I——惯性矩；

d——边厚度；

i——惯性半径；

r——内圆弧半径；

W——截面系数；

r_1——边端内圆弧半径；

z_0——重心距离

角钢号数	尺寸(mm)			截面面积(cm²)	理论重量(kg/m)	外表面积(m²/m)	参考数值										z_0(cm)
							$x-x$			x_0-x_0			y_0-y_0			x_1-x_1	
	b	d	r				I_x(cm⁴)	i_x(cm)	W_x(cm³)	I_{x0}(cm⁴)	i_{x0}(cm)	W_{x0}(cm³)	I_{y0}(cm⁴)	i_{y0}(cm)	W_{y0}(cm³)	I_{x1}(cm⁴)	
2	20	3	3.5	1.132	0.889	0.078	0.40	0.59	0.29	0.63	0.75	0.45	0.17	0.39	0.20	0.81	0.60
		4		1.459	1.145	0.077	0.50	0.58	0.36	0.78	0.73	0.55	0.22	0.38	0.24	1.09	0.64
2.5	25	3		1.432	1.124	0.098	0.82	0.76	0.46	1.29	0.95	0.73	0.34	0.49	0.33	1.57	0.73
		4		1.859	1.459	0.097	1.03	0.74	0.59	1.62	0.93	0.92	0.43	0.48	0.40	2.11	0.76
3.0	30	3	4.5	1.749	1.373	0.117	1.46	0.91	0.68	2.31	1.15	1.09	0.61	0.59	0.51	2.71	0.85
		4		2.276	1.786	0.117	1.84	0.90	0.87	2.92	1.13	1.37	0.77	0.58	0.62	3.63	0.89
3.6	36	3		2.109	1.656	0.141	2.58	1.11	0.99	4.09	1.39	1.61	1.07	0.71	0.76	4.68	1.00
		4		2.756	2.163	0.141	3.29	1.09	1.28	5.22	1.38	2.05	1.37	0.70	0.93	6.25	1.04
		5		3.382	2.654	0.141	3.95	1.08	1.56	6.24	1.36	2.45	1.65	0.70	1.09	7.84	1.07
4.0	40	3	5	2.359	1.852	0.157	3.59	1.23	1.23	5.69	1.55	2.01	1.49	0.79	0.96	6.41	1.09
		4		3.086	2.422	0.157	4.60	1.22	1.60	7.19	1.54	2.58	1.91	0.79	1.19	8.56	1.13
		5		3.791	2.976	0.156	5.53	1.21	1.96	8.76	1.52	3.10	2.30	0.78	1.39	10.74	1.17
4.5	45	3		2.659	2.088	0.177	5.17	1.40	1.58	8.20	1.76	2.58	2.14	0.89	1.24	9.12	1.22
		4		3.486	2.736	0.177	6.65	1.38	2.05	10.56	1.74	3.32	2.75	0.89	1.54	12.18	1.26
		5		4.292	3.369	0.176	8.04	1.37	2.51	12.74	1.72	4.00	3.33	0.88	1.81	15.25	1.30
		6		5.076	3.985	0.176	9.33	1.36	2.95	14.76	1.70	4.64	3.89	0.88	2.06	18.36	1.33
5.0	50	3	5.5	2.971	2.332	0.197	7.18	1.55	1.96	11.37	1.96	3.22	2.98	1.00	1.57	12.50	1.34
		4		3.897	3.059	0.197	9.26	1.54	2.56	14.70	1.94	4.16	3.82	0.99	1.96	16.69	1.38
		5		4.803	3.770	0.196	11.21	1.53	3.13	17.79	1.92	5.03	4.64	0.98	2.31	20.90	1.42
		6		5.688	4.465	0.196	13.05	1.52	3.68	20.68	1.91	5.85	5.42	0.98	2.63	25.14	1.46

续表

角钢号数	尺寸(mm)			截面面积 (cm²)	理论重量 (kg/m)	外表面积 (m²/m)	参考数值										z_0 (cm)
							$x-x$			x_0-x_0			y_0-y_0			x_1-x_1	
	b	d	r				I_x (cm⁴)	i_x (cm)	W_x (cm³)	I_{x0} (cm⁴)	i_{x0} (cm)	W_{x0} (cm³)	I_{y0} (cm⁴)	i_{y0} (cm)	W_{y0} (cm³)	I_{x1} (cm⁴)	
5.6	56	3	6	3.343	2.624	0.221	10.19	1.75	2.48	16.14	2.20	4.08	4.24	1.13	2.02	17.56	1.48
		4		4.390	3.446	0.220	13.18	1.73	3.24	20.92	2.18	5.28	5.46	1.11	2.52	23.43	1.53
		5		5.415	4.251	0.220	16.02	1.72	3.97	25.42	2.17	6.42	6.61	1.10	2.98	29.33	1.57
		6		8.367	6.568	0.219	23.63	1.68	6.03	37.37	2.11	9.44	9.89	1.09	4.16	47.24	1.68
6.3	63	4	7	4.978	3.907	0.248	19.03	1.96	4.13	30.17	2.46	6.78	7.89	1.26	3.29	33.35	1.70
		5		6.143	4.822	0.248	23.17	1.94	5.08	36.77	2.45	8.25	9.57	1.25	3.90	41.73	1.74
		6		7.288	5.721	0.247	27.12	1.93	6.00	43.03	2.43	9.66	11.20	1.24	4.46	50.14	1.78
		8		9.515	7.469	0.247	34.46	1.90	7.75	54.56	2.40	12.25	14.33	1.23	5.47	67.11	1.85
		10		11.657	9.151	0.246	41.09	1.88	9.39	64.85	2.36	14.56	17.33	1.22	6.36	84.31	1.93
7	70	4	8	5.570	4.372	0.275	26.39	2.18	5.14	41.80	2.74	8.44	10.99	1.40	4.17	45.74	1.86
		5		6.875	5.397	0.275	32.21	2.16	6.32	51.08	2.73	10.32	13.34	1.39	4.95	57.21	1.91
		6		8.160	6.406	0.275	37.77	2.15	7.48	59.93	2.71	12.11	15.61	1.38	5.67	68.73	1.95
		7		9.424	7.398	0.275	43.09	2.14	8.59	68.35	2.69	13.81	17.82	1.38	6.34	80.29	1.99
		8		10.667	8.373	0.274	48.17	2.12	9.68	76.37	2.68	15.43	19.98	1.37	6.98	91.92	2.03
7.5	75	5	9	7.412	5.818	0.295	39.97	2.33	7.32	63.30	2.92	11.94	16.63	1.50	5.77	70.56	2.04
		6		8.797	6.905	0.294	46.95	2.31	8.64	74.38	2.90	14.02	19.51	1.49	6.67	84.55	2.07
		7		10.160	7.976	0.294	53.57	2.30	9.93	84.96	2.89	16.02	22.18	1.48	7.44	98.71	2.11
		8		11.503	9.030	0.294	59.96	2.28	11.20	95.07	2.88	17.93	24.86	1.47	8.19	112.97	2.15
		10		14.126	11.089	0.293	71.98	2.26	13.64	113.92	2.84	21.48	30.05	1.46	9.56	141.71	2.22
8	89	5	9	7.912	6.211	0.315	48.79	2.48	8.34	77.33	3.13	13.67	20.25	1.60	6.66	85.36	2.15
		6		9.397	7.376	0.314	57.35	2.47	9.87	90.98	3.11	16.08	23.72	1.59	7.65	102.50	2.19
		7		10.860	8.525	0.314	65.58	2.46	11.37	104.07	3.10	18.40	27.09	1.58	8.58	119.70	2.23
		8		12.303	9.658	0.314	73.49	2.44	12.83	116.60	3.08	20.61	30.39	1.57	9.46	136.97	2.27
		10		15.126	11.874	0.313	88.43	2.42	15.64	140.09	3.04	24.76	36.77	1.56	11.08	171.74	2.35
9	90	6	10	10.637	8.350	0.354	82.77	2.79	12.61	131.26	3.51	20.63	34.28	1.80	9.95	145.87	2.44
		7		12.301	9.656	0.354	94.83	2.78	14.54	150.47	3.50	23.64	39.18	1.78	11.19	170.30	2.48
		8		13.944	10.946	0.353	106.47	2.76	16.42	168.97	3.48	26.55	43.97	1.78	12.35	194.80	2.52
		10		17.167	13.476	0.353	128.58	2.74	20.07	203.90	3.45	32.04	53.26	1.76	14.52	244.07	2.59
		12		20.306	15.940	0.352	149.22	2.71	23.57	236.21	3.41	37.12	62.22	1.75	16.49	293.76	2.67
10	100	6	12	11.932	9.366	0.393	114.95	3.10	15.68	181.98	3.90	25.74	47.92	2.00	12.69	200.07	2.67
		7		13.796	10.830	0.393	131.86	3.09	18.10	208.97	3.89	29.55	54.74	1.99	14.26	233.54	2.71
		8		15.638	12.276	0.393	148.24	3.08	20.47	235.07	3.88	33.24	61.41	1.98	15.75	267.09	2.76
		10		19.261	15.120	0.392	179.51	3.05	25.06	284.68	3.84	40.26	74.35	1.96	18.54	334.48	2.84
		12		22.800	17.898	0.391	208.90	3.03	29.48	330.95	3.81	46.80	86.84	1.95	21.08	402.34	2.91
		14		26.256	20.611	0.391	236.53	3.00	33.73	374.06	3.77	52.90	99.00	1.94	23.44	470.75	2.99
		16		29.627	23.257	0.390	262.53	2.98	37.82	414.16	3.74	58.57	110.89	1.94	25.63	539.80	3.06

续表

角钢号数	尺寸（mm）			截面面积（cm^2）	理论重量（kg/m）	外表面积（m^2/m）	参考数值										z_0（cm）
							$x-x$			x_0-x_0			y_0-y_0			x_1-x_1	
	b	d	r				I_x（cm^4）	i_x（cm）	W_x（cm^3）	I_{x0}（cm^4）	i_{x0}（cm）	W_{x0}（cm^3）	I_{y0}（cm^4）	i_{y0}（cm）	W_{y0}（cm^3）	I_{x1}（cm^4）	
11	110	7	12	15.196	11.928	0.433	177.16	3.41	22.05	280.94	4.30	36.12	73.38	2.20	17.51	310.64	2.96
		8		17.238	13.532	0.433	199.46	3.40	24.95	316.49	4.28	40.69	82.42	2.19	19.39	355.20	3.01
		10		21.261	16.690	0.432	242.19	3.38	30.60	384.39	4.25	49.42	99.98	2.17	22.91	111.65	3.09
		12		25.200	19.782	0.431	282.55	3.35	36.05	448.17	4.22	57.62	116.93	2.15	26.15	534.60	3.16
		14		29.056	22.809	0.431	320.71	3.32	41.31	508.01	4.18	65.31	133.40	2.14	29.14	625.16	3.24
12.5	125	8	14	19.750	15.504	0.492	297.03	3.88	32.52	470.89	4.88	53.28	123.16	2.50	25.86	521.01	3.37
		10		24.373	19.133	0.491	361.67	3.85	39.97	573.89	4.85	64.93	149.46	2.48	30.62	651.93	3.45
		12		28.912	22.696	0.491	423.16	3.83	41.17	671.44	4.82	75.96	174.88	2.46	35.03	783.42	3.53
		14		33.367	26.193	0.490	481.65	3.80	54.16	763.73	4.78	86.41	199.57	2.45	39.13	915.61	3.61
14	140	10	14	27.373	21.488	0.551	514.65	4.34	50.58	817.27	5.46	82.56	212.04	2.78	39.20	915.11	3.82
		12		32.512	25.522	0.551	603.68	4.31	59.80	958.79	5.43	96.85	248.57	2.76	45.02	1099.28	3.90
		14		37.567	29.490	0.550	688.81	4.28	68.75	1093.56	5.40	110.47	284.06	2.75	50.45	1284.22	3.98
		16		42.539	33.393	0.549	770.24	4.26	77.46	1221.81	5.36	123.42	318.67	2.74	55.55	1470.07	4.06
16	160	10	16	31.502	24.729	0.630	779.53	4.98	66.70	1237.30	6.27	109.36	321.76	3.20	52.76	1365.33	4.31
		12		37.441	29.391	0.630	916.58	4.95	78.98	1455.68	6.24	128.67	377.49	3.18	60.74	1639.57	4.39
		14		43.296	33.987	0.629	1048.36	4.92	90.95	1665.02	6.20	147.17	431.70	3.16	68.24	1914.68	4.47
		16		49.067	38.518	0.629	1175.08	4.89	102.63	1865.57	6.17	164.89	484.59	3.14	75.31	2190.82	4.55
18	180	12	16	42.241	33.159	0.710	1321.35	5.59	100.82	2100.10	7.05	165.00	542.61	3.58	78.41	2332.80	4.89
		14		48.896	38.383	0.709	1514.48	5.56	116.25	2407.42	7.02	189.14	621.53	3.56	88.38	2723.48	4.97
		16		55.467	43.542	0.709	1700.99	5.54	131.13	2703.37	6.98	212.40	698.60	3.55	97.83	3115.29	5.05
		18		61.955	48.634	0.708	1875.12	5.50	145.64	2988.24	6.94	234.78	762.01	3.51	105.14	3502.43	5.13
20	200	14	18	54.642	42.894	0.788	2103.55	6.20	144.70	3343.26	7.82	236.40	863.83	3.98	111.82	3734.10	5.46
		16		62.013	48.680	0.788	2366.15	6.18	163.65	3760.89	7.79	265.93	971.41	3.96	123.96	4270.39	5.54
		18		69.301	54.401	0.787	2620.64	6.15	182.22	4164.54	7.75	294.48	1076.74	3.94	135.52	4808.13	5.62
		20		76.505	60.056	0.787	2867.30	6.12	200.42	4554.55	7.72	322.06	1180.04	3.93	146.55	5347.51	5.69
		24		90.661	71.168	0.785	3338.25	6.07	236.17	5294.97	7.64	374.41	1381.53	3.90	166.65	6457.16	5.87

注 截面图中的 $r_1=d/3$ 及表中 r 值的数据用于孔型设计，不做交货条件。

附表 2 **热 轧 槽 钢**

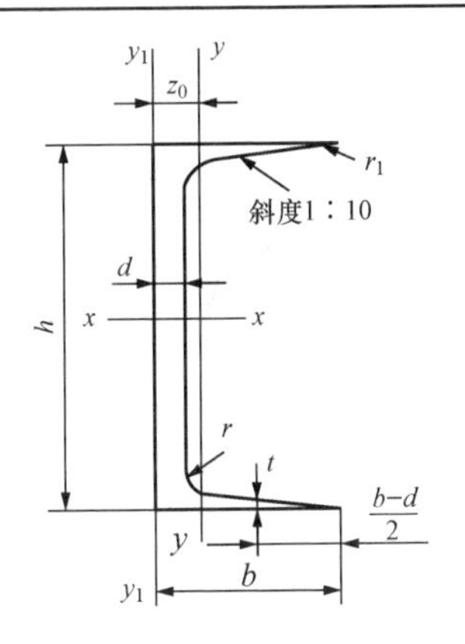

符号意义：

h——高度；

r_1——腿端圆弧半径；

b——腿宽度；

I——惯性矩；

d——腰厚度；

W——截面系数；

t——平均腿厚度；

i——惯性半径；

r——内圆弧半径；

z_0——$y-y$ 轴与 y_1-y_1 轴的距离

型号	尺寸(mm)						截面面积 (cm^2)	理论重量 (kg/m)	参考数值							z_0 (cm)
									$x-x$			$y-y$			y_1-y_1	
	h	b	d	t	r	r_1			W_x (cm^3)	I_x (cm^4)	i_x (cm)	W_y (cm^3)	I_y (cm^4)	i_y (cm)	I_{y1} (cm^4)	
5	50	37	4.5	7	7.0	3.5	6.928	5.438	10.4	26.0	1.94	3.55	8.30	1.10	20.9	1.35
6.3	63	40	4.8	7.5	7.5	3.8	8.451	6.634	16.1	50.8	2.45	4.50	11.9	1.19	28.4	1.36
8	80	43	5.0	8	8.0	4.0	10.248	8.045	25.3	101	3.15	5.79	16.6	1.27	37.4	1.43
10	100	48	5.3	8.5	8.5	4.2	12.748	10.007	39.7	198	3.95	7.8	25.6	1.41	54.9	1.52
12.6	126	53	5.5	9	9.0	4.5	15.692	12.318	62.1	391	4.95	10.2	38.0	1.57	77.1	1.59
14a	140	58	6.0	9.5	9.5	4.8	18.516	14.535	80.5	564	5.52	13.0	53.2	1.70	107	1.71
14b	140	60	8.0	9.5	9.5	4.8	21.316	16.733	87.1	609	5.35	14.1	61.1	1.69	121	1.67
16a	160	63	6.5	10	10.0	5.0	21.962	17.240	108	866	6.28	16.3	73.3	1.83	144	1.80
16	160	65	8.5	10	10.0	5.0	25.162	19.752	117	935	6.10	17.6	83.4	1.82	161	1.75
18a	180	68	7.0	10.5	10.5	5.2	25.699	20.174	141	1270	7.04	20.0	98.6	1.96	190	1.88
18	180	70	9.0	10.5	10.5	5.2	29.299	23.000	152	1370	6.84	21.5	111	1.95	210	1.84
20a	200	73	7.0	11	11.0	5.5	28.837	22.637	178	1780	7.86	24.2	128	2.11	244	2.01
20	200	75	9.0	11	11.0	5.5	32.837	25.777	191	1910	7.64	25.9	144	2.09	268	1.95
22a	220	77	7.0	11.5	11.5	5.8	31.846	24.999	218	2390	8.67	28.2	158	2.23	298	2.10
22	220	79	9.0	11.5	11.5	5.8	36.246	28.453	234	2570	8.42	30.1	176	2.21	326	2.03
25a	250	78	7.0	12	12.0	6.0	34.917	27.410	270	3370	9.82	30.6	176	2.24	322	2.07
25b	250	80	9.0	12	12.0	6.0	39.917	31.335	282	3530	9.41	32.7	196	2.22	353	1.98
25c	250	82	11.0	12	12.0	6.0	44.917	35.260	295	3690	9.07	35.9	218	2.21	384	1.92
28a	280	82	7.5	12.5	12.5	6.2	40.034	31.427	340	4760	10.9	35.7	218	2.33	388	2.10
28b	280	84	9.5	12.5	12.5	6.2	45.634	35.823	366	5130	10.6	37.9	242	2.30	428	2.02
28c	280	86	11.5	12.5	12.5	6.2	51.234	40.219	393	5500	10.4	40.3	268	2.29	463	1.95
32a	320	88	8.0	14	14.0	7.0	48.513	38.083	475	7600	12.5	46.5	305	2.50	552	2.24
32b	320	90	10.0	14	14.0	7.0	54.913	43.107	509	8140	12.2	49.2	336	2.47	593	2.16
32c	320	92	12.0	14	14.0	7.0	61.313	48.131	543	8690	11.9	52.6	374	2.47	643	2.09
36a	360	96	9.0	16	16.0	8.0	60.910	47.814	660	11 900	14.0	63.5	455	2.73	818	2.44
36b	360	98	11.0	16	16.0	8.0	68.110	53.466	703	12 700	13.6	66.9	497	2.70	880	2.37
36c	360	100	13.0	16	16.0	8.0	75.310	59.118	746	13 400	13.4	70.0	536	2.67	948	2.34
40a	400	100	10.5	18	18.0	9.0	75.068	58.928	879	17 600	15.3	78.8	592	2.81	1070	2.49
40b	400	102	12.5	18	18.0	9.0	83.068	65.208	932	18 600	15.0	82.5	640	2.78	1140	2.44
40c	400	104	14.5	18	18.0	9.0	91.068	71.488	986	19 700	14.7	86.2	688	2.75	1220	2.42

附表 3

热轧工字钢

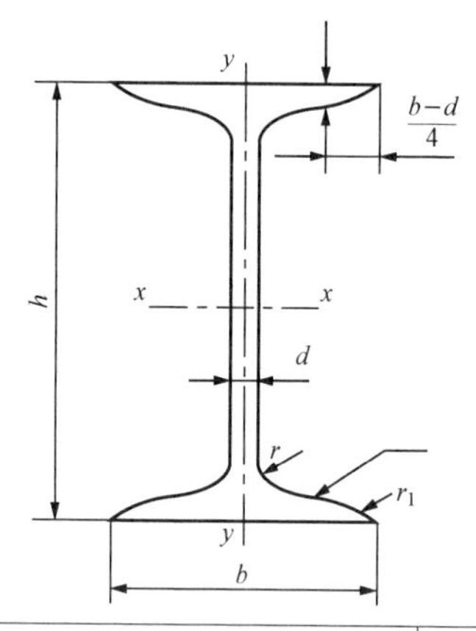

符号意义：
h——高度；
r_1——腿端圆弧半径；
b——腿宽度；
I——惯性矩；
d——腰厚度；
W——截面系数；
t——平均腿厚度；
i——惯性半径；
r——内圆弧半径；
S——半截面的静力矩

型号	尺寸 (mm)						截面面积 (cm²)	理论重量 (kg/m)	参考数值						
									$x-x$				$y-y$		
	h	b	d	t	r	r_1			I_x (cm⁴)	W_x (cm³)	i_x (cm)	$I_x:S_x$ (cm)	I_y (cm⁴)	W_y (cm³)	i_y (cm)
10	100	68	4.5	7.6	6.8	3.3	14.345	11.261	245	49.0	4.14	8.59	33.0	9.72	1.52
12.6	126	74	5.0	8.4	7.0	3.5	18.118	14.223	488	77.5	5.20	10.8	46.9	12.7	1.61
14	140	80	5.5	9.1	7.5	3.8	21.516	16.890	712	102	5.76	12.0	64.4	16.1	1.73
16	160	88	6.0	9.9	8.0	4.0	26.131	20.513	1130	141	6.58	13.8	93.1	21.2	1.89
18	180	94	6.5	10.7	8.5	4.3	30.756	24.143	1660	185	7.36	15.4	122	26.0	2.00
20a	200	100	7.0	11.4	9.0	4.5	35.578	27.929	2370	237	8.15	17.2	158	31.5	2.12
20b	200	102	9.0	11.4	9.0	4.5	39.578	31.069	2500	250	7.96	16.9	169	33.1	2.06
22a	220	110	7.5	12.3	9.5	4.8	42.128	33.070	3400	309	8.99	18.9	225	40.9	2.31
22b	220	112	9.5	12.3	9.5	4.8	46.528	36.524	3570	325	8.78	18.7	239	42.7	2.27
25a	250	116	8.0	13.0	10.0	5.0	48.541	38.105	5020	402	10.2	21.6	280	48.3	2.40
25b	250	118	10.0	13.0	10.0	5.0	53.541	42.030	5280	423	9.94	21.3	309	52.4	2.40
28a	280	122	8.5	13.7	10.5	5.3	55.404	43.492	7110	508	11.3	24.6	345	56.6	2.50
28b	280	124	10.5	13.7	10.5	5.3	61.004	47.888	7480	534	11.1	24.2	379	61.2	2.79
32a	320	130	9.5	15.0	11.5	5.8	67.156	52.717	11 100	692	12.8	27.5	460	70.8	2.62
32b	320	132	11.5	15.0	11.5	5.8	73.556	57.741	11 600	726	12.6	27.1	502	76.0	2.61
32c	320	134	13.5	15.0	11.5	5.8	79.956	62.765	12 200	760	12.3	26.8	544	81.2	2.61
36a	360	136	10.0	15.8	12.0	6.0	76.480	60.037	15 800	875	14.4	30.7	552	81.2	2.69
36b	360	138	12.0	15.8	12.0	6.0	83.680	65.689	16 500	919	14.1	30.3	582	84.3	2.64
36c	360	140	14.0	15.8	12.0	6.0	90.68	71.341	17 300	962	13.8	29.9	612	87.4	2.60
40a	400	142	10.5	16.5	12.5	6.3	86.112	67.598	21 700	1090	15.9	34.1	660	93.2	2.77
40b	400	144	12.5	16.5	12.5	6.3	94.112	73.878	22 800	1140	15.6	33.6	692	96.2	2.71
40c	400	146	14.5	16.5	12.5	6.3	102.112	80.158	23 900	1190	15.2	33.2	727	99.6	2.65
45a	450	150	11.5	18.0	13.5	6.8	102.446	80.420	32 200	1430	17.7	38.6	855	114	2.89
45b	450	152	13.5	18.0	13.5	6.8	111.446	87.485	33 800	1500	17.4	38.0	894	118	2.84
45c	450	154	15.5	18.0	13.5	6.8	120.446	94.550	35 300	1570	17.1	37.6	938	122	2.79

续表

型号	尺寸(mm)						截面面积(cm²)	理论重量(kg/m)	参考数值						
									$x-x$				$y-y$		
	h	b	d	t	r	r_1			I_x (cm⁴)	W_x (cm³)	i_x (cm)	$I_x:S_x$ (cm)	I_y (cm⁴)	W_y (cm³)	i_y (cm)
50a	500	158	12.0	20.0	14.0	7.0	119.304	93.654	46 500	1860	19.7	42.8	1120	142	3.07
50b	500	160	14.0	20.0	14.0	7.0	129.304	101.504	48 600	1940	19.4	42.4	1170	146	3.01
50c	500	162	16.0	20.0	14.0	7.0	139.304	109.354	50 600	2080	19.0	41.8	1220	151	2.96
56a	560	166	12.5	21.0	14.5	7.3	135.435	106.316	65 600	2340	22.0	47.7	1370	165	3.18
56b	560	168	14.5	21.0	14.5	7.3	146.635	115.108	68 500	2450	21.6	47.2	1490	174	3.16
56c	560	170	16.5	21.0	14.5	7.3	157.835	123.900	71 400	2550	21.3	46.7	1560	183	3.16
63a	630	176	13.0	22.0	15.0	7.5	154.658	121.407	93 900	2980	24.5	54.2	1700	193	3.31
63b	630	178	15.0	22.0	15.0	7.5	167.258	131.298	98 100	3160	24.2	53.5	1810	204	3.29
63c	630	180	17.0	22.0	15.0	7.5	179.858	141.189	102 000	3300	23.8	52.9	1920	214	3.27

参 考 文 献

[1] 邹昭文，程光均. 理论力学（建筑力学第一分册）. 5版. 北京：高等教育出版社，2017.
[2] 干光瑜，秦惠民. 材料力学（建筑力学第二分册）. 5版. 北京：高等教育出版社，2017.
[3] 李家宝. 结构力学（建筑力学第三分册）. 5版. 北京：高等教育出版社，2017.
[4] 哈尔滨工业大学理论力学教研室. 理论力学. 8版. 北京：高等教育出版社，2016.
[5] 孙训方，方孝淑. 材料力学. 5版. 北京：高等教育出版社，2010.
[6] 李廉锟. 结构力学. 4版. 北京：高等教育出版社，2010.